普通高等教育“十五”国家级规划教材

金 属 工 艺 学

主　编　丁德全
副主编　周　进　王纪安
主　审　常燕宾　董　芳

机 械 工 业 出 版 社

全书内容分为机械工程材料基础、热加工工艺基础和机械加工工艺基础三篇，其中增加了目前正在推广应用的非调质钢、塑料模具钢等新工程材料及工程材料表面处理、胶接、某些冷热加工新工艺新技术的内容。本书全面采用截止1996年颁布的国家标准和法定计量单位，介绍了我国新的钢分类标准和冷热加工的有关新工艺标准。

本书是高等工科院校机械制造类、机械维修类和热加工类专业的通用教材，对有关工程技术人员和企业管理人员也是一本很好的参考书。

本书有配套的多媒体课件，向授课老师免费赠送，需要者请按本页下方的热线电话索取。

图书在版编目(CIP)数据

金属工艺学/丁德全主编. —北京：机械工业出版社，2000.5（2024.6重印）
普通高等教育“十五”国家级规划教材
ISBN 978-7-111-05933-2

Ⅰ. 金… Ⅱ. 丁… Ⅲ. 金属加工-工艺学-高等学校-教材 Ⅳ. TG

中国版本图书馆CIP数据核字（1999）第70467号

机械工业出版社（北京市百万庄大街22号 邮政编码100037）
责任编辑：董连仁 版式设计：张世琴 责任校对：林去菲
封面设计：张 静 责任印制：张 博
北京雁林吉兆印刷有限公司印刷
2024年6月第1版第39次印刷
184mm×260mm · 20.25印张 · 487千字
标准书号：ISBN 978-7-111-05933-2
定价：53.00元

电话服务
客服电话：010-88361066
010-88379833
010-68326294

网络服务
机 工 官 网：www.cmpbook.com
机 工 官 博：weibo.com/cmp1952
金 书 网：www.golden-book.com
机工教育服务网：www.cmpedu.com

前　言

本书是根据国家教育部制定的高等工科教育基础课程教学基本要求，并参考各校专科教学改革的有益经验编写的，是高等工科院校机械类、近机类专业的通用教材，也可供职工大学、业余大学、函授大学的师生及有关工程技术人员、企业管理人员选用或参考。

本书编写和使用中遵循以下原则：

1）课程教学要服从培养生产第一线技术应用性人才的专业培养总目标，坚持基础理论教学以应用为目的，以必需够用为度，以掌握概念、强化应用为教学重点。

2）为适应课内教学总时数削减的要求，将机械工程材料与金属工艺学合并，减少重复内容，根据各校专业教学改革经验，对原有课程理论内容适当削减。

3）教材内容选取以生产第一线广泛使用的或近期能够推广使用的技术为主。与过去出版的金工教材相比，提高了对常用工程塑料和近年广泛应用的某些热加工工艺技术的教学要求，增加了工程材料表面处理、胶接和一些新工程材料等内容。

4）为培养学生基本素质，教材适当引用技术经济分析和质量管理概念，贯彻环境保护和可持续发展的观点。

5）本教材尽力贯彻最新国家标准中各种技术术语、符号、数表和法定计量单位，积极采用《钢分类》等近年颁布的一系列新标准，同时注意到由旧标准向新标准的过渡，故对习惯常用名语术语及分类方法与最新标准适当对照介绍。

6）由于各学校各专业的专业性质、培养目标不同，讲授时对本教材的内容可有所侧重或取舍，本课程中与专业课程重复的内容可以不讲，要求学生结合金工实习进行自学。

参加本书编写的有承德石油高等专科学校丁德全（绪论、第一、二章、第六章第一节、第九章第四节），安少云（第三章），柴增田（第十一章），王纪安（第十二章），苏海青（第十三章），李卫权（第十五章），杨森（第十六章、十七章），廊坊石油管道职工学院戚本明（第四章、第五章），重庆石油高等专科学校周进（第六、八、九章），华北航天工业学院刘江（第七章），庞国星（第十、十六章第八节），翟红雁（第十四章）。由丁德全担任主编并负责统稿，由周进、王纪安担任副主编，由常燕宾、董芳担任主审。

在编写过程中得到各位编者所在学校领导、老师的大力支持，并参考了有关文献资料，在此一并表示衷心感谢。

由于编者水平有限，书中难免有缺点错误，恳请广大读者批评指正。

本书有配套的多媒体课件，向授课老师免费赠送，需要者请按本页下方的热线电话索取。

编　者

目　录

绪　论

在一般机械制造过程中，对于那些将原材料变为产品的直接有关过程，如用铸造、压力加工或焊接等方法制造毛坯的过程、机械切削加工的过程、热处理和其他处理过程、装配和维修过程等都称为工艺过程。机械零件常规制造工艺流程如图 0-1 所示。

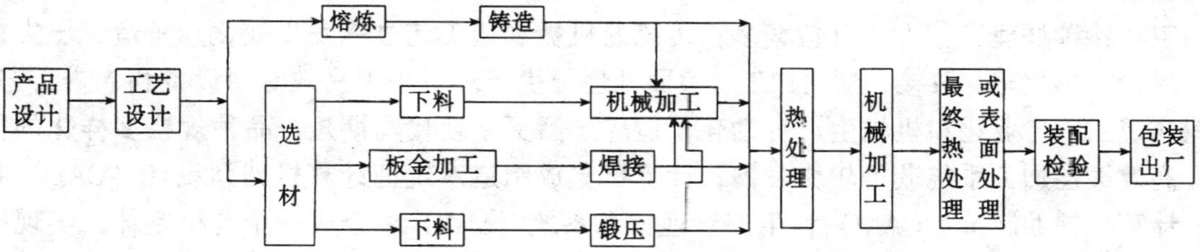

图 0-1　常规机械制造工艺流程示意图

研究机械零件的加工工艺过程和结构工艺性、各种材料的力学性能和工艺性能、各种工艺方法本身的规律性及其在机械制造中的应用等是金属工艺学的主要内容。工程人员在设计和制造产品时，总是力图使产品质量高、性能好、成本低、寿命长。为了达到这些目的，必须从结构设计、材料选用、制造工艺及使用维护等多方面采取措施。金属工艺学就是在长期的机械产品生产实践中逐渐发展起来的。本课程知识是机械类专业人员所必须具备的，也是其他工科各专业和企业管理人员应了解的。

中华民族在金属材料和加工工艺技术方面，历史上有辉煌的成就。我国的青铜冶炼开始于夏代，到了距现在 3000 多年前的殷商、西周时期，技术已达当时世界高峰，用青铜制造的工具、食具、兵器和马饰，得到普遍的应用。河南安阳武官村发掘出来的重达 875kg、花纹精致的商代青铜“司母戊”大方鼎，陕西出土的西周康王时代的大盂鼎，湖北江陵楚墓中发现的埋藏 2000 多年仍金光闪闪的越王勾践宝剑，陕西临潼秦皇陵陪葬坑发现的工艺复杂、制作精美的铜车马等，都是中华民族具有光辉灿烂古代文明的历史见证。春秋战国时期，我国开始大量使用铁器，白口铸铁、麻口铸铁、可锻铸铁相继出现。1953 年从兴隆地区发掘出来的战国铁器遗址中，就有浇铸农具用的铁模子，说明当时已掌握铁模铸造技术。随后出现了炼钢、锻造、钎焊和热处理技术。直到明朝之前的 2000 多年间，我国钢铁生产一直在世界上遥遥领先。我国的金属切削加工工艺发展可追溯到青铜器时代。在湖南衡阳出土的相当精致的东汉人字齿轮，说明在汉朝就有了金属机件。明朝出现了简单的切削加工设备。清初（1668 年）曾经用直径约 6.6m 的嵌齿铣刀，用牲畜带动旋转，用来铣削天文仪上的铜环。明朝宋应星所著《天工开物》，是举世公认的世界上有关金属加工的最早的科学技术著作之一，书中记载了冶铁、铸造、锻造、淬火等各种金属加工的方法，其中记述关于锉刀的制造、翻修和热处理工艺也与今日相差无几。古代中国还将胶接技术、表面处理技术用于器具、工艺品的制造。

上述事实，生动地说明了中华民族在材料及其加工工艺方面对世界文明和人类进步作出的卓越贡献。但是到了18世纪以后，由于长期的封建统治和闭关自守，严重地束缚我国生产力的发展，使我国科学技术处于停滞落后状态。

新中国成立后，特别是改革开放以来，我国的材料工业和机械制造工业无论是在生产规模方面，还是在产品的品种、数量、质量方面，都得到迅速发展。1996年，我国钢的年产量已超过1亿吨，非铁金属材料、陶瓷材料、高分子合成材料、复合材料在机械制造工程中发挥越来越重要的作用。机械制造加工的新技术、新工艺和计算机技术已应用于生产过程中，使企业的面貌得到迅速改变，许多机械制造企业正在向生产过程自动化逐步发展。但是，也应看到当今世界科学技术的飞速发展：具有各种特殊性能的新材料不断涌现；各种特种加工和特种处理工艺方法日益繁多；传统的机械制造工艺过程发生变化，铸造、压力加工、焊接、热处理、胶接、切削加工、表面处理等生产环节采用高效专用设备和先进工艺，普遍实现工艺专业化和机械生产自动化；适应产品更新换代周期短、品种规格多样化的需要，高效柔性加工系统获得较快发展；计算机集成制造系统把计算机辅助设计（CAD）系统、计算机辅助制造（CAM）和生产管理信息系统（MIS）综合成一个有机整体，实现机械制造过程高度自动化，极大地提高了劳动生产率和社会经济效益。在这些方面，我国与工业先进国家相比还存在明显差距。因此，我们要奋发图强，努力学习，不断掌握先进的制造工艺技术。

先进的制造工艺技术包含着多学科的最新成果。任何学科要发展，就要吸收和运用其他学科的成果、技术方法，也就是说要进行某种程度的综合。这就为高等工程教育提出要求：①培养工程技术人才要打好较宽的工程技术基础，要改变目前普遍存在的学机不懂电、学电不懂机、学热加工的不懂冷加工的“技术上狭窄的工程教育”，以及工科学生不懂成本、经营、管理的“狭窄于技术的工程教育”状态；②工程教育要重视工程实践；③重视工艺技术学习中自学和创新能力的培养。高等工程专科教育培养目标是生产第一线高等工程技术应用性人才，更应该重视这些要求。

金属工艺学是一门实践性很强的综合性技术基础课。通过本课程的学习，使学生获得常用机械工程材料、热处理、毛坯生产和零件加工工艺的基础知识，为学习其他有关课程和将来从事生产技术工作及企业管理工作奠定必要的基础。本课程教学以金工实习为基础，教学内容与生产实际紧密结合，强调工艺实践和工程意识训练。因此，金属工艺学作为培养学生综合工程素质和技术应用能力是十分重要的工程教育必修课，受到工程教育界的普遍重视。

学习本课程应达到的基本要求是：

1）掌握工程材料和热处理基本知识，了解工程材料常用的表面处理方法，具有合理选用常用机械工程材料和处理方法的初步能力。

2）掌握热加工工艺与机械加工工艺的基本知识，具有选用毛坯种类、成形方法和确定零件加工方法、制定简单零件（毛坯）加工工艺规程的初步能力。

3）具有综合运用工艺知识，分析毛坯或零件结构工艺性的初步能力，以及建立质量和经济观念。

4）了解与本课程有关的新材料、新工艺、新技术及其发展概况。

本课程教学要求学生应具有一定的实践基础，为达到课程教学基本要求，学习本教材第二篇、第三篇之前必须进行金工实习。实验和课程设计是金工教学的重要环节，应予以合理安排。根据教学内容，应安排适量的课堂讨论和课后作业题，以利于培养学生分析问题和解决问题的能力。

在高等工程专科教育改革中，金属工艺学教学应在提高学生的综合素质，特别是在培养创造能力和工程实践能力方面积极进行探索，发挥重要作用。

第一篇　机械工程材料基础

材料是人类文明生活的物质基础，人类历史的所谓石器时代、青铜器时代和铁器时代就是按生产活动中起主要作用的工具材料划分的。现代社会中，材料对机械、矿冶、能源、交通、建筑、化工、轻工、宇航、信息等各工业和科技领域的发展都起着举足轻重的作用。

各种材料，按其性能的不同，可以用于结构、机件、工具或物理功能器件等。工程人员选用材料时，首先要掌握材料的使用性能，同时要考虑材料的工艺性能和成本。材料的使用性能包括物理性能（如密度、熔点、导热性、导电性、磁性等）、化学性能（如耐蚀性、抗氧化性、化学稳定性等）、力学性能（如强度、塑性、韧性、硬度等）。材料的工艺性能是指材料的加工性能，如金属材料的铸造性能、锻压性能、焊接性能、切削加工性能、热处理性能等。用于制作机械工程结构、机件、工具的工程材料通常分为金属材料和非金属材料两大类。

金属材料之所以广泛用来制造机械结构、设备和生产工具，是由于它具有良好的力学性能，即具有很高的强度、硬度以及足够的塑性和韧性；此外还可以利用某些金属材料所具有的耐高温、耐腐蚀及各种特殊的物理性能制造各类产品，以满足石油化工、航天航海、电力电子等工业发展的需要。

非金属材料是指金属材料以外的材料。作为工程结构和机械零件使用的，有高分子材料、陶瓷材料和复合材料三大类，其中高分子材料中的工程塑料具有一些优良特性，可以替代某些金属，已在工业中占有很重要的地位。

第一章　金属的力学性能

金属的力学性能是指在力作用下，所显示与弹性和非弹性反应相关或涉及应力-应变关系的性能，常用的有强度、塑性、硬度、冲击吸收功、疲劳极限和断裂韧度等。

第一节　拉伸试验及强度和塑性

一、拉伸试验及拉伸曲线

静载荷拉伸试验是工业上最常用的力学性能试验方法之一。试验时在试样两端缓慢地施加试验力，使试样的标距部分受轴向拉力，沿轴向伸长，直至试样拉断为止。测定试样对外加试验力的抗力，求出材料的强度值；测定试样在破断后塑性变形的大小，求出材料的塑性值。

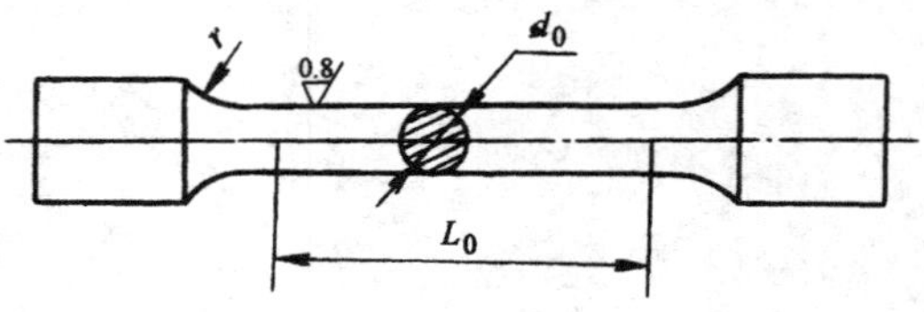

图 1-1　标准拉伸试样

试验前，将材料制成一定形状和尺寸的标准拉伸试样（见 GB6397—86）。图 1-1 为常用的圆形拉伸试样。若将试样从开始加载直到断裂前所受的拉力 F，与其所对应的试样原始标距长度 L_0

的伸长量 ΔL 绘成曲线，便得到拉伸曲线。图 1-2 为退火低碳钢的拉伸曲线。用试样原始截面积 S_0 去除拉力 F 得到应力 σ。以试样原始标距 L_0 去除绝对伸长 ΔL，得到应变 ε，即 $\sigma = F/S_0$，$\varepsilon = \Delta L/L_0$，则力-伸长（$F$-$\Delta L$）曲线就成了工程应力-应变（$\sigma-\varepsilon$）曲线。

从图 1-2 拉伸曲线可看出，低碳钢在拉伸过程中明显地表现出不同的变形阶段，所以通常将低碳钢的应力-应变（$\sigma-\varepsilon$）曲线当作典型情况来说明材料的力学性能。整个曲线可分为弹性变形、屈服、均匀塑性变形、局部塑性变形及断裂几个阶段。在弹性变形阶段（oe 段）中，若卸除试验力，试样能完全恢复到原来的形状和尺寸。其中在 op 阶段，应力与应变呈正比关系，即符合虎克定律。当应力超过 σ_e，进入屈服阶段（es 段），应力应变曲线出现平台或锯齿，应力不增加或只有微小增加，试样却继续伸长。屈服之后材料进入均匀塑性变形阶段（sb 段），均匀变形的原因是冷变形强化（加工硬化）所致，变形与硬化交替进行，变形量越大，为使材料变形所需的应力越大。当试样变形达到最高点 b 时，形变强化跟不上变形的变化，不能再使变形转移，致使某处截面开始减小。在局部塑性变形阶段（bk 段），应力增加，变形加剧，形成缩颈。此时，施加于试样的力减小，而变形继续增加，直至断裂（k 点）。

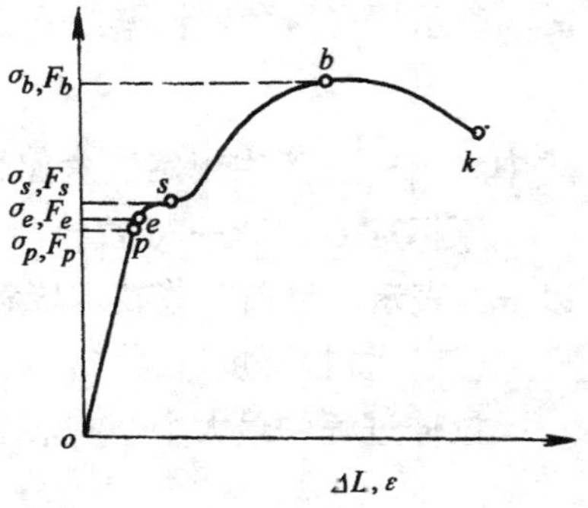

图 1-2　低碳钢的拉伸曲线

二、常用强度判据

强度是材料在外力作用下抵抗塑性变形和断裂的能力。工程上常用的静拉伸强度判据有规定非比例伸长应力、屈服点或规定残余伸长应力、抗拉强度等。

（一）规定非比例伸长应力

金属材料符合虎克定律的最大应力称为比例极限（比例伸长应力），以 σ_p 表示，由于不能用实验直接测定比例极限，故在拉伸试验方法标准（GB228—87）中采用"规定非比例伸长应力"代之。规定非比例伸长应力是试样标距部分的非比例伸长达到规定的原始标距百分比时的应力。

$$\sigma_p = F_p/S_0$$

式中　F_p——试样非比例伸长为规定量时的拉力（N）；

　　　S_0——试样原始横截面积（mm^2）。

规定非比例伸长应力是一些重要零件设计的力学依据。表示符号应附以角标说明，例如 $\sigma_{p0.01}$、$\sigma_{p0.05}$、$\sigma_{p0.2}$ 分别表示规定非比例伸长率为 0.01%、0.05%、0.2%时的应力。

在弹性阶段内，卸力后而不产生塑性变形的最大应力为材料的弹性伸长应力，通常称为弹性极限，以 σ_e 表示。弹性极限是理论上的概念，和比例极限一样，也难以用实验直接测定。在实际工程上，以屈服点或规定残余伸长应力代替之。

（二）屈服点和规定残余伸长应力

在拉伸过程中力不增加（保持恒定），试样仍能继续伸长时的应力称为材料的屈服点（过去曾称屈服极限），以 σ_s 表示，单位为 MPa。

$$\sigma_s = F_s/S_0$$

式中　F_s——材料屈服时的拉伸力。

屈服点是具有屈服现象的材料特有的强度指标。除退火或热轧的低碳钢和中碳钢等少数合金有屈服点外，大多数合金都没有屈服现象，因此提出“规定残余伸长应力”作为相应的强度指标。国家标准规定：当试样卸除拉伸力后，其标距部分的残余伸长达到规定的原始标距百分比时的应力，作为规定残余伸长应力 σ_r。表示此应力的符号应附以角标说明，例如 $\sigma_{r0.2}$表示规定残余伸长率为0.2%时的应力。

$$\sigma_r = F_r/S_0$$

式中　F_r——产生规定残余伸长时的拉力（N）。

原标准 GB228—76 曾将产生0.2%残余伸长率的规定残余伸长应力 $\sigma_{r0.2}$称为屈服强度，以 $\sigma_{0.2}$表示。目前一些技术资料仍沿用这一术语。

（三）抗拉强度

拉伸过程中最大力 F_b 所对应的应力称为抗拉强度（曾称强度极限），以 σ_b 表示。

$$\sigma_b = F_b/S_0$$

抗拉强度的物理意义是表征材料对最大均匀变形的抗力，表征材料在拉伸条件下所能承受最大力的应力值，它是设计和选材的主要依据之一，是工程技术上的主要强度指标。

三、塑性判据

断裂前材料发生不可逆永久变形的能力叫塑性。常用的塑性判据是材料断裂时最大相对塑性变形，如拉伸时的断后伸长率和断面收缩率。

（一）断后伸长率

试样拉断后，标距的伸长与原始标距的百分比称为断后伸长率，以 δ 表示。

$$\delta = \frac{L_1 - L_0}{L_0} \times 100\%$$

式中　L_1——试样拉断后的标距（mm）；

　　　L_0——试样原始标距（mm）。

试样的长度和截面尺寸对 δ 是有影响的。按直径的尺寸分为标准试样和比例试样两种。标准试样的直径为20mm，而比例试样直径是任意的。因采用标距的不同，又有长、短试样之分。国家标准规定，长标距试样的标距以公式 $L_0 = 10d_0$ 或 $L_0 = 11.3\sqrt{S_0}$计算，短试样的标距以公式 $L_0 = 5d_0$ 或 $L_0 = 5.65\sqrt{S_0}$计算，式中的 d_0 和 S_0 分别为试样原始直径和原始截面积。根据相似定律，凡同一材料加工成试样尺寸能满足 $L_0/\sqrt{S_0}$ = 常数的条件，由试验得出的伸长率就可以相互比较。长试样和短试样的这一常数不同，试验数据是不能比较的。长试样的伸长率用符号 δ_{10}表示，短试样的伸长率用符号 δ_5 表示，对同一材料 $\delta_5 > \delta_{10}$，通常试验优先选取短的比例试样。

（二）断面收缩率

试样拉断后，缩颈处横截面积的最大缩减量与原始横截面积的百分比称为断面收缩率，以 ψ 表示。其数值按下式计算：

$$\psi = \frac{S_0 - S_1}{S_0} \times 100\%$$

式中　S_0——试样原始截面积（mm^2）；

S_1——试样断裂后缩颈处的最小横截面积（mm^2）。

δ 或 ψ 数值越大，则材料的塑性越好。

除常温试验之外，还有金属材料高温拉伸试验方法（GB/T4338—95）和低温拉伸试验方法（GB/T13239—91）供选用。

第二节　硬　　度

硬度能够反映出金属材料在化学成分、金相组织和热处理状态上的差异，是检验产品质量、研制新材料和确定合理的加工工艺所不可缺少的检测性能之一。同时硬度试验是金属力学性能试验中最简便、最迅速的一种方法。

硬度实际上是指一个小的金属表面或很小的体积内抵抗弹性变形、塑性变形或抵抗破裂的一种抗力，因此硬度不是一个单纯的确定的物理量，不是基本的力学性能指标，而是一个由材料的弹性、强度、塑性、韧性等一系列不同力学性能组成的综合性能指标。所以硬度所表示的量不仅决定于材料本身，而且还取决于试验方法和试验条件。

硬度试验方法很多，一般可分为三类：有压入法，如布氏硬度、洛氏硬度、维氏硬度、显微硬度；有划痕法，如莫氏硬度；有回跳法，如肖氏硬度等。目前机械制造生产中应用最广泛的硬度是布氏硬度、洛氏硬度和维氏硬度。

一、布氏硬度

布氏硬度的测定原理是用一定大小的试验力 F（N），把直径为 D（mm）的淬火钢球或硬质合金球压入被测金属的表面（图 1-3），保持规定时间后卸除试验力，用读数显微镜测出压痕平均直径 d（mm），然后按公式求出布氏硬度 HB 值，或者根据 d 从已备好的布氏硬度表中查出 HB 值。

$$\text{HBS(HBW)} = 0.102\frac{F}{\pi Dh} = 0.102\frac{2F}{\pi D\left(D-\sqrt{D^2-d^2}\right)}$$

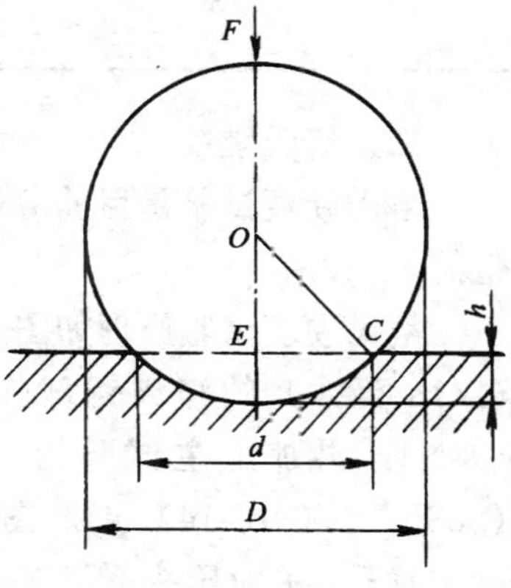

图 1-3　布氏硬度试验原理示意图

由于金属材料有硬有软，被测工件有厚有薄，有大有小，如果只采用一种标准的试验力 F 和压头直径 D，就会出现对某些材料和工件不适应的现象。因此，在生产中进行布氏硬度试验时，要求能使用不同大小的试验力和压头直径，对同一种材料采用不同的 F 和 D 进行试验时，能否得到同一的布氏硬度值，关键在于压痕几何形状的相似，即可建立 F 和 D 的某种选配关系，以保证布氏硬度的不变性。

国家标准（GB231—84）规定布氏硬度试验时，常用的 $0.102F/D^2$ 的比例为 30、10、2.5 三种，根据金属材料种类、试样硬度范围和厚度的不同，按照表 1-1 的规范选择试验压头（钢球）直径 D、试验力 F 及保持时间。

淬火钢球作压头测得的硬度值以符号 HBS 表示，用硬质合金球作压头测得的硬度值以符号 HBW 表示。符号 HBS 和 HBW 之前的数字为硬度值，符号后面依次用相应数值注明压头直径(mm)、试验力(0.102N)、试验力保持时间(s)，但是10～15s不标注。例如：500HBW5/750，表示用直径5mm硬质合金球在7355N试验力作用下保持10～15s测得的布氏硬度值为500；120HBS10/1000/30，表示用直径10mm的钢球压头在9807N试验力作用下保持30s测得的布氏硬度值为120。

目前，布氏硬度主要用于铸铁、非铁金属以及经退火、正火和调质处理的钢材。

表 1-1　布氏硬度试验规范

材料种类	布氏硬度使用范围（HBS）	球直径 D/mm	$0.102F/D^2$	试验力 F/N	试验力保持时间/s	注
钢、铸铁	≥140	10	30	29420	10	压痕中心距试样边缘距离不应小于压痕平均直径的2.5倍。两相邻压痕中心距离不应小于压痕平均直径的4倍。试样厚度至少应为压痕深度的10倍。试验后，试样支撑面应无可见变形痕迹
		5		7355		
		2.5		1839		
	<140	10	10	9807	10～15	
		5		2452		
		2.5		613		
非铁金属材料	≥130	10	30	29420	30	
		5		7355		
		2.5		1839		
	35～130	10	10	9807	30	
		5		2452		
		2.5		613		
	<35	10	2.5	2452	60	
		5		613		
		2.5		153		

二、洛氏硬度

洛氏硬度试验是目前应用最广的性能试验方法，它是采用直接测量压痕深度来确定硬度值的。

洛氏硬度试验原理如图1-4所示。它是用顶角为120°金刚石圆锥体或直径为1.588mm（1/16英寸）的淬火钢球作压头，先施加的初始试验力 F_1（98N），再加上主试验力 F_2，其总试验力为 $F = F_1 + F_2$（588N、980N、1471N）。图中0-0为压头没有与试样接触时的位置；1-1为压头受到初始试验力 F_1 后压入试样的位置；2-2为压头受到总试验力 F 后压入试样的位置经规定的保持时间，卸除主试验力 F_2，仍保留初试验力 F_1，试样弹性变形的恢复使压头上升到3-3的位置。此时压头受主试验力作用压入的深度为 h，即1-1位置至3-3位置。金属越硬，h 值越小。

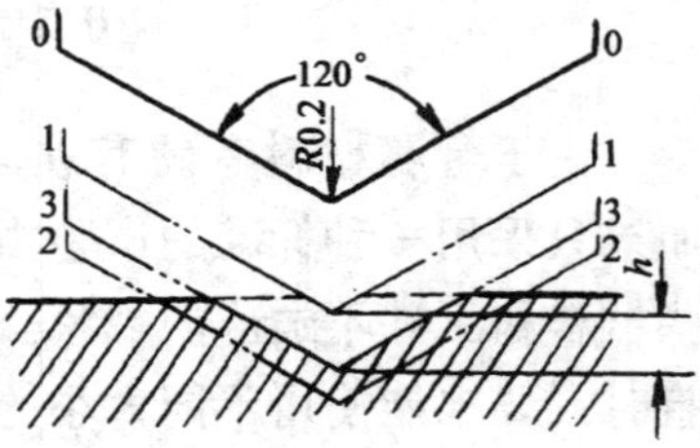

图1-4　洛氏硬度实验原理

为适应人们习惯上数值越大硬度越高的观念，故人为的规定一常数 K 减去压痕深度 h 的值作为洛氏硬度指标，并规定每0.002mm为一个洛氏硬度单位，用符号HR表示，则洛氏硬度值为：

$$HR = \frac{K - h}{0.002}$$

由此可见，洛氏硬度值是一无量纲的材料性能指标，使用金刚石压头时，常数 K 为

0.2，使用钢球压头时，常数 K 为 0.26。

为了能用一种硬度计测定从软到硬的材料硬度，采用了不同的压头和总负荷组成几种不同的洛氏硬度标度，每一个标度用一个字母在洛氏硬度符号 HR 后加以注明，我国常用的是 HRA、HRB、HRC 三种，试验条件（GB230—91）及应用范围见表 1-2。洛氏硬度值标注方法为硬度符号前面注明硬度数值，例如 52HRC、70HRA 等。

表 1-2　常用的三种洛氏硬度的试验条件及应用范围

硬度符号	压头类型	总实验力 F/kN	硬度值有效范围	应用举例
HRA	120°金刚石圆锥体	0.5884	70～85HRA	硬质合金，表面淬硬层，渗碳层
HRB	ϕ1.588mm 钢球	0.9807	25～100HRB	非铁金属，退火、正火钢等
HRC	120°金刚石圆锥体	1.4711	20～67HRC	淬火钢，调质钢等

注：总试验力 = 初始试验力 + 主试验力；初始试验力全为 98N。

洛氏硬度 HRC 可以用于硬度很高的材料，操作简便迅速，而且压痕很小，几乎不损伤工件表面，故在钢件热处理质量检查中应用最多。但由于压痕小，硬度值代表性就差些。如果材料有偏析或组织不均匀的情况，则所测硬度值的重复性差，故需在试样不同部位测定三点，取其算术平均值。

上述硬度试验方法中，布氏硬度试验力与压头直径受制约关系的约束，并有钢球压头的变形问题；洛氏硬度各标度之间没有直接的简单的对应关系。维氏硬度（用符号 HV 表示）克服了上述二种硬度试验的缺点，其优点是试验力可以任意选择，特别适用于表面强化处理（如化学热处理）的零件和很薄的试样，但维氏硬度试验的生产率不如洛氏硬度试验高，不宜用于成批生产的常规检验。维氏硬度的测定原理与布氏硬度相类似，其试验方法和技术条件可参阅国家标准 GB4340—84。

第三节　冲击吸收功

机械零部件在服役过程中不仅受到静载荷或变动载荷作用，而且受到不同程度的冲击载荷作用，如锻锤、冲床、铆钉枪等。在设计和制造受冲击载荷的零件和工具时，必须考虑所用材料的冲击吸收功或冲击韧度。

目前最常用的冲击试验方法是摆锤式一次冲击试验，其试验原理如图 1-5b 所示。

欲测定的材料先加工成标准试样，然后放在试验机的机架上，试样缺口背向摆锤冲击方向（图 1-5a），将具有一定重力 F 的摆锤举至一定高度 H_1；使其具有势能（FH_1），然后摆锤落下冲击试样；试样断裂后摆锤上摆到 H_2 高度，在忽略摩擦和阻尼等条件下，摆锤冲断试样所做的功，称为冲击吸收功，以 A_K 表示，则有 $A_K = FH_1 - FH_2 = F\ (H_1 - H_2)$。在 GB/T229—94 中，仅规定了冲击吸收功的概念。若用试样的断口处截面积 S_N 去除 A_K 即得到冲击韧度，用 a_K 表示，单位为 J/cm^2。

$$a_K = A_K / S_N$$

对一般常用钢材来说，所测冲击吸收功 A_K 越大，材料的韧性越好。但由于测出的冲击吸收功 A_K 的组成比较复杂，所以有时测得的 A_K 值及计算出来的 a_K 值不能真正反映材料

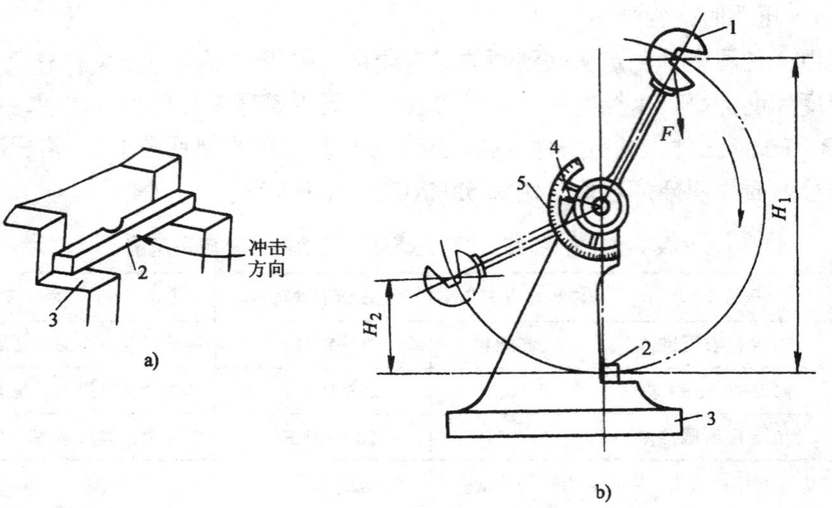

图 1-5 冲击试验原理图

1—摆锤 2—试样 3—机架 4—指针 5—刻度盘

的韧脆性质。

长期生产实践证明 A_K、a_K 值对材料的组织缺陷十分敏感，能灵敏地反映材料品质、宏观缺陷和显微组织方面的微小变化，因而冲击试验是生产上用来检验冶炼和热加工质量的有效办法之一。由于温度对一些材料的韧脆程度影响较大，为了确定出材料由塑性状态向脆性状态转化趋势，可分别在一系列不同温度下进行冲击试验，测定出 A_K 值随试验温度的变化。实验表明，A_K 随温度的降低而减小；在某一温度范围，材料的 A_K 值急剧下降，表明材料由韧性状态向脆性状态转变，此时的温度称为韧脆转变温度。根据不同的钢材及使用条件，其韧脆转变温度的确定有冲击吸收功、脆性断面率、侧膨胀值等不同的评定方法。

常温下钢材的冲击试验按 GB/T229—94《金属夏比缺口冲击试验方法》和 GB/T12778—91《金属夏比冲击断口测定方法》的规定进行。金属低温和高温冲击试验具体要求参见 GB4159—84 和 GB5775—86。

第四节 疲劳极限

许多机械零件如轴、齿轮、弹簧等和许多工程结构都是在交变应力下工作的，它们工作时所承受的应力通常都低于材料的屈服强度。材料在循环应力和应变作用下，在一处或几处产生局部永久性累积损伤，经一定循环次数后产生裂纹或突然发生完全断裂的过程称为材料的疲劳。

疲劳失效与静载荷下的失效不同，断裂前没有明显的塑性变形，发生断裂也较突然。这种断裂具有很大的危险性，常常造成严重的事故。据统计，大部分机械零件的失效是由金属疲劳造成的。因此，工程上十分重视对疲劳规律的研究。无裂纹体材料的疲劳性能判据主要是疲劳极限和疲劳缺口敏感度等。

在交变载荷下，金属材料承受的交变应力（σ）和断裂时应力循环次数（N）之间的关系，通常用疲劳曲线来描述，如图 1-6 所示。金属材料承受的最大交变应力 σ 越大，则断裂

时应力交变的次数 N 越小；反之 σ 越小，则 N 越大。当应力低于某值时，应力循环到无数次也不会发生疲劳断裂，此应力值称为材料的疲劳极限，以 σ_D 表示。常用钢铁材料的疲劳曲线（图 1-7a）形状有明显的水平部分，其他大多数金属材料的疲劳曲线（图 1-7b）上没有水平部分，在这种情况下，规定某一循环次数 N_0 断裂时所对应的应力作为条件疲劳极限，以 $\sigma_{R(N)}$ 表示。

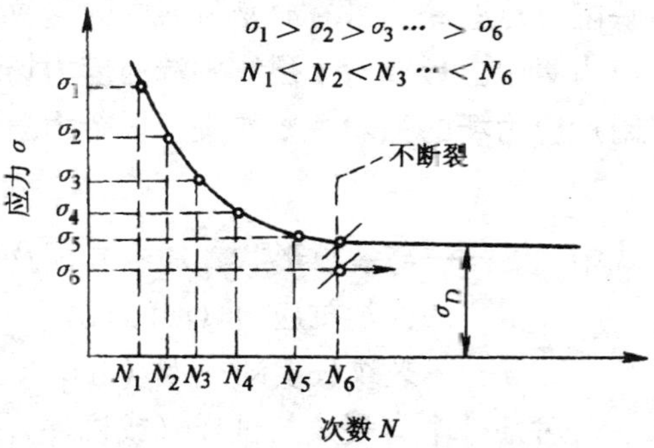

图 1-6　疲劳曲线示意图

通常材料疲劳性能的测定是在旋转弯曲疲劳实验机上进行，具体试验方法请参阅 GB4337—84《金属旋转弯曲疲劳试验方法》。试验规范规定各种金属材料指定寿命（循环基数）N_0（如合金钢为 10^7，低碳钢 5×10^6），应力循环次数达到 N_0 次仍不发生疲劳破坏，此时的最大应力可作为疲劳极限。通常这种在对称应力循环条件下的纯弯曲疲劳极限用 σ_{-1} 表示。

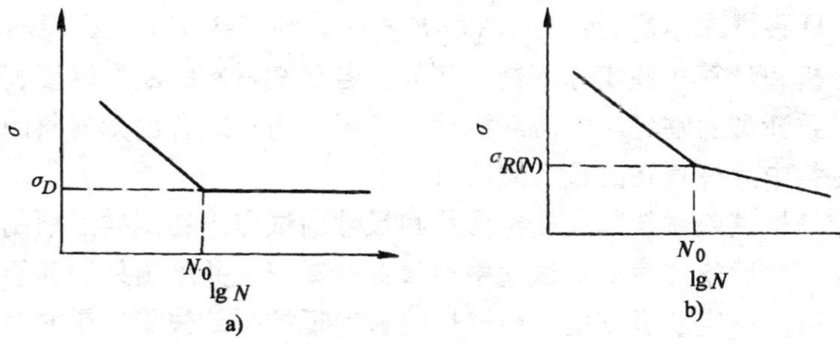

图 1-7　两种类型疲劳曲线

a）钢铁材料　b）部分非铁合金

由于疲劳断裂通常是从机件最薄弱的部位或内外部缺陷所造成的应力集中处发生，因此疲劳断裂对许多因素很敏感，例如，循环应力特性、环境介质、温度、机件表面状态、内部组织缺陷等，这些因素导致疲劳裂纹的产生或加速裂纹扩展而降低疲劳寿命。

为了提高机件的疲劳抗力，防止疲劳断裂事故的发生，在进行机件设计和加工时，应选择合理的结构形状，防止表面损伤，避免应力集中。由于金属表面是疲劳裂纹易于产生的地方，而实际零件大部分都承受交变弯曲或交变扭转载荷，表面处应力最大。因此，表面强化处理就成为提高疲劳极限的有效途径。

由于工程实际的要求，对疲劳的研究工作已逐渐从正常条件下的疲劳问题扩展到特殊条件下的疲劳问题，如腐蚀疲劳、接触疲劳、高温疲劳、热疲劳、微动磨损疲劳等，对这些疲劳及其测试技术还在广泛进行研究，并已逐步标准化。

第五节　断 裂 韧 度

前面几节讨论的力学性能，都是假定材料是均匀、连续、各向同性的。以这些假设为依据的设计方法称为常规设计方法。根据常规方法分析认为是安全的设计，有时会发生意外断裂事故。研究这种在高强度金属材料中发生的低应力脆性断裂，发现前述假设是不成立的。

实际上，材料的组织远非是均匀、各向同性的，组织中有微裂纹，还会有夹杂、气孔等宏观缺陷，这些缺陷可看成是材料中的裂纹。当材料受外力作用时，这些裂纹的尖端附近便出现应力集中，形成一个裂纹尖端的应力场。根据断裂力学对裂纹尖端应力场的分析，裂纹前端附近应力场的强弱主要取决于一个力学参数，即应力强度因子 K_{I}，单位为 $MN \cdot m^{-3/2}$。

$$K_{\mathrm{I}} = Y\sigma\sqrt{a}$$

式中 Y——与裂纹形状、加载方式及试样尺寸有关的量，是个无量纲的系数；

σ——外加拉应力（MPa）；

a——裂纹长度的一半（m）。

对某一个有裂纹的试样（或机件），在拉伸外力作用下，Y 值是一定的。当外加拉力逐渐增大，或裂纹逐渐扩展时，裂纹尖端的应力强度因子 K_{I} 也随之增大；当 K_{I} 增大到某一临界值时，试样（或机件）中的裂纹会产生突然失稳扩展，导致断裂。这个应力强度因子的临界值称为材料的断裂韧度，用 $K_{\mathrm{I}c}$ 表示。

断裂韧度是用来反映材料抵抗裂纹失稳扩展，即抵抗脆性断裂能力的性能指标。当 $K_{\mathrm{I}} < K_{\mathrm{I}c}$ 时，裂纹扩展很慢或不扩展；当 $K_{\mathrm{I}} \geqslant K_{\mathrm{I}c}$ 时，则材料发生失稳脆断。这是一项重要的判据，可用来分析和计算一些实际问题。例如，若已知材料的断裂韧度和裂纹尺寸，便可以计算裂纹扩展以致断裂的临界应力，即机件的承载能力；或者已知材料的断裂韧度和工作应力，就能确定材料中允许存在的最大裂纹尺寸。

断裂韧度测定是把试验材料制成一定形状和尺寸的试样，在试样上预制出能反映材料实际情况的疲劳裂纹，然后施加载荷。试验中用仪器自动记录并绘出外力和裂纹扩展的关系曲线，经过计算和分析，确定断裂韧度。能够反映材料抵抗裂纹失稳扩展的性能指标及其试验测定方法有多种，具体试验测定方法及要求见 GB4161—84《金属材料平面应变断裂韧度 $K_{\mathrm{I}c}$ 试验方法》、GB2358—1994《金属材料裂纹尖端张开位移试验方法》（CTOD）、GB2038—91《利用 J_R 阻力曲线确定金属材料延性断裂韧度的试验方法》（$J_{\mathrm{I}C}$）等。

断裂韧度是材料固有的力学性能指标，是强度和韧性的综合体现。它与裂纹的大小、形状、外加应力等无关，主要取决于材料的成分、内部组织和结构。

思考题与习题

1．什么叫做应力？什么叫做应变？低碳钢拉伸应力-应变曲线可分为哪几个变形阶段？这些阶段各具有什么明显特征？

2．由拉伸试验可以得出哪些力学性能指标？在工程上这些指标是怎样定义的？

3．有一 $d_0 = 10.0$mm，$L_0 = 50$mm 的低碳钢比例试样，拉伸试验时测得 $F_S = 20.5$kN，$F_b = 31.5$kN，$d_1 = 6.25$mm，$L_1 = 66$mm，试确定此钢材的 σ_s、σ_b、ψ、δ。强度数值修约到 5MPa，塑性数值修约到 1%（采用 GB8170—87《数值修约规则》修约方法）。

4．试判断下列试验数据的正确性，并说明理由。

（1）热轧 15 钢硬度为 202HBS10/1000；（2）正火 10 钢硬度 15HRC；（3）在直径为 10mm 的退火黄铜试样上测出硬度值 50HBS10/1000/30；（4）20 钢渗碳淬火后渗碳层硬度 45HRC。

5．在生产中冲击试验有何重要作用？什么叫韧脆转变温度？

6．什么叫疲劳极限？为什么表面强化处理能有效地提高疲劳极限？

7．断裂韧度与其他常规力学性能指标的根本区别是什么？

第二章　金属的晶体结构与结晶

从物理学得知，所有的固态金属都有一些共同的物理特性，这与金属内部原子规则排列和原子中外围电子的分布及运动有关。但是，不同的金属材料具有不同的力学性能；即使是成分相同的材料，当经过不同的热加工或冷变形加工后性能也会有很大差异。材料性能上的差异主要取决于金属内部原子排列规律和结构缺陷。

第一节　金属的晶体结构

一、金属是晶体

固态物质根据其原子排列特征，可分为晶体和非晶体两类。自然界中，除了少数物质，如普通玻璃、沥青、石蜡等外，绝大多数固态的无机物都是晶体。晶体的特点是：①组成晶体的基本质点（原子、离子或分子）在三维空间排列是有一定规律的，因此晶体一般有规则的外形；②具有一定的熔点；③具有各向异性。一般情况下固态金属都是晶体。

二、晶体结构的基本概念

实际晶体中的各类质点（包括离子、电子等）虽然都是在不停地运动着，但是，通常在讨论晶体结构时，常把构成晶体的原子看成是一个个固定的小球，这些原子小球按一定的几何形式在空间紧密堆积，如图 2-1a 所示。

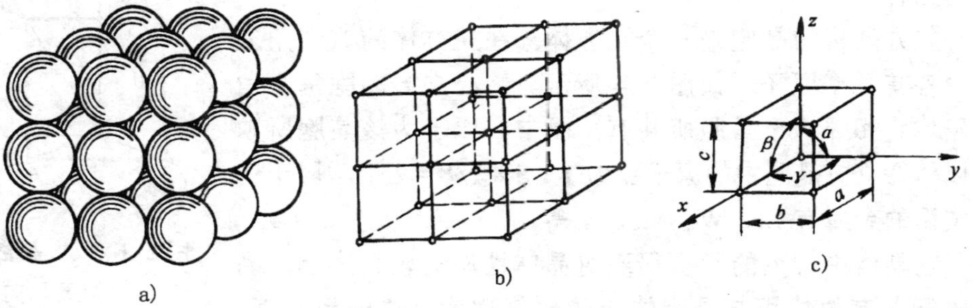

图 2-1　简单立方晶格与晶胞示意图
a）晶体中的原子排列　b）晶格　c）晶胞及晶格参数表示方法

为了便于描述晶体内部原子排列的规律，将每个原子视为一个几何质点，并用一些假想的几何线条将各质点连接起来，便形成一个空间几何格架。这种抽象的用于描述原子在晶体中排列方式的空间几何格架称为晶格（见图 2-1b）。由于晶体中原子作周期性规则排列，因此可以在晶格内取一个能代表晶格特征的，由最少数目的原子排列成最小结构单元来表示晶格，称为晶胞（见图 2-1c）。不难看出晶格可以由晶胞不断重复堆砌而成。通过对晶胞的研究可找出该种晶体中原子在空间的排列规律。

为研究晶体结构的需要，在晶体学中还规定用晶格参数来表示晶胞的几何形状及尺寸。晶格参数包括晶胞的棱边长度 a、b、c 和棱边夹角 α、β、γ（见图 2-1c）。晶胞的各棱边长度又称为晶格常数，其度量单位为 Å（$1Å=10^{-10}m$）。当三个晶格常数 $a=b=c$，三个轴间夹角 $\alpha=\beta=\gamma=90°$时，这种晶胞组成的晶格称为简单立方晶格。

在晶格中由一系列原子组成的平面称为晶面，而晶面则又是由一行行的原子列组成，晶格中各原子列的位向称为晶向。为了便于对各种晶面和晶向进行研究，了解其在形变、相变以及断裂等过程中所起的不同作用，按照一定规则将晶格任意一个晶面或晶向都确定出特定的符号，表示出它们的方位或方向。这种数字符号分别称作晶面指数和晶向指数。

图 2-2 所示晶面（010）、（110）、（111）是立方晶格中具有重要意义的三种晶面。图 2-3 所示的［100］、［110］、［111］是立方晶格中具有重要意义的三种晶向。

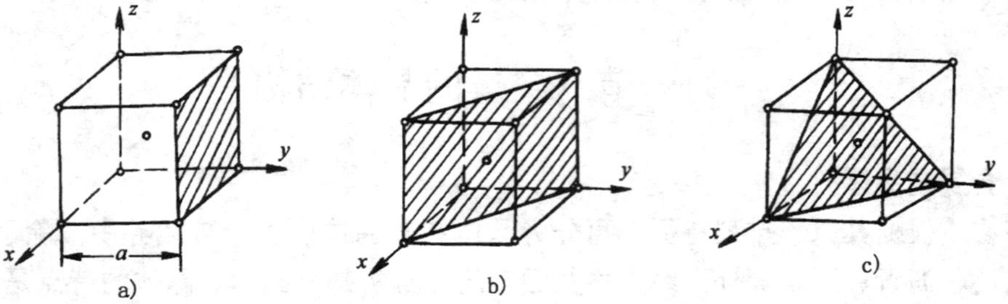

图 2-2　立方晶格中三种重要晶面

a)（010）面　b)（110）面　c)（111）面

三、三种典型的金属晶体结构

根据晶体晶胞中原子小球堆砌规律的不同，可以将晶格基本类型划分为 14 种。在金属材料中，常见晶格类型有体心立方晶格、面心立方晶格、密排六方晶格三种。

体心立方晶格的晶胞是一个立方体，在立方体的八个角上和晶胞中各有一个原子，如图 2-4 所示。体心立方晶胞每个角上的原子均为相邻八个晶胞所共有，而中心原子为该晶胞所独有，所以体心立方晶胞中的原子数为 $1+8\times1/8=2$ 个。属于这种晶格类型的金属有 Cr、W、Mo、V 等。

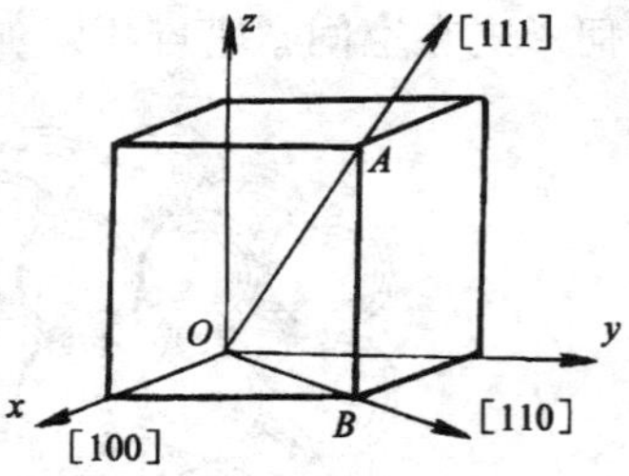

图 2-3　立方晶格中三个重要晶向

原子在晶格中排列的紧密程度对晶体性质有较大影响，晶胞中原子所占有的体积与晶胞体积的比值称为晶格的致密度。晶格的致密度越大，则原子排列越紧密。在体心立方晶格中每个晶胞含有 2 个原子，这 2 个原子占有的体积为 $2\times4\pi r^3/3$，r 为原子半径（最近原子间距的一半）；体心立方晶格原子

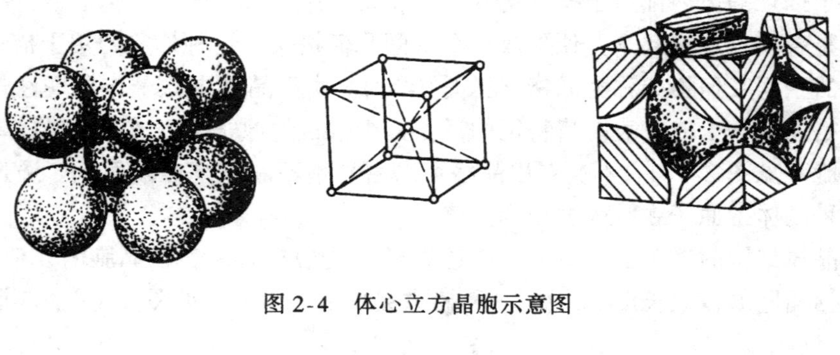

图 2-4　体心立方晶胞示意图

半径与晶格常数 a 的关系为 $r=a\sqrt{3}/4$；晶胞体积为 a^3。因此体心立方晶格的致密度为

$$\frac{\text{晶胞中原子占有的体积}}{\text{晶胞体积}}=\frac{2\times4\pi r^3/3}{a^3}=\frac{2\times4\pi(a\sqrt{3}/4)^3/3}{a^3}=0.68$$

这表明在体心立方晶格中有 68% 的体积被原子所占有，其余为空隙。

面心立方晶格和密排立方晶格示意图分别如图 2-5 和图 2-6 所示，三种典型的晶体结构晶格特征如表 2-1 所示。属于面心立方晶格类型的金属有 γ-Fe、Cu、Ni、Ag 等；属于密排六方晶格类型的金属有 Mg、Zn、Cd、α-Ti 等。

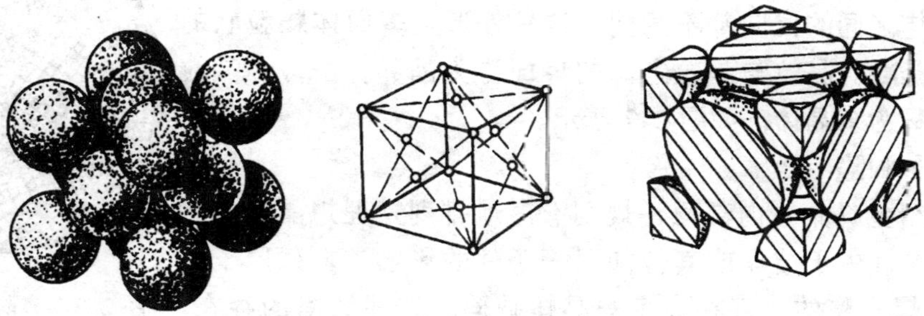

图 2-5　面心立方晶胞示意图

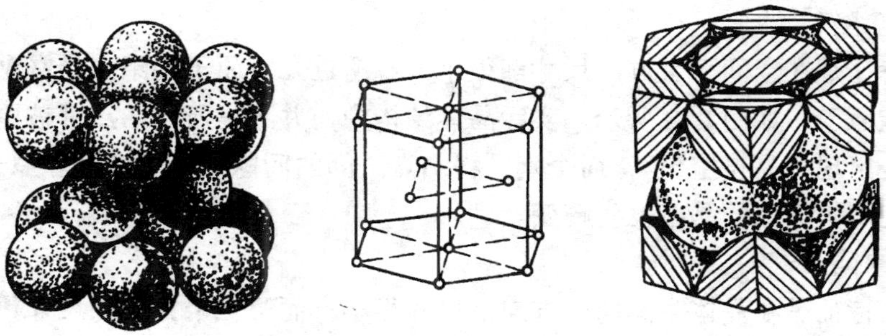

图 2-6　密排六方晶格示意图

表 2-1　晶体类型及特性参数

结构类型	晶格常数	晶胞中原子数目	最近原子间距 d_0	致密度
面心立方	a	$1/8\times8+1/2\times6=4$	$a\sqrt{2}/2$	0.74
体心立方	a	$1/8\times8+1=2$	$a\sqrt{3}/2$	0.68
密排六方	a，c①	$1/6\times12+3+1/2\times2=6$	a	0.74

①　理想密排六方结构的轴比 $c/a=1.633$。

由于晶体中不同晶面和晶向上原子密度不同，原子间结合力也就不同，因此晶体在不同晶面和晶向上表现出不同的性能，这就是晶体具有各向异性的原因。但在实际金属材料中，一般却见不到它们具有这种各向异性的特征。例如在不同晶向测得的 α-Fe 单晶的弹性模量是不同的，在［111］方向 $E=286000\text{MPa}$，在［100］方向 $E=132000\text{MPa}$，而实际应用的 α-Fe（工业纯铁）取样测试，从任何位向所测得的结果均为 $E=210000\text{MPa}$ 左右。这是因为金属实际晶体结构与理想晶体结构有很大的差异所致。

第二节　金属的实际晶体结构

一、单晶体和多晶体

晶体内部的晶格位向完全一致的晶体称为单晶体。金属的单晶体只能靠特殊的方法制得。实际使用的金属材料都是由许多晶格位向不同的微小晶体组成的；每个小晶体都相当于一个单晶体，内部的晶格位向是一致的，而小晶体之间的位向却不相同。这种外形呈多面体颗粒状的小晶体称为晶粒。晶粒与晶粒之间的界面称为晶界。由许多晶粒组成的晶体称为多晶体，如图 2-7 所示。

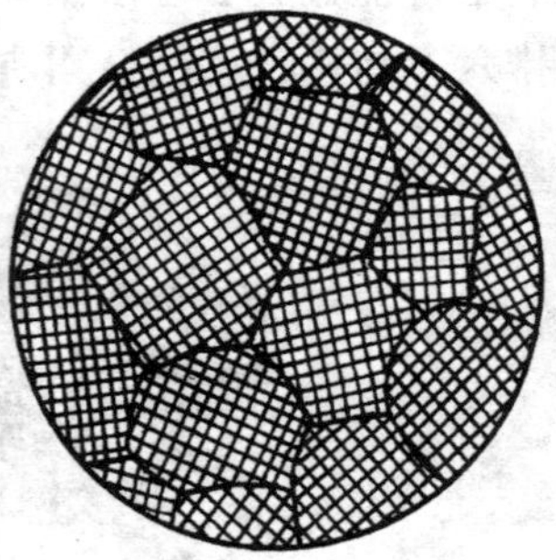

图 2-7　多晶体的晶粒与晶界示意图

二、晶体缺陷

上节介绍金属晶体内部原子规则有序地排列是理想晶体的状态。实际上金属由于结晶或其他加工等条件的影响，内部原子排列并不是理想完整的，存在大量的晶体缺陷。这些缺陷的存在，对金属性能会产生显著的影响。

根据晶体缺陷存在形式的几何特点，通常将它们分为点缺陷、线缺陷和面缺陷三大类。

（一）点缺陷

点缺陷特征是在空间三个方向尺寸都很小，不超过几个原子间距。最常见的点缺陷是晶格空位和间隙原子，如图 2-8 所示。实际晶体结构中，并不是所有结点都被原子占满，而是在某些结点处出现“晶格空位”；而个别晶格结点之间的间隙处出现“间隙原子”。由于点缺陷的存在，会使其周围的晶格发生畸变。

（二）线缺陷

线缺陷的特征是在晶体空间两个方向上尺寸很小，而第三个方向的尺寸很大。属于这一类的主要是各种类型的位错。

位错是一种很重要的晶体缺陷。其特点是围绕晶体中一条很长的线，在一定范围内原子发生有规律的错排，都离开它们原来的平衡位置。位错的主要类型有刃型位错和螺型位错。这里只介绍简单立方晶体中的刃型位错几何模型。如图 2-9 所示，在一个完整晶体的某一晶面（如图示 *ABC* 面）上，沿 *EF* 线垂直插入半个晶面。由于这多出的晶面像刀刃一样切入，使晶体中以 *EF* 为中心线的附近一定范围的区域内原子位置都发生错动，其特点是：*ABC* 晶面

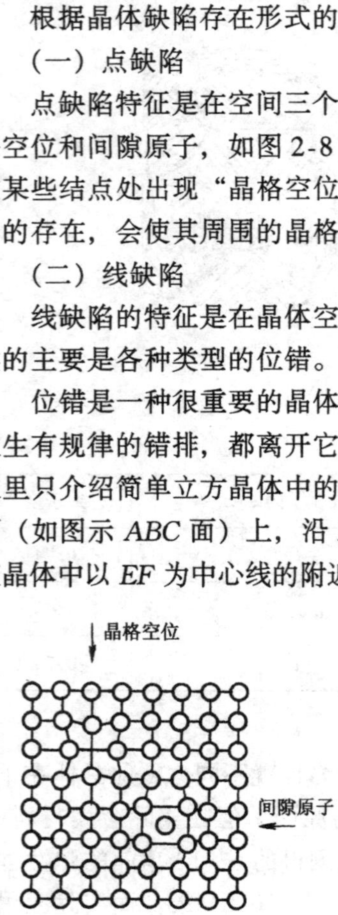

图 2-8　晶格点缺陷示意图

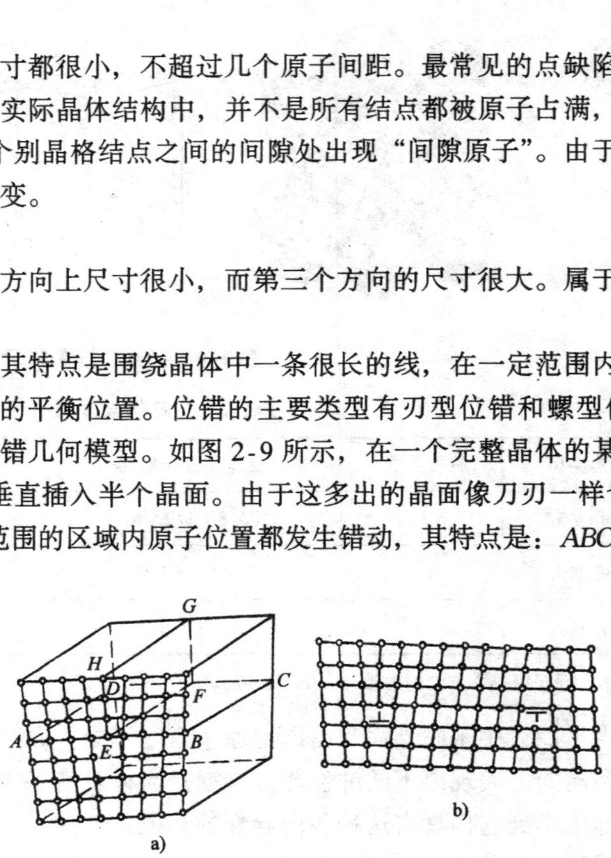

图 2-9　刃型位错几何模型

a）立体　b）平面

上半部原子受挤压，下半部受拉伸，而位错线中心的原子错动最大，晶格畸变严重，离位错线越远，晶格畸变越小，直至恢复正常。

金属晶体中的位错线往往大量存在，相互连接呈网状分布。单位体积晶体中位错的总长度称为位错密度。透射电子显微镜可观察位错并测定其密度。一般退火状态下，金属的位错密度约 $10^4 \sim 10^6 cm^{-2}$，经过冷变形加工后可增至约 $10^{12} cm^{-2}$。

晶体中的位错不是固定不变的，在相应的外部条件下，晶体中的原子发生热运动或晶体受外力作用而发生塑性变形时，位错在晶体中能够进行不同形式的运动，致使位错密度及组态发生变化。

位错的存在及其密度的变化对金属的力学性能及组织转变有显著影响。图 2-10 定性地表达了金属强度与金属中位错密度之间的关系。如果用特殊方法制成不含位错的直径为 1.6μm 的铁晶须，其抗拉强度竟高达 13000MPa，而退火纯铁的抗拉强度则低于 300MPa。由于晶须中不含位错，不易塑性变形，故强度很高；而一般金属中含有位错，易于塑性变形，故强度较低。如果金属中位错密度很高，由于位错之间的相互作用和制约，金属强度也可以提高（图 2-10 中经强化后的金属）。例如经剧烈冷变形的纯铁，由于晶体内产生了大量位错，其抗拉强度也就提高很多。

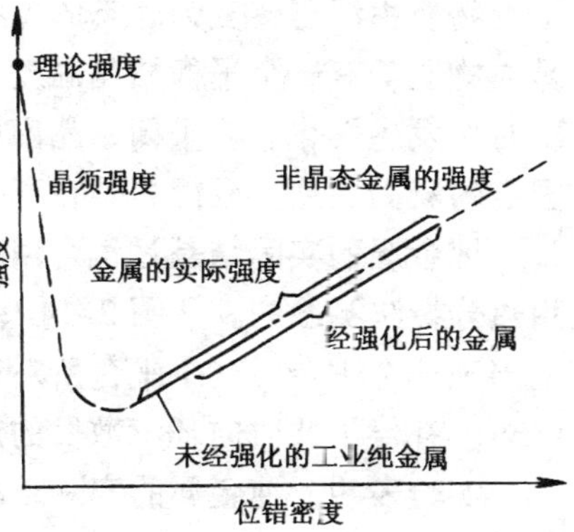

图 2-10　金属强度与位错密度之间关系的示意图

（三）面缺陷

面缺陷特征是在一个方向上尺寸很小，而另两个方向上尺寸很大，主要指晶界和亚晶界。

晶界处的原子排列与晶内是不同的，要同时受到其两侧晶粒不同位向的综合影响，所以晶界处原子排列是不规则的，是从一种取向过渡到另一种取向的过渡状态（图 2-11）。大多数相邻晶粒的位向差都在 15°以上，称之为大角晶界。

在一个晶粒内部，还可能存在许多更细小的晶块，它们之间晶格位向差很小，通常为 2°～3°，这些小晶块称为亚晶（有时将细小的亚晶粒称为镶嵌块）。亚晶粒之间的界面称为亚晶界。晶粒中这种亚晶与亚晶界称为亚组织（如图 2-12 所示）。亚晶界是由一些位错排列而成的小角度晶界，图 2-13 是由刃型位错构成的小角晶界示意图。

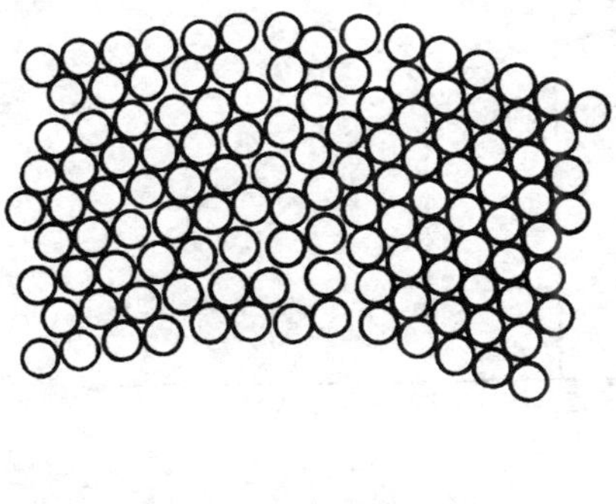

图 2-11　大角晶界的过渡结构模型

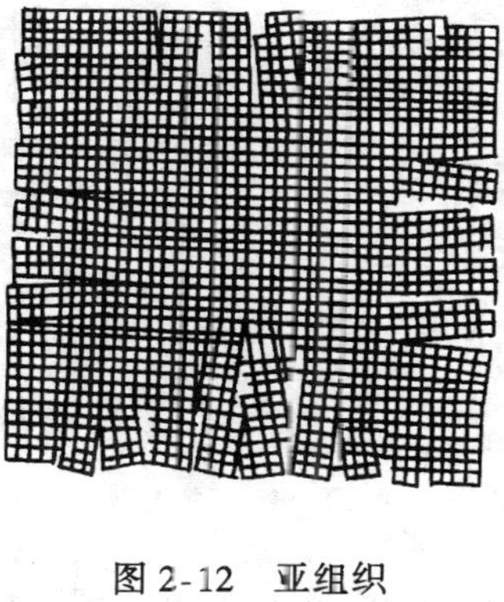

图 2-12　亚组织示意图

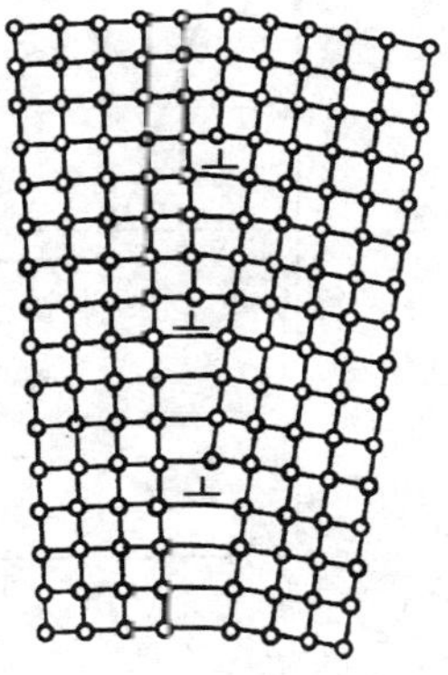

图 2-13　小角晶界结构示意图

由于晶界处原子排列不规则，偏离平衡位置，因而使晶界上原子的平均能量高于晶内原子的平均能量，这部分高出的能量称为界面能（晶界能）。界面能的存在和原子排列不规则使晶界具有一系列不同于晶内的特性。例如，晶界比晶内易受腐蚀，晶界处熔点低，晶界对塑性变形（位错运动）的阻碍作用等。在常温下，晶界处不易产生塑性变形，故晶界处硬度和强度均较晶内高。晶粒越细小，晶界亦越多，则金属的强度和硬度亦越高。

第三节　纯金属的结晶与铸锭

一、结晶的基本概念

物质由液态转变为固态的过程称为凝固，如果通过凝固形成晶体结构，则又称为结晶。晶体物质都有一个平衡结晶温度（熔点），液体低于这一温度时才能结晶，固体高于这一温度时便发生熔化。在平衡结晶温度，液体与晶体同时共存，处于平衡状态。而非晶体物质无固定的凝固温度，凝固总是在某一温度范围逐渐完成。

纯金属的实际结晶过程可用冷却曲线来描述。冷却曲线是温度随时间而变化的曲线，是用热分析法测绘的。从图 2-14 冷却曲线看出，液态金属随时间冷却到某一温度时，在曲线上出现一个平台，这个平台所对应的温度就是纯金属的实际结晶温度。因为结晶时放出结晶潜热，补偿了此时向环境散发的热量，使温度保持恒定，结晶完成后，温度继续下降。

实验表明，纯金属的实际结晶温度 T_1 总是低平衡结晶温度 T_0，这种现象叫做过冷现象。实际结晶温度 T_1 与平衡结晶温度 T_0（熔点）的差值 ΔT 称为过冷度。液体冷却速度越大，ΔT 越大。从理论上说，当散热速度无限小时，ΔT 趋于 0，即实际结晶温度与平衡结晶温度趋于一致。

为什么液体必须具有一定的过冷度，结晶才能自发进行？根据热力学第二定律可以证明，在等温等容（体积不变）条件下，一切自发变化过程都是朝着自由能降低的方向进行。自由能是受温度、压力、容积……多因素影响的物质状态函数，从其物理意义来说，是指在一定条件下物质中能够自动向外界释放做功的那一部分能量。由于液体和晶体的结构不同，同一物质的液体和晶体在不同温度下的自由能变化是不同的，如图 2-15 所示。在温度 T_0，液体和晶体自由能相等，二者处于平衡状态。T_0 就是平衡结晶温度，即理论结晶温度。温

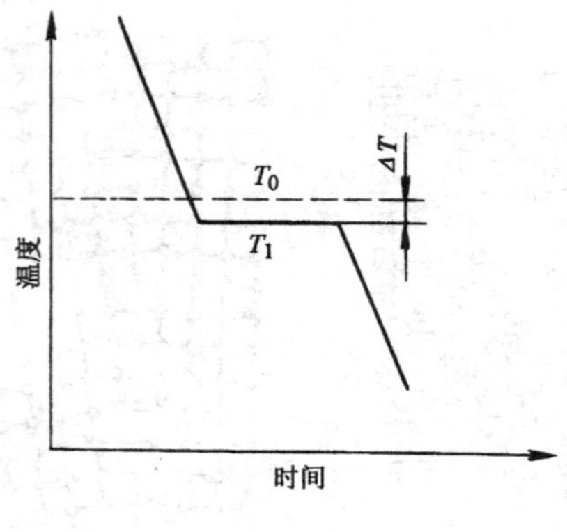

图 2-14　纯金属结晶时的冷却曲线

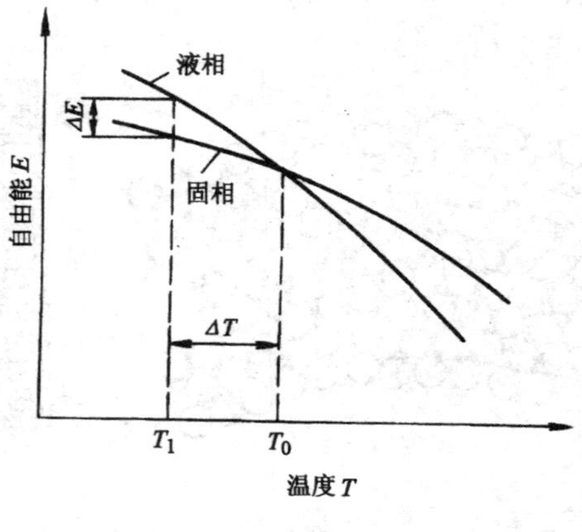

图 2-15　液体和晶体自由能 E 随温度变化曲线

度低于 T_0 时，即有一定过冷度，晶体的自由能低于液体，这时结晶可以自发进行。过冷度 ΔT 越大，液体和晶体的自由能差绝对值 ΔE 越大，结晶倾向越大。

二、结晶时晶核的形成和长大过程

科学实验证明，结晶是晶体在液体中从无到有（晶核形成），由小变大（晶核长大）的过程。

在从高温冷却到结晶温度的过程中，液体内部在一些微小体积中原子由不规则排列向晶体结构的规则排列逐渐过渡，即随时都在不断产生许多类似晶体中原子排列的小集团，其特点是尺寸较小、极不稳定、时聚时散；温度越低，尺寸越大，存在的时间越长。这种不稳定的原子排列小集团，是结晶中产生晶核的基础。当液体被过冷到结晶温度以下时，某些尺寸较大的原子小集团变得稳定，能够自发地成长，即成为结晶的晶核。这种只依靠液体本身在一定过冷度条件下形成晶核叫做自发形核。在实际生产中，金属液体内常存在各种固态的杂质微粒。金属结晶时，依附于这些杂质的表面形成晶核比较容易。这种依附于杂质表面而形成晶核的过程称为非自发形核。非自发形核在生产中所起的作用更为重要。

如图 2-16 所示，当第一批晶核形成后，形核与长大这两个过程是同时在进行着的，直至每个晶核长大到互相接触，而每个长大了的晶核也就成为一个晶粒。

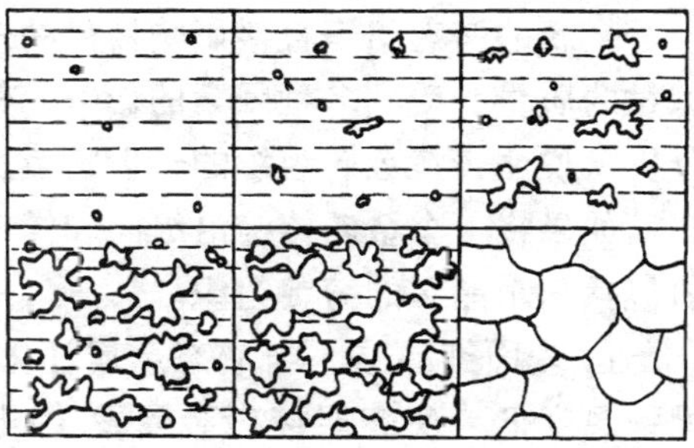

图 2-16　金属结晶过程示意图

晶核长大受过冷度影响，当过冷度较大时，金属晶体常以树枝状方式长大。在晶核开始成长初期，因其内部原子规则排列的特点，故外形大多是比较规则的。但随着晶核的长大，形成了棱角，棱角处的散热条件优于其他部位，因而得到优先长大，如树枝一样先长出枝干，称为一次晶轴。在一次晶轴伸长和变粗的同时，在其侧面棱角处会长出二次晶轴，随后又可出现三次晶轴、四次晶轴……。图 2-17 示意地表示树枝状晶体的形状。相邻的树枝状骨架相遇时，树枝骨架停止扩展，每个晶轴不断变粗长出新的晶轴，直到枝晶间液体全部消失，每一枝晶成长为一个晶粒。

图 2-17　树枝状晶体示意图

三、金属结晶后的晶粒大小

金属结晶后，获得由许多晶粒组成的多晶体组织。晶粒的大小对金属的力学性能、物理性能和化学性能均有很大影响。细晶粒组织的金属强度高、塑性和韧性好；而粗晶粒金属的耐蚀性好。作为软磁材料的纯铁，晶粒越粗大，则磁导率越大，磁滞损耗减少。

为了提高金属材料的力学性能，必须了解晶粒大小的影响因素及控制方法。

晶粒大小可以用单位体积内晶粒的数目来表示，通常测量常以单位截面积上晶粒数目或晶粒的平均直径来表示。

金属结晶后晶粒大小取决于形核率 N ［晶核形成数目/（$mm^3 \cdot s$）］和长大率 G（mm/s）。N 越大，G 越小，则晶粒越细。

图 2-18 定性地表示了形核率 N 及长大率 G 与过冷度 ΔT 之间的关系。N 和 G 都是随 ΔT 的增大而增长的。但两者的增长程度是不同的，N 的增长率大于 G 的增长率。ΔT 增大，单位体积内晶核数目增多，故晶粒变细。

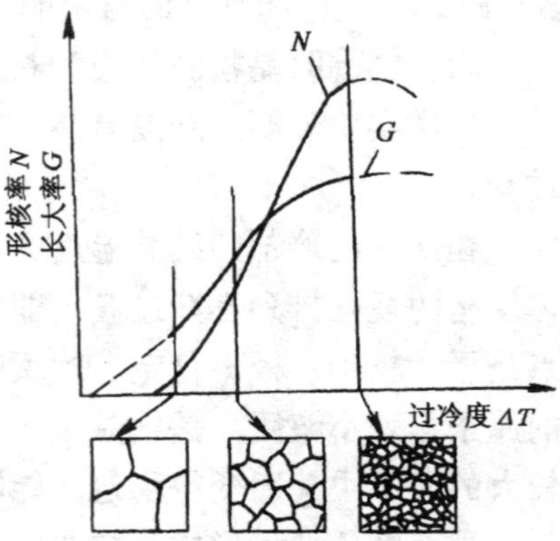

图 2-18　形核率 N 和长大率 G 与过冷度 ΔT 的关系

在实际生产中，对于铸锭或大铸件，由于散热慢，要获得较大的过冷度很困难，而且过大的冷却速度往往导致铸件开裂而造成废品。为了获得细晶粒组织，浇注前在液态金属中加入少量的变质剂，促使形成大量非自发晶核，提高形核率 N，这种细化晶粒的方法称为变质处理。变质处理在冶金和铸造生产中应用十分广泛，如钢中加入铝、钛、钒、硼等；铸铁中加入硅钙等；铸造铝硅合金中加入钠盐等。

另外，在金属结晶时，对液态金属附加机械振动、超声波振动、电磁波振动等措施，造成枝晶破碎，使晶核数量增大，也能使晶核细化。

四、铸锭的组织

金属的铸态组织直接影响铸件的使用性能，金属铸锭的组织及质量也影响到压力加工后型材的质量。受到多种因素的影响，铸造金属的组织是多种多样的，这里通过对铸锭组织的分析来说明铸造金属组织的一般特点。

如果将一个金属铸锭沿纵向和横向剖开磨光并加以浸蚀，一般可以看到如图 2-19 所示的包括三个晶区的铸锭组织。

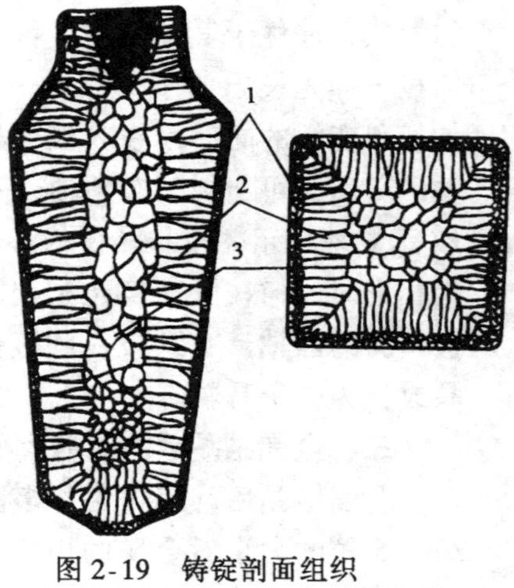

图 2-19　铸锭剖面组织
1—表面细晶层　2—柱状晶区
3—中心等轴晶区

1. 表面细晶层　当液态金属注入金属锭模后，由于模壁温度低，使表层液态金属发生强烈过冷，同时模壁促进非自发形核，因此形核率很高，形成细小的等轴晶粒（晶粒各方向的尺寸近乎相等）表层。

2. 柱状晶区　表层细晶粒形成，模壁温度已经升高，使细晶层前沿的液态金属的过冷度减小，因此形核率很低；而长大率受影响较小，已有的晶粒能够继续长大。由于垂直于模壁方向的散热速度最快，那些枝晶轴垂直于模壁的晶粒就会沿着散热的相反方向向液体中长大；而晶轴与模壁斜交的晶粒，长大受到相邻晶粒的阻碍；这样就形成柱状晶粒。

3. 中心等轴晶区　随着柱状晶区发展，模壁温度进一步升高，通过柱状晶区和模壁向外散热速度越来越小；同时由于结晶潜热的释放，剩余在锭模中心区的液体温度也渐趋均匀，几乎同时达到过冷状态。在剩余液体内部各处同时形成新晶核；由于种种原因，可能将一些未溶杂质推至中心区，或将柱状晶的枝晶冲断漂移到中心区，它们都可成为中心区的晶核；这些晶核长出的树枝状晶可以向各个方向长大，阻止了原来柱状晶的继续长大，因而在铸锭的中心部分形成等轴的晶粒。因中心区液态金属的过冷度较小，因此晶粒比较粗大。

上述铸锭中三层组织对铸锭性能的影响是不同的。表面细晶层力学性能虽好，但由于该层很薄，故对整个铸锭的性能影响不大。柱状晶区比较致密，对于塑性较好的非铁金属，希望得到较大的柱状晶区。另外柱状晶沿其长度方向的强度较高，所以对于那些主要承受单向载荷的机械零件，常采用定向凝固法获得柱状晶组织。但柱状晶粒的交界面常聚集易溶杂质和非金属夹杂物而形成脆弱界面，因此铸钢锭要设法抑制结晶时柱状晶区的发展。中心等轴晶区的性能没有方向性，但该区结晶时形成很多微小的缩孔（缩松），这种疏松的组织致使力学性能降低。

铸锭的组织与合金液体的化学成分和凝固条件等因素有关。变更这些因素，就可以改变三层组织的相对厚度和晶粒的粗细，甚至可获得只由两个或一个晶区所组成的铸锭。一般液态金属过热度低、浇注温度低、冷却速度慢、散热均匀、未用变质处理和附加振动搅拌等都有利于中心等轴晶区的发展。

在金属铸锭中，除组织不均匀外，还经常存在着各种铸造缺陷，如缩孔、疏松、裂纹、气泡、偏析及非金属夹杂物等。

第四节　合金的相结构

一、概述

许多导电体、传热器、装饰品、艺术品均是由铜、铝、金、银等纯金属制成的。但由于纯金属力学性能较差，不宜制造机械零件和工模具等工件。实际生产中通过配制各种不同成分的合金材料，以获得所需的力学和特殊的电、磁、化学等方面性能。合金是由两种或两种以上的金属元素，或金属和非金属元素组成的具有金属性质的物质。

组成合金的基本的物质称为组元。组元大多是元素，如铁碳合金（碳钢、铸铁）的主要组元是铁和碳，有时也可将稳定的化合物作为组元。由两个组元组成的合金称为二元合金，由三个组元组成的合金称为三元合金等。当组元不变，而组元比例发生变化，可以得到一系列不同成分的合金，称这一系列相同组元的合金为合金系。

化学成分是决定合金材料性能的基本因素之一，黄铜、巴氏合金、碳钢相互之间的性能迥然不同；碳钢和铸铁之间性能差异也很大。即使是相同化学成分的合金材料，其性能也可以有显著区别。例如，同一化学成分的某种刃具钢，其淬火态的刃具可以切削退火态的制件，其性能差别如此之大，起决定性作用的是“组织”和“相”两个因素。

“组织”是指用肉眼或借助于放大镜、显微镜观察到的材料内部的形态结构。一般将用肉眼和放大镜观察到的组织称为宏观组织，在显微镜下观察到的组织称为显微组织。组织的含义包括组成物“相”的种类、形状、大小及不同“相”之间的相对数量和相对分布。

所谓“相”是金属或合金中具有相同化学成分、相同结构并以界面相互分开的各个均匀的组成部分。若合金是由成分、结构都相同的同一种晶粒构成的，则各晶粒虽有界面分开，却属于同一种相；若合金是由成分、结构互不相同的几种晶粒所构成，它们将属于不同的几种相。一般常把固态下的相统称为固相，而液体状态称为液相。金属与合金的一种相在一定条件下可以变为另一种相，叫做相变，例如金属结晶，是液相变为固相的一种相变。金属在固态下由一种晶格转变为另一种晶格的“同素异构转变”是一种固态相变。

二、合金的相结构

固态合金中的相，按其组元原子的存在方式可分为固溶体和金属化合物两大基本类型。

（一）固溶体

溶质原子溶于溶剂晶格中而仍保持溶剂晶格类型的合金相称为固溶体。根据溶质原子在溶剂晶格中所占位置不同，固溶体可分为置换固溶体和间隙固溶体两类。

溶质原子占据晶格结点位置而形成的固溶体叫置换固溶体，如图 2-20a 所示。按溶质原子在置换固溶体中的溶解度不同，又可分成有限固溶体和无限固溶体。无限固溶体中溶质原子的溶解度是无限的，其形成的条件：一是两组元的原子价相等，并在元素周期表中位置相距不远；二是两组元具有相同的晶格类型；三是两组元原子直径比值在 0.85～1.15 之间。例如铜镍合金形成的是无限固溶体。而大部分固溶体的溶解度是有限的。

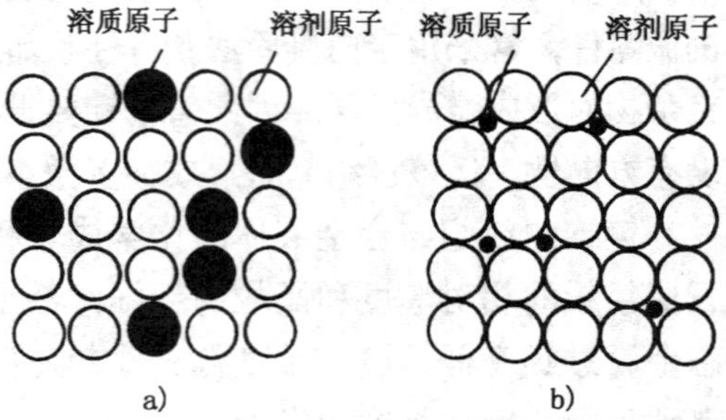

图 2-20　两种固溶体结构示意图
a）置换固溶体　b）间隙固溶体

溶质原子占据溶剂晶格间隙所形成的固溶体称为间隙固溶体（图 2-20b）。由于晶格中空隙位置是有限的，因此间隙固溶体是有限固溶体，并且要求溶质原子直径与溶剂原子直径比值不大于 0.59。从元素性质看，过渡族金属元素与 H、B、C 等非金属元素结合时可形成间隙固溶体。

由于溶质原子的溶入，会引起固溶体晶格发生畸变，使合金的强度、硬度提高，塑性、韧性有所下降。这种通过溶入原子，使合金强度和硬度提高的方法叫做固溶强化。固溶强化是提高材料力学性能的重要途径之一。

（二）金属化合物（又称中间相）

金属化合物是合金元素间发生相互作用而生成的具有金属性质的一种新相，其晶格类型和性能不同于合金中的任一组成元素，一般可用分子式来表示。

金属化合物一般具有复杂的晶体结构，熔点高，硬而脆。当合金中出现金属化合物时，通常能提高合金的强度、硬度和耐磨性，但会降低塑性和韧性。金属化合物是各种合金钢、硬质合金及许多非铁金属的重要组成相。

金属化合物的种类很多，常见的有三种类型。

1. 正常价化合物　其特点是：符合一般化合物的原子价规律，成分固定并可用分子式来表示，具有很高的硬度和脆性。它通常由周期表上相距较远、电负性差别较大的两元素组成，例如 Mg_2Si、Mg_2Sn、MnS 等。

2. 电子化合物　这类金属化合物的形成不遵守原子价规律，而是按一定的电子浓度比组成一定晶格类型。电子浓度比是指价电子数与原子数目的比。例如 Cu_5Zn_8 中，价电子数 Cu 为 1，Zn 为 2，电子浓度为 21/13。凡是电子浓度比为 21/13 的，通常为复杂立方晶格，称为 γ 相；凡电子浓度比为 3/2 的，通常为体心立方晶格，称为 β 相，如 CuZn，FeAl 等。电子化合物虽然可用分子式表示，但其成分是可变的，例如，在铜锌合金 CuZn 中锌的质量分数可在 36.8%～56.5% 范围内变动，形成以该化合物为基的固溶体。电子化合物的性能特点是熔点和硬度高，塑性较差。

3. 间隙化合物　又叫尺寸因素化合物，一般由原子尺寸较大的过渡族金属元素与原子尺寸较小的非金属元素所组成。它可分为：简单晶格间隙化合物如 TiC、VC、W_2C 等；复杂晶格间隙化合物如 Fe_3C、Cr_7C_3、$Cr_{23}C_6$ 等。简单晶格间隙化合物（又称间隙相）的显著特点是熔点和硬度极高，十分稳定；复杂晶格间隙化合物与之相比有一定差距。间隙化合物是钢铁材料中重要的强化相。

渗碳体（Fe_3C）是铁碳合金中的间隙化合物，其晶体结构如图 2-21 所示，具有复杂的斜方晶格（$a \neq b \neq c$，$\alpha = \beta = \gamma = 90°$），含碳量 $w_C = 6.69\%$，性能上硬而脆。

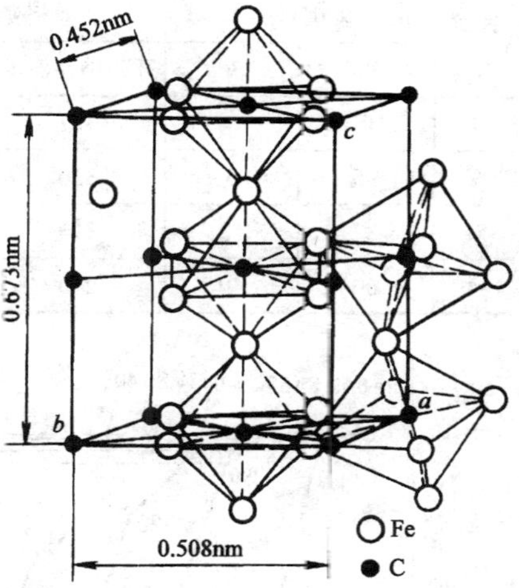

图 2-21　Fe_3C 的晶体结构

三、合金的组织

合金的组织组成可能出现以下几种状况：①由单相固溶体晶粒组成；②由单相的金属化合物晶粒组成；③由两种固溶体的混合物组成；④由固溶体和金属化合物混合组成。

合金组织的组成相中，固溶体强度、硬度较低，塑性、韧性较好；金属化合物硬度高、脆性大；而由固溶体和金属化合物组合的机械混合物的性能往往介于二者之间，即强度硬度较高，塑性韧性较好。由两种以上固溶体及金属化合物组成的多相合金组织，又会因其各组成相的相对数量、尺寸、形状和分布不同，形成各种各样组织形态，从而影响合金的性能。例如，碳钢退火状态下的组织是铁素体（碳在 α－Fe 中的间隙固溶体）与化合物 Fe_3C 的混合物。铁素体塑性、韧性好、强度低，Fe_3C 硬而脆。不同含碳量的钢中，Fe_3C 数量不同，其性能有很大差别。一定含碳量的高碳钢中，Fe_3C 数量一定，但 Fe_3C 呈粒状或片状形态不同，将在很大程度上影响钢的性能。Fe_3C 呈细粒状分布，可获得良好的综合力学性能。

因此，要了解合金的成分与性能的关系，除了要了解相的结构和性能之外，还必须掌握合金及固态转变过程中所形成的各个相的数量及其分布规律，通过合金相图，可以掌握缓慢转变过程中合金组织变化的规律。

第五节　二元合金相图

合金的内部组织远比纯金属复杂。同是一个合金系，合金的组织随化学成分的不同而变化；同一成分的合金，其组织随温度不同而变化。为了全面了解合金的组织随成分、温度变化的规律，对合金系中不同成分的合金进行实验，观察分析其在极其缓慢加热、冷却过程中内部组织的变化，绘制成图。这种表示在平衡条件下给定合金系中合金的成分、温度与其相和组织状态之间关系的坐标图形，称为合金相图（又称为合金状态图或合金平衡图）。

建立相图最常用的实验方法是热分析法，现以铅锡二元合金为例来说明二元相图的建立。①将铅锡两种金属配制成一系列不同成分的合金（表 2-2）；②作出每个合金的冷却曲线（图 2-22），然后找出各冷却曲线上的相变点（转变温度）；③在温度-成分坐标图上，将各个合金的相变点分别标在相应合金的成分垂线上；④将各成分垂线上具有相同意义的点连接成线，并根据已知条件和分析结果在各区域内写上相应的相名称符号和组织名称符号，给曲线上重要点注上字母和数字，就得到一个完整的二元合金相图（图 2-22）。

表 2-2　实验用 Pb-Sn 合金的成分和相变点

合金序号	化学成分 w_{Me}（%）		相变点/℃		合金序号	化学成分 w_{Me}（%）		相变点/℃	
	Pn	Sn	开始结晶温度	终止结晶温度		Pn	Sn	开始结晶温度	终止结晶温度
1	100	0	327	327	5	38.1	61.9	183	183
2	95	5	320	290	6	20	80	205	183
3	87	13	310	220	7	0	100	232	232
4	60	40	240	183					

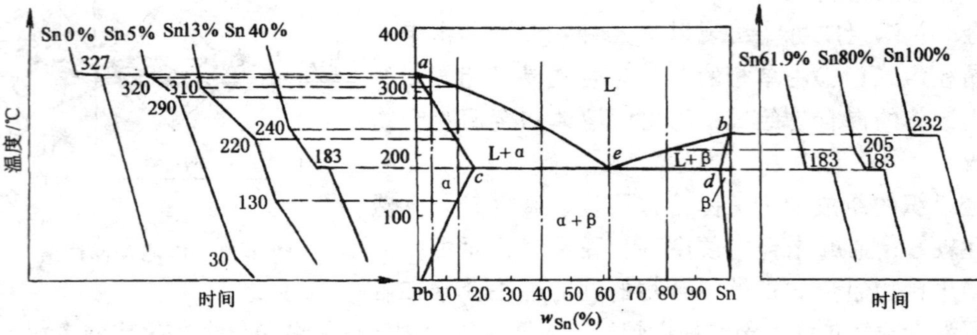

图 2-22　相图建立过程示意图

各个冷却曲线上的转折点和水平线，表示金属及合金在冷却到该温度时发生了冷却速度的突然改变，这是由于金属和合金在结晶（或固态相变）时有相变潜热放出，抵消了部分或全部热量散失的缘故。纯 Pb 和纯 Sn 的结晶是在恒温下进行的；Sn 的质量分数 $w_{Sn}=61.9\%$ 合金的结晶过程也是恒温下进行的，恒温温度是 183℃；而其余合金的结晶过程则分别在一定的温度范围内进行的。把所有代表合金结晶开始温度的相变点都连接起来成为 *aeb* 线，在此线上的 Pb-Sn 合金都呈液相状态，因此把此线称为液相线。同理，*acedb* 线叫固相线，此线以下的合金都处于固相状态。在液相线和固相线之间是液、固相平衡共存的两相区。在 *ced* 水平线成分范围的合金在结晶温度到达 183℃时，将发生恒温转变 $L_e=\alpha_c+\beta_d$，即从某种成分固定的液相合金中同时结晶出两种成分和结构皆不相同的固相，这种转变称为共晶转变，这时是 L+α+β 三相共存。

二元合金相图有多种不同的基本类型。实用的二元合金相图大都比较复杂，但复杂的相图总是可以看作是由若干基本类型的相图组合而成的。例如，铁碳合金相图（如第四章图 4-2 所示）包含了包晶、匀晶、共晶（共析）三种基本二元相图（图 2-23）。

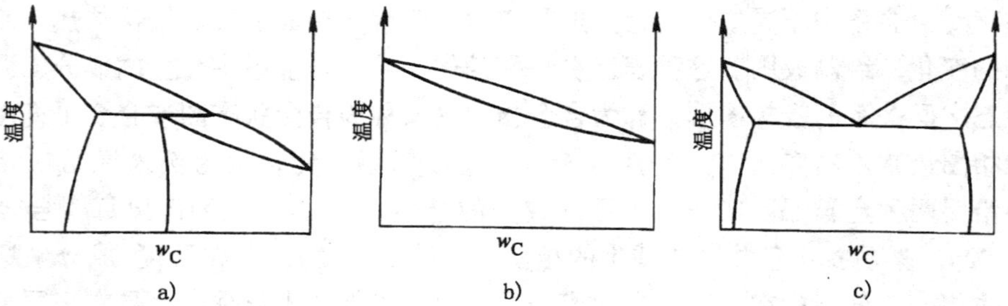

a)　　b)　　c)

图 2-23　三种基本二元合金相图

a）包晶相图　b）匀晶相图　c）共晶相图

除二元合金相图外，还有三元合金相图、多元合金相图等用来分析多元合金的平衡相变过程和组织变化。

思考题与习题

1. 解释下列名词

晶体、晶格、晶胞、晶格常数、晶面、晶向、致密度；单晶体、多晶体、点缺陷、线缺陷、面缺陷、位错、亚晶、大角晶界、小角晶界；结晶、自发形核、非自发形核；合金、组织、相、固溶体、金属化合物、固溶强化、弥散强化。

2. 常见的金属晶体结构类型有哪几种，绘出其晶胞图，说明其主要特征。

3. 请计算面心立方晶格的原子半径和致密度(晶格常数为 a)。

4. 为什么单晶体具有各向异性，而多晶体一般不显示各向异性?

5. 定性说明金属的强度随其位错密度变化的趋势。

6. 什么叫过冷度？过冷度与冷却速度有何关系？为什么金属结晶时必须过冷？

7. 说明结晶过程中过冷度对形核率和长大率的影响规律，铸造生产中采取哪些措施细化晶粒?

8. 试述铸锭组织中三个晶区形成的原因。

9. 指出下列概念的主要区别

相与组织；置换固溶体与间隙固溶体；有限固溶体与无限固溶体；间隙固溶体与间隙相；正常价化合物与电子化合物；液相线与固相线

10. 什么是合金相图？了解热分析法建立合金相图的过程。

第三章　金属的塑性变形与再结晶

为了使金属材料形成所需要的形状和尺寸，工业生产中广泛采用轧制、锻造、挤压、冲压、拉拔等压力加工方法。通过压力加工时的塑性变形，金属材料的组织和性能得到一定的改善。例如，高强度碳素弹簧丝经过热处理和拉拔加工后，其抗拉强度可达 2000～3000MPa，比一般钢丝强度高 4～6 倍。但塑性变形也会给金属的组织和性能带来某些不利的影响。因此在压力加工之后或在其加工的过程中，经常需要对金属加热，使其发生回复与再结晶，以消除不利的影响。

各种金属制品在工作时要受到外力的作用，具有一定塑性的金属材料在受外力而破坏时总要经过塑性变形阶段，就如在第一章第一节讲到的低碳钢在拉伸实验中所发生的过程一样。金属材料的强度指标 σ_s、σ_b 等反映了在一定条件下材料对塑性变形的抵抗力；而塑性指标 δ、ψ 等反映了金属材料的塑性变形能力。这也表明研究金属塑性变形的规律对改善产品质量和合理使用金属材料都具有十分重要的意义。

第一节　金属的塑性变形

金属材料在外力作用下产生变形，当应力超过材料的弹性极限时，就要产生塑性变形。它是当外力去除后不能恢复的永久变形。

实际使用的金属材料均为多晶体，其塑性变形过程比较复杂。我们先研究比较简单的单晶体塑性变形，然后再讨论多晶体的塑性变形。

一、单晶体的塑性变形

单晶体金属的塑性变形的基本方式有两种：滑移和孪生。其中，滑移是最基本、最重要的变形方式。

（一）滑移

滑移是晶体的两部分之间沿一定晶面（滑移面）上的一定方向（滑移方向）发生的相对滑动。

当金属晶体受到外力 F 作用时，不论外力的方向、大小与作用方式如何，均可将总的应力 σ_F 分解成垂直于某一滑移面的正应力 σ 和平行于此面的切应力 τ，如图 3-1a 所示。

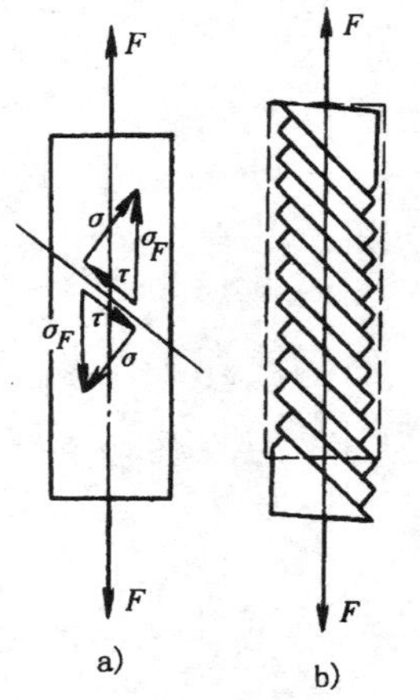

图 3-1　单晶体拉伸示意图
a）应力分析　b）塑性变形

在正应力 σ 作用下，试样发生弹性伸长，并在 σ 足够大时发生断裂；切应力 τ 能使试样发生弹性歪扭，如图 3-2b 所示。当切应力增大到一定值时，则一定晶面两侧的两部分晶体产生相对的滑动，如图 3-2c 所示，滑动的距离超过一个原子间距（图中表示滑移了一个原子间距）。这时如果去除外力，晶格的弹性歪扭随之消失，而滑移到新位置的原子已不能回到原来的位置，在新的位置上重新处于平衡状态。于是晶体就产生微量的塑性变形，如图 3-2d 所示。许多晶面滑移的总和，就产生了宏观的塑性变形（见图 3-1b）。

通常滑移总是沿晶体中原子排列最紧密的晶面和晶向进行。这是因为晶体中最密排晶面上原子结合力最强，而其面间距最大，所以这些晶面间的结合力最弱，滑移阻力最小；同理沿原子密度最大的晶向滑动时阻力也最小。因此金属晶体的滑移面和滑移方向是原子密排面和密排方向。不同晶格类型金属的滑移面和滑移方向是不一样的，它们的数量也是不同的。图 3-3 所示是三种典型金属晶格的主要滑移面和滑移方向。一个滑移面和这个面上的一个滑移方向，构成为一个滑移系，所以晶体滑移系的数量等于滑移面数与滑移方向数的乘积。在面心立方晶格中滑移面是 {111} 晶面族，共有 4 个不同方位的晶面；滑移方向是〈110〉晶向族，在每个 {111} 晶面上有 3 个〈110〉晶向。而在体心立方晶格中，滑移面是 {110} 晶面族，共有 6 个晶面；滑移方向是〈111〉晶向族，在每个 {110} 晶面上有 2 个〈111〉晶向。故面心立方晶格和体心立方晶格都有 12 个滑移系。显然，滑移系越多，金属受力发生滑移的可能性就越大，其塑性也就越好。由于滑移方向对滑移的影响比滑移面更大，所以虽然体心立方金属和面心立方金属都有 12 个滑移系，但后者的塑性更好。如 Au、Ag、Cu、Al、γ－Fe 都是面心立方晶格，都具有很高的塑性变形能力。密排立方金属（如 Zn、Mg 等）仅有 3 个滑移系，它们的塑性远较立方晶格金属为差。

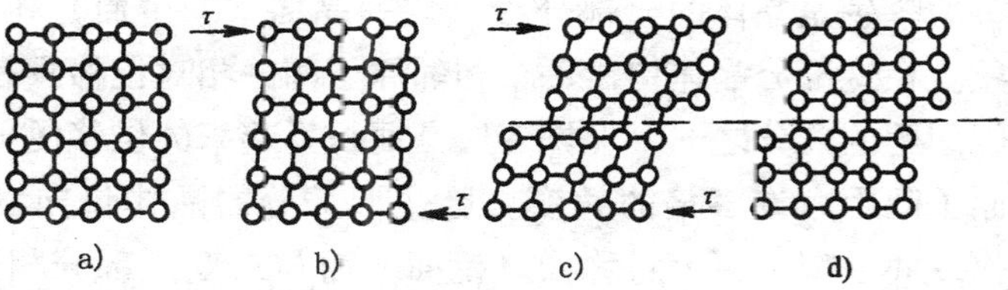

图 3-2　晶体在切应力作用下的变形
a）未变形　b）弹性变形　c）弹塑性变形　d）塑性变形

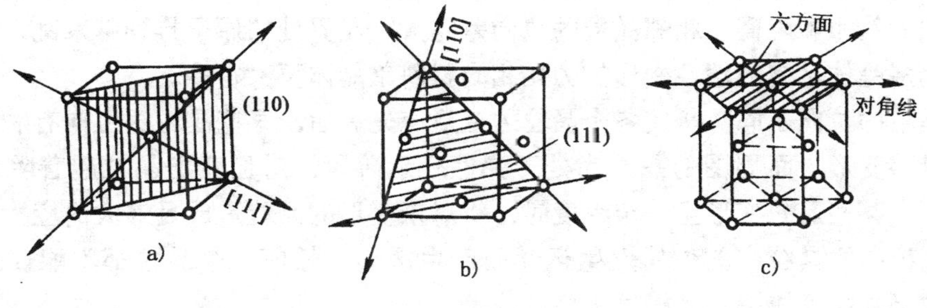

图 3-3　三种典型晶格金属的滑移系
a）体心立方晶格　b）面心立方晶格　c）密排六方晶格

滑移是晶体间的相对滑动，不引起晶格类型的变化。但是，滑移时并不是整个滑移面上的全部原子一起移动。整体刚性滑动所需克服的阻力比实测滑移阻力要大 3～4 个数量级。近代科学研究表明，滑移是通过滑移面上的位错运动逐步实现的。图 3-4 所示为刃形位错在切应力的作用下由滑移面的一端运动到另一端，从而造成一个原子间距的滑移过程。晶体在外力作用下不断增殖新的位错，大量的位错移出晶体表面，就产生了宏观的塑性变形。

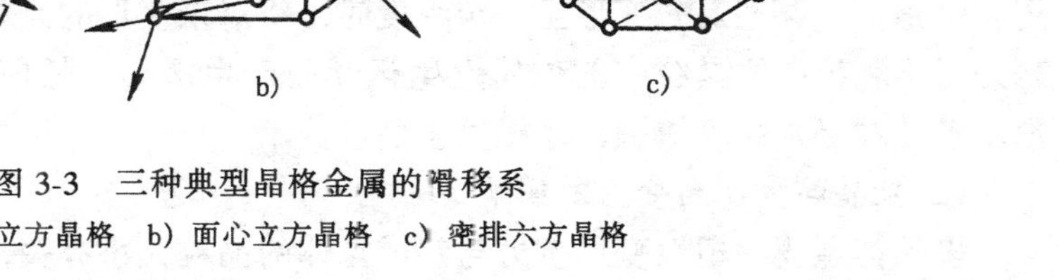

图 3-4　通过位错运动实现滑移的示意图

（二）孪生

孪生是晶体的一部分沿一定的晶面（孪生面）和晶向（孪生方向）进行剪切变形的现象。在这部分晶体中，每个相邻原子间的相对位移只有一个原子间距的几分之一，但许多层晶面积累起来的位移便可形成比原子间距大许多倍的切变。已变形部分的晶体位向发生了变化，并以孪生面为对称面（镜面）而与未变形部分相互对称，如图 3-5 所示。对称的两部分晶体称为孪晶。发生变形的那部分晶体称为孪晶带。

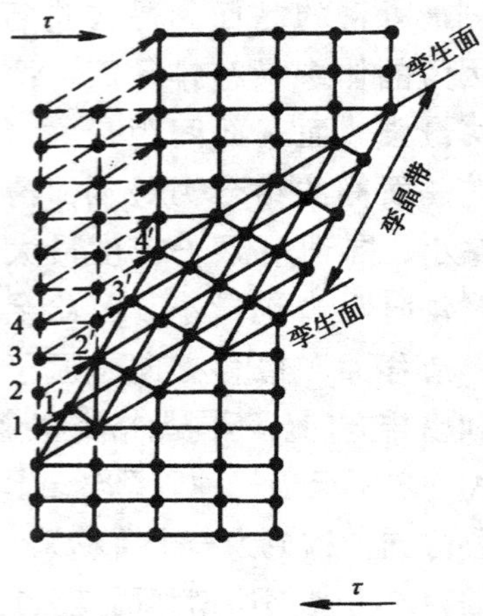

图 3-5　孪生过程示意图

孪生是否能够发生，与晶格特征和变形条件有关。由于密排六方金属的滑移系少，故常以孪生方式变形；体心立方金属只有在低温拉伸或受到冲击载荷时才发生孪生变形；面心立方金属容易滑移变形，一般不发生孪生。

二、多晶体的塑性变形

多晶体进行塑性变形时，每个晶粒的基本变形方式与单晶体的塑性变形基本相同，但由于晶界的存在及各个晶粒的晶格位向不同，使得各个晶粒的塑性变形互相受到阻碍与制约。因此，就多晶体整体的塑性变形来说，要比单晶体的情况复杂得多。

（一）晶界及晶粒取向的影响

晶界是相邻晶粒的过渡层，这里的原子排列比较紊乱，并常有杂质集中于此。当滑移变形时，位错移动到晶界附近，便会受到严重的阻碍而停止前进，因而使位错在晶界前堆积起来。若要位错穿过晶界则需要更大的外力。同时多晶体中任一晶粒的滑移都会受到它周围不同位向晶粒的约束和阻碍。相邻晶粒的位向差越大，晶界处的原子排列越紊乱，滑移抗力就越大。因此多晶体金属的塑性变形抗力比相同材料单晶体要大得多。

各个晶粒的位向不同，将使各个晶粒的变形有先有后，某些晶粒的位向有利于滑移，会首先发生滑移变形，而周围的晶粒尚处于弹性变形阶段，对已变形晶粒起着阻碍变形的作用。但是，当某些晶粒变形至一定程度时，将对未变形的晶粒造成足够大的应力集中，使原来处于不利位向的晶粒中的位错发生运动而产生滑移。任何一个晶粒都不能孤立地进行变形，各晶粒必须相互协调，才能发生变形。

（二）晶粒大小对变形的影响

多晶体金属的塑性变形抗力与组成晶体的晶粒大小有关，金属晶粒越细小，单位体积中的晶界面积越大，并且不同位向的晶粒也越多，因而金属的塑性变形抗力越大，金属的强度也就越高。

细晶粒的金属不仅强度较高，而且塑性及韧性也较好。因为晶粒越细，一定体积的晶粒数目越多，在同样变形条件下，变形量被分散在更多的晶粒内进行，使各晶粒的变形也比较均匀而不致产生过分的应力集中现象。此外，晶粒越细，晶界就越多、越曲折，越不利于裂纹的传播，从而使其在断裂前能承受较大的塑性变形，表现出较高的塑性和韧性。

由于细化晶粒可以同时提高金属材料的强度、塑性与韧性，因此工业生产中常通过结晶时变质处理、塑性加工和热处理等多种途径使金属材料得到细小均匀的晶粒。但是，对实际使用的材料要考虑具体的使用性能和工艺性能要求，提出晶粒尺寸要求。例如，供深冲深拉用黄铜的晶粒尺寸对材料冲压性能有很大影响。细晶粒组织的强度高，加工成形后表面质量好，但变形抗力较大，较难成形（易破裂）；粗晶粒组织则容易加工，但冲压件表面质量不好，疲劳性能也差。所以，必须根据需要控制晶粒尺寸。

三、塑性变形后金属的组织与性能

金属材料经冷塑性变形后，不仅外形与尺寸发生变化，而且还可使其组织与性能产生一系列重大变化。

（一）位错密度增加，产生加工硬化

塑性变形对金属性能的主要影响是产生加工硬化。加工硬化也称为冷变形强化或冷作硬化，即金属在变形后，强度、硬度提高，而塑性、韧性下降的现象。这种强化在图 1-2 宏观拉伸曲线上就能明显地表现出来。

如前所述，塑性变形主要是通过位错运动实现的，对加工硬化起决定性作用的是位错密度增加。未变形晶粒中已存在大量位错，发生塑性变形时，会产生新的位错，运动位错与各种位错及其他晶体缺陷之间会产生各种复杂的交互作用，阻碍位错的运动。变形量较大时，由于位错之间相互纠缠，形成不均匀分布的位错发团，并使各晶粒破碎为细碎的亚晶。随着变形量的增大，由于亚晶和位错密度的增加，金属的塑性变形抗力迅速增大，加工硬化现象更为明显。

加工硬化具有很重要的实际意义，在工程技术方面有很广泛的应用。首先，在工业生产中，它是一种非常重要的强化手段，尤其是对于那些不能用热处理方法来强化的金属材料。其次，加工硬化有利于金属进行均匀的变形。因为金属的变形部分产生了硬化，继续的变形将主要在未变形或变形较少的部分发展。但是，加工硬化也给金属的继续变形造成困难。因此，在金属的变形和加工过程中常常要进行“中间退火”，以消除它的不利影响。这就增加了生产成本，降低了生产率。

（二）冷塑性变形引起的各向异性

一般情况下，金属多晶体的宏观性能是各向同性的，但经受方向性的塑性变形后会出现各向异性现象，特别是大变形量下，这种现象很明显。各向异性现象是由组织的方向性和结构的方向性两种因素的综合结果。

1. 形成纤维组织　金属塑性变形时，随着其外形的改变，内部晶粒的形状也发生相应的变化，通常沿变形方向被拉长、挤细或压扁。当变形量很大时，晶粒变成细条状，晶界变得模糊不清。同时金属中的夹杂物也沿变形方向被拉长，形成所谓纤维组织，如图 3-7 左上角组织示意图所示，这种组织的方向性使金属在不同方向上表现出不同的性能，即产生一定程度的各向异性。

2. 变形织构的产生　当晶体变形量很大（70%以上）时，各晶粒的滑移方向都要向变形方向转动，这样就使原来位向各不相同的各个晶粒取得近于一致的位向，即形成晶粒晶格的择优取向，这种晶粒位向有序化结构称为变形织构。

在多数情况下织构的形成对金属继续塑性加工是不利的。例如，用有织构的板材冲制筒形零件时，由于不同方向上的塑性差别较大，深冲之后，零件的边缘不整齐，出现了“制耳”现象，如图 3-6 所示。

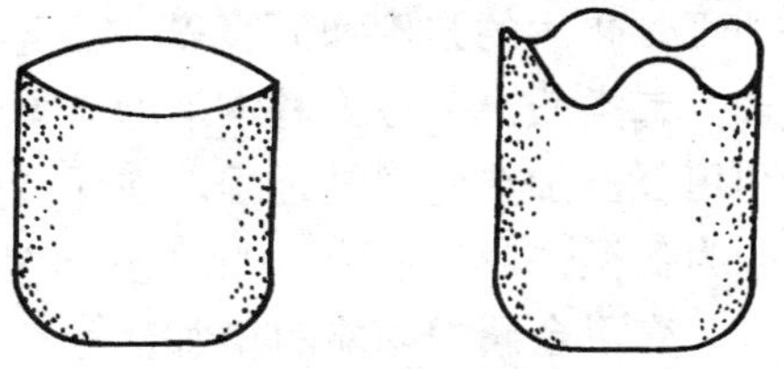

图 3-6　冷冲压的制耳现象

在某些情况下变形织构形成的各向异性在生产上也

有好处，例如用来制造变压器铁心的硅钢片，其晶格为体心立方，沿［001］晶向最易磁化，如果能采用具有［001］织构的硅钢片制作，并在工作时使［001］晶向平行于磁场方向，则可使变压器铁心的导磁率明显增加，磁滞损耗降低，从而提高变压器的效率。

（三）产生残余内应力

残余内应力是残留于金属内部且平衡内部的应力。结晶、塑性变形、固态相变、温度急剧变化等都可能使金属产生残余内应力。塑性变形产生的残余内应力主要是金属受到外力作用下内部变形不均匀造成的。残余内应力可分为三类：金属表层和心部变形不均匀，或这一部分和那一部分变形不均匀，会造成宏观内应力（亦称第一类内应力）；相邻晶粒变形不均匀，或晶内不同部位变形不均匀，会造成微观内应力（也称第二类内应力）；由于位错等缺陷的增加，会造成晶格畸变应力（可称第三类内应力）。其中，第三类内应力占绝大部分(90%以上)，这是使变形金属强化的重要原因。虽然第一类、第二类内应力所占的比例不大，但能引起金属的变形，降低金属强度，对后续的切削加工、热处理质量都有很大影响，并可能使金属的耐蚀性下降，所以冷塑性变形后往往要对工件进行去应力退火处理。

在交变载荷条件下工作的零件往往采取表面强化的方法，如对板弹簧等零件进行喷丸处理、表面滚压处理等使其表面产生一定的塑性变形而形成残余压应力，从而提高零件的疲劳强度。

第二节　变形金属在加热时组织和性能的变化

金属及合金经冷变形后，强度、硬度升高，塑性、韧性下降，这对某些应用是重要的，但却给进一步的冷成形加工（例如深冲）带来困难，常常需要将金属加热进行退火处理，以便其性能向塑性变形前的状态转化。

金属经冷变形后，内能升高，处于不稳定的状态，并存在向稳定状态转变的趋势。在低温下这种转变一般不易实现。但加热时由于原子的活动能力增强，变形金属的组织和性能会发生一系列的变化，最后趋于较稳定的状态。随着加热温度的升高，变形金属大体上相继发生回复，再结晶和晶粒长大三个阶段。图 3-7 为这三个阶段组织和性能变化的示意图。

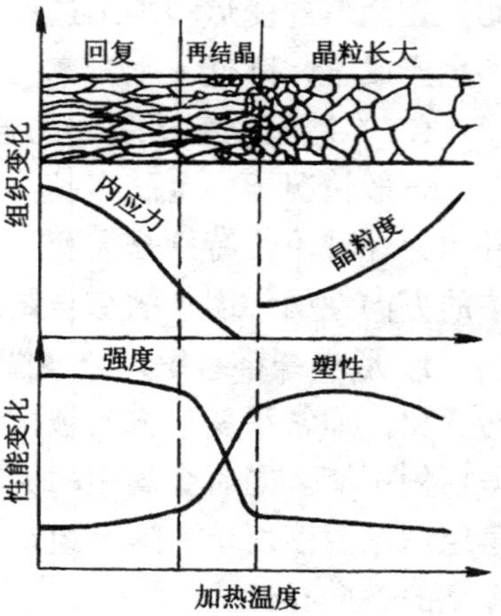

图 3-7　冷变形金属加热时的组织和性能的变化

一、回复

加热温度较低时，变形金属发生回复过程，此时原子的活动能力不很大，变形金属的显微组织不发生显著的变化，加工硬化后的强度和硬度基本上不变，但塑性略有回升，第一、二类残余内应力基本消除；物理、化学性能基本恢复到变形前的情况。因此，工业上可利用低温加热的回复过程，在保持变形金属很高强度的同时降低它的内应力，这种处理工艺称为低温去应力退火。

变形金属中内能的增加，往往表现为空位浓度和位错密度等的增大。当金属低温加热时，空位即开始移动，或与其他缺陷相遇合并，或扩散到表面、晶界和位错等处消失，因而减少了晶格畸变。回复过程中位错也会发生迁移而重新分布和组合，形成新的亚晶粒，使位错之间作用力减少，因而使晶体过渡为较稳定的状态。

二、再结晶

加热温度较高时，变形金属的显微组织发生显著的变化，破碎的、被拉长压扁的晶粒全部转变成均匀细小的等轴晶粒，这一过程类似结晶过程，也是通过形核和长大的方式完成的，故被称为“再结晶”。再结晶的形核和长大过程，实际上是回复过程中形成的亚晶的合并长大或晶界向畸变能高的晶粒扩散移动而进行的。再结晶前后晶粒的晶格类型不变，化学成分不变，只改变晶粒形状，因此再结晶不是相变。

经再结晶后金属的强度硬度明显下降，而塑性和韧性显著上升，所有性能完全恢复到变形前的水平。

再结晶不是在恒温下进行的，而是在一定温度范围内进行的过程。通常所说的再结晶温度，是指在规定时间内（如一小时）能够完成再结晶或再结晶达到规定程度（例如95%）的最低温度。

再结晶温度主要决定于变形度。金属的变形程度越大，晶体的缺陷就越多，组织就越不稳定，再结晶温度越低。如图 3-8 所示。

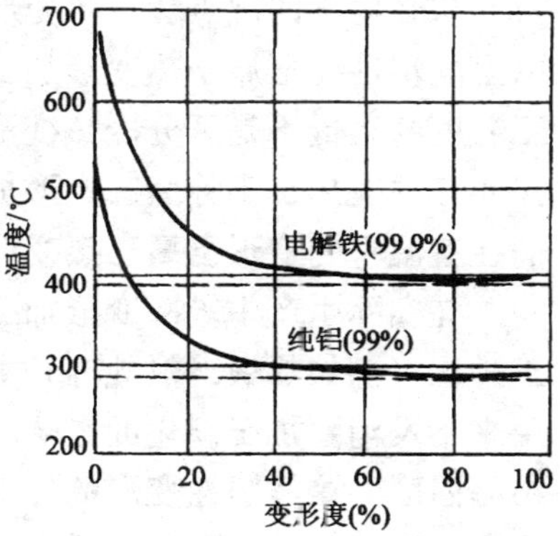

图 3-8 金属再结晶温度与其预变形程度的关系

但是在变形度达到一定的大小（70%～80%），金属的再结晶温度逼近于一定的温度，并趋于稳定。工业生产中即以此温度确定再结晶温度。大量实验结果表明，纯金属的最低再结晶温度与熔点之间有如下大致关系：$T_{再} \approx (0.35 \sim 0.40)\ T_{熔}$，式中温度均用绝对温度表示。可见，在其他条件相同时，金属的熔点越高，其再结晶温度越高。

金属中的杂质元素或合金元素，特别是那些高熔点元素，它们常常分布与晶界处并阻碍晶界的迁移，使再结晶温度提高。例如，纯铁的再结晶温度为 450℃，当加入少量的碳变成低碳钢后，它们再结晶温度提高到 540℃。

三、再结晶后的晶粒长大

在变形晶粒完全消失和再结晶晶粒彼此接触后，获得均匀细小的等轴晶粒。但如果加热温度过高或加热时间过长，则晶粒会明显长大。晶粒的长大是通过晶界的迁移来实现的，如图 3-9 所示。当晶界从一个晶粒向另一个晶粒内推进时，把另一个晶粒中晶格的位向逐步改成为与这个晶粒相同的位向，于是，另一个晶粒便逐步地被这个晶粒“吞并”，最后合成一个大晶粒。

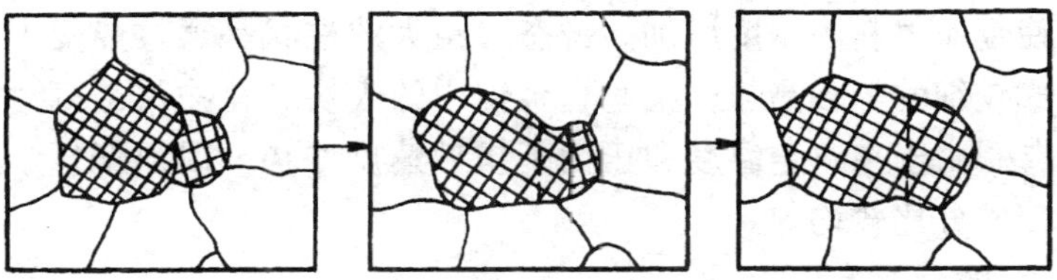

图 3-9 晶粒长大示意图

再结晶温度与再结晶后的晶粒大小，是制定热加工工艺、确定中间退火温度和获得性能良好的产品所必须考虑的问题，在生产中具有非常重要的意义。

第三节　金属的热变形加工

以上所讨论的都限于金属的冷塑性变形加工，由于冷塑性变形会引起金属的加工硬化，变形抗力大，故对那些变形量较大，特别是截面尺寸较大的工件以及低塑性的金属，必须采用热变形加工方法来制造。

一、热变形加工与冷变形加工的区别

从金属学的观点看，热变形加工与冷变形加工是以再结晶温度来划分的。在再结晶温度以上的塑性变形属于热变形加工；而在再结晶温度以下的塑性变形称作冷变形加工。变形加工温度的高低不是区分冷热变形加工的标志。例如，钨的最低再结晶温度约为1200℃，在1000℃的变形加工称为冷变形加工；铅、锡等低熔点金属的再结晶温度低于室温，所以，它们在室温下的变形已属于热变形加工。

在实际生产中，冷变形加工过程中不会发生再结晶，必然会产生加工硬化。在热变形加工过程（例如热锻，热轧等）中，如果工件温度不够高，变形速度又大，则再结晶的软化作用来不及消除加工硬化的影响。因此生产中金属材料的热变形加工开始温度要远远高于其再结晶温度。这样塑性变形的加工硬化随即被再结晶的软化所抵消，因此可将热变形加工看作为冷变形和再结晶过程相重叠的结果。

由于金属在热变形加工时较易发生表面氧化现象，产品表面质量和尺寸精度不如冷变形加工，而冷变形加工适于截面尺寸较小、加工尺寸和表面质量要求较高的金属制品。

二、金属热变形加工时组织和性能的变化

（一）形成热加工纤维组织

热变形加工时，金属中的夹杂物和枝晶偏析沿金属的流动方向被拉长和破碎，在随即发生的再结晶过程中这些夹杂物不会改变纤维状分布，因此，在材料或工件的纵向宏观试样上，可见到沿变形方向的一条条细线，这就是热加工纤维组织或称流线。流线使金属的性能出现各向异性。沿流线方向的强度、塑性、和韧性显著大于垂直方向上的相应性能。因此，热变形加工时应使工件具有合理的流线分布。图3-10是锻造曲轴和轧材切削加工曲轴的流线分布，很明显，切削加工的曲轴的流线分布不合理，它易沿轴肩发生断裂。

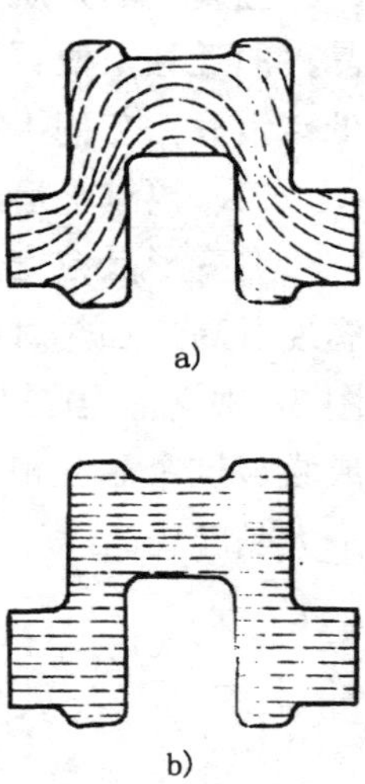

图3-10　曲轴的流线分布示意
a）锻造　b）切削

（二）消除和改善铸态金属的组织缺陷

热变形加工可使铸锭中的组织缺陷得到明显改善，如气泡缩孔焊合、缩松压实，使金属材料的密度增加。铸态时粗大的柱状晶通过热变形加工后能够变成较细的等轴晶粒；某些合金钢中的大块碳化物可被打碎并较均匀地分布。由于在一定温度和压力下扩散速度增快，因而偏析可部分地消除，使成分比较均匀。

（三）带状组织的形成

多相合金中的不同组织，在热变形加工时沿着变形方向呈交替相间的条带状分布，这种组织称为带状组织。例如，在缓冷的热轧低碳钢中会出现先析铁素体和珠光体交替相间的带状显微组织。带状组织使金属材料的力学性能产生方向性，特别是横向塑性和韧性明显下降，并使材料的切削加工性能恶化。对于在高温下能获得单相组织的材料，带状组织有时可用正火来消除，但严重的磷偏析引起的带状组织甚难消除，需高温扩散退火及随后的正火来改善。

由此可见，通过正常的热变形加工可使铸态金属的组织和性能得到明显改善，因此，工业中受力复杂、载荷较大的重要工件，大多要采用热变形加工的方法来制造。但是，应强调的是，必须采用正确的热变形加工工艺规范才能改善组织和性能。例如，若热变形加工终止温度过高，就有可能使金属得到粗大晶粒；反之，终止温度过低，则不仅会引起加工硬化现象，在金属中造成残余应力，甚至发生裂纹。在锻造拔长变形量较大时，为减弱金属中纤维组织各向异性，在锻造中应增加镦粗工序。

思考题与习题

1. 金属塑性变形最基本的方式有哪几种？说明滑移变形的机理。

2. 多晶体塑性变形有何特点？为什么细晶粒钢强度高，塑性韧性也好？

3. 为什么在一般条件下进行塑性变形时锌中易出现孪晶？而纯铜中易出现滑移带？

4. 金属经冷塑性变形后组织和性能发生什么变化？

5. 列举生产和生活中实例来说明加工硬化现象及其利弊。

6. 用冷拔铜丝作导线，冷拔之后应如何处理？为什么？

7. 残余应力有哪几类，是如何形成的？残余应力有何利弊？

8. 若将经过大量冷塑性变形（变形程度70%以上）的纯铜长棒的一端浸入冰水（并保持水温不变），另一端加热到900℃，并将此过程持续一小时，然后再把试样完全冷却。试分析沿试棒长度方向的组织加以区别？

9. 用冷拉强化的弹簧钢丝制成的钢丝绳来吊装大型工件进出加热炉会出现什么现象，为什么？

10. 金属铸件产生晶粒粗大现象能否通过再结晶退火来细化晶粒，为什么？

11. 冷塑性变形加工与热塑性变形加工后的金属能否根据其纤维组织加以区别？

12. 比较变形织构、冷变形纤维组织、热变形纤维组织与带状组织间的区别，并分析其产生原因及对材料的影响。

第四章　铁碳相图

钢铁材料是现代工业中应用最为广泛的金属材料。虽然它们的种类很多，但都是以铁和碳作为基本组元的合金。要了解铁碳合金，首先应研究铁碳相图。

铁碳相图是研究在平衡状态下铁碳合金成分、组织和性能之间的关系及其变化规律的重要工具，掌握铁碳相图对于制定钢铁材料的加工工艺具有重要的指导意义。

由于铁和碳之间相互作用的复杂性，铁和碳可以形成 Fe_3C、Fe_2C、FeC 等一系列稳定的化合物，而稳定的化合物可以作为一个独立的组元，因此整个铁碳相图就可以分解为 Fe－Fe_3C、Fe_3C－Fe_2C、Fe_2C－FeC 等一系列二元相图。鉴于 $w_C>5\%$ 的铁碳合金没有实用价值，我们研究的铁碳相图，实际上是 Fe 和 Fe_3C 二个基本组元组成 Fe－Fe_3C 相图。

第一节　铁碳合金的组元与基本相

一、纯铁的同素异构转变

纯铁具有同素异构转变，可以形成体心立方和面心立方两种晶格的同素异构体。图 4-1 是纯铁在常压下的冷却曲线。由图可见，纯铁的熔点为 1538℃，在 1394℃ 和 912℃ 出现水平台。经分析，纯铁结晶后具有体心立方结构，称为 δ－Fe。当温度下降到 1394℃ 时，体心立方的 δ－Fe 转变为面心立方结构，称为 γ－Fe。在 912℃ 时，γ－Fe 又转变为体心立方结构，称为 α－Fe。再继续冷却时，晶格类型不再发生变化。由于纯铁具有这种同素异构转变，因而才有可能对钢和铸铁进行各种热处理，以改变其组织和性能。

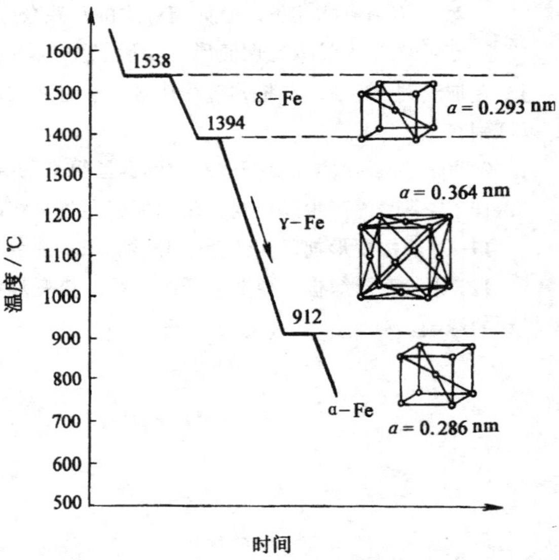

图 4-1　纯铁的冷却曲线及晶体结构变化

纯铁的同素异构转变过程同液态金属的结晶过程相似，遵循结晶的一般规律：有一定的平衡转变温度（相变点）；转变时需要过冷；转变过程也是由晶核的形成和晶核的长大来完成的。但是，由于这种转变是在固态下发生的，原子扩散困难，因此比液态金属结晶具有较大的过冷度。另外，由于转变时晶格致密度的改变，将引起晶体体积的变化，因此同素异构转变往往要产生较大的内应力。

纯铁的磁性转变温度为 770℃。磁性转变不是相变，晶格不发生转变。

二、铁碳合金的基本相及其性能

在液态下，铁和碳可以互溶成均匀的液体。在固态下，碳可有限地溶于铁的同素异构体中，形成间隙固溶体。当含碳量超过在相应温度固相的溶解度时，则会析出具有复杂晶体结构的间隙化合物——渗碳体。现将它们的相结构及性能介绍如下：

1. 液相　铁碳合金在熔化温度以上形成的均匀液体称为液相，常以符号 L 表示。

2. 铁素体　碳溶于 α－Fe 中形成的间隙固溶体称为铁素体，通常以符号 F 表示。碳在 α－Fe 中的溶解度很低，在 727℃时溶解度最大，为 0.0218%，在室温时几乎为零（0.0008%）。

铁素体的力学性能几乎与纯铁相同，其强度和硬度很低，但具有良好的塑性和韧性。其力学性能为：$\sigma_b = 180 \sim 280$MPa；$\delta = 30\% \sim 50\%$；$a_K = 160 \sim 200$J/cm^2；50～80HBS。工业纯铁（$w_C < 0.02\%$）在室温时的组织即由铁素体晶粒组成。

3. 奥氏体　碳溶于 γ－Fe 中形成的间隙固溶体称为奥氏体。通常以符号 A 表示。碳在 γ－Fe 中的溶解度也很有限，但比在 α－Fe 中的溶解度大得多。在 1148℃时，碳在奥氏体中的溶解度最大，可达 2.11%。随着温度的降低，溶解度也逐渐下降，在 727℃时，奥氏体的含碳量 $w_C = 0.77\%$。奥氏体的硬度不高，易于塑性变形，奥氏体与 γ－Fe 一样不呈现磁性。

4. 渗碳体　渗碳体是一种具有复杂晶体结构的间隙化合物。它的分子式为 Fe_3C，渗碳体的含碳量 $w_C = 6.69\%$。在 Fe－Fe_3C 相图中，渗碳体既是组元，又是基本相。

渗碳体的硬度很高，约 800HBW，而塑性和韧性几乎等于零，是一个硬而脆的相。渗碳体是铁碳合金中主要的强化相，它的形状、大小与分布对钢的性能有很大影响。

第二节　Fe－Fe_3C 相图分析

Fe－Fe_3C 相图如图 4-2 所示。图中左上角部分实际应用较少，为了便于研究和分析，将此部分作以简化。简化的 Fe－Fe_3C 相图如图 4-3 所示。

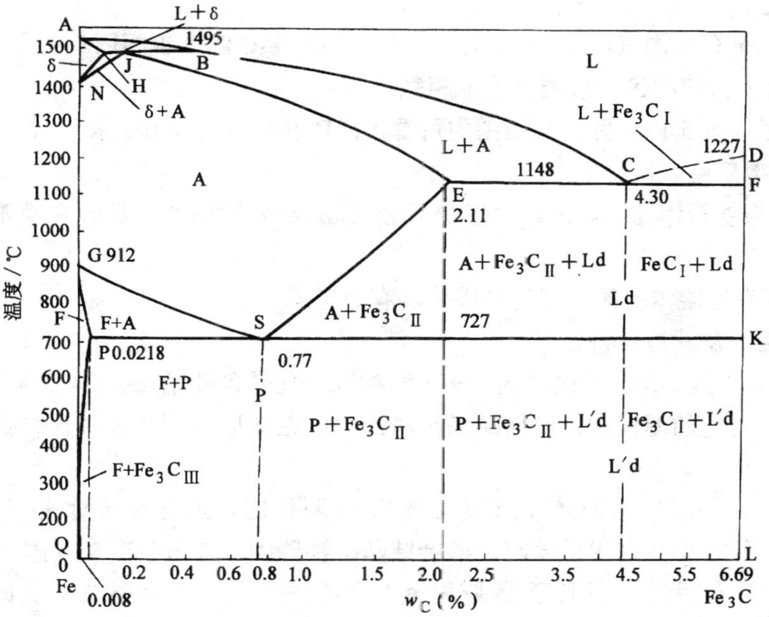

图 4-2　Fe－Fe_3C 相图

简化的 Fe－Fe_3C 相图可视为由两个简单的典型二元相图组合而成。图中的右上半部分为共晶转变类型的相图，左下半部分为共析转变类型的相图。

一、两条恒温转变线

简化相图中的两条水平线表示铁碳合金的两种恒温转变。

1. 共晶转变线　ECF 线为铁碳合金的共晶转变线。C 点为共晶点，C 点成分（w_C=4.3%）的液相在 1148℃ 同时结晶出 E 点成分（w_C=2.11%）的奥氏体和 F 点成分（w_C=6.69%）的渗碳体。此转变称为共晶转变。共晶转变的表达式如下：

$$L_c \leftrightarrows A_E + Fe_3C$$

共晶转变的产物称莱氏体，它是奥氏体和渗碳体组成的机械混合物，用符号 Ld 表示。相图中，凡是 w_C=2.11%～6.69% 的铁碳合金都要发生共晶转变。

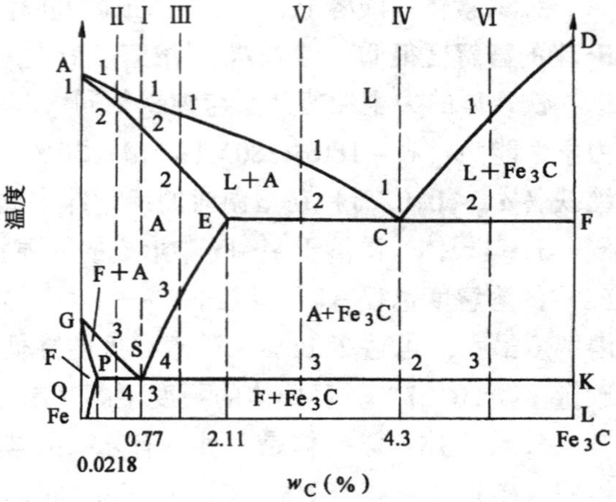

图 4-3　简化后的 Fe－Fe₃C 相图

2. 共析转变线　PSK 线为铁碳合金的共析转变线。S 点为共析点，S 点成分（w_C=0.77%）的奥氏体在 727℃ 同时析出 P 点成分（w_C=0.0218%）的铁素体和 K 点成分（w_C=6.69%）的渗碳体。此转变称为共析转变。共析转变的表达式如下：

$$A_s \leftrightarrows F_p + Fe_3C$$

共析转变的产物称珠光体，它是铁素体和渗碳体组成的机械混合物，用符号 P 表示。

二、相区及其主要特性点和特性线的分析

（一）单相区

简化 Fe－Fe_3C 相图（图 4-3）中有 F、A、L 和 Fe_3C 四个单相区。

ACD 线以上为液相区，该线称为液相线。

AESGA 区为奥氏体相区。从相图中可看出，E 点对应的成分（w_C=2.11%）是碳在奥氏体中的最大溶解度。

GPQG 区为铁素体相区。P 点对应的成分（w_C=0.0218%）是碳在铁素体中的最大溶解度。

DFK 垂线为渗碳体相区，表明渗碳体具有固定成分。

（二）两相区及其边界特征线

1. L+A 两相区　ACEA 区域为 L+A 两相区。凡是含碳量 w_C<4.3% 的液相缓冷到液相线（AC 线）对应的温度时，都会结晶出奥氏体。在此区内液相和奥氏体同时存在并处于平衡。

2. L+Fe_3C 两相区　CDFC 区域为 L+Fe_3C 两相区。凡是含碳量 w_C>4.3% 的液相，缓冷到液相线（CD 线）对应温度时，都会结晶出渗碳体，称为一次渗碳体（Fe_3C_{I}）。

3. A+Fe_3C 两相区　EFKSE 区域为 A+Fe_3C 两相区。在此区内，奥氏体中的含碳量 w_C 随温度的降低沿 ES 线从 2.11% 变化至 0.77%。由于奥氏体中含碳量的减少，将由奥氏体中析出渗碳体，称为二次渗碳体（Fe_3C_{II}）。ES 线是 w_C>0.77% 合金中碳在奥氏体中的溶解度曲线，是 Fe_3C_{II} 从奥氏体中析出的开始线。

4. F+A 两相区　GSPG 区为 F+A 两相区。含碳量 w_C<0.77% 的铁碳合金缓冷至 GS

线对应温度时，将由奥氏体中析出铁素体。奥氏体的含碳量随温度降低，沿 GS 线变化至 0.77%。GS 线是从奥氏体中析出铁素体的开始线。在此区内，与奥氏体平衡的铁素体，其含碳量随温度降低沿 GP 线变化至 0.0218%。w_C<0.0218%的铁碳合金，当缓冷至 GP 线对应温度时，奥氏体全部转变成铁素体。

5. F + Fe_3C 两相区　PKLQP 区为 F + Fe_3C 两相区。PQ 线为碳在铁素体中的溶解度曲线。当合金从 727℃ 缓冷至室温时，碳在铁素体中的溶解度沿 PQ 线变化，并析出三次渗碳体（$Fe_3C_Ⅲ$）。

第三节　典型合金的结晶过程及组织

铁碳合金由于成分的不同，室温下将得到不同的组织。根据铁碳合金的含碳量及组织的不同，可将铁碳合金分为工业纯铁、钢及白口铸铁三类：

1）工业纯铁（w_C<0.0218%）。

2）钢（0.0218%<w_C<2.11%）。根据室温组织的不同，钢又可分为以下三种：

亚共析钢（0.0218%<w_C<0.77%）；

共析钢（w_C=0.77%）；

过共析钢（0.77%<w_C<2.11%）。

3）白口铸铁（2.11%<w_C<6.69%）。根据室温组织不同，白口铸铁又可分为三种：

亚共晶白口铸铁（2.11%<w_C<4.3%）；

共晶白口铸铁（w_C=4.3%）；

过共晶白口铸铁（4.3%<w_C<6.69%）。

为了深入了解铁碳合金组织形成的规律，下面以六种典型铁碳合金为例，分析它们的结晶过程和室温下的平衡组织。六种合金在相图中的位置，如图 4-3 所示Ⅰ～Ⅵ。

一、共析钢的结晶过程分析

共析钢的冷却过程如图 4-3 中Ⅰ线所示。当合金由液态缓冷到液相线 1 点温度时，从液相中开始结晶出奥氏体。随温度的降低，不断结晶出奥氏体，其成分沿固相线 AE 变化，液相的成分沿液相线 AC 变化。冷却至 2 点温度时，液相全部结晶为奥氏体。从 2 至 3 点温度范围内为单相奥氏体的冷却。冷至 3 点温度（727℃）时，奥氏体发生共析转变，生成珠光体。图 4-4 表示冷却过程中共析钢组织转变过程示意图。

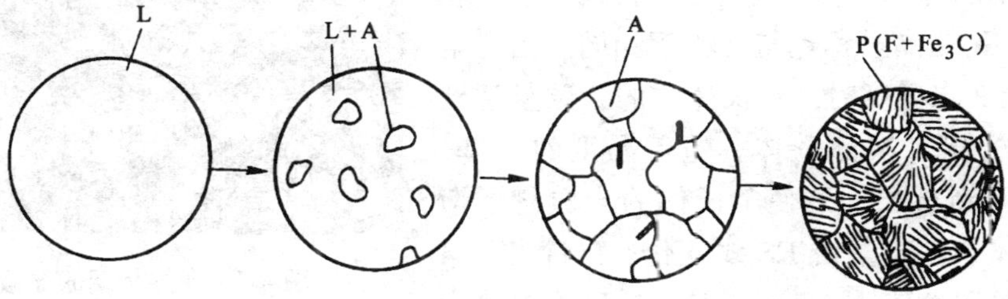

图 4-4　共析钢结晶过程组织转变示意图

当温度继续下降时，铁素体的成分沿 PQ 线变化，析出极少量的三次渗碳体。但三次渗碳体在珠光体中难以分辨，一般忽略不计。共析钢室温下的平衡组织为珠光体。珠光体一般呈层状，其显微组织如图 4-5 所示。层状的珠光体经某种热处理后，其中的渗碳体变为球状，称为球状珠光体。

二、亚共析钢的结晶过程分析

亚共析钢的冷却过程如图 4-3 中Ⅱ线所示。液态合金结晶过程与共析钢相同，结晶结束得到奥氏体。当合金冷至 GS 线上的 3 点温度时，开始从奥氏体中析出铁素体，称为先析铁素体。随着温度的下降，由于铁素体的不断析出，奥氏体的含碳量逐渐增多。铁素体和奥氏体的含碳量分别沿 GP 线和 GS 线变化。冷至 4 点温度（727℃）时，剩余奥氏体的含碳量增加到共析点成分（$w_C=0.77\%$）。此温度时剩余的奥氏体发生共析转变，生成珠光体。图 4-6 为亚共析钢结晶过程组织转变示意图。图 4-7 为亚共析钢的显微组织。

图 4-5　共析钢的显微组织

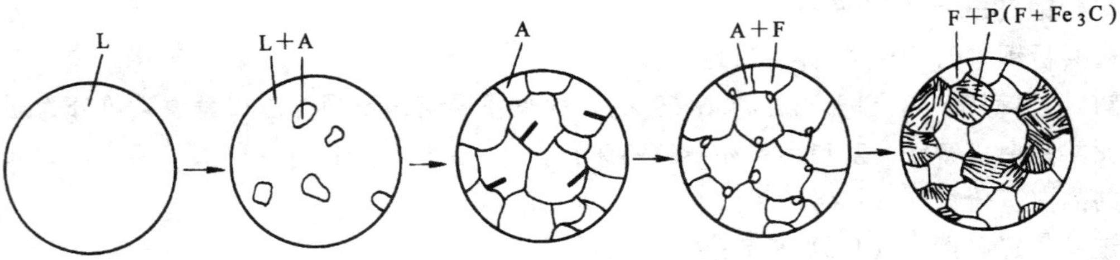

图 4-6　$w_C\leqslant0.5\%$的亚共析钢结晶过程组织转变示意图

所有亚共析钢的结晶过程均相似，其室温下的平衡组织都是由先析铁素体和珠光体组成的。它们的差别是组织中的先析铁素体量随钢的含碳量的增加而逐渐减少。先析铁素体随其在组织中相对珠光体量的多少可呈等轴晶或网状等形态。

三、过共析钢的结晶过程分析

过共析钢的冷却过程如图 4-3 中Ⅲ线所示。在 3 点温度以上的结晶过程也与共析钢相同。当合金冷至 ES 线上 3 点温度时，奥氏体中的含碳量达到饱和而开始析出二次渗碳体。随着温度的下降，二次渗碳体不断析出，致使奥氏体的含碳量逐渐减少，奥氏体的含碳量沿 ES 线变化。当冷却到 4 点温度时，含碳量减至 $w_C=0.77\%$ 的奥氏体发生共析转变，生成珠光体。图 4-8 为过共析钢结晶过程组织转变示意图。

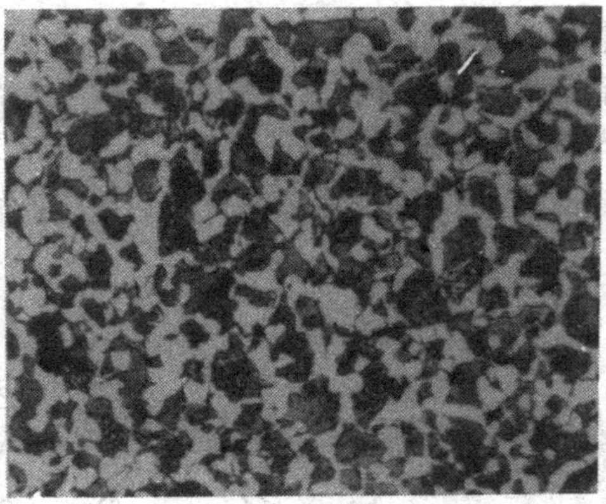

图 4-7　亚共析钢的显微组织

过共析钢室温下的平衡组织为二次渗碳体和珠光体，二次渗碳体一般沿奥氏体晶界析出而呈网状分布，如图 4-9 所示。网状的二次渗碳体对钢的力学性能会产生不良的影响。

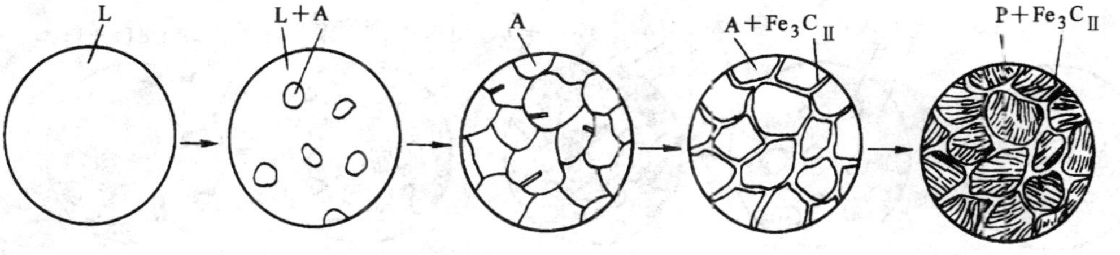

图 4-8　过共析钢结晶过程组织转变示意图

四、共晶白口铸铁的结晶过程分析

共晶白口铸铁的冷却过程如图 4-3 中Ⅳ线所示。当液态合金冷至 1 点温度（1148℃）时，将发生共晶转变，生成莱氏体。莱氏体是由共晶奥氏体和共晶渗碳体组成。由 1 点温度继续冷却，莱氏体中的奥氏体将不断析出二次渗碳体，奥氏体的成分沿 ES 线变化。当温度降到 2 点（727℃）时，奥氏体的含碳量降到 $w_C=0.77\%$，在恒温下发生共析转变而生成珠光体。图 4-10 为共晶白口铸铁组织转变的示意图。

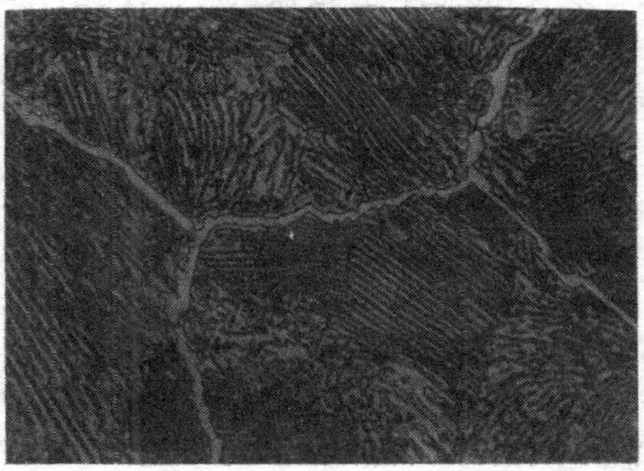

图 4-9　过共析钢的显微组织

共晶白口铸铁室温下的组织是由珠光体、

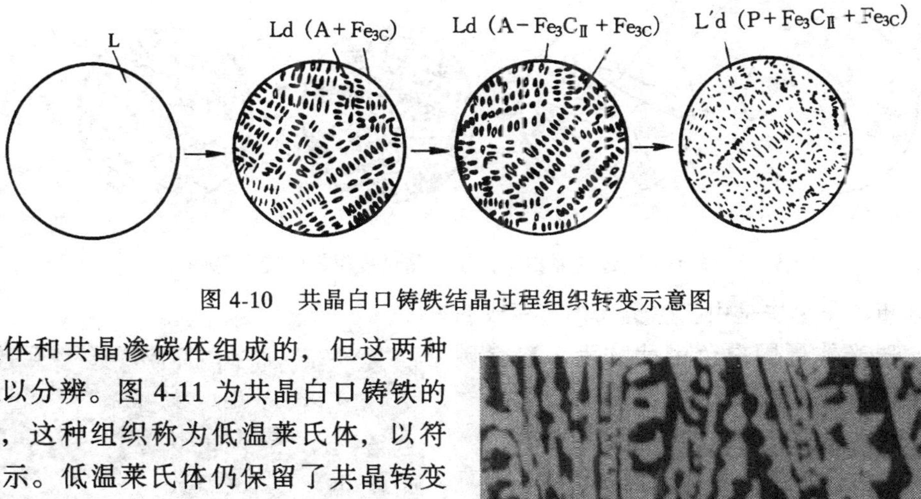

图 4-10　共晶白口铸铁结晶过程组织转变示意图

二次渗碳体和共晶渗碳体组成的，但这两种渗碳体难以分辨。图 4-11 为共晶白口铸铁的显微组织，这种组织称为低温莱氏体，以符号 L′d 表示。低温莱氏体仍保留了共晶转变后的形态特征。

五、亚共晶白口铸铁的结晶过程分析

亚共晶白口铸铁的结晶过程如图 4-3 中Ⅴ线所示。当液态合金冷至液相线（AC 线）1 点温度时，开始结晶出奥氏体称为初生奥氏体。随温度的下降，结晶出的奥氏体量不断增多，其成分沿 AE 线变化。液相的成分沿

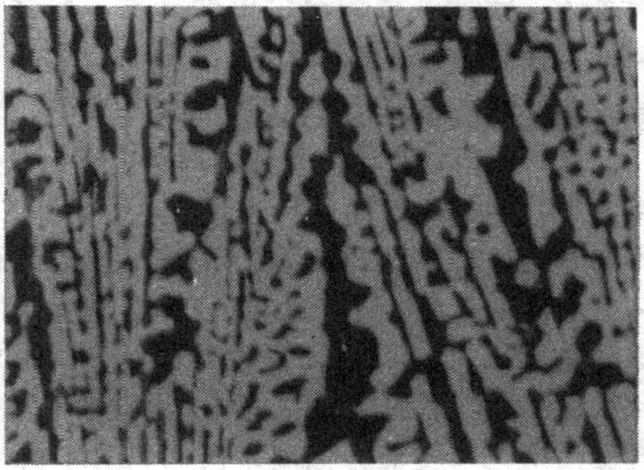

图 4-11　共晶白口铸铁的显微组织

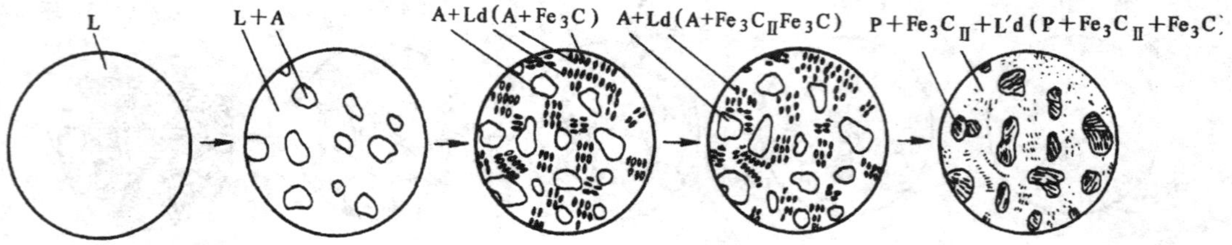

图 4-12　亚共晶白口铸铁结晶过程组织转变示意图

AC 线变化。当冷至 2 点温度（1148℃）时，奥氏体中 $w_C=2.11\%$，剩余液相的含碳量达到共晶点成分（$w_C=4.3\%$），发生共晶转变，生成莱氏体。在随后的冷却过程中初生奥氏体和共晶奥氏体均析出二次渗碳体，其成分沿 ES 线变化。当温度降至 3 点（727℃）时，奥氏体的含碳量达到 $w_C=0.77\%$，全部奥氏体将发生共析转变而生成珠光体。图 4-12 为亚共晶白口铸铁结晶过程组织转变的示意图。室温下亚共晶白口铸铁的组织为珠光体、二次渗碳体和低温莱氏体，如图 4-13 所示。图中呈树枝状分布的黑色块是由初生奥氏体转变成的珠光体，珠光体周围白色网状物为二次渗碳体，其余部分为低温莱氏体。

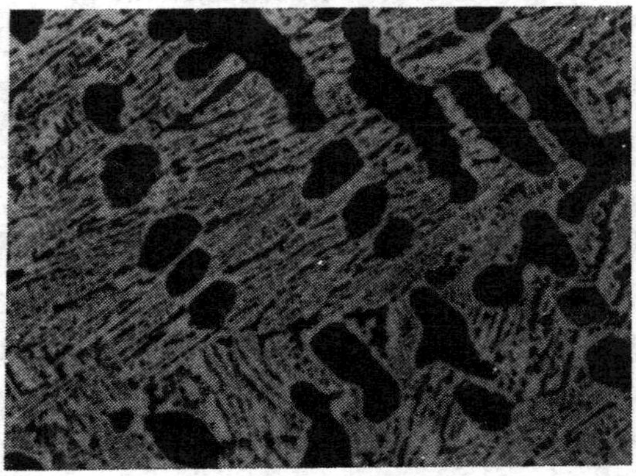

图 4-13　亚共晶白口铸铁显微组织

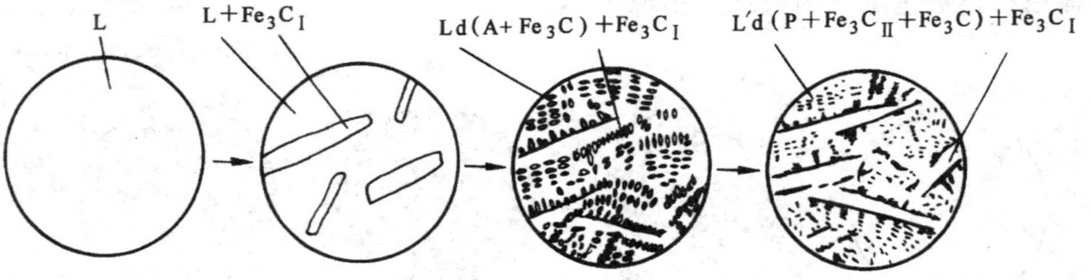

图 4-14　过共晶白口铸铁结晶过程组织转变示意图

六、过共晶白口铸铁的结晶过程分析

过共晶白口铸铁的冷却过程如图 4-3 中Ⅵ线所示。其结晶过程与亚共晶白口铸铁相似，不同的是在共晶转变前液相先结晶出一次渗碳体。当冷至 2 点温度（1148℃）时，剩余液相成分达到 $w_C=4.3\%$ 而发生共晶转变，形成莱氏体。在随后的冷却中，一次渗碳体不发生转变，莱氏体转变为低温莱氏体。图 4-14 为过共晶白口铸铁结晶过程组织转变的示意图。

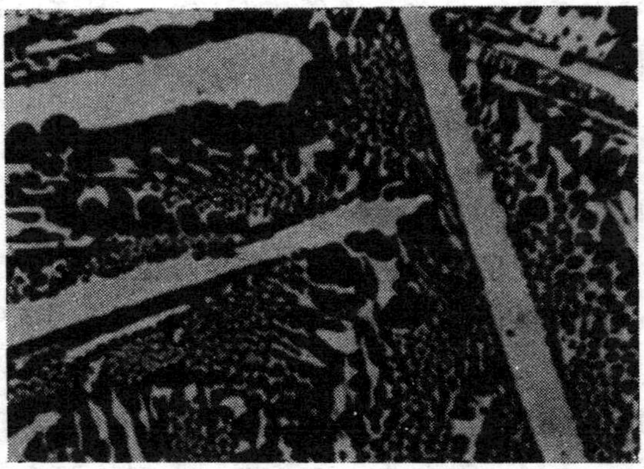

图 4-15　过共晶白口铸铁的显微组织

过共晶白口铸铁的室温平衡组织为一次渗碳体和低温莱氏体，如图 4-15 所示。图中白色条片状的为一次渗碳体，其余部分为低温莱氏体。

第四节　含碳量与铁碳合金组织及性能的关系

铁碳合金室温组织虽然都是由铁素体和渗碳体两相组成。但是，因其含碳量不同，故组织中两个相的相对数量、相对分布及形态不同，因而不同成分的铁碳合金具有不同的性能。

一、铁碳合金含碳量与组织的关系

根据前面对铁碳合金结晶过程中组织转变的分析得知，钢的组织基本组成物中有珠光体；对亚共析钢为珠光体和铁素体；对过共析钢为珠光体和二次渗碳体。而白口铸铁的组织基本组成物中有低温莱氏体；亚共晶白口铸铁由低温莱氏体、珠光体和二次渗碳体组成；过共晶白口铸铁由低温莱氏体和一次渗碳体组成。图 4-16 表示铁碳合金与含碳量室温下的平衡组织组成物及相组成物间的定量关系。

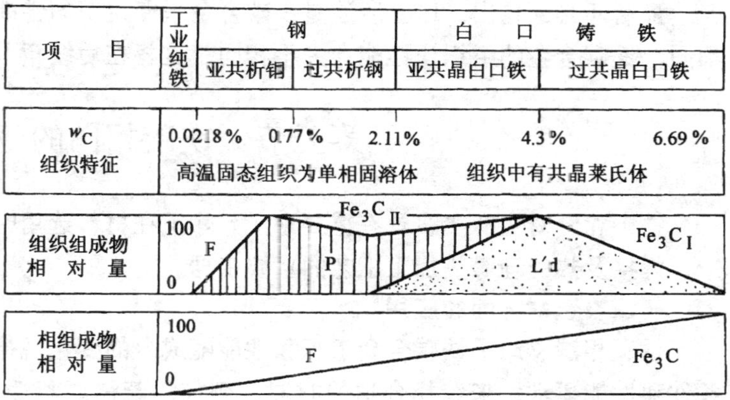

图 4-16　铁碳合金室温下的相组成相对量、组织组成物相对量

由于铁素体在室温时含碳量很低，因此在铁碳合金中碳主要以渗碳体的形式存在。随着合金含碳量的增加，组织中渗碳体的相对量也随之增加。况且，在各温度阶段形成的渗碳体因转变类型的不同，分别以不同的形态和分布构成各种组织。因此，渗碳体的存在形式和相对量的多少是铁碳合金平衡组织分析的立足点。

从图 4-16 中可以清楚地看出铁碳合金组织变化的基本规律：随含碳量的增加，工业纯铁中的三次渗碳体的量随着增加，亚共析钢中的铁素体量随着减少，过共析钢中的二次渗碳体量随着增加。对于白口铸铁，随着含碳量增加，亚共晶白口铸铁中的珠光体和二次渗碳体量随着减少，过共晶白口铸铁中一次渗碳体和共晶渗碳体量随着增加。

二、铁碳合金含碳量与力学性能的关系

在铁碳合金中，碳的含量和存在形式对合金的力学性能有直接的影响。铁碳合金组织中的铁素体是软韧相，渗碳体是硬脆相，因此，铁碳合金的力学性能，决定于铁素体与渗碳体的相对量及它们的相对分布。

图 4-17 表示含碳量对缓冷状态钢力学性能的影响。从图中可以看出，含碳量很低的工业纯铁，是由单相铁素体构成的，故塑性很好，而强度、硬度很低。亚共析钢组织中的铁素体随含碳

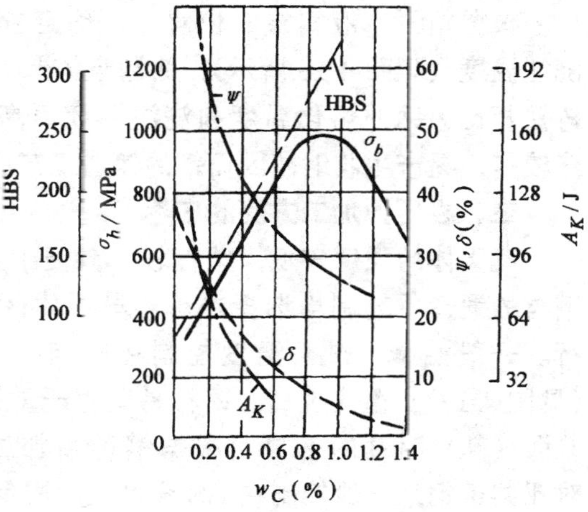

图 4-17　含碳量对缓冷钢力学性能的影响

的增多而减少，而珠光体量相应增加。因此塑性、韧性降低，强度和硬度直线上升。共析钢为珠光体组织，其具有较高的强度和硬度，但塑性较低。在过共析钢中，随着含碳量增加，开始时强度和硬度继续增加，当 $w_C = 0.9\%$时，强度极限出现峰值。随后不仅塑性韧性继续下降，强度也显著降低。这是由于二次渗碳体量逐渐增加到能够形成连续的网状，从而使钢的脆性增加所致。硬度始终是直线上升的。如果能设法控制二次渗碳体的形态，不使其形成网状，则强度不会明显下降。由此可知，强度是一个对组织形态很敏感的性能。

白口铸铁中都存在莱氏体组织，具有很高的硬度和脆性，既难以切削加工，也不能进行锻造。因此，白口铸铁的应用受到限制。但是由于白口铸铁具有很高的抗磨损能力，对于表面要求高硬度和耐磨的零件，如犁铧、冷轧辊等，常用白口铸铁制造。

最后还必须指出，以上所述是铁碳合金平衡组织的性能。随冷却条件和其他处理条件的不同，铁碳合金的组织、性能会大不相同，这将在后续章节中讨论。

第五节　铁碳相图的应用

铁碳相图对生产实践具有重要意义。除了在材料选用时参考外，还可作为制定铸造、锻造、焊接及热处理等热加工工艺的重要依据。

一、在选材方面的应用

铁碳相图总结了铁碳合金组织和性能随成分的变化规律。这样，就可以根据零件的服役条件和性能要求，来选择合适的材料。例如，若需要塑性好、韧性高的材料，可选用低碳钢；若需要强度、硬度、塑性等都好的材料，可选用中碳钢；若需要硬度高、耐磨性好的材料可选用高碳钢；若需要耐磨性高，不受冲击的工件用材料，可选用白口铸铁。

随着生产技术的发展，对钢铁材料的要求更高，这就需要按照新的需求，根据国内资源研制新材料，而铁碳相图可作为材料研制中预测其组织的基本依据。例如，碳钢中加入Mn，可改变共析点的位置，组织中可提高珠光体相对含量，从而提高钢的硬度和强度。

二、在铸造方面的应用

由相图可见，共晶成分的铁碳合金熔点最低，结晶温度范围最小，具有良好的铸造性能。因此，在铸造生产中，经常选用接近共晶成分的铸铁。

根据相图中液相线的位置，可确定各种铸钢和铸铁的浇注温度（如图 4-18 所示），为制定铸造工艺提供依据。与铸铁相比，钢的熔化温度和浇注温度要高得多，其铸造性能较差，易产生收缩，因而钢的铸造工艺比较复杂。

三、在压力加工方面的应用

奥氏体的强度较低，塑性较好，便于塑性变形。因此，钢材的锻造、轧制均选择在单相奥氏体区适当温度范围进行。一般始锻（轧）温度控制在固相线以下 100～200℃（见图 4-18）。温度过高，钢材易发生严重氧化或晶界熔化。终锻（轧）温度的选择可根据钢种和加工目的不同而异。对亚共析钢，一般控制在GS线以上，避免在加工时铁素体呈带状组织而使钢材韧性降低。为了提高强度，某些低合

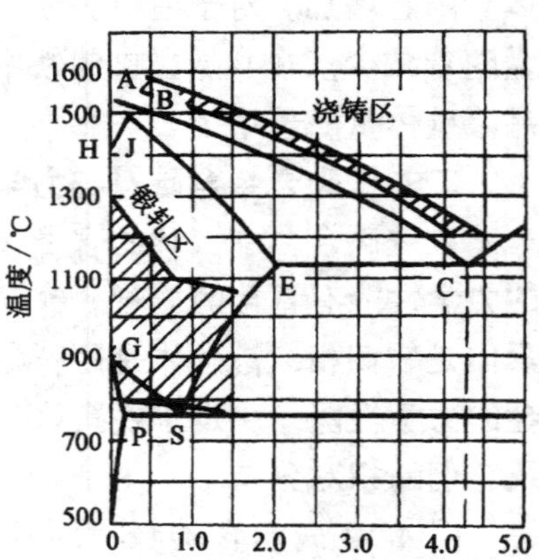

图 4-18　铁碳相图与铸锻工艺的关系

金高强度钢选择800℃为终轧温度。对过共析钢，则选择在PSK线以上某一温度，以便打碎网状二次渗碳体。

四、在焊接方面的应用

焊接时从焊缝到母材各区域的加热温度是不同的，由 $Fe-Fe_3C$ 相图可知，受不同加热温度的各区域在随后的冷却中可能会出现不同的组织与性能。这就需要在焊接后采用热处理方法加以改善。

五、在热处理方面的应用

$Fe-Fe_3C$ 相图对制定热处理工艺有着特别重要的意义。这将在后续章节中详细介绍。

应该指出，铁碳相图不能说明快速加热或冷却时铁碳合金组织变化的规律。因此，不能完全依据铁碳相图来分析生产过程中的具体问题，需结合转变动力学的有关理论综合分析。

思考题与习题

1. 解释下列名词并说明其性能和显微组织特征：

   铁素体　奥氏体　渗碳体　珠光体　莱氏体

2. 分析一次渗碳体、二次渗碳体、三次渗碳体、共晶渗碳体、共析渗碳体的异同之处。

3. 试画简化的 $Fe-Fe_3C$ 相图，说明图中主要点、线的意义，填出各相区的相和组织组成物。

4. 简述碳钢的含碳量、显微组织与力学性能之间的关系。

5. 同样形状的两块铁碳合金，其中一块是低碳钢，一块是白口铸铁，用什么简单的方法可迅速区分它们?

6. 根据 $Fe-Fe_3C$ 相图，解释下列现象：

(1) 在室温下，$w_C=0.8\%$ 的碳钢比 $w_C=0.4\%$ 碳钢硬度高，比 $w_C=1.2\%$ 的碳钢强度高?

(2) 钢铆钉一般用低碳钢制造；

(3) 绑扎物件一般用铁丝（镀锌低碳钢丝），而起重机吊重物时都用钢丝绳（用60钢、65钢等制成）；

(4) 在1100℃时，$w_C=0.4\%$ 的钢能进行锻造，而 $w_C=4.0\%$ 的铸铁不能进行锻造；

(5) 钳工锯削T8、T10、T12等退火钢料比锯削10、20钢费力，且锯条易磨钝；

(6) 钢适宜压力加工成形，而铸铁适宜铸造成形。

第五章　钢的热处理

热处理是改善金属材料使用性能和工艺性能的一种非常重要的工艺方法，它是强化金属材料，提高产品质量和寿命的主要途径之一。因此，绝大部分重要的机械零件在制造过程中都必须进行热处理。

所谓钢的热处理是将钢在固态下以适当的方式进行加热、保温和冷却，以获得所需组织和性能的工艺过程。

热处理工艺的种类很多，本章重点介绍了我国机械制造行业中金属热处理工艺的分类方法。

第一节　钢在加热时的转变

加热是热处理的第一道工序。大多数热处理工艺首先要将钢加热到相变点（又称临界点）以上，目的是获得奥氏体。共析钢、亚共析钢和过共析钢分别被加热到 PSK 线、GS 线和 ES 线以上温度才能获得单相奥氏体组织。为了方便，常把 PSK 线称为 A_1 线；GS 线称为 A_3 线；ES 线称为 A_{cm} 线。而该线上每一合金的相变点，则相应用 A_1 点、A_3 点、A_{cm} 点表示，都是平衡相变点。但在实际热处理时，加热和冷却都不可能是非常缓慢的，因此组织转变都要偏离平衡相变点，即加热时偏向高温，冷却时偏向低温。为了区别于平衡相变点，通常将加热时的相变点用 Ac_1、Ac_3 和 Ac_{cm} 表示；而冷却时的相变点用 Ar_1、Ar_3 和 Ar_{cm} 表示。图 5-1 为各相变点在 Fe-Fe_3C 相图上的位置示意图。钢的相变点是制定热处理工艺参数的重要依据，各种钢的相变点可在热处理手册中查到。

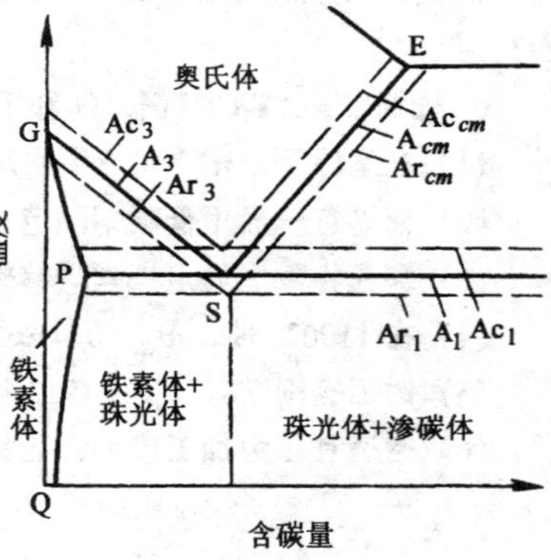

图 5-1　加热和冷却时 Fe-Fe_3C 相图上各相变点的位置

一、奥氏体的形成过程

任何成分的钢加热到 A_1 点以上时，都要发生珠光体向奥氏体的转变过程（即奥氏体化），下面以共析钢为例，来分析奥氏体化过程。

共析钢加热到 Ac_1 温度时，便会发生珠光体向奥氏体的转变。转变过程遵从结晶的普遍规律。奥氏体的形成过程可分四个阶段，如图 5-2 所示。

1. 奥氏体晶核的形成　奥氏体的晶核优先形成于铁素体和渗碳体的相界面上，这是因为相界面上原子排列不规则，空位和位错密度高；成分不均匀，处于铁素体和渗碳体的中间值。可见，相界面在浓度和结构两方面为奥氏体晶核的形成提供了有利的条件。

2. 奥氏体晶核的长大　奥氏体晶核形成后逐渐长大。晶核的长大是依靠与其相邻的铁素体向奥氏体的转变和渗碳体的不断溶解来完成的。这样，奥氏体晶核就向渗碳体和铁素体两个方面长大。

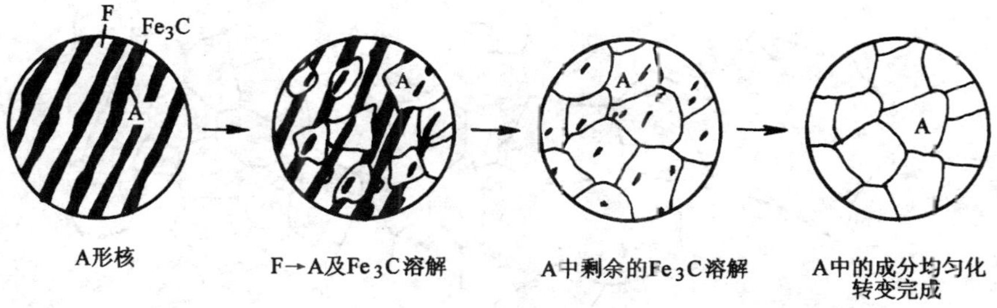

图 5-2　共析钢中奥氏体形成过程示意图

3. 剩余渗碳体的溶解　在奥氏体形成过程中，当铁素体完全转变成奥氏体后，仍有部分渗碳体尚未溶解。这部分剩余的渗碳体随着保温时间的延长，不断向奥氏体中溶解，直至全部消失。

4. 奥氏体的均匀化　当剩余渗碳体全部溶解后，奥氏体中的碳浓度仍然是不均匀的，在原渗碳体处比原铁素体处的含碳量要高一些。因此，需要继续延长保温时间，依靠碳原子的扩散，使奥氏体的成分逐渐趋于均匀。

热处理加热后的保温阶段，不仅为了使零件透热和相变完全，而且还为了获得成分均匀的奥氏体，以便冷却后获得良好的组织和性能。应当指出，在生产中钢的热处理并非都要求达到奥氏体均匀化，而是根据热处理的目的，控制奥氏体形成的不同阶段。

亚共析钢和过共析钢的奥氏体形成过程与共析钢基本相似，不同之处是亚共析钢和过共析钢需加热到 Ac_3 或 Ac_{cm} 以上时，才能获得单一的奥氏体组织，即完全奥氏体化。但对过共析钢而言，此时奥氏体晶粒已粗化。

二、奥氏体晶粒的长大及其影响因素

奥氏体晶粒的大小对冷却转变后钢的性能有很大影响。热处理加热时，若获得细小，均匀的奥氏体，则冷却后钢的力学性能就好。因此，奥氏体晶粒的大小是评定热处理加热质量的主要指标之一。

1. 晶粒大小的表示方法　金属组织中晶粒的大小通常用晶粒度级别指数来表示。根据国家标准 GB6394—86《金属平均晶粒测定方法》，晶粒度的测定方法有比较法、面积法和截点法；晶粒度的数值表示方法有晶粒度级别指数、单位体积晶粒数、晶粒公称直径等 8 种，并规定在 100 倍下 645.16mm^2 面积内包含的晶粒数 n 与显微晶粒度级别指数 G 有 $n=2^{G-1}$ 的关系。根据定量金相原理，G 与其他晶粒度的数值表示方法可以相互换算，国家标准中提供了 G 从 -1 至 14.0 的对照关系表。实际工作中常采用在 100 倍的显微镜下与标准评级图（图 5-3 为示意图）对比来确定晶粒度级别 G。一般认为 4 级以下为粗晶粒，5～8 级为细晶粒，8 级以上为超细晶粒。

2. 奥氏体晶粒度的概念　奥氏体一般有三种晶粒度概念，即起始晶粒度、实际晶粒度和本质晶粒度。

（1）起始晶粒度　指珠光体向奥氏体的转变刚刚完成时奥氏体晶粒的大小。一般比较细小而均匀。

（2）实际晶粒度　指钢在某一具体加热条件下实际获得的奥氏体晶粒的大小。实际晶粒度一般比起始晶粒度大，其大小直接影响钢热处理后的性能。

（3）本质晶粒度　表示某种钢在规定的加热条件下，奥氏体晶粒长大的倾向，不是晶粒

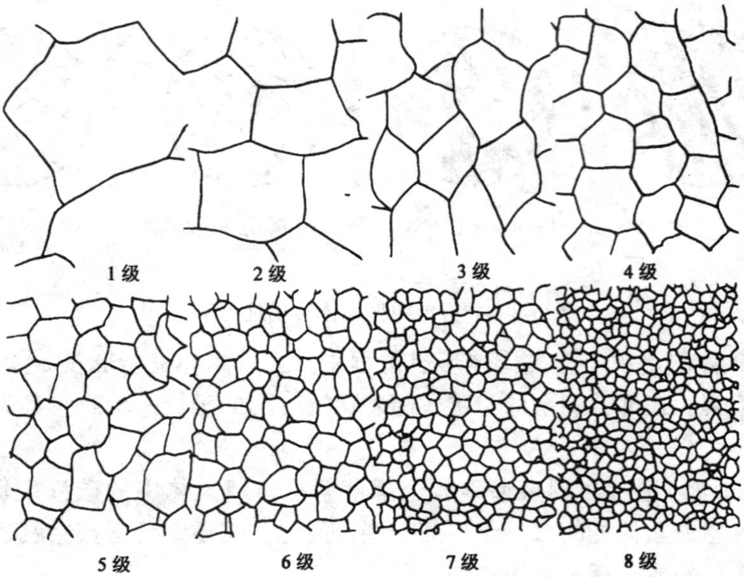

图 5-3 标准晶粒度等级示意图

大小的实际度量。

实践表明，不同成分的钢在加热时奥氏体晶粒长大的倾向不同。工业上，将钢加热到规定温度（930±10℃），保温一定时间（一般 3～8h），冷却后测定的晶粒度为本质晶粒度。将本质晶粒度与标准晶粒度等级相比较，晶粒度为 1～4 级的定为本质粗晶粒钢，5～8 级的定为本质细晶粒钢。本质细晶粒钢在规定的条件下加热得到的晶粒是细小的。但是，它不是在任何条件下都不粗化。当超过一定的加热温度后，本质细晶粒钢比本质粗晶粒钢具有更大的长大倾向，如图 5-4 所示。

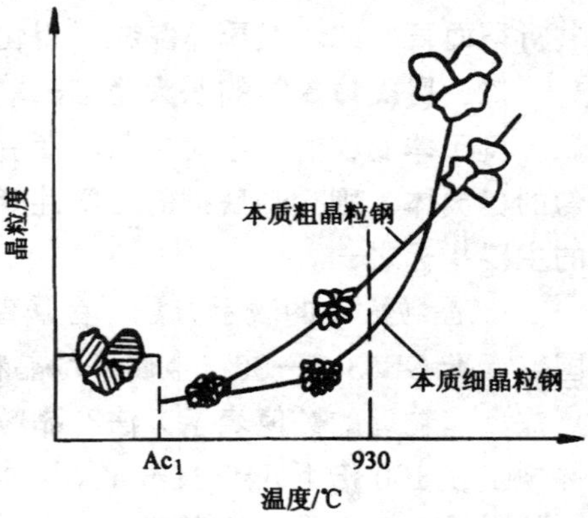

图 5-4 加热温度与奥氏体晶粒长大的关系

在工业生产中，一般沸腾钢为本质粗晶粒钢，镇静钢为本质细晶粒钢。需要进行热处理的零件多采用本质细晶粒钢，因为一般热处理工艺的加热温度都在 950℃以下，因此奥氏体晶粒不易长大，可避免过热现象。

3. 奥氏体晶粒长大及其影响因素　在高温下，奥氏体晶粒长大是一个自发过程。

奥氏体化温度越高，保温时间越长，奥氏体晶粒长大越明显。随着钢中奥氏体含碳量的增加，奥氏体晶粒长大的倾向也增大。但当 $w_C > 1.2\%$ 时，奥氏体晶界上存在未溶的渗碳体能阻碍晶粒的长大，故奥氏体实际晶粒度较小。

钢中加入能生成稳定碳化物的元素（如铌、钛、钒、锆等）和能生成氧化物及氮化物的元素（如铝），都会阻止奥氏体晶粒长大，而锰和磷是促进奥氏体晶粒长大倾向的元素。

奥氏体晶粒长大的结果，对零件的热处理质量有很大的影响。为了控制奥氏体晶粒长大应采取以下措施：热处理加热时要合理选择并严格控制加热温度和保温时间；合理选择钢的原始组织及含有一定量合金元素的钢材等。

第二节　钢在冷却时的转变

钢经奥氏体化后，由于冷却条件不同，其转变产物在组织和性能上有很大差别。由表5-1可以看出，45钢在同样奥氏体化条件下，由于冷却速度不同，其力学性能有明显差别。

表5-1　45钢经840℃加热后，不同条件冷却后的力学性能

冷却方法	σ_b/MPa	σ_s/MPa	δ（%）	ψ（%）	HRC	冷却方法	σ_b/MPa	σ_s/MPa	δ（%）	ψ（%）	HRC
随炉冷却	519	272	32.5	49	15～18	油中冷却	882	608	18～20	48	40～50
空气冷却	657～706	333	15～18	45～50	18～24	水中冷却	1078	706	7～8	12～14	52～60

在热处理生产中，常用的冷却方式有两种，即等温冷却和连续冷却，如图5-5所示。

钢在连续冷却或等温冷却条件下，其组织的转变均不能用$Fe\text{-}Fe_3C$相图分析。为了研究奥氏体在不同冷却条件下组织转变的规律，测定并绘制了过冷奥氏体等温转变图和连续冷却转变图。这两条曲线图揭示了过冷奥氏体转变的规律，为钢的热处理奠定了理论基础。

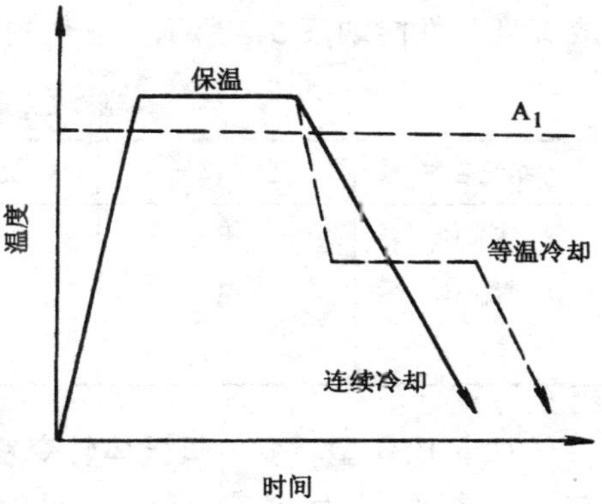

图5-5　两种冷却方式示意图

一、过冷奥氏体的等温转变

所谓“过冷奥氏体”是指在相变温度A_1以下，未发生转变而处于不稳定状态的奥氏体。过冷奥氏体总是要自发地转变为稳定的新相。过冷奥氏体等温转变图是研究过冷奥氏体等温转变的重要工具，是通过实验方法测定的。下面以共析钢为例，分析过冷奥氏体等温转变规律。

（一）共析钢过冷奥氏体等温转变图的特点

图5-6是共析钢过冷奥氏体等温转变图。曲线呈“C”字形，通常又称“C曲线”。

在C曲线中，左边的一条C形曲线为过冷奥氏体等温转变开始线，右边的一条为等温转变终了线。在转变开始线的左方是过冷奥氏体区，在转变终了线的右方是转变产物区，两条曲线之间是转变区。在C曲线下部有两条水平线，一条是马氏体转变开始线（以Ms表示），一条是马氏体转变终了线（以Mf表示，如图5-9所示）。

由共析钢的C曲线可以看出：

1）在A_1温度以上，奥氏体处于稳定状态。

2）在A_1温度以下，过冷奥氏体在各个温度下的等温转变并非瞬时就开始，而是经过一段“孕育期”（以转变开始线与纵坐标之间的距离表示）。孕育期越

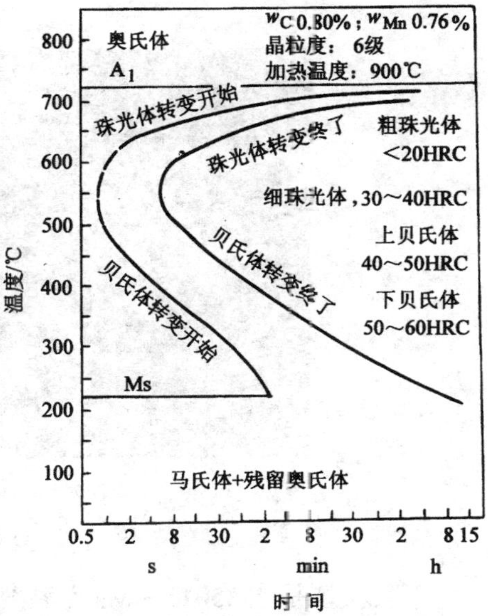

图5-6　是共析钢过冷奥氏体等温转变图

长，过冷奥氏体越稳定；反之，则不稳定。孕育期的长短随过冷度而变化，在靠近 A_1 线处，过冷度较小，孕育期较长。随着过冷度增大，孕育期缩短，约在 550℃时孕育期最短。此后，孕育期又随过冷度的增大而增长。孕育期最短处，即 C 曲线的“鼻尖”处过冷奥氏体最不稳定，转变最快。

3）过冷奥氏体在 A_1 温度以下不同温度范围内，可发生三种不同类型的转变：高温珠光体型转变；中温贝氏体型转变和低温马氏体型转变。

（二）共析钢过冷奥氏体等温转变产物的组织和性能

1. 珠光体型转变　转变发生在 A_1～550℃温度范围内。在转变过程中铁、碳原子都进行扩散，故珠光体转变是扩散型转变。珠光体转变是以形核和长大方式进行的，在 A_1～550℃温度范围内，奥氏体等温分解为层片状的珠光体组织。珠光体层间距随过冷度的增大而减小。按其层间距的大小，高温转变的产物可分为珠光体、索氏体（细珠光体）和托氏体（极细珠光体）三种。这三种组织没有本质区别，也没有严格的界限，它们的表示符号、形成温度和性能如表 5-2 所示。它们的硬度随层间距的减小而增高。

表 5-2　珠光体型组织的形成温度和硬度

组织名称	表示符号	形成温度/℃	分辨片层的放大倍数	硬度 HRC
珠光体	P	A_1～650	放大 400 以上	＜20
索氏体	S	650～600	放大 1000 倍以上	22～35
托氏体	T	600～550	放大几千倍以上	35～42

2. 贝氏体型转变　贝氏体转变发生在 550℃～Ms 温度范围内。由于贝氏体的转变温度较低，铁原子扩散困难，因此，贝氏体（以符号 B 表示）的组织形态和性能与珠光体不同。根据组织形态和转变温度不同，贝氏体一般可分为上贝氏体和下贝氏体两种。

上贝氏体是在 550～350℃温度范围内形成的，其显微组织特征呈羽毛状，它是由成束的铁素体条和断续分布在条间的短小渗碳体组成的，如图 5-7 所示。

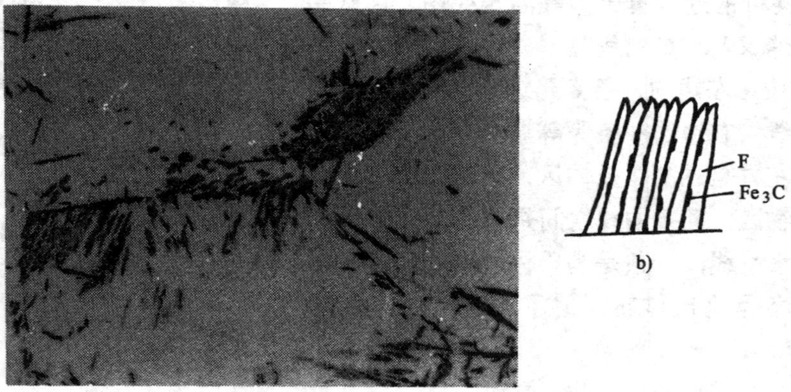

图 5-7　上贝氏体组织

a）金相显微组织　b）示意图

下贝氏体是在 350℃～Ms 点温度范围内形成的，其显微组织特征是黑色针叶状，它是由针叶状铁素体和分布在针叶内的细小渗碳体粒子组成的，如图 5-8 所示。

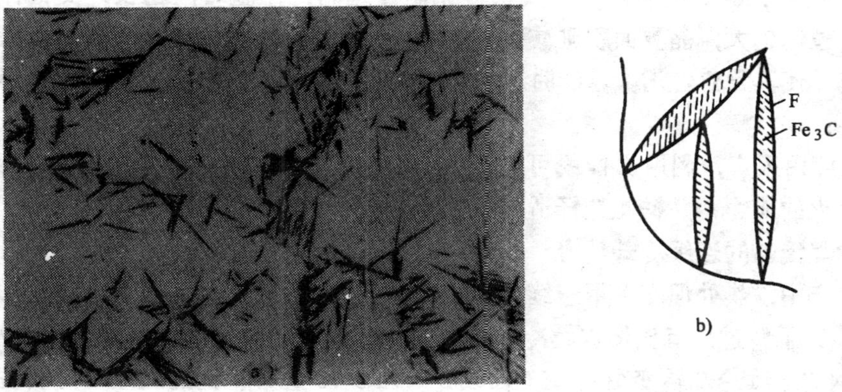

图 5-8　下贝氏体组织

a）金相显微组织　b）示意图

贝氏体的性能主要决定于贝氏体的组织形态。上贝氏体硬度约 40～45HRC，下贝氏体硬度约 45～55HRC。与上贝氏体比较，下贝氏体不仅硬度、强度较高，而且塑性和韧性也较好，具有良好的综合力学性能。因此，在生产中常用等温淬火来获得下贝氏体组织。

3. 马氏体转变　当奥氏体被迅速过冷至马氏体点 Ms 以下时则发生马氏体转变。与前两种转变不同，马氏体转变是在一定温度范围内（Ms～Mf 之间）连续冷却时完成的。马氏体转变特点在研究连续冷却转变时再进行分析。

（三）影响奥氏体等温转变的因素

C 曲线揭示了过冷奥氏体在不同温度下等温转变的规律，因此从 C 曲线形状、位置的变化，可反映出各种因素对奥氏体等温转变的影响。其主要影响因素有：

1. 碳的影响　在正常加热条件下，亚共析钢的 C 曲线随含碳量的增加向右移，过共析钢的 C 曲线随含碳量的增加向左移，共析钢的过冷奥氏体最稳定。比较图 5-9 的三个 C 曲线可见，与共析钢比较，亚共析钢和过共析钢 C 曲线上部分别有一条先析铁素体和一条二次渗碳体的析出线。

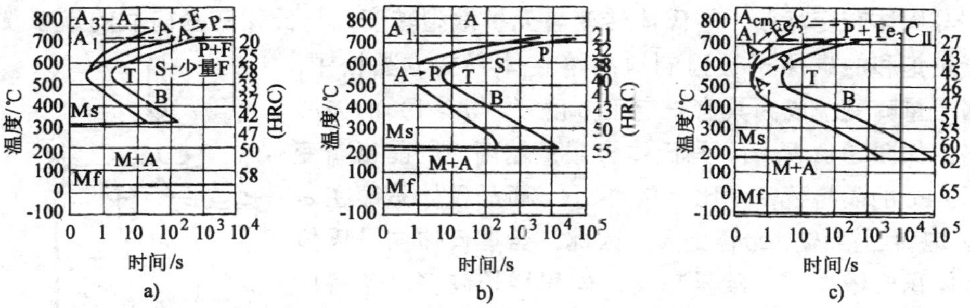

图 5-9　含碳量对 C 曲线的影响

a）亚共析钢　b）共析钢　c）过共析钢

2. 合金元素的影响　除钴以外，能溶入奥氏体的合金元素都使过冷奥氏体的稳定性增大，使 C 曲线向右移。当奥氏体中溶入较多碳化物形成元素（如铬、钼、钒、钨和钛等）时，不仅曲线位置会改变，而且曲线的形状也会改变，C 曲线可出现两个鼻尖。

3. 加热温度和保温时间的影响　奥氏体化温度越高，保温时间越长，奥氏体成分越加均匀；同时晶粒也越大，晶界面积则减少。这样，会降低过冷奥氏体转变的形核率，不利于奥氏体的分解，使其稳定性增大，C 曲线右移。因此，应用 C 曲线时，需要注意其奥氏体化的条件。

C 曲线的应用很广，利用 C 曲线可以制定等温退火、等温淬火和分级淬火的工艺；可以估计钢接受淬火的能力，并据此选择适当的冷却介质。

二、过冷奥氏体的连续冷却转变

在实际生产中，热处理多采用连续冷却的冷却方式。因此，需要应用钢的连续冷却转变图（CCT 曲线）了解过冷奥氏体连续冷却转变的规律。CCT 曲线也是通过实验方法测定的。

1. 共析钢的连续冷却转变图（CCT 曲线）　图 5-10 是共析钢的连续冷却转变图，图中 Ps 线为珠光体转变开始线，P_f 线为珠光体转变终了线，K 线为珠光体转变中止线。当实际冷却速度小于 v_c 时，只发生珠光体转变；大于 v_c 时，则只发生马氏体转变。冷却速度介于两者之间时，奥氏体有一部分转变为珠光体，当冷却曲线与 K 线相交时，转变中止，剩余奥氏体在冷至 Ms 点以下时发生马氏体转变。

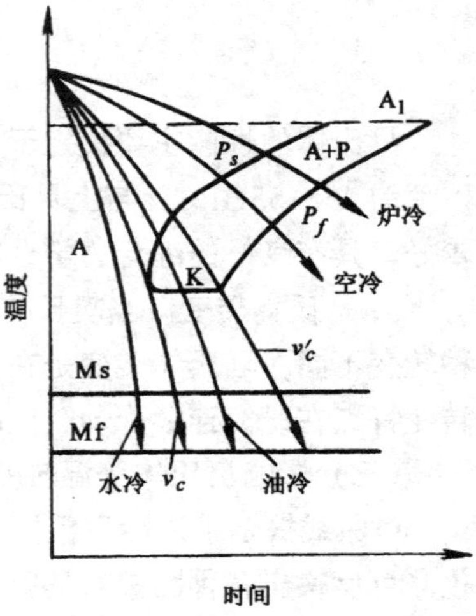

图 5-10　共析钢的 CCT 曲线

图中的 v_c 为马氏体临界冷却速度，又称上临界冷却速度，是钢在淬火时为抑制非马氏体转变所需的最小冷却速度。v_c 越小，钢在淬火时越容易获得马氏体组织。v_c' 为下临界冷却速度，是保证奥氏体全部转变为珠光体的最大冷却速度。v_c' 越小，则退火所需时间越长。

2. 马氏体转变　马氏体转变在低温（Ms 点以下）进行。由于过冷度很大，奥氏体向马氏体转变时难以进行铁、碳原子的扩展，只发生 γ-Fe 向 α-Fe 的晶格转变。固溶在奥氏体中的碳全部保留在 α-Fe 晶格中，形成碳在 α-Fe 中的过饱和固溶体，称其为马氏体，以符号 M 表示。

（1）马氏体转变特点　马氏体转变属无扩散型转变，马氏体转变前后的碳浓度没有变化。由于过饱和的碳原子被强制地固溶在体心立方晶格中，致使晶格严重畸变，成为具有一定正方度（$c/a>1$）的体心正方晶格，如图 5-11 所示。马氏体含碳量越高，则晶格畸变越严重。α-Fe 的晶格致密度比 γ-Fe 的小，而马氏体是碳在 α-Fe 中的过饱和固溶体，比容更大。因此，当奥氏体向马氏体转变时，体积要增大。含碳量越高，体积增长越多，这将引起淬火工件产生相变内应力，容易导致工件变形和开裂。

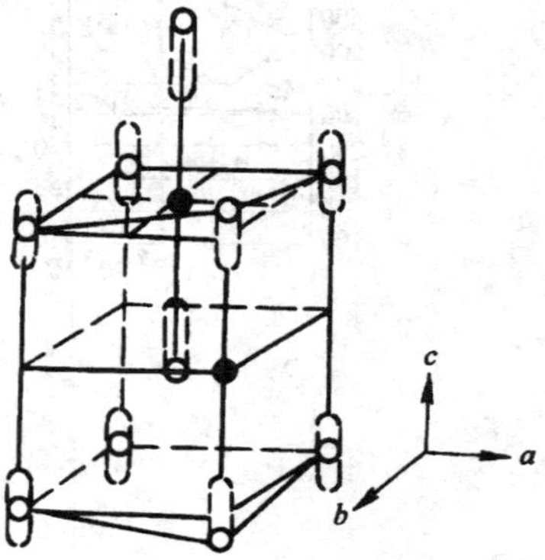

图 5-11　马氏体的晶格结构

马氏体转变速度极快，瞬间形成。马氏体转变是在（Ms～M_f）温度范围内进行的，马氏体量随温度的不断降低而增多，一直到 M_f 点。马氏体转变一般不能进行完全，总有一小部分奥氏体未能转变而残留下来，这部分奥氏体称为残余奥氏体。残余奥氏体的存在有两个原因：一是由于马氏体形成时伴随体积的膨胀，对尚未转变的奥氏体产生了多向压应力，抑制奥氏体转变；二是因为钢的 Mf 点大多低于室温，在正常淬火冷却条件下，必然存在较多的残余奥氏体。钢中残余奥氏体量随 Ms 点和 Mf 点的降低而增加。残余奥氏体的存在，不仅降低淬火钢的硬度和耐磨性，而且在工件长期使用过程中，由于残余奥氏体会继续变成马氏体，使工件尺寸发生变化。因此，生产中对一些高精度工件常采用冷处理的方法，将淬火钢件降至低于 0℃ 某一温度，以减少残余奥氏体量。

（2）马氏体的组织和性能　马氏体的形态主要有板条状和片状两种。其形态主要与奥氏体含碳量有关，含碳量较低的钢淬火时几乎全部得到板条状马氏体组织，而含碳量高的钢得到片状马氏体组织，含碳量介于中间的钢则是两种马氏体的混合组织。应指出，马氏体形态变化没有严格的含碳量的界限。图 5-12、图 5-13 是两种马氏体的显微组织。

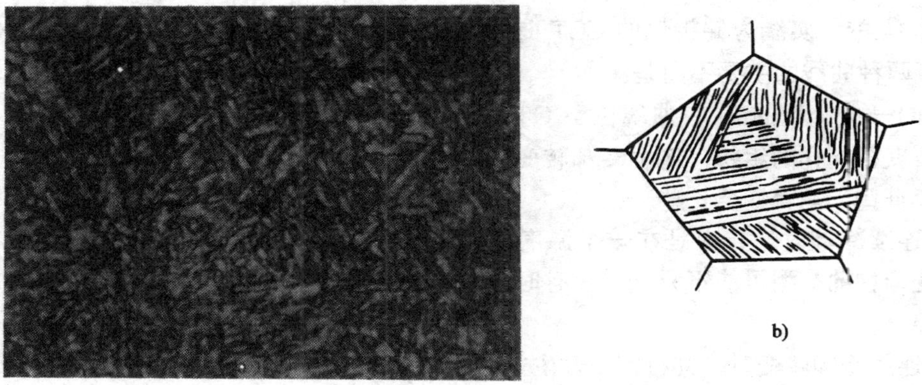

图 5-12　板条状马氏体的组织

a）金相显微组织　b）示意图

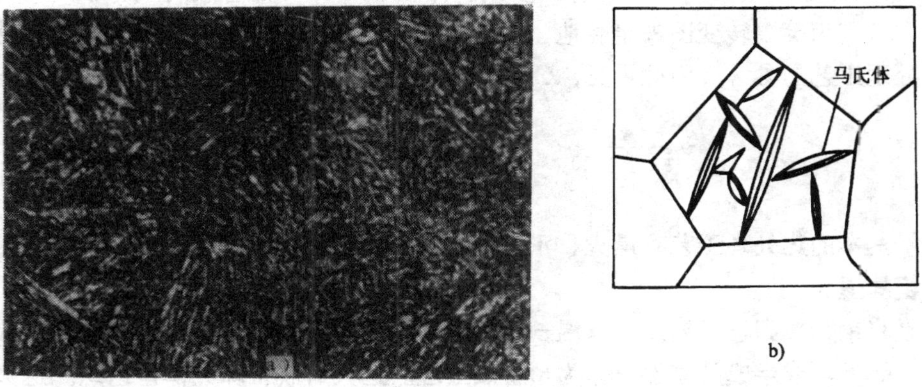

图 5-13　片状马氏体的组织

a）金相显微组织　b）示意图

板条状马氏体显微组织呈相互平行的细板条束，束之间具有较大的位向差。片状马氏体呈针片状，在正常淬火条件下马氏体针片十分细小，在光学显微镜下不易分辨形态。板条状马氏体不仅具有较高的强度和硬度，而且还具有较好的塑性和韧性。片状马氏体的强度很高，但塑性和韧性很差。表 5-3 为含碳 $w_C = 0.10\% \sim 0.25\%$ 的碳钢淬火形成的板条状马氏体与含碳 $w_C = 0.77\%$ 的碳钢淬火形成的片状马氏体的性能比较。

表 5-3 板条状马氏体与片状马氏体性能比较

w_C（%）	马氏体形态	σ_b/MPa	σ_s/MPa	δ（%）	a_K/（J·cm^{-2}）	硬度 HRC
0.1～0.25	板条状	1020～1530	820～1330	9～17	60～180	30～50
0.77	片状	2350	2040	1	10	66

马氏体的硬度主要决定于含碳量。w_C＜0.6%时，随含碳量增加，马氏体硬度增加；w_C＞0.6%时，硬度增加不明显。马氏体的塑性和韧性与其含碳量及形态有着密切关系。低碳板条状马氏体具有高的强韧性，在生产中得到多方面的应用。

三、连续冷却转变图与等温冷却转变图的比较和应用

图 5-14 中，实线为共析钢的 CCT 曲线，虚线为 C 曲线，两种曲线的主要不同是：

1）同一成分钢的 CCT 曲线位于 C 曲线右下方。这说明要获得同样的组织，连续冷却转变比等温转变的温度要低些，孕育期要长些。

2）连续冷却时，转变是在一个温度范围内进行的，转变产物的类型可能不只一种，有时是几种类型组织的混合。

3）连续冷却转变时，共析钢不发生贝氏体转变。

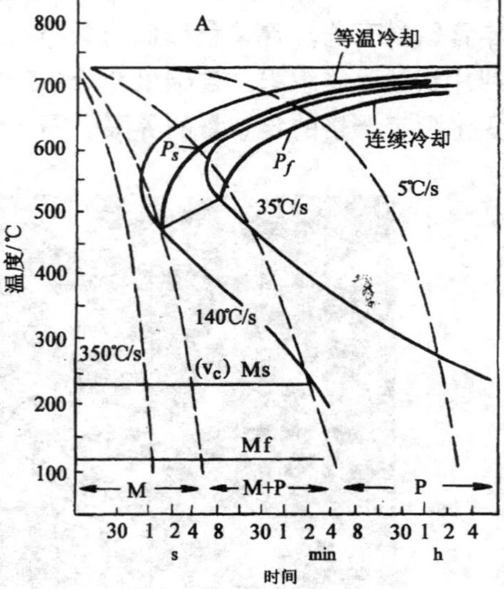

图 5-14 共析钢 C 曲线与 CCT 曲线比较图

CCT 曲线准确反映钢在连续冷却条件下的组织转变，可作为制定和分析热处理工艺的依据。但是，由于 CCT 曲线的测定比较难，至今尚有许多钢种未测定出来。而各钢种的 C 曲线都已测定，因此生产中常利用等温转变图来定性地、近似地分析连续冷却转变的情况。分析的结果可作为制定热处理工艺的参考。由此可见，C 曲线与 CCT 曲线虽有区别，但本质上还是一致的。

第三节 钢的普通热处理

钢的最基本的热处理工艺有退火、正火、淬火和回火等。

一、钢的退火

退火是将钢加热到适当温度，保温一定时间，然后缓慢冷却的热处理工艺。退火主要用于铸、锻、焊毛坯或半成品零件，作为预备热处理。退火后获得珠光体型组织。退火的主要目的是：软化钢材以利于切削加工；消除内应力以防止工件变形；细化晶粒，改善组织，为零件的最终热处理做好准备。

根据钢的成分和退火目的不同，常用的退火方法有完全退火、等温退火、球化退火、均匀化退火、去应力退火和再结晶退火等。

（一）完全退火与等温退火

完全退火是把钢加热到 Ac_3 以上 30～50℃，保温一定时间，随炉冷至 600℃以下，出炉空冷。完全退火可获得接近平衡状态的组织，主要用于亚共析钢的铸、锻件，有时也用于焊接结构。完全退火的目的在于细化晶粒，消除过热组织，降低硬度和改善切削加工性能。

过共析钢不宜采用完全退火，以避免二次渗碳体以网状形式沿奥氏体晶界析出，给切削加工和以后的热处理带来不利影响。

完全退火很费工时，生产中常采用等温退火来代替。等温退火与完全退火加热温度完全相同，只是冷却方式有差别。等温退火是以较快速度冷却到 A_1 以下某一温度，保温一定时间使奥氏体转变为珠光体组织，然后空冷。对某些奥氏体比较稳定的合金钢，采用等温退火可大大缩短退火周期。

（二）球化退火

球化退火是将钢加热到 Ac_1 以上 20～40℃，充分保温后随炉冷却到 600℃ 以下出炉空冷。球化退火随炉冷却通过 Ar_1 温度时其冷却速度应足够缓慢，以使共析渗碳体球化。

球化退火主要用于过共析钢。其目的是使钢中的渗碳体球状化，以降低钢的硬度，改善可加工性，并为以后的热处理工序做好组织准备。若钢的原始组织中有严重的渗碳体网，则在球化退火前应进行正火消除，以保证球化退火效果。

（三）均匀化退火（扩散退火）

均匀化退火是将钢加热到略低于固相线温度（Ac_3 或 Ac_{cm} 以上 150～300℃），长时间保温（10～15h），然后随炉冷却，以使钢的化学成分和组织均匀化。均匀化退火能耗高，易使晶粒粗大。为细化晶粒，均匀化退火后应进行完全退火或正火。这种工艺主要用于质量要求高的合金钢铸锭、铸件或锻坯。

（四）去应力退火和再结晶退火

去应力退火又称低温退火，是将钢加热到 Ac_1 以下某一温度（一般约为 500～600℃），保温一定时间，然后随炉冷却。去应力退火过程中不发生组织的转变，目的是为了消除铸、锻、焊件和冷冲压件的残余应力。

再结晶退火主要用于经冷变形的钢。

二、钢的正火

将钢加热到 Ac_3（或 Ac_{cm}）以上 30～50℃，保温适当时间，出炉后在空气中冷却的热处理工艺称正火。

正火与退火的主要差别是，前者冷却速度较快，得到的组织比较细小，强度和硬度也稍高一些。从表 5-1 可以看出同一钢种退火和正火后性能的差异。

正火主要有以下几方面的应用：

1. 对力学性能要求不高的结构、零件，可用正火作为最终热处理，以提高其强度、硬度和韧性。

2. 对低、中碳钢，可用正火作为预备热处理，以调整硬度，改善切削加工性。

3. 对过共析钢，正火可抑制渗碳体网的形成，为球化退火做好组织准备。与退火相比，正火的生产周期短，节约能量，而且操作简便。生产中常优先采用正火工艺。

常用退火和正火的加热温度范围及工艺曲线示于图 5-15。

三、钢的淬火

将钢加热到 Ac_3 或 Ac_1 以上，保温一定时间，以大于临界冷却速度 v_c 的冷速冷却，获得马氏体和（或）贝氏体组织的热处理工艺称为淬火。淬火是钢的最经济、最有效的强化手段之一。

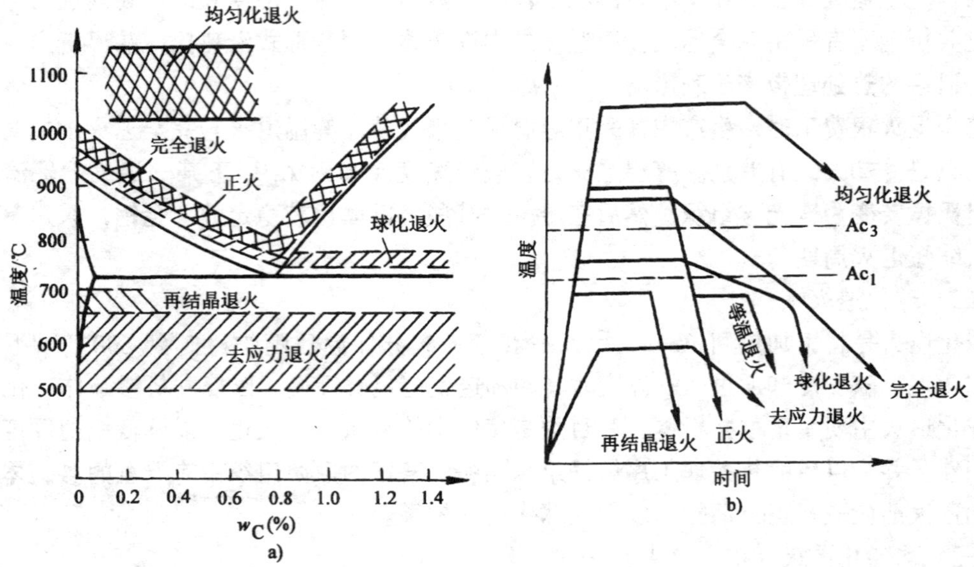

图 5-15　碳钢的各种退火、正火加热温度范围及工艺曲线

a) 加热温度规范　b) 工艺曲线

(一) 淬火加热温度

钢的淬火加热温度主要根据其相变点来确定。图 5-16 为碳钢的淬火加热温度范围。

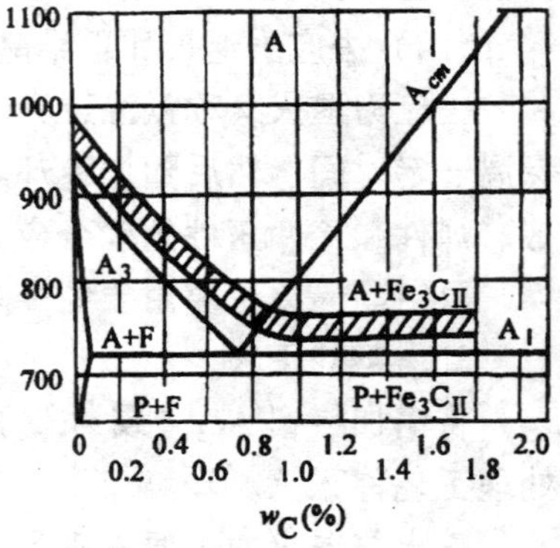

图 5-16　碳钢淬火加热温度范围

亚共析钢一般采用完全奥氏体化淬火，淬火加热温度为 Ac_3 + (30～50℃)。如果加热温度选择在 Ac_1～Ac_3 之间，则在淬火组织中将有先析铁素体存在，使钢的强度降低。

共析钢和过共析钢的淬火加热温度为 Ac_1 + (30～50℃)。过共析钢加热温度选择在 Ac_1～Ac_{cm} 之间，是为了淬火冷却后获得细小片状马氏体和细小球状渗碳体的混合组织，以提高钢的耐磨性。如果加热到 Ac_{cm} 以上进行完全奥氏体化淬火，奥氏体晶粒粗化，淬火后的马氏体粗大，使钢的脆性增加。此外，由于渗碳体过多的溶解，使马氏体中碳的过饱和度过大，增大了淬火应力和变形与开裂的倾向，同时使钢中的残余奥氏体量增多，降低了钢的硬度和耐磨性。

应当指出，确定具体零件热处理温度时，须全面考虑各种因素（如工件形状、尺寸等）的影响。对于高合金钢加热温度的选择，还应考虑合金碳化物的溶解和合金元素均匀化等问题。淬火加热时间的确定，须综合考虑钢的成分、原始组织、工件形状和尺寸、加热介质、装炉量等因素的影响。生产中常用有关经验公式估算加热时间。

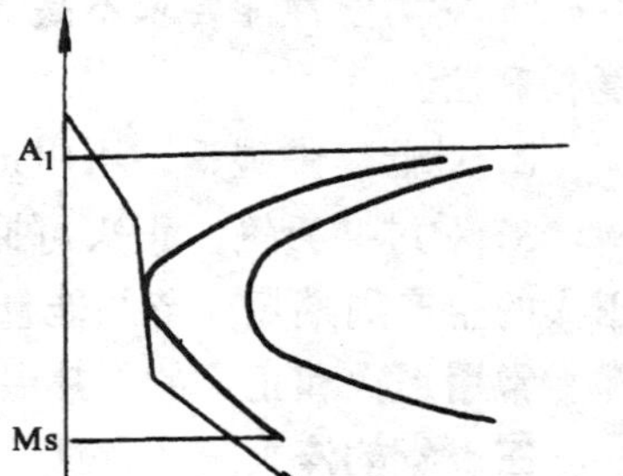

图 5-17　理想淬火冷却速度

(二) 常用淬火冷却方法

为了保证淬火质量，减小淬火应力和变形与开裂的倾

向，淬火的冷却方式很关键。理想的冷却方式如图 5-17 所示。但是，目前实际应用的淬火介质还不能完全满足理想冷却速度的要求。为了获得比较理想的淬火效果，须采用适宜的淬火介质和适当的淬火方法。常用的冷却介质有水、盐或碱的水溶液和油等。表 5-4 为几种常用的淬火冷却介质的冷却能力。

表 5-4　常用的淬火冷却介质的冷却能力

淬火冷却介质	冷却速度/（℃·s⁻¹）		淬火冷却介质	冷却速度/（℃·s⁻¹）	
	650～550℃	300～200℃		650～550℃	300～200℃
水（18℃）	600	270	10%NaOH+水(18℃)	1200	300
水（50℃）	100	270	矿物油	100～200	20～50
10%NaCl+水	1100	300	0.5%聚乙烯醇+水	介于油水之间	180

常用的淬火方法有以下几种：

1. 单介质淬火　将加热至淬火温度的工件，投入一种淬火介质中连续冷却至室温，如图 5-18 中曲线 *a* 所示。例如，碳钢在水中淬火，合金钢在油中淬火等。单介质淬火操作简便，易于实现机械化和自动化。但也有不足之处，即易产生淬火缺陷。水中淬火易产生变形和裂纹，油中淬火易产生硬度不足或硬度不均匀等现象。

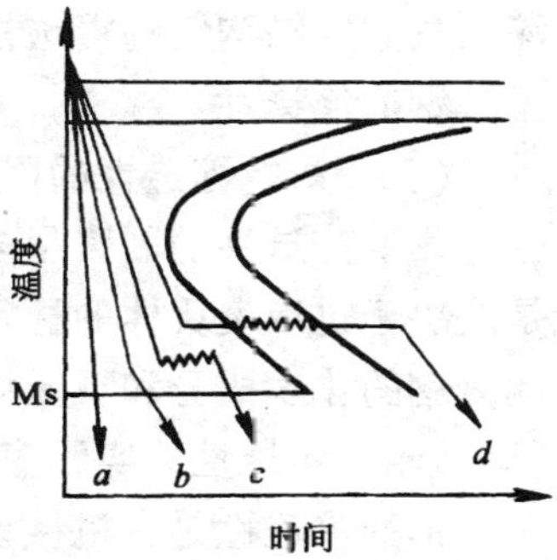

图 5-18　常见淬火方法示意图

a—单介质淬火　*b*—双介质淬火　*c*—马氏体分级淬火　*d*—贝氏体等温淬火

2. 双介质淬火　如图 5-18 曲线 *b* 所示，双介质淬火是将加热的工件先投入一种冷却能力强的介质中冷却，然后在 Ms 点以下区域时转入冷却能力小的另一种介质中冷却。例如，形状复杂的非合金钢工件采用水淬油冷法；合金钢工件采用油淬空冷法等。双介质淬火可使低温转变时的内应力减小，从而有效防止工件的变形与开裂。能否准确地控制工件从第一种介质转到第二种介质时的温度，是双介质淬火的关键，需要一定的实践经验。

3. 马氏体分级淬火　将加热的工件先放入温度为 Ms 点附近（150～260℃）的盐浴或碱浴中，稍加停留（约 2～5min），等工件整体温度趋于均匀时，再取出空冷以获得马氏体，如图 5-18 曲线 *c* 所示。分级淬火可更为有效地避免变形和裂纹的产生，而且比双介质淬火易于操作，一般适用于形状较复杂，尺寸较小的工件。

4. 贝氏体等温淬火　如图 5-18 曲线 *d* 所示，等温淬火与分级淬火相似，其差别在于等温淬火是在稍高于 Ms 点温度的盐浴或碱浴中，保温足够的时间，使其发生下贝氏转变后出炉空冷。等温淬火的内应力很小，工件不易变形与开裂，而且具有良好的综合力学性能。等温淬火常用于处理形状复杂，尺寸要求精确，并且硬度和韧性都要求较高的工件，如各种冷、热冲模，成型刃具和弹簧等。

5. 局部淬火　有些工件按其工件条件只是局部要求高硬度，则可进行局部加热淬火方法，以避免工件其他部分产生变形与裂纹。

四、钢的淬透性

（一）淬透性的概念

钢的淬透性是钢在淬火冷却时，获得马氏体组织深度的能力。

工件在淬火后，整个截面的冷却速度不同，工件表层的冷却速度最大，中心层的冷却速度最小，如图 5-19a 所示。冷却速度大于该钢 v_c 的表层部分，淬火后得到马氏体组织，图 5-19b 中的影线区域表示获得马氏体组织的深度。一般规定：由钢的表面至内部马氏体组织占 50% 处的距离为有效淬硬深度。

淬透性是钢的一种重要的热处理工艺性能，其高低以钢在规定的标准淬火条件下能够获得的有效淬硬深度来表示。用不同钢种制造的相同形状和尺寸的工件，在同样条件下淬火，淬透性好的钢有效淬硬深度较大。

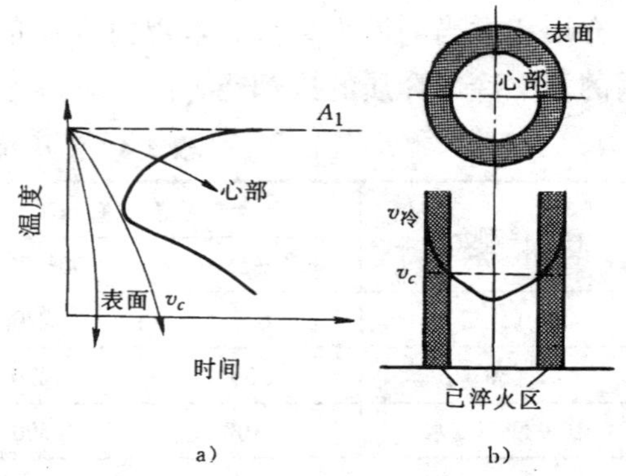

图 5-19　钢的有效淬硬深度与冷却速度的关系

（二）淬透性的测定

淬透性的测定方法很多，国家标准 GB225—88《钢的淬透性末端试验方法》规定用末端淬火法测定结构钢的淬透性。GB227—91《工具钢淬透性试验方法》规定用断口评级法测定工具钢的淬透性。

（三）影响淬透性的因素

影响淬透性的因素很多。钢的淬透性主要取决于钢的马氏体临界冷却速度的大小，实质是取决于过冷奥氏体的稳定性，即 C 曲线的位置。钢的 C 曲线越靠右，其淬透性越好。因此，钢的化学成分和奥氏体化条件是影响淬透性的主要因素。

（四）淬透性的实际应用

钢的淬透性是在机械设计制造过程中合理选材和正确制定热处理工艺的重要依据。淬透性对钢件热处理后的力学性能影响很大，如图 5-20 所示。若整个工件淬透，经高温回火后，其力学性能沿截面是均匀一致的；若工件未淬透，高温回火后，虽然截面上硬度基本一致，但未淬透部分的屈服点和冲击韧度却显著降低。

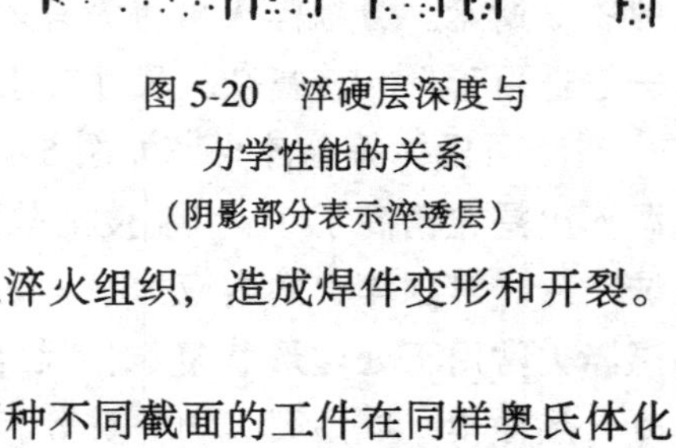

图 5-20　淬硬层深度与力学性能的关系

（阴影部分表示淬透层）

机械制造中许多在重载荷、动载荷下工作的重要零件以及承受拉压应力的重要零件，常要求工件表面和心部的力学性能一致，此时应选用能全部淬透的钢；而对于应力主要集中在工件表面，心部应力不大（如承受弯曲应力）的零件，则可考虑选用淬透性低的钢。焊接件一般不选用淬透性高的钢，否则易在焊缝及热影响区出现淬火组织，造成焊件变形和开裂。

还须注意以下两点区别：

（1）淬透性与实际工件有效淬硬深度的区别　同一钢种不同截面的工件在同样奥氏体化条件下淬火，其淬透性是相同的。但是其有效淬硬深度却因工件的形状、尺寸和冷却介质的不同而异。淬透性乃是钢本身所固有的属性，对于一种钢，它是确定的，可用于不同钢种之间的比较。而实际工件的有效淬硬深度，它除了取决于钢的淬透性外，还与工件的形状、尺寸及采用的冷却介质等外界因素有关。

（2）钢的淬透性与淬硬性是两个不同的概念　淬硬性是指钢淬火后能达到的最高硬度，

它主要取决于马氏体的含碳量。淬透性好的钢其淬硬性不一定高。例如低碳合金钢淬透性相当好，但其淬硬性却不高；高碳非合金钢的淬硬性高，但其淬透性却差。

五、回火

回火是将淬火钢加热到 Ac_1 以下某一温度，保温一定时间，然后冷却至室温的热处理工艺。回火是淬火的后续工序，其主要目的是：减少或消除淬火应力；防止工件变形与开裂；稳定工件尺寸及获得工件所需的组织和性能。

（一）淬火钢在回火时的组织转变

淬火后钢的组织是不稳定的，具有向稳定组织转变的自发倾向。回火加速了自发转变的过程。淬火钢在回火时，随着温度的升高，组织转变可分四个阶段。

第一阶段（80～200℃）：马氏体分解。

马氏体内过饱和的碳原子，以 ε 碳化物形式析出，使马氏体的过饱和度降低。ε 碳化物是弥散度极高的薄片状组织。这种马氏体和 ε 碳化物的回火组织称回火马氏体。此阶段钢的淬火内应力减少，韧性改善，但硬度并未明显降低。

第二阶段（200～300℃）：残余奥氏体分解。

在马氏体分解的同时，降低了对残余奥氏体的压力，使其转变为下贝氏体。这个阶段转变后的组织是F贝氏体和回火马氏体。淬火内应力进一步降低，但马氏体分解造成硬度降低，被残余奥氏体分解引起的硬度升高所补偿，故钢的硬度降低并不明显。

第三阶段（300～400℃）：马氏体分解完成和渗碳体的形成。

马氏体继续分解，直至过饱和的碳原子几乎全部由固溶体内析出。与此同时，ε 碳化物逐渐转变为极细的稳定碳化物 Fe_3C。此阶段到400℃全部完成，形成尚未再结晶的针状铁素体和细球状渗碳体的混合组织，称为回火托氏体。此时钢的淬火内应力基本消除，硬度有所降低。

第四阶段（400℃以上）：固溶体的再结晶与渗碳体的聚集长大。

温度高于400℃后，固溶体发生回复与再结晶，同时渗碳体颗粒不断聚集长大。当温度高于500℃时，形成块状铁素体与球状渗碳体的混合组织，称为回火索氏体。钢的强度、硬度不断降低，但韧性却明显改善。

必须指出：以上四个阶段是在不同温度范围内进行的，但四个温度范围有交叉，所以钢在回火以后所表现出的性能是这些变化的综合结果。

（二）回火的分类及其应用

实际生产中，根据钢件的性能要求，按其回火温度范围，可以分为以下三类：

1. 低温回火（150～250℃）　回火后的组织是回火马氏体，它基本保持马氏体的高硬度和耐磨性，钢的内应力和脆性有所降低。低温回火主要用于各种工具、滚动轴承、渗碳件和表面淬火件。

2. 中温回火（350～500℃）　回火后的主要组织为回火托氏体，具有较高的弹性极限和屈服强度，具有一定的韧性和硬度。中温回火主要用于各种弹簧和模具等。

3. 高温回火（500～650℃）　回火后的组织为回火索氏体，它具有强度、硬度、塑性和韧性都较好的综合力学性能。高温回火广泛用于汽车、拖拉机、机床等机械中的重要结构零件，如各种轴、齿轮、连杆、高强度螺栓等。

通常将淬火与高温回火相结合的热处理称为调质处理。调质处理一般作为最终热处理，但也可作为表面淬火和化学热处理的预备热处理。应指出，工件回火后的硬度主要与回火温度和回火时间有关，而回火后的冷却速度对硬度影响不大。实际生产中，回火件出炉后通常采用空冷。

(三) 回火脆性

回火过程中，冲击韧度不一定总是随回火温度的升高而不断提高。有些钢在某一温度范围内回火时，其冲击韧度比在较低温度回火时反而显著下降，这种脆化现象称为回火脆性。如图 5-21 所示，在 250～400℃的温度范围内出现的回火脆性称为第一类回火脆性。防止的办法常常是避免在此温度范围内回火。在 500～600℃温度范围内出现的回火脆性称为第二类回火脆性，部分合金钢易产生这类回火脆性。回火后快冷可避免这类回火脆性产生。

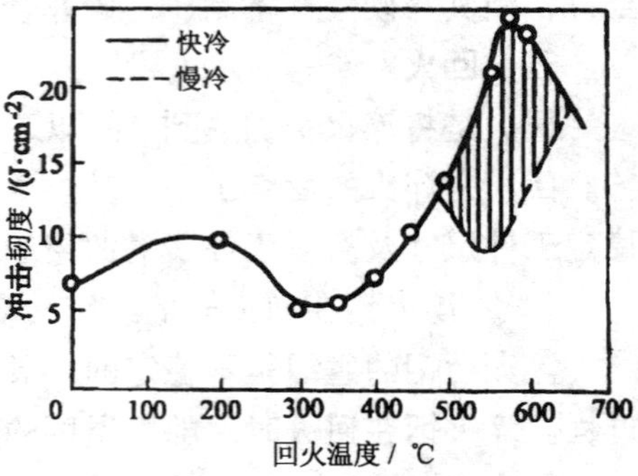

图 5-21　钢的韧性与回火温度的关系

第四节　钢的表面热处理和化学热处理

某些在冲击载荷、交变载荷及摩擦条件下工作的机械零件，如曲轴，凸轮轴、齿轮、主轴等。其表层承受较高的应力，因此要求工件表层具有高强度、硬度、耐磨性及疲劳极限，而心部要具有足够的塑性和韧性。为了达到上述的性能要求，生产中广泛应用表面热处理和化学热处理。

一、表面淬火

表面热处理是仅对工件表层进行热处理以改变其组织和性能的工艺，其中最常用的是表面淬火。

表面淬火是对钢的表面快速加热至淬火温度，立即以大于 v_c 的速度冷却，使表层强化的热处理。表面淬火不改变钢表层的成分，仅改变表层的组织，且心部组织不发生变化。

生产中广泛应用的表面淬火方法有感应加热和火焰加热表面淬火。

(一) 感应加热表面淬火

感应加热表面淬火的基本原理如图 5-22 所示。将工件放在铜管绕制的感应圈内，当感应圈通以一定频率的电流时，感应圈内部和周围产生同频率的交变磁场，于是工件中相应产生了自成回路的感应电流，由于集肤效应，感应电流主要集中在工件表层，使工件表面迅速加热到淬火温度。随即喷水冷却，使工件表层淬硬。

根据所用电流频率的不同，感应加热可分为高频（200～300kHz）加热、超音频（20～40kHz）加热、中频（2.5～8kHz）加热、工频（50Hz）加热等，用于各类中小型、大型机械零件。感应电流频率越高，电流集中的表层越薄，加热层也越薄，淬硬层深度越小。

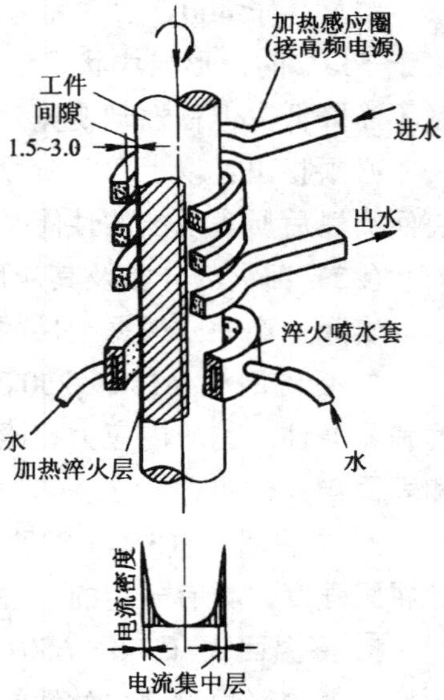

图 5-22　感应加热表面淬火示意图

感应加热表面淬火零件宜选用中碳钢和中碳低合金结构钢。目前应用最广泛的是汽车、拖拉机、机床和工程机械中的齿轮、轴类等，也可运用于高碳钢、低合金钢制造的工具和量具，以及铸铁冷轧辊等。

经感应加热表面淬火的工件，表面不易氧化、脱碳，变形小，淬火层深度易于控制，一般高频感应加热淬硬层深度为1.0～2.0mm，表面硬度比普通淬火高2～3HRC。此外，该热处理方法生产效率高，易于实现生产机械化，多用于大批量生产的形状较简单的零件。

(二) 火焰加热表面淬火

使用乙炔—氧焰或煤气—氧焰，将工件表面快速加热到淬火温度，立即喷水冷却的淬火方法称火焰加热表面淬火，如图5-23所示。

火焰表面淬火的淬硬层深度为2～6mm，适用于大型工件的表面淬火，如大模数齿轮等。这种表面淬火所用设备简单，投资少；但是加热时易过热，淬火质量不稳定。

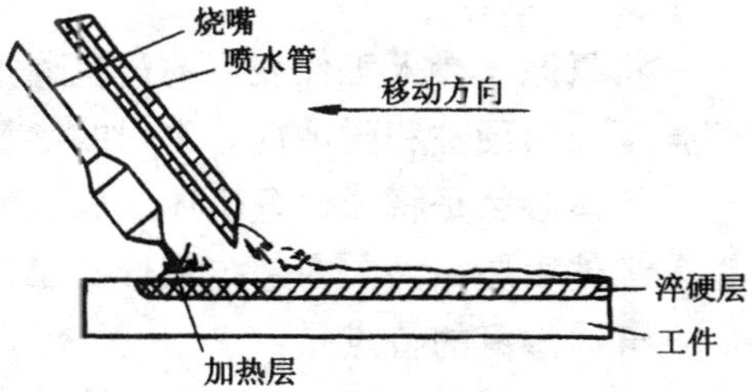

图5-23 火焰表面淬火示意图

二、化学热处理

钢的化学热处理是将工件置于一定的活性介质中保温，使一种或几种元素渗入工件表层，以改变其化学成分，主要是为了表面强化和改善工件表面的物理化学性能，即提高工件的表面硬度、耐磨性、疲劳强度、热硬性和耐腐蚀性。

化学热处理的种类很多，一般以渗入的元素来命名。化学热处理有渗碳、渗氮、液体碳氮共渗（氰化）、渗硫、渗硼、渗铬、渗铝等金属、多元共渗等。

无论是哪一种化学热处理，活性原子渗入工件表层都是由以下三个基本过程组成：

(1) 分解　由化学介质分解出能够渗入工件表层的活性原子。

(2) 吸收　活性原子由钢的表面进入铁的晶格中形成固溶体，甚至可能形成化合物。

(3) 扩散　渗入的活性原子由表面向内部扩散，形成一定厚度的扩散层。

(一) 钢的渗碳

渗碳是将工件置于富碳的介质中，加热到高温（900～950℃），使碳原子渗入工件表层的过程，其目的是使增碳的表面层经淬火和低温回火后，获得高硬度、耐磨性和疲劳强度。适用于低碳非合金钢和低碳合金钢，常用于汽车齿轮、活塞销、套筒等零件。

根据采用的渗碳剂的不同，渗碳可分为气体渗碳、液体渗碳和固体渗碳三种。目前生产中广泛采用气体渗碳。

气体渗碳是将工件置于密封的渗碳炉中（如图5-24所示），加热到900～950℃，通入渗碳气体（如煤气、石油液化气、丙烷等）或易分解的有机液体（如煤油、甲苯、甲醇等），在高温下通过反应分解出活性碳原子，活性碳原子渗入工件表面的高温奥氏体中，并通过扩散形成一定厚度的渗碳层。渗碳的时间主要由渗碳层的深度决定，一般保温1h，渗碳层厚度约增0.2～0.3mm，渗碳层中$w_C=0.8\%\sim1.1\%$。工件渗碳后必须进行淬火和低温回火。渗碳淬火工艺常采用以下三种：

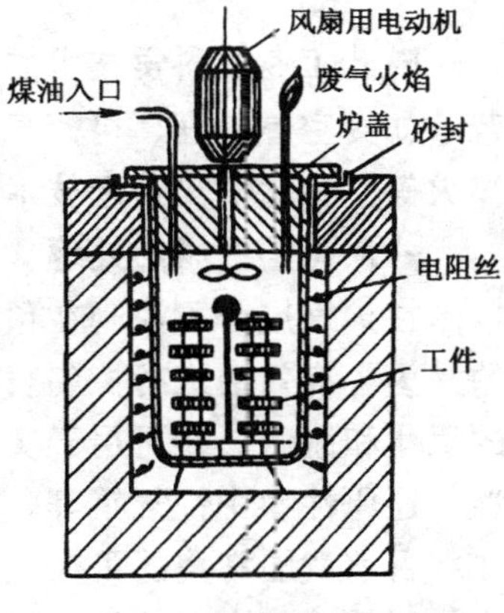

图5-24 气体渗碳示意图

(1) 直接淬火法　工件渗碳后出炉经预冷直接淬火和低温

回火。

(2) 一次淬火法　工件渗碳后出炉缓冷，然后重新加热，进行淬火和低温回火。

(3) 两次淬火法　性能要求较高的渗碳件采用此方法。第一次淬火（加热到850～900℃）目的是细化心部组织。第二次淬火（加热到750～800℃）是为了使表层获得细片状马氏体和粒状渗碳体组织。

一般低碳非合金钢经渗碳淬火后表层硬度可达60～64HRC，心部为30～40HRC。

气体渗碳的渗碳层质量高，渗碳过程易于控制，生产率高，劳动条件好，易于实现机械化和自动化，适于成批或大量生产。

(二) 渗氮

将氮原子渗入工件表层的过程称渗氮（氮化），目的是提高工件表面硬度，耐磨性、疲劳强度、热硬性和耐蚀性。常用的渗氮方法主要有气体渗氮、液体渗氮及离子渗氮等。

气体渗氮是将工件置于通入氨气的炉中，加热至500～600℃，使氨分解出活性氮原子，渗入工件表层，并向内部扩散形成氮化层。

气体渗氮的特点是：

1) 与渗碳相比，渗氮工件的表面硬度较高，可达1000～1200HV（相当于69～72HRC)。

2) 渗氮温度较低，并且渗氮件一般不再进行其他热处理（如淬火等），因此工件变形很小。

3) 渗氮后工件的疲劳强度可提高15%～35%。

4) 渗氮层具有高耐蚀性，这是由于氮化层是由致密的、耐腐蚀的氮化物所组成，能有效地防止某些介质（如水、过热蒸气，碱性溶液等）的腐蚀作用。

渗氮虽有上述特点，但由于其工艺复杂，生产周期长，成本高，氮化层薄而脆，不宜承受集中的重载荷，并需要专用的渗氮用钢。所以只用于要求高耐磨性和高精度的零件，如精密机床的丝杠、镗床主轴、重要的阀门等。

为了克服渗氮周期长的缺点，近十几年在原渗氮的基础上发展了液体氮碳共渗和离子渗氮等先进渗氮方法。

第五节　热处理新技术简介

随着工业及科学技术的发展，热处理工艺在不断改进，近20多年发展了新的热处理工艺，如真空热处理、可控气氛热处理、形变热处理和新的表面热处理（激光热处理、电子束淬火等）和化学热处理技术。近几年计算机技术已应用于热处理工艺控制。

一、可控气氛热处理

在炉气成分可控制在预定范围内的热处理炉中进行的热处理称为可控气氛热处理。其目的是为了有效地进行控制表面碳浓度的渗碳、碳氮共渗等化学热处理，或防止工件在加热时的氧化和脱碳，还可用于实现低碳钢的光亮退火及中、高碳钢的光亮淬火。该炉气可分渗碳性、还原性和中性气氛等。

目前我国常用的可控气氛有吸热式气氛、放热式气氛、放热-吸热式气氛和有机液滴注式气氛等，其中以放热式气氛的制备最便宜。

二、真空热处理

在真空中进行的热处理称为真空热处理。它包括真空淬火、真空退火、真空回火和真空化学热处理（真空渗碳、渗铬等）。

真空热处理是在1.33～0.0133Pa真空度的真空介质中加热工件。真空热处理可以减少工件变形，使钢脱氧、脱氢和净化表面，使工件表面无氧化、不脱碳、表面光洁，可显著提高耐磨性和疲劳极限。

真空热处理的工艺操作条件好，有利于实现机械化和自动化，而且节约能源，减少污染，因而真空热处理目前发展较快。

三、形变热处理

形变热处理是将塑性变形同热处理有机结合在一起，获得形变强化和相变强化综合效果的工艺方法。这种工艺方法不仅可提高钢的强韧性，还可以大大简化金属材料或工件的生产流程。

形变热处理的方法很多，有低温形变热处理、高温形变热处理、等温形变淬火、形变时效和形变化学热处理等。

1. 高温形变热处理　是将钢加热到稳定的奥氏体区内，在该状态下进行塑性变形，随即进行淬火、回火的综合热处理工艺，又称为高温形变淬火。与普通热处理比较，某些钢材经高温形变淬火能提高抗拉强度10%～30%，提高塑性40%～50%。一般碳钢、低合金钢均可采用这种热处理。

2. 低温形变热处理　是将钢加热到奥氏体状态后，快速冷却到Ar_1以下，进行大量（70%～50%）的变形，随即淬火、回火的工艺，又称为亚稳奥氏体的形变淬火。与普通热处理比较，低温形变热处理能在保持塑性不变的情况下，提高抗拉强度30～70MPa，有时甚至提高100MPa。这种工艺适用于某些珠光体与贝氏体之间有较长孕育期的合金钢。

形变热处理主要受设备和工艺条件限制，应用还不普遍，对形状比较复杂的工件进行形变热处理尚有困难，形变热处理后对工件的切削加工和焊接也有一定影响。这些问题都将有待进一步研究解决。

四、化学热处理

1. 电解热处理　电解热处理是将工件和加热容器分别接在电源的负极和正极上，容器中装有渗剂，利用电化学反应使欲渗元素的原子渗入工件表层。电解热处理可以进行电解渗碳、电解渗硼和电解渗氮等。

2. 离子化学热处理　离子化学热处理是在真空炉中进行的。炉内通入少量与热处理目的相适应的气体，在高压直流电场作用下，稀薄的气体放电、起辉来加热工件。与此同时，欲渗元素从通入的气体中离解出来，渗入工件表层。离子化学热处理比一般化学热处理速度快，在渗层较薄的情况下尤为显著。离子化学热处理可进行离子渗氮、离子渗碳、离子碳氮共渗、离子渗硫和渗金属等。

五、激光热处理和电子束表面淬火

激光热处理是利用专门的激光器发出能量密度极高的激光，以极快速度加热工件表面，自冷淬火后使工件表面强化的热处理。

电子束淬火是利用电子枪发射成束电子，轰击工件表面，使之急速加热，自冷淬火后使工件表面强化的热处理。其能量利用率大大高于激光热处理，可达80%。

这两种表面热处理工艺不受钢材种类限制，淬火质量高，基体性能不变，是很有发展前途的新工艺。

第六节　热处理工艺的应用

热处理在机械制造过程中应用相当广泛，它穿插在机械零件制造过程的各个冷、热加工工序之间，正确合理地安排热处理的工序位置是一个重要问题。再者，机械零件类型很多，形状结构复杂，工作时承受各种应力，其选用的材料及要求的性能各异。因此，热处理技术条件的提出、热处理工艺规范的正确制定和实施也是一个相当重要的问题。

一、热处理的技术条件

设计者应根据零件的工作条件、所选用的材料及性能要求提出热处理技术条件，并标注在零件图上。其内容包括热处理的方法及热处理后应达到的力学性能。一般零件需标出硬度值，重要的零件还应标出强度、塑性、韧性指标或金相组织要求。对于化学热处理零件，还应标注渗层部位和渗层的深度。

标注热处理技术条件时，可用文字在图样标题栏上方作扼要说明。推荐采用“金属热处理工艺分类及代号”（GB/T12603—90）的规定标注热处理工艺，并标出应达到的力学性能指标及其他要求。

热处理工艺代号标记规定如下：

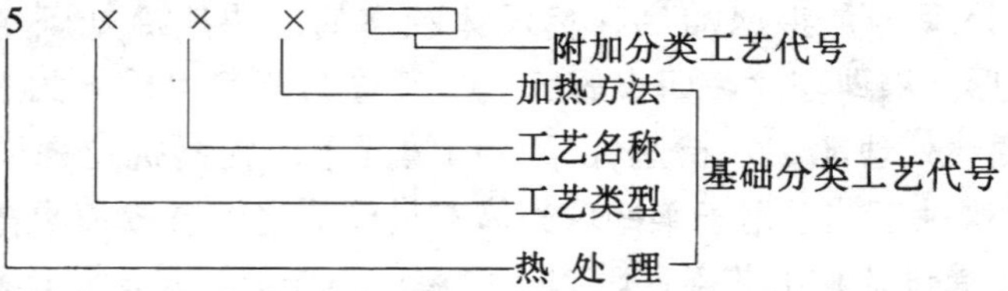

热处理工艺代号由基础分类工艺代号及附加分类工艺代号组成。在基础分类工艺代号中按照工艺类型、工艺名称和实现工艺的加热方法三个层次进行分类，均有相应代号对应。如表 5-5 所示，其中工艺类型分为整体热处理、表面热处理及化学热处理三种；工艺名称是按获得组织状态或渗入元素进行的分类；加热方法分为加热炉加热、感应加热、电阻加热等类型。附加分类是对基础分类中某些工艺的具体条件再进一步细化分类，其中包括：各种热处理的加热介质（表 5-6）、退火工艺方法（表 5-7）、淬火冷却介质或冷却方法（表略）、渗碳和碳氮共渗的后续冷却工艺（表略）等。

热处理后应达到的技术要求可按相应规定加以标注。如图 5-25 中所示：5151 表示对螺钉施以整体调质，热处理后布氏硬度应达到 230～250HBS；其尾部要进行表面火焰淬火和回火，故代号为 5213，硬度应为 42～48HRC。

二、热处理工序位置的确定

根据热处理的目的和工序位置的不同，可将其分为预先热处理和最终热处理两大类。

（一）确定热处理工序位置的实例

车床主轴是传递力的重要零件，它承受一般载荷，轴颈处要求耐磨。一般车床主轴选用中碳结构钢（如 45 钢）制造。热处理技术条件为：整体调质处理，硬度 220～250HBS；轴颈及锥孔表面淬火，硬度 50～52HRC。

表 5-5　热处理工艺分类及代号

工艺总称	代　号	工艺类型	代　号	工艺名称	代　号	加热方法	代　号
热处理	5	整体热处理	1	退火	1	加热炉	1
				正火	2		
				淬火	3	感应	2
				淬火回火	4		
				调质	5		
				稳定化处理	6	火焰	3
				固溶化处理	7		
				固溶化处理和时效	8		
		表面热处理	2	表面淬火和回火	1	电阻	4
				物理气相沉积	2		
				化学气相沉积	3		
				等离子化学气相沉积	4		
		化学热处理	3	渗碳	1	激光	5
				碳氮共渗	2		
				渗氮	3		
				氮碳共渗	4	电子束	6
				渗其他非金属	5		
				渗金属	6		
				多元共渗	7	等离子体	7
				熔渗	8	其他	8

表 5-6　加热介质及代号

加热介质	固体	液体	气体	真空	保护气氛	可控气氛	流态床
代号	S	L	G	V	P	C	F

表 5-7　退火工艺及代号

退火工艺	去应力退火	均匀化退火	再结晶退火	石墨化退火	去氢退火	球化退火	等温退火
代号	o	d	r	g	h	s	n

1. 主轴制造工艺过程

锻造→正火→机加工(粗)→调质→机加工(半精)→高频感应表面淬火+低温回火→磨削

2. 主轴热处理各工序的作用

正火　作为预先热处理，目的是消除锻件内应力，细化晶粒，改善切削加工性。

调质　获得回火索氏体，使主轴整体具有较好的综合力学性能，为表面淬火做好组织准备。

高频感应表面淬火+低温回火　作为最终热处理。高频感应表面淬火是为了使轴颈及锥孔表面得到高的硬度、耐磨性和疲劳强度；低温回火是为了消除应力，防止磨削时产生裂纹，并保持

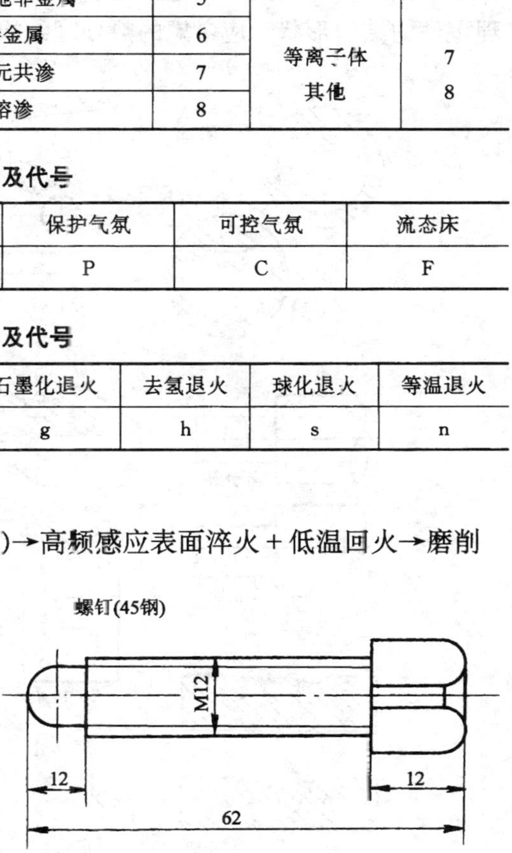

图 5-25　热处理技术条件标注示例

高硬度和耐磨性。

（二）热处理工序位置确定的一般规律

1. 预备热处理的工序位置的确定　预备热处理包括退火、正火、调质等。其工序位置一般安排在毛坯生产之后，切削加工之前；或粗加工之后，精加工之前。正火和退火的作用是消除热加工毛坯的内应力、细化晶粒、调整组织、改善切削加工性，为后面的热处理工序做好组织准备。调质是为了提高零件的综合力学性能，为最终热处理做组织准备。对于一般性能要求不高的零件，调质也可作为最终热处理。

2. 最终热处理工序位置的确定　最终热处理包括各种淬火 + 回火及化学热处理。零件经这类热处理后硬度较高，除可以磨削加工外，一般不适宜其他切削加工，故其工序位置一般均安排在半精加工之后，磨削加工（精加工）之前。

在生产过程中，由于零件选用的毛坯和工艺过程不同，热处理工序会有所增减。因此，工序位置的安排必须根据具体情况灵活运用。例如要求精度高的零件，在切削加工之后，为了消除加工引起的残余应力，以减小零件变形，在粗加工后可穿插去应力退火。

三、热处理零件结构的工艺性

在热处理生产中，影响零件热处理质量的因素比较复杂，例如热处理工艺制订及控制不当、材料本身存在冶金或加工缺陷、材质选择不当及零件结构工艺性不合理等都可能造成热处理缺陷。常见热处理缺陷及主要预防措施在实习教材中已有介绍，这里仅说明在设计热处理零件的结构形状时应考虑的热处理结构工艺性。

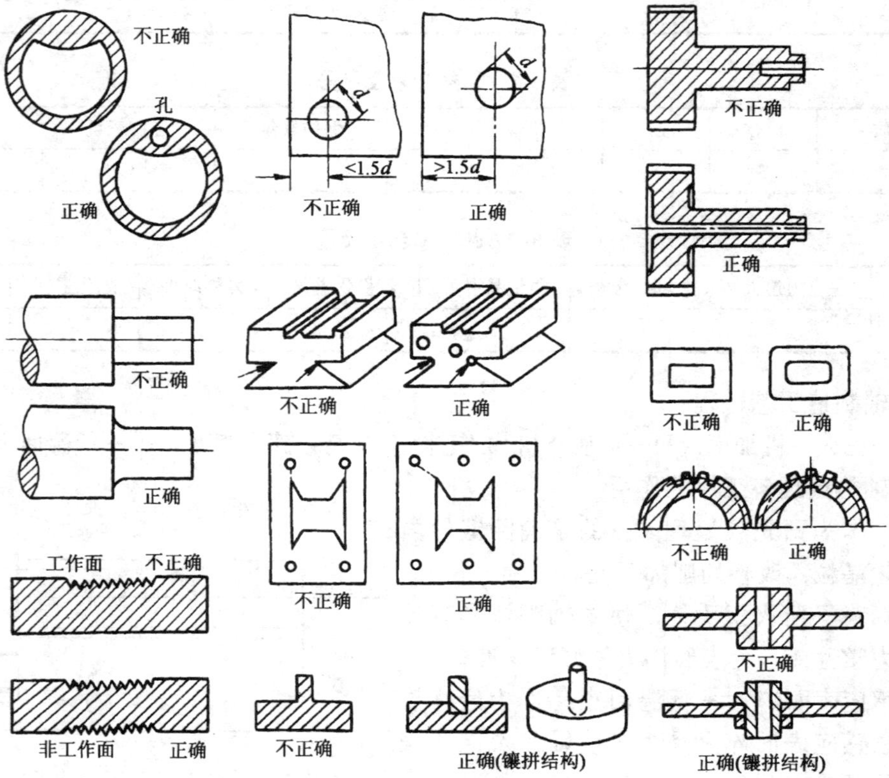

图 5-26　零件结构设计改进示意图

零件截面尺寸的变化，直接影响到淬火后淬透层深度，影响到淬火应力在工件中的分布，从而对变形将产生很大影响；零件几何形状对淬火变形与开裂的影响更为显著，但由于工件的形状千变万化，很难总结出一个普遍的规律，一般来说，应注意以下几点：①避免截面厚薄悬殊，合理安排孔洞和键槽；②避免尖角与棱角；③采用封闭、对称结构；④采用组合结构。图 5-26 列举了几种零件因结构设计不合理而易开裂的部位以及应该如何正确设计的示意图。但是当改进零件的结构形状后仍难以达到热处理要求时，就应采取其他各种措施来防止和减小变形开裂等热处理缺陷，例如合理安排工艺路线；修改工件热处理技术条件；按照热处理变形规律做到冷热加工配合，调整公差；预留一定加工余量；更换材料及改进热处理操作工艺方法等。

思考题与习题

1. 指出 A_1、A_3、A_{cm}；Ac_1、Ac_3、Ac_{cm}；Ar_1、Ar_3、Ar_{cm}各相变点的意义。

2. 试述共析钢奥氏体形成的几个阶段，分析亚共析钢和过共析钢奥氏体形成的主要特点。

3. 指出影响奥氏体实际晶粒度的因素。

4. 说明共析钢 C 曲线各个区、各条线的物理意义，在曲线上标注出各类转变产物的组织名称及其符号和性能。指出影响 C 曲线形状和位置的主要因素。

5. 何谓钢的马氏体临界冷却速度？它的大小受哪些因素影响？它与钢的淬透性有何关系？

6. 试比较共析钢过冷奥氏体等温转变图和连续转变图的异同点。

7. 试分析奥氏体化条件如何影响钢的淬透性。

8. 试述马氏体转变的特点。定性说明两种主要类型马氏体的组织形态和性能差异。

9. 正火和退火的主要区别是什么？生产中应如何选择正火和退火？

10. 简述各种淬火方法及其适用范围。

11. 试比较索氏体与回火索氏体、托氏体与回火托氏体、马氏体与回火马氏体之间在形成条件、金相形态与性能上的主要区别。

12. 用 T10 钢制造形状简单的车刀和用 45 钢制造较重要的螺栓，工艺路线均为：锻造—热处理—机加工—热处理—精加工。对两种工件：

(1) 说明预备热处理的工艺方法及其作用。

(2) 制定最终热处理工艺规范（温度、冷却介质），并指出最终热处理后的显微组织及大致硬度。

13. 现在 20 钢和 40 钢制造的齿轮各一个，为提高齿面的硬度和耐磨性，宜采用何种热处理工艺？热处理后在组织和性能上有何不同？

14. 甲、乙两厂同时生产一种 45 钢零件，硬度要求为 220～250HBS。甲厂采用正火处理，乙厂采用调质处理，都达到硬度要求。试分析甲、乙两厂产品的组织和性能的差异？试分析采用哪种处理工艺更合理？

第六章 工 业 用 钢

以铁为主要元素，碳的质量分数一般在2%以下，并含有其他元素的材料称为钢。其中非合金钢价格低廉，工艺性能好，力学性能能够满足一般工程和机械制造的使用要求，是工业中用量最大的金属材料。但工业生产不断对钢提出更高的要求，为了提高钢的力学性能，改善钢的工艺性能和得到某些特殊的物理化学性能，有目的的向钢中加入某些合金元素，得到合金钢。

与非合金钢相比，合金钢经过合理的加工处理后能够获得较高的力学性能，有的还具有耐热、耐酸、不锈等特殊物理化学性能；但其价格较高，某些加工工艺性能差，某些专用钢只能应用于特定工作条件。因此正确选用各类钢材，制定合理的冷热加工工艺，以使工件提高效能，延长寿命，节约材料，降低成本，产生良好的经济效益。

第一节 钢的分类和牌号

一、钢的分类

工业用钢的种类繁多，根据不同需要，可采用不同的分类方法，在有些情况下需将几种不同方法混合使用。

（一）我国多年来采用的分类方法

（1）按钢的用途　可分为建筑及工程用钢、机械制造用结构钢、工具钢、特殊性能钢、专业用钢（如桥梁用钢、锅炉用钢）等，每一大类又可分为许多小类。

（2）按钢的品质（有害杂质硫、磷含量）　划分为普通质量钢、优质钢、高级优质钢。

（3）按冶炼方法　可分为平炉钢、转炉钢、电炉钢；根据炼钢时所用脱氧方法，可分为沸腾钢、镇静钢和半镇静钢。

（4）按钢中含碳量　可以不太严格地分为低碳钢（$w_C \leqslant 0.25\%$）、中碳钢（$w_C = 0.25\% \sim 0.60\%$）、高碳钢（$w_C > 0.60\%$）。

（5）合金钢按钢中合金元素含量　可分为低合金钢（$w_{Me} \leqslant 5\%$）、中合金钢（$w_{Me} = 5\% \sim 10\%$）、高合金钢（$w_{Me} > 10\%$）。

（6）根据钢中合金元素的种类　可分为锰钢、铬钢、硼钢、硅锰钢、铬镍钢等。

（7）按合金钢在空气中冷却后所得到的组织　可分为珠光体钢、贝氏体钢、马氏体钢、奥氏体钢、莱氏体钢等。

（8）工业用钢材按最终加工方法　分为热轧材或冷轧材、拉拔材、锻材、挤压材、铸件等。

（9）钢的工业产品按轧制成品和最终产品（GB/T15574—1995）　分为大型型钢、棒材、中小型型钢、盘条、钢筋混凝土用轧制成品、铁道用钢、钢板桩、扁平成品（热、冷轧薄板、厚板、钢带、宽扁钢）、钢管、中空型材、中空棒材及经过表面处理的扁平成品、复合产品等。

（二）我国实施新的钢分类方法

国家标准 GB/T13304—91《钢分类》是参照国际标准制定的。钢的分类分为“按化学成分分类”、“按主要质量等级和主要性能及使用特性分类”两部分。

第一部分　按化学成分分类

根据各种合金元素规定含量界限值，将钢分为非合金钢、低合金钢、合金钢三大类，如表 6-1 所示。

表 6-1　非合金钢、低合金钢和合金钢中合金元素规定质量分数的界限值

合金元素	合金元素规定质量分数界限值(%)			合金元素	合金元素规定质量分数界限值(%)		
	非合金钢	低合金钢	合金钢		非合金钢	低合金钢	合金钢
Al	<0.10	—	≥0.10	Se	<0.10	—	≥0.10
B	<0.0005	—	≥0.0005	Si	<0.50	0.50～<0.90	≥0.90
Bi	<0.10	—	≥0.10	Te	<0.10	—	≥0.10
Cr	<0.30	0.30～<0.50	≥0.50	Ti	<0.05	0.05～<0.13	≥0.13
Co	<0.10	—	≥0.10	W	<0.10	—	≥0.10
Cu	<0.10	0.10～<0.50	≥0.50	V	<0.04	0.04～<0.12	≥0.12
Mn	<1.00	1.00～<1.40	≥1.40	Zr	<0.05	0.05～<0.12	≥0.12
Mo	<0.05	0.05～<0.10	≥0.10	混合稀土	<0.02	0.02～<0.05	≥0.05
Ni	<0.30	0.30～<0.50	≥0.50	其他元素（S，P，C，N 除外）	<0.05	—	≥0.05
Nb	<0.02	0.02～<0.06	≥0.06				
Pb	<0.40	—	≥0.40				

如果在低合金钢中同时存在 Cr、Ni、Mo、Cu 四种元素中的 2 种或 2 种以上时，应同时考虑这些元素的规定含量总和。如果钢中这些元素的规定含量总和大于表 6-1 中规定的每种元素最高界限值总和的 70%，应划为合金钢。对于 Nb、Ti、V、Zr 四种元素，也适用以上原则。近年开发的微合金非调质钢，大部分划入低合金钢。

此外，根据表 6-1 的分类，采用“非合金钢”一词代替传统的“碳素钢”。但在 1992 年施行新的钢分类以前所制订的有关技术标准中均采用“碳素钢”。这类标准中，有的仍属现行标准，所以“碳素钢”名称也将会沿用一段时间。本书介绍这类标准时，仍沿用碳素结构钢、碳素工具钢等术语。

第二部分　按主要质量等级、主要性能及使用特性分类

1. 非合金钢的主要分类　非合金钢按主要质量等级分类划分为普通质量非合金钢、优质非合金钢、特殊质量非合金钢；若按主要性能及使用特性分类，有以规定最高强度（或硬度）为主要特性的非合金钢（如冷成型用薄钢板），以规定最低强度为主要特性的非合金钢（如造船、压力容器等用的结构钢），以限制碳含量为主要特性的非合金钢（如线材、调质钢）、非合金易切削钢、非合金工具钢、具有特定电磁性能的非合金钢（如电工纯铁）及其他非合金钢。

（1）普通质量非合金钢　对生产过程中控制质量无特殊规定的，一般用途的非合金钢。并应同时满足下列条件：化学成分符合表 6-1 中对非合金钢的规定；不规定钢材热处理条件；如产品技术条件有规定，其特性值（最高值和最低值）应符合表 6-2；未规定其他质量要求。

表 6-2　普通质量非合金钢特性值

最高值		最低值	最高值		最低值
C的质量分数	0.10%	$\sigma_b=690MPa$	N的质量分数	0.007%	弯心直径≥0.5×试样厚度
S的质量分数	0.045%	σ_s 或 $\sigma_{0.2}=360MPa$	硬度	60HRB	A_{kv}（20℃）≤27J
P的质量分数	0.045%	$\delta=33\%$			

普通质量非合金钢主要包括：一般用途非合金结构钢（如GB700—88中的A、B级碳钢）；非合金钢筋钢；铁道轻轨和垫板用碳钢；一般钢板桩用型钢。

（2）优质非合金钢　在生产过程中需要按规定控制质量，如控制晶粒度，降低硫、磷含量，改善表面质量或增加工艺控制等，以达到比普通质量非合金钢较高的质量要求（例如抗脆断性能和冷成型性能等），但不需要如特殊质量非合金钢那样要求严格控制质量。

优质非合金钢主要包括：机械结构用优质非合金钢（如GB699—88中的优质碳素结构钢，其中高碳钢除外）；工程结构用非合金钢（如GB700—88中的C、D级碳钢）；冲压用低碳薄钢板：镀锌、镀锡等非合金钢板；锅炉和压力容器用非合金钢板、管；造船用非合金钢；铁道重轨碳钢；焊条用非合金钢；冷墩、冷冲压等冷加工用非合金钢；非合金易切削钢；电工用非合金钢带（片）；优质非合金铸钢。

（3）特殊质量非合金钢　在生产过程中需要严格控制质量和性能的非合金钢，例如要求控制淬透性和纯洁度，同时还根据不同情况规定一些特殊要求。例如冲击性能、有效淬硬深度或表面硬度、表面缺陷、钢中非金属夹杂物含量、磷、硫的质量分数（成品 w_P（w_S）≤0.025%）、残余元素Cu、Co、V的最高含量等方面的要求。

特殊质量非合金钢主要包括：保证淬透性非合金钢；保证厚度方向性能非合金钢；铁道车轴坯、车轮、轮箍等用非合金钢；航空、兵器等专业用非合金结构钢；核能用非合金钢；特殊焊条用非合金钢；碳素弹簧钢；琴钢丝及其所用盘条；特殊易切削钢；非合金工具钢和中空钢；电工纯铁和工业纯铁。

2. 低合金钢的主要分类　低合金钢按主要质量等级分类，分为普通质量低合金钢、优质低合金钢、特殊质量低合金钢。按主要性能及使用特性分类，有可焊接的低合金高强度结构钢、低合金耐候钢、低合金钢筋钢、铁道用低合金钢、矿用低合金钢、其他低合金钢。

（1）普通质量低合金钢　对生产过程中控制质量无特殊规定的、一般用途的低合金钢，合金含量较低，不规定钢材热处理条件（钢厂根据工艺需要进行的退火、正火、消除应力及软化处理除外），对产品特性值规定类似表6-2的条件。

普通质量低合金钢主要包括：一般用途低合金钢（$\sigma_s>360MPa$ 的钢号除外）；低合金钢筋钢；低合金轻轨钢；矿用一般低合金钢（调质处理的钢号除外）。

（2）优质低合金钢　与优质非合金钢类似，在生产过程中需要按规定控制质量。这类钢主要包括：可焊接的低合金高强度钢（σ_b360～420MPa）；锅炉和压力容器用低合金钢；造船、汽车、桥梁、自行车等专业用低合金钢；低合金耐候钢；铁道用低合金钢轨钢、异型钢；矿用优质低合金钢；低合金管线钢。

（3）特殊质量低合金钢　在生产工程中需要严格控制质量和性能的低合金钢，特别是要求控制硫、磷等含量和提高纯洁度，并至少应满足下列之一的特殊质量要求：①规定限制非金属夹杂物含量和(或)材质内部均匀性，如钢板抗层状撕裂性能；②规定严格限制磷和(或)硫的

表 6-3　合金钢的分类(摘自 GB/T13304—91)

主要质量等级	1		2	3	4		5		6	7	8
	优质合金钢		特殊质量合金钢								
主要使用特性	工程结构用钢	其他	工程结构用钢	机械结构用钢(属 4、6 者除外)	不锈、耐蚀和耐热钢		工具钢		轴承钢	特殊物理性能钢	其他
按其他特性对钢进一步分类	11 一般工程结构用合金钢	16 电工用硅(铝)钢(无磁导率要求)	21 压力容器用合金钢(4 类除外)	31 Mn(X)系钢	41 马氏体型 或 42 铁素体型	411/421 Cr(X)系钢	51 合金工具钢	511 Cr(X)系钢	61 高碳铬轴承钢	71 软磁钢 (除 16 外)	
	12 合金钢筋钢					412/422 CrNi(X)系钢		512 Ni(X)、CrNi(X)系钢			
	13 地质石油钻探用合金钢 (23 除外)	17 铁道用合金钢	22 热处理合金钢筋钢	32 SiMn(X)系钢		413/423 CrMo(X) CrCo(X)系钢		513 Mo(X)、CrMo(X)系钢	62 渗碳轴承钢	72 永磁钢	
			23 经热处理的地质、石油钻探用合金钢	33 Cr(X)系钢		414/424 CrAl(X) CrSi(X)系钢		514 V(X)、CrV(X)系钢	63 不锈轴承钢	73 无磁钢	
						415/425 其他		515 W(X)、CrW(X)系钢			
			24 高锰钢	34 CrMo(X)系钢	43 奥氏体型 或 44 奥氏体一铁素体型 或 45 沉淀硬化型	431/441/451 CrNi(X)系钢		516 其他	64 高温轴承钢	74 高电阻钢和合金	
				35 CrNiMo(X)系钢		432/442/452 CrNiMo(X)系钢	52 高速工具钢	521 WMo 系钢			
						433/443/453 CrNi + Ti 或 Nb 钢		522 W 系钢	65 无磁轴承钢		
				36 Ni(X)系钢		434/444/454 CrNiMo + Ti 或 Nb 钢		523 Co 系钢			
						435/445/455 CrNi + V、W、Co 钢					
				37 B(X)系钢		436/446 CrNiSi(X)系钢					
						437 CrMnNi(X)系钢					
				38 其他		438 其他					

注：(X)表示该合金系列中还包括有其他合金元素，如 Cr(X)系，除 Cr 钢外，还包括 CrMn 钢等。

最高含量，规定熔炼分析值 w_P（w_S）≤0.020%，成品分析值 w_P（w_S）≤0.025%；③规定限制残余元素 Cu、Co、V 的最高含量；④规定钢材的低温（-40℃以下）冲击性能；⑤对可焊接的低合金高强度钢，规定 σ_s 最低值≥420MPa。

特殊质量低合金钢主要包括：核能用低合金钢；保证厚度方向性能低合金钢；火车车轮用特殊低合金钢；低温用低合金钢；船舰、兵器等专用特殊低合金钢。

3. 合金钢的主要分类　合金钢的分类系列见表 6-3。表中按主要质量等级和按主要使用特性划分了各钢类系列。

（1）优质合金钢　主要包括：一般工程结构用合金钢；合金钢筋钢；不规定磁导率的电工用硅（铝）钢；铁道用合金钢；地质、石油钻探用合金钢（调质处理的钢除外）；硅锰弹簧钢；高锰铸钢。

（2）特殊质量合金钢　主要包括：压力容器用合金钢；经热处理的合金钢筋钢及地质、石油钻探用钢；合金结构钢；合金弹簧钢；轴承钢、合金工具钢和高速工具钢；不锈钢和耐热钢；永磁钢；无磁奥氏体钢；电热合金等。

二、我国工业用钢的牌号表示方法

我国《钢铁产品牌号表示方法》（GB221—79）规定，采用汉语拼音字母、化学符号与阿拉伯数字相结合的原则表示钢的牌号。但是，近年颁布的非合金结构钢（碳素结构钢、碳素钢筋钢、铁道轻轨用钢等）和低合金高强度结构钢的新标准已改按国际标准规定钢的牌号。目前尚无统一的钢的牌号表示方法新标准。

（一）非合金结构钢和低合金高强度结构钢的牌号

（1）碳素结构钢和低合金高强度结构钢　牌号由代表屈服点的汉语拼音首位字母 Q、屈服点数值、质量等级符号、脱氧方法符号等部分按顺序组成。其中，质量等级用 A、B、C、D、E 表示硫磷含量不同；脱氧方法用 F（沸腾钢）、b（半镇静钢）、Z（镇静钢）、TZ（特殊镇静钢）表示，钢号中“Z”和“TZ”可以省略。例如 Q235AF，代表屈服点 $\sigma_s = 235$MPa、质量为 A 级的沸腾碳素结构钢；Q390A 为 $\sigma_s = 390$MPa，质量为 A 级的低合金高强度结构钢。

（2）优质碳素结构钢　牌号用两位数字表示，这两位数字表示钢中平均碳的质量分数为万分之几。若钢中锰的含量较高时，在数字后面附化学元素符号 Mn。例如，钢号 40 表示钢中平均 $w_C = 0.40\%$；60Mn 表示平均 $w_C = 0.60\%$，$w_{Mn} = 0.70\% \sim 1.00\%$ 的优质碳素结构钢。

（3）易切削结构钢　牌号是在同类结构钢牌号前冠以“Y”，以区别其他结构用钢。

（4）碳素工具钢　牌号是在 T（碳的汉语拼音字首）的后面加数字表示，数字表示钢的平均碳的质量分数为千分之几。例如 T9，表示平均 $w_C = 0.9\%$ 的碳素工具钢。碳素工具钢都是优质钢，若钢号末尾标 A，表示该钢是高级优质钢。

（二）合金钢的牌号

我国合金钢的编号是按照合金钢中的含碳量及所含合金元素的种类（元素符号）和含量来编制的。一般牌号的首部是表示碳的平均质量分数的数字，表示方法与优质碳素钢的编号是一致的。对于结构钢，以万分数计，对于工具钢以千分数计。当钢中某合金元素的平均质量分数 $w_{Me} < 1.5$ 时，牌号中只标出元素符号，不标明含量；当 $w_{Me} = 1.5 \sim 2.5$、$2.5 \sim 3.5$……时，在该元素后面相应地用整数 2、3、……注出其近似含量。

（1）合金结构钢　例如 60Si2Mn，表示平均 $w_C = 0.6\%$、$w_{Si} > 1.5\%$、$w_{Mn} < 1.5\%$ 的合金结构钢；09Mn2 表示平均 $w_C = 0.09\%$、$w_{Mn} > 1.5\%$ 的合金结构钢。钢中钒、钛、铝、

硼、稀土（以 RE 表示）等合金元素，虽然含量很低，仍应在钢号中标出，例如 40MnVB、25MnTiBRE 等。

（2）合金工具钢　当平均 $w_C<1.0\%$ 时，如前所述，牌号前以千分之几（一位数）表示；当 $w_C \geqslant 1\%$ 时，为了避免与结构钢相混淆，牌号前不标数字。例如 9Mn2V 表示平均 $w_C=0.9\%$，$w_{Mn}=2\%$，含少量 V 的合金工具钢，CrWMn 牌号前面没有数字，表示钢中平均 $w_C>1.0\%$，$w_W<1.5\%$，$w_{Mn}<1.5\%$。

高速工具钢牌号中不标出含碳量。

（3）滚动轴承钢　有自己独特的牌号。牌号前面以“G”（滚）为标志，其后为铬元素符号 Cr，其质量分数以千分之几表示，其余与合金结构钢牌号规定相同，例如 GCr15SiMn 钢。

（4）特殊性能钢　牌号表示法与合金工具钢基本相同，只是当 $w_C \leqslant 0.08\%$ 及 $w_C \leqslant 0.03\%$ 时，在牌号前面分别冠以“0”及“00”，例如 0Cr19Ni9、00Cr30Mo2 等。

（三）铸钢的牌号

（1）工程用铸造碳钢　牌号前面是 ZG（“铸钢”二字汉语拼音字首），后面第一组数字表示屈服点，第二组数字表示抗拉强度，若牌号末尾标字母 H（焊）表示该钢是焊接结构用碳素铸钢。例如，ZG230—450 表示屈服点为 230MPa、抗拉强度为 450MPa 的工程用铸钢。

（2）GB/T5613—1995《铸钢牌号表示方法》规定　以化学成分表示的铸钢牌号中“ZG”后面一组数字表示铸钢的名义万分碳含量，其后排列各主要合金元素符号及名义百分含量。例如 ZG15Cr1Mo1V，表示平均 $w_C=0.15\%$，$w_{Cr}=0.9\%\sim1.40\%$，$w_{Mo}=0.9\%\sim1.4\%$，$w_V=0.9\%$ 的铸钢。

第二节　杂质元素和合金元素在钢中的作用

实际使用的非合金钢并不是单纯的铁碳合金，由于冶炼时所用原料以及冶炼工艺方法等影响，钢中总不免有少量其他元素存在，如硅、锰、硫、磷、铜、铬、镍等，这些并非有意加入或保留的元素一般作为杂质看待。它们的存在对钢的性能有较大影响。

为使金属具有某些特性，在基体金属中有意加入或保留的金属或非金属元素称为合金元素，钢中常用的有铬、锰、硅、镍、钼、钨、钒、钴、钛、铝、铜、硼、氮、稀土等。硫、磷在特定条件下也可认为是合金元素，如易切削钢中的硫。

合金元素在钢中的作用，主要表现为合金元素与铁、碳之间的相互作用以及对铁碳相图和热处理相变过程的影响。

一、主要常存元素在非合金钢中的作用

1．锰的作用　锰在碳钢中质量分数一般为 $w_{Mn}=0.25\%\sim0.8\%$。锰能溶于铁素体，使铁素体强化，也能溶于渗碳体，提高其硬度。锰还能增加并细化珠光体，从而提高钢的强度和硬度。锰可与硫形成 MnS，以消除硫的有害作用，因此锰在钢中是有益的元素。

2．硅的作用　硅在镇静钢（用铝、硅铁和锰铁脱氧）中含量为 $w_{Si}=0.10\%\sim0.40\%$。沸腾钢（只用锰铁脱氧）中 $w_{Si}\leqslant0.07\%$。硅能溶于铁素体使之强化，从而使钢的强度、硬度、弹性都得到提高。因此硅在钢中也是有益的元素。

应该注意：用作冷冲压件的非合金钢，常因硅对铁素体的强化作用，致使钢的弹性极限升高，而冲压性能变差。因此冷冲压件常常采用含硅量低的沸腾钢制造。

3．硫的影响　硫是钢中有害元素，在钢中以化合物 FeS（熔点 1190℃）存在。FeS 与 Fe 形成低熔点（985℃左右）的共晶体分布在晶界上。钢加热到 1000～1200℃进行锻压或轧制时，由于分布在晶界上的共晶体已经熔化，使钢在晶界开裂。这种现象称为热脆。

锰与硫的亲合力较强，在钢中形成熔点为 1620℃的 MnS，且 MnS 在高温时有塑性，可避免钢的热脆性。

4．磷的影响　磷也是钢中的有害元素，在常温下能溶于铁素体，使钢的强度、硬度提高，但使塑性和韧性显著降低，在低温时表现尤为突出。这种在低温时由磷导致钢严重变脆的现象称为冷脆。

磷、硫虽是有害元素，但可提高钢的切削加工性能。因为磷、硫增加钢的脆性，使切屑容易断裂，从而能提高切削效率，延长刀具寿命，还能改善工件表面粗糙度。因此在受力不大的标准件中，有意将磷、硫含量提高为 $w_s=0.08\%\sim0.35\%$；$w_p=0.05\%\sim0.15\%$，这种钢称为易切削钢。

二、合金元素对钢基本相的影响

1．强化铁素体　大多数合金元素都能溶于铁素体，引起铁素体晶格畸变，产生固溶强化，使铁素体的强度、硬度升高，塑性、韧性下降。如图 6-1 所示。

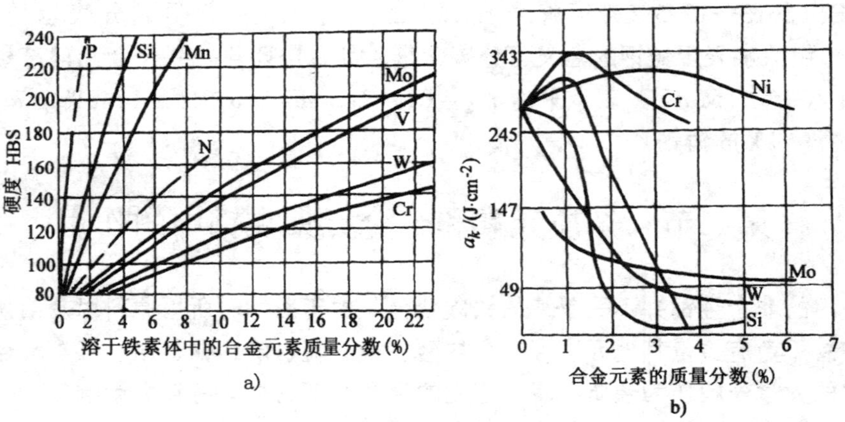

图 6-1　合金元素对铁素体力学性能的影响

a）对硬度的影响　b）对韧性的影响

2．形成碳化物　在钢中能形成碳化物的元素称为碳化物形成元素，有铁、锰、铬、钼、钨、钒、铌、锆、钛等（按与碳亲和力由弱到强排列）。与碳的亲和力越强，形成的碳化物就越稳定，硬度就越高。由于与碳的亲和力强弱不同及在钢中的含量不同，合金元素可以形成下列类型的碳化物：合金渗碳体如（Fe，Mn)$_3$C、（Fe，Cr)$_3$C 等；合金碳化物（如 Cr_7C_3、Fe_3W_3C）等；特殊碳化物如 WC、MoC、VC、TiC 等。从合金渗碳体到特殊碳化物，稳定性及硬度依次升高。碳化物的稳定性越高，就越难溶于奥氏体，也越不易聚集长大。随着碳化物数量的增加，钢的硬度、强度提高，塑韧性下降。

非碳化物形成元素镍、硅、铝、钴、铜等与碳亲和力很弱，不形成碳化物。

三、合金元素对 $Fe\text{-}Fe_3C$ 相图的影响

（一）合金元素对奥氏体相区的影响

1．镍、锰等合金元素使单相奥氏体区扩大　该元素使 A_1 线、A_3 线下降（图 6-2a)。若其含量足够高，可使单相奥氏体区扩大至常温，即可在常温下保持稳定的单相奥氏体组织。利用合金元素扩大奥氏体相区的作用可生产出奥氏体钢。

2．铬、钼、钛、硅、铝等合金元素使单相奥氏体区缩小　该元素使 A_1 线、A_3 线升高(图 6-2b)，当其含量足够高时，可使钢在高温与常温均保持铁素体组织，这类钢称为铁素体钢。

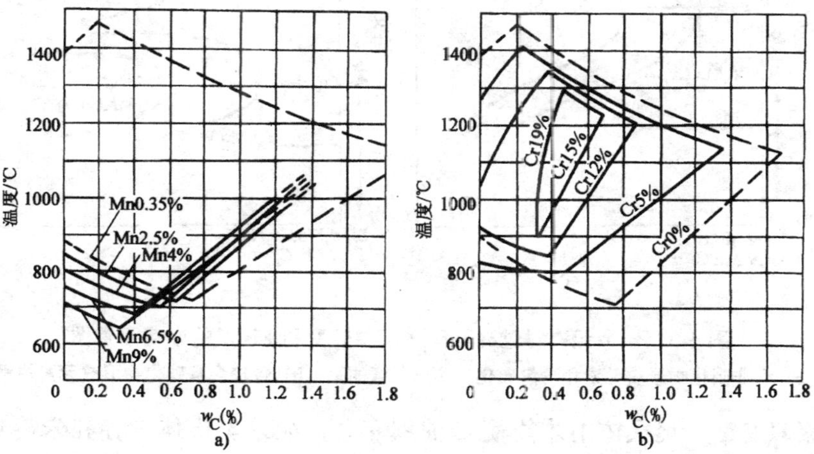

图 6-2　合金元素对铁碳相图奥氏体区的影响

a）Mn 的影响　b）Cr 的影响

（二）合金元素对 S、E 点的影响

合金元素都使 $Fe\text{-}Fe_3C$ 相图的 S 点和 E 点向左移，即使钢的共析含碳量和奥氏体对碳的最大固溶度降低。若合金元素含量足够高，可以在 $w_C=0.4\%$ 的钢中产生过共析组织，在 $w_C=1.0\%$ 的钢中产生莱氏体。例如，在高速钢（$w_C=0.7\%\sim0.8\%$）的铸态组织中就有莱氏体，故可称之为莱氏体钢。

四、合金元素对钢热处理的影响

（一）对奥氏体化及奥氏体晶粒长大的影响

合金钢的奥氏体形成过程基本上与非合金钢相同，但由于碳化物形成元素都阻碍碳原子的热迁移，因而都减缓奥氏体的形成。合金元素形成的碳化物比渗碳体难溶于奥氏体，溶解后也不易扩散均匀。因此合金钢的奥氏体化比非合金钢需要的温度更高，保温时间更长。

由于高熔点的合金碳化物、特殊碳化物的细小颗粒分散在奥氏体组织中，能机械地阻碍晶粒长大，所以热处理时合金钢（锰钢除外）不易过热。

（二）对过冷奥氏体转变的影响

除钴外，大多数合金元素都使钢的过冷奥氏体的稳定性提高，从而使钢的 C 曲线右移，而且碳化物形成元素使珠光体和贝氏体的转变曲线分离为两个 C 形（如图 6-3 所示）。

由于合金钢的 C 曲线向右移，临界冷却速度降低，从而使钢的淬透性提高。因此，一方面有利于大截面零件的淬透，另一方面可采用较缓和的冷却介质淬火，有利于降低淬火应力，减少变形、开裂。

C 曲线右移会使钢的退火变得困难，故合金钢往往采用等温退火使之软化。另外，钢中提高淬透性元素的含量大，则其过冷奥氏体非常稳定，甚至在空气中冷却也能形成马氏体组织，故可称其为马氏体钢。

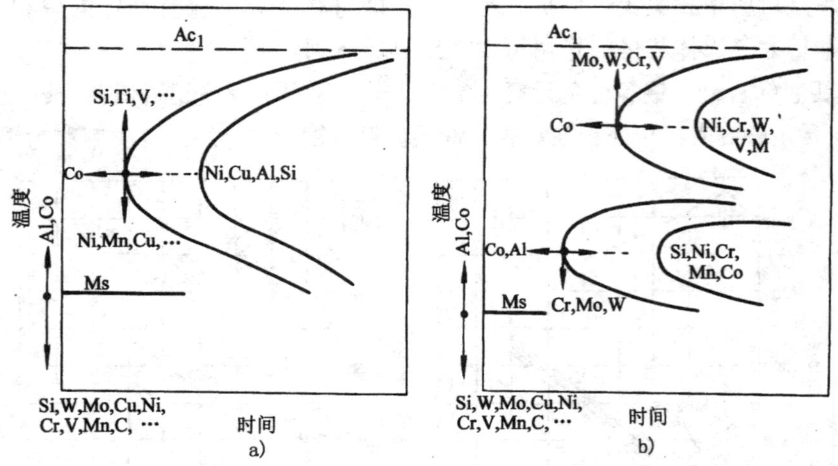

图 6-3 合金元素对过冷奥氏体等温转变和 Ms 点的影响示意图

a）含非碳化物形成元素和少量碳化物形成元素的钢 b）含较多量碳化物形成元素的钢

合金元素只有溶于奥氏体中才能使 C 曲线右移，如果奥氏体中存在未溶化合物（稳定的碳化物、氮化物、氧化物等），那么反而会为奥氏体分解时产生新相形核的准备质点，使分解速度加快，降低淬透性。

除钴、铝以外，大多数合金元素都使 Ms 点下降（见图 6-3），并增加残余奥氏体量，这是与热处理质量有密切关系的问题。

（三）对回火转变的影响

由于淬火时溶入马氏体的合金元素阻碍原子热迁移，阻碍马氏体的分解，所以合金钢回火到相同的硬度，需要比非合金钢更高的加热温度，这说明合金元素提高了钢的耐回火性（回火稳定性）。所谓耐回火性，是指淬火钢在回火时抵抗强度、硬度下降的能力。

在高合金钢中，W、Mo、V 等强碳化物形成元素在 500～600℃ 回火时，会形成细小弥散的特殊碳化物，使钢回火后硬度有所升高；同时淬火后残余的奥氏体在回火冷却过程中部分转变为马氏体，使钢回火后硬度显著提高。这两种现象都称为“二次硬化”，如图 6-4 所示。

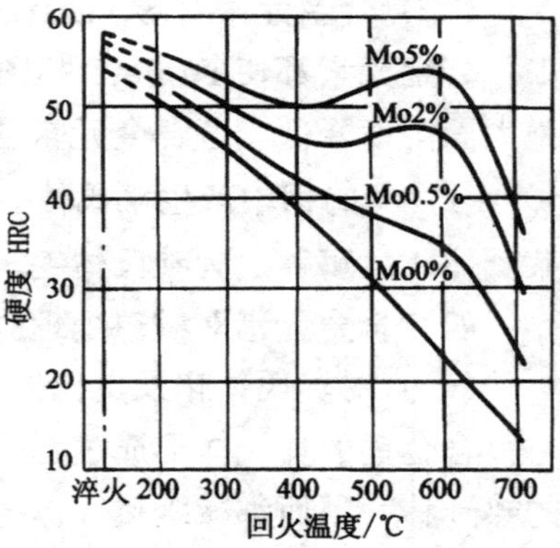

图 6-4 $w_C = 0.35\%$ 钼钢的回火温度与硬度关系曲线

高的耐回火性和二次硬化使合金钢在较高温度（500～600℃）仍保持高硬度（≥60HRC），这种性能称为热硬性。热硬性对高速切削刀具及热变形模具等非常重要。

合金元素对淬火钢回火后力学性能的不利方面主要是第二类回火脆性（见图 5-21），这种脆性主要在含铬、镍、锰、硅的调质钢中出现，而钼和钨可降低第二类回火脆性。

第三节 非 合 金 钢

非合金钢的分类及包括的钢种范围在本章第一节已全面介绍，但现行有关技术标准大多是在新的《钢分类》标准实施之前所制定的，因此本节主要按现行标准介绍各类非合金钢。

一、碳素结构钢

碳素结构钢是建筑及工程用非合金结构钢，价格低廉，工艺性能（焊接性、冷变形成形性）优良，用于制造一般工程结构及普通机械零件。通常热轧成扁平成品或各种型材（圆钢、方钢、工字钢、钢筋等），一般不经过热处理，在热轧态直接使用。表 6-4 分别列出了碳素结构钢化学成分和力学性能。

碳素结构钢的用途举例：Q195、Q215 钢通常轧制成薄板、钢筋等供应，可用于制作铆钉、螺钉、地脚螺栓及轻负荷的冲压零件和焊接结构件等；Q235、Q255 钢可用作螺栓、螺母、拉杆、销子、吊钩和不太重要的机械零件以及建筑结构中的螺纹钢、工字钢、槽钢、钢筋等；Q235C、D 级作为重要焊接结构用；Q275 钢可部分代替优质碳素结构钢 25～35 钢使用。按《钢分类》新标准，该类钢 A、B 级、Q195、Q275 一般无特殊要求时是属普通质量非合金钢，其余是优质非合金钢。

二、优质碳素结构钢

优质碳素结构钢是用于制造重要机械结构零件的非合金结构钢，一般是经过热处理以后使用，以充分发挥其性能潜力。优质碳素结构钢的牌号和性能如表 6-5 所示。

优质碳素结构钢的典型用途举例：08F 钢一般轧成高精度薄板或薄带供应，主要用于冷冲压件，如汽车外壳、仪器、仪表外壳等；10～25 钢常用于冲压件、焊接件、强度要求不高的零件及渗碳件，例如机罩、焊接容器、小轴、销子、法兰盘、螺钉、螺母、垫圈及渗碳凸轮、齿轮等；30～55 钢调质后可获得良好的综合力学性能，主要用于受力较大的机械零件，如曲轴、连杆、齿轮、机床主轴等；60 以上的钢具有较高的强度、硬度和弹性，但焊接性、切削加工性差，主要用作各种弹簧、高强度钢丝、机车轮缘、低速车轮及其他耐磨件。

若牌号后面加 Mn，则是含锰量较高的钢，其用途与对应牌号的普通含锰量钢基本相同，但淬透性和强度稍高，可制作截面稍大或强度稍高的零件。

本类钢中 65Mn、70Mn、70～80 钢是特殊质量非合金钢，其余为优质非合金钢。

为适应某些专业的特殊用途，对优质碳素结构钢的成分和工艺作一些调整，并对性能作补充规定，从而派生出锅炉与压力容器、船舶、桥梁、汽车、农机、纺织机械、焊条、铆螺等一系列专业用钢，并已制订了相应的国家标准。

三、碳素工具钢

碳素工具钢（非合金工具钢）生产成本较低，加工性能良好，可用于制做低速、手动刀具及常温下使用的工具、模具、量具等。各种牌号的碳素工具钢淬火后的硬度相差不大，但随含碳量增加，未溶的二次渗碳体增多，钢的耐磨性提高，韧性降低。因此，不同牌号的工具钢适用于不同用途的工具。常用碳素工具钢的牌号、成分、硬度（GB1298—86）及用途如表 6-6 所示。本标准中的全部钢号均属于特殊质量非合金钢。

四、易切削结构钢

易切削钢是钢中加入一种或几种元素，利用其本身或与其他元素形成一种对切削加工有利的夹杂物，来改善钢材的切削加工性。目前常用元素是硫、磷 铅，也使月钙、硒、碲等。例如 Y15Pb 中 $w_p = 0.05\% \sim 0.10\%$，$w_s = 0.23\% \sim 0.33\%$，$w_{Pb} = 0.15\% \sim 0.35\%$。采用高效专用自动机床加工的零件，大多用低碳易切削钢。Y12、Y15 是硫磷复合低碳易切钢，用来制造螺栓、螺母、管接头等不重要的标准件；Y20 切削加工后可渗碳处理，用来制

表 6-4　碳素结构钢牌号、化学成分和力学性能（GB700—88）

牌号	等级	化学成分 w_{Me}（%）					脱氧方法	拉伸试验													冲击试验	
		C	Mn	Si	S	P		屈服点 σ_s/MPa						抗拉强度 $\frac{\sigma_b}{MPa}$	伸长率 δ_5（%）						温度 t/℃	V型冲击吸收功（纵向）A_{KV}/J
				不大于				钢材厚度（直径）δ（d）/mm							钢材厚度（直径）δ（d）/mm							
								≤16	>16～40	>40～60	>60～100	>100～150	>150		≤16	>16～40	>40～60	>60～100	>100～150	>150		
								不小于							不小于							不小于
Q195		0.06～0.12	0.25～0.50	0.30	0.050	0.045	F，b，Z	(195)	(185)					315～390	33	32						
Q215	A	0.09～0.15	0.25～0.55	0.30	0.050	0.045	F，b，Z	215	205	195	185	175	165	335～410	31	30	29	28	27	26		
	B				0.045																20	27
Q235	A	0.14～0.22	0.30～0.65[①]	0.30	0.050	0.045	F，b，Z	235	225	215	205	195	185	375～460	26	25	24	23	22	21		
	B	0.12～0.20	0.30～0.70[①]		0.045																20	27
	C	≤0.18	0.35～0.80		0.040	0.040	Z														0	
	D	≤0.17			0.035	0.035	TZ														−20	
Q255	A	0.18～0.28	0.40～0.70	0.30	0.050	0.045	Z	255	245	235	225	215	205	410～510	24	23	22	21	20	19		
	B				0.045																20	27
Q275		0.28～0.38	0.50～0.80	0.35	0.050	0.045	Z	275	265	255	245	235	225	490～610	20	19	18	17	16	15		

① Q235—A、B级沸腾钢锰的质量分数上限为0.60%。

表 6-5 优质碳素结构钢的牌号化学成分及力学性能（GB699—88）

牌号	化学成分 w_{Me} （%）					力学性能						
	C	Si	Mn	P	S	屈服点 σ_s /MPa	抗拉强度 σ_b /MPa	伸长率（%）	断面收缩率 ψ（%）	冲击韧度 a_K /（$J\cdot cm^{-2}$）	硬度 HBS≤	
						不小于					热轧钢	退火钢
05F	≤0.06	≤0.03	≤0.04	≤0.035	≤0.040	—	—	—	—	—	—	—
08F	0.05~0.11	≤0.03	0.25~0.50	≤0.040	≤0.040	180	300	35	60	—	131	—
08	0.05~0.12	0.17~0.37	0.35~0.65	≤0.035	≤0.040	200	330	33	60	—	131	—
10F	0.07~0.14	≤0.07	0.25~0.50	≤0.040	≤0.040	190	320	33	55	—	137	—
10	0.07~0.14	0.17~0.37	0.35~0.65	≤0.035	≤0.040	210	340	31	55	—	137	—
15F	0.12~0.19	≤0.07	0.25~0.50	≤0.040	≤0.040	210	360	29	55	—	143	—
15	0.12~0.19	0.17~0.37	0.35~0.65	≤0.040	≤0.040	230	380	27	55	—	143	—
20F	0.17~0.24	≤0.07	0.25~0.50	≤0.040	≤0.040	230	390	27	55	—	156	—
20	0.17~0.24	0.17~0.37	0.35~0.65	≤0.040	≤0.040	250	420	25	55	—	156	—
25	0.22~0.30	0.17~0.37	0.50~0.80	≤0.040	≤0.040	280	460	23	50	90	170	—
30	0.27~0.35	0.17~0.37	0.50~0.80	≤0.040	≤0.040	300	500	21	50	80	179	—
35	0.32~0.40	0.17~0.37	0.50~0.80	≤0.040	≤0.040	320	540	20	45	70	187	—
40	0.37~0.45	0.17~0.37	0.50~0.80	≤0.040	≤0.040	340	580	19	45	60	217	187
45	0.42~0.50	0.17~0.37	0.50~0.80	≤0.040	≤0.040	360	610	16	40	50	241	197
50	0.47~0.55	0.17~0.37	0.50~0.80	≤0.040	≤0.040	380	640	14	40	40	241	207
55	0.52~0.60	0.17~0.37	0.50~0.80	≤0.040	≤0.040	390	660	13	35	—	255	217
60	0.57~0.65	0.17~0.37	0.50~0.80	≤0.040	≤0.040	410	690	12	35	—	255	229
65	0.62~0.70	0.17~0.37	0.50~0.80	≤0.040	≤0.040	420	710	10	30	—	255	229
70	0.67~0.75	0.17~0.37	0.50~0.80	≤0.040	≤0.040	430	730	9	30	—	269	229
75	0.72~0.80	0.17~0.37	0.50~0.80	≤0.040	≤0.040	900	1100	7	20	—	285	241
80	0.77~0.85	0.17~0.37	0.50~0.80	≤0.040	≤0.040	950	1100	6	30	—	285	241
85	0.82~0.90	0.17~0.37	0.50~0.80	≤0.040	≤0.040	1000	1150	6	30	—	302	255
15Mn	0.12~0.19	0.17~0.37	0.70~1.00	≤0.040	≤0.040	250	420	26	55	—	163	
20Mn	0.17~0.24	0.17~0.37	0.70~1.00	≤0.040	≤0.040	280	460	24	50	—	197	
25Mn	0.22~0.30	0.17~0.37	0.70~1.00	≤0.040	≤0.040	300	500	22	50	90	207	
30Mn	0.27~0.35	0.17~0.37	0.70~1.00	≤0.040	≤0.040	320	550	20	45	80	217	187
35Mn	0.32~0.40	0.17~0.37	0.70~1.00	≤0.040	≤0.040	340	570	18	45	70	229	197
40Mn	0.37~0.45	0.17~0.37	0.70~1.00	≤0.040	≤0.040	360	600	17	45	60	229	207
45Mn	0.42~0.50	0.17~0.37	0.70~1.00	≤0.040	≤0.040	380	630	15	40	50	241	217
50Mn	0.48~0.56	0.17~0.37	0.70~1.00	≤0.040	≤0.040	400	660	13	40	40	255	217
60Mn	0.57~0.65	0.17~0.37	0.70~1.00	≤0.040	≤0.040	420	710	11	35	—	269	229
65Mn	0.62~0.70	0.17~0.37	0.90~1.20	≤0.040	≤0.040	440	750	9	30	—	285	229
70Mn	0.67~0.75	0.17~0.37	0.90~1.20	≤0.040	≤0.040	460	800	8	30	—	285	229

表 6-6　碳素工具钢的牌号、化学成分和用途

牌号	化学成分 w_{Me}（%）			硬　　度			用　途　举　例
				退火状态	试样淬火		
	C	Mn	Si	HBS 不大于	淬火温度℃和淬火介质	HRC ≥	
T7	0.65～0.74	≤0.40	≤0.35	187	800～820 水	62	用于承受振动、冲击、硬度适中有较好韧性的工具，如凿子、冲头、木工工具、大锤等
T8	0.75～0.84	≤0.40	≤0.35	187	780～800 水	62	有较高硬度和耐磨性的工具，如冲头、木工工具、剪切金属用剪刀等
T8Mn	0.80～0.90	0.40～0.60	≤0.35	187	780～800 水	62	与 T8 钢相似，但淬透性高，可制造截面较大的工具
T9	0.85～0.94	≤0.40	≤0.35	192	760～780 水	62	一定硬度和韧性的工具，如冲模、冲头、凿岩石用凿子
T10	0.95～1.04	≤0.40	≤0.35	197	760～780 水	62	耐磨性要求较高，不受剧烈振动，具有一定韧性及锋利刃口的各种工具，如刨刀、车刀、钻头、丝锥、手锯锯条、拉丝模、冷冲模等
T11	1.05～1.14	≤0.40	≤0.35	207	760～780 水	62	
T12	1.15～1.24	≤0.40	≤0.35	207	760～780 水	62	不受冲击、高硬度的各种工具，如丝锥、锉刀、刮刀、绞刀、板牙、量具等
T13	1.25～1.35	≤0.40	≤0.35	217	760～780 水	62	不受振动、要求极高硬度的各种工具，如剃刀、刮刀、刻字刀具等

造表面耐磨的仪器仪表零件；Y45Ca 钢适合于高速切削加工，比 45 钢提高生产效率一倍以上，用来制造重要的零件如机床的齿轮轴、花键轴等热处理零件。

GB8731—88 中的 Y40Mn 属优质低合金钢，其余均属于优质非合金钢。随着汽车工业的发展，用合金易切削钢制造承受载荷大的齿轮和轴类零件日益增多。例如用加铅的 20CrMo 加工传动齿轮，在相同的加工条件下比 20CrMo 节省工时 34%，节约加工费用 31%，显示出采用合金易切削钢的优越性。

五、工程用铸造碳钢

在机械制造业中，许多形状复杂，用锻造方法难以生产，力学性能要求比铸铁高的零件，可用碳钢铸造生产。铸造碳钢广泛用于制造重型机械、矿山机械、冶金机械、机车车辆的某些零件、构件。铸造碳钢的铸造性能比铸铁差，主要体现在流动性差、凝固时收缩率大、易产生偏析等方面。工程用铸造碳钢的牌号、成分和力学性能（GB11352—89）及用途如表 6-7 所示。

表 6-7　工程用铸造碳钢的牌号、成分和力学性能

牌　号	主要化学成分 w_{Me}(%)				室温力学性能(不小于)					用　途　举　例
	C ≤	Si ≤	Mn ≤	P、S ≤	$\frac{\sigma_s(\sigma_{0.2})}{MPa}$	$\frac{\sigma_b}{MPa}$	δ (%)	ψ (%)	$\frac{A_{KV}}{J}$	
ZG200-400	0.20	0.50	0.80	0.04	200	400	25	40	30	良好的塑性、韧性和焊接性，用于受力不大的机械零件，如机座、变速箱壳等
ZG230-450	0.30	0.50	0.90	0.04	230	450	22	32	25	一定的强度和好的塑性韧性，焊接性良好。用于受力不大、韧性好的机械零件，如砧座、外壳、轴承盖、阀体、犁柱等

（续）

牌号	主要化学成分 w_{Me}(%)				室温力学性能(不小于)					用途举例
	C ≤	Si ≤	Mn ≤	P S≤	$\sigma_s(\sigma_{0.2})$ / MPa	σ_b / MPa	δ (%)	ψ (%)	A_{KV} / J	
ZG270-500	0.40	0.50	0.90	0.04	270	500	18	25	22	较高的强度和较好的塑性，铸造性良好，焊接性尚好，切削性好。用于轧钢机机架、轴承座、连杆、箱体、曲轴、缸体等
ZG310-570	0.50	0.60	0.90	0.04	310	570	15	21	15	强度和切削性良好，塑性、韧性较低。用于载荷较高的大齿轮、缸体、制动轮、辊子等
ZG340-640	0.60	0.60	0.90	0.04	340	640	10	18	10	有高的强度和耐磨性，切削性好，焊接性较差，流动性好，裂纹敏感性较大。用作齿轮、棘轮等

第四节　低合金钢

低合金钢是一类可焊接的低碳低合金工程结构用钢，主要用于房屋、桥梁、船舶、车辆、铁道、高压容器及大型军事工程等工程结构件。这些构件的特点是尺寸大，需冷弯及焊接成形，形状复杂，大多在热轧或正火条件下使用，且可能长期处于低温或暴露于一定环境介质中，因而要求钢材必须具有：①较高的强度和屈强比；②较好的塑性和韧性；③良好的焊接性；④较低的缺口敏感性和冷弯后低的时效敏感性；⑤较低的韧脆转变温度。

一、低合金高强度结构钢

低合金高强度结构钢主要合金元素有锰、钒、钛、铌、铝、铬、镍等。锰有固溶强化铁素体、增加并细化珠光体的作用；钒、钛、铌等主要作用是细化晶粒；铬、镍可提高钢的冲击韧度，改善钢的热处理性能，提高钢的强度，并且铝、铬、镍均可提高对大气的抗蚀能力。为改善钢的性能，高性能级别钢可加入钼、稀土等元素。

1994年，我国对低合金结构钢标准进行了一次修订，并对其牌号、质量等级作了新的规定。新标准牌号、化学成分、力学性能以及新、旧标准对比等，见表6-8、表6-9、表6-10（GB/T1591—94）。

表6-8　低合金高强度结构钢牌号及化学成分

牌号	质量等级	化学成分 w_{Me}(%)										
		C ≤	Mn	Si ≤	P ≤	S ≤	V	Nb	Ti	Al[①] ≥	Cr ≤	Ni ≤
Q295	A	0.16	0.80～1.50	0.55	0.045	0.045	0.02～0.15	0.015～0.060	0.02～0.20	—		
	B	0.16	0.80～1.50	0.55	0.040	0.040	0.02～0.15	0.015～0.060	0.02～0.20	—		
Q345	A	0.20	1.00～1.60	0.55	0.045	0.045	0.02～0.15	0.015～0.060	0.02～0.20	—		
	B	0.20	1.00～1.60	0.55	0.040	0.040	0.02～0.15	0.015～0.060	0.02～0.20	—		
	C	0.20	1.00～1.60	0.55	0.035	0.035	0.02～0.15	0.015～0.060	0.02～0.20	0.015		
	D	0.18	1.00～1.60	0.55	0.030	0.030	0.02～0.15	0.015～0.060	0.02～0.20	0.015		
	E	0.18	1.00～1.60	0.55	0.025	0.025	0.02～0.15	0.015～0.060	0.02～0.20	0.015		

（续）

牌号	质量等级	化学成分 w_{Me}（%）										
		C ≤	Mn	Si ≤	P ≤	S ≤	V	Nb	Ti	Al① ≥	Cr ≤	Ni ≤
Q390	A	0.20	1.00～1.60	0.55	0.045	0.045	0.02～0.20	0.015～0.060	0.02～0.20	—	0.30	0.70
	B	0.20	1.00～1.60	0.55	0.040	0.040	0.02～0.20	0.015～0.060	0.02～0.20	—	0.30	0.70
	C	0.20	1.00～1.60	0.55	0.035	0.035	0.02～0.20	0.015～0.060	0.02～0.20	0.15	0.30	0.70
	D	0.20	1.00～1.60	0.55	0.030	0.030	0.02～0.20	0.015～0.060	0.02～0.20	0.15	0.30	0.70
	E	0.20	1.00～1.60	0.55	0.025	0.025	0.02～0.20	0.015～0.060	0.02～0.20	0.15	0.30	0.70
Q420	A	0.20	1.00～1.70	0.55	0.045	0.045	0.02～0.20	0.015～0.060	0.02～0.20	—	0.40	0.70
	B	0.20	1.00～1.70	0.55	0.040	0.040	0.02～0.20	0.015～0.060	0.02～0.20	—	0.40	0.70
	C	0.20	1.00～1.70	0.55	0.035	0.035	0.02～0.20	0.015～0.060	0.02～0.20	0.15	0.40	0.70
	D	0.20	1.00～1.70	0.55	0.030	0.030	0.02～0.20	0.015～0.060	0.02～0.20	0.15	0.40	0.70
	E	0.20	1.00～1.70	0.55	0.025	0.025	0.02～0.20	0.015～0.060	0.02～0.20	0.15	0.40	0.70
Q460	C	0.20	1.00～1.70	0.55	0.035	0.035	0.02～0.15	0.015～0.060	0.02～0.02	0.15	0.70	0.70
	D	0.20	1.00～1.70	0.55	0.030	0.030	0.02～0.15	0.015～0.060	0.02～0.02	0.15	0.70	0.70
	E	0.20	1.00～1.70	0.55	0.025	0.025	0.02～0.15	0.015～0.060	0.02～0.02	0.15	0.70	0.70

① 表中的 Al 为全铝含量，如分析酸容铝时，其 w_{Al}≥0.010%。

表 6-9　低合金高强度结构钢的力学性能

牌号	质量等级	厚度（直径）/mm				σ_b/MPa	δ_5（%）	冲击吸收功 A_{KV}（纵向）/J				180°弯曲试验 d＝弯心直径　a＝试样厚度　钢材厚度(直径)/mm	
		＜16	＞16－35	＞35－50	＞50－100			＋20℃	0℃	－20℃	－40℃		
		σ_s≥（MPa）					≥					＜16	＞16～100
Q295	A	295	275	255	235	390～570	23					$d=2a$	$d=3a$
	B	295	275	255	235	390～570	23	34				$d=2a$	$d=3a$
Q345	A	345	325	295	275	470～630	21					$d=2a$	$d=3a$
	B	345	325	295	275	470～630	21	34				$d=2a$	$d=3a$
	C	345	325	295	275	470～630	22		34			$d=2a$	$d=3a$
	D	345	325	295	275	470～630	22			34		$d=2a$	$d=3a$
	E	345	325	295	275	470～630	22				27	$d=2a$	$d=3a$
Q390	A	390	370	350	330	490～650	19					$d=2a$	$d=3a$
	B	390	370	350	330	490～650	19	34				$d=2a$	$d=3a$
	C	390	370	350	330	490～650	20		34			$d=2a$	$d=3a$
	D	390	370	350	330	490～650	20			34		$d=2a$	$d=3a$
	E	390	370	350	330	490～650	20				27	$d=2a$	$d=3a$
Q420	A	420	400	380	360	520～680	18					$d=2a$	$d=3a$
	B	420	400	380	360	520～680	18	34				$d=2a$	$d=3a$
	C	420	400	380	360	520～680	19		34			$d=2a$	$d=3a$
	D	420	400	380	360	520～680	19			34		$d=2a$	$d=3a$
	E	420	400	380	360	520～680	19				27	$d=2a$	$d=3a$
Q460	C	460	440	420	400	550～720	17		34			$d=2a$	$d=3a$
	D	460	440	420	400	550～720	17			34		$d=2a$	$d=3a$
	E	460	440	420	400	550～720	17				27	$d=2a$	$d=3a$

表 6-10 新旧低合金高强度结构钢标准牌号对照及用途举例

新标准	旧标准	用途举例
Q295	09MnV 9MnNb 09Mn2 12Mn	车辆的冲压件、冷弯型钢、螺旋焊管、拖拉机轮圈、低压锅炉气包、中低压化工容器、输油管道、储油罐、油船等
Q345	12MnV 14MnNb 16Mn 18Nb 16MnRE	船舶、铁路车辆、桥梁、管道、锅炉、压力容器、石油储罐、起重及矿山机械、电站设备厂房钢架等
Q390	15MnTi 16MnNb 10MnPNbRE 15MnV	中高压锅炉汽包、中高压石油化工容器、大型船舶、桥梁、车辆、起重机及其他较高载荷的焊接结构件等
Q420	15MnVN 14MnVTiRE	大型船舶、桥梁、电站设备、起重机械、机车车辆、中压或高压锅炉及容器及其大型焊接结构件等
Q460		可淬火加回火后用于大型挖掘机、起重运输机械、钻井平台等

二、低合金耐候钢

耐候钢即耐大气腐蚀钢，是在低碳非合金钢的基础上加入少量铜、铬、镍、钼等合金元素，使其在金属表面形成一层保护膜。为进一步改善钢的性能，还可再添加微量的铌、钛、钒、锆等元素。

我国耐候钢分为焊接结构用耐候钢（GB4172—84）和高耐候性结构钢（GB4171—84）两大类。前一类（如 12MnCuCr）适用桥梁、建筑及其他要求耐候性的结构件；高耐候性结构钢（如 09CuPCrNi-A）适用于车辆、建筑、塔架和其他要求高耐候性的钢结构，可根据不同需要制成螺栓连接 铆接和焊接的结构件。

三、低合金专业用钢

为了适应某些专业的特殊需要，对低合金高强度结构钢的成分、工艺及性能作相应的调整和补充规定，从而发展了门类众多的低合金专业用钢。例如锅炉、各种压力容器、船舶、桥梁、汽车、农机、自行车、矿山、建筑钢筋等，许多已纳入国家标准。

汽车用低合金钢是一类用量极大的专业用钢，广泛用于汽车大梁、托架及车壳等结构件。主要包括：冲压性能良好的低强度钢（发动机罩等）、微合金化钢（大梁等）、低合金双相钢（轮毂、大梁等）及高延性高强度钢（车门、挡板）共四类，目前国内外汽车钢板技术发展迅速。

当前石油和天然气管线工程向大管径、高压输送方向发展，对管线用钢也提出新要求。管线用钢国际上采用 API 标准（美国石油工业标准），按屈服强度等级分类。随 着油气管线工程发展，管线用钢的屈服强度等级也在逐年提高，为适应现场焊接条件，管线用钢采取降碳措施，为弥补降碳损失的强度又不损害焊接性，添加 Nb、V、Ti 等碳氮化物形成元素；采用适应螺旋焊管的控轧控冷钢或适应压力机成型焊管的淬火-回火钢。海底管线用钢在 C-Mn-V 系基础上添加 Cu 或 Nb，以提高耐蚀性。低温管线用钢在 C-Mn 系基础上添加 Ni、Nb、N，具有很好的低温韧性。

海洋平台用钢应具有中等以上强度，良好的抗海水腐蚀和抗低温断裂能力，较高的疲劳强度，以及优良的焊接性能等。由于时常受到强海浪和风力的袭击，还要求用于某些重要部位采用抗层状撕裂钢（Z 向钢）。海洋平台主体用钢即表 6-9 强度等级低合金钢，要求冶炼时降低 S、P 含量，控制金属夹杂物形态及分布，以提高钢的抗冲击性能和弯曲性能，并降低焊接接头的层状撕裂倾向和减小断裂韧度的方向性。Z 向钢主要用于造船和海洋平台，也用于锅炉和压力容器，其不仅要求沿宽度和长度方向有一定的力学性能，而且要求沿板厚方向（Z向）断面收缩率达到一定值（$\psi_z=20\%\sim30\%$），就可消除层状撕裂发生。钢中含硫量 w_s 对 ψ_z 影响很大，要求严格控制。我国Z向钢板（GB5313—85）力学性能已达日本质量控制水平。

第五节 机械结构用合金钢

机械结构用合金钢主要用于制造各种机械零件，其质量等级都属于特殊质量等级，大多须经热处理后才能使用，按其用途及热处理特点可分为渗碳钢、调质钢、弹簧钢、滚动轴承钢、超高强度钢等。

一、合金渗碳钢

合金渗碳钢用于承受强烈冲击载荷和摩擦磨损的机械零件。这些零件若用低碳优质碳素结构钢制造，经渗碳淬火后，往往由于淬透性差而显得心部强度、韧性不足。而合金渗碳钢中 $w_C=0.10\%\sim0.25\%$，低含碳量保证了淬火后零件心部有足够的塑性、韧性。主要合金元素是铬，还可加入镍、锰、硼、钨、钼、钒、钛等元素。其中，铬、镍、锰、硼的主要作用是提高淬透性，使大尺寸零件的心部淬回火后有较高的强度和韧性；少量的钨、钼、钒、钛能形成细小、难溶的碳化物，以阻止渗碳过程中高温、常时间保温条件下晶粒长大。在零件表层形成的合金碳化物还可提高渗碳层的耐磨性。

合金渗碳钢的热处理一般是渗碳后直接淬火或渗碳后二次淬火加上低温回火。热处理使表层获得高碳回火马氏体加碳化物，硬度一般为58～64HRC；而心部组织则视钢的淬透性高低及零件尺寸的大小而定，可得到低碳回火马氏体或珠光体加铁素体组织。表6-11列出了常用合金渗碳钢的牌号、热处理、力学性能及用途。

表6-11 常用合金渗碳钢的牌号、热处理、力学性能及用途（摘GB3077—88）

牌号	热处理工艺			力学性能（不小于）				用途举例
	第一次淬火/℃	第二次淬火/℃	回火/℃	σ_b/MPa	σ_s/MPa	δ(%)	A_{KV}/J	
20Cr	880 水，油	800 水，油	200 水，空	835	540	10	47	截面在30mm以下载荷不大的零件，如机床及小汽车齿轮、活塞销等
20CrMnTi	880 油	870 油	200 水，空	1080	835	10	55	汽车、拖拉机截面在30mm以下，承受高速、中或重载荷以及受冲击、摩擦的重要渗碳件，如齿轮、轴、齿轮轴、爪形离合器、蜗杆等
20MnVB	860 油		200 水，空	1080	885	10	55	模数较大、载荷较重的中小渗碳件，如重型机床齿轮、轴，汽车后桥主动、被动齿轮等淬透性件
12Cr2Ni4	860 油	780 油	200 水，空	1080	835	10	71	大截面载荷较高缺口敏感性低的重要零件，如重型载重车、坦克的齿轮等
18Cr2Ni4WA	950 空	850 空	200 水，空	1175	835	10	78	截面更大，性能要求更高的零件，如大截面的齿轮、传动轴、精密机床上控制进刀的蜗轮等

20CrMnTi是应用最广泛的合金渗碳钢，用于制造汽车拖拉机的变速齿轮、轴等零件。为了节约铬，常用20Mn2B或20MnVB钢代替20CrMnTi钢。

二、合金调质钢、非调质钢和低碳马氏体钢

合金调质钢用于制造在重载荷作用下同时又受冲击载荷作用的一些重要零件，要求零件具有高强度、高韧性相结合的良好综合力学性能。为此采用中碳含量加某些合金元素的成分配置，通过调质处理来达到上述性能要求，因此称为调质钢。调质钢一般含碳量 $w_C=0.3\%\sim0.5\%$。过低，强度不足；过高，则塑性、韧性不够。调质钢中常见的合金元素是锰、硅、铬、镍、钼、硼等，主要作用是提高钢的淬透性。钼能防止高温回火脆性，钨、钒、钛可细化奥氏体晶粒。

调质钢热加工（如锻造）后必须进行热处理，以降低硬度，便于切削加工。合金元素含量少，淬透性低的调质钢，可采用退火；淬透性高的调质钢，则要采用正火加高温回火。例如40CrNiMo钢正火后硬度在400HBS以上，经高温回火后硬度才降至207～240HBS，满足了切削的要求。调质钢的最终热处理为淬火后高温回火，回火温度一般为500～650℃。

如果除了具备良好的综合力学性能以外，还要求表面有良好的耐磨性，则可在调质后进行表面淬火或氮化处理。表6-12列出了常用合金调质钢的牌号、热处理、力学性能及用途。

表6-12 常用合金调质钢的牌号、热处理、力学性能及用途（摘GB3077—88）

牌号	热处理		力学性能（不小于）					用途举例
	淬火/℃	回火/℃	σ_b /MPa	σ_s /MPa	δ (%)	ψ (%)	A_{KV} /J	
40Cr	850 油	520 水，油	980	785	9	45	47	汽车后半轴、机床齿轮、轴、花键轴、顶尖套等
40MnB	850 油	500 水，油	980	785	10	45	47	代替40Cr钢制造中、小截面重要调质件等
35CrMo	850 油	550 水，油	980	835	12	45	63	受冲击、振动、弯曲、扭转载荷的机件，如主轴、大电机轴、曲轴、锤杆等
38CrMoAl	940 油	640 水，油	980	835	14	50	71	高级渗氮钢，制做磨床主轴、精密丝杆、精密齿轮、高压阀门、压缩机活塞杆等
40CrNiMoA	850 油	600 水，油	980	835	12	55	78	韧性好、强度高及大尺寸重要调质件，如重型机械中高载荷轴类、直径大于250mm汽轮机轴、叶片、曲轴

近年来，为了节约能源，简化工艺，发展了不进行调质处理，而是通过锻造时控制终锻温度及锻后的冷却速度来获得具有很高强韧性能的钢材，这种钢材称为非调质机械结构钢（GB/T15712—1995），与传统调质钢的生产工艺比较，非调质钢的生产工艺大为简化。

非调质钢是在中碳钢中添加微量合金元素（V、Ti、Nb和N等），钢材加热时，这些元素固溶在奥氏体中，通过控温轧制（锻制）、控温冷却，在铁素体和珠光体中弥散析出碳、氮化物为强化相，使钢在轧制（锻制）后不经调质处理即可获得碳素结构钢或合金结构钢经调质处理后所达到的力学性能的钢种。该类钢按使用加工方法不同分为二类：1）切削加工用非调质机械结构钢，牌号以YF为首；2）热锻用非调质机械结构钢，牌号以F为首。例如YF35MnV

钢汽车发动机连杆性能已达到或超过55钢连杆，而可加工性远远优于55钢。非调质钢大多属于低合金钢。表6-13列举了两种典型非调质机械结构钢的化学成分和力学性能。

表 6-13 两种非调质机械结构钢的化学成分和力学性能

牌号	化学成分 w_{Me}（%）						力学性能					
	C	Mn	Si	P	S	V	σ_b/MPa	σ_s/MPa	δ_5(%)	ψ(%)	A_K/J	HBS
YF35MnV	0.32～0.39	1.00～1.50	0.30～0.60	≤0.035	0.035～0.075	0.06～0.13	≥735	≥460	≥17	≥35	≥37	≤257
F40MnV	0.37～0.44	1.00～1.50	0.20～0.40	≤0.035	≤0.035	0.06～0.13	≥785	≥490	≥15	≥40	≥36	≤257

利用低碳马氏体具有高强度的同时兼有良好的塑性和韧性的特点而生产的低碳马氏体钢，其综合力学性能可以达到中碳合金钢调质处理后的水平。例如我国研制生产的石油钻机用的吊环、吊卡采用低碳马氏体钢20SiMn2MoVA，由于强度高，使其重量降为35钢吊环42.3%，大大减轻石油钻井工人的劳动强度。用铆螺钢ML15MnVB制造汽车用高强度连杆螺栓、汽缸盖螺栓、半轴螺栓，淬火、低温回火处理后使用性能优于ML40Cr钢（GB6478—86）调质的螺栓。

三、合金弹簧钢

弹簧钢是用于制造弹簧等弹性元件的钢种，因此弹簧钢要有高的弹性极限和屈强比，还应具有足够的疲劳强度和韧性，才能承受交变载荷和冲击载荷的作用。

弹簧钢含碳量高于调质钢，一般为 $w_C = 0.45\% \sim 0.7\%$。合金元素主要有硅、锰、铬等，主要作用是提高弹簧钢的淬透性，并提高弹性极限。硅使弹性极限提高的效果很突出，但也使钢加热时易表面脱碳；锰能增加淬透性，但也使钢的过热和回火脆性的倾向加大；弹簧钢中还可以加入钨、钼、钒等，它们可以减少硅锰弹簧钢脱碳和过热的倾向，同时可进一步提高弹性极限、耐热性和耐回火性。

弹簧钢热处理一般是淬火和中温回火，所得回火托氏体组织弹性极限和屈服强度高。例如60Si2Mn钢，淬火后经480℃回火，$\sigma_{0.2} \approx 1200$MPa，$\sigma_b \approx 1300$MPa，屈强比 $\sigma_{0.2}/\sigma_b = 92\%$。常用弹簧钢的牌号、热处理、力学性能用途列于表6-14中。

表 6-14 常用合金弹簧钢牌号、热处理、力学性能及用途（摘 GB1222—84）

牌号	热处理		力学性能（不小于）			用途举例
	淬火/℃	回火/℃	σ_b/MPa	σ_s/MPa	ψ(%)	
55Si2Mn	870 油	480	1274	1176	30	用途广，汽车、拖拉机、机车上的减振板簧和螺旋弹簧，汽缸安全阀簧等
60Si2CrA	870 油	420	1764	1568	20	用作承受高应力及300～350℃以下的弹簧，如汽轮机汽封弹簧、破碎机用弹簧等
50CrVA	850 油	500	1274	1127	40	用作高载荷重要弹簧及工作温度＜300℃的阀门弹簧、活塞弹簧、安全阀弹簧等
30W4Cr2VA	1050～1100 油	600	1470	1323	40	用作工作温度≤500℃的耐热弹簧，如锅炉主安全阀弹簧、汽轮机汽封弹簧等

四、滚动轴承钢

滚动轴钢主要用于制造滚动轴承的内、外套圈以及滚动体，此外还可用于制造某些工具，例如模具、量具等。

滚动轴承在工作时承受峰值很高的交变接触压应力，同时滚动体与内、外套圈之间还产生强烈的摩擦，并受到冲击载荷作用、大气和润滑介质的腐蚀作用。这就要求轴承钢必须具有高而均匀的硬度和耐磨性、高的抗压强度和接触疲劳极限、足够的韧性和对大气、润滑剂的耐蚀能力。

为获得上述性能，轴承钢含碳量一般为 $w_C=0.95\%\sim1.15\%$。主要合金元素是铬，其作用是提高淬透性以及形成合金渗碳体，提高硬度和耐磨性。滚动轴承的制造工艺路线如下：

锻造→球化退火→切削加工→淬火、低温回火→磨削加工→成品

滚动轴承钢锻件切削之前的球化退火能使硬度大幅度下降，以利切削加工。淬火回火可获得极细的马氏体和均匀、细小的粒状合金渗碳体组织，硬度为 61～65HRC。低温回火并不能彻底消除残余应力和残余奥氏体，若是精密轴承就必须在淬火后冷处理，完全消除奥氏体，以稳定尺寸和形状，并且在回火和磨削加工后再进行 120～130℃ 保温 10～20h 的时效处理，进一步消除应力、稳定尺寸。表 6-15 列出了常用滚动轴承钢的牌号、化学成分、热处理及用途，主要参数摘自冶金行业标准（YB（T）1—80，YJZ84），目前仅渗碳轴承钢（GB3203）、不锈轴承钢（GB3086）已有国家标准。

表 6-15 常用滚动轴承钢牌号、化学成分、热处理及用途

牌号	化学成分 w_{Me}（%）						热处理			用途举例
	C	Si	Mn	Cr	P	S	淬火/℃	回火/℃	回火 HRC	
GCr9	1.00～1.10	0.15～0.35	0.25～0.45	0.90～1.20	≤0.025		810～830	150～170	62～66	一般工作条件下小尺寸的滚动体和内、外套圈
GCr15	0.95～1.05	0.15～0.35	0.25～0.45	1.40～1.65	≤0.025		825～845	150～170	62～66	广泛用于汽车、拖拉机、内燃机、机床及其他工业设备上的轴承
GCr15SiMn	0.95～1.05	0.45～0.75	0.95～1.25	1.40～1.65	≤0.025		825～845	150～180	>62	大型轴承或特大轴承（外径>440mm）的滚动体和内外套圈

五、超高强度钢

超高强度钢一般指 $\sigma_b>1500$MPa 或 $\sigma_s>1380$MPa 的合金结构钢。这类钢主要用于航空、航天工业，其主要特点是具有很高的强度和足够的韧度，且比强度和疲劳极限值高，在静载荷和动载荷的条件下，能承受很高的工作应力，从而可减轻结构重量。虽然超高强度钢存在缺口敏感性，但其平面应变断裂韧度较高，在复杂的环境下不致发生低应力脆性断裂。

超高强度钢通常按化学成分和强韧化机制分为低合金超高强度钢、二次硬化型超高强度钢、马氏体时效钢和超高强度不锈钢等四类。

低合金超高强度钢是在合金调质钢基础上加入一定量的某些合金元素而成。其含碳量 $w_C<0.45\%$，以保证足够的塑性和韧性。合金元素总量 w_{Me}在 5%左右，其主要作用是提

高淬透性、耐回火性及韧性。热处理工艺是淬火和低温回火。例如30CrMnSiNi2A钢，热处理后 $\sigma_b = 1700 \sim 1800$MPa，是航空工业中应用最广的一种低合金超高强度钢。

二次硬化型钢大多含有强碳化物形成元素，其总量 $w_{Me} = 5\% \sim 10\%$。其典型钢种是Cr—Mo—V型中合金超高强度钢，这类钢经过高温淬火和三次高温回火（580～600℃）获得高强度、抗氧化性和抗热疲劳性，其牌号有4Cr5MoSiV（平均含碳量为千分数）等。二次硬化型超高强度钢还包括高合金Ni—Co类型钢。

马氏体时效钢含碳量极低（$w_C < 0.03\%$），含镍量高（$w_{Ni} = 18\% \sim 25\%$），并含有钼、钛、铌、铝等时效强化元素。这类钢淬火后经450～500℃时效处理，其金相组织为在低碳马氏体基体上弥散分布极细微的金属间化合物 Ni_2Mo、Fe_2Mo 等粒子。因此，马氏体时效钢有极高的强度、良好的塑性、韧性及较高的断裂韧度，可以冷、热压力加工，冷加工硬化率低，焊接性良好，是制造超音速飞机及火箭壳体的重要材料，在模具和机械零件制造方面也有应用。典型的马氏体时效钢有Ni25Ti2AlNb（Ni25）和Ni18Co9Mo5TiAl（Ni18）等，时效处理后 σ_b 在2000MPa左右。

第六节　合金工具钢和高速工具钢

工具钢按化学成分可分为非合金工具钢、合金工具钢和高速工具钢三大类。合金工具钢与非合金（碳素）工具钢相比，主要是合金元素提高了钢的淬透性、耐回火性和强韧性，添加金属元素后，有时也会带来不利影响，如脱碳敏感性、回火脆性等，也可能降低可加工性。

一、合金工具钢

合金工具钢通常以用途分类，现行标准（GB1299—85）分成六组，即量具刃具钢、耐冲击工具钢、冷作模具钢、热作模具钢、无磁工具钢和塑料模具钢。

（一）量具刃具钢

量具刃具钢中的合金元素总量少，主要有铬、硅、锰等元素。与碳素工具钢相比，主要在淬透性方面有明显提高，在热硬性、硬度、耐磨性等方面并无显著改善。因此，从应用方面看量具刃具钢主要用于制造形状较复杂、截面尺寸较大的低速切削刃具。

量具是机械制造过程中控制加工精度的测量工具，如卡尺，千分尺，块规，样板等。它们在使用时常与被测工件接触，受到磨损和碰撞，因此量具应该有高硬、耐磨，高的尺寸稳定性以及足够的韧性。量具刃具钢含碳量高，一般为 $w_C = 0.9\% \sim 1.5\%$。为了减少淬火变形，常加入Cr、W、Mn等元素，提高钢的淬透性，使淬火时可采用较缓和的冷却介质，减少热应力及变形，以保证高的尺寸精度。对简单量具如卡尺，样板，直尺，量规等，采用T10A、T11A、T12A、Cr2、9SiCr等钢制造；对形状复杂，精度要求高的量具如块规、塞规等，一般都采用热处理变形小的冷作模具钢，如CrWMn、CrMn或滚动轴承钢制造；对要求耐蚀性的量具可用马氏体型不锈钢如3Cr13、4Cr13、9Cr18等制造。

常用量具刃具钢的牌号、成分、热处理和用途列于表6-16。

（二）耐冲击工具钢

这类钢是在CrSi钢的基础上添加质量分数为2.0%～2.5%的W，以细化晶粒，提高回火后的韧性，例如5CrW2Si钢等（GB1299—85），主要用作风动工具、錾、冲模、冷作模具等。

表 6-16　常用量具刃具钢的牌号、成分、热处理和用途（摘 GB1299—85）

牌号	化学成分 w_{Me}（%）					热处理		用途举例
	C	Si	Mn	Cr	P S 不大于	淬火/℃	淬火后 ≥HRC	
9SiCr	0.85～0.95	1.20～1.60	0.30～0.60	0.95～1.25	0.03	820～860 油	62	板牙、丝锥、钻头、铰刀、齿轮铣刀、拉刀等，还可作冷冲模、冷轧辊等
Cr06	1.30～1.45	≤0.40	≤0.40	0.50～0.70	0.03	780～810 水	64	作剃刀、刀片、手术刀具以及刮刀、刻刀等
Cr2	0.95～1.10	≤0.40	≤0.40	1.30～1.65	0.03	830～860 油	62	用作加工材料不很硬的低速切削刀具，可作样板、量规、冷轧辊等
9Cr2	0.80～0.95	≤0.40	≤0.40	1.30～1.70	0.03	820～850 油	62	主要用作冷轧辊、钢印、冲孔凿、冷冲模、冲头量具及木工工具等

（三）合金模具钢

制造模具的材料很多，非合金工具钢、高速钢、轴承钢、耐热钢、不锈钢、马氏体时效钢、石墨钢、蠕墨铸铁等都可制作各类模具，用的最多的是合金工具钢。根据用途模具用钢可分为冷作模具钢、热作模具钢和塑料模具钢。

1. 冷作模具钢　冷作模具钢用于制作使金属冷塑性变形的模具，如冷冲模、冷墩模、冷挤压模等，工作时承受大的弯曲应力、压力、冲击及摩擦。因此冷作模具钢应具有高硬度、耐磨性和足够的强度、韧性。

对冷作模具钢的性能要求与量具刃具钢相似，即高硬度、高耐磨性、高弯曲强度及足够的韧性。尺寸较小的冷作模具可选用低合金含量的冷作模具钢 9Mn2V、CrWMn 等，也可采用量具刃具钢 9SiCr 或轴承钢 GCr15 等；承受重负荷、形状复杂、要求淬火变形小、耐磨性高的大型模具，则必须选用淬透性大的高铬、高碳的 Cr12 型冷作模具钢或高速钢。Cr12 型钢中存在大量高硬的（FeCr）$_7$C$_3$ 型碳化物，使钢具有高的硬度和耐磨性；钼、钒能进一步提高钢的耐磨性并细化组织，所以 Cr12MoV 的性能优于 Cr12。冷作模具钢的预备热处理是球化退火，最终热处理一般是淬火后低温回火，硬度可达到 62～64HRC。常用的冷作模具钢牌号、化学成分、热处理及用途列于表 6-17 中。

表 6-17　常用合金冷作模具钢的牌号、化学成分、热处理及用途（摘 GB1299—85）

牌号	化学成分 w_{Me}（%）							热处理		用途举例
	C	Si	Mn	Cr	W	Mo	V	淬火/℃	≥HRC	
Cr12	2.00～2.30	≤0.40	≤0.40	11.50～13.00				950～1000 油	60	冷冲模、冲头、钻套、量规、螺纹滚丝模、拉丝模等
Cr12MoV	1.45～1.70	≤0.40	≤0.40	11.00～12.50		0.40～0.60	0.15～0.30	950～1000 油	58	截面较大、形状复杂、工作条件繁重的各种冷作模具等
9Mn2V	0.85～0.95	≤0.40	1.70～2.00				0.10～0.25	780～810 油	62	要求变形小、耐磨性高的量规、块规、磨床主轴等

（续）

牌号	化学成分 w_{Me}（%）							热处理		用途举例
	C	Si	Mn	Cr	W	Mo	V	淬火/℃	≥HRC	
CrWMn	0.90~1.05	≤0.40	0.80~1.10	0.90~1.20	1.20~1.60			800~830 油	62	淬火变形很小、长而形状复杂的切削刀具及形状复杂、高精度的冷冲模

2. 热作模具钢　热作模具钢用于制作使金属在高温下塑变成形的模具，如热锻模、热挤压模、压铸模等。这些模具在工作时承受很大的压力和冲击，并反复受热和冷却，因此要求模具钢在高温下具有足够的强度、硬度、耐磨性和韧性，以及良好的耐热疲劳性，即在反复的受热、冷却循环中，表面不易热疲劳（龟裂），还应具有良好的导热性及高淬透性。

为了达到上述性能要求，热作模具钢的含碳量 $w_C=0.3\%\sim0.6\%$，若过高，则塑性、韧性不足；若过低，则硬度、耐磨性不足。加入的合金元素有 Cr、Mn、Ni、Mo、W 等，其中 Cr、Mn、Ni 主要作用是提高淬透性；W、Mo 提高回火稳定性；Cr、W、Mo、Si 还提高耐热疲劳性。

常用的热作模具钢有 5CrNiMo、5CrMnMo、3Cr2W8V、6SiMnV 等，其最终热处理为淬火及高温回火，组织为回火托氏体或回火索氏体，工作温度为 500℃ 左右，常用的热作模具钢的牌号、化学成分、热处理及用途列于表 6-18 中。

表 6-18　常用热作模具钢的牌号、化学成分、热处理及用途（摘 GB1299—85）

牌号	化学成分 w_{Me}（%）							交货状态（退火）HBS	热处理	用途举例
	C	Si	Mn	Cr	W	Mo	V		淬火/℃	
5CrMnMo	0.50~0.60	0.25~0.60	1.20~1.60	0.60~0.90		0.15~0.30		197~241	820~850 油	中小型锤锻模（边长 = 300 ~ 400mm）小压铸模
5CrNiMo	0.50~0.60	≤0.40	0.50~0.80	0.50~0.80		0.15~0.30		197~241	830~860 油	形状复杂、冲击载荷大的各种大、中型锤锻模
3Cr2W8V	0.30~0.40	≤0.40	≤0.40	2.20~2.70	7.50~9.00		0.20~0.50	207~255	1075~1125 油	压铸模，平锻机凸模和凹模、镶块、热挤压模等
4Cr5W2VSi	0.32~0.42	0.80~1.20	≤0.40	4.50~5.50	1.60~2.40		0.60~1.00	≤229	1030~1050 油或空冷	高速锤用模具与冲头，热挤压用模具，有色金属压铸模等

3. 塑料模具钢　工业和生活中塑料制品的发展对模具材料的要求更高、更多样化。我国国家标准（GB1299—85）和机械行业标准 JB/T6057—92《塑料模具成型部分用钢及其热处理技术条件》推荐了常用的部分塑料模具钢，但尚不能满足需要。为了提高塑料制品的质量，针对某些模具的特殊工作条件，我国开发研制了各种用途的塑料模具钢。表 6-19 推荐

部分常用塑料模具用钢。

表 6-19 常用塑料模具及其用钢

模具类型及工作条件	推荐用钢
中小模具，精度不高，受力不大、生产规模小的模具	45 40Cr T10 10 20 20Cr
受磨损较大，受较大动载荷，生产批量大的模具	20Cr 12CrNi3 20Cr2Ni4 20CrMnTi
大型复杂的注射成型模或挤压成型模	4Cr5MoSiV 4Cr5MoSiV1 4Cr3Mo3SiV 5CrNiMnMoVSCa
热固性成型模，高耐磨高强度的模具	9MnV CrWMn GCr15 Cr12 Cr12MoV 7CrSiMnMoV
耐腐蚀、高精度模具	2Cr13 4Cr13 9Cr18 Cr18MoV 3Cr2Mo Cr14Mo4V 8Cr2MnWMoVS 3Cr17Mo
无磁模具	7Mn15Cr2Al3V2WMo

各种塑料模具工作环境是复杂的，应根据性能要求和经济性慎重选用。玻璃纤维或矿物质无机物增强的工程塑料对模具的磨损、擦伤十分严重，宜采用含碳量高的合金工具钢如7CrMn2WMo、Cr12MoV 等，也有用合金渗碳钢 12Cr6Ni3、20Cr2Ni4 等。某些添加铁氧体的塑料制品需要在磁场内注射成型，要求模具无磁性，一般采用奥氏体钢，但耐磨性要求较高时，宜采用无磁模具钢。在成型过程中产生腐蚀性气体的聚苯乙烯（ABS）等塑料制品和含有卤族元素、福尔马林、氨等腐蚀介质的塑料制品，宜采用 Cr13 或 Cr17 系列不锈钢制作模具。生产表面光洁、透明度高、视觉舒适的塑料制品，要求模具钢的研磨抛光性和光刻浸蚀性要好，这类钢都应经真空冶炼或电渣重熔等精炼处理，对非金属夹杂物、偏析、疏松等冶金缺陷要求严格。这类镜面塑料模具钢代表钢号有 3Cr2Mo（GB1299）、3Cr2NiMnMo 以及 5CrNiMnMoVSCa 等。为了改善预硬型塑料模具钢的切削加工性、研制了含有 S、Ca 等元素的易切削预硬型塑料模具钢。

二、高速工具钢

高速工具钢（简称高速钢）用于制造高速切削刃具，在高速切削时其温度高达 600℃，而硬度仍无明显下降，所以其性能特点是具有良好的热硬性（红硬性）。

高速钢成分配置特点是含碳量高（$w_C=0.7\%\sim1.2\%$），并含大量的钨、钒、钼及较多的铬，其中钨、钼、钒主要是提高热硬性，铬主要是提高淬透性。

通用型高速钢代表钢种有表 6-20 所示两种，在此基础上改变基本成分或添加 Co、Al、RE 等，派生出许多新钢种。W18Cr4V 是发展最早的高速钢，韧性较差，将逐渐被淘汰。目前 W6Mo5Cr4V2 应用最广，其碳及钒的含量较高，耐磨性高，钼的碳化物细小，提高钢的韧性；但热硬性比 W18Cr4V 稍差，过热与脱碳倾向较大，它适宜制造耐磨性与韧性都较好的刃具。近年又研制出超硬型高速钢、粉末冶金高速钢或研制新的钢号，使用效果良好。W9Mo3Cr4V 是新的通用型高速钢，尚未纳入国家标准，但很有发展前途。

高速钢的热处理特点主要是淬火加热温度高（1200℃以上），以及回火时温度高（560℃左右）、次数多（3 次）。采用高淬火温度是为了让难溶的特殊碳化物能充分溶入奥氏体，最终使马氏体中 W、Mo、V 等含量足够高，保证其热硬性足够高；回火温度高是因为马氏体中的碳化物形成元素含量高，阻碍回火，因而耐回火性高；多次回火是因为高速钢淬火后残余奥氏体量很大（占 30%～50%），多次回火才能消除残余奥氏体。正因为这样，高速钢回火时的二次硬化效应很显著，三次回火后硬度从淬火后的 62HRC 提高到 63～64HRC。高速钢淬火加热温度超过1200℃，远高于珠光体向奥氏体转变温度，但由于难溶碳化物的作用，奥氏体晶粒并无明显长大。淬火加热时在800～840预热是为了减小热应力，因为高速钢导热性差，易形成大的热应力。淬火分级也是出于同样的原因。

表6-20　常用高速工具钢的牌号、化学成分、热处理及硬度（GB9943—88）

牌　号	化　学　成　分　w_{Me}　（%）						热　处　理				
	C	Mn	Cr	V	W	Mo	预热温度/℃	淬火温度/℃ 盐浴炉	淬火温度/℃ 箱式炉	回火温度/℃	≥HRC
W18Cr4V	0.70～0.80	0.10～0.40	3.80～4.40	1.00～1.40	17.50～19.00	≤0.30	820～870	1270～1285油	1270～1285油	550～570	63
W6Mo5Cr4V2	0.80～0.90	0.15～0.40	3.80～4.40	1.75～2.20	5.50～6.75	4.50～5.50	730～840	1210～1230油	1210～1230油	540～560	63（箱式炉） 64（盐浴炉）

第七节　特殊性能钢

特殊性能钢指具有某些特殊的物理、化学、力学性能，因而能在特殊的环境、工作条件下使用的钢。工程中常用的特殊性能钢有耐磨钢、耐热钢、不锈钢等。

一、不锈钢

在不锈钢大类中包括耐酸钢。能够抵抗空气、蒸汽和水等弱腐蚀性介质腐蚀的钢为不锈钢；在酸、碱、盐等强腐蚀性介质中能够抵抗腐蚀的钢为耐酸钢。一般说，不锈钢不一定耐酸，而耐酸钢均有良好的耐蚀性能。但耐酸钢在不同介质种类、浓度、温度和压力条件下，其耐蚀性是有较大差异的。

对不锈钢性能的要求，最重要的是耐蚀性能，还要有合适的力学性能，良好的冷、热加工和焊接工艺性能。铬是不锈钢获得耐蚀性的基本合金元素，当w_{Cr}≥11.7%时，使钢的表面形成致密的Cr_2O_3保护膜，避免形成电化学原电池；加入Cr、Ni等合金元素，提高被保护金属的电极电位，减少原电池极间的电位差，从而减小电流，使腐蚀速度降低，或使钢在室温下获得单相组织（奥氏体、铁素体或马氏体），以免在不同的相间形成微电池；通过提高对化学腐蚀和电化学腐蚀的抑制能力，提高钢的耐蚀性。

不锈钢按化学成分可分为铬不锈钢和铬镍不锈钢两大类；按使用状态下钢的组织类型可分为马氏体不锈钢、铁素体不锈钢、奥氏体不锈钢、奥氏体-铁素体双相不锈钢和沉淀硬化不锈钢等类型。

1. 铬不锈钢（GB1220—84）　这类钢包括马氏体不锈钢和铁素体不锈钢两种类型，其中Cr13型不锈钢属马氏体不锈钢，可淬火获得马氏体组织。Cr13型钢含铬平均为w_{Cr}=13%，含碳w_C=0.1%～0.4%，随含碳量增加，强度、硬度上升，塑性、韧性降低，耐蚀性减弱。故1Cr13和2Cr13可制作塑韧性较高的受冲击载荷，在弱腐蚀条件下工作的零件；3Cr13、4Cr13可制作强度较高、高硬、耐磨，在弱腐蚀条件下工作的弹性元件和工具等；8Cr17等可用作刃具、量具、轴承等。1Cr13和2Cr13热处理是1000℃淬火加750℃高温回火，而3Cr13和4Cr13是淬火加低温回火。

当含铬量较高（w_{Cr}>15%）时，铬不锈钢的组织为单相铁素体，如1Cr17钢，其耐蚀性优于马氏体不锈钢。近年生产的C、N含量极低的高纯铁素体不锈钢，大大改善其脆性和焊接性，使其扩大了在食品机械、建筑装饰、家具器具等方面的应用。

2．铬镍不锈钢（GB1220—84）　这类钢含铬 $w_{Cr}=18\%\sim20\%$，含 $w_{Ni}=8\%\sim12\%$，经1100℃水淬固溶处理，在常温下呈单相奥氏体组织，故又称奥氏体不锈钢。奥氏体不锈钢无磁性，耐蚀性优良，塑性、韧性、焊接性优于别的不锈钢，是应用最为广泛的一类不锈钢。

一般的铬镍不锈钢在450～750℃工作时易出现晶间腐蚀，这是因为沿奥氏体晶界析出铬的碳化物，使晶界附近的铬含量降至耐蚀极限（$w_{Cr}=12\%$）以下所致。防止晶间腐蚀常采用两项措施：首先是尽量降低含碳量；其次是在钢中加入强碳化物形成元素钛、铌等，它们首先与碳形成碳化物，从而避免碳与铬形成碳化物。

由于奥氏体不锈钢固态下无相变，所以不能热处理强化，冷变形强化是有效的强化方法。固溶化处理（加热到1000℃以上保温后快冷）是让铬的碳化物溶入固溶体，使其含铬量提高，改善耐蚀性。

奥氏体不锈钢的品种很多。我国原以1Cr18Ni9Ti为主，近年逐步被低碳或超低碳的0Cr18Ni10或00Cr18Ni11所取代，超低碳不锈钢可避免晶间腐蚀，塑性成形性亦有提高。

二、耐热钢

耐热钢主要用于热工动力机械（汽轮机、燃气轮机、锅炉和内燃机）、化工机械、石油装置和加热炉等高温条件工作的构件。钢的耐热性是高温抗氧化性和高温强度保持性的综合性能，耐热钢按性能和用途可分为抗氧化钢和热强钢两类。按使用状态下的组织，可分为奥氏体型、铁素体型、珠光体型、马氏体型等多种类型钢。表6-21列举了几种常用耐热钢的热处理、室温力学性能及用途。

表6-21　常用耐热钢的牌号、热处理、力学性能及用途（摘GB1221—84）

类别	牌号	热处理			室温力学性能(不小于)				用途举例
		退火/℃	淬火/℃	回火/℃	$\sigma_{0.2}$/MPa	σ_b/MPa	δ_s(%)	a_K/(J·cm^{-2})	
奥氏体型	1Cr19Ni9		1050(固溶)		205	515	35		870℃以下反复加热，锅炉过热器、再热器等
	4Cr14Ni14W2Mo		820～850(固溶)		314	706	20		内燃机重载荷排气阀等
	3Cr18Mn12Si2N		1100～1150空冷		392	686	35		锅炉吊架，耐1000℃高温，加热炉传送带，料盘，炉爪等
铁素体型	0Cr13Al	780～830空，缓			177	412	20		燃气透平压缩机叶片，退火箱，淬火台架等
	1Cr17	780～850空，缓			206	451	22		900℃以下耐氧化部件，散热器，炉用部件，油喷嘴等
马氏体型	1Cr5Mo		900～950油	600～700空	392	588	18		锅炉吊架，燃气轮机衬套，泵的零件，阀，活塞杆，高压加氢设备部件

（续）

类别	牌　号	热　处　理			室温力学性能(不小于)				用途举例
		退火/℃	淬火/℃	回火/℃	$\sigma_{0.2}$/MPa	σ_b/MPa	δ_s(%)	a_K/(J·cm^{-2})	
马氏体型	4Cr10Si2Mo		1010～1040油	720～760油	690	885	10		650℃中高载荷汽车发动机进、排气阀等
	1Cr12Mo		950～1000空	650～710空	550	685	18	≥78	汽轮机叶片、喷嘴块、密封环等
	1Cr13	800～900缓或750快	950～1000油	700～750快冷	343	539	25	≥98.1	耐氧化、耐腐蚀部件(800℃以下)

1.抗氧化钢　这类钢主要用于长期在燃烧环境中工作，有一定强度的零件，如各种加热炉底板，辊道、渗碳箱、燃气轮机燃烧室等。

抗氧化钢中加入铬、硅、铝等元素，在钢的表面形成致密的高熔点氧化膜（Cr_2O_3、SiO_2、Al_2O_3），能保护钢不被进一步氧化破坏。此外，铬、镍等元素使钢呈单相固溶体，且固态范围内加热无相变而使抗氧化能力增强。

碳在钢中对抗氧化性不利，碳与铬易形成碳化物，减少固溶体含铬量，降低抗氧化能力。因此，耐热钢一般限制 $w_C=0.1\%\sim0.2\%$。抗氧化钢有铁素体、奥氏体两类。

2.热强钢　这类钢的特点是在高温下不仅有良好的抗氧化能力，而且有较高的高温强度及较高的高温强度保持能力。例如汽轮机、燃气轮机的转子和叶片、锅炉过热器、内燃机的排汽阀等零件，长期在高温下承受载荷工作，即使所受应力小于材料的屈服强度，也会缓慢而持续的产生塑性变形，这种塑性变形称为蠕变，最终将导致零件断裂或损坏。表示热强钢抵抗蠕变，保持高温强度的常用指标是蠕变极限和持久强度极限。

蠕变极限是在一定温度下和规定时间内试样产生一定蠕变形变量的最大应力。例如，某钢 $\sigma_{1/100000}^{550}=68.6$MPa，表示在550℃经$10^5$h工作后，允许总变形量为1%时的应力为68.6MPa。持久强度极限表示在一定温度下，经过一定时间工作而不发生断裂的最大应力，如 $\sigma_{1000}^{700}=50$MPa表示在700℃下工作10^3h后断裂的应力为50MPa。

热强钢按正火状态下组织的不同可分为珠光体钢、马氏体钢、奥氏体钢三类。15CrMo钢是典型的锅炉用钢，可用于制造在500℃以下长期工作的零件，耐热性不高但工艺性能（如焊接性、压力加工性和切削加工性）和物理性能（如导热性、膨胀系数等）都较好，4Cr10Si2Mo钢适于制作在650℃以下受动载荷的部件，如汽车发动机的排汽阀，故又称为气阀钢。1Cr13、0Cr18Ni11Ti钢既是不锈钢又是良好的热强钢，1Cr13钢在450℃左右、0Cr18Ni11Ti钢在600℃左右都具有足够的热强性。0Cr18Ni11Ti抗氧化的能力达850℃，是一种应用广泛的耐热钢。5Cr21Mn9Ni4N钢的热强性及抗氧化能力均高于4Cr9Si2和4Cr10Si2Mo钢，用于制造工作温度在850℃以下的大功率内燃机排气阀。

三、耐磨钢

铁路道岔、坦克履带，挖掘机铲齿等构件的共同特点是工作时其表面受到剧烈的冲击、强摩擦、高压力。因此这类零件制造用钢必须具有表面硬度高、耐磨，心部韧性、强度高的特点。通常用高锰钢制造这类零件，其牌号是ZGMn13。其成分特点是高锰、高碳，$w_{Mn}=11.5\%\sim14.5\%$，$w_C=0.9\%\sim1.3\%$。其铸态组织是奥氏体和大量锰的碳化物，经固溶化处理可获得单相奥氏体组织。单相奥氏体组织韧性、塑性很好。开始投入使用时硬度很低、耐磨性差，当工作中受到强烈的挤压、撞击、摩擦时，钢件表面迅速产生剧烈的加工硬化，同时伴随奥氏体向马氏体的转变以及 ε 碳化物沿滑移面析出，从而使钢的表面硬度提高到 50HRC 以上，获得耐磨层，而心部仍保持原来的组织和高韧性状态。

但是，近年研究成果表明，ZGMn13 在受到高冲击载荷的强烈凿削磨料磨损（如大型破碎机颚板）工作条件下才会表现出其良好的抗磨性；而在中低冲击载荷的碾磨磨损（如中小型球磨机）条件下由于不能充分加工硬化而抗磨性较差。因此，近年来采取多种措施解决不同工况条件下的抗磨料磨损的材料问题，主要有三类材料：①高冲击恶劣工作条件下用高锰钢或改进的高锰钢；②在低冲击载荷条件下选用有一定韧性又非常抗磨的高铬白口铸铁（有时也可选用低合金白口铸铁）；③中等冲击载荷条件下采用低合金钢。目前已研制出适用于生产各类磨料磨损配件的低合金钢，具有良好的抗磨性和韧性的综合性能、生产成本不高。例如我国科技人员研制的适合我国资源特点的 ZG40CrMnSiMoRE 钢，制造的球磨机衬板、破碎机板锤等，经过适当的热处理以后使用寿命比高锰钢高 1～2 倍。这类钢大多按多元素综合合金化原则进行设计，大多采取微合金化处理（即在主体化学成分基础上添加一些微量合金元素），加以适当的热处理，使钢获得较高的抗磨性和满意的韧性。

思考题与习题

1. 以分别含锰、铬、硼的钢为例，说明非合金钢、低合金钢、合金钢的界限是如何规定的？

2. 以低合金钢为例，说明如何按主要质量等级分类、特殊质量低合金钢有何质量要求？

3. 硫、磷对钢的性能有哪些影响？

4. 碳素结构钢、优质碳素结构钢、碳素工具钢各自有何性能特点？非合金钢共同的性能不足是什么？

5. 指出下列元素哪些是强碳化物形成元素，哪些是弱碳化物形成元素？哪些是非碳化物形成元素？它们对奥氏体的形成及晶粒长大起何作用？

Ni　Si　Al　Co　Mn　Cr　Mo　W　V　Ti

6. 上题各合金元素对钢的 C 曲线和 Ms 点有何影响？

7. 合金元素提高钢的耐回火性，使钢在使用性能方面有何益处？

8. 说明下列钢中锰的作用：

Q215　Q345　20CrMnTi　CrWMn　ZGMn13

9. 说明下列钢中铬的作用：

20Cr　GCr15　1Cr13　4Cr9Si2

10. 说明下列钢中硅的作用：

60Si2Mn　9SiCr　4Cr9Si2

11. 说明下列钢中镍的作用：

18Cr2Ni4W　1Cr18Ni9Ti

12. 说明下列钢中钨的作用：

W18Cr4V　18Cr2Ni4W

13. 指出下列每个牌号钢的类别、含碳量、热处理工艺、主要用途：

T8　Q345　20Cr　40Cr　20CrMnTi　2Cr13　GCr15　60Si2Mn　9SiCr　Cr12

CrWMn　0Cr19Ni9Ti　4Cr9Si2　W18Cr4V　ZGMn13

14. 为什么汽车变速齿轮常采用 20CrMnTi 钢制造，而机床上同样是变速齿轮却采用 45 钢或 40Cr 钢制造？

15. 根据下表所列内容归纳、对比各类合金钢的特点：

钢　　种	成分特点	常用牌号	热处理特点	热处理后组织	主要性能	用途举例
合金渗碳钢						
调质钢						
高速钢						
冷作模具钢						
奥氏体不锈钢						

16. 试为下列机械零件或用品选择适用的钢种及牌号并讲明理由：

地脚螺栓　仪表箱壳　小柴油机曲轴　木工锯条　油气储罐　汽车齿轮　机床主轴　汽车发动机连杆　汽车发动机螺栓　汽车板簧　拖拉机轴承　板牙　高精度塞规　麻花钻头　大型冷冲模　胎模锻模　镜面塑料模具　硝酸槽　手术刀　内燃机气阀　大型粉碎机颚板

第七章　铸　　铁

第一节　概　　述

铸铁在机械制造中应用很广。按重量计算，汽车、拖拉机中铸铁零件约占 50%～70%，机床中约占 60%～90%。常见的机床床身、工作台、箱体、底座等形状复杂或受压力及摩擦作用的零件，大多用铸铁制成。

工业上常用的铸铁是碳的含量 $w_C = 2.0\% \sim 4\%$，且比碳钢含有较多的锰、硫、磷等杂质的铁、碳、硅多元合金。有时为了提高力学性能或物理、化学性能，还可加入一定量的合金元素，得到合金铸铁。

铸铁中的碳除极少量固溶于铁素体之外，以两种形式存在：碳化物状态——渗碳体（Fe_3C）及合金铸铁中的其他碳化物；游离状态——石墨（以 G 表示）。渗碳体和其他碳化物的晶体结构及性能在第二章第四节和第六章第一节已经介绍。石墨的晶格类型为简单六方晶格，如图 7-1 所示，其基面中的原子间距为 0.142nm[⊖]，结合力较强；而两基面之间的面间距为 0.340nm，结合力弱，故石墨的基面很容易滑动，其强度、硬度、塑性和韧性极低，常呈片状形态存在。

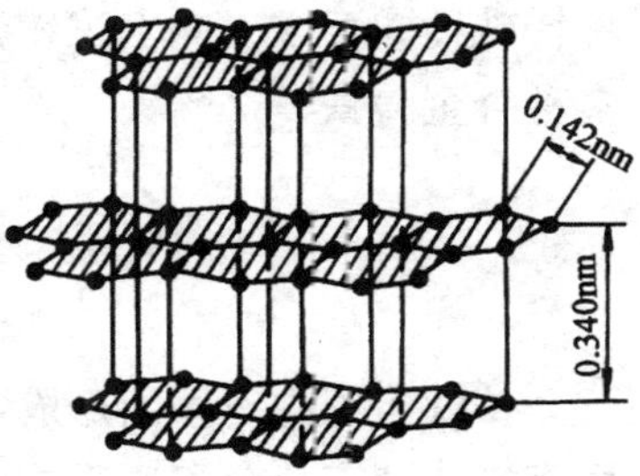

图 7-1　石墨的晶体结构

影响铸铁组织和性能的关键是碳在铸铁中存在的形式、形态、大小和分布。工程应用铸铁研究的中心问题是如何改变石墨的数量、形状、大小和分布。铸铁中石墨的不同形态如图 7-2 所示。

图 7-2　铸铁中石墨形态示意图

a）片状　b）团絮状　c）球状　d）蠕虫状

根据碳在铸铁中存在形态不同，铸铁可分为下列几种：

1. 白口铸铁　碳全部以碳化物形式存在。普通白口铸铁的显微组织如第四章对 Fe—Fe_3C

⊖　$1Å = 0.1nm = 10^{-10}m$。

相图中 $w_C>2.11\%$ 部分合金所述。其断口呈亮白色。由于有大量硬而脆的渗碳体，故普通白口铸铁硬度高、脆性大，工业上极少直接用它制造机械零件，而主要作炼钢原料或可锻铸铁零件的毛坯。

2. 灰铸铁　碳主要以片状石墨形式存在，断口呈灰色。灰铸铁是工业生产中应用最广泛的一种铸铁材料。

3. 可锻铸铁　由一定成分的白口铸铁铸件经过较长时间的高温石墨化退火，使白口铸铁中的渗碳体大部分或全部分解成团絮状石墨。这种铸铁的强度和塑性、韧性比灰铸铁好，但并不可锻。

4. 球墨铸铁　铁液经过球化处理后浇铸，铸铁中的碳大部或全部成球状石墨形式存在，用于力学性能要求高的铸件。

5. 蠕墨铸铁　碳主要以蠕虫状石墨形态存在于铸铁中，石墨形状介于片状与球状石墨之间，类似于片状石墨，但片短而厚，头部较圆，形似蠕虫。

灰铸铁、可锻铸铁、球墨铸铁、蠕墨铸铁是一般工程应用铸铁，为了满足工业生产的各种特殊性能要求，向上述铸铁中加入某些合金元素，可得到具有耐磨、耐热、耐蚀等特性的多种合金铸铁。

第二节　铸铁的石墨化

铸铁组织中石墨的形成过程称之为石墨化过程。铸铁的石墨化可有两种方式：一种是石墨直接从液态合金和奥氏体中析出；另一种是渗碳体在一定条件下分解出石墨，铸铁的石墨化到底按哪种方式进行，主要取决于铸铁的成分与保温冷却条件。

一、铁碳合金双重相图

实践证明，成分相同的铁液在冷却时，冷却速度越缓慢，析出石墨的可能性越大；冷却速度越快，则析出渗碳体的可能性越大。此外，形成的渗碳体若加热到高温，常时间保温，又可分解为铁素体和石墨，即 $Fe_3C \rightarrow 3Fe + C\ (G)$。由此可见，石墨是稳定相，而渗碳体仅是亚稳定相。前述的 Fe—Fe_3C 相图说明了亚稳定相 Fe_3C 的析出规律，而要说明稳定相石墨的析出规律，必须应用 Fe—G 相图。为了便于比较和应用，习惯上把这两个相图合画在一起，称为铁-碳双重相图，如图 7-3 所示。其中实线表示 Fe—Fe_3C 相图，虚线表示 Fe—G 相图，凡虚线与实线重合的线条都用实线表示。

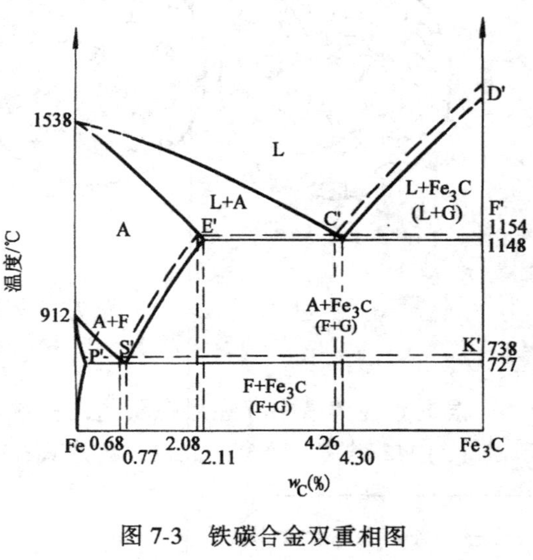

图 7-3　铁碳合金双重相图

二、石墨化过程

按照 Fe—G 相图，可将铸铁的石墨化过程分为三个阶段。

第一阶段石墨化从铸铁的液相中析出一次石墨 G_I（过共晶合金）以及通过共晶转变时形成共晶石墨 $G_{共晶}$，或者通过一次渗碳体、共晶渗碳体在高温分解形成石墨。

中间阶段石墨化从过饱和奥氏体中直接析出

的二次石墨 G_{II}，或者通过二次渗碳体分解而析出石墨。

第二阶段石墨化在共析转变过程中奥氏体分解为铁素体和共析石墨 $G_{共析}$，或者由共析渗碳体分解形成石墨。

石墨化过程需要碳原子和铁原子的扩散，进行石墨化的温度越低，原子扩散越困难，因而石墨化进程越慢。因此铸铁中第二阶段石墨化常常不能充分进行。

铸铁的组织受到各阶段石墨化程度的影响。如果第一、中间和第二阶段石墨化都得以充分进行，就会得到铁素体基体的铸铁；如果第一和中间阶段石墨化充分进行，但第二阶段石墨化未能充分进行或完全没有进行，则得到珠光体—铁素体为基体的铸铁或全部为珠光体基体的铸铁；如果不仅第二阶段石墨化 没有进行，而且中间阶段甚至第一阶段石墨化也仅部分进行时，则得到含有二次渗碳体甚至莱氏体的麻口铸铁；如果完全没有进行各阶段石墨化，那就会得到白口铸铁。

三、影响石墨化的因素

铸铁的组织取决于石墨化过程进行的程度，而影响石墨化的主要因素是铸铁的化学成分和冷却速度。

（一）化学成分的影响

各种元素对石墨化过程的影响互有差别，促进石墨化的元素按作用由强至弱排列为 A1、C、Si、Ti、Ni、Cu、P；阻碍石墨化的元素按作用由弱至强排列为 W、Mn、Mo、S、Cr、V、Mg。这里仅介绍铸铁中常见的五个元素 C、Si、Mn、P、S 对铸铁的影响。

碳与硅是强烈促进石墨化的元素。铸铁的碳、硅含量越高，石墨化进行的越充分。实验表明，在铸铁中每增加 1% 的硅，能使共晶点碳的质量分数相应降低 0.33%。一般将（$w_C + w_{Si}/3$）称为碳当量。碳当量接近共晶成分的铸铁具有最佳的铸造性能。

磷也是促进石墨化的元素，但其作用较弱。磷在铸铁中还易生成 Fe_3P，常与 Fe_3C 形成共晶组织分布在晶界上，增加铸铁的硬度和脆性，故一般应限制其含量。但磷能提高铁液的流动性，能改善铸铁的铸造性能。

硫是强烈阻碍石墨化的元素，并降低铁液的流动性，使铸铁的铸造性能恶化，其含量应尽可能降低。

锰也是阻碍石墨化的元素。但它和硫有很大的亲和力，在铸铁中能与硫形成 MnS，减弱硫对石墨化的有害作用。故锰含量允许在较高的范围。

（二）冷却速度的影响

冷却速度对铸铁石墨化的影响也很大。冷却越慢，越有利于石墨化的进行。冷却速度受造型材料、铸造方法及铸件壁厚等因素的影响。例如，金属型铸造使铸铁冷却快，砂型铸造冷却较慢；壁薄的铸件冷却快，壁厚的冷却慢。

图 7-4 表示化学成分（C + Si）和冷却速度（铸件壁厚）对铸铁组织的综合影响。从图中可以看出，对于薄壁铸件，容易形成白口铸铁组织。要得到灰铸铁组织，应增加铸铁的碳、硅含量。相反，厚大的铸件，为避免得到过多的石墨，应适当减少铸铁的碳、硅含量。

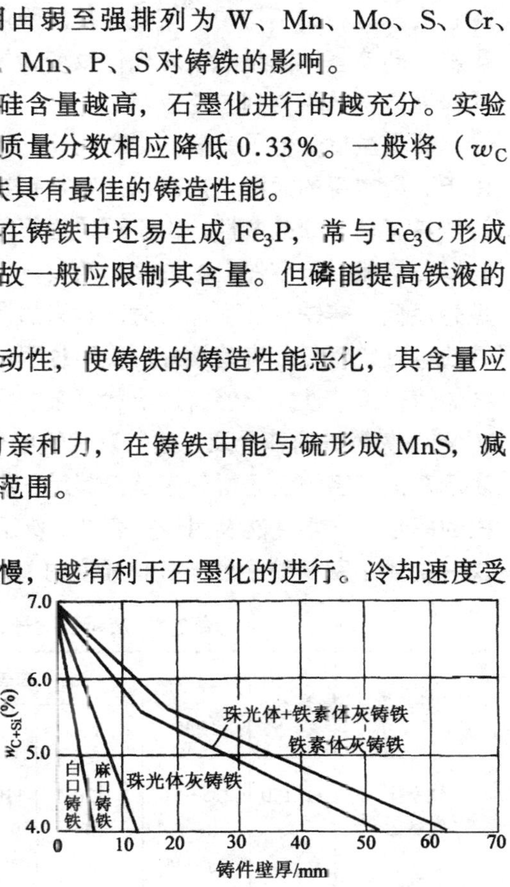

图 7-4　铸铁的成分和冷却速度对铸铁组织的影响

第三节　一般工程应用铸铁

一、灰铸铁

1. 灰铸铁的化学成分、组织和性能　目前生产中，灰铸铁的化学成分范围一般为：$w_C=2.5\%\sim3.6\%$，$w_{Si}=1.0\%\sim2.5\%$，$w_P\leqslant0.3\%$，$w_{Mn}=0.5\%\sim1.3\%$，$w_S\leqslant0.15\%$。灰铸铁的性能取决于基体组织和石墨的数量、形状、大小及分布状态。一般灰铸铁的化学成分和显微组织不作为验收条件，但为了达到规定的牌号及相应的力学性能，必须以相应的化学成分和显微组织来保证。

灰铸铁的第一、中间阶段石墨化已充分进行，其基体组织取决于第二阶段的石墨化程度。由于石墨化程度的不同，可以获得三种不同基体组织：铁素体、珠光体—铁素体、珠光体。铁素体基体强度、硬度低，珠光体基体强度、硬度较高。当石墨状态相同时，基体组织珠光体的量越多，铸铁的强度越高。由此可见，灰铸铁的组织相当于在钢的基体上分布着片状石墨夹杂。由于石墨的强度很低，就相当于在钢基体中有许多孔洞和裂纹，破坏了基体的连续性，并且在外力作用下，裂纹尖端处容易引起应力集中，而产生破坏。因此灰铸铁的抗拉强度、疲劳强度都很低，塑性、冲击韧度几乎为零。当基体组织相同时，其石墨越多、片越粗大，分布越不均匀，铸铁的抗拉强度和塑性越低。由于片状石墨对灰铸铁性能的决定性影响，即使基体的组织从珠光体改变为铁素体，也只会降低强度而不会增加塑性和韧性，因此珠光体灰铸铁得到广泛应用。

石墨虽然降低了铸铁的力学性能，但却使铸铁获得了许多钢所不及的优良性能。例如，由于石墨本身的润滑作用，以及它从铸铁表面脱落后留下的孔洞具有储存润滑油的能力，故铸铁具有良好的减摩性；由于石墨组织松软，能够吸收震动，因而铸铁也有良好的减震性。加以石墨相当于零件上的许多小缺口，使工件加工形成的切口作用相对减弱，故铸铁的缺口敏感性低。铸铁在切削加工时，石墨的润滑和断屑作用使灰铸铁有良好的切削加工性；灰铸铁的熔点比钢低，流动性好，凝固过程中析出了比容较大的石墨，减小了收缩率，故具有良好的铸造工艺性，能够铸造形状复杂的零件。

2. 灰铸铁的牌号及用途　灰铸铁的牌号以“HT”和其后的一组数字表示。其中“HT”表示灰铁二字的汉语拼音字首，其后一组数字表示直径30mm试棒的最小抗拉强度值。灰铸铁的牌号、力学性能及用途如表7-1所示。GB9439—88附录A规定了灰铸铁硬度牌号，附录B提供了灰铸铁硬度与抗拉强度的关系。

表7-1　灰铸铁牌号、不同壁厚铸件的力学性能和用途

铸铁类别	牌号	铸件壁厚/mm	力学性能		用　途　举　例
			σ_b/MPa≥	HBS	
铁素体灰铸体	HT100	2.5～10 10～20 20～30 30～50	130 100 90 80	110～166 93～140 87～131 82～122	适用于载荷小、对摩擦和磨损无特殊要求的不重要零件，如防护罩、盖、油盘、手轮、支架、底版、重锤、小手柄、镶导轨的机床底座等

（续）

铸铁类别	牌号	铸件壁厚 /mm	力学性能		用途举例
			σ_b/MPa≥	HBS	
铁素体-珠光体灰铸体	HT150	2.5～10 10～20 20～30 30～50	175 145 130 120	137～205 119～179 110～166 105～157	承受中等载荷的零件，如机座、支架、箱体、刀架、床身、轴承座、工作台、带轮、法兰、泵体、阀体、管路附件（工作压力不大）、飞轮、电动机座等
珠光体	HT200	2.5～10 10～20 20～30 30～50	220 195 170 160	157～236 148～222 134～200 129～192	承受较大载荷和要求一定的气密封性或耐蚀性等较重要零件，如汽缸、齿轮、机座、飞轮、床身、汽缸体、活塞、齿轮箱、刹车轮、联轴器盘、中等压力（80MPa 以下）阀体、泵体、液压缸、阀门等
灰铸铁	HT250	4.0～10 10～20 20～30 30～50	270 240 220 200	175～262 164～247 157～236 150～225	
孕育铸铁	HT300	10～20 20～30 30～50	290 250 230	182～272 168～251 161～241	承受高载荷、耐磨和高气密性重要零件，如重型机床、剪床、压力机、自动机床的床身、机座、机架、高压液压件，活塞环，齿轮、凸轮、车床卡盘、衬套，大型发动机的汽缸体、缸套、汽缸盖等
	HT350	10～20 20～30 30～50	340 290 260	199～298 182～272 171～257	

3．灰铸铁的孕育处理　为了改善灰铸铁的组织和力学性能，生产中常采用孕育处理，即在浇注前向铁液中加入少量孕育剂（如硅铁、硅钙合金等），改变铁液的结晶条件，从而得到细小均匀分布的片状石墨和细小的珠光体组织。经孕育处理后的灰铸铁称为孕育铸铁。孕育铸铁的强度有较大的提高，塑性和韧性也有改善，并且由于孕育剂的加入，可使冷却速度对结晶过程的影响减小，使铸件的结晶几乎是在整个体积内同时进行，可使铸件在各个部位获得均匀一致的组织。因而孕育铸铁用于制造力学性能要求较高、截面尺寸变化较大的大型铸件。

4．灰铸铁的热处理　由于热处理只能改变灰铸铁的基体组织，不能改变石墨的形状、大小和分布，故灰铸铁的热处理一般只用于消除铸件内应力和白口组织、稳定尺寸或提高工件表面的硬度和耐磨性等。

（1）消除应力退火　将铸铁缓慢加热到 500～600℃，保温一段时间，随炉降至 200℃后出炉空冷。

（2）消除白口组织的退火　将铸件加热到 850～950℃，保温 2～5h，然后随炉冷却到 400～500℃出炉空冷，使渗碳体在高温和缓慢冷却中分解，用以消除白口，降低硬度，改善切削加工性。

（3）表面淬火　为了提高某些铸件的表面耐磨性，常采用高（中）频表面淬火或接触电阻加热表面淬火等方法，使工作面（如机床导轨）获得细马氏体基体＋石墨组织。

二、球墨铸铁

球墨铸铁的基体组织上分布着球状石墨，由于球状石墨对基体组织的割裂作用和应力集中作用很小，所以球墨铸铁力学性能远高于灰铸铁。石墨球越圆整、细小、均匀，则力学性能越高，在某些性能方面甚至可与碳钢相媲美，同时还具有灰铸铁的减震性、耐磨性和低的缺口敏感性等一系列优点。

球墨铸铁是将铁液经过球化处理而得到的。球化处理是在铁液浇注前加入少量的球化剂，使石墨呈球状析出。常用的球化剂有镁、稀土合金和稀土镁合金三种，我国广泛采用稀土镁合金。由于镁和稀土元素都是强烈阻止石墨化的元素，只加球化剂处理，易使铸铁生成白口，所以，还应加入适量的孕育剂硅铁，以促进石墨化。

球墨铸铁的化学成分范围是：$w_C=3.8\%\sim4.0\%$，$w_{Si}=2.0\%\sim2.8\%$，$w_{Mn}=0.6\%\sim0.8\%$，$w_S\leqslant0.04\%$，$w_P<0.1\%$，$w_{Mg}=0.03\%\sim0.05\%$，$w_{RE}<0.03\%\sim0.05\%$。

在生产中经退火、正火、调质处理、等温淬火等不同的热处理，球墨铸铁可获得不同的基体组织：铁素体、珠光体＋铁素体、珠光体和贝氏体。

实验表明，球墨铸铁的 σ_b、$\sigma_{0.2}$、屈强比（$\sigma_{0.2}/\sigma_b$）及耐磨性都优于 45 钢；伸长率 δ 和弹性模量 E 及光滑试样的 σ_{-1} 值比 45 钢低。但由于其缺口敏感性小，使其带肩带孔试样的 σ_{-1} 值与 45 钢相近，球墨铸铁的 a_K 值远比 45 钢低，但在小能量的冲击载荷条件下工作，寿命比 45 钢长。由于球墨铸铁具有如此优良的性能，使它成功地代替了部分可锻铸铁和中碳铸钢、锻钢材料。但是目前球墨铸铁尚不能完全替代可锻铸铁、中碳铸钢和锻钢，其原因是球墨铸铁的塑性和弹性仍不如钢，球墨铸铁不适于铸造小而薄壁的复杂零件，其铸造质量不很稳定，可靠性不够。

球墨铸铁的牌号用“QT”及其后的两组数字表示。其中“QT”表示球铁二字的汉语拼音字首，后面的两组数字分别表示最低抗拉强度和最低断后伸长率。各种球墨铸铁的牌号、力学性能和用途举例如表 7-2 所示。

表 7-2　球墨铸铁的牌号、力学性能和用途（GB1348—88）

牌　号	力　学　性　能				基体组织类型	用　途　举　例
	σ_b/MPa	$\sigma_{0.2}$/MPa	δ（%）	HBS		
	不　大　于					
QT400-18	400	250	18	130～180	铁素体	承受冲击、振动的零件如汽车、拖拉机轮毂、差速器壳、拨叉、农机具零件、中低压阀门、上下水及输气管道、压缩机高低压气缸、电机机壳、齿轮箱、飞轮壳等
QT400-15	400	250	15	130～180	铁素体	
QT450-10	450	310	10	160～210	铁素体	
QT500-7	500	320	7	170～230	铁素体＋珠光体	机器座架、传动轴飞轮、电动机架、内燃机的机油泵齿轮、铁路机车车轴瓦等
QT600-3	600	370	3	190～270	珠光体＋铁素体	载荷大、受力复杂的零件，如汽车、拖拉机曲轴、连杆、凸轮轴，部分磨床、铣床、车床的主轴、机床蜗杆、蜗轮，轧钢机轧辊，大齿轮，汽缸体，桥式起重机大小滚轮等
QT700-2	700	420	2	225～305	珠光体	
QT800-2	800	480	2	245～335	珠光体或回火组织	
QT900-2	900	600	2	280～360	贝氏体或回火马氏体	高强度齿轮，如汽车后桥螺旋锥齿轮，大减速器齿轮，内燃机曲轴、凸轮轴等

三、可锻铸铁

可锻铸铁是由一定化学成分的白口铸铁通过石墨化退火而获得的具有团絮状石墨的铸

铁。可锻铸铁的生产过程分为两步：第一步先铸成白口铸铁件；第二步再经高温长时间的可锻化退火，使渗碳体分解出团絮状石墨。如果铸件不是完全的白口组织，一旦有片状石墨生成，则在随后的退火过程中，由渗碳体分解的石墨将会沿已有的石墨片析出，最终得到粗大的片状石墨组织，为此必须控制铸件化学成分，使之具有较低的C、Si含量。通常化学成分为 $w_C = 2.2\% \sim 2.8\%$，$w_{Si} = 1.0\% \sim 1.8\%$，$w_{Mn} = 0.5\% \sim 0.7\%$，$w_P < 0.1\%$，$w_S \leqslant 0.2\%$。

可锻铸铁退火第一阶段石墨化温度达950℃左右，经长时间保温，使渗碳体分解；第二阶段石墨化过程是否进行可得到铁素体基体或珠光体基体，据此可分为黑心（铁素体）可锻铸铁和珠光体可锻铸铁两种类型。另外，由白口铸铁件在氧化性气氛中经脱碳退火可制得白心可锻铸铁，我国较少采用。

可锻铸铁的牌号用“KTH”、“KTZ”和后面的两组数字表示。其中“KT”是“可铁”两字的汉语拼音字首；“H”、“Z”，表示“黑”、“珠”字的拼音字首；两组数字分别表示最低抗拉强度和最低断后伸长率。常用可锻铸铁的牌号、性能及用途如表7-3所示。

表7-3 黑心可锻铸铁和珠光体可锻铸铁的牌号、性能及用途（摘自GB9440—88）

种类	牌号	试样直径/mm	力学性能				用途举例
			σ_b/MPa	$\sigma_{0.2}$/MPa	δ（%）	HBS	
			不大于				
黑心可锻铸铁	KTH300-06	12或15	300		6	≤150	制做弯头、三通管件、中低压阀门等
	KTH330-08*		330		8		制做机床扳手、犁刀、犁柱、车轮壳、钢丝绳轧头等
	KTH350-10		350	200	10		汽车、拖拉机前后轮壳后桥壳，减速器壳，转向节壳，制动器，铁道零件等
	KTH370-12*		370		12		
珠光体可锻铸铁	KTZ450-06		450	270	6	150～200	载荷较高和耐磨损零件，如曲轴、凸轮轴、连杆、齿轮、活塞环、摇臂、轴套、耙片、万向接头、棘轮、扳手、传动链条、犁刀、矿车轮等
	KTZ550-04		550	340	4	180～250	
	KTZ650-02		650	430	2	210～260	
	KTZ700-02		700	530	2	240～290	

注：1. 试样直径12mm只适用于主要壁厚小于10mm的铸件。
2. 带*号为过渡牌号。

可锻铸铁生产过程较为复杂，退火时间长，因而生产率低、能耗大、成本较高。近年来，不少可锻铸铁件已被球墨铸铁件代替。但可锻铸铁韧性和耐蚀性好，适宜制造形状复杂、承受冲击的薄壁铸件及在潮湿环境中工作的零件，与球墨铸铁相比具有质量稳定、铁液处理简易、易于组织流水线生产等优点。

四、蠕墨铸铁

蠕墨铸铁是近十几年来发展起来的新型铸铁。它是在一定成分的铁液中加入适量的蠕化剂，获得石墨形态介于片状与球状之间，形似蠕虫状石墨的铸铁。石墨近似片状，但短而厚，一般长厚比为2～10，而灰铸铁中片状石墨的长厚比常大于50。

蠕墨铸铁的化学成分要求与球墨铸铁相近，生产方法与球墨铸铁相似，蠕化剂有镁钛合金、稀土镁钛合金、稀土镁钙合金等。生产中蠕墨铸铁的蠕虫状石墨往往与球状石墨共存，蠕化率是影响蠕墨铸铁性能的主要因素。蠕墨铸铁的牌号用“RuT”加抗拉强度数值(JB4403—87)，例如 RuT340。各牌号蠕墨铸铁的主要区别在于基体组织。

蠕墨铸铁的力学性能介于相同基体组织的灰铸铁和球墨铸铁之间，其铸造性能和热传导性、耐疲劳性及减震性与灰铸铁相近。蠕墨铸铁已在工业中广泛应用，主要用来制造大功率柴油机汽缸盖、汽缸套，电动机外壳、机座，机床床身、阀体，起重机卷筒，纺织机零件、钢锭模等铸件。

第四节 特殊性能铸铁

在灰铸铁、白口铸铁或球墨铸铁中加入一定量的合金元素，可以使铸铁具有某些特殊性能（如耐热、耐酸、耐磨等），这类铸铁称为合金铸铁。合金铸铁与在相似条件下使用的合金钢相比有熔炼简便、成本较低、使用性能良好的优点，但力学性能比合金钢低，脆性较大。

一、耐磨铸铁

一般耐磨铸铁按其工作条件大致可分为两大类：一类是在无润滑、干摩擦条件下工作的，如犁铧、轧辊、破碎机和球磨机零件等；另一类是在润滑条件下工作的，如机床导轨、汽缸套和活塞环等。

(一) 抗磨铸铁

在干摩擦或磨料磨损条件下工作的铸铁，应具有均匀的高硬度组织和必要的韧性。我国常用的抗磨铸铁的技术标准有：GB8263—87《抗磨白口铸铁技术条件》、GB3180—82《中锰抗磨球墨铸铁技术条件》、GB/T1504—91《铸铁轧辊》等。抗磨白口铸铁具有优良的抗磨料磨损性能，近年在矿山、冶金、电力、建材和机械制造等行业获得广泛应用。

1. 高铬白口铸铁　实践证明，在中、低冲击载荷的高应力碾研磨损条件下，高铬铸铁代替高锰钢已显示了优越的抗磨性能。$w_{Cr} \approx 15\%$ 的铸铁用于生产冷、热轧辊、球磨机磨球等；加入 Mo、Ni、Cu 等可使其具有更高的淬透性，用于生产水泥磨机和平盘磨煤机的衬板等。$w_{Cr} = 26\% \sim 28\%$ 的高铬铸铁抗腐蚀性高，用于生产砂浆泵和制砖模、高炉钟斗、轧钢导板等。高铬铸铁中的碳主要以 $(Cr, Fe)_7C_3$ 孤立形式存在，基体为连续相，热处理后获得马氏体＋奥氏体组织，因此十分耐磨，并且脆性小。高铬铸铁合金含量高，致使铸件价格高，但由于用其制造的零件比高锰钢提高寿命达几倍甚至十几倍，最终经济效益是十分显著的。

2. 低合金白口铸铁　根据我国自然资源条件研制的锰钨、钨铬、镍铬、铬钼铜等多种系列的中低合金马氏体或贝氏体白口铸铁，辅之以稀土、硼等微量元素变质处理，破坏渗碳体的连续性，改善碳化物形貌，从而提高其强韧性。这类铸铁在生产低冲击载荷条件下的抗磨零件，如抛丸机叶片、砂浆泵件、农产品加工设备中易磨损件等取得良好效果。

3. 普通白口铸铁　生产简便，价格低廉，但脆性大，适用于冲击载荷不大的犁铧等抗磨铸件及铸件清理抛丸机中的铁丸等。

4. 中锰球墨铸铁　将球墨铸铁中的锰提高到 $w_{Mn} = 5\% \sim 9\%$，铸件基体组织为马氏体或马氏体＋奥氏体，使材料具有很好的耐磨性，较高的强度和冲击韧度。适用于犁铧、饲料粉碎机锤片、中小球磨机磨球、衬板、粉碎机锤头等。

5. 冷硬铸铁　冷轧机轧辊和车轮等表面要有很高的耐磨性，生产时在铸件要求耐磨的部位做成金属型，其余部位用砂型，使灰铸铁或球墨铸铁铸件表面获得白口组织，提高耐磨性，而整个铸件能够承受较大的应力和冲击。

（二）减摩铸铁

减摩铸铁应有较低的摩擦系数和能够很好地保持连续油膜的能力。最适宜的组织形式应是在软的基体上分布着坚硬的骨架，以便使基体磨损后，形成保持润滑剂的“沟槽”，坚硬突出的骨架承受压力。常用的减摩铸铁有高磷铸铁和钒钛铸铁。

在孕育铸铁中加入磷（$w_P=0.4\%\sim0.6\%$）得到高磷铸铁。高磷铸铁中的磷共晶具有很高的硬度，能大大提高铸铁的耐磨性。为了提高高磷铸铁的强度和韧性，加入 Cr、Mo、W、Cu、Ti、V 等合金元素形成磷铜钛铸铁、磷铜钼铸铁、磷钨铸铁等。

钒钛铸铁制造的机床导轨耐磨性比 HT200 显著提高。钒和钛都是强碳化物形成元素，在铸铁中能形成高硬度的碳化物和氮化物，呈细小的硬质点分布于基体中，使铸铁的耐磨性大大提高。

高磷、钒钛、铬钼铜等耐磨铸铁详见机械行业标准 JB/GQ0033—88《机床导轨用耐磨铸铁件》。

二、耐热铸铁

耐热铸铁（GB9437—88）具有抗高温氧化和抗生长性能，能够在高温下承受一定载荷。在铸铁中加入 Al、Si、Cr 等合金元素，可以在铸铁表面形成致密的保护性氧化膜（如 Al_2O_3、SiO_2、Cr_2O_3），使铸铁在高温下具有抗氧化的能力，同时能够使铸铁的基体变为单相铁素体，在高温下不发生相变；加入 Ni、Mo 能增加在高温下的强度和韧性，从而提高铸铁的耐热性。

常用的耐热铸铁有中硅铸铁、高铬铸铁、镍铬硅铸铁、镍铬球墨铸铁、中硅球墨铸铁等，主要用于制造加热炉附件，如炉底板、加热炉传送链构件、换热器、渗碳坩埚等。

三、耐蚀铸铁

耐蚀铸铁（GB8491—87）主要有高硅、高铝、高铬、高镍等系列。铸铁中加入一定量的 Si、Al、Cr、Ni、Cu 等元素，可使铸件表面生成致密的氧化膜，从而提高耐蚀性。高硅（$w_{Si}=10\%\sim18\%$）铸铁是最常用的耐蚀铸铁，为了提高对盐酸腐蚀的抵抗力可加入 Cr 和 Mo 等合金元素。高硅铸铁广泛用于化工、石油、化纤、冶金等工业所用设备，如泵、管道、阀门、储罐的出口等。高铬（$w_{Cr}=20\%\sim35\%$）铸铁在各种氧化性酸和多种盐的条件下工作十分可靠。对强力的热苛性碱溶液一般用高镍铸铁。

思考题与习题

1. 化学成分和冷却速度对铸铁石墨化有何影响？阻碍石墨化的元素主要有哪些？
2. 说明铸铁石墨化三个阶段进行程度对其组织的作用。
3. 为什么一般机器的支架、机床床身常用灰铸铁制造？
4. 白口铸铁、灰铸铁和钢，这三者的成分、组织和性能有何主要区别？
5. 试述石墨对铸铁性能特点的影响。
6. 灰铸铁、球墨铸铁、蠕墨铸铁、可锻铸铁在组织上的根本区别是什么？
7. 球墨铸铁和可锻铸铁的生产工艺要点是什么？

8. 灰铸铁为什么不能进行改变基体的热处理；而球墨铸铁可以进行这种热处理?

9. 常用合金铸铁有那几类?

10. 抗磨料磨损性能最好的铸铁是哪一类? 在高、中、低冲击载荷的磨料磨损工况条件下，各选用哪种类型的抗磨钢铁材料较为适宜?

11. 下列铸件宜选用何种铸铁制造? 其中灰铸铁、球墨铸铁、可锻铸铁试选择适用的牌号。

低压暖气片　机床齿轮箱　刹车轮　大型内燃机缸体　水管三通　汽车减速器壳　柴油机曲轴　钢锭模　精密机床床身　轧辊　矿车轮　高温加热炉底版　硝酸盛贮槽

第八章　非铁金属材料

在工业生产中通常称铁及其合金为黑色金属材料，而把所有钢铁以外的金属材料称为非铁金属材料或有色金属材料。与钢铁相比，非铁金属的产量低，价格高，但由于其具有许多优良特性，因而在科技和工程中占有重要的地位，成为不可缺少的工程材料。非铁金属的种类很多，除本章介绍的在机械制造中常用的铝合金、铜合金、轴承合金及硬质合金之外，在航空、航天、造船、化工、冶金等行业获得广泛应用的还有钛合金、镁合金等。钛合金、镁合金具有密度小、比强度高等突出特点。另外，为适应科技和生产发展的需要而研制的耐蚀合金、高温合金、形状记忆合金、超塑性合金、超导材料、非晶态合金等大多也属于非铁金属材料。我国非铁金属产品牌号、代号的现行表示方法比较繁杂，将逐渐向国际标准化组织规定的方法靠拢。

《铸造有色金属及其合金牌号表示方法》（GB/T8063—94）规定：铸造有色金属牌号由Z和基体金属元素的化学符号、主要合金元素化学符号以及表明合金元素名义百分含量的数字组成，优质合金在牌号后面标注A。在合金牌号前面冠以字母“YZ”表示为压铸合金。

第一节　铝及其合金

《变形铝及铝合金牌号表示方法》（GB/T16474—1996）规定我国变形铝及铝合金采用国际四位数字体系牌号和四位字符体系牌号两种命名方法。按化学成分已在国际牌号注册组织注册命名的铝及铝合金，直接采用四位数字体系牌号；国际牌号注册组织未命名的，则按四位字符体系牌号命名。

两种牌号命名方法的区别仅在第二位。牌号第一位数字表示铝及铝合金的组别，1×××，2×××，3×××，……9×××，分别按顺序代表纯铝（$w_{Al}>99.00\%$）、以铜为主要合金元素的铝合金、以锰、以硅、以镁、以镁和硅、以锌、以其他合金元素为主要合金元素的铝合金及备用合金组；牌号第二位数字（国际四位数字体系）或字母（四位字符体系）表示原始纯铝或铝合金的改型情况，数字0或字母A表示原始纯铝和原始合金，如果是1～9或B～Y表示为改型情况；最后两位数字用以标识同一组中不同的铝合金，纯铝则表示铝的最低质量分数中小数点后面的两位。

在新旧牌号命名标准的过渡期间，国内原GB3190—82中使用的牌号仍可继续使用。

一、纯铝

纯铝为面心立方晶体结构，塑性好（$\delta=80\%$），强度、硬度低（$\sigma_b=80\sim100$MPa），一般不宜作结构材料使用。纯铝密度低（约2.7×10^3kg/m^3）仅为铜的三分之一，熔点660℃，基本无磁性，导电导热性优良，仅次于银和铜。铝在大气中表面会生成致密的Al_2O_3薄膜而阻止其进一步氧化，故抗大气腐蚀能力强。

纯铝主要用于制作电线、电缆、电气元件及换热器件。纯铝的导电导热性随其纯度降低而变差，所以纯度是纯铝材料的重要指标。纯铝的牌号中数字表示纯度高低。例如工业纯铝，旧牌号有L1、L2、L3……。符号L表示铝，后面的数字越大纯度越低。对应新牌号为

1070、1060、1050……。

二、铝合金的分类

铝中加入硅、铜、镁、锌、锰等元素制成合金，强度提高，还可以通过变形、热处理等方法进一步强化。所以铝合金可以制造某些结构零件。

铝合金依据其成分和工艺性能，可划分为变形铝合金和铸造铝合金两大类，前者塑性优良，适于压力加工；后者塑性低，更适宜于铸造成型。铝合金一般都具有图 8-1 所示类型的相图。凡合金成分位于 D'左边的铝合金，在加热时都能形成单项固溶体组织，这类合金塑性较高，属变形铝合金。位于 D'右边的铝合金都具有低熔点共晶组织，流动性好，属铸造铝合金。变形铝合金还可进一步划分成可热处理强化变形铝合金（图 8-1 中 b 段成分合金）和不可热处理强化铝合金（a 段成分合金）。

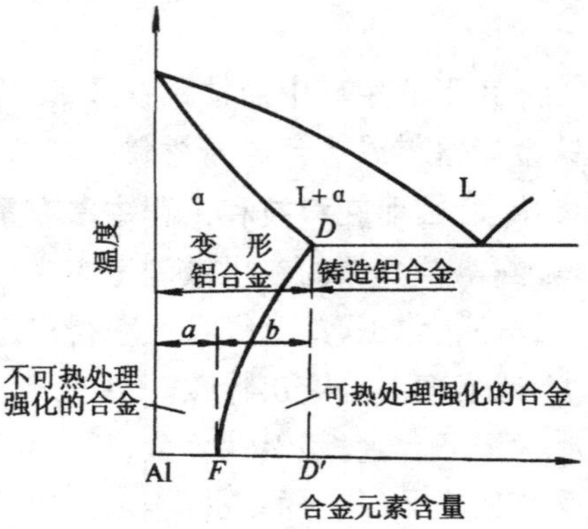

图 8-1　铝合金相图的一般类型

应该指出，铸造铝合金和变形铝合金的界线并非是截然分开的，如铝硅铸造合金可轧制成薄板，变形铝合金亦可浇注成铸件。

三、铝合金的强化途径

铝合金种类不同，其强化原理、途径则不同。下面分类讨论：

1. 不可热处理的变形铝合金　这类铝合金在固态范围内加热、冷却无相变，因而不能热处理强化，其常用的强化方法是冷变形，如冷轧、压延等工艺。

2. 可热处理强化变形铝合金　这类变形铝合金不但可变形强化，还能够通过热处理进一步强化，其工艺是先固溶处理（俗称淬火），然后时效处理。

现以 $w_{Cu}=4\%$ 的铝铜合金（见图 8-2）为例说明铝合金的热处理。固溶处理就是将铝合金加热到 α 单相区内一温度，使第二相 θ（Cu_2Al_2）溶入 α 中形成均匀的单相固溶体组织，然后在水中快冷，使第二相来不及重新析出而形成过饱和的 α 固溶体单相组织。

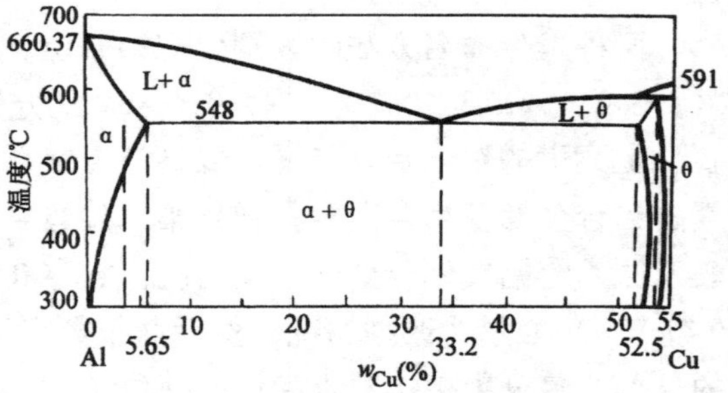

图 8-2　铝铜合金相图

铝合金的所谓“淬火”在机理上和效果上与钢的淬火都是不同的，其强度、硬度并无显著提高，若将其在常温下放置一段时间（约 2h）以后，强度、硬度上升，塑性、韧性下降的效果才逐步产生，如图 8-3 所示，这种合金的性能随时间而变化的现象称为时效。合金工件经固溶处理后，在室温进行的时效处理称为自然时效处理。若要缩短时效时间，可以在加热条件下时效，即人工时效处理，其规律如图 8-4 所示。

铝合金固溶处理后溶质组元 Cu 原子均匀分布，由此引起的固溶体晶格畸变小，强化效果不明显。在时效过程中，Cu 原子经热迁移在固溶体晶格的某些部位富集，形成许多微小的富集区，区内固溶体晶格畸变严重，引起显著固溶变化。若人工时效时加热温度过高，保温时间过长，富集区内溶质组元就脱溶形成第二相（如 $CuAl_2$）导致富集区消失，强化效果随之失去，这种现象称为过时效。

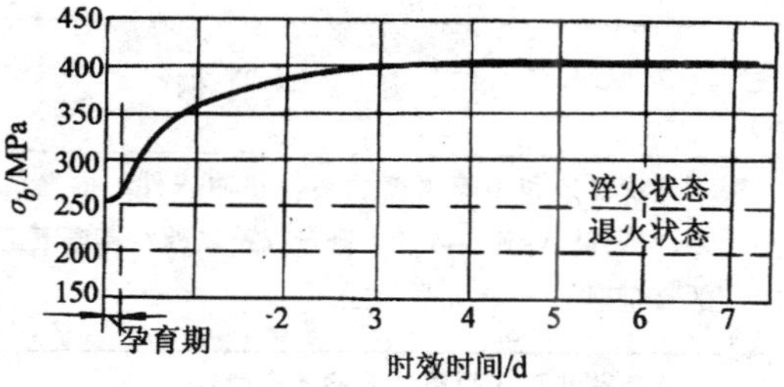

图 8-3　$w_{Cu}=4\%$的 Al-Cu 合金的自然时效曲线

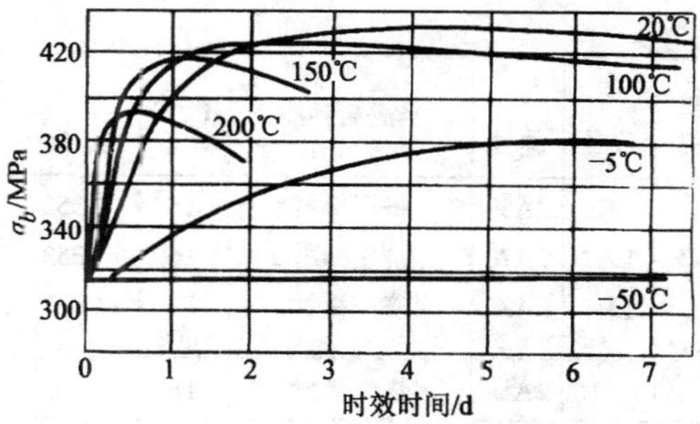

图 8-4　$w_{Cu}=4\%$的 Al-Cu 合金不同温度下的时效曲线

3. 铸造铝合金　铸造铝合金组织中有一定比例的共晶体，熔点低，故流动性好，可制造形状复杂的零件；但共晶体往往比较粗大且韧性差，这是铸造铝合金强度低、塑性、韧性差的主要原因。若采用变质处理就能使共晶体细化，并在一定程度上使铸造铝合金强化、韧化。

四、变形铝合金

GB3190—82 将变形铝合金分为防锈铝合金（LF）；硬铝合金（LY）；超硬铝合金（LC）；锻铝合金（LD）四类。常用铝合金的原代号、力学性能及用途列于表 8-1 中。GB/T3190—1996《变形铝及铝合金化学成分》规定的牌号对应标于表中。

表 8-1　常用变形铝合金的牌号、性能和用途

类别	原代号	新牌号	半成品种类	状态[①]	力学性能		用途举例
					σ_b/MPa	δ（%）	
防锈铝合金	LF2	5A02	冷轧板材	0	167～226	16～18	在液体下工作的中等强度的焊接件、冷冲压件和容器、骨架零件等
			热轧板材	H112	117～157	7～6	
			挤压板材	0	≤226	10	
	LF21	3A21	冷轧板材	0	98～147	18～20	要求高的可塑性和良好的焊接性、在液体或气体介质中工作的低载荷零件如油箱、油管、液体容器、饮料罐
			热轧板材	H112	108～118	15～12	
			挤制厚壁管材	H112	≤167	—	
硬铝合金	LY11	2A11	冷轧板材（包铝）	0	226～235	12	用作各种要求中等强度的零件和构件，冲压的连接部件，空气螺旋桨叶片，局部镦粗的零件（如螺栓、铆钉）
			挤压棒材	T4	353～373	10～12	
			拉挤制管材	0	≤245	10	
	LY12	2A12	冷轧板材（包铝）	T4	407～427	10～13	用量最大，用作各种要求高载荷的零件和构件（但不包括冲压件和锻件），如飞机上的骨架零件、蒙皮、翼梁、铆钉等 150℃以下工作的零件
			挤压棒材	T4	255～275	8～12	
			拉挤制管材	0	≤245	10	
	LY8	2B11	铆钉线材	T4	J225	—	主要用作铆钉材料
超硬铝	LC3	7A03	铆钉线材	T6	J284	—	受力结构的铆钉
	LC4	7A04	挤压棒材	T6	490～510	5～7	用作承力构件和高载荷零件，如飞机上的大梁、桁条、加强框、蒙皮、翼肋、起落架零件等，通常多用以取代 2A12
	LC9	7A09	冷轧板材	0	≤245	10	
			热轧板材	T6	490	3～6	

（续）

类别	原代号	新牌号	半成品种类	状态①	力学性能		用途举例
					σ_b/MPa	δ（%）	
锻铝合金	LD5	2A50	挤压棒材	T6	353	12	形状复杂和中等强度的锻件和冲压件，内燃机活塞、压气机叶片、叶轮、圆盘以及其他在高温下工作的复杂锻件。2A70 耐热性好
	LD7	2A70	挤压棒材	T6	353	8	
	LD8	2A80	挤压棒材	T6	441～432	8～10	
	LD10	2A14	热轧扳材	T6	432	5	高负荷和形状简单的锻件和模锻件

① 状态符号采用 GB/T16475—1996 规定代号：0—退火，T4—固溶＋自然时效，T6—固溶＋人工时效，H112—热加工。

防锈铝合金属于不能热处理强化的铝合金，常采用冷变形方法强化。主要合金元素是锰、镁。锰的作用是固溶强化和提高耐蚀性，镁的作用是固溶强化和降低合金密度。这类铝合金具有适中的强度，优良的塑性和良好的焊接性，并有很好的抗蚀性，常用于制造油罐、各式容器、防锈蒙皮等。

其他三类变形铝合金都属于能热处理强化的铝合金。其中硬铝合金属于 Al-Cu-Mg 系，超硬铝合金属于 Al-Cu-Mg-Zn 系。铝中加入铜、镁、锌是为了得到热处理强化所必须的溶质组元和第二相。经固溶、时效后这些合金的强度较高，其中超硬铝合金的强化效果最突出。锻铝合金属于 Al-Mg-Si-Cu 系，含合金元素少，有良好的热塑性，适用于热压力加工制造零件，一般在锻造后再热处理，有较高的力学性能，但有晶间腐蚀倾向。

五、铸造铝合金

铸造铝合金可分为 Al-Si 系、Al-Cu 系、Al-Mg 系和 Al-Zn 系四类，其典型合金牌号、代号、主要性能特点及用途列于表 8-2 中。表中代号 ZL 表示铸造铝合金，YL 表示压铸铝合金，其化学成分、力学性能及热处理工艺规范详见 GB/T1173—1995 和 GB/T15115—1994。

表 8-2　典型铸造铝合金的牌号（代号）、主要性能特点及用途

类别	牌号（代号）	主要特点	典型应用
铝硅合金	ZAlSi12(ZL102) YZAlSi12 (YL102)	铸造性能好，有集中缩孔，吸气性大，需变质处理，耐蚀性、焊接性好，可切削性差，不能热处理强化，强度不高，耐热性较低	适于铸造形状复杂，耐蚀性和气密性高，承受较低载荷，≤200℃的薄壁零件，如仪表壳罩、盖，船舶零件等
	ZAlSi5Cu1Mg (ZL105)	铸造工艺性能和气密性良好，无热裂倾向，熔炼工艺简单，不需变质处理，可热处理强化，强度高，塑性、韧性低，焊接性能和切削性能良好，耐热性、耐蚀性能一般	在航空工业中应用广泛，铸造形状复杂，承受较高静载荷，＜225℃的零件，如气缸体、盖，发动机曲轴箱等
	ZAlSi12Cu2Mg1 (ZL108) YZAlSi12Cu2(YL108)	密度小，热膨胀系数小，热导率高，耐热性好，铸造工艺性能优良，气密性高，线收缩小，可得到尺寸精确铸件，无热裂倾向，强度高，耐磨性好，需变质处理	常用的活塞铝合金，用于铸造汽车、拖拉机的活塞和其他工作温度低于 250℃的零件
铝铜合金	ZAlCu5Mn (ZL201)	铸造性能不好，热裂、缩孔倾向大，气密性低，可热处理强化，室温强度高，韧性好，耐热性能高，焊接快、切削性能好，耐蚀性能差	工作温度在 300℃以下承受中等负载，中等复杂程度的飞机受力铸件，亦可用于低温承力件，用途广泛

（续）

类别	牌号（代号）	主　要　特　点	典　型　应　用
铝铜合金	ZAlCu4（ZL203）	典型 Al-Cu 二元合金，铸造工艺性能差，热裂倾向大，不需变质处理，可热处理强化，有较高的强度和塑性，切削性好，耐热性一般，人工时效状态耐蚀性差	形状简单，中等静载荷或冲击载荷，工作温度低于 200℃ 的小零件，如支架、曲轴等
	ZAlRE5Cu3Si2（ZL207）	含有 4.4%～5.0% 混合稀土，实质上是 Al-RE-Cu 系合金，耐热性高，可在 300～400℃ 下长期工作，为目前耐热性最好的铸造 Al 合金。结晶范围小，充填能力好，热裂倾向小，气密性高，不能热处理强化，室温力学性能较低，焊接性能好，耐蚀能力低于 Al-Si，Al-Mg 系，而优于 Al-Cu 系合金	铸造形状复杂，在 300～400℃ 长期工作，承受气压和液压的零件
铝镁合金	ZAlMg10（ZL301）	典型 Al-Mg 二元合金，铸造性能差，气密性低，熔炼工艺复杂，可热处理强化，耐热性不高，有应力腐蚀倾向，焊接性差，可切削性能好，其最大优点是耐大气和海水腐蚀	承受高静载荷或冲击载荷，工作温度低于 200℃、长期在大气或海水中工作的零件，如水上飞机，船舶零件
	ZAlMg5Si1（ZL303）	铸造性能较 ZL301 好，耐蚀性能良好，可切削性为铸造铝合金中最佳者，焊接性能好，热处理不能明显强化，室温力学性能较低，耐热性一般	低于 200℃ 承受中等载荷的耐蚀零件，如海轮配件，航空或内燃机车零件
铝锌合金	ZAlZn11Si7（ZL401）	铸造性能优良，需进行变质处理，在铸态下具有自然时效能力，不经热处理可达到高的强度，耐热，焊接性和切削性优良，耐蚀性低，可采用阳极化处理以提高耐蚀性能	适于大型、形状复杂、承受高静载荷、工作温度不超过 200℃ 的铸件，如汽车零件，仪表零件，医疗器械、日用品等
	ZAlZn6Mg（ZL402）	铸造性能良好，铸造后有自然时效能力，较高的力学性能，耐蚀性能良好，耐热性能低，焊接性一般，可加工性能良好	高静载荷或冲击载荷、不能进行热处理的铸件，如空气压缩机活塞，精密仪表零件等

（一）铝硅系合金

铝硅铸造合金俗称硅铝明，是一种应用广泛的共晶型铸造铝合金。ZL102 是应用最早的典型的硅铝明，$w_{Si}=11\%\sim13\%$，一般铸造所得组织几乎全部是粗大的共晶体（$\alpha+Si$），其中 Si 是粗大的针状的硅晶体，它使合金的力学性能严重降低。通常采用变质处理，在浇注前向合金中加入占合金重量 2%～3% 的变质剂（2 份 NaF 和 1 份 NaCl），则可使粗大的针状共晶 Si 变为细小粒状硅，并且使 Al-Si 相图共晶点右移（如图 8-5 所示），得到细小的共晶体（$\alpha+Si$）加上初生 α 的亚共晶组织（$\alpha+Si$）+ α，力学性能显著提高，由 $\sigma_b=140MPa$、$\delta=3\%$，提高到 $\sigma_b=180MPa$、$\delta=8\%$。

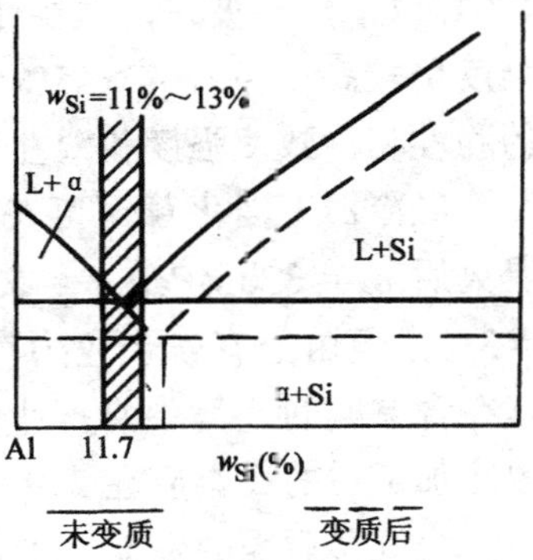

图 8-5　Al-Si 合金相图

为了进一步提高铝硅合金的强度，可在亚共晶（$w_{Si}=4\%\sim10\%$）合金中加入能产生时效强化的铜、镁、锰等合金元素，制成特殊硅铝明。

（二）其他铸造铝合金

铝铜系合金高温性能好，但铸造性能较差，耐蚀性差，比强度低于优质硅铝明。

铝镁系合金抗蚀性好、强度高、密度小，但其铸造性能差、耐热性差、熔铸工艺复杂、时效强化效果小，因而使用受到限制。

铝锌系合金铸造性能好，铸态下可自然时效，是一种铸态高强度合金，价格是铝合金中最低的，但抗蚀性差，热裂倾向大。

第二节　铜及其合金

铜是人类历史上应用最早的金属，至今也是应用最广的重非铁金属材料，主要用作具有导电、导热、耐磨、抗磁、防爆等性能并兼有耐蚀性的器件。按照化学成分，铜合金可分为黄铜、青铜和白铜三大类。以锌为主要合金元素的为黄铜；以镍为主要合金元素的为白铜；除了黄铜和白铜之外，其他铜合金习惯上都称青铜。白铜价格高，具有极高的耐蚀性，并且有耐热耐寒的性能，用来制造在特殊条件下工作的零件。

一、纯铜

纯铜的晶体结构是面心立方，密度为 $8.96\times10^3 kg/m^3$，熔点为1083℃，导电、导热性能优良，塑性好、易于进行冷、热加工，但强度、硬度低，经冷变形加工后强度可提高，但塑性显著下降。

纯铜中有害杂质是Pb、Bi、O、S。Pb和Bi能和铜分别形成熔点为326℃与270℃的共晶体（Cu+Pb）与（Cu+Bi），这些共晶体分布在晶界上，热加工时共晶体熔化导致开裂，即热脆。S、O与Cu生成脆性化合物 Cu_2S 与 Cu_2O，使铜冷加工时易破裂，即产生冷脆。

工业纯铜按杂质含量可分为T1、T2、T3、T4四个牌号，序号越大纯度越低。例如T1的含铜量为 $w_{Cu}=99.95\%$，而T4为 $w_{Cu}=99.50\%$，余量为杂质。纯铜一般不作结构材料使用，主要用于制造电线、电缆、电子元件及导热器件。

二、黄铜

黄铜对海水和大气有优良的耐蚀性，力学性能与含锌量有关。当 $w_{Zn}<39\%$ 时，锌能完全溶解在铜内，形成面心立方晶格的α固溶体，塑性好，随含锌量增加其强度和塑性都上升。当 $w_{Zn}>39\%$ 以后，黄铜的组织由α固溶体和体心立方晶格的β′相组成，β′相在470℃以下塑性极差，但少量的β′相对强度没有影响，因此强度仍较高；当 $w_{Zn}>45\%$ 以后铜合金组织全部是β′相和别的脆性相，致使强度和塑性均急剧下降，如图8-6所示。

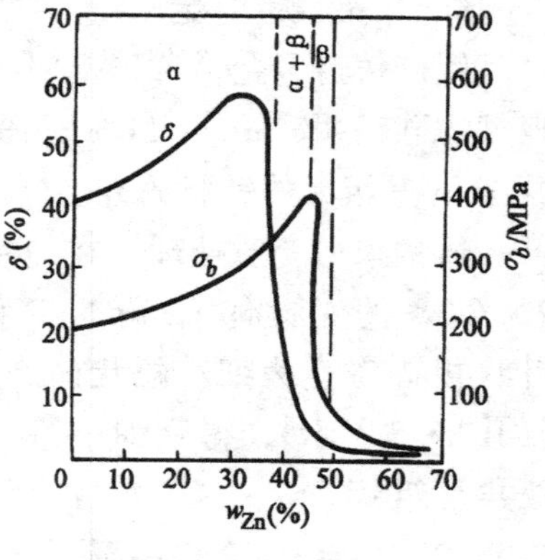

图8-6　锌对普通黄铜力学性能的影响

经冷加工强化黄铜可获得良好的力学性能。例如H70，退火后 $\sigma_b=320MPa$，$\delta=55\%$；冷加工后 $\sigma_b=660MPa$，$\delta=3\%$，但由于有残余应力存在，在潮湿的大气或海水，尤其在含有氨的环境中易产生腐蚀导致断裂，称为应力腐蚀。故冷加工后的黄铜应在250～300℃去应力退火。

为改善黄铜的性能，加入少量铝、锰、锡、硅、铅、镍等元素就得到特殊黄铜，如铅黄铜、锡黄铜、铝黄铜、锰黄铜、铁黄铜、硅黄铜等。其中铝、锰、硅能改善力学性能；铝、锰、锡能提高耐蚀性；硅和铅共存时能提高耐磨性；铅能提高切削加工性；铁可细化晶粒；镍能降低应力腐蚀的倾向。

GB5232—85《加工黄铜—化学成分和产品形状》规定压力加工普通黄铜的牌号用黄字的汉语拼音字首“H”加数字表示，数字表示平均含Cu的质量分数。特殊黄铜牌号由H、合金元素符号、铜含量、合金元素含量组成。常用的α单相黄铜有H80、H70等，常用的α+β′双相黄铜有H62、H59等。GB1176—87《铸造铜合金技术条件》、GB15116—94《压铸铜合金》规定了铸造铜合金的牌号、成分及其他技术条件。表8-3列出部分常用典型黄铜的牌号（代号）、力学性能和用途。

表8-3 常用典型黄铜的牌号、性能及用途

类别	代号或牌号	制品种类	力学性能		主要特征	用途举例
			σ_b/MPa	δ(%)		
普通加工黄铜	H80	板、带 管、棒	640	5	在大气、淡水及海水中有较高的耐蚀性，加工性能优良	造纸网、薄壁管、皱纹管、建筑装饰用品、镀层等
	H68	板、带 棒、线 箔、管	660	3	有较高强度，塑性为黄铜中最佳者，为黄铜中应用最广泛的，有应力腐蚀开裂倾向	复杂冷冲件和深冲件，如子弹壳、散热器外壳、导管、雷管等
	H62		600	3	有较高的强度，热加工性能好，可加工性能好，易焊接。有应力腐蚀开裂倾向，价格较便宜，应用较广泛	一般机器零件、铆钉、垫圈、螺钉、螺帽、导管、散热器、筛网等
铅黄铜	HPb59-1	板、管 棒、线	550	5	可加工性能好，可冷、热加工，易焊接，耐蚀性一般。有应力腐蚀开裂倾向，应用广泛	热冲压和切削加工制作的零件，如螺钉、垫片、衬套、喷嘴等
锰黄铜	HMn58-2	板、带 棒、线	700	10	在海水、过热蒸汽、氯化物中有高的耐蚀性。但有应力腐蚀开裂倾向，导热导电性能低	应用较广的黄铜品种，主要用于船舶制造和精密电器制造工业
铸造黄铜	ZCuZn38	砂型 金属型	295 295	30 30	良好的铸造性能和可加工性能；力学性能较高，可焊接，有应力腐蚀开裂倾向	一般结构件，如螺杆、螺母、法兰、阀座、日用五金等
铸铝黄铜	ZCuZn31Al2 YZCuZn30Al3	砂型 金属型	295 390	12 15	铸造性能良好，在空气、淡水、海水中耐蚀性较好，易切削，可以焊接	适于压力铸造，如电机、仪表压铸件及造船和机械制造业的耐蚀件
铸锰黄铜	ZCuZn40Mn2	砂型 金属型	345 390	20 25	有较高的强度和耐蚀性，铸造性能好，受热时组织稳定	在水、蒸汽、液体燃料中的耐蚀件，需镀锡或浇注巴氏合金的零件
铸硅黄铜	ZCuZn16Si4	砂型 金属型	345 390	15 20	具有较高的强度和良好的耐蚀性，铸造性能好、流动性高，铸件组织致密，气密性好	接触海水的管配件、水泵、叶轮，在空气、淡水、油、燃料及压力4.5MPa和<250℃蒸汽中工作的铸件

三、青铜

青铜种类较多，有锡青铜、铅青铜、硅青铜、铍青铜、钛青铜等。常用青铜的代号、牌号、主要性能及用途见表8-4。各类青铜的化学成分和其他技术条件详见GB5233—85《加工青铜—化学成分和产品形状》和GB1176—87《铸造铜合金技术条件》。

表 8-4 常用青铜的牌号（代号）、主要性能及用途

类别	牌号（代号）	制品种类	力学性能		主要特征	用途举例
			σ_b/MPa	δ（%）		
压力加工锡青铜	（QSn4-3）	板、带棒、线	350	40	有高的耐磨性和弹性，抗磁性良好，能很好地承受冷、热压力加工；在硬态下，切削性好，易焊接，在大气、淡水和海水中耐蚀性好	制作弹簧及其他弹性元件，化工设备上的耐蚀零件以及耐磨零件、抗磁零件、造纸工业用的刮刀
	（QSn6.5-0.4）	板、带棒、线	750	9	锡磷青铜，性能用途和 QSn6.5-0.1 相似。因含磷量较高，其抗疲劳强度较高，弹性和耐磨性较好，但在热加工时有热脆性	除用作弹簧和耐磨零件外，主要用于造纸工业制作耐磨的铜网和载荷＜980MPa，圆周速度＜3m/s的零件
	（QSn4-4-2.5）	板、带	650	3	含锌、铅，高的减磨性和良好的可切削性，易于焊接，在大气、淡水中具有良好的耐蚀性	轴承、卷边轴套、衬套、圆盘以及衬套的内垫等
铸造锡青铜	ZCuSn10Zn2	砂型	240	12	耐蚀性、耐磨性和切削加工性能好，铸造性能好，铸件致密性较高，气密性较好	在中等及较高载荷和小滑动速度下工作的重要管配件及阀、旋塞、泵体、齿轮、叶轮和蜗轮等
		金属型	245	6		
	ZCuSn10Pb1	砂型	200	3	硬度高，耐磨性极好，不易产生咬死现象，有较好的铸造性能和切削加工性能，在大气和淡水中有良好的耐蚀性	可用于高载荷和高滑动速度下工作的耐磨零件，如连杆衬套、轴瓦、齿轮、蜗轮等
		金属型	310	2		
		离心	330	4		
特殊青铜（无锡青铜）	（QBe2）	板、带棒、线	500	3	含有少量镍，是力学、物理、化学综合性能良好的一种合金。经淬火时效后，具有高的强度、硬度、弹性、耐磨性、疲劳极限和耐热性，同时还具有高的导电性、导热性和耐寒性，无磁性，碰击时无火花，易于焊接，在大气、淡水和海水中抗蚀性极好	各种精密仪表、仪器中的弹簧和弹性元件，各种耐磨零件以及在高速、高压下工作的轴承、衬套，矿山和炼油厂用的冲击不生火花的工具以及各种深冲零件
	ZCuPb30	金属型	—	—	有良好的自润滑性，易切削，铸造性能差，易产生比重偏析	要求高滑动速度的双金属轴瓦、减摩零件等
	ZCuAl10Fe3	砂型	490	13	高的强度，耐磨性和耐蚀性能好，可以焊接，但不易钎焊，大型铸件自 700℃ 空冷可防止变脆	强度高、耐磨、耐蚀的重型铸件，如轴套、螺母、蜗轮及 250℃ 以下管配件
		金属型	540	15		

（一）锡青铜

以锡为主要元素的铜合金，其力学性能取决于锡的含量。当 $w_{Sn}<7\%$ 时，锡完全溶入铜中形成面心立方 α 单相固溶体组织，随锡含量增加，合金的强度和塑性都提高。当 $w_{Sn}>7\%$ 时组织中出现硬而脆的 δ 相（具有复杂立方的化合物 $Cu_{31}Sn_8$），因而强度继续升高，塑性急剧下降。当 $w_{Sn}\geqslant20\%$ 后，组织中 δ 相过多，合金强度、塑性都很低。故工业用锡青铜

含锡量为 $w_{Sn}=3\%\sim14\%$。$w_{Sn}<8\%$的锡青铜具有良好的塑性和一定的强度，适于压力加工；$w_{Sn}>10\%$的锡青铜由于塑性差只适于铸造。

锡青铜铸造时流动性差、成分偏析倾向大，并易产生分散缩孔等缺陷，但凝固时体积收缩小，不会形成集中缩孔，故适于铸造对外形尺寸要求较严格的零件。

锡青铜的耐蚀性高于纯铜和黄铜，耐磨性也高，多用于制造轴瓦、轴套等耐磨零件。此外，它也无磁性、无冷脆现象。

（二）铝青铜

铝青铜强度、耐磨性、耐蚀性及耐热性比黄铜、锡青铜都高，且价格低，还可热处理（淬火、回火）强化。当铝含量 $w_{Al}\leqslant5\%$时强度很低，塑性高；当 $w_{Al}\geqslant12\%$时塑性很差，加工困难。故实际应用的铝青铜含铝量 $w_{Al}=5\%\sim10\%$。当 $w_{Al}=5\%\sim7\%$时塑性好，适于冷变形加工；当 $w_{Al}=9\%\sim10\%$时强度高，常以铸态使用。

铝青铜的结晶温度区间小，有良好的流动性，晶内偏析倾向小，缩孔集中，易获得致密的铸件，但凝固收缩大，铸造时应加大冒口。

铝青铜在大气、海水中及大多有机酸、碳酸中具有比黄铜和锡青铜更高的耐蚀性，因此铝青铜是无锡青铜中应用最广的一种。其缺点是焊接性能较差，对过热蒸汽不稳定。

第三节　滑动轴承合金

一、滑动轴承的工作条件及对轴承合金的性能要求

制造滑动轴承的轴瓦及其内衬的合金叫轴承合金。轴瓦是包围在轴颈外面的套圈，它直接与轴颈接触。当轴旋转时，轴瓦除了承受轴颈传递给它的静载荷以外，还要承受交变载荷和冲击，并与轴颈发生强烈的摩擦。因为轴的价格较贵，更换困难，为了减少轴承对轴的摩擦，确保机器的正常运转，轴承合金应具备下列性能：

1）具有足够的抗压强度与疲劳强度，以承受轴颈所施加的载荷。

2）有足够的塑性和韧性，以保证与轴颈的配合良好，并承受冲击和振动。

3）摩擦系数小，并能保持住润滑油，以减少对轴颈的摩擦。

4）具有小的膨胀系数和良好的导热性、耐蚀性，以防止轴瓦与轴颈因强烈摩擦升温而发生咬合，并能抵抗润滑油的侵蚀。

5）具有良好的磨合能力，使载荷能均匀分布。

6）加工工艺性良好，价格低廉。

为了满足上述要求，轴承合金组织通常是由在软基体上均匀分布一定数量和大小的硬质点组成，或者反过来，由硬机体加软质点组成。当轴运转时，轴瓦的软基体易磨损而凹陷，能容纳润滑油，硬质点则相对凸起支撑着轴颈，如图 8-7 所示。这就减小了轴颈和轴瓦之间的接触面积，降低了摩擦系数。此外软基体可承受冲击和振动，并使轴颈和轴瓦之间能很好的磨合，并且偶然进入的外来硬质点能嵌入基体中，不致擦伤轴颈。

硬机体加软质点的轴承合金也能基本达到上述效果，但承载能力更大而磨合性稍差。

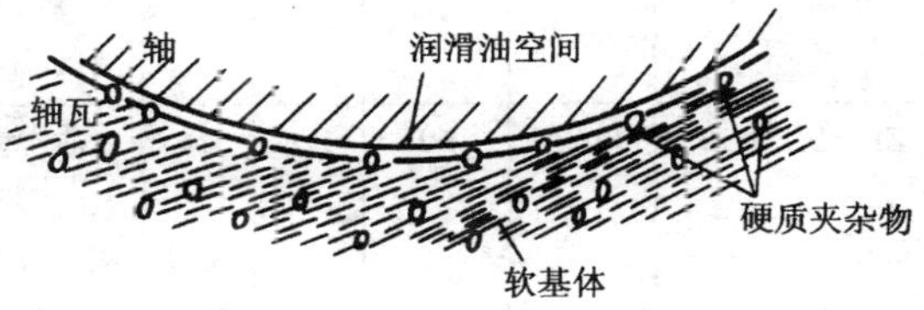

图 8-7　轴承合金组织示意图

二、常用的轴承合金

GB1174—92《铸造轴承合金》规定的牌号表示方法与 GB/T8063—94 规定的铸造有色金属及其合金牌号表示方法相同。

(一) 锡基轴承合金 (锡基巴氏合金)

锡基轴承合金是以锡为基础，加入锑、铜等元素组成的合金。例如 ZSnSb12Pb10Cu4 表示 $w_{Sb}=12\%$，$w_{Pb}=10\%$，$w_{Cu}=4\%$的锡基轴承合金，其显微组织由三部分组成，其中软基体是锑溶于锡中的 α 固溶体，硬质点是 β 相，即以化合物 SnSb 为基的固溶体。呈星状或放射状的是铜与锡形成高熔点的 Cu_3Sn 化合物，也是硬质点。为了提高锡基轴承的强度和使用寿命，常采用离心浇铸法将其镶铸在钢制瓦背上，形成薄而均匀的一层内衬。此工艺称为“挂衬”。

(二) 铅基轴承合金 (铅基巴氏合金)

铅基轴承合金也是软机体上分布硬质点的组织。常用牌号为 ZPbSb16Sn16Cu2，其中 $w_{Sb}=16\%$，$w_{Sn}=16\%$，$w_{Cu}=2\%$。其软基体为 (α+β) 共晶体，α 相是锑溶于铅中形成的固溶体，β 相是以 SnSb 化合物为基的含铅固溶体。硬质点是方块状的初生 β 相和针状 Cu_2Sb 化合物。

铅基轴承合金的硬度、强度、韧性比锡基轴承合金低，但价格低，铸造性能好，常用作低速、低负荷的轴承使用，工作温度不超过 120℃。例如汽车、拖拉机的曲轴轴承，电动机、破碎机轴承等。

常用锡基铅基轴承合金的牌号、性能特点及用途如表 8-5 所示。

表 8-5 部分锡基、铅基轴承合金牌号、性能特点及用途

牌号	熔化温度/℃	力学性能(不小于)			特点	用途举例
		σ_b/MPa	δ(%)	HBS		
ZSnSb12Pb10Cu4	185			29	性软而韧，耐压，硬度较高，热强性较低，浇注性能差	一般中速中压发动机的主轴承，不适应于高温
ZSnSb11Cu6	241	90	6.0	27	应用较广，不含 Pb，硬度适中，减摩性和抗磨性较好，膨胀系数比其他巴氏合金都小，优良的导热性和耐蚀性，疲劳强度低，不宜浇注很薄且振动载荷大的轴承	重载、高速、＜110℃ 的重要轴承如 750kW 以上电机，890kW 以上快速行程柴油机，高速机床主轴的轴承和轴瓦
ZSnSb4Cu4	225	80	7.0	20	韧性为巴氏合金中最高者，与 ZSnSb11Cu6 相比强度硬度较低	韧性高，浇注层较薄的重载荷高速轴承，如涡轮内燃机高速轴承
ZPbSb16Sn16Cu2	240	78	0.2	30	与 ZSnSb11Cu6 相比，摩擦系数较大，耐磨性和使用寿命不低，但冲击韧度低，不能承受冲击载荷，价格便宜	工作温度＜120℃，无显著冲击载荷，重载高速轴承及轴衬
ZPbSb15Sn10	240	60	1.8	24	冲击韧性比上一合金高，摩擦系数大，但磨合性好，经退火处理，其塑性、韧性、强度和减摩性均大大提高，硬度有所下降	承受中等冲击载荷，中速机械的轴承，如汽车、拖拉机的曲轴和连杆轴承

（续）

牌　　号	熔化温度/℃	力学性能（不小于）			特　　点	用途举例
		σ_b/MPa	δ(%)	HBS		
ZPbSb15Sn5	248		0.2	20	与锡基ZSnSb11Cu6相比，耐压强度相当，塑性和导热性较差，在≤100℃冲击载荷较低的条件下，其使用寿命相近，属性能较好的铅基低锡轴承合金	低速、轻压力条件下的机械轴承，如矿山水泵轴承、汽轮机、中等功率电机、空压机的轴承和轴衬

（三）铜基轴承合金

铜基轴承合金有铅青铜、锡青铜和铝青铜（如：ZCuPb30、ZCuSn10Pb1、ZCuA110Fe3，见表8-4）。

铅青铜轴承合金ZCuPb30的组织是由硬基体铜上分布大量的软质点铅组成。与锡基轴承合金相比，具有疲劳强度高、承载能力强、耐磨性优良以及导热性高、摩擦系数低的优点。因而能在较高温度（250℃）工作，可以制造承受高载荷，高速度的重要轴承，如航空发动机，高速柴油机等的轴承。铅青铜的强度较低，因此也需在钢瓦上挂衬。

锡青铜ZCuSn10Pb1的显微组织由软机体（α固溶体）与硬质点（δ相及化合物Cu_3P）组成。此合金能广泛应用于中等速度及受较大的固定载荷的轴承，如电机、泵、金属切削机床的轴承。锡青铜可直接制成轴瓦，但与其配合的轴颈应具有较高的硬度300～400HBS。

（四）铝基轴承合金

铝基轴承合金是一种新型减磨材料，具有密度小、导热性好、疲劳强度高和耐蚀性好等优点，并且原料丰富，价格低。其缺点是膨胀系数大，运转时易于轴颈咬合。常用的铝基轴承合金是ZAlSn6Cu1Ni1。

第四节　硬质合金与粉末冶金

将金属粉末与金属或非金属粉末（或纤维）混合，经过成型、烧结等过程制成零件或材料的工艺方法称为“粉末冶金”。

一、粉末冶金工艺简介

现以铁基粉末冶金为例简述其工艺过程：

粉料制取→粉料混合→成型→烧结→后处理→成品

为了获得必要的性能，在铁粉中加入石墨和合金元素，另外还需要加入少量硬脂酸锌和机油作为压制成型的润滑剂，并按一定比例配制成混合料；混合料在巨大压力作用下粉状颗粒间产生机械咬合作用，相互结合为具有一定强度的成型制品；但此时强度并不高，还必须进行高温下的烧结，即制品在保护气氛下加热的，材料中至少有一种组元仍处于固相，在高温下吸附在粉末表面的气体被清除，增加了颗粒间的接触表面，因而使粉末颗粒结合的更紧密。在此基础上再通过原子的扩散、变形粉末的再结晶以及晶粒长大等过程，就得到了金相组织与钢铁类似的铁基粉末冶金制品。

一般情况下，经烧结后的制品即可使用，但对要求精密度高、表面光洁、尺寸精度高的制品可再进行精压处理，对要改善力学性能的制品，可进行整体淬火或表面淬火等热处理。对轴承等制品为了达到润滑或耐蚀的目的，可进行浸油或浸渍其他液态润滑剂等处理。

二、粉末冶金的应用

粉末冶金制品用的最多、历史最长的是用来制造各种衬套和轴套，近年来又逐渐发展到用粉末冶金法制造一些其他的机械零件如齿轮、凸轮、含油轴承、摩擦片等。与一般零件生产方法相比，粉末冶金法具有少切削或无切削、材料利用率高、生产率高，减少机械加工设备、降低成本等优点。

用粉末冶金法还可以制造一些具有特殊成分或具有特殊性能的制品，如硬质合金、难熔金属及其合金、金属陶瓷、无偏析高速钢、磁性材料、耐热材料等。

三、硬质合金

硬质合金是将一些难熔的金属化合物粉末和粘结剂粉末混合加压成型，再经烧结而成的一种粉末冶金产品。

由于切削速度的不断提高以及大量高硬度或高韧性材料的切削加工，不少刀具的刃部工作温度已超过700℃，一般高速工具钢很难胜任，而需要热硬性更高的硬质合金。硬质合金种类很多，目前常用的有金属陶瓷硬质合金和钢结硬质合金。

1. 金属陶瓷硬质合金　金属陶瓷硬质合金是将一些难熔的金属碳化物粉末（如WC、TiC等）和粘结剂（如Co、Ni等）混合，加压成型烧结而成，因其制造工艺与陶瓷相似而得名。碳化物是硬质合金的骨架，起坚硬而耐磨的作用；Co和Ni仅起粘结作用，使合金具有一定的韧性。硬质合金在室温下的硬度很高，可达69～81HRC，热硬性可高达1000℃左右，耐磨性优良。由于其硬度太高，性脆，不能进行切削加工，因而经常是先制成一定规格的刀片，再将其镶焊在刀体上使用。

金属陶瓷硬质合金分为三类：钨钴类硬质合金、钛钨钴类硬质合金和万能硬质合金。

2. 钢结硬质合金　它属于工具材料，其性能介于硬质合金与合金工具钢之间。这种硬质合金是以TiC、WC、VC粉末等为硬质相，以铁粉加少量的合金元素为粘结剂，用一般的粉末冶金法制造。它具有钢材的加工性，经退火后可进行切削加工，也可进行锻造和焊接，经淬火与回火后，具有相当于硬质合金的高硬度和高的耐磨性，适用于制造各种形状复杂的刀具，如麻花钻、铣刀等，也可以用作在较高温度下工作的模具和耐磨零件。

思考题与习题

1. 铝合金分为几类？各类铝合金各自有何强化方法？
2. 硅铝明是哪一类铝合金，为什么要进行变质处理，其主要用途有哪些？
3. 铝合金淬火与钢的淬火有何异同？
4. 铜合金分为几类？举例说明各类铜合金的牌号（代号）、性能特点和用途。
5. 黄铜分为几类？合金元素在铜中的作用是什么？为什么工业黄铜的含锌量 $w_{Zn} \leqslant 45\%$？
6. 青铜分为几类？为什么工业用锡青铜的含锡量为 $w_{Sn} < 14\%$？
7. 轴承合金必须具备哪些特性？其组织有何特点？常用滑动轴承合金有哪些？
8. 硬质合金在组成、性能和制造工艺方面有何特点？
9. 指出下列代号、牌号合金的类别、主要合金元素及主要性能特征

   LF11　LC4　ZL102　ZL203　H68　HPb59-1　ZCuZn16Si4

   YZCuZn30Al3　QSn4-3　QBe2　ZCuSn10Pb1　ZSnSb11Cu6

第九章　非金属材料与复合材料

非金属材料指除金属以外的其他一切材料。这类材料发展迅速，种类繁多，已在各工业领域中广泛应用。在机械制造中使用的非金属材料主要包括有机高分子材料（如塑料、合成橡胶、合成纤维、胶粘剂、涂料及液晶等）、陶瓷材料（如陶瓷器、玻璃、水泥、耐火材料及各类新型陶瓷材料等），其中工程塑料和工程陶瓷在工程结构中占有很重要的地位。非金属材料与其他材料组成的复合材料在机械制造中的应用也在迅速发展。

第一节　有机高分子材料基础知识

高分子化合物包括有机高分子化合物和无机高分子化合物两大类，有机高分子化合物又分为合成的和天然的两种。工程中使用的有机高分子材料主要是人工合成的高分子聚合物，简称高聚物。

一、高聚物分子的组成

一般高聚物的相对分子量都在5000以上，有的可达几十万，甚至几百万。虽然其相对分子量很大，但都是由一种或几种简单的低分子化合物连接形成的链状大分子。

组成高聚物的低分子化合物叫单体，高聚物链上的重复结构基本单元叫链节。单个高聚物分子包含的链节数叫聚合度。例如聚氯乙烯树脂的分子是由氯乙烯分子 $CH_2=CHCl$ 打开双键彼此串连聚合得到的，可表示如下：

$$n\,[CH_2=CHl] \rightarrow [\,CH_2-CHl\,]_n$$

其中，$-CH_2-CHCl-$是链节；n是聚合度；$[\,CH_2-CH\,l\,]_n$是高聚物分子单体。

高分子合成材料大多数是以碳和碳结合为分子主链，即分子主干由众多的碳原子排列成长长的碳链，两旁配以H、Cl、F或其他分子团，或配以另一较短的支链，有些高聚物主链中插有O、N、S等杂质原子。高聚物链节之间依赖分子间作用力，即范特瓦尔力和氢键力连接，其强弱只有主链上原子之间共价键力的1/100～1/10，但大量链节之间的分子间力之和可以大大超过共价键力，所以拉断聚合物时，常常是先发生共价键的断裂，而不是键间的滑脱。

二、高聚物的人工合成

高聚物是通过聚合反应以低分子化合物单体结合形成的。聚合反应有加聚反应和缩聚反应两种。

1. 加聚反应　加聚反应是由一种或多种单体相互加成而连接成聚合物的反应。这种反应没有低分子副产物生成。其中，若单体为一种的叫均加聚，例如乙烯加聚成聚乙烯；单体为二种或两种以上的则称为共加聚，ABS工程塑料就是由丙烯腈、丁二烯和苯乙烯三种单体共加聚合成的。在生产人造橡胶时广泛采用共加聚反应。

均加聚物的产量很大，应用广泛。但由于其结构的限制，性能存在一些不足。而共加聚物则可以通过改变单体，进而改进聚合物的性能。由于组成共加聚物的单体不同，单体的排列方式不同及各种单体所占比例的不同，都将使共聚物的性能发生很大的变化，这是对高聚物实行改性，制造新品种高聚物的重要途径。

2. 缩聚反应　缩聚反应是由一种或多种单体相互作用而连接成高聚物，同时析出新的低分子副产物的反应，其单体是含有两种或两种以上活泼官能团的低分子化合物。按照参加反应的单体不同，缩聚反应分为均缩聚和共缩聚两种。酚醛树脂（电木）、聚酰胺（尼龙）、环氧树脂等都是缩聚反应产物。缩聚反应比加聚反应复杂。

三、高聚物分子的形态

高聚物分子的形态指高聚物链是否有分支、是否联结成网状等情况。据此可划分出三类高聚物：

1. 线型高聚物　其分子由许多链节连成线形长链，无分支，但通常呈蜷曲的线团状，如图 9-1a 所示。这类高聚物有良好的弹性和热塑性，一些合成纤维和热塑性塑料即属于此类。

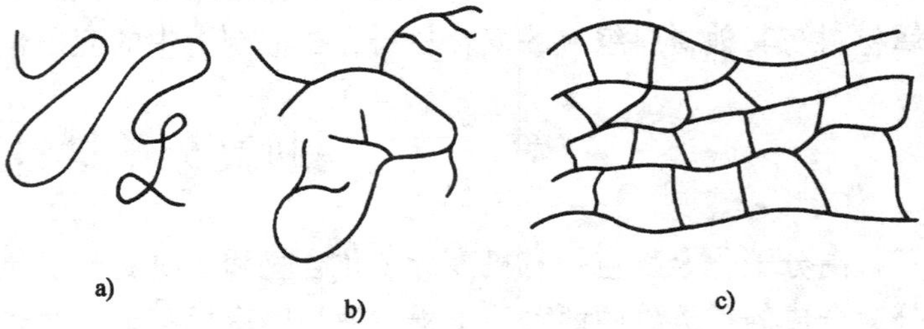

图 9-1　高聚物分子的形态
a）线型　b）支链型　c）体型

2. 支链型高聚物　其分子的线性长链上不同位置处接出数量不等、长短不一的支链，如图 9-1b 所示。支链的出现一般会使聚合物粘度增加，性能得以强化。具有这种结构的有高压聚乙烯、ABS 塑料等。

3. 体型（网型）高聚物　其分子的各链段之间相互联结，形成空间网络，如图 9-1c 所示。这种结构非常稳定，既不能溶解，也不能熔融，尺寸稳定性好，但弹塑性很低。热固性塑料和硫化橡胶就属于这种结构。

四、高聚物链的柔顺性

高聚物的性能尤其是力学性能，不仅与其静态结构（即：链节的化学结构、聚合度、高聚物分子的形态）有关，而且还取决于这些结构在外力和热运动共同作用下所呈现出的动态特性，最能体现高聚物力学性能特点的动态特性就是高聚物链的柔顺性。

高聚物内的链段在空间延伸、蜷曲，呈现出某种几何形态，如果在施加外力时这种几何形态能够改变，则称高聚物链具有柔顺性。高聚物链是否具有柔顺性及柔顺性的高低取决于内部和外部两方面的因素。内部因素主要有高聚物的主链类型和侧基的种类与分布，例如具有—Si—Si—与—Si—0—主链的高聚物，其柔顺性大大高于—C—C—主链的高聚物；而主链上若有苯环等原子团，则会降低高聚物的柔顺性。外部因素主要是温度的高低，温度越高柔顺性越高；而温度足够低，则可使高聚物完全失去柔顺性，处于“冻结”状态。

五、高聚物分子间的结合状态

高聚物分子基本结构是链状，所以高聚物分子之间的结合状态实质上就是高聚物内相邻链段之间在分子间力和热运动的共同作用下呈现出的各种状态。

同一种单体，用不同的聚合方法或不同的成型条件（如温度高低），高聚物可以呈现以下三种状态：

1. 晶态　其实质是链段在空间规则排列形成了晶体，如图 9-2a 所示。

2. 部分晶态　高聚物内部分区域呈现晶态而别的区域呈现非晶态，如图 9-2b 所示。

3. 非晶态　链段在空间混乱无序地蜷曲、延伸，相互纠缠成混乱线团状，如图 9-2c 所示。

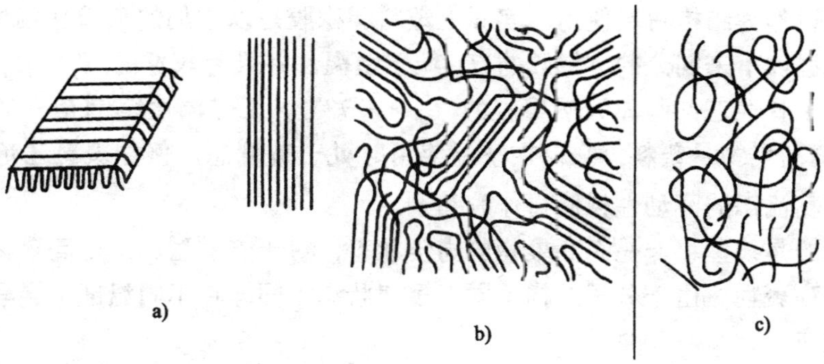

图 9-2　聚合物三种聚集态结构示意图
a）晶态　b）部分晶态　c）非晶态

晶态高聚物的分子链聚集排列密集，增大了分子间的作用力，从而提高了强度、硬度、刚度、密度和熔点，使耐热性和化学稳定性也相应提高。但也使与链运动有关的性能如弹性、塑性和冲击韧性降低。

六、高聚物的力学状态

高聚物的结构、形态不同，在不同温度就会有不同的链间结合状态，在外载荷作用下就会呈现出不同的变形规律和力学性能，即有不同的宏观力学状态。

线型、非晶态高聚物在不同温度下可以呈现出三种力学状态：玻璃态、高弹态、粘流态。在恒定载荷作用下，其变形规律如图 9-3 所示。

1. 玻璃态　当温度 $T < T_g$，由于温度低，分子热运动能力很弱，高聚物失去柔顺性，即任何链段不能移动、改变原有的几何形态，处于“冻结”状态。在外力作用下高聚物在宏观上表现出小量的弹性变形（<1%），这种非晶固态称为玻璃态。T_g 为玻璃化温度，是玻璃态的最高温度。处于玻璃态的高分子材料具有较好的力学性能。

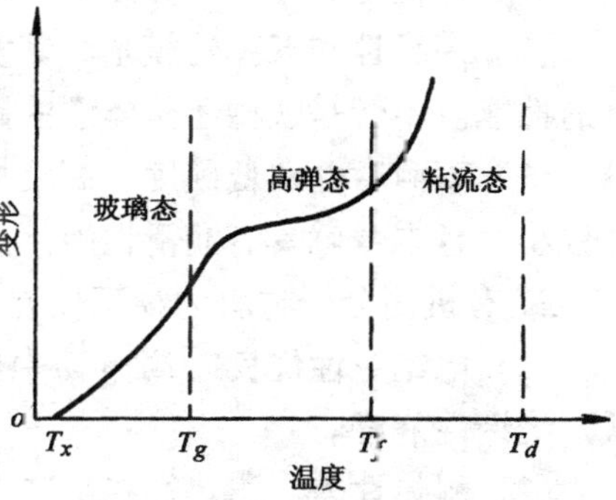

图 9-3　线型、非晶态高聚物的变形温度曲线示意图

2. 高弹态　$T_g < T < T_f$ 时，温度提高，热运动强度增大，高聚物具有柔顺性，在外力作用下链段可以改变原有的屈、伸状态，但是由于链间结合力的作用，在外力消除后就会恢复原有的屈、伸状态。这就在宏观上表现出很大的弹性变形（可高达 100%～1000%）。这种状态称为高弹态。T_g 是高弹态的下限温度，T_f 是上限温度，也称为粘流化温度，此温度是高聚物失去高弹态转变为粘流态的温度。

3. 粘流态　$T > T_f$ 时，热运动进一步加剧，削弱了高聚物链段间的分子间力，使链间不能保持固定的结合，在外力作用下会发生链间滑脱，在宏观上表现为粘性流动，这种状态称为粘流态。

粘流态是高分子材料的加工态。高聚物加热至粘流态后，通过喷丝、吹塑、注塑、挤压等方法加工成各种形状的零件、型材、纤维和薄膜等。

室温下处于高弹态的高聚物一般为橡胶，是很好的弹性材料；处于玻璃态的高聚物一般为塑料，它可以作为结构材料使用。实际上塑料和橡胶是以它们的玻璃化温度 T_g 在室温以上，还是在室温以下来划分的。橡胶的 T_g 低于室温，并且有较宽的 $T_g \sim T_f$ 温度范围，在室温使用时处于弹性态，例如天然橡胶的 $T_g \approx -73℃$，工作温度范围是 $-50℃ \sim +120℃$。T_g 高于室温的高聚物是塑料，它们在室温使用时处于玻璃态。例如聚氯乙烯的 $T_g = 87℃$。在室温下处于粘流态的流动性树脂可作胶粘剂。

以上讨论的是线型、非晶态高聚物的力学状态，对于支链型、体型高聚物以及能结晶和能部分结晶的高聚物，由于分子结构不同，聚集状态不同，在不同温度下会呈现更为多样化的宏观力学状态。

七、有机高分子材料的组成及性能特点

（一）有机高分子材料的组成

有机高分子材料以高聚物为主要组分，再添加各种辅助组分而成。前者称为基料，例如合成高聚物（树脂、生橡胶等）；后者称为添加剂，例如填充剂、增塑剂、软化剂、固化剂、稳定剂、防老化剂、润滑剂、发泡剂、着色剂等。

基料是主要组分，对高分子材料起决定性能的作用；添加剂是辅助组分，对材料起改善性能、补充性能的作用。

（二）有机高分子材料的性能特点

1. 与金属材料相比，高分子材料的力学性能有如下特点

（1）比强度高　高聚物的抗拉强度平均为100MPa左右，远远低于金属，但由于其密度低，故其比强度并不低于金属。玻璃钢的强度比合金结构钢高，而其重量却轻的多。

（2）高弹性和低弹性模量　其实质就是弹性变形量大而弹性变形抗力小，这是高聚物特有的性能。不管是线型还是体型的高分子化合物都有一定的弹性。

（3）高耐磨性和低硬度　高聚物硬度远低于金属，但耐磨性优于金属。有些高聚物摩擦系数小，且本身就具有润滑性能，例如聚四氟乙烯、尼龙等。

2. 有机高分子材料的物理性能特点主要表现在以下几个方面

（1）电绝缘性优良　高聚物中原子一般是以共价键相结合，因而不易电离，导电能力低，绝缘性能好。

（2）耐热性差　耐热性指材料在高温下长期使用保持性能不变的能力。由于高聚物链段间的分子间力较弱，在同时受热、受力时易发生链间滑脱和位移而导致材料软化、熔化，使其性能变化，所以耐热性差。耐热性最高的氟橡胶最高使用温度仅为300℃。

（3）热膨胀大　高分子材料的线膨胀系数约为金属的3～4倍，在机械中会因膨胀变形过量而引起开裂、脱落、松动等。

3. 化学性能方面的特点　主要表现为化学稳定性高，在碱、酸、盐中耐蚀性较强，如聚四氟乙烯在沸腾的王水中仍很稳定。但某些高聚物在某些特定的溶剂和油中会发生软化、熔胀的现象。

4. 有机高分子化合物的老化　高聚物在长期使用或存放过程中，由于外界物理、化学及生物因素的影响（如热、光、辐射、氧和臭氧、酸碱、微生物的作用等），使得聚合物内部结构发生变化，从而导致聚合物的性能随时间延长逐渐恶化，直至丧失使用功能，这个过

程称为老化。发生老化时，橡胶主要为龟裂或变软、变粘；塑料主要是脱色、失去光泽、开裂等；这些现象均是不可逆的。因此，老化是高聚物的一大弱点。

造成高聚物老化的原因主要有两点，一是分子链产生交联或支化，使性能变硬、变脆；二是大分子发生断链或裂解，使分子量降低（这个过程称为降解），使聚合物发软变粘，力学性能劣化。一般可通过表面防护、加入抗老化剂等手段提高高聚物的抗老化能力。

第二节　工 程 塑 料

一、塑料的组成

塑料一般以合成树脂（高聚物）为基础，再加入各种添加剂而制成。

（一）合成树脂

合成树脂即人工合成线型高聚物，是塑料的主要组分（约占 40%～100%），对塑料的性能起着决定性作用，故绝大多数塑料以树脂的名称命名。合成树脂受热时呈软化或熔融状态，因而塑料具有良好的成型能力。

（二）添加剂

添加剂是为改善塑料的使用性能或成型工艺性能而加入的其他的辅助组分。

（1）填料（填充剂）　主要起增强作用，还可使塑料具有所要求的性能。如加入铝粉可提高对光的反射能力和防老化；加入二硫化钼可提高自润滑性；加入云母粉可提高电绝缘性；加入石棉粉可提高耐热性等。另外，有一些填料比树脂便宜，加入后可降低塑料成本。

（2）增塑剂　为提高塑料的柔软性和可成型性而加入的物质，主要是一些低熔点的低分子有机化合物。合成树脂中加入增塑剂后，大分子链间距离增大，降低了分子链间作用力，增加了大分子链的柔顺性，因而使塑料的弹性、韧性、塑性提高，强度、刚度、硬度、耐热性降低。加入增塑剂的聚氯乙烯比较柔软，而未加入增塑剂的聚氯乙烯则比较刚硬。

（3）固化剂（交联剂）　加入到某些树脂中可使线型分子链间产生交联，从而由线型结构变成体型结构，固化成刚硬的塑料。

（4）稳定剂（防老化剂）　其作用是提高树脂在受热、光、氧等作用时的稳定性。

此外，还有为防止塑料在成型过程中粘在膜具上，并使塑料表面光亮美观而加入的润滑剂；为使塑料具有美丽的色彩加入的有机染料或无机颜料等着色剂；以及发泡剂、阻燃剂、抗静电剂等。总之，根据不同的塑料品种和性能要求，可加入不同的添加剂。

二、塑料的分类

1．按树脂的热性能分为热塑性塑料与热固性塑料两类

（1）热塑性塑料　这类塑料为线型结构分子链，加热时会软化、熔融，冷却时会凝固、变硬，此过程可以反复进行。典型的品种有聚乙烯、聚氯乙烯、聚丙烯、聚苯乙烯、聚酰胺（尼龙）、ABS、聚甲醛、聚碳酸酯、聚砜、聚四氟乙烯（F-4）、聚苯醚、聚氯醚、有机玻璃（聚甲基丙烯酸甲酯）等。这类塑料机械强度较高，成型工艺性能良好，可反复成型、再生使用。但耐热性与刚性较差。

（2）热固性塑料　这类塑料为密网型结构分子链，其形成是固化反应的结果。具有线型结构的合成树脂，初加热时软化、熔融，进一步加热、加压或加入固化剂，通过共价交联而固化。固化后再加热，则不再软化、熔融。品种有酚醛塑料、氨基塑料、环氧树脂、不饱和

聚酯树脂、有机硅树脂等构成的塑料。这类塑料具有较高的耐热性与刚性；但脆性大，不能反复成型与再生使用。

2. 按应用范围分为通用塑料，工程塑料和其他塑料三类

(1) 通用塑料　主要指产量大、用途广、价格低廉的聚乙烯、聚氯乙烯、聚苯乙烯、聚丙烯、酚醛塑料等几大品种，它们约占塑料总产量的75%以上，广泛用于工业、农业和日常生活各个方面，但其强度较低。

(2) 工程塑料　主要指用于制作工程结构、机器零件、工业容器和设备的塑料。最主要的有聚甲醛、聚酰胺（尼龙）、聚碳酸酯、ABS四种，还有聚砜，聚氯醚、聚苯醚等。这类塑料具有较高的强度（$\delta_b=60\sim100$MPa），弹性模量、韧性、耐磨性、耐蚀和耐热性较好。目前工程塑料发展十分迅速。

(3) 其他塑料　例如耐热塑料，一般塑料的工作温度不超过100℃，耐热塑料可在100～200℃，甚至更高的温度下工作，如聚四氟乙烯（F-4）、聚三氟乙烯、有机硅树脂，环氧树脂等。目前耐热塑料的产量较少，价格较贵，仅用于特殊用途，但有发展前途。

随着塑料性能的改善和提高，新塑料品种的不断出现，通用塑料、工程塑料和耐热塑料之间也就没有明显的界限了。

三、常用工程塑料的性能和用途

工程塑料相对金属来说，具有密度小、比强度高、耐腐蚀、电绝缘性好、耐磨和自润滑性好，还有透光、隔热、消音、吸震等优点，也有强度低，耐热性差、容易蠕变和老化的缺点。而不同类别的塑料也有着各自不同的性能特点。表9-1和表9-2分别列出了工业上常用的热塑性塑料和热固性塑料的性能特点和用途。除此之外，还有以两种或两种之上的聚合物，用物理或化学方法共混而成的共混聚合物。它与共聚、换枝或互穿网不同，不发生化学合成新的共价键。这在塑料工业中称塑料合金。这使可供选用的工程塑料的性能范围更加广泛。

表9-1　常用热塑性塑料的性能、特点和用途

名称（代号）	主要性能特点	用途举例
聚氯乙烯 (PVC)	硬质聚氯乙烯强度较高，电绝缘性优良，对酸、碱的抵抗力强，化学稳定性好，可在-15～60℃使用，良好的热成型性能，密度小	化工耐蚀的结构材料，如输油管、容器、离心泵、阀门管件，用途很广
	软质聚氯乙烯强度不如硬质，但伸长率较大，有良好的电绝缘性，可在-15～60℃使用	电线、电缆的绝缘包皮，农用薄膜，工业包装。但因有毒，故不适于包装食品
	泡沫聚氯乙烯质轻、隔热、隔音、防震	泡沫聚氯乙烯衬垫、包装材料
聚乙烯 (PE)	低压聚乙烯质地坚硬，有良好的耐磨性、耐蚀性和电绝缘性能，而耐热性差，在沸水中变软；高压聚乙烯是聚乙烯中最轻的一种，其化学稳定性高，有良好的高频绝缘性、柔软性，耐冲击性和透明性；超高分子聚乙烯冲击强度高，耐疲劳，耐磨，需冷压浇铸成型	低压聚乙烯用于制造塑料板、塑料绳，承受小载荷的齿轮、轴承等；高压聚乙烯最适宜吹塑成薄膜、软管，塑料瓶等用于食品和药品包装的制品，超高分子量聚乙烯减摩、耐磨及传动件还可制作电线及电缆包皮等
聚丙烯 (PP)	密度小，是常用塑料中最轻的一种。强度、硬度、刚性和耐热性均优于低压聚乙烯，可在100～120℃长期使用；几乎不吸水，并有较好的化学稳定性，优良的高频绝缘性，且不受温度影响。但低温脆性大，不耐磨，易老化	制作一般机械零件，如齿轮、管道、接头等耐蚀件，如泵叶轮、化工管道、容器、绝缘件；制作电视机、收音机、电扇、电机罩等

（续）

名称（代号）	主要性能特点	用途举例
聚酰胺 （通称尼龙） （PA）	无味、无毒；有较高强度和良好韧性；有一定耐热性，可在100℃下使用。优良的耐磨性和自润滑性，摩擦系数小，良好的消声性和耐油性，能耐水、油、一般溶剂；耐蚀性较好；抗菌霉；成型性好。但蠕变值较大，导热性较差（约为金属的1/100），吸水性高，成型收缩率较大	常用的有尼龙6、尼龙66、尼龙610、尼龙1010等。用于制造要求耐磨、耐蚀的某些承载和传动零件，如轴承、齿轮、滑轮、螺钉、螺母及一些小型零件；还可作高压耐油密封圈，喷涂金属表面作防腐耐磨涂层
聚甲基丙烯酸甲酯 （俗称有机玻璃） （PMMA）	透光性好，可透过99%以上太阳光；着色性好，有一定强度，耐紫外线及大气老化，耐腐蚀，优良的电绝缘性能，可在-60～100℃使用。但质较脆，易溶于有机溶剂中，表面硬度不高，易擦伤	制作航空、仪器、仪表、汽车和无线电工业中的透明件与装饰件，如飞机座窗、灯罩、电视、雷达的屏幕，油标、油杯、设备标牌，仪表零件等
苯乙烯-丁二烯-丙烯腈共聚体 （ABS）	性能可通过改变三种单体的含量来调整。有高的冲击韧性和较高的强度，优良的耐油、耐水性和化学稳定性，好的电绝缘性和耐寒性，高的尺寸稳定性和一定的耐磨性。表面可以镀饰金属，易于加工成型，但长期使用易起层	制作电话机、扩音机、电视机、电机、仪表的壳体，齿轮，泵叶轮，轴承，把手，管道，贮槽内衬，仪表盘，轿车车身，汽车扶手等
聚甲醛 （POM）	优良的综合力学性能，耐磨性好，吸水性小，尺寸稳定性高，着色性好，良好的减摩性和抗老化性，优良的电绝缘性和化学稳定性，可在-40～100℃范围内长期使用。但加热易分解，成型收缩率大	制作减摩、耐磨及传动件，如轴承、滚轮、齿轮、电气绝缘件、耐蚀件及化工容器等
聚四氟乙烯 （也称塑料王） （F-4）	几乎能耐所有化学药品的腐蚀；良好的耐老化性及电绝缘性，不吸水；优异的耐高、低温性，在-195～250℃可长期使用；摩擦系数很小，有自润滑性。但其高温下不流动，不能热塑成型，只能用类似粉末冶金的冷压、烧结成型工艺，高温时会分解出对人体有害气体，价格较高	制作耐蚀件、减摩耐磨件、密封件、绝缘件，如高频电缆、电容线圈架以及化工用的反应器、管道等
聚砜 （PSF）	双酚A型：优良的耐热、耐寒、耐候性，抗蠕变及尺寸稳定性，强度高，优良的电绝缘性，化学稳定性高，可在-100～150℃长期使用。但耐紫外线较差，成型温度高 非双酚A型：耐热、耐寒，在-240～260℃长期工作，硬度高、能自熄，耐老化、耐辐射，力学性能及电绝缘性都好，化学稳定性高。但不耐极性溶剂	制作高强度、耐热件、绝缘件、减摩耐磨件、传动件，如精密齿轮、凸轮、真空泵叶片、仪表壳体和罩，耐热或绝缘的仪表零件，汽车护板、仪表盘、衬垫和垫圈、计算机零件、电镀金属制成集成电子印刷电路板
氯化聚醚 （或称聚氯醚）	极高的耐化学腐蚀性，易于加工，可在120℃下长期使用，良好的力学性能和电绝缘性，吸水性很低，尺寸稳定性好，但耐低温性较差	制作在腐蚀介质中的减摩、耐磨及传动件，精密机械零件，化工设备的衬里和涂层等
聚碳酸酯 （PC）	透明度高达86%～92%，使用温度-100～130℃，韧性好，耐冲击、硬度高、抗蠕变、耐热、耐寒、耐疲劳，吸水性好，电性能好；有应力开裂倾向	飞机座舱罩，防护面盔，防弹玻璃及机械电子、仪表的零部件

四、塑料制品的成型方法

塑料制品是以树脂和各种添加剂的混合料为原料，采用注射、挤压、压制、浇铸等方法制成的。制品在成型的同时，获得最终性能。因此成型过程是生产塑料制品的关键。

表 9-2　常用热固性塑料的性能、特点和用途

名称（代号）	主 要 性 能 特 点	用 途 举 例
聚氨酯塑料（PUR）	耐磨性优越，韧性好，承载能力高，低温时硬而不脆裂，耐氧、臭氧，耐候，耐许多化学药品和油，抗辐射，易燃；软质泡沫塑料吸音和减震优良，吸水性大；硬质泡沫高低温隔热性能优良	密封件；传动带；隔热、隔音及防震材料；齿轮；电气绝缘件；实心轮胎；电线电缆护套；汽车零件
酚醛塑料（俗称电木）（PF）	高的强度、硬度及耐热性，工作温度一般在 100℃ 以上，在水润滑条件下具有极小的摩擦系数，优异的电绝缘性，耐蚀性好（除强碱外），耐霉菌，尺寸稳定性好。但质较脆、耐光性差、色泽深暗；加工性差，只能模压	制作一般机械零件，水润滑轴承，电绝缘件，耐化学腐蚀的结构材料和衬里材料等，如仪表壳体、电器绝缘板、绝缘齿轮、整流罩、耐酸泵、刹车片等
环氧塑料（EP）	强度较高，韧性较好，电绝缘性优良，防水、防潮、防霉、耐热、耐寒，可在 −80～200℃ 范围内长期使用，化学稳定性较好，固化成型后收缩率小，对许多材料的粘结力强，成型工艺简便，成本较低	塑料模具、精密量具、机械仪表和电气结构零件，电气、电子元件及线圈的灌注、涂覆和包封以及修复机件等
有机硅塑料	耐热性高，可在 180～200℃ 下长期使用电绝缘性优良，高压电弧，高频绝缘性好，防潮性好，有一定的耐化学腐蚀性，耐辐射、耐火焰，耐臭氧，也耐低温。但价格较贵	高频绝缘件，湿热带地区电机、电器绝缘件，电气、电子元件及线圈的灌注与固定，耐热件等
聚对-羟基苯甲酸酯塑料	是一种新型的耐热性热固性工程塑料。具有突出的耐热性，可在 315℃ 下长期使用，短期使用温度范围为 371～427℃，导热系数极高，比一般塑料高出 3～5 倍，很好的耐磨性和自润滑性，优良的电绝缘性、耐溶剂性和自熄性	耐磨、耐蚀及尺寸稳定的自润滑轴承，高压密封圈，汽车发动机零件，电子和电气元件以及特殊用途的纤维和薄膜等

（一）注射成型

注射成型主要用于热塑性塑料。其成型原理如图 9-4 所示。将粉粒状塑料从料斗送入料筒，柱塞推进时，塑料被推入加热区，继而压过分流梭，通过喷嘴将熔融的塑料注入模腔中，冷却后打开模具即可获得所需形状的塑料制品。注射成型法可以制作尺寸精确、形状复杂、薄壁或带金属嵌件的塑料制品。

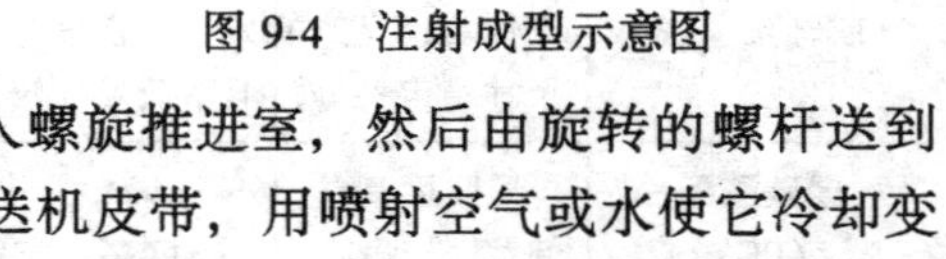

图 9-4　注射成型示意图

（二）挤压成型

用挤压法生产长度大且横截面均匀的塑料制品很方便，其成型原理如图 9-5 所示，粒状塑料从料斗送入螺旋推进室，然后由旋转的螺杆送到加热区熔融，并受到压缩，迫使它们通过模孔落到输送机皮带，用喷射空气或水使它冷却变硬。此法主要用于热塑性塑料，生产各种板、管、棒、线等塑料制品，还能生产凹角形状的制品。

（三）压制成型

热固性塑料大多采用压制方法成型，压制成型主要有模压法和层压法两种。

1.模压成型　模压成型如图9-6所示，将粒状或预制片状塑料装入已加热至一定温度的

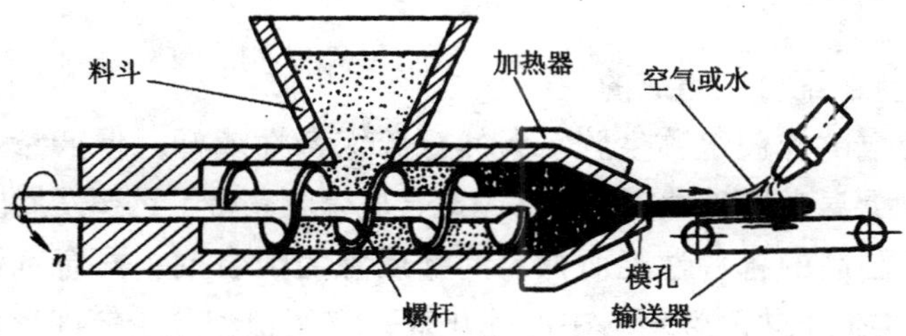

图 9-5　挤压成型示意图

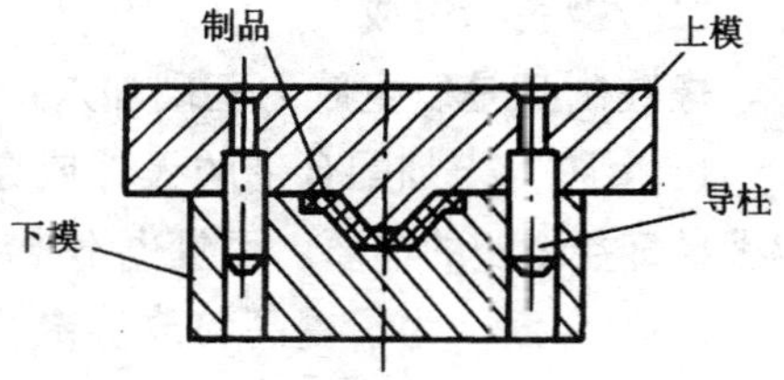

图 9-6　模压成型示意图

开口模膛中，然后闭模加压，使受热软化的塑料流动充满型腔，继而在热和压力的作用下交联固化成型，不必冷却便可脱模取出塑料制品。

2. 层压成型　把由玻璃纤维或其他纤维作成的“布”（薄片填料），用热固性液态树脂浸渍，并将其叠放成所需厚度，然后在相当高的压力和高温下，使其固化而获得层压塑料。层压塑料可作成板、管和棒。平板材的层压如图 9-7 所示。层压塑料具有优良的强度，用途较广，如可采用厚的层压塑料板制作齿轮等零件。

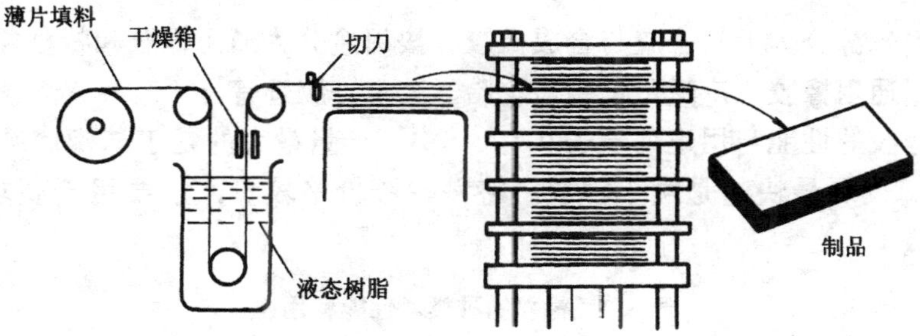

图 9-7　层压成型示意图

（四）浇铸成型

塑料的浇铸成型工艺与金属相似，将熔融树脂浇入模腔（热固性塑料须加入固化剂和其他添加剂），然后冷却或固化成型，用以生产形状简单的制品。

另外还有吹塑成型、冷压烧结（如聚四乙烯的成型）、真空成型等常用方法。塑料还用喷涂浸渍、粘贴等工艺覆盖于其他材料表面。

成型的塑料制品大都可以直接使用。一些要求表面光洁、精度高的件还可进行切削加工，为改善塑料制品的使用性能，还可对其施以表面处理，主要有镀金属和涂漆。

第三节　合 成 橡 胶

一、橡胶的特性和应用

橡胶是在室温下处于高弹态的高分子材料，最大的特性是高弹性，其弹性模量很低，只有 1～10MPa；弹性变形量很大，可达 100%～1000%；具有优良的伸缩性和积贮能量的能力。此外，还有良好的耐磨性，隔音性、阻尼性和绝缘性。

橡胶在工业上应用相当广泛，可用于制作轮胎、动静态密封件（如旋转轴、管道接口密封件）、减振、防振件（如机座减振垫片、汽车底盘橡胶弹簧）、传动件（如 V 带、传动滚子）、运输胶带和管道、电线、电缆和电工绝缘材料、制动件等。

二、橡胶的组成

橡胶制品是以生胶为基础加入适量的配合剂组成的。

1. 生胶　未加配合剂的天然或合成的橡胶统称生胶。天然橡胶综合性能好，但产量不能满足日益增长的需要，而且也不能满足某些特殊性能要求，因此合成橡胶获得了迅速发展。

2. 配合剂　为了提高和改善橡胶制品的各种性能而加入的物质称为配合剂。配合剂种类很多，其中主要是硫化剂，其作用类似于热固性塑料中的固化剂，它使橡胶分子链间形成横链，适当交联，成为网状结构，从而提高橡胶的力学性能和物理性能。常用的硫化剂是硫磺和硫化物。

为提高橡胶的力学性能，如强度、硬度、耐磨性和刚性等，还需加入填料，使用最普遍的是碳黑，以及作为骨架材料的织品、纤维，甚至金属丝或金属编织物。填料的加入还可减少生胶用量，降低成本。

其他配合剂还有为加速硫化过程，提高硫化效果而加入的硫化促进剂；用以增加橡胶塑性，改善成型工艺性能的增塑剂；以及防止橡胶老化加入的防老化剂（抗氧化剂）等。

三、常用橡胶

橡胶按原料来源分为天然橡胶与合成橡胶；按用途分为通用橡胶和特种橡胶。

天然橡胶属通用橡胶，广泛用于制造轮胎、胶带、胶管等。

常用合成橡胶的性能与用途列于表 9-3。其中，产量最大的是丁苯橡胶，占橡胶总产量的 60%～70%；发展最快的是顺丁橡胶。特种橡胶价格较贵，主要用于要求耐热、耐寒、耐蚀的特殊环境。

表 9-3　橡胶的种类、性能和用途

性能	通用橡胶							特种橡胶			
	天然橡胶 NR	丁苯橡胶 SBR	顺丁橡胶 BR	丁基橡胶 HR	氯丁橡胶 CR	丁腈橡胶 NBR	乙丙橡胶 EPDM	聚氨酯 PUR	氟橡胶 FPM	硅橡胶	聚硫橡胶
抗拉强度 /MPa	25～30	15～21	18～25	17～21	25～27	15～30	10～25	20～35	20～22	4～10	9～15
伸长率 ρ（%）	650～900	500～800	450～800	650～800	800～1000	300～800	400～800	300～800	100～500	50～500	100～700
抗撕性	好	中	中	中	好	中	好	中	中	差	差
使用温度上限/℃	<100	80～120	120	120～170	120～150	120～170	150	80	300	-100～300	80～130
耐磨性	中	好	好	中	中	中	中	好	中	差	差
回弹性	好	中	好	中	中	中	中	中	中	差	差
耐油性		—	—	中	好	好	—	好	好	—	好
耐碱性	—	—		好	好	—	—	差	好	—	好
耐老化	—	—	—	好	—	—	好	—	好	—	好
成本		高			高				高	高	

（续）

性能	通用橡胶							特种橡胶			
	天然橡胶 NR	丁苯橡胶 SBR	顺丁橡胶 BR	丁基橡胶 HR	氯丁橡胶 CR	丁腈橡胶 NBR	乙丙橡胶 EPDM	聚氨酯 PUR	氟橡胶 FPM	硅橡胶	聚硫橡胶
使用性能	高强绝缘防振	耐磨	耐磨耐寒	耐酸碱气密防振绝缘	耐酸耐碱耐燃	耐油耐水气密	耐水绝缘	高强耐磨	耐油耐酸碱耐热真空	耐热绝缘	耐油耐酸碱
工业应用举例	通用制品、轮胎	通用制品、胶布、胶板、轮胎、胶管	轮胎、耐寒运输带、V带、减振器	内胎、水胎、化工衬里、防振品	油罐衬，管道，胶带，电缆皮，门窗嵌条	耐油垫圈、油管、油槽衬	汽车配件、散热管、电绝缘件、耐热运输带	实心胎胶辊、耐磨件、特种垫圈	化工衬里、高级密封件、高真空胶件	耐高低温零件、绝缘件、管道接头	丁腈改性用

第四节　胶粘剂与胶接技术

胶粘剂是一种能将同种或不同种材料粘合在一起，并在胶接面有足够强度的物质，它能起胶接、固定、密封、浸渗、补漏和修复的作用。胶接已与铆接、焊接并列为三种主要连接工艺。

一、胶粘剂的组成

胶粘剂以富有粘性的粘料为基础，并加以固化剂及改性剂（增塑剂、增韧剂、填料等）辅料。

1. 粘料　它分为有机、无机两类。有机胶粘剂包括树脂、橡胶、淀粉、蛋白质等高分子材料；无机胶粘剂包括硅酸盐类、磷酸盐类、陶瓷类等。

2. 固化剂　某些胶粘剂必须添加固化剂才能使粘料固化而产生胶接强度。例如环氧胶粘剂需加胺、酸酐或咪唑等固化剂。

3. 改性剂　用以改善胶粘剂的各种性能。有增塑剂、增韧剂、增粘剂、填料、稀释剂、稳定剂、分散剂、偶联剂、触变剂、阻燃剂、抗老化剂、发泡剂、消泡剂、着色剂和防腐剂等，有助于胶粘剂的配制、储存、加工工艺及性能等方面的改进。

二、胶粘剂的分类原则及表示方法

GB/T13553-1996 规定了胶粘剂按主要粘料、物理形态、硬化方法和被粘物材质进行的分类方法及胶粘剂代号的编写方法。

用下列三段式的代号来表示一种胶粘剂产品。第一段用三位数字分别代表胶粘剂主要粘料的大类、小类和组别；第二段的左边部分用一位阿拉伯数字代表胶粘剂的物理形态，右边部分用小写英文字母代表胶粘剂的硬化方法；第三段用不多于三个大写的英文字母代表被粘物。代号表示如下：

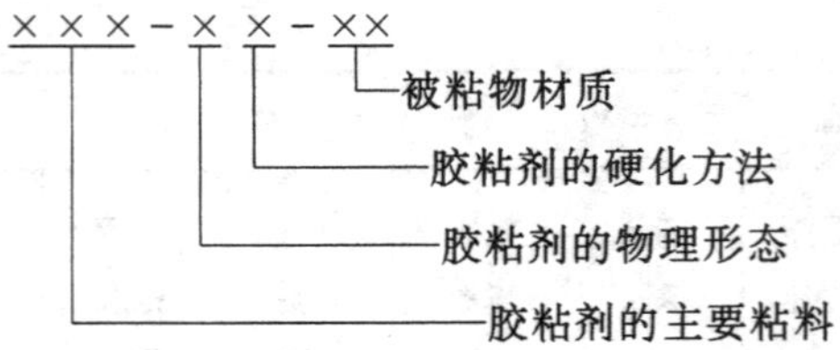

1. 按胶粘剂主要粘料属性分类　胶粘剂的主要粘料用三位数字表示，左边第一位是主要粘料的大类，中间一位是大类中的小类，右边一位是小类中的组别。表 9-4 是七大类粘料、部分小类组别及其编号。

表 9-4　胶粘剂主要粘料的大类及部分小类、组别

	大类（编号）	部分小类、组别　　　　（编号）
1	动物胶（100）	血液胶（110）、骨胶（121）、皮胶（122）等
2	植物胶（200）	羧甲基纤维素（211）、淀粉（221）、天然树脂类（230）、天然橡胶类（250）等
3	无机物及矿物胶（300）	硅酸钠(311)、磷酸盐(313)、金属氧化物(315)、石油树脂(321)、石油沥青(322)等
4	合成弹性体（400）	丁苯橡胶（412）、丁腈橡胶（413）、丁基橡胶（424）、氯丁橡胶（431）、硅橡胶（441）、聚硫（474）、丙烯酸酯橡胶（481）等
5	合成热塑性材料（500）	聚乙酸乙烯酯（511）、聚乙烯醇缩醛（515）、聚苯乙烯类（520）、丙烯酸酯聚合物（531）、氰基丙烯酸酯（534）、聚氨酯类（550）、聚酰氨类（570）、聚砜（582）
6	合成热固性材料（600）	环氧树脂类（620）、有机硅树脂类（640）、聚氨酯类（650）、酚醛树脂类（660）、呋喃树脂类（680）、杂环聚合物（690）等
7	热固性、热塑性材料与弹性体复合（700）	酚醛-丁腈型（711）、酚醛-氯丁型（712）、酚醛-环氧型（713）、酚醛-缩醛型（714）、环氧-聚砜型（723）、环氧-聚酰胺型（724）、其他复合型结构胶粘剂（730）等

2. 按胶粘剂物理形态分类　共分为七类：无溶剂液体（代号为 1）；有机溶剂液体（代号为 2）；水基液体（代号为 3）；膏、糊状（代号为 4）；粉、粒、块状（代号为 5）；片、膜、网、带状（代号为 6）；条、棒状（代号为 7）。

3. 按胶粘剂硬化方法分类　共分 11 类：①低温硬化（代号为 a）；②常温硬化（代号为 b）；③加温硬化（代号为 c）；④适合多种温度区域硬化（代号为 d）；⑤与水反应固化（代号为 e）；⑥厌氧固化（代号为 f）；⑦辐射硬化（代号为 g）；⑧热熔冷硬化（代号为 h）；⑨压敏粘接（代号为 i）；⑩混凝或凝聚（代号为 j）；11其他（代号为 k）。

4. 按胶粘剂被粘物分类　共分 22 类，例如多类材料（代号为 A）；木材（代号为 B）；金属及合金（代号为 G）；合成橡胶（代号为 N）；硬质塑料（代号为 P）；塑料薄膜（代号为 Q）等。

5. 按应用性能分类　除上述标准方法外，通常将胶粘剂按应用性能分类：

（1）结构胶　胶接强度较高，抗剪强度大于 15MPa，能用于受力较大的结构件胶接。

（2）非（半）结构胶　胶接强度较低，但能用于非主要受力部位或构件。

（3）密封胶　涂胶面能承受一定压力而不泄漏，起密封作用。

（4）浸渗胶　渗透性好，能浸渗铸件等，堵塞微孔沙眼。

（5）功能胶　具有特殊功能性如导电、导磁、导热、耐热、耐超低温、应变及点焊胶接等，以及具有特殊的固化反应，如厌氧性、热熔性、光敏性、压敏性等。

三、胶粘剂的胶接机理

胶粘剂和被粘物之间能够胶接，主要是胶接过程中被粘物界面润湿而产生的粘附力。目前胶接机理尚无统一结论，以下几种理论是从不同角度解释胶接现象的。

（1）机械理论　胶粘剂渗透到被粘物表面层孔隙中，产生机械啮合或镶嵌作用，固化后钩接在一起。

（2）吸附理论　胶粘剂与被粘物分子界面层相互吸附，胶粘剂分子向被粘物表面迁移，当距离近至 5×10^{-10}m 时，分子间引力发生作用而吸附胶接。

（3）化学键理论　胶粘剂分子与被粘物表面发生化学反应而在界面形成化学键，产生牢固的化学结合粘附力。

（4）静电理论　胶粘剂与被粘物之间互相接触，产生正负电层的双电层，由于静电相互吸引产生粘附力。

（5）扩散理论　胶粘剂和被粘物分子间互相扩散，在界面上发生互溶而形成牢固的结合。

四、常用胶粘剂

表 9-5 定性介绍了一些品种结构胶粘剂和非（半）结构胶粘剂的特点和用途。

表 9-5　部分常用胶粘剂的特点和用途

品　种	主 要 成 分	特　点	固化条件	用 途 举 例
环氧-尼龙胶	环氧或改性环氧、尼龙、固化剂	强度高，但耐潮湿和耐老化性较差，双组份	高温	一般金属结构件的胶接
环氧-聚砜胶	环氧、聚砜、固化剂	强度高，耐湿热老化、耐碱性好，单组份或双组份	高温或中温	金属结构件的胶接，高载荷接头、耐碱零件的胶接
环氧-酚醛胶	环氧、酚醛	耐热性好，可达 200℃，单组份、双组份或胶膜	高温	耐 150～200℃ 金属工件的胶接
环氧-聚氨酯胶	环氧、聚酯、异氰酸酯、固化剂	韧性好，耐超低温好，可在 -196℃ 下使用，双组份	室温或中温	金属工件的胶接，超低温工件的胶接，低温密封
环氧-聚硫胶	环氧、聚硫橡胶、固化剂	韧性好，双组份	室温或中温	金属、塑料、陶瓷、玻璃钢的胶接
环氧-丁腈胶	环氧、丁腈橡胶固化剂	韧性好，双组份	室温或中温	100℃ 下使用的受冲击金属件的胶接
环氧-丁腈胶	改性环氧、丁腈橡胶、增塑剂，填料、潜性固化剂、促进剂	200～250℃ 5min 内即可固化，耐冲击，单组份	中温或高温	金属、非金属结构件的胶接；“粘接磁钢”的制造，电机磁性槽锲引拔成形，玻璃布与铁丝的胶接
酚醛-缩醛胶	酚醛、聚乙烯醇缩醛	强度高、耐老化，能在 150℃ 下长期使用	高温	金属、陶瓷、塑料、玻璃钢等的胶接
酚醛-丁腈胶	酚醛、丁腈橡胶	韧性好，耐热、耐老化性较好	高温	250℃ 以下使用的金属工件的胶接
氧化铜磷酸盐无机胶	氧化铜磷酸、氢氧化铝	耐热在 600℃ 以上，配胶、施工较易，适用于槽接、套接	室温或中温	金属、陶瓷、刀具、工模具等的胶接和修补

（续）

品　种	主要成分	特　点	固化条件	用途举例
硅酸盐无机胶	硅酸铝、磷酸铝、或少量氧化锆或氧化硅、硅酸钠	耐热性高，可达1000～1300℃，质较脆，固化工艺不便，适于槽接，套接	室温到高温	金属、陶瓷高温零部件的胶接
预聚体型聚氨酯胶	二异氰酸酯与多羟基树脂预聚体、多羟基树脂如聚醚、聚酯、环氧等	胶接强度高，耐低温性（－196℃）极好，能胶多种材料	室温或中温	金属、塑料、玻璃、皮革、陶瓷、纸张、织物、木材等的胶接，低温零件的胶接、修补
反应型（第二代）丙烯酸酯胶	甲基丙烯酸甲酯、甲基丙烯酸、弹性体、促进剂、引发剂	双组份，不需称量和混合、固化快，润湿性强，对金属、塑料的胶接强度好，耐油性好、耐老化	室温	金属、ABS、有机玻璃、塑料的胶接，商标纸的压敏胶接
α-氰基丙烯酸酯胶	α-氰基丙烯酸甲酯或乙酯、丁酯单体、增塑剂	瞬间快速固化、使用方便、质脆，耐水、耐湿性较差，单组份	室温几分钟	金属、陶瓷、玻璃、橡胶、塑料（尼龙、聚氯乙烯、有机玻璃等）的胶接，一般要求和小面积仪表零件的胶接和固定
树脂改性氯丁（橡胶）胶	氯丁橡胶、酚醛、硫化体系	韧性好、初粘力高，可在－60～100℃下使用	室温	橡胶、皮革、塑料、木材、金属的胶接
聚氨酯厌氧胶	聚氨酯丙烯酸双酯、促进剂、催化剂、填料	韧性好，胶接强度较高，适用范围较广	隔氧，室温10min固化	螺栓、柱锁固定，防水、防油、防漏，金属、塑料的胶接和临时固定、密封

（一）结构胶粘剂

常用的结构胶粘剂主要有3大类：改性环氧胶粘剂、改性酚醛树脂胶粘剂、无机胶粘剂，目前应用的结构胶粘剂大都为混合型。

1. 改性环氧胶粘剂　这是一种胶接强度高，应用普遍的胶粘剂，其中双酚A型环氧树脂胶（E型）是目前应用最广泛的胶粘剂品种之一，它以双酚环氧树脂为粘料，加入固化剂（常用胺类、酸酐类）及增韧剂、稀释剂、偶联剂、填料等配制而成。实际应用中，为了克服环氧树脂胶剥离强度低、冲击韧性差、耐热性不高的局限性，利用其易于改性的特点，采用尼龙树脂、聚砜树脂、液体丁腈橡胶等高分子化合物对其进行改性，制成一系列性能优良的改性环氧树脂胶，适应多方面的应用。

2. 改性酚醛树脂胶粘剂　酚醛树脂胶粘剂是发展最早、价格最廉的合成胶粘剂，主要用于胶接木材生产胶合板。后来加入橡胶或热塑性树脂进行改性，制成韧性好、耐热、耐油水、耐老化、强度大的结构胶粘剂，广泛用于飞机制造、尖端技术和各生产领域。其中以酚醛-缩醛胶和酚醛-丁腈胶最为重要。

3. 无机胶粘剂　水泥、石膏、水玻璃都是古老的无机胶粘剂；现代无机胶常用的有：氧化铜-磷酸盐无机胶和硅酸盐无机胶。

（二）非（半）结构胶粘剂

非（半）结构胶粘剂包括聚氨酯胶粘剂、丙烯酸酯胶粘剂、不饱和聚酯胶粘剂、α-氰基丙烯酸酯胶、有机硅胶粘剂、橡胶胶粘剂、热熔胶粘剂、厌氧胶粘剂等。

（1）聚氨脂胶粘剂　该胶耐低温性能极好，优于其他任何胶粘剂，耐振动、耐疲劳性能好，胶层耐磨性好，适于制作耐磨胶；其缺点是耐酸、耐碱、耐水、耐湿热老化性能差。

（2）丙烯酸酯胶粘剂　其特点是不需称量和混合，使用甚为方便，固化迅速，强度较高，适用于胶接多种材料；其品种很多，性能各异，主要有第二代丙烯酸酯胶粘剂、α-氰基丙烯酸酯胶粘剂（工业常用502胶、501胶）、厌氧密封胶粘剂等。

（3）橡胶胶粘剂　该类胶粘剂柔韧性优良，耐冲击、耐振动，特别适宜软质或线膨胀系数相差悬殊材料的胶接及动态条件下使用的部件的胶接。但胶接强度低，耐热性差。按橡胶基体的组成，橡胶胶粘剂可分为天然橡胶、氯丁橡胶、丁腈橡胶、丁苯橡胶、丁基橡胶、聚硫橡胶、硅橡胶等类别，其中氯丁胶粘剂是用量最大的通用橡胶胶粘剂。

（三）密封胶粘剂

密封胶粘胶（简称密封胶）以合成树脂或橡胶为粘料，制成粘稠液态或固态物质，涂于各种机械接合部位，防止渗漏、机械松动或冲击损伤等，起到密封作用。密封胶可分为非粘结型与粘结型两类，可用于汽车、机床及各类机械设备的零部件，如法兰、轴承、管道、油泵等的密封，螺纹铆接、镶嵌、接插处缝隙的密封，以及电子元件的灌封、绝缘密封等。

（1）非粘接型密封胶（液态密封胶）　可在各种连接部位涂布，形成液态垫片，可以粘附，也可剥离。有不干性粘着型、半干性粘弹型、干性剥离型和干性固着型4类。

（2）粘结型密封胶　涂在工作密封面上形成胶层，能够粘牢，起到密封、锁紧、防松等作用。有厌氧胶、热熔胶和橡胶类的弹性胶等品种，其中厌氧密封胶应用较为普遍，适用于松动条件下零部件的紧固和密封防漏，管道螺栓及平面法兰的密封、轴承的固定，螺纹的锁紧及裂纹的修补等。

五、胶接的特点与应用

（一）胶接的特点

1. 与焊接、铆接、螺接相比，胶接有许多显著的优点

1）能连接同类或不同类的、软的或硬的、脆性的或韧性的各种材料，特别是异种材料连接，如金属与玻璃、陶瓷、橡胶、织物、塑料之间的连接。

2）应力分布均匀，延长结构寿命。由于胶接使应力分布在被胶接物的整个接合面上，结构受力均匀，可以避免铆钉孔和焊点周围应力集中所引起的疲劳龟裂。胶接多层板结构能避免或延缓裂纹的扩展。

3）减轻结构重量。用胶接可以得到刚性好、强度大、重量轻的结构，例如一架重型轰炸机用胶接代替铆接，重量下降34%。

4）制造成本低。复杂的结构部件采用胶接可以一次完成，简化设计结构、工模具，不需复杂的设备和装备，生产效率高，使生产成本大幅度降低。

5）胶接件表面光滑，并防腐蚀，对于高速飞行的飞行器和曲面要求严格的雷达反射面等具有重要意义。

6）胶接可以获得某些特殊性能如密封、防腐、导电、绝缘、导热、隔热、减振和其他性能。

2. 胶接也存在一些不足，限制了它在某些方面的应用，主要表现在以下几方面

1）大多数胶接件在湿热、冷热交变、冲击或复杂环境下的工作寿命不够高。

2）有机胶粘剂构成的胶接接头耐热性较差，老化是一个较大的问题。

3）胶接件有较高的抗剪强度、抗拉强度，但剥离强度很低。

4）胶接质量目前尚无可靠的无损检测方法。

5）使用有机胶粘剂尤其是溶剂型胶粘剂，存在易燃、有毒等安全问题。

（二）胶接的应用

近30年来，国内外胶粘剂和胶接技术发展十分惊人。由于合成胶粘剂的品种和产量急剧增加，在极薄材料、极硬材料、特种复合材料和夹层结构材料等连接加工中，胶接技术发挥了无法替代的作用。

航空工业使用胶粘剂最早，用于金属结构、金属与橡胶、塑料、蜂窝夹层结构与壁板的胶接，代替铆、螺、焊接，减轻结构重量。还用于座舱、油箱等处的密封，起到耐油、防水的作用。

在汽车工业上主要用于顶蓬、壁板、挡板、衬垫等合成材料的胶接以及油水箱、气缸、门窗、管路螺栓的密封。

胶接在机械工业和电子工业上作用很大，从产品制造到设备维修都可以采用胶接技术。以胶接代替其他连接方法，例如以导电胶代替锡焊，各种管路密封，铸件浸渗修补，机件磨损修复，标牌粘贴，变压器电机线圈的绝缘固定，电器仪表的装配，工具、量具、模具、夹具的胶接，甚至大型设备机身裂纹修复（如图9-8所示）等。

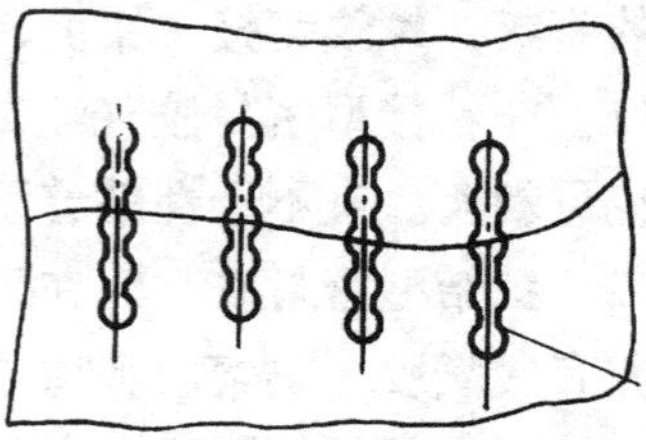

图9-8　机床床身断裂的胶接-扣合修复

胶接技术在兵器工业、石油化工、建筑、医疗、纺织服装、印刷、文化教育、生活日用品等各个领域得到广泛应用。例如管道、阀门和容器发生油、气和其他介质的跑、冒、滴、漏，是化工、石油、煤气和发电等行业比较普遍存在的问题，近年推广的不停车带压粘堵修复技术较好地解决了这一难题，对确保生产的正常进行发挥十分显著的作用。

六、胶接技术

胶接剂要获得良好的应用效果，必须采用相应的胶接技术。

（一）胶接接头设计

各种连接结构的形成应该由连接方法本身的特点所决定，胶接接头的强度一般是抗拉强度（或称均匀扯离强度）和抗剪强度比较高，而不均匀扯离强度较小，剥离强度更小。因此，在设计胶接接头时必须注意扬长避短，应注意减少接头所受的剥离力。但由于实际上不均匀扯离应力往往是难以避免的，故在设计接头时，应合理地增大胶接面积和增加机械紧固力（如套接、钉接等），以提高胶接接头的承载能力。图9-9为经常采用的板条搭接（a）、角接（b）、T型（c）、嵌接（d）、套接（e）等接头形式。

（二）胶粘剂的选用

每种胶粘剂有各自适应的胶接材料和使用环境条件，因此选用胶粘剂时，必须考虑以下几点：

1）胶接材料的种类和性质。例如胶接热塑性塑料可以用熔剂、热熔胶粘剂，热固性塑料可用与胶粘金属同类的胶粘剂，而聚乙烯、聚丙烯、聚四氟乙烯等难胶接塑料未经特殊的表面处理则不能胶接。

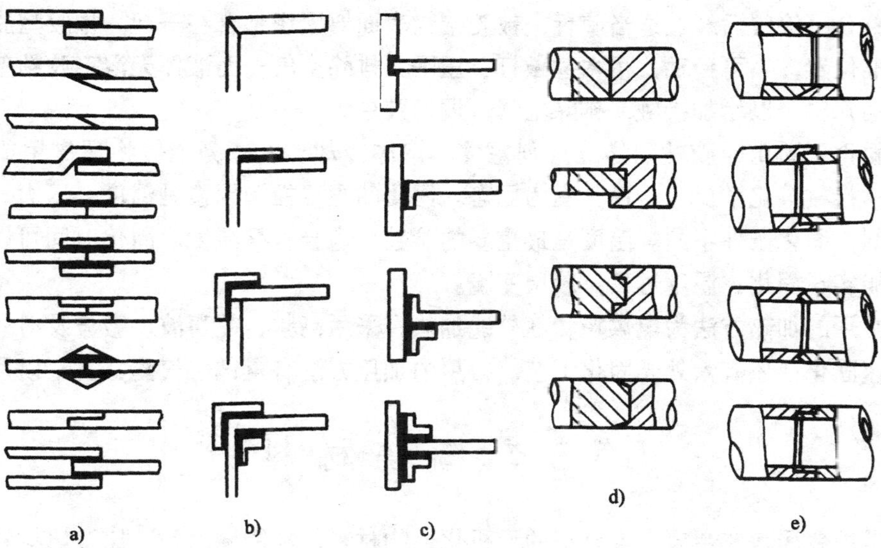

图 9-9　常用的板条搭接、角接、T形、嵌接、套接等接头形式

2）各种胶接结构和胶接接头所承受的载荷特点及温度、介质等环境影响因素。

3）胶接的目的与用途。除连接目的之外，密封、固定、修补、堵漏、防腐及某种电、磁、热、光等特殊功能等。

4）胶粘剂的性能和使用成本。

（三）胶接材料的表面处理

由于胶接主要借助于胶粘剂对胶接材料表面的粘附作用，因此胶接材料的表面处理就可能成为决定胶接接头的强度和耐久性的主要因素。表面处理主要目的有两方面：一是净化表面，除去材料表面妨碍胶接的油污、锈迹、吸附物、灰尘和水分等；二是改变材料表面的物理化学性质，如获得活性的易于胶接的特殊表面或造成特定的粗糙度等。

金属材料表面除油、除锈等方法请参阅第十章第一节。一般塑料、橡胶、玻璃等材料往往采用打磨（或研磨），适当粗化表面和溶剂脱脂处理两步。对难胶接的聚四氟乙烯等氟塑料在胶接前应进行更为严格的特殊表面活性处理。例如用钠、萘处理剂（配制方法较复杂）浸泡 15min 或辐射接枝等处理。

（四）胶接工艺

胶接工艺主要包括接头设计、表面处理、配胶、涂胶、晾置、叠合、固化、检查等，这些工艺环节的操作对胶接质量有显著影响。

（1）配胶　胶粘剂可有多种不同的状态，其中胶棒、胶条、胶膜、胶带等热熔胶和压敏胶及单液型液体胶可直接使用。对于双组份或多组份的液态胶，使用前应按规定比例现用现配，根据运用期长短和需用量确定配胶量。配胶要充分搅拌。

（2）涂胶和晾置　胶粘剂按其形态不同可用机械设备或手工喷撒、涂刷、浸渍等涂布方法。涂胶量、涂胶遍数及涂刷操作手法对胶接强度有影响。被粘物双方表面要均匀涂布，全部胶接面要充分湿润。胶层厚度以 0.03～0.15mm 为宜。有的胶粘剂在涂胶后需要晾置一定时间，使溶剂部分挥发，达到一定稠度后叠合；而 502 胶等晾置的目的是吸收微量水分，引发聚合，实现固化。

（3）叠合　涂胶后经过适当晾置，被胶接物表面要紧密粘合在一起。橡胶型胶粘剂叠合应一次对准位置，不可错动，用木锤敲打、压平、排除空气；而液体无溶剂胶粘剂叠合后最好来回错动几次，以增加接触，排除空气，调匀胶层。

（4）固化　固化即胶粘剂通过溶剂挥发、熔体冷却、乳液凝聚等物理作用或缩聚、加聚、交联、接枝等化学反应，使其变为固态。固化的主要控制因素是温度、压力、时间。不同的胶粘剂，固化条件不同。温度是最重要的参数，适当提高温度，固化时间可以缩短；温度过低不能实现固化；温度过高，胶层变脆。

固化常用的加热方法为电烘箱和红外线加热；采用高频、超声波、微波及射线辐射等方法，能加速固化；还有紫外光固化工艺，常用的加压方法有重锤、气囊、真空以及压机等。

第五节　陶 瓷 材 料

陶瓷是由金属和非金属元素合组的无机化合物材料，性能硬而脆，比金属材料和工程塑料更能抵抗高温和环境的作用，已成为现代工程材料的三大支柱之一。

一、陶瓷的分类

陶瓷种类繁多，工业陶瓷大致可分为普通陶瓷和特种陶瓷两大类。

普通陶瓷（传统陶瓷），除陶、瓷器之外，玻璃、水泥、石灰、砖瓦、搪瓷、耐火材料都属于陶瓷材料。一般人们所说陶瓷常指日用陶瓷、建筑瓷、卫生瓷、电工瓷、化工瓷等。普通陶瓷以天然硅酸盐矿物如粘土（多种含水的铝硅酸盐混合料）、长石（碱金属或碱土金属的铝硅酸盐）、石英（SiO_2）、高岭土（$Al_2O_3 \cdot 2SiO_2 \cdot 2H_2O$）等为原料烧结而成的。

特种陶瓷（现代陶瓷）是采用纯度较高的人工合成原料，如氧化物、氮化物、硅化物、硼化物、氟化物等制成的，它们具有各种特殊力学、物理、化学性能。

按性能和应用的不同，陶瓷也可分为工程陶瓷和功能陶瓷两大类。

在工程结构上使用的陶瓷称为工程陶瓷。现代工程陶瓷主要在高温下使用，故也称高温结构陶瓷。这些陶瓷具有在高温下优越的力学、物理和化学性能，在某些科技场合和工作环境往往是唯一可用的材料。工程陶瓷有许多种，目前应用广泛和有发展前途的有氧化铝、氮化硅、碳化硅和增韧氧化物等材料。

利用陶瓷特有的物理性能可制造出种类繁多用途各异的功能陶瓷材料。例如导电陶瓷、半导体陶瓷、压电陶瓷、绝缘陶瓷、磁性陶瓷、光学陶瓷（光导纤维、激光材料等）以及利用某些精密陶瓷对声、光、电、热、磁、力、湿度、射线及各种气氛等信息显示的敏感特性而制得的各种陶瓷传感器材料。

二、陶瓷材料的制作工艺及组织结构

1．制作工艺　陶瓷产品的制作工艺可大致划分为原料制备、配混粉料、坯料成型、高温烧结等工艺过程。对陶瓷产品质量影响最大的是配料成分和烧结工艺。

2．组织结构　陶瓷是多相材料，其显微组织由晶相、玻璃相、气相组成，各相的结构、数量、形态、大小及分布对性能有显著影响。

晶相包括某些硅酸盐、氧化物等化合物和固溶体，是陶瓷的主要组成相，对陶瓷性能起决定作用。晶相内原子的结合键是离子键、共价键或两者的混合。键的强度决定了陶瓷的各种性能特点。此外，晶相的晶体结构、同素异构转变、晶体缺陷（如位错等）对陶瓷性能也

有显著影响。

玻璃相是一种非晶态固体，它是陶瓷烧结时，由 SiO_2 熔化形成的粘流态的液相较快地冷却到玻璃化温度 T_g，来不及结晶而得到的固态过冷液体。玻璃相的作用是粘结陶瓷中分散的晶相、降低烧结温度、抑制晶相的晶粒长大和填充气孔。玻璃相熔点低、强度低，陶瓷中含量越大，陶瓷的耐热性、强度越低。

气相是陶瓷孔隙中的气体，即气孔。气孔量用在陶瓷中所占体积百分比来表示。气孔使陶瓷密度减小，能吸收振动，但又使强度降低，绝缘性变差。

三、陶瓷材料的性能特点

1. 力学性能　与金属材料相比较，大多数陶瓷的硬度高，弹性模量大，脆性大，几乎没有塑性，抗拉强度低，抗压强度高。

2. 热性能　陶瓷材料熔点高，抗蠕变能力强，热硬性可达1000℃。但陶瓷热膨胀系数和导热系数小，承受温度快速变化的能力差，在温度剧变时会开裂。

3. 化学性能　陶瓷的化学性能最突出的特点是化学稳定性很高，有良好的抗氧化能力，在强腐蚀介质、高温共同作用下有良好的抗蚀性能。

4. 其他物理性能　大多数陶瓷是电绝缘体，功能陶瓷材料具有光、电、磁、声等特殊性能。

四、常用工程结构陶瓷的种类、性能和用途

常用工程结构陶瓷的种类、性能和应用如表 9-6 所示。

表 9-6　常用工程结构陶瓷的种类、性能和应用

名称		密度 /(g.cm^{-3})	抗弯强度 /MPa	抗拉强度 /MPa	抗压强度 /MPa	膨胀系数 /10^{-6}℃$^{-1}$	应用举例
普通陶瓷	普通工业陶瓷	2.3～2.4	65～85	26～36	460～680	3～6	绝缘子，绝缘的机械支撑件，静电纺织导纱器
	化工陶瓷	2.1～2.3	30～60	7～12	80～140	4.5～6	受力不大、工作温度低的酸碱容器、反应塔、管道
特种陶瓷	氧化铝瓷	3.2～3.9	250～450	140～250	120～2500	5～6.7	内燃机火花塞，轴承，化工泵的密封环，导弹导流罩，坩埚热电偶套管，刀具，拉丝模等
	氮化硅瓷 反应烧结 热压烧结	 2.4～2.6 3.10～3.13	 166～206 490～590	 141 150～275	 1200 —	 2.99 3.28	耐磨、耐腐蚀、耐高温零件，如石油、化工泵的密封环，电磁泵管道、阀门，热电偶套管，转子发动机刮片，高温轴承，刀具等
	氮化硼瓷	2.15～2.2	53～109	25（1000℃）	233～315	1.5～3	坩埚、绝缘零件、高温轴承、玻璃制品成型模等
	氧化镁瓷	3.0～3.6	160～280	60～80	780	13.5	熔炼 Fe、Cu、Mo、Mg 等金属的坩埚及熔化高纯度 U、Th 及其合金的坩埚
	氧化铍瓷	2.9	150～200	97～130	800～1620	9.5	高温绝缘电子元件，核反应堆中子减速剂和反射材料，高频电炉坩埚等
	氧化锆瓷	5.5～6.0	1000～500	140～500	144～2100	4.5～11	熔炼 Pt、Pd、Rh 等金属的坩埚、电极

第六节 复合材料

工程技术和科学的发展对材料的要求越来越高，这种要求是综合性的，有时是相互矛盾的。例如，有时既要求导电性优良，又要求绝热；有时既要求强度高于钢，又要求弹性类似橡胶。显然仅靠开发单一的新材料难以满足上述要求，而将不同性能的材料复合成一体，实现性能上互补，也是一条有效的途径。

所谓复合材料是指由两种或多种不同性能的材料用某种工艺方法合成的多相材料。复合材料既保持组成材料各自的特性，又具有复合后的新特性，其性能往往超过组成材料的性能之和或平均。例如玻璃纤维的断裂能仅有 75×10^{-5}J，常用树脂亦只有 22.6×10^{-3}J，而由两者复合成的玻璃钢的断裂能高达 17.6J。由此可见“复合”是开发新材料的重要途径。

一、复合强化原理

复合强化原理是由组成材料的种类、性能、比例、形态不同，复合方法不同而异，同时得到不同的强化效果。例如粒子复合强化、纤维复合强化、叠层复合强化等。不论强化原理有何不同，复合材料组成材料之间都要形成界面结构，在外力作用下，这种界面结构会产生其组成材料内部没有的、全新的力学行为，例如裂纹扩展到达界面时方向的折转、纤维在基体中断裂后的拔出等。正是这种全新的力学行为使复合材料具备了新的特性。

二、复合结构材料的种类

复合结构材料种类较多，目前较常见的是以高分子材料、陶瓷材料、金属材料为基体，以粒子、纤维和片状为增强体组成的各种复合材料，如表 9-7 所示。

表 9-7 复合材料的种类

增强体		基体							
		金属	无机非金属				有机材料		
			陶瓷	玻璃	水泥	碳素	木材	塑料	橡胶
金属		金属基复合材料	陶瓷基复合材料	金属网嵌玻璃	钢筋水泥	无	无	金属丝增强塑料	金属丝增强橡胶
无机非金属	陶瓷纤维粒料	金属基超硬合金	增强陶瓷	陶瓷增强玻璃	增强水泥	无	无	陶瓷纤维增强塑料	陶瓷纤维增强橡胶
	碳素纤维粒料	碳纤维增强金属	增强陶瓷	陶瓷增强玻璃	增强水泥	碳纤增强碳合金材料	无	碳纤维增强塑料	碳纤碳黑增强橡胶
	玻璃纤维粒料	无	无	无	增强水泥	无	无	玻璃纤维增强塑料	玻璃纤维增强橡胶
有机材料	木材	无	无	无	水泥木丝板	无	无	纤维板	无
	高聚物纤维	无	无	无	增强水泥	无	塑料合板	高聚物纤维增强塑料	高聚物纤维增强橡胶
	橡胶胶粒	无	无	无	无	无	橡胶合板	高聚物合金	高聚物合金

按基体材料的不同可将复合材料分为两类：非金属基复合材料，例如塑料基复合材料、橡胶基复合材料、陶瓷基复合材料等；金属基复合材料，如铝基复合材料、铜基复合材料等。

按照增强材料的不同可将复合材料分为三类：纤维增强材料，例如纤维增强橡胶（如橡胶轮胎、传动皮带）、纤维增强塑料（如玻璃钢）等；颗粒增强复合材料，例如金属陶瓷、烧结弥散硬化合金等；叠层复合材料，如双层金属（巴氏合金-钢双金属滑动轴承材料）等。三类增强材料中，纤维增强复合材料发展最快。

三、复合材料的性能特点

1. 比模量高、比强度大　其实质是单位质量所提供的变形抗力和承载能力大，这对要求自重小、运转速度高的结构零件很重要。

2. 良好的抗疲劳和破断安全性　这是由于纤维增强复合材料对缺口、应力集中敏感性小，纤维-基体界面能阻止疲劳裂纹扩展，使裂纹扩展改变方向。实验测定表明，碳纤维复合材料的疲劳极限可达抗拉强度的 70%～80%，而金属的疲劳极限只有其抗拉强度的一半左右。纤维增强复合材料中有大量独立的纤维，平均每平方厘米面积上有几千到几万根，当少数纤维断裂后载荷就会重新分配到其他未破断的纤维上使构件不致发生突然破坏，故破断安全性好。

3. 优良的高温性能　大多数增强纤维在高温下仍保持高的强度，用其增强金属和树脂时能显著提高高温性能。例如铝合金在 400℃ 时弹性模量大幅度下降于接近零，强度也显著降低，而用碳纤维增强后，在此温度下弹性模量基本保持不变。

思考题与习题

1. 简述高聚物分子链的结构和形态。它们对有机高分子材料的性能特点有何影响？
2. 加聚反应和缩聚反应有何区别？
3. 线性非晶态高聚物有哪三种力学状态？其影响因素是什么？
4. 塑料和橡胶的本质区别是什么？对这两种材料，希望玻璃化温度高还是低？
5. 导致高聚物老化的因素有哪些？观察生活中塑料和橡胶制品老化的现象。
6. 塑料有哪几种成型工艺方法？
7. 塑料、橡胶和胶粘剂的主要组成物各是什么？
8. 了解市场上销售的胶粘剂，将其按粘料成分和主要用途分类。
9. 何谓陶瓷？其组织由哪几个相组成？它们对陶瓷性能有何影响？
10. 简述工程结构陶瓷材料的性能特点。
11. 何谓复合材料？有哪些增强结构类型？
12. 试举例说明复合材料的性能特点？

第十章　工程材料的表面处理

工程材料表面处理是制造高质量机械电子产品的重要基础工艺之一。随着制造工业和高新技术的发展，对材料及其制品表面的综合性能要求越来越高，促进了表面处理技术的迅速发展及其在制造工业各个领域的广泛应用。

第一节　概　　述

一、材料表面处理的目的

工程材料表面处理的目的是利用各种表面涂镀层及表面改性技术，赋予基体材料本身所不具备的特殊力学、物理和化学性能，从而满足工程上对材料及其制品提出的以下要求：

1）提高材料在腐蚀性介质中的耐蚀性或抗高温氧化性能。

2）提高工件耐磨、减摩、润滑及抗疲劳性能。

3）防止金属材料及其制品在生产、贮运和使用过程中发生锈蚀。

4）根据需要赋予材料及其制品表面各种特殊的功能，如绝缘、导电、反光、光的选择吸收、电磁性、焊接性、可胶接性等及制造特殊新型表面材料及复层金属板材。

5）赋予金属或非金属制品表面光泽、色彩、图纹等优美外观。

6）修复磨损或腐蚀损坏的工件，挽救加工超差的产品。

二、表面处理方法分类

（一）表面强化处理

表面强化处理是材料表面处理的重要领域。它是通过材料表层的相变、改变表层的化学成分、改变表层的应力状态以及提高表层的冶金质量等途径来改变性能，从而达到强化表面的目的。目前生产中常用的表面强化有以下几种：

（1）表面的覆盖层强化法　在材料表面获得特殊性能的覆盖层（如气相沉积层、镀覆层、热喷涂层等），以达到提高强度、耐磨、耐蚀、耐疲劳等性能的目的。

（2）表面形变强化法　表面通过喷丸、滚压、挤压等产生形变强化层，从而获得较高的疲劳强度的工艺方法。

（3）表面热处理强化法　通过化学热处理（如渗碳、氮、硼及铬等金属非金属元素）、表面淬火（感应加热、火焰加热、激光、电子束表面淬火）等方法使表面强化。

（4）表面复合处理强化法　将两种以上的表面强化工艺复合用于同一工件上，在性能上可以发挥各自优点的处理方法，如渗氮后进行高频感应表面淬火、镀覆后进行热扩散等。

（二）表面防腐、保护处理

在材料表面施以覆盖层以达到防腐蚀的目的，常用的有电镀、化学镀、热浸镀、化学氧化、磷化、涂料涂装等处理技术。

（三）表面装饰加工

通过表面抛光、金属着色、光亮镀层和美术装饰漆膜等方法达到表面装饰的目的。

三、表面预处理

材料表面往往附着油污、锈蚀产物等异物，不适宜实施上述各种表面处理或降低最终表面处理的质量，因此必须先进行材料表面预处理。表面预处理主要方法有碱液清洗、溶剂清洗、表面活性剂清洗、化学除锈和机械处理等。为了控制表面预处理的质量，各类表面处理技术对预处理提出明确的技术要求，如GB11373—89《热喷涂金属件表面预处理通则》。

（一）脱脂

1. 碱溶液脱脂　碱溶液通常由氢氧化钠、碳酸钠、磷酸钠、硅酸钠等组成，浓度在10%左右。碱溶液可以中和脂肪酸和使动植物油垢起皂化作用，予以清除。

2. 有机溶剂脱脂　一般表面使用汽油、煤油、柴油等，重要表面可选用酒精、丙酮、三氯乙烯、四氯化碳等。有机溶剂脱脂是利用它对油脂的溶解能力，溶解能力越高，清洗速度越快，溶剂消耗越少。

3. 金属清洗剂　可以选用专用清洗剂如“清洗剂6501”（主要成分：十二烷基二乙醇酰胺）进行清洗。应用清洗剂可节约石油产品、经济、安全，减少污染和改善劳动条件。

除选择上述适用的除油剂之外，还应选择适当的清洗手段。根据生产批量、工件形状、油污类型和程度，可选择手工、浸渍、喷射、电解、超声及蒸气喷溅等清洗方法。

（二）除锈

1. 机械除锈　一般使用钢丝刷、刮刀、砂布或手砂轮等。生产规模较大的可用喷丸(砂)、滚筒、振动精整等机械方法。

（1）磨光与抛光　磨光一般是在装有旋转的磨轮机床上光整零件表面的过程。磨轮是用粘合剂将磨料颗粒粘结而成的，磨料的粒度一般为120～320号。抛光是用抛光轮除去表面的细微不平处，使零件表面达到光亮、整洁的过程。抛光轮是用细棉布、绸和毛毡等单独圆片叠合后涂上抛光膏制成。

（2）滚光　滚光是将零件和滚光液（磨料、乳化剂、缓蚀剂、稀酸和稀碱）放入滚筒，经旋转而互相发生磨削，最终达到光洁表面的过程。滚光可以部分代替繁重的手工磨光及抛光，降低成本，提高劳动生产率。并能强化表面，改进工件的耐蚀性能。

（3）喷丸（砂）　喷丸（砂）是利用压缩空气流、高压水或离心力使磨料（砂粒、铁丸等）冲击工件表面，以除去锈迹、高温氧化皮、旧漆、污垢等，同时可使工件表面强化，提高疲劳强度和产生符合要求的表面粗糙度。

2. 化学除锈　化学除锈是利用酸性药剂将金属的锈皮溶解和利用化学反应进行时产生的气泡把锈皮剥离下来的方法，可用盐酸、硫酸和磷酸。

3. 电化学除锈　电化学除锈是在化学除锈的酸液中通以电流，可以加速除锈速度，减少酸液消耗和基体金属的腐蚀。电化学除锈的电解液一般为盐酸或硫酸。

（三）其他表面预处理

有些金属材料在表面处理之前，例如重要的涂装以及重要的胶接之前，除要求必须脱脂、除锈之外，还要求磷化或氧化处理，以使表面进一步活化和提高防腐蚀能力。

（四）预处理质量的检测与评定

脱脂除锈的效果对后续的表面处理质量有很重要的影响，故在工艺过程中必须严格控制。

1. 脱脂质量评定　工业中最常用的简单、直观方法是水膜法，将脱脂清洗后的工件，浸入干净的水中，取出立即检查，其表面应带有一层连续的水膜，如水膜破裂，表明表面尚未除净。JB/Z236—85《钢铁涂装前除油程度检查方法》规定用试纸法检查脱脂程度。

2. 除锈质量评定　GB8923—88《涂装前钢铁表面锈蚀等级和除锈等级标准》根据不同的除锈方式，将机械除锈质量分为 6 个等级，以符号 Sa1、Sa2、St3 等符号表示，用文字说明，并用相应的彩色照片加以对照。

3. 镀覆前表面评定　GB12611—90《金属零（部）件镀覆前质量控制技术要求》规定了在电镀、化学镀、化学氧化等镀覆前的质量控制和验收标准，要求不允许有残余氧化皮、锈蚀、油迹、手印及其他残余物，凡经机械加工的零（部）件应进行消除应力的热处理。

第二节　气 相 沉 积

气相沉积是利用气相中发生的物理、化学过程，改变工件表面成分，在表面形成具有特殊性能的金属或化合物涂层。按照过程的本质可将气相沉积分为化学气相沉积和物理气相沉积两大类。

一、化学气相沉积

化学气相沉积（CVD）是利用气态物质在一定的温度下于固体表面上进行化学反应，并在其上面生成固态沉积膜的过程。

1. CVD 的装置及沉积过程　CVD 法所用的设备简图如图 10-1。

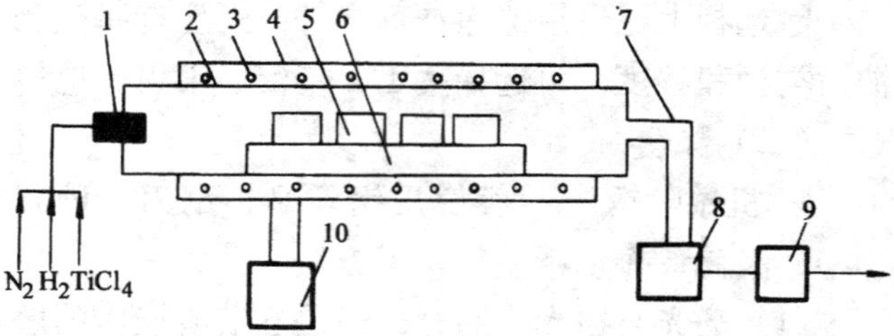

图 10-1　CVD 装置示意图

1—进气系统　2—反应器　3—加热炉丝　4—加热炉体　5—工件　6—卡具　7—排气管　8—机械泵　9—废气处理系统　10—加热炉电源及测温仪表

如钢件要涂覆 TiC 层，则将钛以挥发性氯化物（如 $TiCl_4$）形式与气态或蒸发状态的碳氢化合物一起进入反应室内，用氢作为载体和稀释剂，即会在反应室内的钢件表面上发生下述反应：

$$TiCl_4 + CH_4 + H_2 \rightarrow TiC + 4HCl\uparrow + H_2\uparrow$$

生成 TiC，沉积在钢件的表面。钢件经沉积后还需进行热处理，可以在同一反应室内进行。化学气相沉积反应室需获得真空，并加热到 900～1100℃。

2.CVD 涂层材料、性能及应用　常用作 CVD 涂层的材料为碳化物、氮化物、氧化物、硼化物、金属及非金属，如 TiC、TiN、TiCN、Cr-C、Al_2O_3 等。尤其是前三种，它们具有很高的硬度（2000～4000HV），较低的摩擦系数，优异的耐磨性和良好的抗粘着能力。CVD 涂层厚度较为均匀，膜厚度一般为 3～18μm，具有相当优越的耐蚀性。可以处理小孔和深槽，设备比较简单，此外，涂层的切削性能极好，可进行高速切削。CVD 法的缺点是沉积温度高达 1000℃，工件易变形，高温时的组织变化可能导致基体力学性能降低，并且排出的气体有毒，必须注意通风及防污染处理。

碳素工具钢、渗碳钢、轴承钢、高速钢、铸铁及硬质合金等多种材料可进行化学气相沉积。

目前，CVD 硬质合金涂层刀具（TiC、TiN、Al_2O_3、TiC-Al_2O_3）、CVD 涂层钢制工模具及耐磨机件已得到应用，使用寿命较未涂层工件提高 3～10 倍。

二、物理气相沉积

物理气相沉积（PVD）是通过真空蒸发、电离或溅射等过程，产生金属离子并沉积在工件表面，形成金属涂层或与反应气体反应形成化合物涂层。物理气相沉积是相对于化学气相沉积而言的，但并不意味着PVD完全不能有化学反应。PVD法的重要特点是沉积温度低于600℃，沉积速度比CVD快，此法可适用于钢铁材料、非铁金属材料、陶瓷、玻璃、塑料等各种材料。PVD法有真空蒸镀、真空溅射、和离子镀三大类。

（一）PVD的装置及沉积过程

1. 真空蒸镀　真空蒸镀法一般在10^{-3}Pa或更高真空度的反应室中，将镀层材料加热变成蒸发原子，蒸发原子在真空条件下撞击工件表面而形成沉积层。图10-2为真空蒸镀原理示意图。

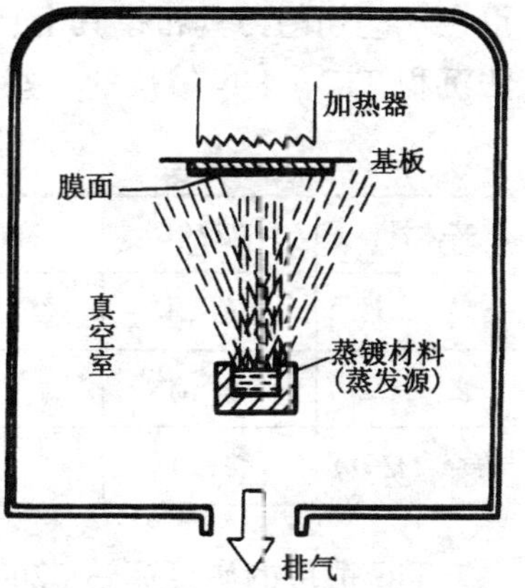

图10-2　真空蒸镀原理示意图

真空蒸镀装置通常由真空室、排气系统、蒸发源加热系统等几部分组成。真空室由高真空机组抽真空，真空度达10^{-3}～10^{-2}Pa。将欲蒸镀的材料放置在蒸发源上，在蒸发电极上通低电压大电流交流电使蒸镀材料加热至熔化、蒸发。大量的蒸发原子离开熔池表面进入气相，径直达到基板表面凝结成金属薄膜。

2. 离子镀　离子镀是借助于一种惰性气体的辉光放电，使欲镀金属（或合金）蒸发离子化，离子经电场加速，而沉积在带负电荷的被镀物基板上。真空蒸镀主要研究基体表面的晶体构造与膜的物理性质的关系，而离子镀还需研究粒子的离子化方法、离子及其激发粒子的行为和功能以及电场情况。离子镀也可以看作是高级的真空蒸镀技术。一般用氩气作为惰性气体，真空度1.33～0.133Pa，所加电压为200～500V之间。

3. 真空溅射　溅射是不用蒸发技术的物理气相沉积方法。此法是用高能离子冲击欲沉积的金属或化合物（靶子）表面，产生溅射现象，从靶子溅射出来的粒子堆积在工件上形成覆盖层。图10-3为溅射装置示意图。一般用氩气作为工作气体，压力为13.3～2.66Pa，靶（靶源材料如TiC）上带数百到数千伏负压，加热灯丝至1700℃左右，并使之带负电（30～100V），此时灯丝发射电子、使氩气电离成氩离子轰击靶材，使靶材以原子或分子状态溅射到工件表面上，形成厚度为几微米至几十微米的沉积层。

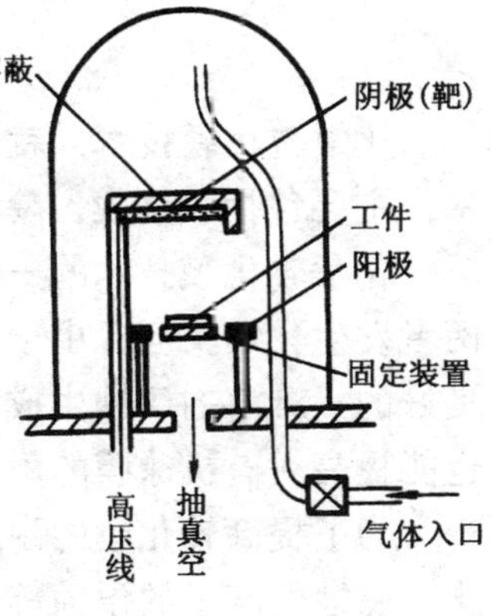

图10-3　真空溅射装置示意图

（二）PVD涂层及应用

1. 用于表面装饰的PVD涂层　PVD处理可以获得表面光泽度极好的镀层，而且可以得到大多数金属的碳化物、氧化物和氮化物，而这些金属的化合物具有各种不同的颜色，可以根据装饰物的需要来加以选择。由于基体温度可以很低，只要在真空下不会气化的固体都可以作为基体材料，不论是金属还是非金属，如陶瓷、石膏、玻璃都可以采用适当的PVD处理，这就为工艺美术品提供了一种极有发展前途的处理手段。一些常见金属及金属化合物的颜色如下：Al——仿银膜，Al_2O_3——无色透明，Al_2O_3 + Cr——红色，Al_2C_3 + （2～3%）

V_2O_3——蓝紫色，TiO_2——黑色，VC——灰色，NbC——亮褐色，TaC——金褐色，MgN——黄绿色，TiN——金黄色，WN——褐色。目前用得最多的还是仿金镀——TiN，因为 TiN 颜色最正。价格也最便宜。

2. PVD 硬质镀层　目前用得最普遍，工艺上最成熟的是 TiC、TiN 涂层，这类涂层应用在一些切削刀具和模具上已收到良好的效果。表 10-1 为采用活性反应真空蒸镀（ARE）法沉积 TiC、TiN 镀层的一些实用例子。

表 10-1　TiC、TiN 镀层应用效果

基体材料	高速钢	高速钢	高速钢	高速钢	模具钢	Cr13 不锈钢	Cr12MoV
零　　件	切削工具	丝　　锥	齿轮滚刀	螺钉冲头	冲孔冲头	纤维切刀	拉深模
镀　　层	TiC，TiN	TiC	TiN	TiN	TiC，TiN	TiC	TiN
寿命（倍数）	5～10	5	3	3	3～5	3～10	75

TiC 镀层的硬度高达 3200～3400HV，摩擦系数为 0.08～0.10，耐磨性很好，有极好的抗热咬合性，可以在钢质或硬质合金基体上沉积。

TiN 镀层的硬度比 TiC 低一些（2500HV 左右），但随温度升高硬度下降较慢，耐磨性虽低于 TiC，但抗氧化、抗摩擦、抗热咬合性都优于 TiC。TiN 镀层也适用于钢质和硬质合金基体，而且 TiN 镀层合成较 TiC 容易，成本低。

近年来，蒸镀及溅射膜已在电子元件上广泛应用，例如摄象管，半导体和集成电路，液晶和电发光的显示器，磁阀、磁头、太阳电池等敏感元件，电容器，金属膜电阻器等。

第三节　化学转化膜技术

化学转化膜技术，就是通过化学或电化学手段使金属表面形成稳定的化合物膜层的技术，主要包括氧化膜、磷酸盐膜、铬酸盐膜、阳极氧化膜、草酸盐膜等技术。

化学转化膜技术的一般原理是：使某种金属与某种特定的腐蚀液相接触，在一定条件下两者发生化学反应，由于浓差极化作用和阴阳极极化作用等，在金属表面上形成一层附着力良好的、难溶的腐蚀生成物膜层。这些膜层能保护基体金属不受水和其他腐蚀介质的影响，也能提高对有机涂膜的附着性和耐老化性。

为了提高转化膜的耐腐蚀性，首先要求转化膜的结晶组织或难溶性盐本身对外界温度变化、腐蚀性离子的侵蚀等具有足够的稳定性。转化膜结晶粒子的组织也应当十分致密，以阻止腐蚀性溶液通过结晶间隙到达金属表面。

化学转化膜技术一般工艺简单，操作方便，近 20 年来有了很大发展。

一、氧化处理

（一）钢铁氧化处理

将钢铁工件放入某些氧化性溶液中，使其表面形成厚度约为 0.5～1.5μm 致密而牢固的 Fe_3O_4 薄膜的工艺方法称为氧化处理，又称发蓝。发蓝不影响零件的精密度，常用于工具、武器、仪器的装饰防护。

氧化处理能提高工件表面的抗蚀能力，有利于消除工件的残余应力，减少变形，还能使表面光泽美观。氧化处理可用化学法和电解法。化学法又可分为碱性法和无碱性法，碱性法应用最多。

1. 钢铁氧化处理工艺流程和规范　钢铁氧化处理（发蓝）的一般工艺流程如下：

脱脂——清洗（热水）——清洗（流动水）——酸洗——清洗（流动水）——氧化——清洗（回收槽中）——清洗——浸渍（30～50g/L 皂液，80～90℃，2min）——清洗（热水）——干燥——检验——浸油（10 号机油、105～110℃、5～10min）——停放。

钢铁氧化常用的溶液成分和工艺条件见表 10-2。GB/T15519——1995《钢铁化学氧化膜》规定了钢铁零件化学氧化处理膜层技术规范、膜层质量要求及检验方法。

表 10-2　钢铁工件发蓝溶液成分和工艺条件

配　方	1	2	3		4	
			第一槽	第二槽	第一槽	第二槽
氢氧化钠（$g \cdot L^{-1}$）	600～700	500～650	550～650	750～1000	550～650	600～720
亚硝酸钠（$g \cdot L^{-1}$）	55～65	150～200	100～150	150～200		
硝酸钠（$g \cdot L^{-1}$）					130～180	150～200
磷酸三钠（$g \cdot L^{-1}$）	20～30					
温度/℃	130～137	135～145	130～135	140～150	135～145	140～150
时间/min	60～90	60～90	10～20	40～50	5～20	20～30

2. 发蓝工艺说明

1）开始时金属铁在碱溶液里溶解，在铁和溶液的接触面处形成了氧化铁的过饱和溶液，然后金属表面上生成了氧化铁晶核，最后长成连续的氧化膜。为了获得较厚、耐蚀能力较强的氧化膜，可以进行两次氧化。

2）氢氧化钠是一种强碱，能使工件表面产生轻微的腐蚀，析出铁离子，在发蓝过程中起促进作用。也能起去油污作用。

亚硝酸钠或硝酸钠是一种氧化性很强的盐类，是起氧化作用的主要成分，但它只有与氢氧化钠同时存在，才能完成氧化处理过程。

3）钢铁零件经氧化后，虽然防蚀性有提高，但其防护性仍然较差，将形成氧化膜的工件浸没在肥皂或重铬酸钾溶液里，使将氧化膜松孔填充或钝化，然后浸油，可使表面形成油膜，抗蚀能力进一步提高，使外观光彩美观。

（二）铝及铝合金的氧化处理

1. 化学氧化法　将工件放入弱碱或弱酸中获得与基体铝结合牢固的氧化膜，主要用于提高工件的抗蚀和耐磨性能，也可作油漆的良好底层，还可着色用于表面装饰（如建筑铝型材、压铸件、标牌的装饰膜等）。

（1）碱性溶液法　溶液为无水碳酸钠 50g/L、铬酸钠 15g/L、氢氧化钠 2.5g/L 和余量水组成，在溶液温度为 80～100℃ 时处理 5～8min。

（2）酸性溶液法　溶液为磷酸 59～60ml/L，铬酐 20～25g/L，氟化氢铵 3～3.5g/L，磷酸氢二铵 2～2.5g/L，硼酸 0.6～1.2g/L 和余量水组成，在溶液温度为 30～36℃ 时处理 3～6min。氧化后进行重铬酸钾填充封闭。

2. 阳极氧化法　阳极氧化法是将工件置于电解液中，然后通电，得到硬度高、吸附力强的氧化膜的方法。常用的电解液有：15%～20%重量百分浓度的硫酸、3%～10%重量百分浓度的铬酸、2%～10%重量百分浓度的草酸。

阳极氧化膜可用热水煮，使氧化膜变成含水氧化铝，因体积膨胀而封闭。也可用重铬酸钾溶液处理而封闭。

二、钢铁的磷化处理

磷化处理是将钢铁零件放入含有磷酸盐的溶液中，获得一层不溶于水的磷酸盐膜的过程。磷化膜由磷酸铁、锰、锌所组成，呈灰白或灰黑色的结晶，厚度一般为 7～20μm。膜与基体金属结合十分牢固，并且有较高的电阻，绝缘性能好，击穿电压可达 250～380V；磷化膜比发蓝的抗蚀能力强 2～10 倍，在 200～300℃时仍具有一定的耐蚀性，在大气、矿物油、动物油、植物油，苯及甲苯等介质中均有很好的耐蚀能力；但在酸、碱、氨水、海水及水蒸气中，耐蚀性差。

根据基底材料、工件表面状态、磷化液成分和磷化采用的工艺条件，可得到不同类型、不同厚度、不同表面密度、不同结构和不同颜色的磷化膜。厚磷化膜主要用于耐蚀防护、冷变形加工的润滑、滑动表面的减摩等；薄磷化膜主要用于工序间的防护及有机涂料层基底。

1. 磷化的种类

(1) 室温磷化　室温磷化处理时间长，磷化膜抗蚀能力低，结合力弱，但不需加热。

(2) 中温磷化（50～70℃）　磷化处理时间短，但游离酸度稳定，容易掌握，磷化膜抗蚀能力可达高温磷化膜水平，所以中温磷化效果好，应用广。其缺点是溶液比较复杂。

(3) 高温磷化（90～98℃）　磷化处理时间短，磷化膜的抗蚀能力较高。但槽液加热时间长，溶液挥发量大，游离酸度不稳定，结晶粗细不均匀，操作较困难。

2. 中温磷化液

(1) 中温磷化溶液的部分配方见表 10-3。

表 10-3　中温磷化溶液的部分配方　($g \cdot L^{-1}$)

配　方	1	2	3
磷酸锰铁盐	30～45		30～40
磷酸二氢锌		30～40	
硝酸锌	100～130	80～100	80～100
硝酸锰	20～30		
亚硝酸钠			1～2

(2) 磷化溶液的配制方法　先向磷化槽内加入 2/3 槽体的水，再将配方中的磷酸锰铁及磷酸锌用水溶开加入槽中，最后将硝酸锌和硝酸锰加入。加热至沸点，使它们进一步溶解，再加水至工作液面。新配的溶液为增加亚铁离子，应加入经过酸洗除油的铁屑处理。溶液应取样分析后试生产。生产中除了要补足正常溶液损耗外，还应防止成分失调，最简便的控制方法是测定槽液的总酸度和游离酸度。

3. 磷化处理的施工方法　磷化处理的主要施工方法有三种：浸渍法、喷淋法和浸喷组合法。

浸渍法适用于高、中、低温磷化工艺，可处理任何形状的工件，可获得厚、中、薄的磷化膜，且设备简单，质量稳定。

喷淋法适用于中、低温磷化工艺，可以处理大面积工件，如汽车壳体、电冰箱、洗衣机等大型工件作为油漆底层和冷变形加工等。这种方法处理时间短，成膜反应快，生产效率高，但只能获得薄的和中等厚的磷化膜。

一般钢铁件磷化处理工艺流程如下：

化学除油→热水洗→冷水洗→酸洗→冷水洗→磷化处理→冷水洗→磷化后处理→冷水洗→去离子水洗→干燥。

第四节　电镀和化学镀

一、电镀的基本原理和镀层功用

电镀是将金属工件浸入欲镀金属盐溶液中并作为阴极，通以直流电，在直流电场的作用下，金属盐溶液中的阳离子在工件表面上沉积出牢固镀层。电镀时金属离子被吸引到阴极还原成原子，生成细微的核点便是晶核，然后长大成为镀层，故镀层的沉积是一个结晶过程。

电镀是常用的金属表面处理技术，合金电镀、复合电镀等工艺技术的发展使电镀技术不断扩大应用范围。电镀镀层有以下功用：

1. 防护性镀层　主要是防止金属在大气以及其他环境下的腐蚀，如钢铁工件镀锌、镀铬、镀锌镍耐蚀合金等。

2. 修复性镀层　增大零件尺寸或覆盖耐磨性镀层，如镀铬、镀铜、镀铁等。

3. 装饰性镀层　使基体金属既能防止腐蚀又有美观装饰的镀层，如镀铬、镀金、镀银、镀镍、镀黄铜（仿金）等合金以及镀层组合等。

4. 特殊用途镀层　如耐磨镀层（硬铬镀层）、防止局部渗碳镀层（镀铜）、电气特性的镀层（镀银、铜、锡）等。

二、电镀金属

1. 镀铬　镀铬层在大气中很稳定，不易变色和失去光泽，硬度高，耐磨性好，耐热性较好，广泛用作装饰性组合镀层的面层。

用于表面防护和装饰的镀铬层厚度一般为0.25～2μm，用于表面耐磨的硬铬层厚度为5～80μm，为减摩可镀松孔铬。常用镀铬工艺类型及规范如表10-4所示。一般光亮镀时间为13h，电压4～15V，阳极用铅锡合金。

表10-4　常用镀铬工艺类型及规范

工艺类型	铬酐（$g\cdot L^{-1}$）	硫酸（$g\cdot L^{-1}$）	三价铬（$g\cdot L^{-1}$）	温　度/℃	电流密度/（$A\cdot dm^{-2}$）
光亮镀铬	300～400	3.5～4.0	3～5	45～55	30～80
耐磨镀铬	200～250	2～2.75		45～55	40～50
松孔镀铬	200～250	1.8～2.3	3～5	50～55	40～60

2. 镀铜　用于镀金、银、镍的底层，另外，防渗碳。用电镀层代替铜零件。

一般普通镀铜工艺规范为：$CuSO_4\cdot 5H_2O$（175～250g/L），H_2SO_4（45～70g/L），温度18～25℃，电流密度1～1.5A/dm^2。

氰化镀铜工艺规范为：CuCN（30～35g/L），NaCN（40～65g/L），NaOH（30～40g/L），$KNaC_2H_2H_2O$（酒石酸钾钠）（30～60g/L），温度50～60℃，电流密度1～3A/dm^2。

电镀前，金属一般需经镀前表面预处理；镀后要经过钝化处理、封闭处理、氧化处理、着色处理、抛光处理等。所谓钝化处理是指在镀层上再形成一层坚实致密的、稳定性高的薄膜。封闭处理是阳极氧化后放入热水中，镀层膨胀后把孔道封闭的处理方法。镀后处理方法要根据镀层种类、质量要求不同而进行选择使用。

三、塑料基体上的电镀

塑料是非导体，只有通过一定的处理使其表面导电，才能进一步通过电沉积形成金属镀层，因此塑料基体电镀的关键是表面金属化。

塑料表面金属化过程通常包括：表面清理（去油污及脱模等），溶剂处理（使表面能在下一步调整处理液中呈现亲水性并使塑料轻微膨胀），调整处理及粗化处理（使表面产生能和金属层以某种程度锁合的粗糙度和部分亲水集团），催化表面准备（通过敏化——浸还原剂金属盐；活化——产生金属的均匀沉积层）。

表面金属化后，就可以用常规电镀的方法进行电镀。可先用电镀铜的方法加厚表面的化学镀层，然后镀镍；以后再根据需要镀铬或仿金镀等表面装饰层。

四、化学镀

化学镀是利用合适的还原剂，使溶液中的金属离子在经催化的表面上还原出金属镀层的一种化学方法。由于它具有独特的工艺性能和优良的镀层特性，现已发展为引人注目的镀覆技术。

在化学镀中，溶液内的金属离子是依靠溶液中的还原剂所提供的电子而还原成相应的金属。化学镀溶液的组成及其相应的工作条件，必须是反应只限制在具有催化作用的零件表面上进行，而溶液本身不应自发地发生氧化还原反应，否则会造成溶液的自然分解而失效。

化学镀可以在金属、非金属、半导体等各种不同的基体上镀覆。目前，化学镀镍、铜、银、金、钴、钯、铂、锡以及化学镀二元、三元合金、化学复合镀层，以在工业生产上采用。

1. 化学镀镍　化学镀镍大致可以分为三种类型：次亚磷酸盐还原型，硼氢化物还原型及联氨（肼）化合物还原剂。生产上大多采用次亚磷酸钠作还原剂。例如化学镀 Ni-P 合金溶液：硫酸镍 20g/L、次亚磷酸钠 24g/L、乳酸 27g/L、丙酸 2g/L，pH 值 4.5，控制温度 90℃。获得镀层成分质量分数：Ni90%～92%，P8%～10%。这种 Ni-P 层比通常的电镀镍层硬得多，刚镀出时为 500～600HV；400℃下热处理 1h 后硬度可达 1000HV，且孔隙度低，耐蚀性好。

2. 化学镀铜　在碱性溶液中以甲醛为还原剂的化学电镀法，古代曾用于铜镜制造。目前化学镀铜液主要分为两类：一类镀液用于镀塑料，镀膜厚度小于 1μm，使用温度为 20～25℃；另一类镀液用于镀覆印刷电路板的导电膜，镀膜厚度 20～30μm。要求镀膜速度高，膜的强度和塑性好，使用温度为 60～70℃。

常温塑料化学镀铜液配方举例：硫酸铜 10g/L，罗谢耳盐（酒石酸钾钠）50g/L，甲醛水（37%）10ml/L，氢氧化钠中和，pH 值为 10。

第五节　涂料与涂装工艺

机电产品涂料涂装，是以适当的工艺手段在产品的被涂表面上使涂料形成结合良好、连续的保护涂层的工艺过程，是材料保护应用最广泛、最重要的工艺手段之一。

一、涂料

(一) 涂料的组成

涂料或称漆，是一种有机高分子材料为主的混合物，用于保护物体的表面，免受外界(大气、盐雾、酸雾或化学品) 侵蚀；掩盖表面的缺陷 (凹凸不平、斑疤或色斑等)，装饰美化物体。涂料一般由四个部分组成，即成膜物质、颜料、稀释剂和助剂。

1. 主要成膜物质　各种天然高分子材料 (如植物油、虫胶、沥青等) 和合成高分子树脂 (如酚醛、醇酸、氨基、丙烯酸、环氧、聚氨脂、有机硅等)，它属于涂料中不挥发成分，可以单独成膜 (清漆) 也可以粘合颜料成膜 (色漆)，是涂料成膜的基础。

2. 颜料　颜料是一种微细粉末状的有色物质，不溶于水和油，而能均匀地分散在介质中。颜料具有遮盖力、着色力、高分散度、鲜明的颜色和对光稳定性等特征。除了能赋予漆膜以丰富的色彩外，还能增强漆膜的耐老化性和耐磨性。

颜料有着色颜料、体质颜料和防锈颜料之分，它与主要成膜物质的不同配方设计，形成千变万化的涂料品种。GB/T3181—1995《漆膜颜色标准》规定了色漆漆膜的颜色标准及其使用方法，应结合 GSBG51001—94《漆膜颜色标准样卡》一起使用。其颜色标号与 GB/T15608—1995《中国颜色体系》有对应关系。颜料分类、命名和型号见 GB/T3182—1995。

3. 稀释剂　根据成膜物质的特性、粘度和干燥时间选择最适当的稀释剂 (或称挥发成分)。不同品种的涂料 (或成膜物质) 有它特定的稀释剂。如油脂漆、天然树脂漆可用 200 号溶剂汽油或松节油；氨基醇酸烘漆应选用二甲苯、丁醇作为稀释剂；静电喷漆有专用的静电稀释剂等。以有机溶剂为稀释剂的称溶剂型涂料，无稀释剂的称无溶剂涂料，以水为稀释剂 (或分散剂) 的称为水性涂料。

稀释剂的作用：使涂料始终保持溶解状态，调整涂料的粘度，便于施工；使漆膜具有均衡的挥发速度以达到漆膜的平整与光泽；消除漆膜的针孔、鱼眼、刷痕等疵病。

4. 助剂　在色漆的生产过程中为了改善施工、储藏性能以及涂层的某些特征，助剂显得越来越重要，其用量很少而效果很大。例如表面活性剂能改善颜料在涂料中的分散性，防结皮剂能防止漆膜结皮，防沉淀剂能防止颜料沉淀等。此外，尚有紫外线吸收剂、润滑助剂、防酶剂、增滑剂、消泡剂等。

(二) 涂层分类及命名

1. 分类　涂料产品按主要成膜物质分成 17 大类 (GB2705—92)《涂料产品分类、命名和型号》，见表 10-5。

表 10-5　成膜物质分类及代号

序号	成膜物质类别	代号	主要成膜物质
1	油脂	Y	天然植物油、动物油 (脂)、合成油等
2	天然树脂	T	松香及其衍生物、虫胶、乳酪素、动物胶、大漆及其衍生物等
3	酚醛树脂	F	酚醛树脂、改性酚醛树脂等
4	沥青	L	天然沥青、(煤) 焦油沥青、石油沥青等
5	醇酸树脂	C	甘油醇酸树脂、季戊四醇醇酸树脂、其他醇类或改性醇酸树脂
6	氨基树脂	A	三聚氰胺甲酸树脂、脲 (甲) 醛树脂等

（续）

序号	成膜物质类别	代号	主要成膜物质
7	硝酸纤维素（酯）	Q	硝酸纤维素（酯）等
8	纤维素酯及醚	M	乙酸纤维树脂、乙酸丁酸纤维素（酯）、乙基纤维素、苄基纤维素等
9	过氯乙烯树脂	G	过氯乙烯树脂等
10	烯类树脂	X	聚二乙烯乙炔树脂、聚多烯树脂、氯乙烯共聚树脂、聚乙酸乙烯及其共聚物、聚乙烯醇缩醛树脂、聚苯乙烯树脂、含氟树脂、氯化聚丙烯树脂、石油树脂等
11	丙烯酸树脂	B	热塑性丙烯酸树脂、热固性丙烯酸树脂等
12	聚酯树脂	Z	饱和聚酯树脂、不饱和聚酯树脂等
13	环氧树脂	H	环氧树脂、环氧脂、改性环氧树脂等
14	聚氨酯树脂	S	聚氨基（甲）酸酯树脂等
15	元素有机聚合物	W	有机硅树脂、有机钛树脂、有机铝树脂等
16	橡胶	J	氯化橡胶、环化橡胶、氯丁橡胶、氯化氯丁橡胶、丁苯橡胶、氯磺化聚乙烯等
17	其他	E	以上16类包括不了的成膜物质如：无机高分子材料、聚酰亚胺树脂、二甲苯树脂等

2．命名　涂料全名＝颜色或颜料＋成膜物质名称＋基本名称，如白醇酸磁漆、铁红还氧酯底漆、硝基清漆。

3．型号　涂料型号用于区别具体涂料品种，位于涂料名称之前，由一个汉语拼音字母和几个阿拉伯数字组成。字母表示涂料类别代号（表10-5），位于型号最前部；第一、二位数字表示涂料基本名称代号（表10-6）；第三、四位数字表示涂料序号，用于区别同类同名称漆的不同品种；在第二位数字与第三位数字之间一字线（读成“至”）把基本名称与序号分开，如H06-2铁红环氧酯底漆。

表10-6　涂料基本名称代号

代号	基本名称	代号	基本名称	代号	基本名称	代号	基本名称
00	清油	17	皱纹漆	40	防污漆、防蛆漆	63	涂布漆
01	清漆	18	裂纹漆	41	水线漆	64	可剥漆
02	厚漆	19	晶纹漆	42	甲板漆、甲板防滑漆	66	感光涂料
03	调合漆	20	铅笔漆	43	船壳漆	67	隔热涂料
04	磁漆	22	木器漆	44	船底漆	80	地板漆
05	粉末涂料	23	罐头漆	50	耐酸漆	81	鱼网漆
06	底漆	30	（浸渍）绝缘漆	51	耐碱漆	82	锅炉漆
07	腻子	31	（覆盖）绝缘漆	52	防腐漆	83	烟囱漆
09	大漆	32	（绝缘）磁漆	53	防锈漆	84	黑板漆
11	电泳漆	33	（粘合）绝缘漆	54	耐油漆	85	调色漆
12	乳胶漆	34	漆包线漆	55	耐水漆	86	标志漆、马路划线漆
13	其他水溶性漆	35	硅钢片漆	60	防火漆	98	胶液
14	透明胶	36	电容器漆	61	耐热漆	99	其他
15	斑纹漆	37	电阻漆、电器位漆	62	示温漆		
16	锤纹漆	38	半导体漆				

4. 涂料用辅助材料型号　由一个汉语拼音字母和1～2位阿拉伯数字组成。字母与数字间用一字线分开，代号X—稀释剂，F—防潮剂，G—催干剂，T—脱漆剂，H—固化剂，例如X—5丙烯酸漆稀释剂。

（三）常用的涂料简介

1. 清漆类　清漆主要由油料、树脂、溶剂、干燥剂等组成的涂料。清漆可单独使用，也可罩光表面，又能配作其他色漆。若按主要成膜物质的不同，清漆可分为二类：

（1）油基清漆类　以干性油＋树脂、干燥剂、溶剂组成的涂料，如酚醛清漆、沥青烘干漆、醇酸清漆。

（2）树脂清漆类　主要由树脂（不含油）、稀释剂、辅助材料（不含颜料）组成的涂料。如硝基清漆、氨基烘干清漆、过氯乙烯清漆、环氧树脂清漆等。

2. 色漆类　与清漆相比，它含有颜料。色漆的种类有：

（1）底漆　防锈底漆和腻子，主要用于打底使用的色漆。常用的有：防锈底漆、红丹防锈底漆、沥青烘干底漆、铁水醇酸底漆、铁红、锌黄环氧烘干底漆等。腻子是用漆料（醇酸、硝基、过氯乙烯等漆料）＋大量体质颜料＋催干剂配成的稠厚浆状物。

（2）面漆　涂在零件表面上最后所罩的色漆。常用的为调合漆和磁漆。

调合漆以干性油为主要基料＋着色、体质颜料＋稀释剂、催干剂等配成。如色脂胶调合漆等。

磁漆为清漆和颜料的混合物，是涂在底漆或腻子上的面漆，如醇酸磁漆、酚醛磁漆等。

二、涂装工艺

涂料涂装的方法很多，经常采用的有：涂刷法、浸涂法、喷涂法、电泳涂装等。在涂装之前，零件表面要经表面预处理（脱脂、除锈、磷化处理等），然后涂底漆→腻子→面漆，完成涂装工艺。

（一）空气喷涂法

空气喷涂是以洁净的压缩空气通过喷枪将涂料喷成雾状，在被涂零件上均匀沉积的一种涂装方法。

1. 喷涂法的特点　喷涂法工效高、施工方便、适应性强，可比一般刷涂法提高工效5～10倍。它适应任何零件及绝大部分涂料品种，特别对大面积零件和快干性涂料更为适用，而且漆膜分布均匀，光滑平整。缺点是涂料有效利用率低，稀释剂消耗大。施工现场劳动条件差。

2. 操作要点　施涂前，应将涂料调至适当的粘度；供给喷枪的压力，一般为0.3～0.5MPa；喷嘴与物体表面的距离一般为250～400mm；喷出的漆流方向应尽量垂直于物体表面；喷枪移动速度要均匀，各条带边缘应适当重迭。

（二）静电喷涂

利用高压静电场的作用，将涂料涂装到物体表面的方法称静电喷涂。

1. 静电喷涂的特点　涂料利用率高，可达80%～90%，涂膜均匀完整，附着力好，涂装质量好，生产效率高，可实现机械化、自动化流水作业，且漆雾飞散少，改善了劳动条件。

2. 工作原理　利用电荷的同性相斥、异性相吸的特性。它是利用一台高压静电发生器，产生的电压高达85～100kV的静电场，被涂零件接正极，当喷枪将漆雾喷入静电场后，雾状微粒被感应而带负电，从而被均匀地吸附到被涂零件表面。

思考题与习题

1. 指出材料表面处理方法分类及主要目的。
2. 表面预处理的主要方法及手段有哪些?
3. 比较 CVD 和 PVD 两种气相沉积方法。
4. 比较 TiN 与 TiC 涂层的性能。
5. 比较钢铁的发蓝与磷化工艺。
6. 指出电镀的基本原理和镀铬的工艺过程及应用。
7. 涂料一般由哪几部分组成各起何作用?
8. 指出生活中常见的建筑设施、家具、电器、工具等所采用的表面处理技术。

第二篇　热加工工艺基础

铸造、锻压和焊接是机械制造中最常用的三种金属热加工方法。其产品大多是零件的毛坯。机械制造工程技术人员应该熟悉这些加工的基本方法、工艺特点和应用范围，以便合理设计零件与正确选用加工方法，从而达到优质、高产和低消耗的目的。

第十一章　铸　　造

铸造是熔炼金属，制造铸型，并将熔融金属浇入铸型，凝固后获得一定形状与性能铸件的成形方法。铸造与其他零件成形工艺相比，具有生产成本低、工艺灵活性大、几乎不受零件尺寸大小及形状结构复杂程度的限制等特点。铸件的重量可由几克到数百吨，壁厚可由0.3mm到1m以上。铸件在机械产品中占有很大的比例，按重量计，汽车中约为25%，拖拉机中为50%～60%，机床中为60%～80%。因此，提高铸造生产工艺水平，提高铸件质量和劳动生产率，改善劳动条件，对机械工业的发展具有极其重要的意义。

第一节　铸造工艺基础

一、合金的铸造性能

铸造生产中很少采用纯金属，而是使用各种合金。铸造合金除应具有符合要求的力学性能和物理、化学性能外，还必须考虑其铸造性能。合金的铸造性能主要有流动性、收缩性等，这些性能对于是否容易获得优质铸件是至关重要的。

（一）合金的流动性及影响因素

1. 流动性　液态金属本身的流动能力，称为流动性。它与金属的成分、温度、杂质含量及其物理性质有关。金属的流动性对补缩、防裂，获得优质铸件有影响。良好的流动性，能使铸件在凝固期间产生的缩孔得到金属的补缩，以及铸件在凝固末期受阻而出现的热裂得到液态金属的充填而弥合。因此，良好的流动性有利于这些缺陷的防止。流动性也是液态金属充满铸型型腔，获得形状完整、轮廓清晰铸件的基本条件，是合金重要铸造性能之一。流动性好的铸造合金，充型能力强；流动性差的合金，充型能力差，可以通过改善外界条件来提高其充型能力。在不利的情况下，如果金属的流动性不足，则会在金属液还未充满铸型前就停止了流动，使铸件产生浇不足或冷隔的缺陷。

合金流动性的大小是用浇注“流动性试样”的方法衡量的。其方法是将试样的结构和铸型性质固定不变，在相同的浇注条件下，例如，在液相线以上相同的过热度或在同一的浇注温度下浇注各种合金的流动性试样，以试样的长度表示该合金的流动性。图11-1所示为其试样。可以看出，型腔上每隔50mm有一个凸点，用于计量长度。合金的流动性越好，浇注出的试样越长。表11-1所列为一些合金的流动性数据。

表 11-1 常用合金流动性举例

合金	造型材料	浇注温度/℃	螺旋线长度/mm
灰铸铁 $w_{C+Si}=5.2\%$	砂型	1300	1000
$w_{C+Si}=4.2\%$	砂型	1300	600
铸钢 $w_C=0.4\%$	砂型	1600 1640	100 200
锡青铜 $w_{Sn}=9\%\sim11\%$ $w_{Zn}=2\%\sim4\%$	砂型	1040	420
硅黄铜 $w_{Si}=1.5\%\sim4.5\%$	砂型	1100	1000
铝合金（硅铝明）	金属型（300℃）	680～720	700～800

2. 影响流动性的因素　为了便于采取措施提高合金的充型能力，必须清楚影响流动性的因素。影响流动性的因素有：

(1) 合金的成分　不同的铸造合金具有不同的结晶特点和流动性。共晶成分合金的结晶特点是在恒温下凝固的，此时，液体金属在充填过程中，从表层开始逐层向中心凝固。由于已凝固硬壳的内表面比较光滑，对尚未凝固的金属流动阻力小，金属流动的距离长。此外，在相同的浇注温度下，由于共晶成分合金凝固温度最低，相对说来，液态金属的过热度（即浇注温度与合金熔点的温度差）大，推迟了液态金属的凝固，因此，共晶成分合金的流动性最好。其他成分的合金（纯金属除外）的结晶特点是在一定温度范围内进行的，即经过一个液态和固态并存的双相区域。此时，金属的结晶是在铸件截面一定宽度的凝固区域 S 内同时进行的（图 11-2）。在这个区域内，初生的树枝状晶体不仅阻碍液态金属的流动，且因其导热系数大，使液体的冷却速度加快，故较共晶成分合金的流动性差。合金的结晶间隔越宽，其流动性越差。

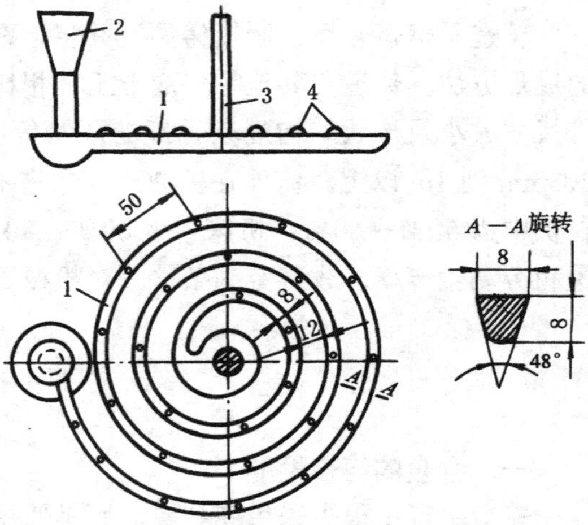

图 11-1　螺旋形流动性试样

1—模样　2—浇口杯　3—冒口　4—试样凸点

图 11-3 所示为铸铁在相同过热度时，其含碳量与流动性的关系。由图可见，亚共晶铸铁随含碳量增加，其结晶间隔减小，凝固区域缩短，流动性提高。越接近共晶成分，越容易铸造。

铸铁的其他元素（如 Si、Mn、P、S）对流动性也有一定影响。硅和磷可提高铁液的流动性，而硫则使铁液的流动性降低。

(2) 浇注条件

1) 浇注温度。在一定温度范围内，浇注温度越高，合金液的流动性越好。但当超过某一界限后，由于合金液吸气多，氧化严重，流动性反而降低。因此根据生产经验，每种合金均有一定的浇注温度范围。一般铸钢的浇注温度为 1520～1620℃，铝合金为 680～780℃。

2) 充型压力。液态金属在流动方向所受的压力越大，流动性就越好。例如增加直浇道高度，利用人工加压方法如压铸、低压铸造等。

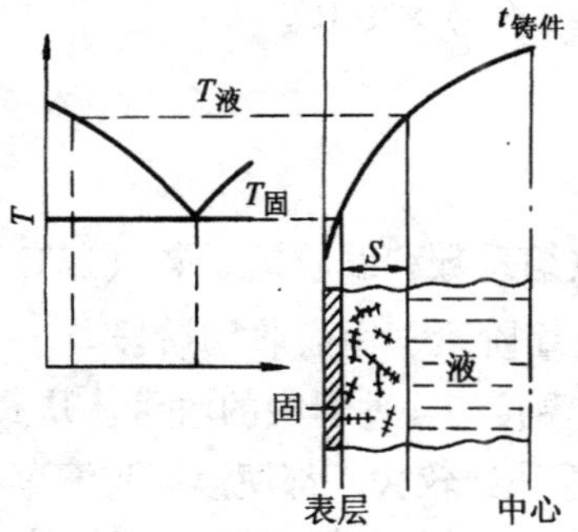

图 11-2 亚共晶合金的结晶

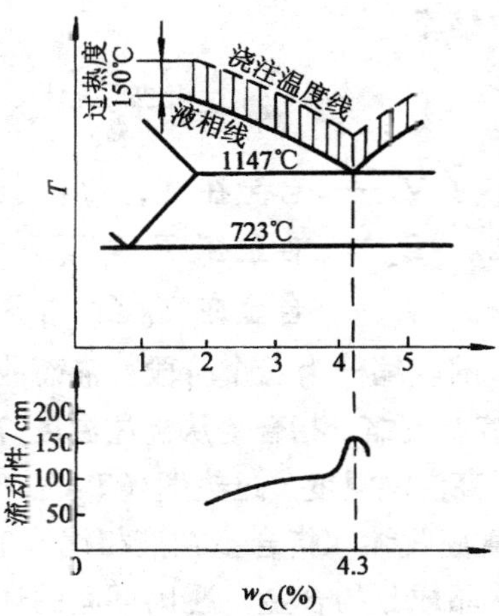

图 11-3 相同过热度时铸铁含碳量与流动性的关系

3）浇注系统的结构。浇注系统的结构越复杂，流动的阻力就越大，流动性就越低。故在设计浇注系统时，要合理布置内浇道在铸件上的位置，选择恰当的浇注系统结构和各部分（直浇道、横浇道和内浇道）的断面积。

（3）铸型　铸型的蓄热系数、温度以及铸型中的气体等均影响合金的流动性。如液态合金在金属型比在砂型中的流动性差；预热后温度高的铸型比温度低的铸型流动性好；型砂中水分过多其流动性差等。

（4）铸件结构　当铸件壁厚过小、厚薄部分过渡面多、有大的水平面等结构时，都使金属液的流动困难。图 11-4 为盖类铸件的三种浇注方案：图 a，薄壁处于垂直位置，容易充满，但是工艺上要平做立浇，操作麻烦；图 b，薄壁处于水平位置，又在上型，容易出现冷隔和浇不足缺陷；图 c，薄壁主要部分在下型，虽然是水平壁，但是金属液是从上向下流动的，而且还增加了静压力，不易出现缺陷。

以上是影响液态金属流动性的主要因素，由于影响因素较多，在实际生产中它们又是错综复杂的，必须根据具体情况具体分析，找出其中的主要矛盾，采取措施，才能有效地提高金属液的充型能力。

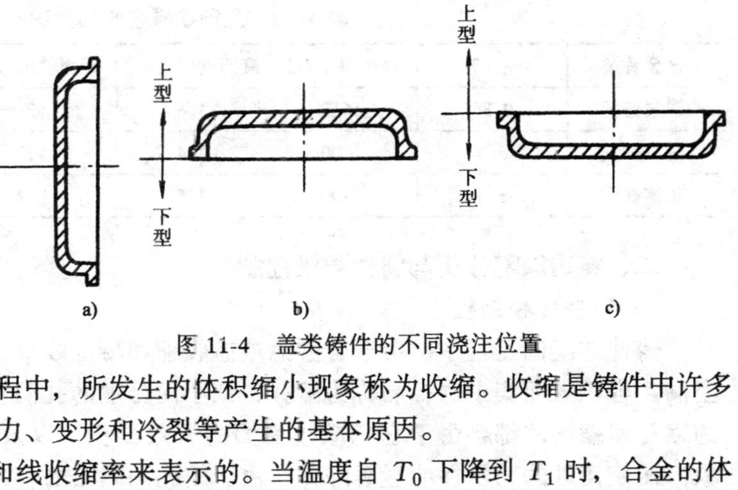

图 11-4 盖类铸件的不同浇注位置

（二）合金的收缩性

合金从液态冷却至常温的过程中，所发生的体积缩小现象称为收缩。收缩是铸件中许多缺陷，如缩孔、缩松、热裂、应力、变形和冷裂等产生的基本原因。

合金的收缩量是用体收缩率和线收缩率来表示的。当温度自 T_0 下降到 T_1 时，合金的体收缩率是以单位体积的相对变化量来表示；线收缩率是以单位长度的相对变化量来表示。即：

体收缩率

$$\varepsilon_V = \frac{V_0 - V_1}{V_0} \times 100\% = \alpha_V(T_0 - T_1) \times 100\% \qquad (11\text{-}1)$$

线收缩率

$$\varepsilon_L = \frac{L_0 - L_1}{L_0} \times 100\% = \alpha_L(T_0 - T_1) \times 100\% \tag{11-2}$$

式中　V_0、V_1——合金在 T_0、T_1 时的体积（cm^3）；

L_0、L_1——合金在 T_0、T_1 时的长度（cm）。

α_V、α_L——合金在 T_0 至 T_1 温度范围内的体收缩系数和线收缩系数（1/℃）

合金的收缩分为三个阶段：液态收缩阶段、凝固收缩阶段、固态收缩阶段。

1. 液态收缩　指合金从浇注温度 $T_{浇}$冷却到液相线温度 $T_{液}$过程中的收缩。从式 11-1 可看出，提高浇注温度，过热度（$T_{浇}-T_{液}$）越大以及收缩系数较大，都使液态收缩率增加。

2. 凝固收缩　指合金在液相线（$T_{液}$）和固相线（$T_{固}$）之间凝固阶段的收缩。对于纯金属和共晶成分的合金，凝固期间的体收缩只是由于状态的改变，而与温度无关；具有结晶温度范围的合金，凝固收缩由状态改变和温度下降两部分产生，结晶温度范围（$T_{液}-T_{固}$）越大，则凝固收缩越大。

液态收缩和凝固收缩使金属液体积缩小，一般表现为型内液面降低，是铸件产生缩孔和缩松的基本原因。

3. 固态收缩　指合金从固相线温度冷却到室温时的收缩。固态收缩通常直接表现为铸件外形尺寸的减小，故一般用线收缩率来表示。线收缩对铸件形状和尺寸精度影响很大，是铸造应力、变形和裂纹等缺陷产生的基本原因。

影响收缩的因素有：化学成分、浇注温度、铸件结构和铸型条件等。不同成分的铁碳合金收缩率也不同，见表 11-2。碳素铸钢收缩大而灰铸铁的收缩小。灰铸铁收缩小是由于其中大部分碳是以石墨状态存在的，石墨的比容大，在结晶过程中，析出石墨所产生的体积膨胀抵消了部分收缩所致。故含碳量越高，灰铸铁的收缩越小。碳素铸钢的总体积收缩随含碳量的提高而增大。这是因为钢液的比容及其结晶温度范围随含碳量的提高而增加所致。

表 11-2　几种铁碳合金的体积收缩率

合金种类	w_C（%）	浇注温度/℃	液态收缩（%）	凝固收缩（%）	固态收缩（%）	总体积收缩（%）
碳素铸钢	0.35	1610	1.6	3	7.86	12.46
白口铸铁	3.0	1400	2.4	4.2	5.4～6.3	12～12.9
灰铸铁	3.5	1400	3.5	0.1	3.3～4.2	6.9～7.8

二、铸造缺陷分析与铸件质量控制

（一）缩孔和缩松

铸件在凝固过程中，由于合金的液态收缩和凝固收缩，往往在铸件最后凝固的部位出现空洞，容积大而集中的孔洞称为缩孔；细小而分散的孔洞称为缩松。在铸件中存在任何形态的缩孔和缩松，都会由于它们减小受力的有效面积，以及在缩孔和缩松处产生应力集中现象，而使铸件的力学性能显著降低。由于缩孔和缩松的存在，还降低铸件的气密性和物理化学性能。因此，缩孔和缩松是铸件的重要缺陷之一，必须设法防止。

1. 缩孔　缩孔的容积较大，多集中在铸件上部和最后凝固的部位。现以圆柱体铸件为例分析缩孔的形成过程。

假定所浇注的金属在固定温度下凝固，或结晶温度范围很窄，则铸件由表及里逐层凝固。如图 11-5 所示：

图 11-5a 合金液充满型腔，降温时，可以从浇注系统得到补充。

图 11-5b 当铸件表面凝固一层硬壳，并紧紧包住内部的液态金属时，内浇道被冻结。

图 11-5c 进一步冷却时，内部液体发生液态收缩和凝固收缩，液面要下降。同时，固态收缩使铸件外形尺寸缩小。如果两者的减小量相等，则凝固的外壳仍和内部液态金属紧密接触，不会产生缩孔。但是，由于合金的液态收缩和凝固收缩超过硬壳的固态收缩，液体将与硬壳的顶面脱离。

图 11-5d 依次下去，硬壳不断加厚，液面将不断下降，待金属全部凝固后，在铸件上部就形成一个倒锥形的缩孔。

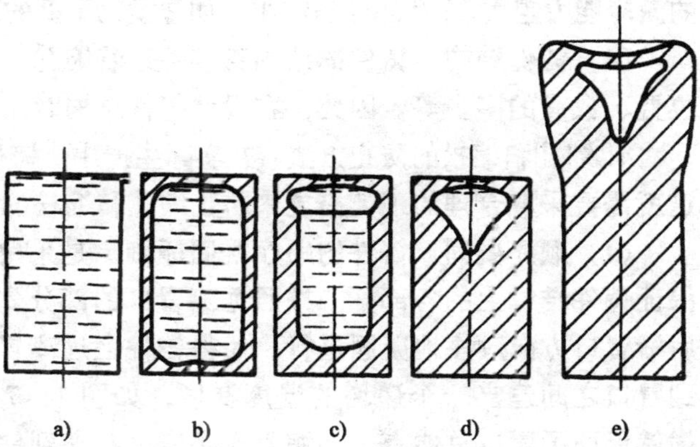

图 11-5　铸件中缩孔形成过程示意图

图 11-5e 整个铸件的体积因温度下降至常温而不断缩小，使缩孔的绝对体积有所减小，但其值变化不大。如果铸件顶部设置冒口，缩孔将移至冒口中。

2. 缩松　形成缩松的基本原因也是由于合金的液态收缩和凝固收缩大于固态收缩。但是，形成缩松的条件是合金的结晶温度范围较宽，倾向于糊状凝固方式，缩孔分散；或者是在缩松区域内铸件断面的温度梯度小，凝固区域较宽，合金液几乎同时凝固，因液态和凝固收缩所形成的细小孔洞分散且得不到外部合金液的补充而造成的。图 11-6 为缩松形成过程示意图。图 a）合金液充满型腔，向四处散热；图 b）铸件结壳后，内部有一个较宽的液、固共存区；图 c)、d）为继续降温，固体不断长大，互相接触，合金液被固体分割成许多小的封闭式液池；图 e）封闭区液池凝固收缩时，得不到液体补充而形成许多小而分散的孔洞；图 f）为固态收缩。

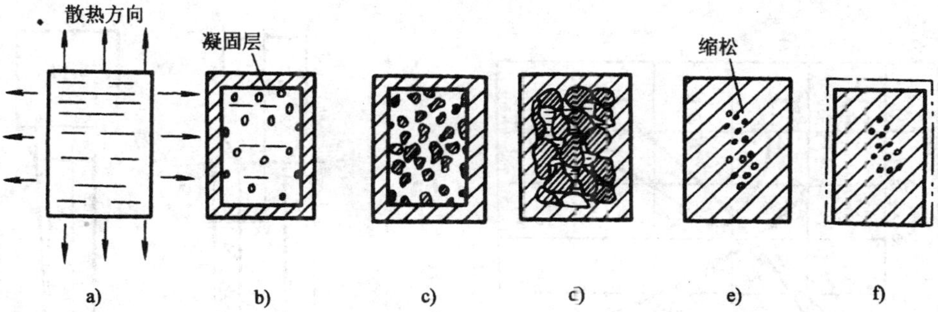

图 11-6　缩松形成过程示意图

3. 影响缩孔、缩松形成的因素

(1) 合金的成分　从缩孔、缩松形成过程可以知道，结晶温度范围越小的合金，产生缩孔的倾向越大；结晶温度范围越大的合金，产生缩松的倾向越大。由此可知，合金的成分与缩孔、缩松的形成倾向密切相关。

(2) 浇注过程　浇注温度、浇注速度等均影响合金的总体积收缩。浇注温度高，形成缩孔的倾向大；浇注慢，缩孔的容积小。

(3) 铸型条件　铸型对缩孔、缩松的影响主要表现在铸型对铸件冷却速度的影响上。铸型的激冷能力越大,缩孔的容积越小。如湿型比干型的冷却能力强,金属型比砂型的冷却能力强。

(4) 铸件结构　铸件的结构直接关系着缩孔、缩松的形成，包括其容积的大小、发生的位置、数量的多少等。因此，在设计铸件结构时，应充分考虑铸件结构的工艺合理性。

4. 缩孔和缩松的防止方法　在实际生产中，铸件的合金成分、铸型结构形式都是确定的，这就需要采取合理的工艺措施来防止缩孔和缩松的发生。

(1) 顺序凝固　铸件的顺序凝固原则，是采用各种措施保证铸件结构上的各部分，按照远离冒口的部分先凝固，然后沿冒口方向顺序地凝固进行，使得铸件上远离冒口的部分到冒口之间建立一个递增的温度梯度，如图 11-7 所示。这样就保证了冒口总能有一补缩通道将液体补充到铸件的任一部位，使缩孔最后产生在冒口内，获得完好的致密铸件。

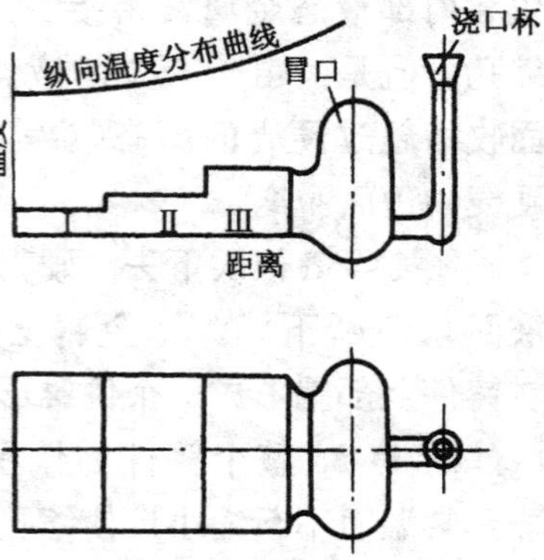

图 11-7　顺序凝固方式示意图

(2) 浇注系统的引入位置及浇注工艺　浇注系统的不同引入位置即内浇道，与铸件各部分的温度分布有直接的关系，如图 11-8 所示。

浇注温度和浇注速度都对铸件收缩有影响，应根据铸件结构、浇注系统类型来确定。用高的浇注温度缓慢地浇注，有利于“顺序凝固”；通过多个内浇道低温快浇，有利于实现同时凝固原则。

(3) 冒口、补贴和冷铁的作用

1) 冒口。在铸件厚壁处和热节部位设置冒口，是防止缩孔、缩松最有效的措施。冒口的尺寸应保证冒口比铸件被补缩部位凝固得晚，并有足够的金属液供给。

2) 补贴。对于板件和壁厚均匀的薄壁件，由于冒口的有效补缩距离所限，往往在铸件的内部仍产生缩孔和缩松，(图 11-9a)。若在铸件壁上部靠近冒口处增加一个契形厚度，使铸

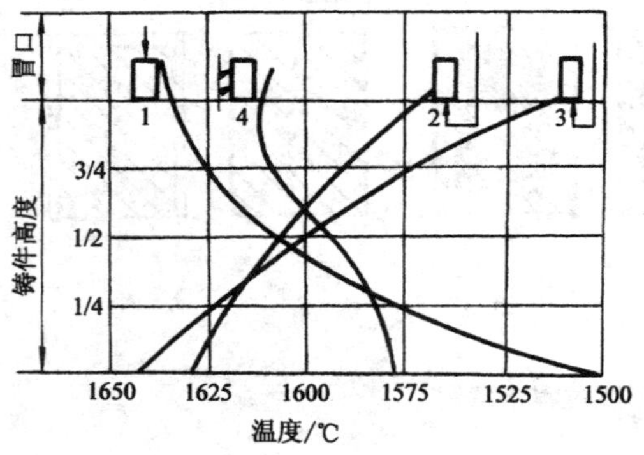

图 11-8　浇注系统的不同引入位置与铸件纵向温度分布的关系

1—顶注式　2—底注快浇　3—底注慢浇　4—阶梯式注入

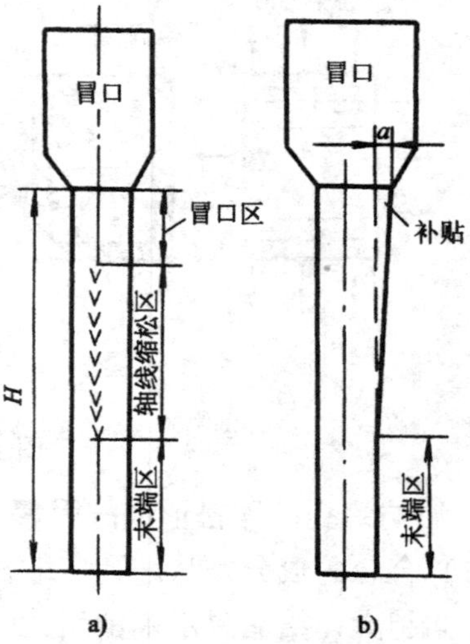

图 11-9　铸件垂直的补贴

件壁厚变成朝冒口逐渐增厚的形状，即造成一个向冒口逐渐递增的温度梯度。所增加的楔形部分，称为“补贴”（图 11-9b）。

3）冷铁。由金属材料制成的激冷物称冷铁，它包括铸铁、钢材、铜等金属材料。将冷铁放入铸型某一特定部位，用以加速铸件某局部热节的冷却（图 11-10），是消除铸件中缩孔和缩松的有效措施。

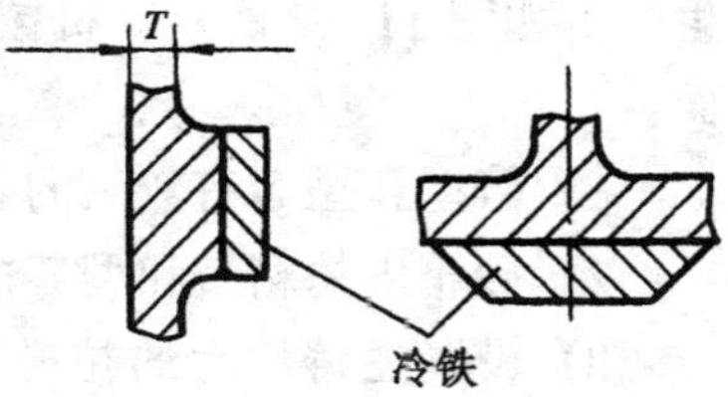

图 11-10　冷铁应用的例子

（二）铸造应力、变形和裂纹

铸件在凝固之后的继续冷却过程中，其固态收缩若受到阻碍，就会在铸件内产生应力，称为铸造应力。铸造应力可能是暂时的，即当产生这种铸造应力的原因被清除以后，应力即告消失；如原因消除以后应力依然存在，这种应力就称做残余应力。

1. 铸造应力的产生　铸造应力按其产生的原因可分为三种：即热应力、相变应力和收缩应力。

（1）热应力　它是由于铸件各部分冷却速度不一致而引起的收缩量不一致，但各部分又彼此相联相互制约而引起的。

图 11-11 分析了热应力的形成过程。该铸件杆Ⅰ较粗，杆Ⅱ较细。当铸件处于再结晶温度 $T_{再}$ 以上的高温 $t_0 \sim t_1$ 期间阶段，两杆均处于塑性状态，尽管两杆的冷却速度不同，收缩也不一致，但瞬时的应力随塑性变形而消失。温度继续下降，细杆Ⅱ由于冷却速度快，先进入 $T_{再}$ 温度以下的弹性状态，而粗杆Ⅰ仍处于塑性状态 $t_1 \sim t_2$ 期间)。细杆Ⅱ收缩也大于粗杆Ⅰ，由于相互制约，细杆Ⅱ受拉伸，粗杆Ⅰ受压缩，如图 b 所示，形成了应力。但此时的应力会随粗杆Ⅰ的压缩变形而消失，如图 c 所示。当温度继续下降 $t_2 \sim t_3$ 期间）时，已被压缩的杆Ⅰ也进入弹性状态，此时，两杆中粗杆温度高于细杆，还会有较大的收缩。因此，当粗杆收缩时必然会受到细杆的阻碍，此时，杆Ⅱ变为受压缩，而杆Ⅰ受拉伸，直到室温，在铸件中形成了残余应力，如图 d 所示。

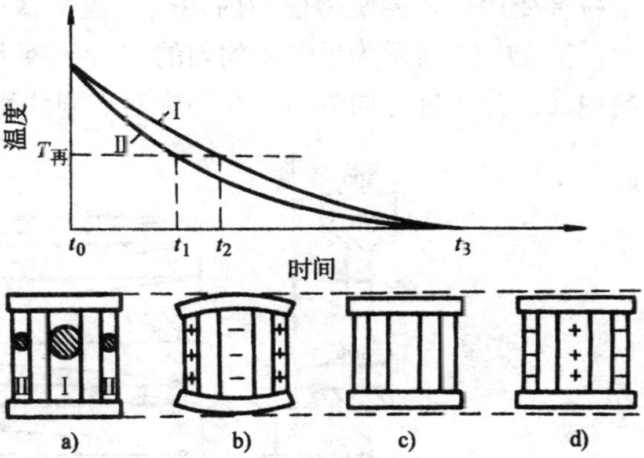

图 11-11　热应力的形成过程

+表示拉应力　－表示压应力

由此可见，热应力使铸件的厚壁或心部受拉伸，薄壁或表层受压缩。铸件的壁厚差别越大，合金的线收缩率越高，热应力越大。

热应力的预防是尽量减少铸件各部位间的温度差，使其均匀地冷却，如在厚大处放置冷铁、提高浇注温度、铸件的壁厚均匀等。

（2）相变应力　铸件在冷却过程中往往产生固态相变，相变时其相变产物往往具有不同的比容。例如，碳钢发生 δ→γ 转变时，体积缩小；发生 γ→α 转变时，体积胀大。铸件在冷却过程中，由于各部分冷却速度不同，导致相变不同时发生，则会产生相变应力。

例如，铸件淬火或加速冷却（如水爆清砂）时，在低温形成马氏体，由于马氏体的比容较大，由于相变引起的内应力可能使铸件破裂。

(3) 收缩应力　它是由于金属在冷却过程中转入弹性状态后，因收缩受到机械阻碍而产生的，如图 11-12 所示。机械阻碍的来源大致有以下几个方面：

1) 铸型和型芯有较高的强度和较低的退让性。

2) 砂箱内的箱带和型芯内的芯骨。

3) 设置在铸件上的拉杆、防裂筋，分型面上的铸件飞边。

4) 浇冒口系统以及铸件上的一些突出部分。

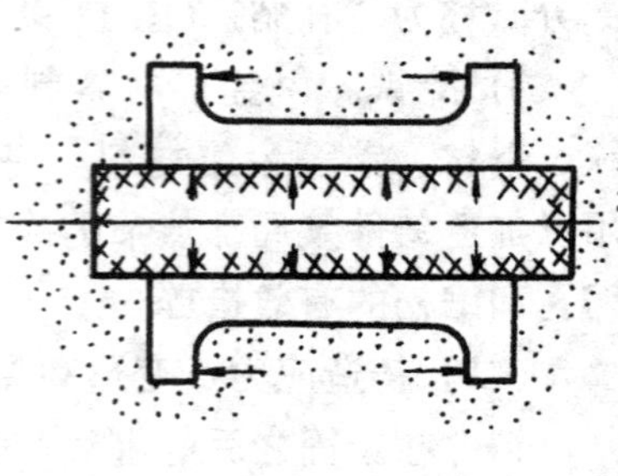

图 11-12　收缩应力

综合上述可见，铸造应力是热应力、相变应力及收缩应力的总和。在某一瞬间，一切应力的总和大于金属在该温度下的强度极限时，铸件就要产生裂纹。当铸件冷却到常温并经落砂以后，只有残余应力对铸件质量有影响，这是铸件常温下产生变形和开裂的主要原因。铸件中的残余应力并非永久性的，在一定的温度下，经过一定时间后，铸件各部分的应力会重新分配，也会使铸件产生塑性变形（扭曲或变形）以后应力消失。

2. 铸件的变形与防止　具有残余应力的铸件，其状态处于不稳定状态，将自发地进行变形以减少内应力趋于稳定状态。显然，只有原来受拉伸部分产生压缩变形，受压缩部分产生拉伸变形，才能使铸件中的残余内应力减少或消除。铸件变形的结果将导致铸件产生扭曲。图 11-13 所示为厚壁不均匀的 T 字形梁铸件挠曲变形的情况，变形的方向是厚的部分向内凹，薄的部分向外凸，如图中双点划线所示。

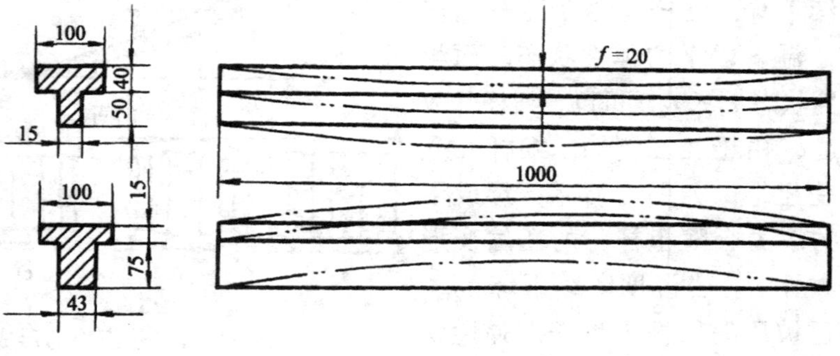

图 11-13　T 字形梁铸件挠曲变形情况

机床床身由于其导轨面较厚，其侧面较薄，因而在冷却过程中厚薄两部分产生温差，导致导轨面受拉应力，侧面受压应力。变形的结果，导轨面向下凹，薄壁侧面向下凸，如图 11-14 所示。

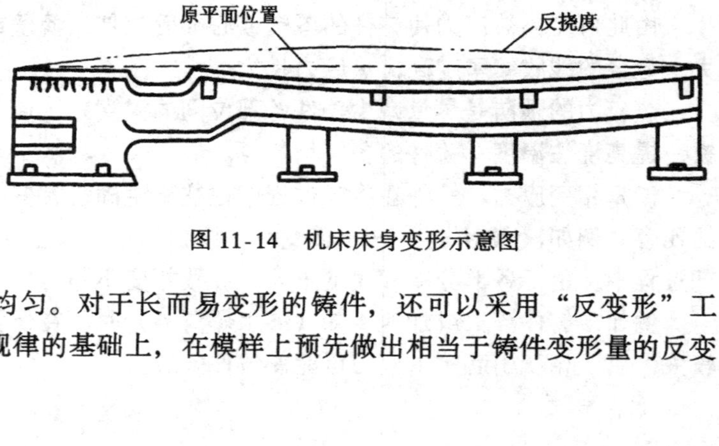

图 11-14　机床床身变形示意图

为了防止铸件变形，除在铸件设计时尽可能使铸件的壁厚均匀、形状对称外，在铸造工艺上应采用同时凝固办法，以便冷却均匀。对于长而易变形的铸件，还可以采用“反变形”工艺。反变形法是在统计铸件变形规律的基础上，在模样上预先做出相当于铸件变形量的反变形量，以抵消铸件的变形。

另外，铸件产生挠曲变形后，对于具有一定塑性的材料（如钢、有色金属）可以校正，而对于象灰铸铁这样的脆性材料则不易校正。产生挠曲变形的铸件可能因加工余量不够而报废，为此需加大加工余量而造成不必要的浪费。

铸件产生挠曲变形后，往往只能减少应力，而不能完全消除应力。机加工以后，由于失去平衡的残余应力存在于零件内部，经过一段时间后又会产生二次挠曲变形，至使机器的零部件失去应有的精度。为此，对于不允许发生变形的重要机件（如机床床身、变速箱等）必须进行时效处理。时效处理可分自然时效和人工时效两种。自然时效是将铸件置于露天场地半年以上，使其缓慢发生变形，从而消除内应力。人二时效是将铸件加热到 550～650℃ 进行去应力退火。

3. 铸件的裂纹和防止　当铸造应力超过金属的强度极限时，铸件便将产生裂纹。裂纹是严重的铸造缺陷，必须设法防止。按裂纹形成的温度范围分为热裂和冷裂两种。

(1) 热裂　热裂是铸件在高温下产生的裂纹。其形状特征是：外观形状曲折而不规则，裂口表面呈氧化色，裂口沿晶粒边界通过。

试验证明，热裂是在合金凝固末期的高温下形成的。因为合金的线收缩并不是在完全凝固后开始的，此时合金绝大部分已形成固体，组成了一个完整的固体骨架，但晶粒间还存有少量液体，强度和塑性均较低。如前述当收缩受到机械阻碍时，其应力超过了该温度下合金的强度极限，就发生了热裂。

防止热裂的方法是使铸件结构合理（图 11-15），改善铸型和型芯的退让性，减小浇冒口对铸件收缩的机械阻碍，内浇道设置应符合同时凝固原则；此外，减少合金中有害杂质硫、磷含量，可提高合金高温强度，特别是硫使合金的热脆性增加，导致热裂倾向增大。

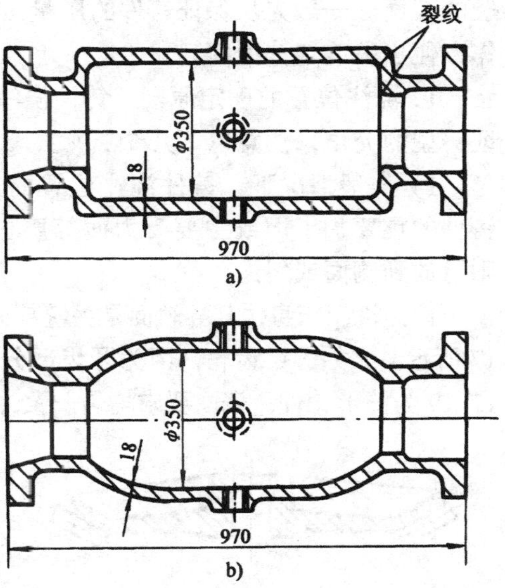

图 11-15　铸钢件结构对热裂的影响
a) 不合理　b) 合理

(2) 冷裂　冷裂是铸件在低温下形成的裂纹。其形状特征是：外观形状呈连续直线状或圆滑曲线，而且常是穿过晶粒而不是沿晶界断裂；裂口干净，具有金属的光泽或呈轻微的氧化色。

冷裂常出现在形状复杂大工件的受拉伸部位，特别是具有应力集中处（如尖角、缩孔、气孔、夹渣等附近）。有些冷裂纹在铸件落砂后并未形成，而是在铸件清理、搬运或机械加工时，受到震击才出现的。脆性大，塑性差的合金，如白口铸铁、高碳钢及某些合金钢最易产生冷裂纹。

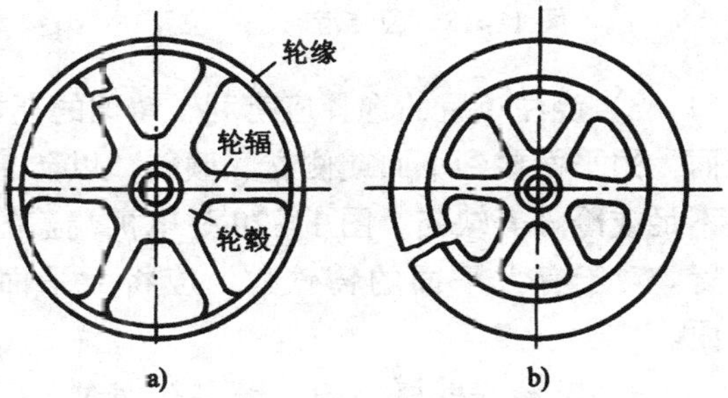

图 11-16　轮形铸件的冷裂
a) 带轮　b) 飞轮

图 11-16 是带轮和飞轮铸件的冷裂现象。带轮的轮缘、轮辐比轮毂薄，因此冷却速度较快，比轮毂先收缩，轮辐中产生拉应力，此应力往往使轮辐发生断裂。同样的原因，飞轮的轮缘中产生的拉应力也易使轮缘发生断裂。

第二节　砂型铸造工艺

铸造工艺概括地说明了铸件生产的基本过程和方法，它包括的内容和范围很广。

砂型铸造是传统的铸造方法，一般不受零件形状、大小以及复杂程度的限制，本节就砂型铸造工艺重点介绍浇注位置、分型面及工艺参数的选择。

一、浇注位置与分型面的选择

浇注位置是指浇注时铸件所处的位置。分型面是指两半个铸型相互接触的表面。一般先从保证铸件的质量出发来确定浇注位置，然后从工艺操作方便出发确定分型面。

1. 浇注位置的确定原则　铸件浇注位置要符合于铸件的凝固方式，保证铸型的充填，注意以下几个原则：

1）一般情况下，铸件浇注位置的上面比下面铸造缺陷多，所以应将铸件的重要加工面或主要受力面等要求较高的部位放到下面；若有困难，则可放到侧面或斜面。

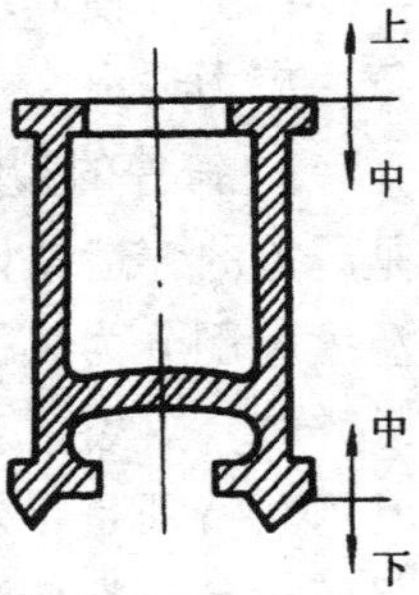

图 11-17　C620 床身浇注位置

例如机床床身，其导轨面是关键部分，其浇注位置应当是把导轨面放到最下面，如图 11-17 所示。又如圆锥齿轮，因为牙齿部分要求高，所以应将其放到下面，如图 11-18 所示。图 11-19 为筒形铸件，表面要求均匀一致，关键部位是内或外圆柱面，多采用立浇方案。

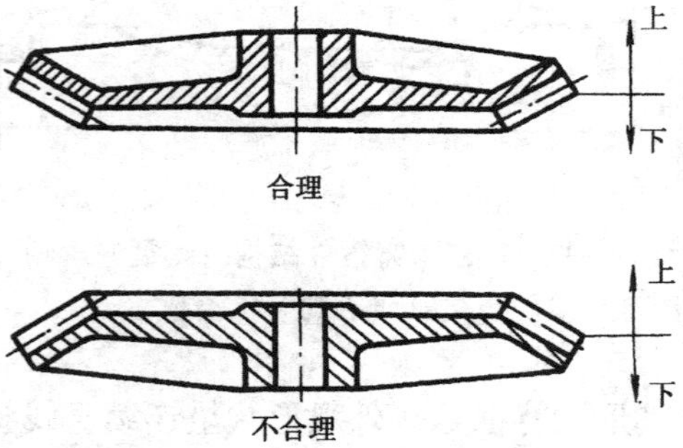

图 11-18　圆锥齿轮浇注位置

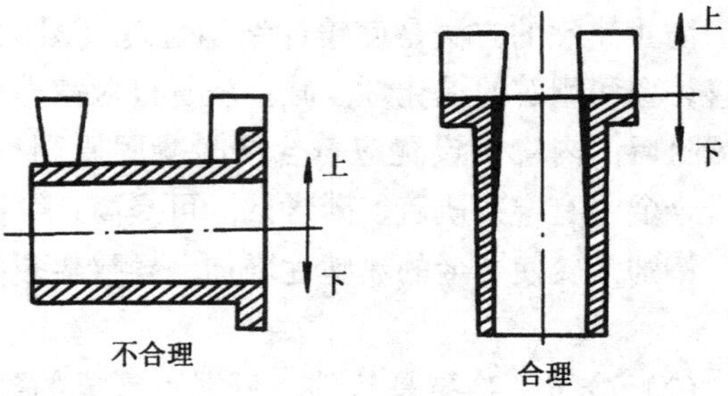

图 11-19　起重机卷筒的浇注位置

2）浇注位置的选择应有利于铸型的充填和型腔中气体的排出，所以，薄壁铸件应将薄而大的平面放到下面或侧立、倾斜，以防止出现浇不足或冷隔等缺陷。图 11-20 是电机端盖的浇注位置。对于有大平面的铸铁件，应将大平面放在下面。

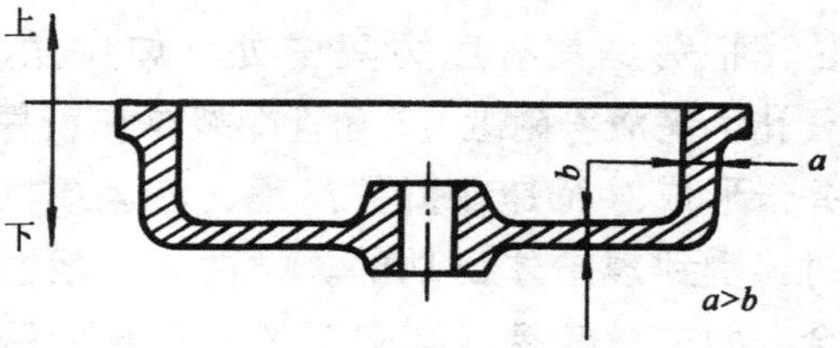

图 11-20　电机端盖的浇注位置

3）当铸件壁厚不匀，需要补缩时，应从顺序凝固的原则出发，将厚大部分放在上面或侧面，以便于安放冒口和冷铁，如图 11-21 所示。

4）应尽可能避免使用吊砂、吊芯或悬壁式砂芯。生产经验证明，吊砂在合型、浇注时，容易造成塌箱；吊芯操作很不方便；悬壁式砂芯不稳定，在金属液浮力作用下易发生偏斜。

2. 分型面的确定原则

1）为了起模方便，分型面一般选在铸件的最大截面上，但注意不要使模样在一个砂型内过高。图 11-22 若采用（2）方案，可使模样在下型的高度减小。

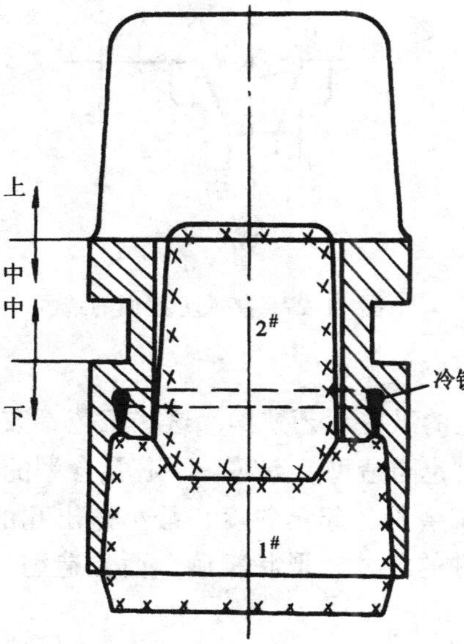

图 11-21　双排链轮的浇注位置

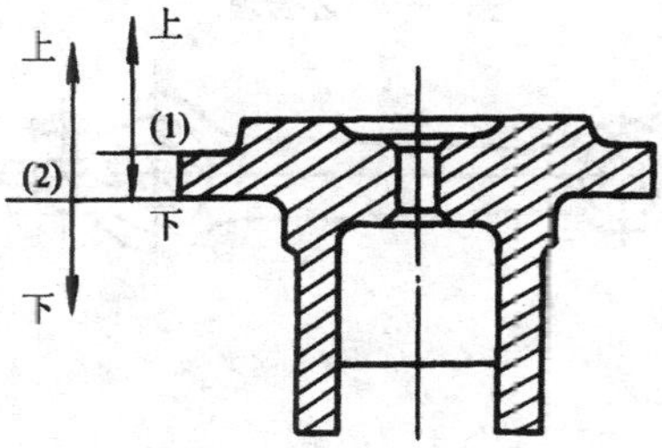

图 11-22　方案(2)可减小模样在下箱的高度

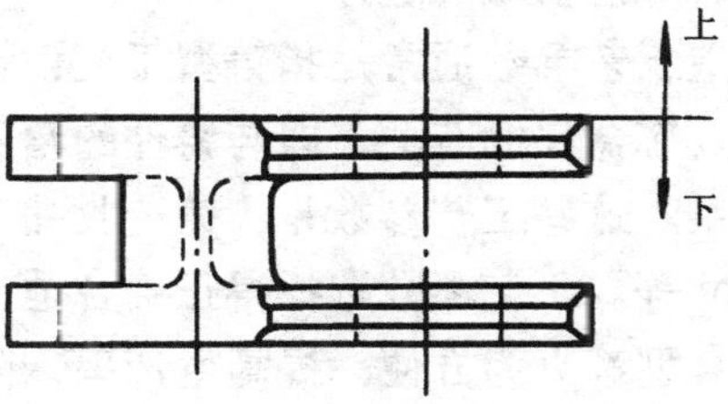

图 11-23　支架的工艺方案

2）尽量将铸件的重要加工面或大部分加工面和加工基准面放在同一个砂型中，而且尽可能放在下型，以便保证铸件尺寸的精确。图 11-23 表示为了保证支架上、下两孔的位置，而将其放于一型中。

3）为了简化操作过程，保证铸件尺寸精度，应尽量减少分型面的数目，减少活块的数目，如图 11-24、图 11-25 所示。但对一些大而复杂的铸件，有时往往需要采用两个以上的分型面，这样反而对保证铸件质量和简化工艺操作有利。

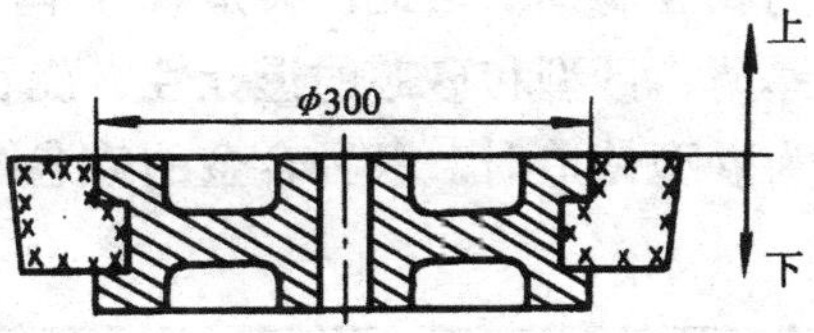

图 11-24　绳轮采用砂芯使三箱造型变为两箱造型

4）分型面应尽量采用平直面，这样使操作方便，如图 11-26 所示。

5）应尽量减少砂芯的数目，图 11-27 是一接头，若按图 a 所示对称分型，则必须制作砂芯；若按图 b 分型，内孔可以用堆吊砂（亦称自带砂芯），这样图 b 不仅铸件披缝少、不另制作砂芯，而且易清理。

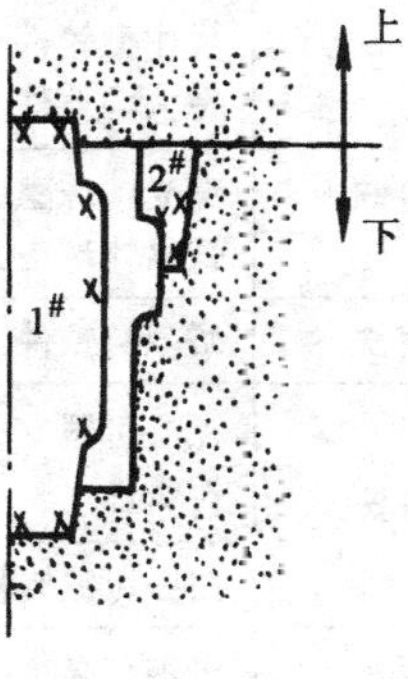

图 11-25　以砂芯代替活块

上述诸原则，对于某个具体铸件来说多难以全面满足，有时甚至互相矛盾。因此，必须抓住主要矛盾，全面考虑，也需要对生产的深入了解，有一定的实践经验，并根据各单位的具体情况，从多方案的分析对比中选出最优的方案。

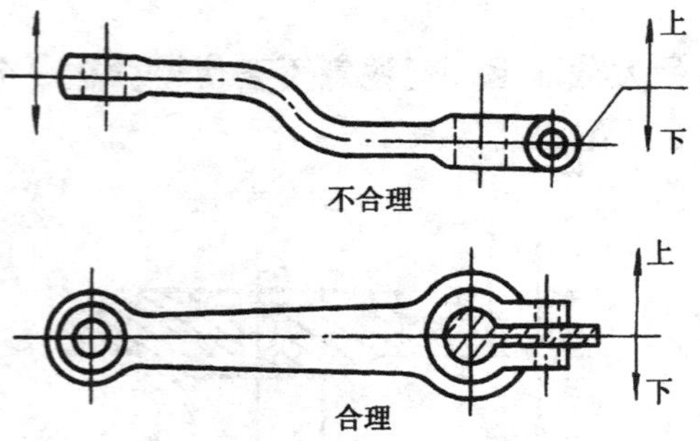

图 11-26　起重壁分型面的选择

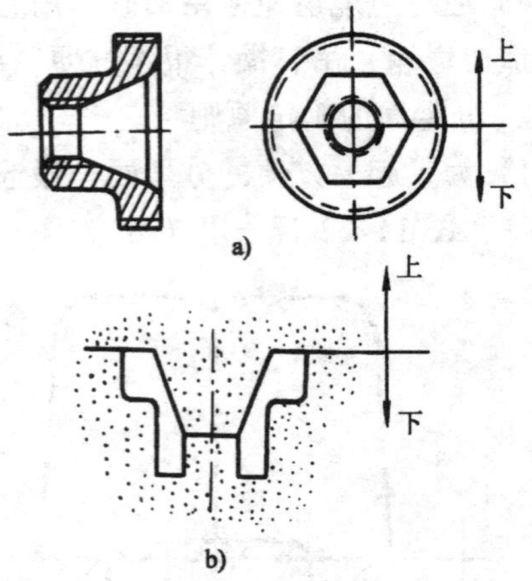

图 11-27　接头分型面的选择

二、工艺参数的选择

铸造工艺参数通常是指铸型工艺设计时需要确定的某些工艺数据，这些工艺参数一般都与模样及芯盒尺寸有关，即与铸件的精度有关，同时也与造型、造芯、下芯及合型的工艺过程有联系。这些工艺参数是：铸造收缩率、机械加工余量、起模斜度、最小铸出孔的尺寸、芯头尺寸等。工艺参数选择得正确合适，不仅使铸件的尺寸、形状精确，而且造型、造芯、下芯、合型都大为方便，提高生产率，降低成本。

1. 铸造收缩率　由于合金的线收缩，铸件冷却后的尺寸将比型腔尺寸略为缩小，为保证铸件的应有尺寸，模样尺寸必须比铸件放大一个该合金的收缩量。

在铸件冷却过程中，其线收缩率除受到铸型和型芯的机械阻碍，还受到铸件各部分之间的相互制约。因此，铸造收缩率除与合金的种类和成分有关外，还与铸件结构、大小、壁的厚薄、砂型和砂芯的退让性、浇冒口系统的类型和开设位置、砂箱的结构等有关。表 11-3 为砂型铸造时，各种合金的铸造线收缩率的经验数据，一般是按阻碍收缩率来考虑。

表 11-3　铸造合金线收缩率

铸件种类			收缩率（%）	
			阻碍收缩	自由收缩
灰铸铁	中小型铸件		0.8～1.0	0.9～1.1
	大中型铸件		0.7～0.9	0.8～1.0
	特大型铸件		0.6～0.8	0.7～0.9
球墨铸铁	珠光体球墨铸铁件		0.6～0.8	0.9～1.1
	铁素体球墨铸铁件		0.4～0.6	0.8～1.0
蠕墨铸铁	蠕墨铸铁件		0.6～0.8	0.8～1.2
可锻铸铁	黑心可锻铸铁件	壁厚＞25mm	0.5～0.6	0.6～0.8
		壁厚＜25mm	0.6～0.8	0.8～1.0
	白心可锻铸铁件		1.2～1.8	1.5～2.0
铸钢	碳钢与合金结构钢铸件		1.3～1.7	1.6～2.0
	奥氏体、铁素体钢铸件		1.5～1.9	1.8～2.2
	纯奥氏体钢铸件		1.7～2.0	2.0～2.3

2. 机械加工余量　机械加工余量是为保证铸件加工面尺寸和零件精度，在铸件工艺设计时，预先增加的而在机械加工时切去的金属层厚度。加工余量的代号用字母 MA 表示。加工余量等级由精到粗共分为 A、B、C、D、E、F、G、H 和 J 共 9 个等级。表 11-4 列出了一小部分与铸件尺寸公差配套使用的铸件机械加工余量。详见《GB/T11350—89》。

表 11-4　与铸件尺寸公差配套使用的铸件机械加工余量　(mm)

CT		11		12			13			14		15	
MA		G	H	G	H	J	G	H	J	H	J	H	J
基本尺寸		加工余量数值											
大于	至												
—	100	4.0 3.0	4.5 3.5	4.5 3.0	5.0 3.5	6.0 4.5	6.0 4.0	6.5 4.5	7.5 5.5	7.5 5.0	8.5 6.0	9.0 5.5	10 6.5
100	160	4.5 3.5	5.5 4.5	5.5 4.0	6.5 5.0	7.5 6.0	7.0 4.5	8.0 5.5	9.0 6.5	9.0 6.0	10 7.0	11 7.0	12 8.0
160	250	6.0 4.5	7.0 5.5	7.0 5.0	8.0 6.0	9.5 7.5	8.5 6.0	9.5 7.0	11 8.5	11 7.5	13 9.0	13 8.5	15 10
250	400	7.0 5.5	8.5 7.0	8.0 6.0	9.5 7.5	11 9.0	9.5 6.5	11 8.0	13 10	13 9.0	15 11	15 10	17 12
400	630	7.5 6.0	9.5 8.0	9.0 6.5	11 8.5	14 11	11 7.5	13 9.5	16 12	15 11	18 13	17 12	20 14

注：表中每栏有两个加工余量数值，上面数值是一侧为基准，另一侧进行单侧加工的加工余量值；下面数值是进行双侧加工的加工余量值。

铸件尺寸公差是指对铸件尺寸规定的允许变动量，其代号用字母 CT 表示，分为 1、2、3、……16，共 16 个等级。铸件尺寸公差等级和加工余量等级，通常依据实际生产条件和有关资料确定，当铸件尺寸公差等级和加工余量等级确定后，就可以按《GB/T11350—89》所提供数据表查出铸件的机械加工余量。

单件小批生产时，铸件的尺寸公差等级与造型材料及铸件材料有关。采用干、湿型砂型铸造方法铸出的灰铸铁件的尺寸公差等级为 CT15～CT13。大批量生产时，铸件的尺寸公差等级与铸造工艺方法及铸件材料有关。采用砂型手工造型方法铸出的灰铸铁件的尺寸公差等级为 CT13～CT11。

铸件的加工余量等级与铸件的尺寸公差等级应配套使用。单件小批生产时，采用干、湿型砂型铸造铸出的灰铸铁件 CT 与 MA 的配套关系是 CT13～CT15/H；大批量生产时，采用砂型手工造型方法铸出的灰铸铁件 CT 与 MA 的配套关系是 CT11～CT13/H。

3. 起模斜度　为了方便起模，在模样、芯盒的出模方向留有一定斜度，以免损坏砂芯。这个在铸造工艺设计时所规定的斜度，称为起模斜度，如图 11-28 所示。起模斜度的大小应根据模样的高度，模样的尺寸和表面粗糙度以及造型方法来确定，通常为15′～3°。立壁越高，起模斜度越小；机器造型应比手工造型的斜度小。

起模斜度在工艺图上用角度 α°（如图 11-28）或宽度表示。详见 JB/T5105—91。

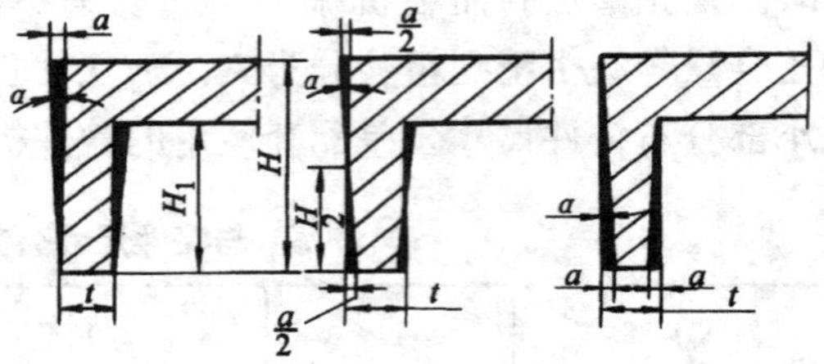

图 11-28 起模斜度

4．最小铸出孔　机械零件上往往有许多孔，一般来说，应尽可能在铸造时铸出，这样既可节约金属，减少机械加工的工作量，又可使铸件壁厚比较均匀，减少形成缩孔、缩松等铸造缺陷的倾向。但是，当铸件上的孔尺寸太小，而铸件壁又较厚和金属液压力头较高时，反而会使铸件产生粘砂，为了铸出，必须采用复杂而且难度较大的工艺措施，而实现这些措施还不如机械加工的方法制出更为方便和经济；有时由于孔距要求很精确，铸孔也很难保证质量。因此在确定零件上的孔是否铸出时，必须考虑铸出这些孔的可能性和必要性、经济性。

最小铸出孔和铸件的生产批量、合金种类、铸件大小、孔的长度及孔的直径等有关。表 11-5 为最小铸出孔的数值，供参考。

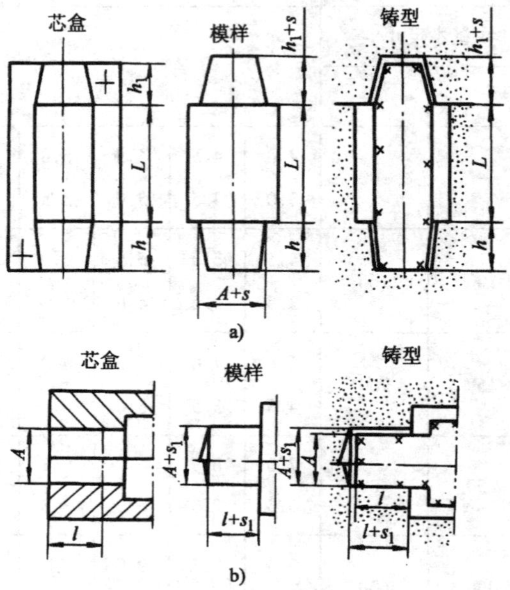

图 11-29 芯头与芯座之间的间隙
a) 垂直芯头 b) 水平芯头

5．型芯头　芯头是指伸出铸件以外不与金属液接触的砂芯部分，其功用是定位、支撑和排气。为了承受砂芯本身重力及浇注时液体金属对砂芯的浮力，芯头的尺寸应足够大才不致破坏；浇注后，砂芯所产生的气体，应能通过芯头排至铸型以外，在设计芯头时，除了要满足上面的要求外，还应做到下芯、合型方便，应留有适当斜度，芯头与芯座之间要留有间隙。图 11-29 所示，芯头与芯座之间间隙的形成。

表 11-5 铸件的最小铸出孔

生产批量	最小铸出孔直径/mm	
	灰铸铁件	铸钢件
大量生产	12～15	
成批生产	15～30	30～50
单件、小批生产	30～50	50

注：1．若是加工孔，则孔的直径应为加上加工余量后的数值；
2．有特殊要求的铸件例外。

第三节 铸件的结构工艺性

进行铸件设计时，不仅要保证铸件的工艺性能和力学性能要求，还要使铸件结构本身符合铸造生产的要求。这对于铸造工艺过程来说，铸件结构的合理性称为铸件的“结构工艺性”。铸件的结构是否合理，与铸造合金的种类、产量的多少、铸造方法和生产条件等有密切的关系。下面从保证铸件质量，简化铸造工艺和铸造合金特点等几个方面来说明对铸件结构的要求。

一、铸件质量对铸件结构的要求

某些铸造缺陷的产生，往往是由于铸件结构设计不合理而造成的。当然，铸造时可以采取相应的工艺措施来消除这些缺陷；但有时由于铸件设计得不合理，使得消除缺陷的措施非常复杂和昂贵，这就会大大增加生产的成本和降低劳动生产率。然而，在同样满足使用要求的情况下，采取合理的铸件结构，常可简便地消除许多缺陷。

1. 铸件的壁厚应合理　每一种铸造合金，采用某种铸造方法，要求铸件有其合适的壁厚范围。为了避免浇不足、冷隔等缺陷，铸件应有一定的厚度。表11-6列出了几种常用的铸造合金在砂型铸造条件下的铸件最小允许壁厚。但在设计时，不应单纯以增加铸件的壁厚作为提高强度的唯一办法。从合金的结晶特点可知，随着铸件壁厚的增加，中心部分的晶粒变粗大，机械强度并不随着铸件壁厚的增加而成比例增加。因此，在设计铸件时，应选择合理的截面形状，采用较薄的断面或带有加强肋的薄壁铸件，如图11-30所示。这样，即保证了强度和减轻了重量，又可减少产生缩孔、缩松等缺陷的倾向。

表 11-6　砂型铸造时铸件的最小允许壁厚　(mm)

铸件尺寸	铸钢	灰铸铁	球铁	可锻铸铁	铝合金	铜合金	镁合金
200×200以下	6～8	5～6	6	4～5	3	3～5	
200×200～500×500	10～12	6～10	12	5～8	4	6～8	3
500×500以上	18～25	15～20			5～7		

注：1. 如有特殊需要，在改善铸造条件的情况下，灰铸铁最小允许壁厚可≤3mm，其他合金最小壁厚亦可减小。

2. 铸件结构复杂，铸造合金的流动性差，应取上限值。

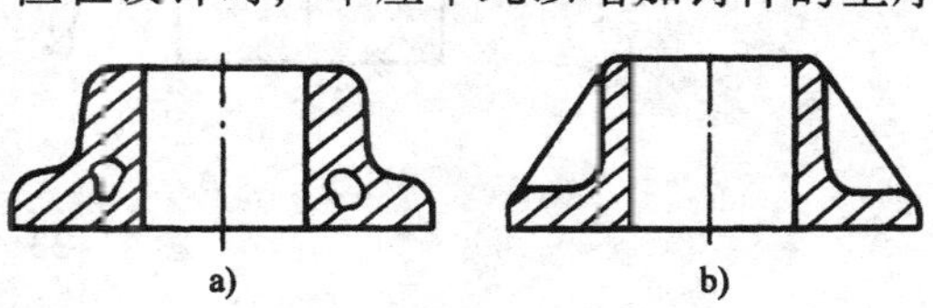

图 11-30　采用加强肋减少铸件壁厚

a）不合理　b）合理

2. 铸件壁的连接和圆角　铸件的壁厚应力求均匀，如果因结构所需不能达到厚薄均匀，则铸件各部分不同壁厚的连接应采用逐渐过渡。壁厚的过渡形式见图11-31、图11-15所示。图11-15a结构由于两截面交接处成直角形拐弯并形成热节，故在此处易形成热裂。改进设计后如图b所示圆角过渡，可以有效地消除热裂缺陷。

3. 壁厚力求均匀　金属过多地聚集在一起，使铸件冷却不均匀，形成较大的内应力，而且易形成缩孔、缩松及裂纹。因此应取消不必要的厚大部分，减小、减少热节。如图11-32所示。

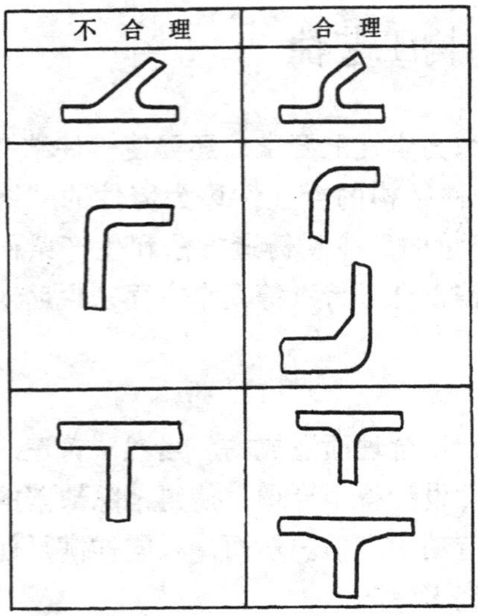

图 11-31 壁连接的几种形式

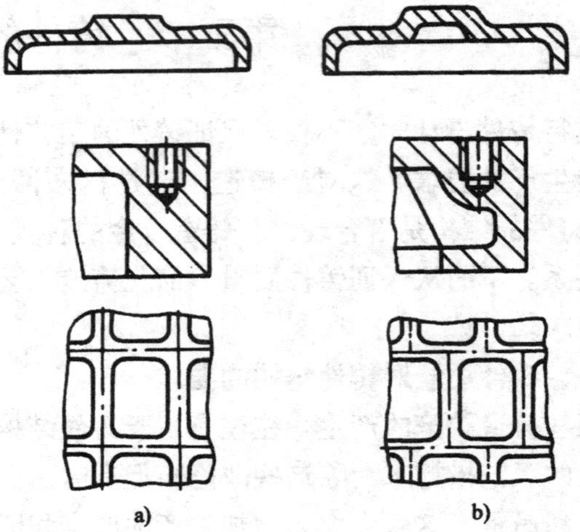

图 11-32 壁厚力求均匀的实例
a) 不合理 b) 合理

4. 应防止产生变形 某些壁厚均匀的细长铸件，较大面积的平板铸件，以及壁厚不均匀的长形箱体都会由于应力而产生翘曲变形。可采用合理的结构设计予以解决，如图 11-33 所示。

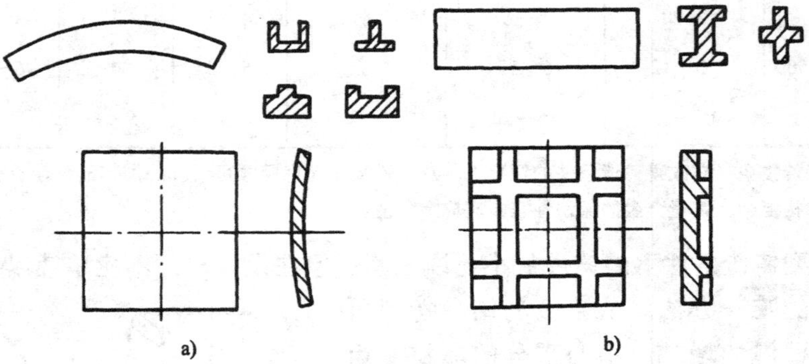

图 11-33 防止变形的铸件结构
a) 不合理 b) 合理

5. 避免水平方向出现较大的平面 在浇注时，如果型内有较大的水平型腔存在，当液体金属上升速度到该位置时，由于断面突然扩大，上升速度缓慢，高温液体较长时间烘烤顶部型面，极易造成夹砂、浇不足等缺陷，同时也不利于金属夹杂物和气体的排出。因此，应尽量设计成倾斜壁，如图 11-34 所示。

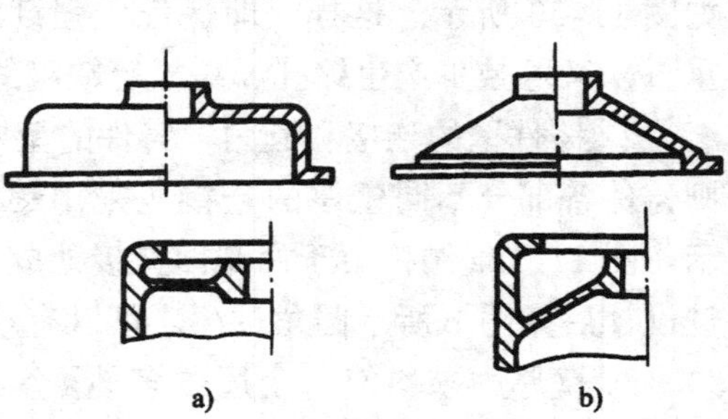

图 11-34 避免大水平面的铸件结构
a) 不合理 b) 合理

二、铸造工艺对零件结构的要求

铸件的结构不仅应有利于保证铸件的质量，而且应考虑到造型、造芯和清理等操作的方便，以利于简化铸造工艺过程，稳定质量，提高生产率和降低成本。

1. 改进妨碍起膜的凸台、凸缘、肋板的结构　铸件侧壁上的凸台、凸缘、肋板等，常妨碍起模，生产中不得不增加砂芯、活块等较不方便的工艺来完成，增加了造型和模样制造的工时和费用。如果充分了解铸造过程，能对其结构稍加改进，就可避免以上缺点。如图11-35所示。

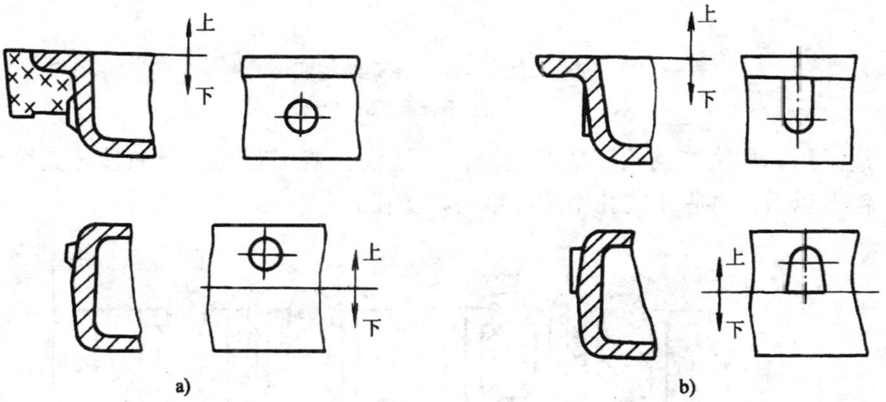

图 11-35　改进妨碍起模的铸件结构
a) 不合理　b) 合理

2. 尽量取消铸件外表侧凹　铸件外表侧凹部分，必然妨碍起模，这时需要增加砂芯才能形成铸件凹入部分的形状。此情况若稍加改进铸件结构，即能避免侧凹部分，如图 11-36 所示。

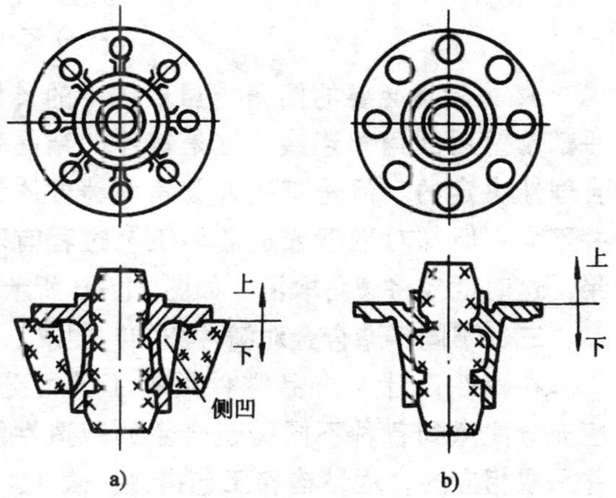

图 11-36　带有外表侧凹的铸件结构的改进
a) 不合理　b) 合理

3. 减少和简化分型面　图 11-37a 所示铸件，原设计的结构必须采用不平分型面，给模样、模板制造带来困难。改进设计结构后如图 b，则可用一简单平直分型面进行造型。

4. 有利于砂芯的固定和排气　图 11-38a 为撑架原来的结构，2 号砂芯为悬臂式砂芯；需用芯撑固定；图 b 为改进后结构。图 11-39a 为活塞的不合理的结构，必须使用芯撑，对于薄壁铸件以及要求承受气体或液体压力的铸件

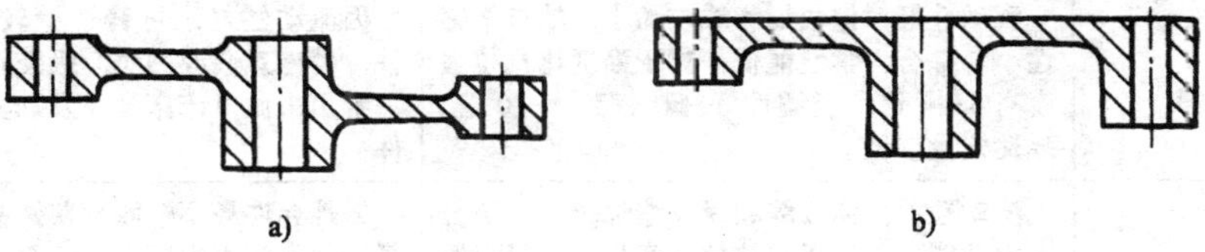

图 11-37　活塞结构实例
a) 不合理　b) 合理

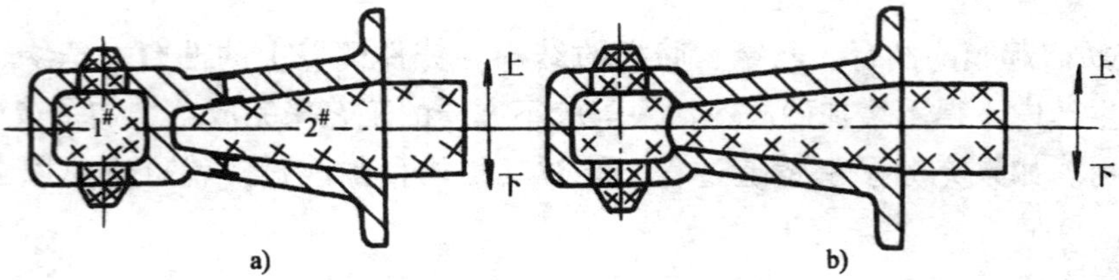

图 11-38 撑架结构实例

a) 不合理 b) 合理

尤不希望采用芯撑。若结构不能修改时，可增设铸造工艺孔，增加砂芯支撑点如图 11-39b 所示。铸造以后，再将工艺孔用螺丝堵头堵塞住。

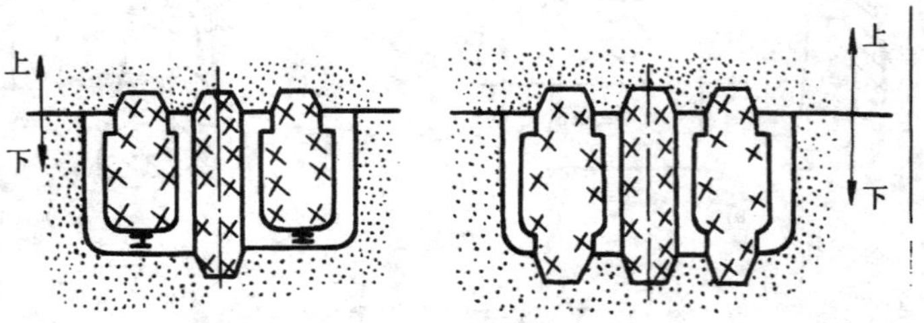

图 11-39 活塞结构实例

a) 不合理 b) 合理

5. 去除不必要的圆角 虽然铸件的转角处几乎都希望用圆角相连接，这是铸件的结晶和凝固合理性决定的。但是有些外圆角对铸件质量影响并不大，但却对造型或造芯等工艺过程有不良效果，这时就应将圆角取消。如图 11-40 所示。

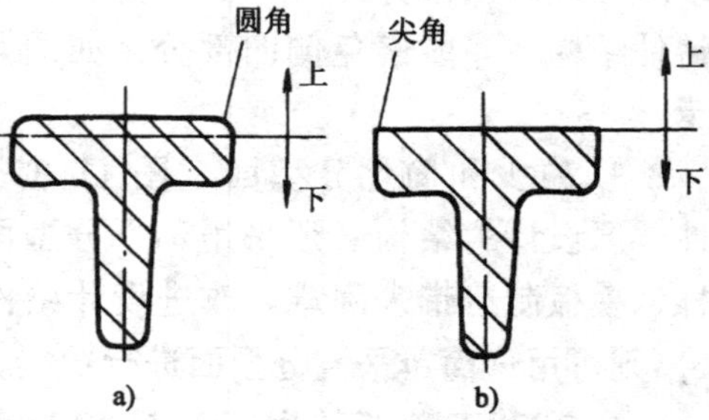

图 11-40 去除不必要铸造圆角

a) 不合理 b) 合理

三、不同铸造合金对铸件结构的要求

在铸件设计及产品零件结构工艺性分析时，应充分注意到各种不同铸造合金的铸造性能特点并采取相应的合理结构和工艺措施。表 11-7 为常用的铸造合金的性能及结构特点。

表 11-7 常用的铸造合金的性能及结构特点

合金种类	性能特点	结构特点
灰铸铁件	流动性好，体收缩和线收缩小，缺口敏感性小。综合力学性能低，抗压强度比抗拉强度高 3～4 倍。吸震性好，比钢约大 10 倍。弹性模量较低	因流动性好，可铸造壁较薄形状复杂的铸件，铸件残余应力小，吸震性好 常用来做机床床身、发动机机体、机座等铸件
铸钢件	流动性差，体收缩和线收缩都较大，综合力学性能高，抗压和抗拉强度相等：吸震性差，缺口敏感性大	铸件允许最小壁厚比灰铸铁要厚，不易铸出复杂件。铸件内应力大，易挠曲变形。结构应尽量减少热节点，并创造顺序凝固的条件。壁的连接圆角与壁之间的过渡段要比灰铸铁大些

（续）

合金种类	性能特点	结构特点
球墨铸铁件	流动性和线收缩与灰铸铁相近，体收缩及形成内应力倾向比灰铸铁大，易产生缩孔、缩松和裂纹。强度、塑性、弹性模量均比灰铸铁高，抗磨性好，吸震性比灰铸铁差	一般都设计成均匀壁厚，尽量避免厚大断面。对某些厚大断面的球墨铸铁件可采用空心结构，如大型的球铁曲轴等
可锻铸铁件	流动性比灰铸铁差，体收缩大。退火前很脆，毛坯易损坏；退火后，线收缩小，综合力学性能稍次于球墨铸铁，冲击韧度比灰铸铁高3～4倍	由于铸态要求白口，故一般适宜做均匀壁厚的小件。最合适的壁厚5～16mm。壁厚应尽量均匀。为增加刚性，截面形状多设计成T字形或工字形，避免十字形截面。零件的突出部分应该用肋条加固
锡青铜和磷青铜件	铸造性能类似灰铸铁，但结晶间隔大，易产生缩松。高温性能差，发脆。强度随截面增加显著下降。耐磨性好	壁不得太厚，零件的突出部分应用较薄的加强肋加固，以免热裂。铸件形状不易太复杂
无锡青铜和黄铜件	收缩较大，结晶范围小，易产生集中缩孔。流动性好，耐磨，耐磨蚀性好	结构特点类似铸钢件
铝合金件	铸造性能类似铸钢，但相对强度随壁厚增加而降低得更为显著	壁不能太厚，其余结构特点类似铸钢件

第四节　特种铸造简介

砂型铸造虽然是应用最普遍的一种铸造方法，但由于其铸造尺寸精度低，表面粗糙度值大，铸件内部质量差，生产过程不易实现机械化等弱点。因此，对于一些特殊要求的零件，例如极薄壁件、管子等，常常不用砂铸方法铸出，而采用了与砂型铸造不同的一系列铸造方法，称为特种铸造，如熔模铸造、离心铸造、壳型铸造、压力铸造、低压铸造、金属型铸造等。每种特种铸造方法，在提高铸件精度和表面质量、改善合金性能、提高劳动生产率、改善劳动条件和降低铸造成本等方面，各有其优越之处。下面仅简单介绍几种特种铸造的工艺过程、特点及应用。

一、熔模铸造

熔模铸造是用易熔材料制成模样，然后在模样上涂耐火材料，经硬化之后，再将模样熔化，排出型外，获得无分型面的铸型，浇注即可获得铸件。因为熔模广泛采用蜡质材料来制造，故这种方法也称失蜡铸造。它是发展较快的一种精密铸造方法。

（一）熔模铸造的工艺过程

1. 压型制造　压型是用来制造蜡模的专用模具（图11-41a）。一般用钢、铜或铝经机械加工而成，要求有较高的精度和低的表面粗糙度，主要用于大批量生产。

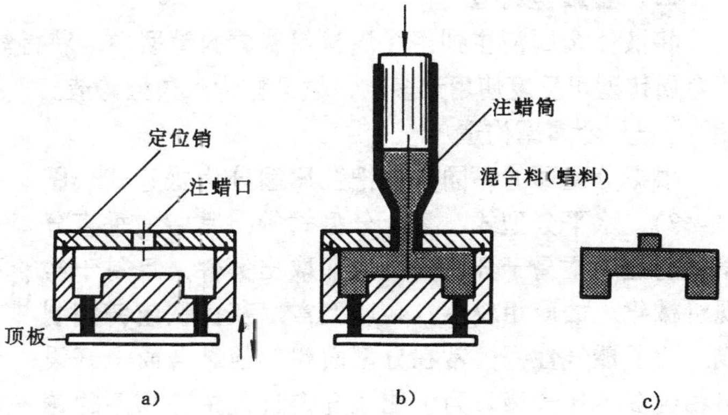

图11-41　蜡模的制造

对于小批量生产，为了降低成本，减轻生产准备时间，常采用易熔合金、塑料或石膏直接向模样（母模）上浇注而成。

2. 蜡模制造　生产中最常用的是50%石蜡和50%硬脂酸的混合料作为制造蜡模的材料。如图11-41b所示，将蜡料加热至糊状，在一定的压力下压入型内，待冷却后，从压型中取出即得到一个蜡模，如图11-41c所示。

3. 蜡模组装　为提高生产率，降低成本，通常将若干个蜡模焊在一个预先制好的蜡制浇口棒上，制成了蜡模组，如图11-42所示。

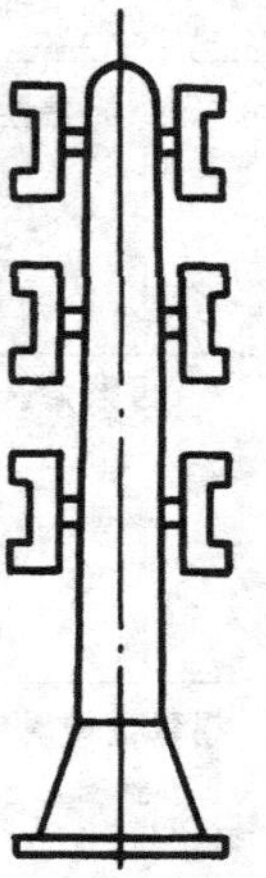

图11-42　蜡模的组装

4. 结壳　结壳即是制造型壳的过程。首先将蜡模组浸入涂料中，使涂料均匀地覆盖在模组表面。涂料是由耐火材料（常用石英粉）、粘砂剂（水玻璃、硅溶胶等）搅拌混合均匀而成。然后将模组上撒石英砂，将模组浸入含氯化氨25%左右的水溶液中，分解出来的硅溶胶，将石英砂粘牢。如此重复5～7遍，制成5～10mm的耐火型壳。

5. 脱蜡　将包着蜡模的型壳浸入约90℃的热水中，使蜡料熔化，经浇道上浮，倒掉型壳中的水，就制得了型壳。

6. 焙烧、浇注　为进一步去除型壳中的水分、残余蜡料和其他杂质，浇注前，将型壳送入加热炉内，加热到850℃以上进行焙烧，焙烧后趁热进行浇注。

7. 落砂和清理　冷却之后，将型壳打碎取出铸件。然后，去掉浇冒口、清理毛刺，获得铸件。

（二）熔模铸造的特点及应用范围

熔模铸造有以下优点：

1）由于铸型精密，没有分型面，型腔表面极光洁，故铸件的精度及表面质量均优。同时，铸型在热态浇注，可以生产出形状复杂的薄壁铸件。

2）由于型壳是由耐火材料制成，可以适应各种合金的生产，对于生产高熔点合金及难切削加工合金，更显出其独特的优越性。

3）生产批量不受限制，除常用于成批、大量生产外，也可用于单件生产。

熔模铸造的主要缺点是材料昂贵、工序多、生产周期长，不宜生产大件等。

熔模铸造广泛应用于电器仪表、刀具、航空等制造部门。例如，汽轮机和涡轮发动机的叶片，汽车、拖拉机上的小型零件等，已成为少或无切削加工中最重要的工艺方法。

二、金属型铸造

将液体金属浇注到用金属材料制成的铸型中，获得铸件的铸造方法称为金属型铸造。由于金属铸型可反复使用许多次，故又称为永久型铸造。

（一）金属型构造

根据分型面的不同，可把金属型分为垂直式（图11-43）、水平分型式、复合分型式等，其中，垂直分型式的金属型易于开设内浇道和取出铸件，且易于实现机械化，故应用较多。金属型常用灰铸铁或铸钢制成。为了透气性好，常在分型面和其他结合面上开设出相当多的通气槽。为了能在开型过程中将高温的铸件从型腔中推出，大多金属型均设有推杆机构。

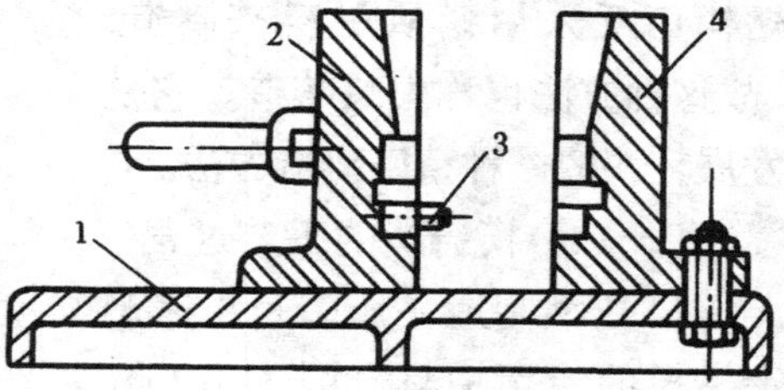

图11-43　垂直分型式金属型
1—底坐　2—活动半型　3—定位销
4—固定半型

铸件的内腔可用金属型芯或砂芯制成。金属型芯一般用来铸造有色金属铸件。图 11-44 是铸造铝活塞的垂直分型式金属型，浇注后取出中间型芯 4，再取出两侧型芯 3。

（二）金属型铸造工艺特点

由于金属型导热快，没有退让性和透气性，为了保证铸件质量和延长金属型寿命，就必须严格控制其工艺。

1. 喷刷涂料　金属型型腔和型芯与高温的金属液直接接触，为了减缓铸件的冷却速度，防止高温金属液流对型壁的直接冲刷，保护金属型和利用涂料层蓄气排气，在金属型型腔和型芯表面必须喷刷涂料。

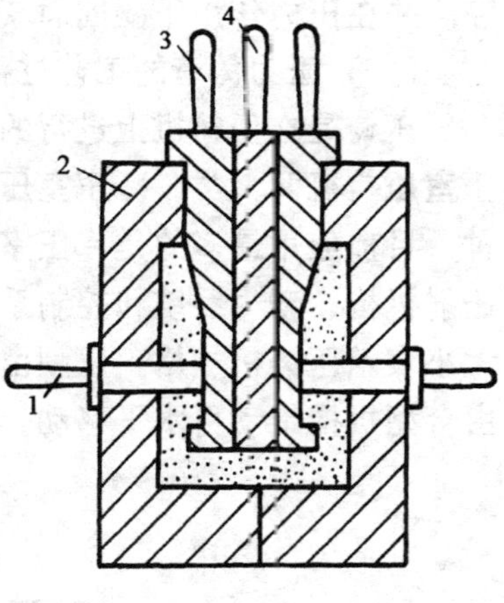

图 11-44　活塞的组合式金属型
1—圆孔型芯　2—金属型　3—两侧型芯　4—中间型芯

涂料应符合以下要求：要有一定粘度，便于喷刷，在金属型表面上能形成均匀的薄层；涂料干后不发生龟裂或脱落，且易于清除；具有高的耐火度；高温时不会产生大量气体；不与合金发生化学反应等。

根据不同合金，涂料有多种配方，但它基本由四类物质组成：

1）粉状耐火材料，如氧化锌、滑石粉、硅砂粉等。

2）溶剂：水。

3）特殊附加物。为了达到某一特殊目的，而加入一些附加物，例如防止灰铁件出现白口，可在涂料中加入铁粉等。

2. 金属型预热　未预热的金属型不能进行浇注。这是因为金属型导热性好，液体金属冷却快，容易出现冷隔、浇不足、夹杂、气孔等缺陷；未预热的金属型，浇注时铸型受到强烈的热冲击，应力倍增，铸型寿命降低。适宜的预热温度随铸造合金的种类、铸件结构和大小而定。表 11-8 中的数据供参考。

表 11-8　不同铸造合金对金属型预热温度的要求　（℃）

铝合金	镁合金	锡青铜	铝青铜	铸铁	铸钢
200～300	200～250	150～250	50～125	250～350	150～300

3. 金属型的浇注　金属型浇注时，合金的浇注温度和浇注速度必须适当。如果浇温太低，将会使铸件产生冷隔、气孔和夹杂等缺陷。金属型的浇注温度比砂型铸造时高；由于金属型的激冷和不透气，浇注速度应做到先慢、后快、再慢。

（三）金属型铸造的特点和应用范围

金属型铸造具有许多优点。如可承受多次浇铸，实现了“一型多铸”，便于实现机械化和自动化生产，从而大大提高了生产率；同时，铸件精度和表面质量比砂型铸造显著提高，从而节省金属和减少切削加工工作量；由于结晶组织致密，铸件的力学性能得到提高，如铸铝件的屈服强度平均提高 20%。此外，此铸造工艺可节省许多工序，铸型不用砂，使铸造车间面貌改观，改善了劳动条件，提高了劳动生产率，降低了造型的劳动强度。

主要缺点是金属型制造成本高，周期长；铸造工艺要求严格。此外，金属型铸造适用的铸件形状和尺寸有着一定的限制，主要适用于有色合金铸件的大批量生产。

三、压力铸造

压力铸造简称压铸，它是在高压作用下使液态或半液态金属以较高的速度充填压铸型型腔，并在压力作用下凝固而获得铸件的方法。

(一) 压力铸造的工艺过程

压铸是在压铸机上进行的，它所用的铸型称为压型。压铸机一般分为热压室压铸机和冷压室压铸机两大类。冷压室压铸机按其压室结构和布置方式分为卧式压铸机和立式压铸机两种，目前应用最多的是冷压室卧式压铸机。其总体结构如图 11-45 所示，主要有合型机构、压射机构、动力系统和控制系统等组成。合型机构用以开合铸型和锁紧铸型，通常以合型力大小表示压铸机规格。压型由固定半型和活动半型组成，固定半型固定在机架上，活动半型由合型机构带动可水平移动。

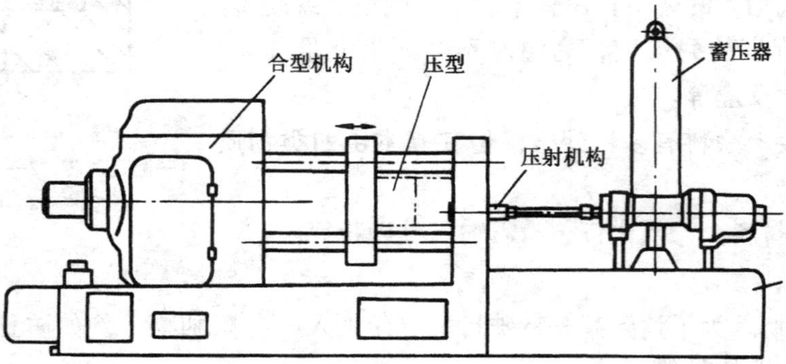

图 11-45　冷压室卧式压铸机总体结构

压铸工艺过程见图 11-46。首先合型，用手工或机械将金属液通过压射室上的注液孔向压射室内注入（图 a)；然后压射冲头向前推进，金属液压入型中（图 b)；当铸件凝固以后，活动半型左移开型，依靠顶杆将铸件顶出（图 c)。

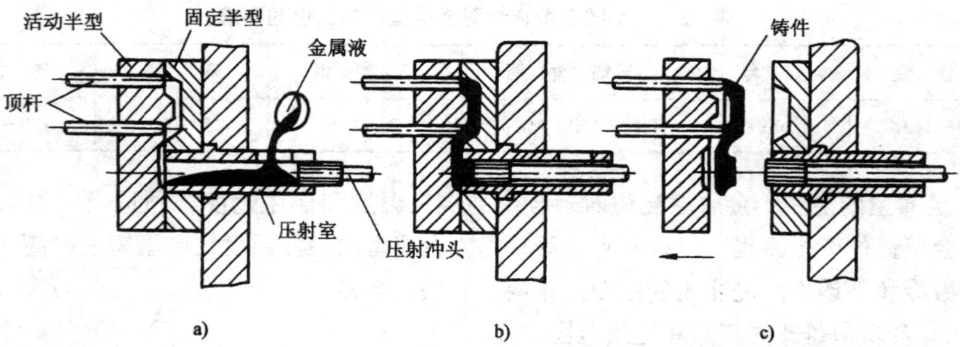

图 11-46　压铸工艺过程示意图

(二) 压力铸造的特点和应用范围

压力铸造具有以下优点：

1) 铸件的精度及表面质量较其他铸造方法均高，因此，压铸件不经机械加工或少许加工，即可使用。

2) 可压铸出形状复杂的薄壁件或镶嵌件，如可铸出极薄件或直接铸出小孔、螺纹等，这是由于压铸型精密，在高压下浇注，极大地提高了合金充型能力所致。

3）铸件的强度和硬度均较高，如抗拉强度可比砂型铸造提高25％～30％。因为铸件的冷却速度快，又在高压下结晶凝固，其组织密度大，晶粒细。

4）压铸的生产率比其他铸造方法均高。其生产能力可达50～150次/h，最高可达500次/h，而且较易实现生产过程的自动化。

压铸的主要缺点：

1）压铸设备投资大，制造压型的费用很高、周期较长。

2）由于压铸的速度极高，型内的气体很难及时排除，因此，铸件不宜进行较大余量的切削加工和进行热处理，以防孔洞外露和加热时铸件内气体膨胀而起泡。

3）压铸合金的种类（如高熔点合金）常受到限制，因为在液流的高速、高温冲刷下，压型的寿命很低。

目前，压铸已在汽车、拖拉机、仪表、兵器行业得到了广泛的应用。

四、低压铸造

低压铸造是用较低压力（一般为0.02～0.06μPa）将金属液由铸型底部注入型腔，并在压力下凝固，以获得铸件的方法。与压力铸造相比，所用的压力较低，故称为低压铸造。

（一）低压制造的工艺过程

如图11-47所示，在密封的坩埚3中通入干燥的压缩空气，金属液2在气体压力的作用下沿升液管4上升，通过浇口5平稳地进入型腔8中，并保持坩埚内液面上的气体压力，一直到铸件完全凝固为止。然后，解除液面上的气体压力，使升液管中未凝固的金属液流回坩埚中，再由气缸12开型，将铸件推出。

从上述过程可以看出：金属液在压力推动下进入型腔，并在外力作用下结晶凝固，进行补缩；其充型过程既与重力铸造有区别，也与高压高速充型的压力铸造有区别。

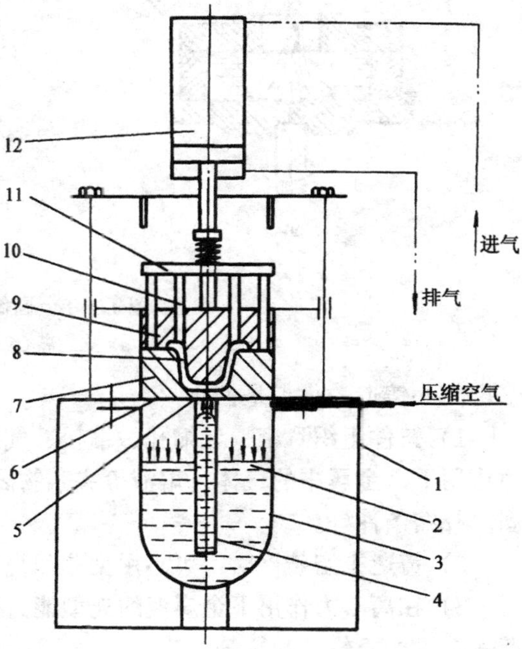

图11-47 低压铸造工艺示意图
1—保温炉 2—液体金属 3—坩埚 4—升液管 5—浇口 6—密封盖 7—下型 8—型腔 9—上型 10—顶杆 11—顶杆板 12—气缸

（二）低压铸造的特点和应用范围

低压铸造具有以下优点：

1）底注充型，平稳且易于控制，减少了金属液注入型腔时的冲击、飞溅现象，铸件的气孔、夹渣等缺陷较少。

2）金属液的上升速度和结晶压力可调整，适用于各种铸型（如砂型、金属型等）、各种合金的铸件。

3）由于省去了补缩冒口，使金属的利用率提高到90％～98％。

4）与重力铸造相比，铸件的组织致密，轮廓清晰，力学性能高。

另外劳动条件有所改善，易于实现机械化和自动化。低压铸造目前主要用来生产质量要求高的铝、镁合金铸件，如气缸、缸盖、纺织机零件等。此工艺正受到国内外的普遍重视。

五、离心铸造

离心铸造是将液体金属浇入高速旋转的铸型中，使其在离心力作用下成型并凝固的铸造方法。

离心铸造主要用于生产圆筒形铸件。离心铸造必须在离心铸造机上进行，根据铸型旋转轴空间位置不同，可分为立式和卧式两大类。

(1) 立式离心铸造机　铸型是绕垂直轴旋转的，它主要用来生产高度小于直径的圆环铸件，如图 11-48a 所示。铸件的壁厚取决于浇入的金属量，其内表面呈抛物线状，即在重力作用下，铸件上薄下厚。

(2) 卧式离心铸造机　铸型是绕水平轴旋转的，它主要用来生产长度大于直径的套类和管类铸件，如图 11-48b 所示。由于铸件各部分的冷却条件相近，故铸出的铸件壁厚是均匀的。

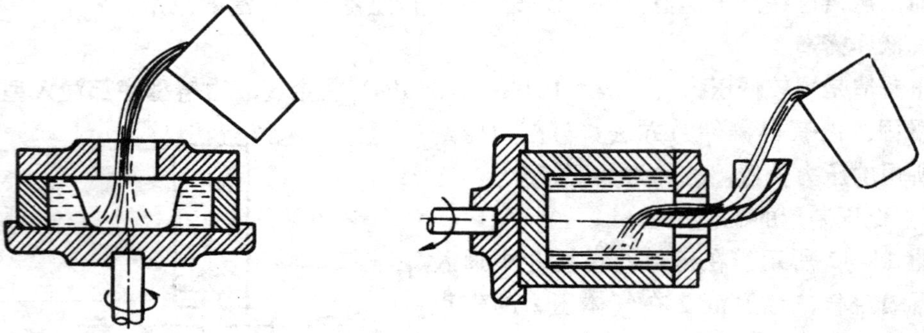

a)　　b)

图 11-48　圆筒件的离心铸造示意图

a) 立式离心铸造　b) 卧式离心铸造

离心铸造的优点是：

1) 铸件组织致密，无缩孔、缩松、气孔和夹渣等缺陷，力学性能好。这是因为在离心力作用下，金属中的气体、熔渣等夹杂物因密度小，均集中在内表面，铸件从外向内顺序凝固，补缩条件好。

2) 铸造中空铸件时，可不用型芯和浇注系统，大大简化生产过程，节约了金属。

3) 在离心力作用下金属液的充型能力得到提高，可以浇注流动性较差的合金铸件和薄壁铸件，如蜗轮、叶轮等。

4) 便于铸造双金属铸件，如钢套镶铜轴承等，其结合面牢固、耐磨，可节约贵重合金。

缺点是铸件易产生偏析，内孔不准确，内表面较粗糙。

六、各种铸造方法比较

各种铸造方法都有其优、缺点，各适用于一定的范围。因此，在选择时，应根据具体情况进行全面分析比较，包括合金的种类、生产批量、铸件的形状和大小、质量要求及现有设备情况等，从技术、经济、生产条件三个方面综合分析比较，才能正确地选择出铸造方法。

表 11-9 列出了几种铸造方法的综合比较。可以看出，砂型铸造尽管有着许多缺点，但其适应性强，因此，在铸造方法的选择中应优先考虑。而特种铸造，仅在相应的条件下才能显示其优越性。

表 11-9 几种铸造方法比较

比较项目	砂型铸造	熔模铸造	金属型铸造	压力铸造	低压铸造	离心铸造
适用合金范围	各种合金	非合金钢、合金钢、有色金属	各种合金，以有色合金为主	有色合金	有色合金	铸钢、铸铁、铜合金
适用铸件大小及重量范围	不受限制	一般＜25kg	中、小铸件为主	中、小铸件，一般＜10kg	中、小铸件有时达数百 kg	不受限制
铸件最小壁厚/mm	合金铝＞3 铸铁＞3～4 铸钢＞5	0.5～0.7 孔 ϕ1.5～2.0	铸铝＞3 铸铁＞5	铝合金 0.5 锌合金 0.3 铜合金 2	2	优于同类铸型的常压铸造
表面粗糙度 Ra/μm	50～12.5	12.5～1.6	12.5～6.3	3.2～0.8	12.5～3.2	决定于铸型材料
铸件尺寸公差/mm	100±1.0	100±0.3	100±0.4	100±0.3	100±0.4	同上
金属收得率（%）	30～50	60	40～50	60	50～60	85～95
毛坯利用率（%）	70	90	70	95	80	70～90
投产的最小批量	单件	1000	700～1000	1000	1000	100～1000
生产率（一般机械化程度）	低中	低中	中高	最高	中	中高
应用举例	机床床身、支座，轴承盖，曲轴，汽缸盖，汽缸体，水轮机转子等	刀具、叶片、自行车零件、机床零件、刀杆、风动工具等	铝活塞、水暖器材、水轮机叶片、一般有色合金铸件等	汽车化油器、缸体、仪表和照相机壳及支架等	发动机缸体、缸盖、壳体、箱体、船用螺旋桨、纺织机零件等	各种铸铁管、套筒、环、辊、叶轮、滑动轴承等

注：金属收得率 $=\dfrac{\text{铸件重}}{\text{铸件重}+\text{浇冒口重}}\times 100\%$；　毛坯利用率 $=\dfrac{\text{零件重}}{\text{铸件重}}\times 100\%$。

思考题与习题

1. 何谓合金的流动性？影响流动性的因素主要有哪些？在铸件的设计和生产中如何提高合金的流动性？

2. 合金的收缩分为哪三个阶段？简述影响收缩的主要因素。

3. 为什么灰铸铁的收缩比碳钢小？

4. 说明铸件产生缩孔、缩松的影响因素及防止方法。

5. 简述铸造热应力、相变应力和收缩应力形成的原因。

6. 简述铸件热裂、冷裂的特征，怎样防止它们产生？

7. “顺序凝结原则”和“同时凝结原则”各用来防止哪些铸造缺陷？

8. 简述浇注位置的确定原则。

9. 简述分型面的确定原则。

10. 铸造工艺参数主要包括哪些内容？

11. 芯头的作用是什么？

12. 铸件质量对铸件结构有些什么要求？

13. 为什么某一种铸造合金采用某种铸造方法时要求铸件应有合适的壁厚范围？

14. 铸造工艺对零件结构有些什么要求？

15. 定性比较灰铸铁、球墨铸铁与铸钢的铸造性能，分析其铸件的结构特点有何不同。

16. 何谓熔模铸造？简述其工艺过程，其应用范围如何？

17. 何谓金属型铸造？简述其特点和应用范围。

18. 金属型型腔表面为何在浇注前要喷刷涂料？

19. 简述压力铸造、低压铸造和离心铸造的工艺特点及应用范围。

20. 图 11-49 铸件的两种结构应选哪一种？为什么？

21. 铸件转角处为什么要有圆角结构？图 11-50 铸件上哪些圆角合理？哪些圆角不合理？应如何修改？

22. 图 11-51 所示的连接是否合理？为什么？

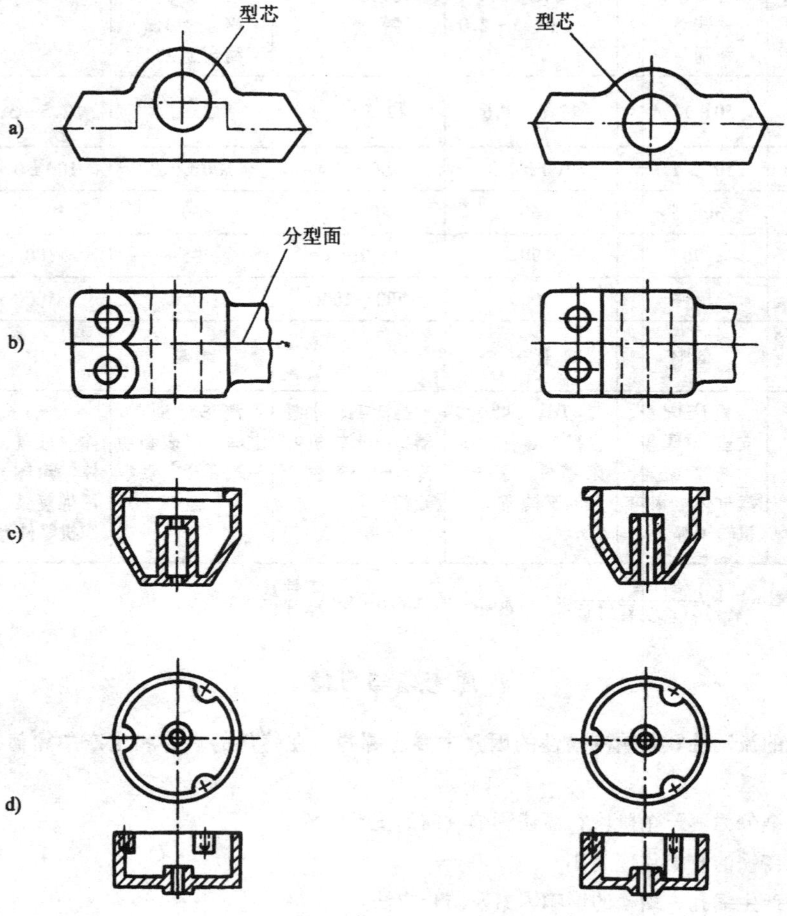

图 11-49

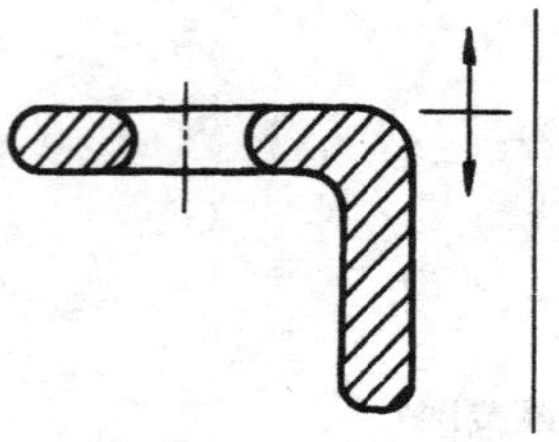

图 11-50

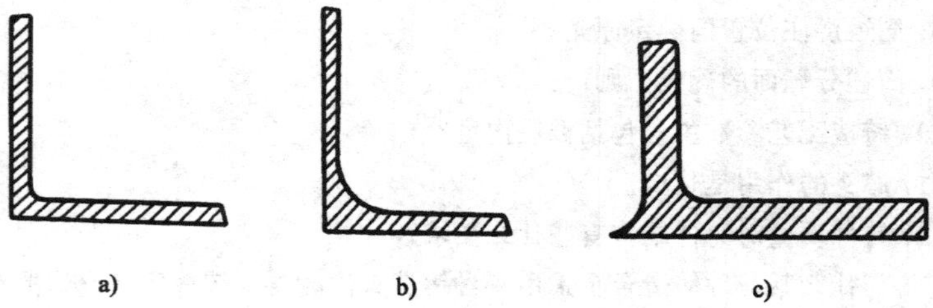

图 11-51

23. 图 11-52 所示两种零件的两种结构设计哪种合理？为什么？

24. 图 11-53 所示轴承铸件存在哪几个分型方案？试进行分析和比较。

25. 绘制图 11-54 所示铸件的铸造工艺图。

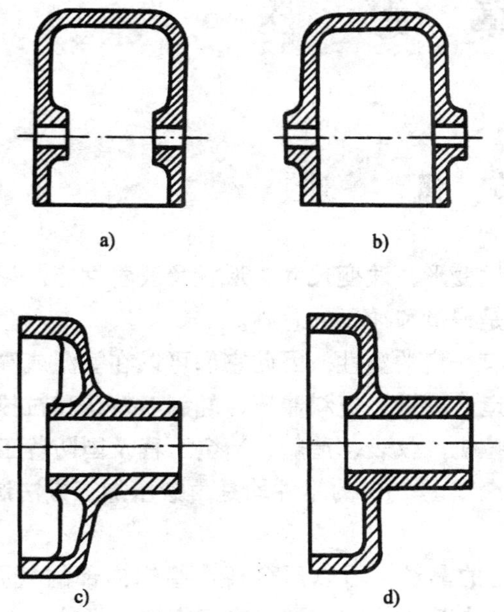

图　11-52

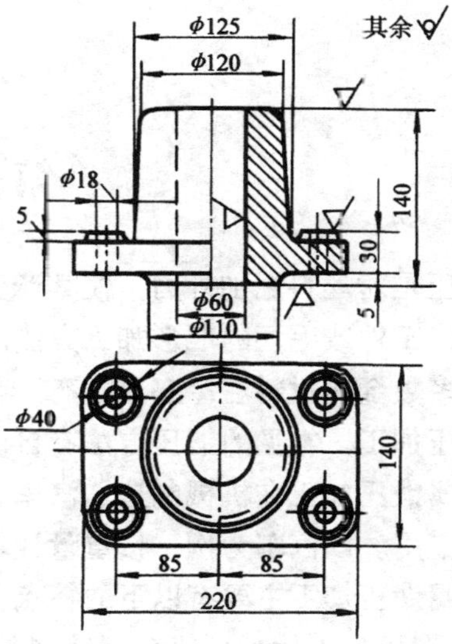

图　11-53

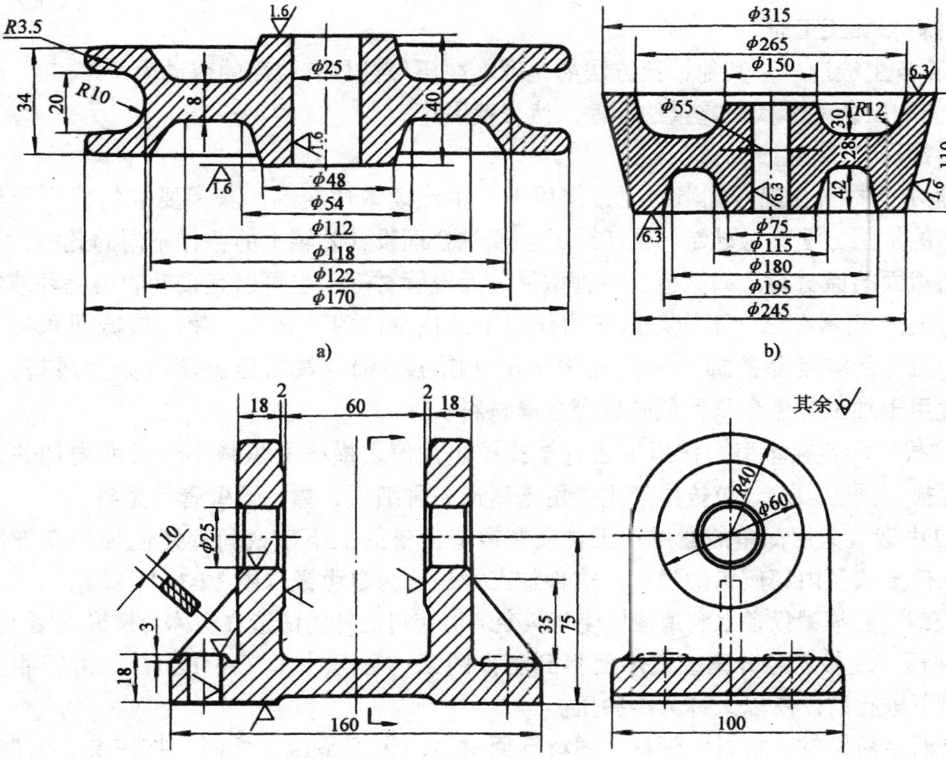

c)

图　11-54

a）绳轮　b）锥形带轮　c）支座

第十二章　锻　　压

第一节　概　　述

锻压是对坯料施加外力，使其产生塑性变形，改变尺寸、形状及改善性能，用以制造机械零件、工件或毛坯的成形加工方法，它是锻造和冲压的总称。

大多数金属材料在冷态或热态下都具有一定的塑性，因此它们可以在室温或高温下进行各种锻压加工。常见的锻压方法有自由锻造、模锻、板料冲压、轧制、挤压和拉拔等。

金属锻压加工在机械制造、汽车、拖拉机、仪表、造船、冶金工程及国防等工业中有着广泛的应用。以汽车为例，按重量计算，汽车上70%的零件均是由锻压加工方法制造的。

金属锻压加工主要有以下的特点：

1）锻压加工后，可使金属获得较细密的晶粒，可以压合铸造组织内部的气孔等缺陷，并能合理控制金属纤维方向，以使纤维方向与应力方向一致，提高零件的性能。

2）锻压加工后，坯料的形状和尺寸发生改变而其体积基本不变，与切削加工相比可节约金属材料和加工工时。

3）除自由锻造外，其他锻压方法如模锻、冲压等都具有较高的劳动生产率。

4）能加工各种形状、重量的零件，使用范围广。

一、锻压的基本生产方式

1. 轧制　材料在旋转轧辊的压力作用下产生连续塑性变形，获得要求的截面形状并改变其性能的加工方法称为轧制（图 12-1a）。通过合理设计轧辊上的各种不同的孔型，可以轧制出不同截面的原材料，如钢板、各种型材、无缝管材等，也可以直接轧制出毛坯或零件。

2. 挤压　坯料在三向不均匀压应力作用下从模具的模孔挤出，使之横截面积减小，长度增加，成为所需制品的加工方法称为挤压（图 12-1b）。按挤压温度可分为冷挤、温挤、热挤，适用于加工有色金属和低碳钢等金属材料。

3. 拉拔　坯料在牵引力作用下通过模孔拉出，使之横截面积减小，长度增加的加工方法称为拉拔（图 12-1c）。拉拔生产主要用来制造各种细线、棒、薄壁管等型材。

4. 自由锻　只用简单的通用性工具或在锻造设备的上下砧铁间直接使坯料变形而获得所需的几何形状及内部质量的锻件，这种加工方法称为自由锻（图 12-1d）。

5. 模锻　在模锻设备上利用锻模使坯料变形而获得锻件的锻造方法称为模锻（图 12-1e）。

6. 冲压　使板料经分离或成形而得到制件的工艺称为冲压（图 12-1f）。由于冲压多数是在常温下进行的，所以又称为冷冲压。

常见的金属型材、板材、管材、线材等原材料，大都是通过轧制、挤压等方法制成的。自由锻造、模锻和板料冲压，则是一般机械厂常用的生产方法。凡承受重载荷、工作条件恶劣的机器零件，如汽轮发电机转子、主轴、叶轮、重要齿轮、连杆等，通常均需采用锻件毛坯，再经切削加工制成。

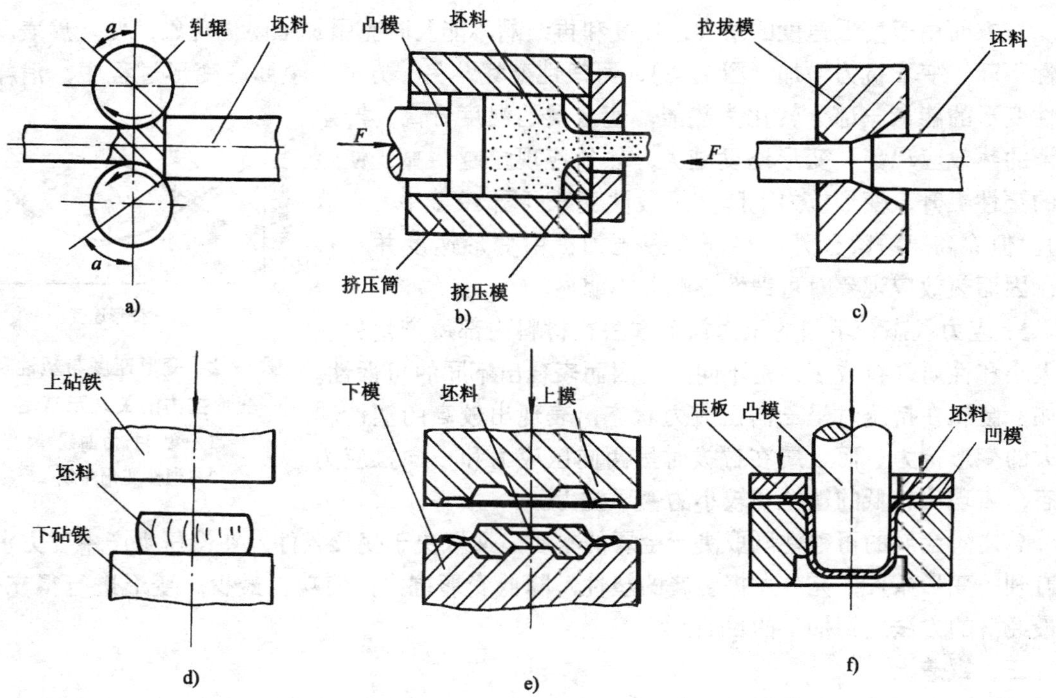

图 12-1　锻压基本生产方式示意图

二、金属的可锻性

金属的可锻性是衡量材料在经受压力加工时获得优质零件难易程度的一个工艺性能。金属的可锻性好，表明容易进行锻压加工变形；可锻性差，表明该金属不宜选用锻压加工方法变形。金属的可锻性常用塑性和变形抗力来综合衡量。塑性越大，变形抗力越小，则可锻性越好；反之，可锻性越差。

金属的塑性用伸长率 δ、断面收缩率 ψ 来表示。凡是 δ、ψ 值越大或镦粗时变形程度越大（不产生裂纹）的金属，其塑性也越大。变形抗力是指塑性变形时金属反作用于工具上的力。变形抗力越小，则变形消耗的能量也就越少。塑性和变形抗力是两个不同的独立概念。比如奥氏体不锈钢在冷态下塑性虽然很好，但变形抗力却很大。

金属的塑形和变形抗力与下列因素有关：

1. 化学成分　不同化学成分的金属塑性不同，所以可锻性也不同。纯铁的塑性就比碳钢好，变形抗力也较小；低碳钢的可锻性又比高碳钢好。当钢中含有较多的碳化物形成元素 Cr、Mo、W、V 时，可锻性显著下降。

2. 金属组织　金属内部的组织结构不同，其可锻性有很大差别。固溶体（如奥氏体）的可锻性好，碳化物（如渗碳体）的可锻性差。晶粒细小而又均匀的组织可锻性好。当铸造组织中存在柱状晶粒、枝晶偏析以及其他缺陷时，可锻性较差。

3. 变形温度　变形温度对塑性及变形抗力的影响很大。一般说来，提高金属变形时的温度，会使原子的动能增加，从而削弱原子之间的吸引力，减少滑移所需要的力，因此塑性增大，变形抗力减小，改善了金属的可锻性。当温度过高时，金属会产生过热、过烧等缺陷，使塑性显著下降，此时金属在外力作用下很易脆裂。

4. 变形速度　变形速度即单位时间内的变形程度。它对塑性及变形抗力的影响是矛盾的。一方面由于变形速度的增大，回复和再结晶不能及时克服加工硬化现象，使金属表现出塑性下降，变形抗力增加（图 12-2），可锻性变坏；另一方面，金属在变形过程中，消耗于塑性变形的能量一部分转化为热能，使金属的温度升高，产生所谓的热效应现象。变形速度越大，热效应现象越明显，使金属的塑性上升，变形抗力下降，可锻性变好（图 12-2 中 a 点以后）。但除高速锤锻造外，在一般锻压加工中变形速度并不很快，因而热效应现象对可锻性影响并不明显。

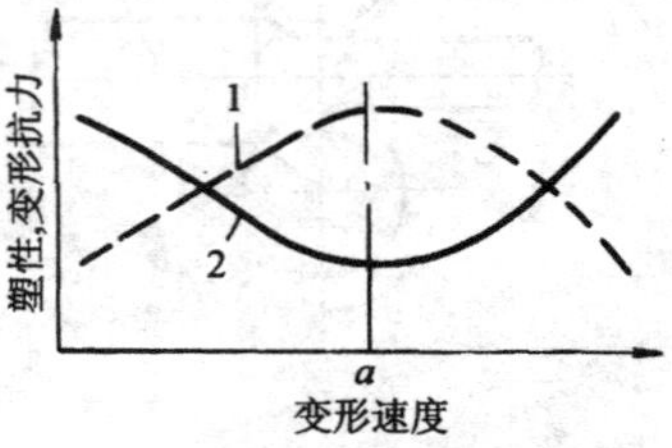

图 12-2　变形速度与塑性及变形抗力的关系示意图
1—变形抗力曲线
2—塑性变化曲线

5. 应力状态　不同的压力加工方法在材料内部所产生的应力大小和性质（拉或压）是不同的，因而表现出不同的可锻性。例如，金属在挤压时呈三向压应力状态，表现出较高的塑性和较大的变形抗力；而金属在拉拔时呈两向压应力和一向拉应力状态，表现出较低的塑性和较小的变形抗力。

总之，金属的可锻性既取决于金属的本质，又取决于变形条件，在锻压生产中要力求创造有利的变形条件，充分发挥金属的塑性，降低变形抗力，使功耗最少，变形进行得充分，用最经济的方法达到加工的目的。

三、锻造比

锻造比是锻造时金属变形程度的一种表示方法，通常用变形前后的截面比、长度比或高度比 Y 来表示。例如：

拔长时的锻造比为　　$Y_{拔} = S_0/S = L/L_0$

镦粗时的锻造比为　　$Y_{镦} = H_0/H = S/S_0$

式中　H_0、L_0、S_0——分别为坯料变形前的高度、长度和横截面积。

H、L、S——分别为坯料变形后的高度、长度和横截面积。

在一般情况下，增加锻造比，对改善金属的组织和性能是有利的。但是锻造比太大却是无益的。当 $Y<2$ 时，随着钢料内部组织的细密化，锻件力学性能有明显的提高；当 $Y=2\sim5$ 时，锻件的力学性能开始出现各向异性，而且横向（垂直纤维的方向）的塑性开始显著的下降；当 $Y>5$ 时，钢料的组织细密化程度已近极限，锻件的力学性能不再提高，各向异性则进一步增加。

由此可见，锻造钢锭时，选择合适的锻造比是十分重要的。对于非合金结构钢，可以取 $Y=3\sim4$。锻造某些高合金工具钢和特殊性能钢时，为了促进合金元素均匀化，并使碳化物细化和分散，必须采用较大的锻造比，例如高速钢 $Y=5\sim12$；不锈钢 $Y=4\sim6$。

钢材在轧制过程已经过很大的变形，内部组织和力学性能都已得到了改善，因此用钢材锻造锻件时，一般取 $Y=1.1\sim1.3$。

第二节　自　由　锻

自由锻分为手工锻造和机器锻造两种。手工锻造只能生产小型锻件，生产率也较低。机器锻造则是自由锻的主要生产方法。锻件形状和尺寸主要由锻工的操作技术来保证。

由于自由锻所用的工具简单，并具有较大的通用性，因而自由锻的应用较为广泛。生产的锻件质量可以从不到 1kg 的小件到 200～300t 的大件。对于特大型锻件如水轮机主轴、多拐曲轴、大型连杆等，自由锻是唯一可行的加工方法，所以，自由锻在重型机械制造中具有特别重要的地位，自由锻的不足之处是锻件精度低，生产率低，劳动条件相对较差。

自由锻所用设备，根据它对坯料作用力的性质分为锻锤和液压机两大类。锻锤产生冲击力使金属坯料变形；液压机则以静压力使金属变形。生产中使用的锻锤是空气锤和蒸汽—空气锤。空气锤的吨位（指落下部分的质量）较小，广泛用于小型锻件的锻造；蒸汽—空气锤的吨位较大（最大吨位可达 50t），是中小型锻件普遍使用的设备。生产中使用的液压机主要是水压机，它的吨位（指产生的最大压力）较大，可以锻造质量达 300t 的锻件。水压机在使金属变形的过程中没有振动，并能很容易达到较大的锻造深度，所以水压机是巨型锻件的唯一成形设备。我国已于 1962 年始能够自行设计制造 120MN 以上的水压机。

一、自由锻的基本工序

自由锻的工序可分为基本工序、辅助工序和修整工序三大类。

（1）基本工序　是使金属材料产生一定程度的塑性变形，以达到所需形状和所需尺寸的工艺过程，如镦粗、拔长、冲孔、切割、弯曲和扭转等，如表 12-1 所示。

表 12-1　自由锻基本工序简图

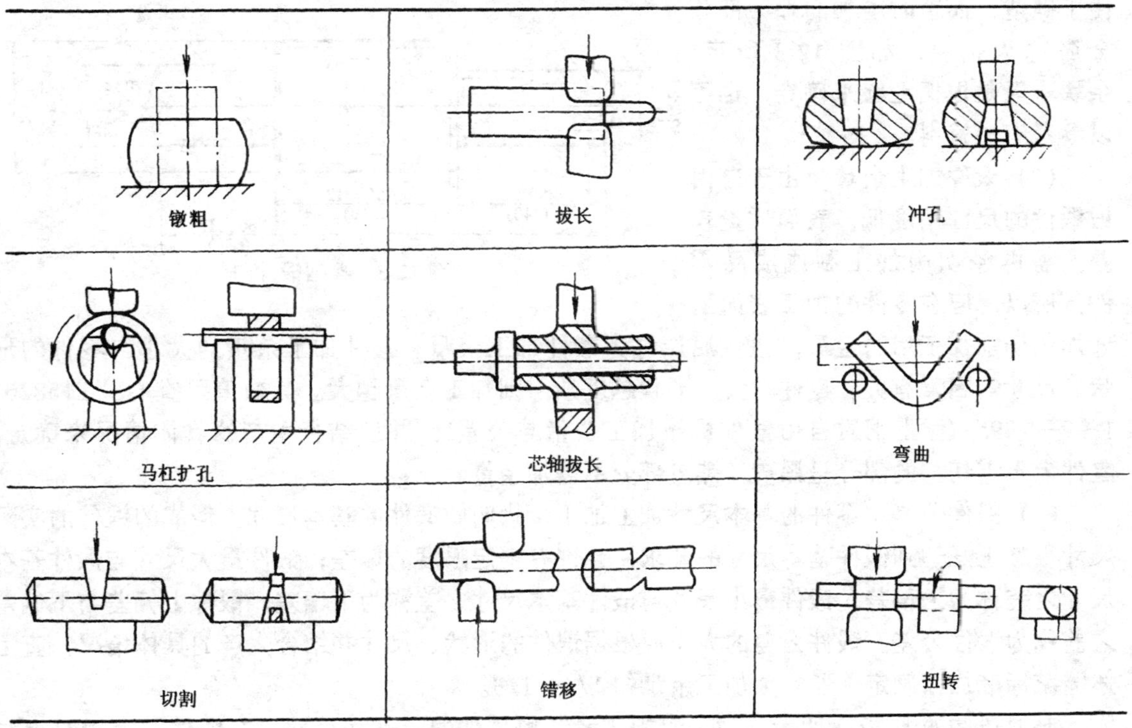

（2）辅助工序　是为基本工序操作方便而进行的预先变形工序，如压钳口、压肩、钢锭倒棱等。

（3）修整工序　是用以减少锻件表面缺陷而进行的工序，如校正、滚圆、平整等。

实际生产中最常采用的是镦粗、拔长和冲孔三个基本工序。

二、自由锻工艺规程的制订

制订工艺规程、编写工艺卡片是进行自由锻生产必不可少的技术准备工作，是组织生产过程、规定操作规范、控制和检查产品质量的依据。

（一）编制自由锻工艺规程应遵守以下一些原则

1）要充分了解和掌握生产的实际状况

2）要保证满足对锻件的技术条件要求

3）要保证生产工艺上的可能性、可靠性和经济性。

（二）制定工艺规程一般分为以下几个步骤

1）熟悉零件图样和技术条件要求

2）确定锻件的主要形状，根据零件图绘制锻件图

3）根据锻件图计算坯料质量和尺寸

4）选择锻造工序，确定加热火次，选用设备

5）根据钢号和毛坯的质量，确定加热规范、锻件冷却方式、热处理规范等

6）规定技术要求，填写工艺卡片。

1. 绘制锻件图　锻件图是工艺规程中的核心内容，它是以零件图为基础结合自由锻工艺特点绘制而成的。绘制锻件图要考虑以下几个因素：

（1）余块　零件上的某些小孔、台阶和凹档等难以用自由锻锻出，为了简化锻件形状，便于锻造，而暂时增加的那一部分金属称为余块，如图 12-3 所示。余块一般是根据经验来确定，也可以参考有关资料。

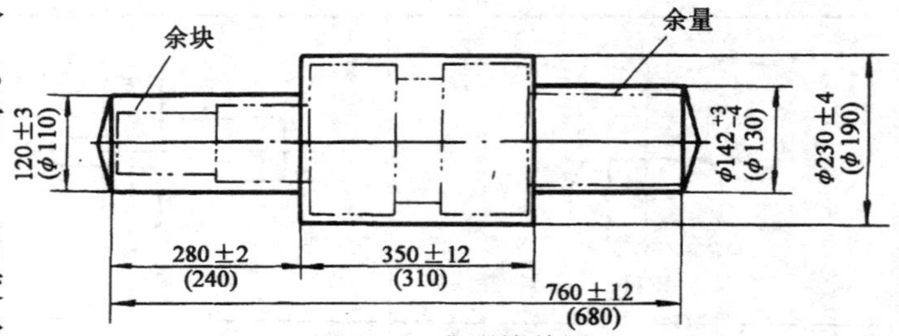

图 12-3　典型锻件图

（2）锻件加工余量　由于自由锻锻件的尺寸精度低，表面质量较差，需再经切削加工制成成品零件，所以，应在零件的加工表面上增加供切削加工用的金属，该金属层称为锻件加工余量。锻件加工余量的大小与零件的形状、尺寸等因素有关。零件越大，形状越复杂，则加工余量越大。其数值可查 GB/T15826·1～9—1995《锤上钢质自由锻件机械加工余量与公差》，并应结合生产的具体情况来确定。零件上不需切削的部分呈黑皮，黑皮部分不需加余量。

（3）锻件公差　零件的基本尺寸加上加工余量叫做锻件的基本尺寸。锻成的锻件的实际尺寸很难正好达到锻件基本尺寸的要求，允许有一定限度的偏差；锻件最大尺寸与锻件基本尺寸之差称为上偏差，锻件最小尺寸与锻件基本尺寸之差称为下偏差，锻件上偏差与下偏差之差称为锻件公差。锻件公差的大小应根据锻件的形状、尺寸并结合生产的具体情况，查上述国家标准加以确定，通常为加工余量的 1/4～1/3。

典型锻件如图 12-3 所示。为了使操作者了解零件的形状和尺寸，在锻件图上用双点划线画出零件主要轮廓形状，并在锻件尺寸下面用括弧注上零件的尺寸。

2. 计算坯料质量与尺寸　坯料质量可按下式计算：

$$m_{坯}=m_{锻}+m_{烧}+m_{芯}+m_{切}$$

式中　$m_{坯}$——坯料的质量；

$m_{锻}$——锻件的质量；

$m_{烧}$——加热时坯料表面氧化而烧损的质量；

$m_{芯}$——冲孔时芯料的质量；

$m_{切}$——在锻造过程中修切端部产生的料头金属的质量。

锻件的质量 $m_{锻}$ 为锻件的体积与金属密度之乘积. 锻件体积按锻件基本尺寸计算。锻件加热时烧损的质量 $m_{烧}$，第一次加热时取被加热金属质量的 2% ～3%，以后各次加热取 1.5% ～2.0%。当锻造大型锻件采用钢锭作坯料时，锻件切头的质量 $m_{切}$ 还要考虑切掉的钢锭头部和尾部的质量。

确定坯料尺寸时，应考虑到坯料在锻造过程中必须的变形程度，即锻造比的问题。锻造比的确定与坯料种类和锻造工序有关。

根据计算所得的坯料质量和截面大小，即可确定坯料长度尺寸或选择适当尺寸的钢锭。

3. 选择锻造工序　自由锻造工序的选择是根据锻造工序的特点及锻件形状来确定的。一般锻件的大致分类及所采用的工序见表 12-2。

表 12-2　自由锻锻件分类及锻造工序

锻件类别	图　例	锻造工序	实　例
盘类圆环类锻件	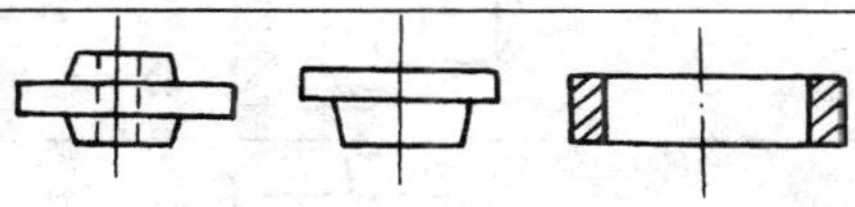	镦粗、冲孔、马杠扩孔、定径	齿圈、法兰、套筒、圆环等
筒类零件	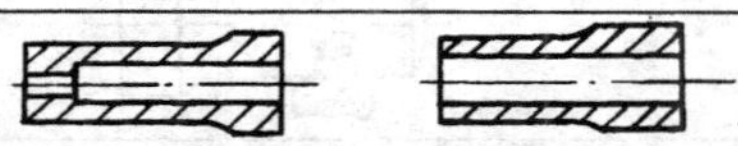	镦粗、冲孔、芯棒拔长、滚圈	圆筒、套筒等
轴类零件	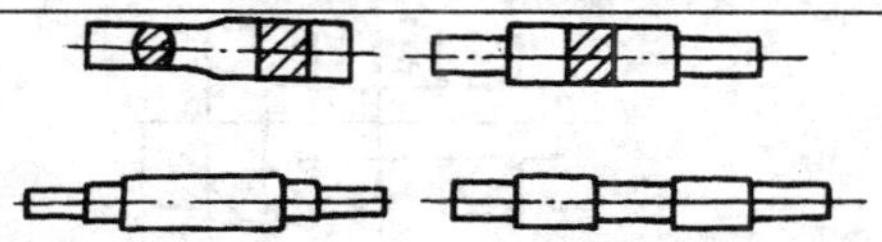	拔长、压肩、滚圆	主轴、传动轴等
杆类零件	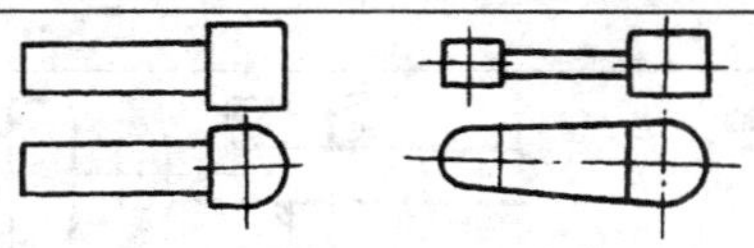	拔长、压肩、修整、冲孔	连杆等
曲轴类零件	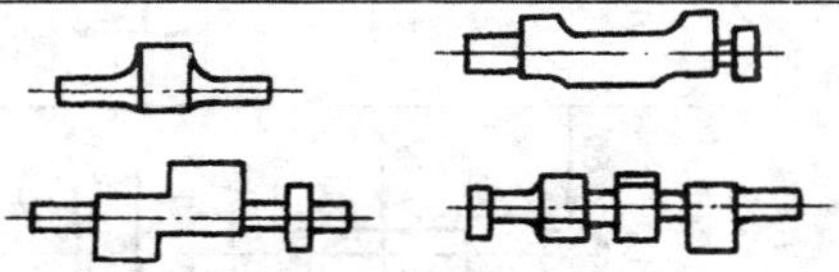	拔长、错移、压肩、扭转、滚圆	曲轴、偏心轴等
弯曲类锻件	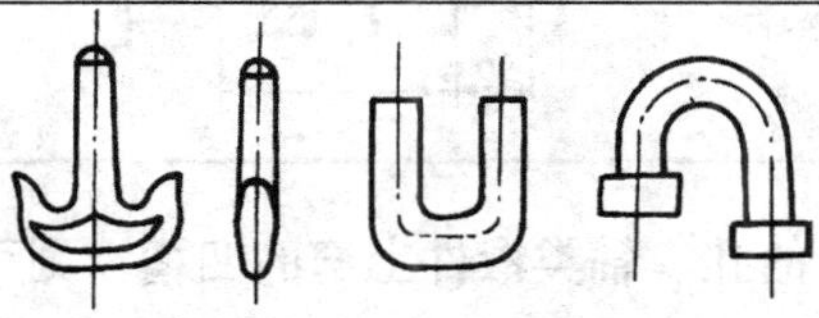	拔长、弯曲	吊钩、轴瓦盖、弯杆

工艺规程的内容，还包括确定所用工夹具、加热设备、加热规范、加热火次、冷却规范、锻造设备和锻后热处理规范等。表 12-3 为一个典型的自由锻件（半轴）的锻造工艺卡示例。

三、自由锻锻件结构工艺性

设计自由锻件结构和形状时，除满足使用性能要求外，还必须考虑自由锻设备、工具和工艺特点，使零件具有良好的结构工艺性，以便达到结构合理、锻造方便、减少材料与工时的消耗和提高生产率的目的。其一般原则是：

(1) 自由锻件最好采用平直、对称、简单的形状　要求锻件外形尽可能由平面和圆柱面

表 12-3　半轴自由锻工艺卡

锻件名称	半　轴	锻　件　图
坯料质量	25kg	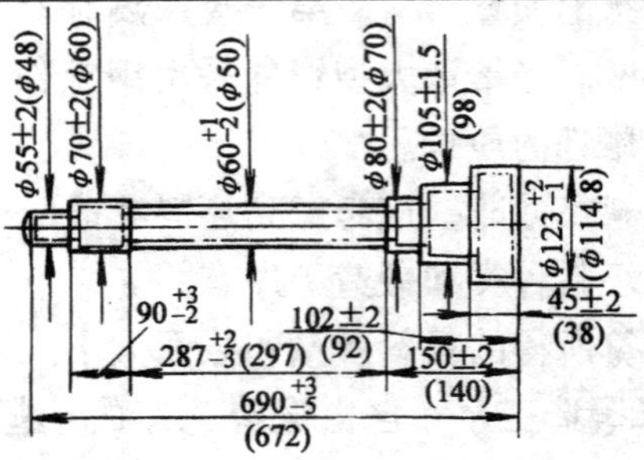
坯料尺寸	φ130mm×240mm	
材料	18CrMnTi	
火 次	工　序	图　例
	锻出头部	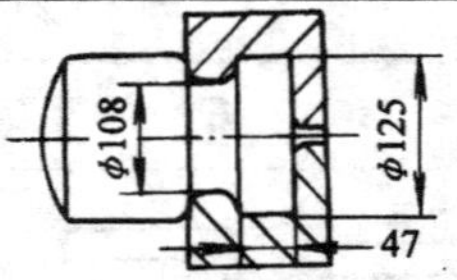
	拔长	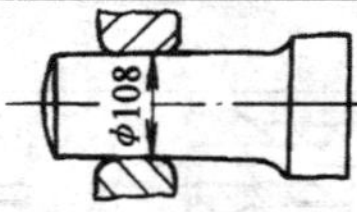
	拔长及修整台阶	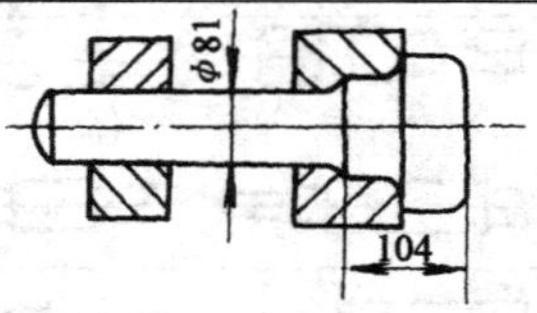
	拔长并留出台阶	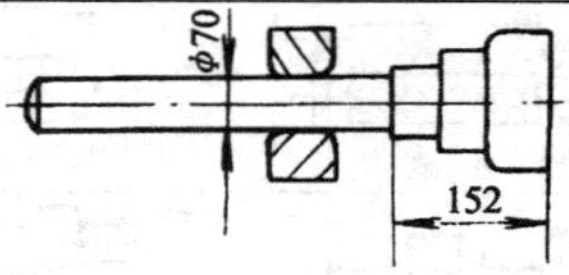
	锻出凹档及拔出端部并修整	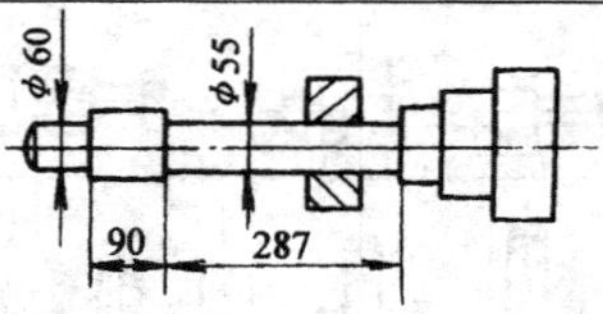

组成。一些难以锻出的形状，如小于25mm的孔、轴类锻件上窄的凹槽，则可用添加余块的办法简化锻件形状，使锻造方便（如图12-4a所示）。零件的最终形状和尺寸，则须经切削加工获得。但如果机械加工任务量增加过多，则机加工工时增加，并且也多消耗了材料，设计时应综合考虑。

（2）锻件上应避免带楔形、曲线形、锥形的表面　如图12-4b所示。椭圆型或工字形表面也应避免，否则会给锻造带来困难。

（3）不允许有小凸台　为便于切削加工和装配而设计的小凸台（如图12-4c所示）在锻件上也是不允许的，可用沉头孔代替。

（4）锻件上不允许有加强肋　如图12-4d所示，为了增加强度，可适当增加薄壁筒的外径，或待薄壁筒锻好后再将加强肋焊上去。

(5) 不允许采用圆柱体与圆柱体相贯的锻件结构　如图 12-4e 所示，这种复杂的相贯线是无法锻出的，改为圆柱体端面与截柱体的平面相交，则便于锻制。或将各圆柱体锻出后再焊成整体。实际上，如果锻件的横截面积有急剧变化或形状较复杂时，均可将其设计成几个简单件构成的组合体，每个简单件锻制成形后，再用焊接或机械连接方式构成整体零件。

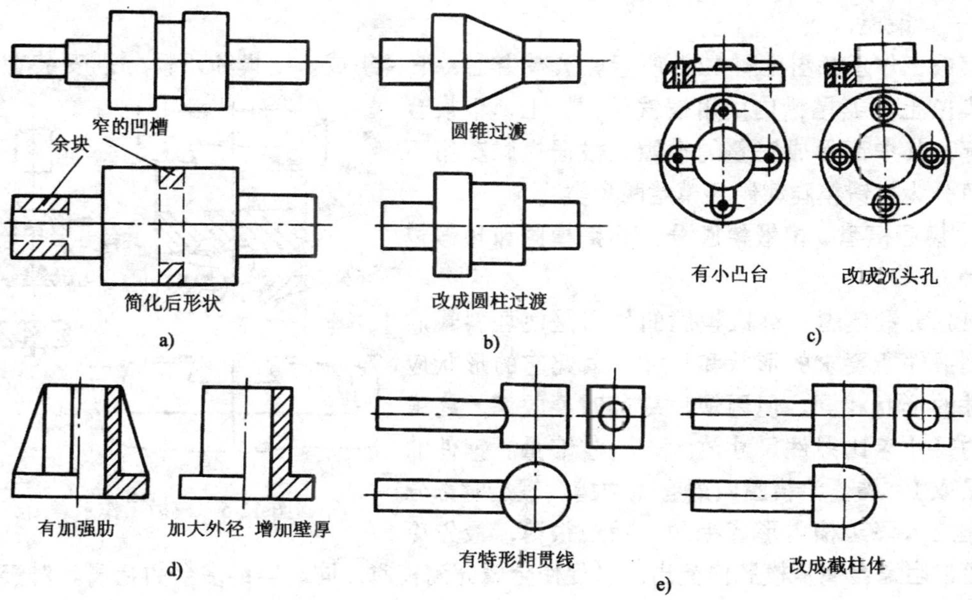

图 12-4　自由锻锻件结构工艺性举例

自由锻造是获得大型锻件的主要方法，但自由锻件的形状受到很大限制，且精度不高，生产率也很低，主要应用于单件小批生产或修理工作中锻制形状简单的锻件。对一些形状复杂的锻件，在成批大量生产中则采用模锻来制造。

第三节　模　锻

模锻是在高强度金属锻模上预先制出与锻件形状一致的模膛，使坯料在模膛内受压变形，由于模膛对金属坯料流动的限制，因而锻造终了时能得到和模膛形状相符的锻件。

与自由锻相比，模锻的优点：锻件的形状和尺寸比较精确，机械加工余量较小，节省加工工时，材料利用率高；可以锻制形状较为复杂的锻件；生产率较高；操作简单，劳动强度低，对工人技术水平要求不高，易于实现机械化；锻件内流线分布更为合理，力学性能高。

但是，由于模锻是整体变形，变形抗力较大，受模锻吨位的限制，模锻件的质量一般在 150kg 以下。另外，制造锻模成本很高，所以模锻不适合于单件小批生产，而适合于中小型锻件的大批量生产。

模锻适应现代化大生产的要求，在飞机、汽车、拖拉机等国防工业和机械制造业中模锻件数量很大，约占这些行业锻件总质量的 90%左右。

模锻按使用设备的不同，可分为锤上模锻、胎模锻、压力机上模锻。

一、锤上模锻

锤上模锻使用的设备有蒸汽—空气模锻锤、无砧底锤、高速锤等。一般工厂企业中主要使用蒸汽—空气模锻锤，其工作原理与蒸汽—空气自由锻锤基本相同，但由于模锻时受力大，要求设备的刚性好，导向精度高，以保证上下模对准。模锻锤的机架与砧座直接连接，形成封闭结构，锤头与导轨之间间隙小；模锻锤吨位为1～16t；砧座较重，约为落下部分质量的20～25倍。

（一）锻模

模锻工作示意图见图12-5所示。锻模由上、下模组成。上模和下模分别安装在锤头下端和模座上的燕尾槽内，用楔铁紧固。上、下模合在一起，其中部形成完整的模膛。根据模膛功用不同，可分为模锻模膛和制坯模膛两大类。

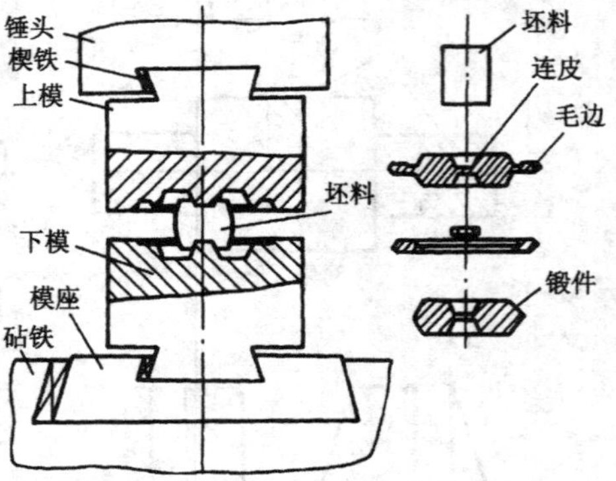

图12-5　模锻工作示意图

1．模锻模膛　模锻模膛分为终锻模膛和预锻模膛两种。

（1）终锻模膛　终锻模膛的作用是使坯料最后变形到锻件所要求的形状和尺寸，因此它的形状应和锻件的形状相同。但因锻件冷却时要收缩，终锻模膛的尺寸应比锻件尺寸放大一个收缩量。钢件的收缩量取1.5%。沿模膛四周有飞边槽。锻造时部分金属先压入飞边槽内形成毛边，毛边很薄，最先冷却，可以阻碍金属从模膛内流出，以促使金属充满模膛，同时容纳多余的金属。对于具有通孔的锻件，由于不可能靠上、下模的凸起部分把金属完全挤压掉，故终锻后在孔内留下一薄层金属，称为冲孔连皮（图12-9）。把冲孔连皮和飞边冲掉后，才能得到有通孔的模锻件。

（2）预锻模膛　预锻模膛的作用是使坯料变形到接近于锻件的形状和尺寸，这样再进行终锻时金属容易充满终锻模膛，同时减少了终锻模膛的磨损，延长了锻模的使用寿命。预锻模膛的形状和尺寸与终锻模膛相近似，只是模锻斜度和圆角半径稍大，没有飞边槽。对于形状简单或批量不大的模锻件可不设置飞边槽。

2．制坯模膛　对于形状复杂的模锻件，原始坯料进入模锻模膛前，先放在制坯模膛制坯，按锻件最终形状作初步变形，使金属能合理分布和很好地充满模膛。制坯模膛有以下几种：

（1）拔长模膛　其作用是减少坯料某部分的横截面积，增加该部分的长度（图12-6a）。当模锻件沿轴向各横截面积相差较大时，采用拔长模膛。

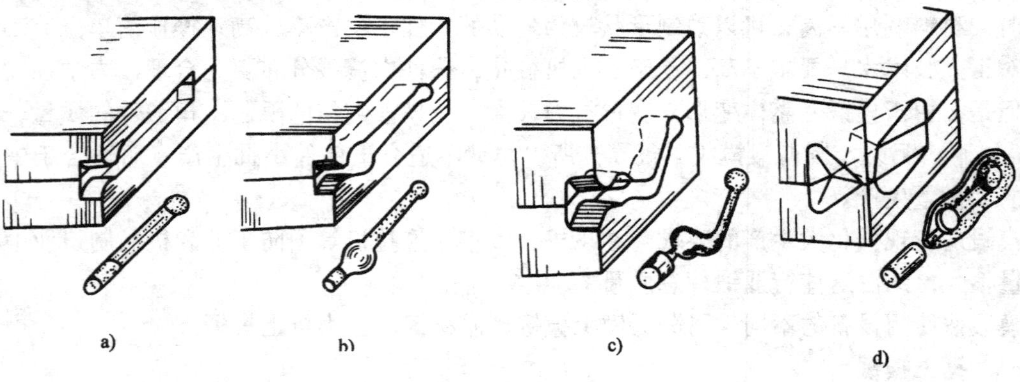

a)　b)　c)　d)

图12-6　制坯模镗

（2）滚压模膛　其作用是减小坯料某部分横截面积，增大另一部分的横截面积（图 12-6b）。当模锻件沿轴线的各横截面面积相差不很大时或作修整拔长后的毛坯时，采用滚压模膛。

（3）弯曲模膛　其作用是弯曲杆类模锻件的坯料（图 12-6c）。

（4）切断模膛　其作用是切断金属（图 12-6d）。单件锻造时，用它从坯料上切下锻件或从锻件上切下钳口；多件锻造时，用它来分离成单个件。

为操作方便起见，这些模膛一般布置在终端模膛的两侧。

生产中，根据锻件复杂程度的不同，锻模可分为单膛锻模和多膛锻模两种。单膛锻模是在一副锻模上只具有终锻模膛一个模膛；多膛模锻是在一副锻模上具有两个以上的模膛。

（二）模锻工艺规程的制订

模锻生产的工艺规程包括制订锻件图、计算坯料尺寸、确定模锻工步、选择设备及安排修整工序等。

1. 制定模锻锻件图　锻件图是根据零件图按模锻工艺特点制定的。它是设计和制造锻模、计算坯料以及检查锻件的依据。制定模锻锻件图时应考虑如下几个问题。

（1）分模面　分模面即上下锻模在模锻件上的分界面。锻件分模面的位置选择的合适与否，关系到锻件成形、出模、材料利用率等一系列问题。因此确定分模面时应注意下列原则（图 12-7）。

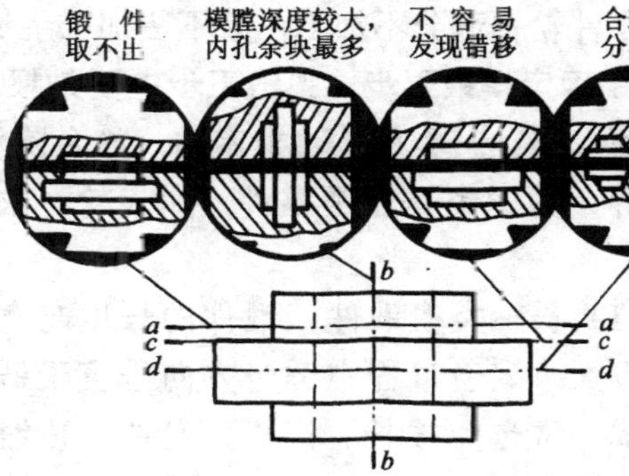

图 12-7　分模面的比较图

1）要保证模锻件能从模膛中取出。一般情况，分模面应选在模锻件最大尺寸的截面上。

2）要保证金属容易充满模膛，有利于锻模制造和便于取出锻件。分模面应选在使模膛深度最浅的位置上。

3）要保证按选定的分模面制成锻模后上下两模沿分模面的模膛轮廓一致，以便在安装锻模和生产中易于发现错模现象，及时调整锻模位置。

4）要保证锻模容易制造。分模面最好做成平面，且上下模膛深度基本一致。

5）要保证锻件上所加的余块最少。

按以上原则综合分析，图 12-7 中的 d-d 面是最合理的分模面。

（2）余量、公差和余块　模锻时金属坯料是在锻模中成形的，因此模锻件的尺寸较精确，其余量、公差和余块均比自由锻造小得多。余量、公差与工件形状尺寸、精度要求等因素有关。一般单边余量为 1～5mm，公差为 0.4～3.5mm。具体可查阅 GB/T12362—90《钢质模锻件公差及机械加工余量》。成品零件中的各种细槽、齿轮齿间、横向孔以及其他妨碍出模的凹部均应加余块，直径小于 30mm 的孔一般不锻出。

（3）模锻斜度（图 12-8a）　为使锻件容易从模膛中取出，在垂直于分模面的锻件表面上必须有一定斜度（图 12-9）。模锻斜度与模锻深度有关。对于锤上模锻，一般外壁斜度 α 常为 7°，特殊情况可用 5°或 10°，内壁斜度 β 常为 10°，特

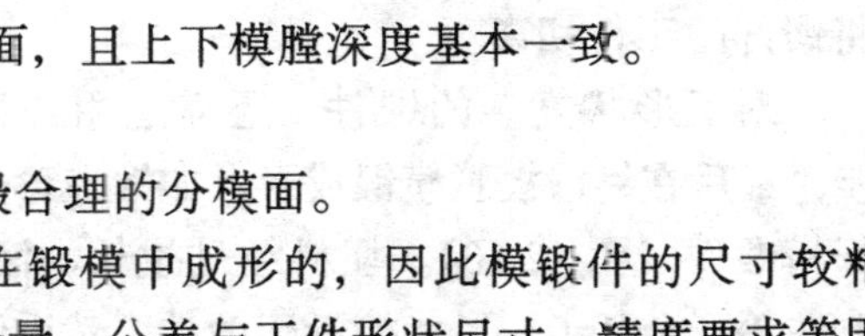

图 12-8　模锻斜度和圆角半径

殊情况可用 7°、12°或 15°。

(4) 模锻圆角半径（图 12-8b） 为使金属容易充满模膛，增大锻件强度，避免锻模内尖角处产生裂纹，减缓锻模外尖角处的磨损，提高锻模使用寿命，在模锻件上所有平面的交角处均需做成圆角。模膛深度越深，圆角半径取值越大。一般凸圆角半径 r 等于单面加工余量加成品零件圆角半径或倒角值，凹圆角半径 $R=(2\sim3)r$，计算所得半径需圆整为标准值，以利使用标准刀具。

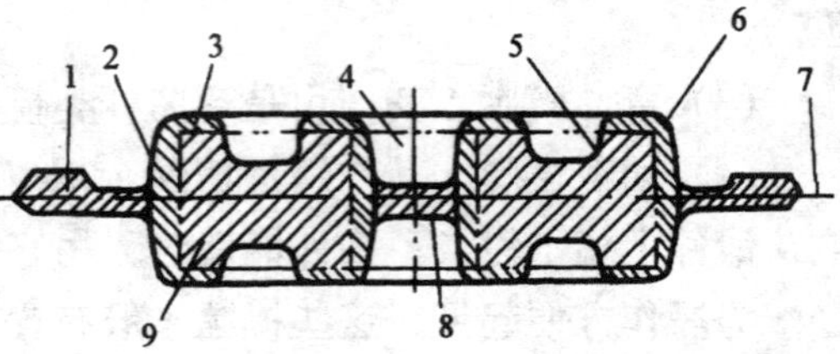

图 12-9 齿轮坯模锻件图

1—毛边 2—模锻斜度 3—加工余量 4—不通孔 5—凹圆角 6—凸圆角 7—分模面 8—冲孔连皮 9—零件

图 12-9 为齿轮坯模锻锻件图。图中双点划线为零件轮廓外形。分模面选在锻件高度方向的中部。零件轮辐部分不加工，故不留加工余量。

2. 确定模锻工步 模锻工步主要是根据锻件的形状和尺寸来确定的。模锻件按形状可分为两大类：一类是长轴类零件，如台阶轴、连杆等；另一类是盘类零件，如齿轮、法兰盘等。

(1) 长轴类模锻件 锻件的长度与宽度之比较大，锻造过程中锤击方向垂直于锻件的轴线，常选用拔长、滚压、弯曲、预锻和终锻等工序。

拔长和滚压时，坯料沿轴线方向滚动，使坯料的横截面积与锻件相应的横截面积近似相等。锻件的轴线为曲线时，应选用弯曲工步。对于小型长轴类锻件，为了减少钳口料和提高生产率，常采用一根棒料同时锻造几个锻件的锻造方法，因此应增设切断工步，将锻好的工件切离。

对于形状复杂的锻件，还需选用预锻工步，最后在终锻模膛模锻成形。如锻造弯曲连杆模锻件（图 12-10）。坯料经过拔长、滚压、弯曲等三个工步，形状接近于锻件，然后经过预锻和终锻两个模膛制成带有毛边的锻件。

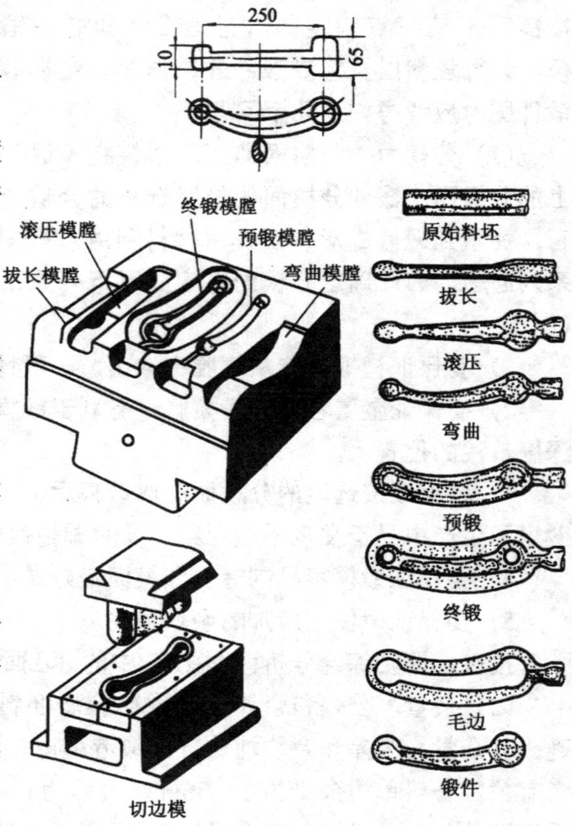

图 12-10 弯曲连杆模锻过程

(2) 盘类模锻件 锻件为圆形或长度接近于宽度，锻造过程中锤击方向与坯料轴向相同，终锻时金属沿高度、宽度及长度方向产生流动，因此常选用镦粗、终锻等工步。对于形状简单的盘类锻件，可只用终锻工步成形。

3. 选择模锻设备 模锻锤的吨位按表 12-4 选择。

4. 计算坯料尺寸 其步骤与自由锻件类同。坯料质量包括锻件、毛边、连皮、钳口料头和氧化皮。一般飞边是锻件质量的 20%～25%，氧化皮是锻件和飞边质量的 2.5%～4%。

表 12-4 模锻锤的锻造能力范围

模锻锤吨位/t	1	2	3	5	10	16
锻件质量/kg	2.5	6	17	40	80	120
锻件在分模面处的投影面积/cm^2	13	380	1080	1260	1960	2830
能锻齿轮的最大直径/mm	130	220	370	400	500	600

5.修整工序 坯料在锻模内制成模锻件后，尚须经过一系列修整工序后才能保证和提高锻件质量。

(1) 切边和冲孔 刚锻制成的模锻件，一般都带有毛边和连皮，须在压力机上使用切边模将它们切除。切边和冲孔根据不同情况可在热态或冷态下进行。

(2) 校正 在切边和其他工序中都可能引起锻件变形，因此切边后可在终锻模膛内或专门的校正模内进行校正。

(3) 热处理 热处理的目的是为了消除锻件在锻造过程中产生的过热组织或加工硬化，改善锻件组织和切削加工性，提高锻件的力学性能，一般采用正火或退火。

(4) 清理 为了提高模锻件的表面质量，改善模锻件的切削加工性能，模锻件需要进行表面清理（如喷砂法、酸洗法等）去除锻件表面的氧化皮、污垢及其他表面缺陷（如毛刺）等。

(5) 精压 对于要求精度高，表面粗糙度低的模锻件，清理后还应在压力机上进行精压。

(三) 模锻件的结构工艺性

设计模锻件时，为便于模锻件生产和降低成本，应根据模锻特点和工艺要求使其结构符合下列原则：

1) 模锻件要有合理的分模面、模锻斜度和圆角半径。

2) 由于模锻件精度较高和表面粗糙度较低，因此零件的配合表面可留有加工余量；非配合表面一般不需进行加工，不留加工余量。

3) 为了使金属容易充满模膛、减少加工工序，零件外形应力求简单、平直和对称，尽量避免零件截面间相差过大或具有薄壁、高筋、凸起等结构。

图 12-11a 所示零件的最小截面与最大截面之比小于 0.5，故不宜采用模锻方法制造，且该零件凸缘薄而高，中间凹下很深，难于用模锻方法锻制。图 12-11b 所示零件扁而薄，模锻时薄的部分金属宜于冷却，不易充满模膛。图 12-11c 所示零件有一个高而薄的凸缘，使锻模制造和取出锻件都很困难，如对零件使用功用无什么影响的话，图 12-11d 就具有较好的结构工艺性。

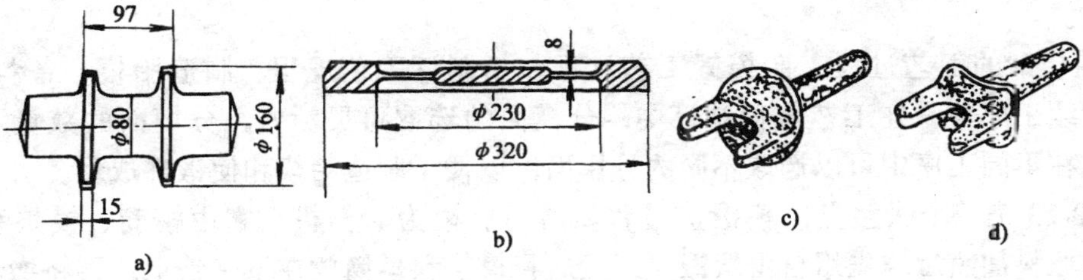

图 12-11 模锻件的结构工艺性

4）应避免有深孔或多孔结构。

5）为减少余块，简化模锻工艺，在可能的条件下，应尽量采用锻-焊组合工艺。

二、胎模锻

胎模锻是在自由锻设备上使用可移动模具生产模锻件的一种锻造方法。所用模具称为胎模，它结构简单，形式多种多样，但不固定在上下砧块上。一般选用自由锻方法制坯，然后在胎模中终锻成形。

胎模锻是介于自由锻和模锻之间的一种工艺，与自由锻和模锻相比有如下特点：

1）胎模锻时，金属在胎模内成形，操作简便，生产率较高。

2）锻件表面质量、形状与尺寸精度较自由锻有较大改善，所用余块少，加工余量小，节省了金属和机加工工时。

3）胎模锻不需采用昂贵设备，并扩大了自由锻设备的应用范围。

4）胎模锻工艺操作灵活，可以局部成形。这样就能用较小设备锻制出较大的模锻件。

5）胎模结构较简单，制造容易而经济，易于推广和普及。

胎模锻的缺点是工人劳动强度较大，胎模容易损坏，生产率与模锻相比还不够高。胎模锻造适合于中小批量的锻件生产。

1. 胎模的分类　胎模种类较多，主要有扣模、套筒模及合模三种。

（1）扣模　用来对坯料进行全部或局部扣形，主要生产杆状非回转体锻件（图 12-12a）。

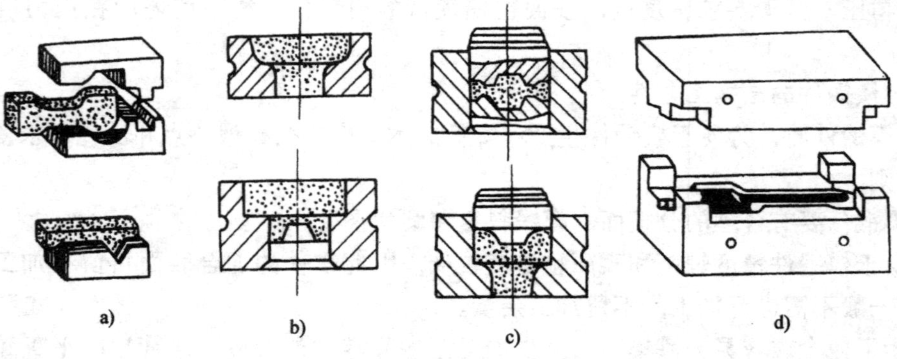

图 12-12　胎模的几种结构

（2）套筒模　锻模呈套筒形，主要用于锻造齿轮、法兰盘等回转体类锻件（12-12b、c）。

（3）合模　通常由上模和下模两部分组成（图 12-12d）。为了使上下模吻合及不使锻件产生错移，经常用导柱等定位。合模多用于生产形状较复杂的非回转体锻件，如连杆、叉形件等锻件。

2. 胎模锻的工艺过程　胎模锻工艺过程包括制订工艺规程、制造胎模、备料、加热、锻制及后续工序等。在工艺规程制订中，分模面的选取可灵活些，分模面的数量不限于一个，而且在不同工序中可以选取不同的分模面，以便于制造胎模和使锻件成形。

图 12-13 是一个法兰盘胎模锻造过程。所用胎模为套筒模，它由模筒、模垫和冲头组成。原始坯料加热后，先用自由锻锻粗，然后将模垫和模筒放在下砧铁上，再将镦粗的坯料平放在模筒内，压上冲头后终锻成形，最后将连皮冲掉。

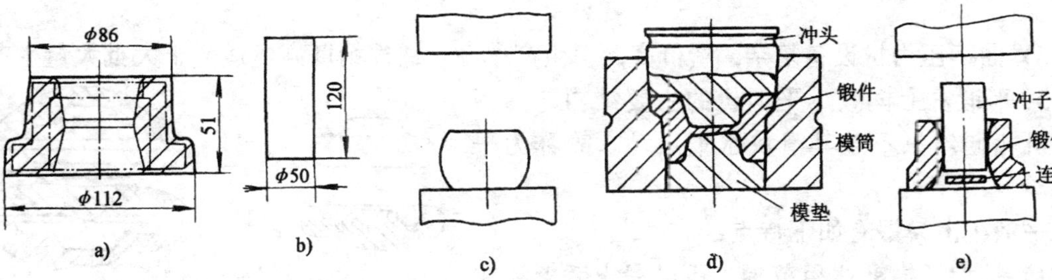

图 12-13　法兰盘胎模锻造过程

a）锻件图　b）下料、加热　c）镦粗　d）终锻成形　e）冲掉连皮

三、压力机上的模锻

锤上模锻具有工艺适应性广的特点，目前在锻压生产中有广泛的应用。但是，模锻锤在工作中存在振动和噪声大、劳动条件差、蒸汽效率低、能源消耗多等难以克服的缺点。因此近年来大吨位模锻锤有逐步被压力机所取代的趋势。用于模锻生产的压力机有摩擦压力机、曲柄压力机和平锻机等。

1. 摩擦压力机上模锻　摩擦压力机是靠飞轮、螺杆和滑块向下运动所积蓄的能量使坯料变形的，其模锻的特点是：

1）适应性好，行程和锻压力可自由调节，因而可实现轻打、重打，可在一个模膛内进行多次锻打。不仅能满足模锻各种主要成形工序的要求，还可以进行弯曲、热压、切飞边、冲连皮及精压、校正等工序。

2）滑块运动行程速度低，锻击频率低，金属变形过程中的再结晶可以充分进行。适合于再结晶速度慢的低塑性合金钢和有色金属的模锻。

3）摩擦压力机承受偏心载荷能力差，通常只适用于单膛锻模进行模锻。

4）生产率低，主要用于中小型锻件的批量生产。

5）摩擦压力机结构简单、造价低、使用维修方便，适用于中小型工厂的模锻生产。

2. 曲柄压力机上模锻　曲柄压力机的动力是电动机，通过减速和离合器装置带动偏心轴旋转，再通过曲柄连杆机构，使滑块沿导轨作上下往复运动。下模块固定在工作台上，上模块则装在滑块下端，随着滑块的上下运动，就能进行锻压。

曲柄压力机上模锻有以下特点：

1）曲柄压力机作用于金属上的变形力是静压力，且变形抗力由机架本身承受，不传给地基。因此，曲柄压力机工作时震动与噪声小，劳动条件好。

2）曲柄压力机的机身刚度大，滑块导向精确，行程一定，装配精度高，因此能保证上下模膛准确对合在一起，不产生错移。

3）锻件精度高，加工余量和公差小，节约金属。在工作台及滑块中均有顶出装置，锻造结束可自动把锻件从模膛中顶出，因此锻件的模锻斜度小。

4）因为滑块行程速度低，作用力是静压力，有利于低塑性金属材料的加工。

5）曲柄压力机上不适宜进行拔长和滚压工步，这是由于滑块行程一定，不论用什么模膛都是一次成形，金属变形量过大，不易使金属填满终锻模膛所致。因此，为使变形逐渐进行，终锻前常采用预成形、预锻工步。图 12-14 为经预成形、预锻和最后终锻的齿轮模锻工步。

6）曲柄压力机设备复杂，造价高，但生产率高，锻件精度高，适合于大批大量生产。

3. 平锻机上模锻　平锻机的主要结构与曲柄压力机相同。只不过其滑块水平运动，故称为平锻机。

平锻机上模锻有如下特点：

1）扩大了模锻适用范围，可以锻出锤上和曲柄压力机上无法锻出的锻件，还可以进行切飞边、切断、弯曲等工步。

2）锻件尺寸精确，表面粗糙度低，生产率高。

3）节省金属，材料利用率高。

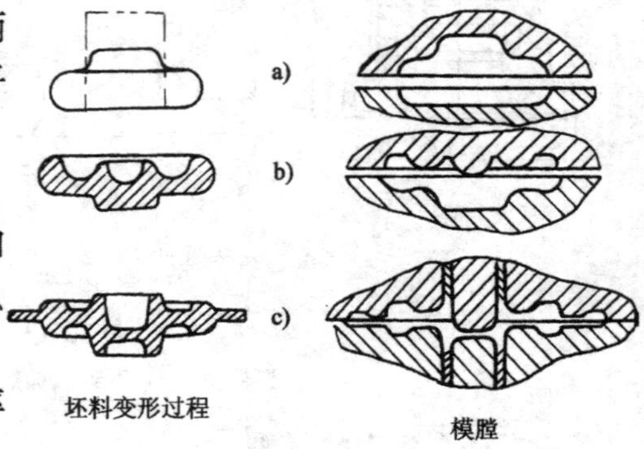

图 12-14　曲柄压力机上齿轮模锻工步

4）对非回转体及中心不对称的锻件较难锻造。平锻机的造价也比较高，适用于大批大量生产。

第四节　板 料 冲 压

板料冲压工艺在工业生产中有着十分广泛的应用，特别是在汽车、拖拉机、航空、电器、仪表等工业中占有极其重要的地位。

板料冲压具有下列特点：

1）可冲压出形状复杂的零件，废料较少，材料利用率高。

2）冲压件尺寸精度高，表面粗糙度低，互换性能好。

3）可获得强度高、刚性好、质量轻的冲压件。

4）冲压操作简单，工艺过程便于实现机械化、自动化，生产率高；但冲模制造复杂，要求高。因此，这种工艺方法用于大批量生产时才能使冲压产品成本降低。

板料冲压所用的原材料通常是塑性较好的低碳非合金钢、塑性高的合金钢、铜合金、铝合金等的薄板料、条带料。

板料冲压所用设备主要是剪床和冲床。剪床用来把板料剪切成需要宽度的条料，以供冲压工序使用。冲床用来实现冲压加工。

一、冲压模具

冲模是使板料分离或变形的工具，它可分为简单模、连续模及复合模三种。

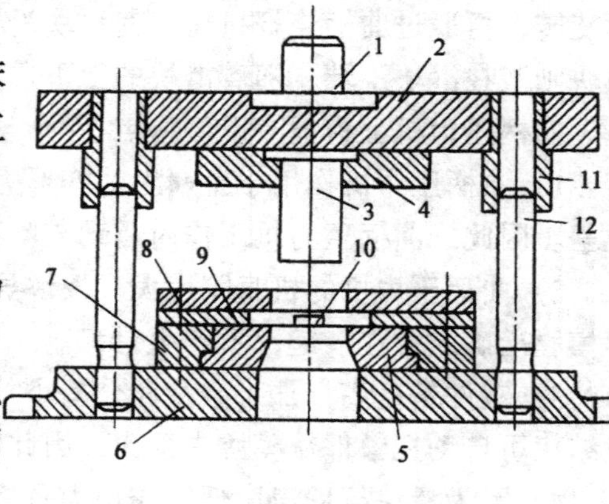

图 12-15　简单模

1. 简单模　简单模是在冲床的一次行程中只完成一道工序的模具。如图 12-15 所示为落料用的简单模。凹模 5 用压板 7 固定在下模板 6 上，下模板用螺栓固定在冲床的工作台上。凸模 3 用压板 4 固定在上模板 2 上，上模板则通过模柄 7 与冲床的滑块连接，凸模可随滑块作上下运动。为了使凸模向下运动时能对准凹模孔，并在凹模孔之间保持均匀间隙，通常用导柱 12

和套筒 11 来保证。条料在凹模上沿两个导板 9 之间送进，碰到定位销 10 为止。凸模向下冲压时，冲下部分进入凹模孔，而条料则夹住凸模一起回程向上运动。条料碰到卸料板 8 时被推下，这样，条料继续在导板间送进。重复上述动作，即可连续冲压。

2. 连续模　连续模是把两个或两个以上的简单模安装在一个模板上，在压力机一次行程内于模具不同部位上同时完成两个以上冲压工序。此种模具生产效率高，易于实现自动化。但要求定位精度高，制造比较麻烦，成本也较高。

3. 复合模　复合模是利用冲床的一次行程，在模具的同一位置完成数道工序的模具。适用于产量大、精度高的冲压件。

二、板料冲压的基本工序

板料冲压的基本工序可分为分离工序和变形工序两大类。

(一) 分离工序

分离工序是将坯料的一部分和另一部分分开的工序。如落料、冲孔、修整、剪切等。

1. 剪切　用剪刃或冲模将板料沿不封闭轮廓进行分离的工序叫剪切。

2. 落料和冲孔　落料和冲孔都是将板料按封闭轮廓分离的工序。这两个工序的模具结构与坯料变形过程都是一样的，只是用途不同。落料是被分离的部分为成品或坯料，周边是废料；冲孔则是被分离的部分为废料，而周边是带孔的成品。

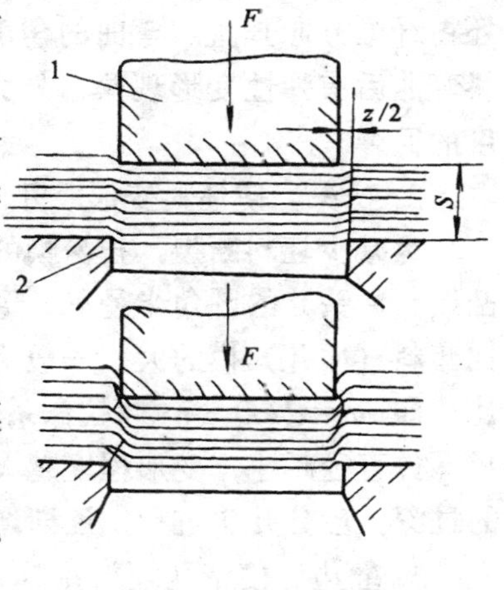

图 12-16　落料（冲孔）时金属变形情况示意图

图 12-16 为落料和冲孔时金属变形情况示意图。当凸模 1 压向坯料时，首先使金属产生弯曲，然后由于凸模（冲头）和凹模 2 刃口的作用，使坯料在与切口接触处开始出现裂纹。随着凸模继续向下压，上下两处裂纹扩展连在一起，使坯料分离，完成落料（或冲孔）的工序。

为使成品边缘光滑，凸凹模刃口必须锋利，凸凹模间隙 z 要均匀适当，因为它不仅严重影响成品的断面质量，而且影响模具寿命、冲裁力和成品的尺寸精度。

排样是落料工作中的重要工艺问题。合理的排样可减少废料，节省金属材料。如图 12-17 所示，无接边的排样法可最大限度地减少金属废料，但冲裁件的质量不高，所以通常都采用接边的排样法。

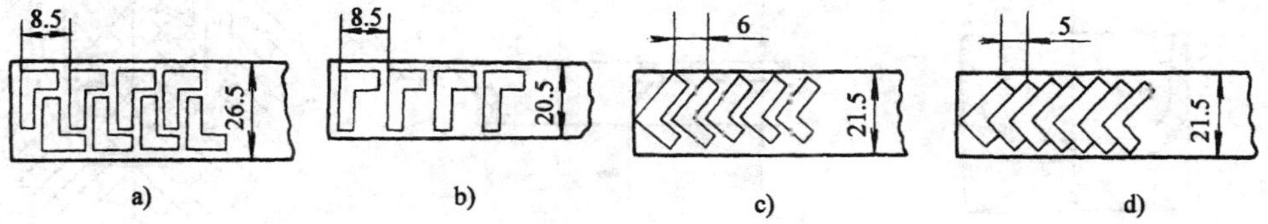

图 12-17　落料的排样工艺

a)、b)、c) 有接边排样　d) 无接边排样

3. 整修　使落料或冲孔后的成品获得精确轮廓的工序称为整修。利用整修模沿冲压件

外缘或内孔刮削一层薄薄的切屑或切掉冲孔或落料时在冲压件断面上存留的剪裂带和毛刺，从而提高冲压件的尺寸精度和降低表面粗糙度值。

（二）变形工序

变形工序是使坯料的一部分相对于另一部分产生塑性变形而不破裂的工序，如弯曲、拉深、翻边、成形等。

1. 弯曲　使坯料的一部分相对于另一部分弯曲成一定角度的工序叫弯曲。图 12-18 为弯曲变形过程简图。

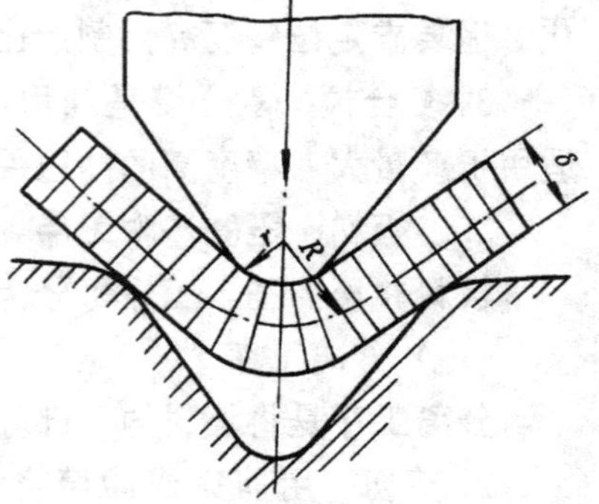

图 12-18　弯曲时金属变形简图

弯曲时材料内侧受压缩，而外侧受拉伸。当外侧拉应力超过坯料的抗拉强度时，即会造成金属破裂。坯料越厚，内弯曲半径 r 越小，应力越大，越易弯裂。一般，弯曲的最小半径应为 $r_{\min}=(0.25\sim1)\delta$（δ 为板厚）。材料塑性好，则弯曲半径可小些。弯曲还应尽可能使弯曲线与坯料纤维方向垂直。弯曲的角度也应比成品略小，因为坯料弯曲后有弹性变形现象，外力去除后，坯料将有一定角度的回弹。

2. 拉深　使坯料变形成开口空心零件的工序叫拉深。图 12-19 为拉深过程简图。

为减少坯料断裂，拉深模的凸模和凹模边缘都不能是锋利的刃口，而应做成圆角，其中凸模（冲头）的圆角半径 $r_凸$ 要小些，即 $r_凸\leqslant(5\sim10)\delta$（δ 为坯料厚度）。凸凹模间隙要比落料（冲孔）模的大，一般为 $1.1\delta\sim1.2\delta$。为避免拉穿，拉深件直径 d 与坯料直径 D 相比，即 $m=d/D$（m 叫拉深系数）应在一定范围之内，一般 $m=0.5\sim0.8$。m 越小，表明拉深件直径越小，变形程度越大，越容易出现拉穿现象。如果拉深系数过小，不允许一次拉的过深，应分几次进行，逐渐增加工件的深度，减小工件的直径，即所谓多次拉深。

3. 翻边　使带孔坯料孔口周围获得凸缘的工序称为翻边。如图 12-20 所示。图中 d 为坯料上孔的直径，δ 为坯料厚度，d 为凸缘平均直径，h 为凸缘的高度。

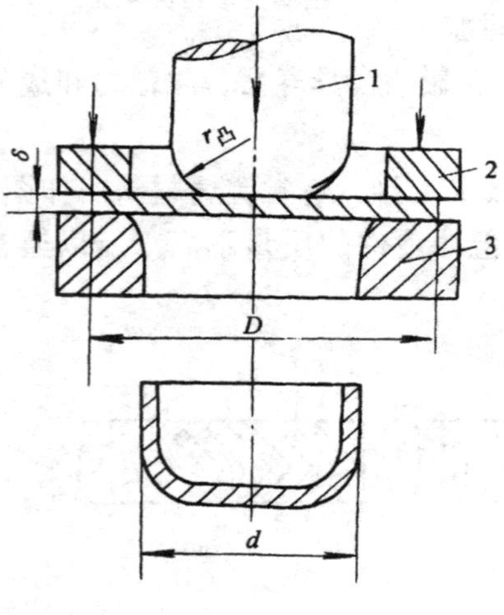

图 12-19　拉深过程简图

1—冲头　2—压板　3—凹模

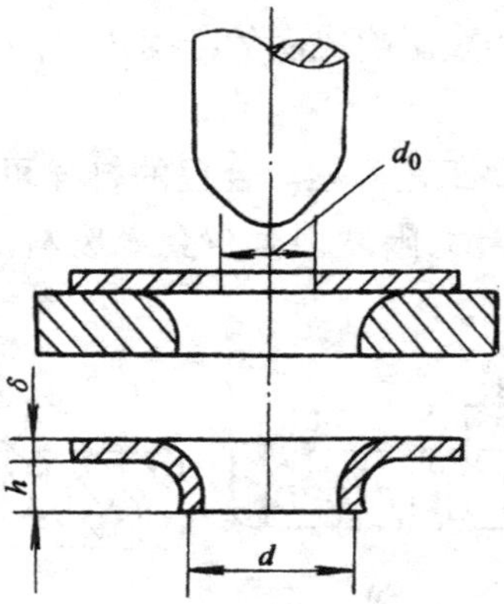

图 12-20　翻边简图

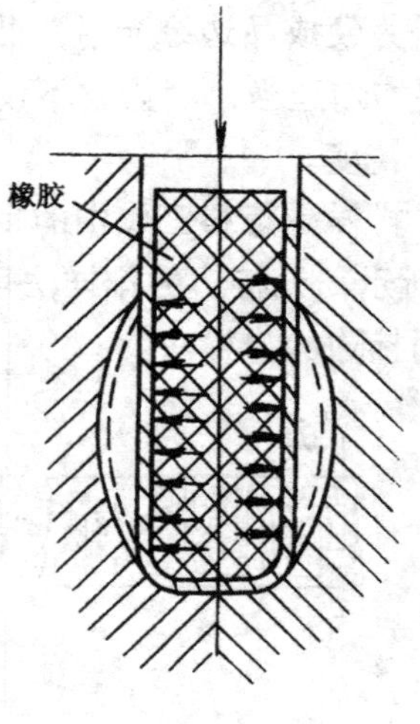

图 12-21　鼓肚容器成型简图

4. 成形　利用局部变形使坯料或半成品改变形状的工序称为成型。图 12-21 为鼓肚容器成型简图。用橡皮芯子来增大半成品的中间部分，在凸模轴向压力作用下，对半成品壁产生均匀的侧压力而成形。凹模是可以分开的。

三、板料冲压件的结构工艺性

冲压件的设计不仅应保证它具有良好的使用性能，而且也应具有良好的工艺性能，以减少材料的消耗、延长模具寿命、提高生产率，降低成本，保证冲压件质量。冲压件的设计应满足下列要求：

1）落料件的外形和冲孔件的孔形应力求简单对称，尽量采用圆形、矩形等规则形状，并应使排样时的废料降低到最低限度。应避免长槽及细长悬臂结构。图 12-22 中图 b 设计要较图 a 设计合理，材料利用率可达 79%。

2）孔及其尺寸应满足图 12-23a 的要求，工件上的孔和孔距不能太小，工件周边上的凸出和凹进不能太窄太深，所有的直线与直线、曲线与直线的交接均应为圆弧连接，以避免因应力集中而被冲模冲裂，其最小圆角半径 $R>0.5\delta$。

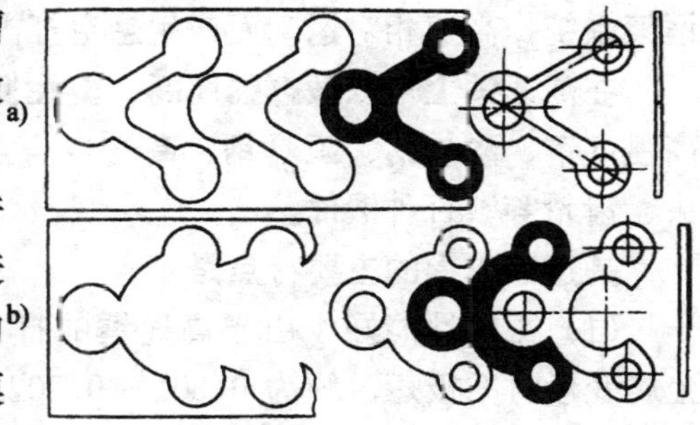

图 12-22　零件形状与节约材料的关系

3）弯曲件形状应尽量对称，弯曲半径 R 不得小于材料允许的最小弯曲半径，并应考虑材料纤维方向，以避免成形过程中弯裂。弯曲带孔件时，为避免孔的变形，孔的位置应在圆角的圆弧之外，如图 12-23b 所示，且应先弯曲后冲孔。

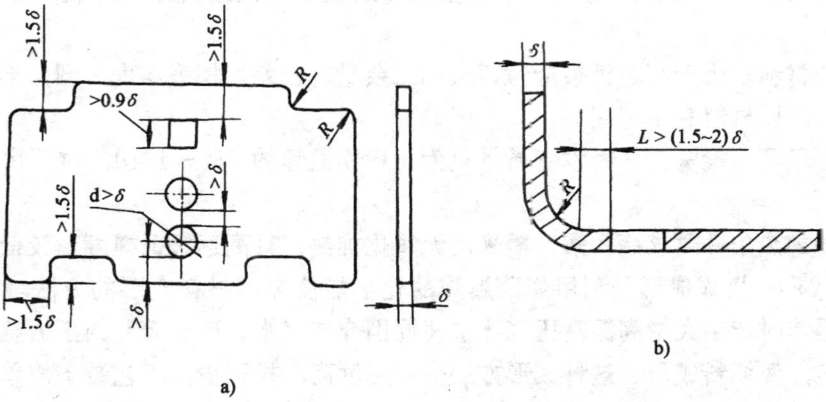

图 12-23　冲压件结构工艺性示意图

4）拉深件外形应力求简单对称，且不宜太高，以便使拉伸次数尽量少并容易成形。对形状复杂件可采用冲压焊接复合结构。

第五节　锻压新工艺简介

随着工业的不断发展，对锻压加工提出了越来越高的要求，出现了许多先进的锻压工艺方法。其主要特点是尽量使锻压件形状接近零件的形状，以便达到少切削或无切削的目的；提高尺寸精度和表面质量；提高锻压件力学性能，节省金属材料，降低生产成本；改善劳动条件，大大提高生产率并能满足一些特殊工作要求。

一、高速高能成形

高速高能成形有多种加工形式。其共同特点是在极短的时间内，将化学能、电能、电磁能和机械能传递给被加工的金属材料，使之迅速成形。

高速高能成形分为：利用炸药的爆炸成形，利用放电的放电成形，利用电磁力的电磁成形和利用压缩气体的高速锤成形等。高速高能成形的速度高，可以加工难加工材料，加工精度高、加工时间短，设备费用也较低。

1. 高速锤成形　高速锤成型是利用 14MPa 的高压气体的短时间突然膨胀，推动锤头和框架系统作高速相对运动而产生悬空打击，使金属坯料在高速冲击下成形。

在高速锤上可以锻打强度高、塑性低的材料。可以锻打的材料有铝、镁、铜、钛合金，高强度钢、耐热钢、工具钢、高熔点合金等。在高速锤上可以锻出叶片、涡轮、壳体、接头、齿轮等数百种锻件。

高速锤成形的主要特点是：

(1) 工艺性能好　由于高速锤的打击速度比普通锻锤高出几倍，可达 30m/s 或更高，金属变形时间极短，约为 0.001～0.002s，热效应高，金属成形性能好，适于锻造形状复杂、薄壁高筋的锻件。

(2) 锻件质量好　由于变形时间极短，产生的热量来不及传出，而引起变形区金属温度迅速上升，降低了变形抗力，锻件具有细晶组织和较高的力学性能，尤其是冲击韧度和疲劳强度提高较多。

(3) 锻件精度高　由于采用少、无氧化加热及较小的锻造公差，可获得较高精度的锻件。

(4) 节约材料。由于高速锤锻造时要求加工余量、公差、模锻斜度，圆角半径比一般模锻时小得多，所以材料利用率高。

(5) 设备轻巧，投资少　因设备质量只为一般模锻锤的 1/5～1/10，对厂房、地基又无特殊要求。

(6) 锻件加热条件要求高　锻件需采用无氧化加热，且高速锤锻模寿命较低。

2. 爆炸成形　爆炸成形是利用炸药爆炸的化学能使金属材料变形的方法。在模膛内置入炸药，其爆炸时产生大量高温高压气体，使周围介质（水、砂子等）的压力急剧上升，并呈辐射状传递，使坯料成形。这种成形方法变形速度高，投资少，工艺装备简单，适用于多品种小批量生产，尤其适合于一些难加工金属材料，如钛合金、不锈钢的成形及大件的成形。

3. 放电成形　放电成形的坯料变形的机理与爆炸成形基本相同。它是通过放电回路中产生强大的冲击电流，使电极附近的水气化膨胀，从而产生很强的冲击压力使坯料成形。与爆炸成形相比，放电成形时能量的控制与调整简单，成形过程稳定，使用安全、噪声小，可在车间内使用，生产率高。但是放电成形受到设备容量的限制，不适于大件成形，特别适于管子的胀形加工。

4. 电磁成形　电磁成形是利用电磁力来加压成形的。成形线圈中的脉冲电流可在极短的时间内迅速增长和衰减，并在周围空间形成一个强大的变化磁场。坯料置于成形线圈内部，在此变化磁场作用下，坯料内产生感应电流，坯料内感应电流形成的磁场和成形线圈磁场相互作用的结果，使坯料在电磁力的作用下产生塑性变形。这种成形方法所用的材料应当是具有良好导电性能的铜、铝和钢。如需加工导电性差的材料，则应在毛坯表面放置有薄铝板制成的驱动片，用以促使坯料成形。电磁成形不需要水和油之类的介质，工具也几乎不消耗，装置清洁、生产率高，产品质量稳定；但由于受到设备容量的限制，只适于加工厚度不大的小零件、板材或管材。

二、精密模锻

精密模锻是在普通的模锻设备上锻制形状复杂的高精度锻件的一种模锻工艺。如锥齿轮、汽轮叶片、航空零件、电器零件等。锻件公差可在±0.02mm以下。

精密模锻具有如下工艺特点：

1）应精确计算原始坯料的尺寸，严格按坯料质量下料；否则，会增大锻件尺寸公差，降低精度。

2）需要仔细清理坯料表面，除净坯料表面的氧化皮、脱碳层及其他缺陷等。

3）为提高锻件的尺寸精度和降低表面粗糙度而采用少、无氧化加热方法，尽量减少坯料表面形成氧化皮。

4）精密模锻的锻件精度在很大程度上取决于锻模的加工精度。因此精锻模膛的精度一般要比锻件高两级。精锻模一定要有导柱、套筒结构以保证合模准确。为排除模膛中的气体，减小金属流动阻力，使金属更好地充满模膛，模膛内应开有排气小孔。

5）严格控制模具温度、锻造温度、润滑条件及操作方法。精密模锻宜在刚度大、精度高的模锻设备上进行，如摩擦压力机或高速锤等。

三、液态成形

液态模锻是一种介于压力铸造和模锻之间的加工方法。它是将定量的金属直接浇入金属模内，然后在一定时间内以一定压力作用于液态或半液态金属上使之成形的一种方法。由于结晶过程是在压力下进行的，所以改变了常态下结晶的宏观及微观组织，使柱状晶变为细小的等轴晶。用于液态模锻的金属可以是各种类型的合金，如铝合金、铜合金、灰铸铁、碳钢，不锈钢等。

与一般模锻相比，液态模锻有以下特点：

1）液态模锻可以利用金属废料熔炼成液态后直接进行液态模锻，不像一般模锻时对于下料要求严格，因而减少了工序及设备，节约了材料。

2）液态模锻件的强度指标可以接近或达到模锻件的水平，组织致密，性能优良。

3）液态模锻件外形准确，表面粗糙度低，有时可不用进行机械加工。

4）液态模锻可以一次成形，不像一般模锻要多个模膛，从而可提高生产率，减少劳动强度，也节省了大量模具钢。

5）液态模锻是在封闭的模具内成形，液态金属充满模膛要比一般模锻容易得多，因而所需设备吨位较小，仅为一般模锻设备的1/5～1/8。

与压力铸造相比，液态模锻则又具有以下的特点：

1）液态模锻不像压铸那样由于金属高速流入模型，气体来不及排出，因而容易产生气孔。

2）液态模锻不像压铸那样快速冷却凝固，它是在充分的压力下结晶成形，晶粒细化，组织均匀。

3）液态模锻结构简单、紧凑。不象压铸需要浇口、浇道，使模具复杂。

4）液态模锻不会产生压铸时易出现的液体正面冲击和涡流现象。

5）液态模锻不需要用专门的压铸机，而采用通用设备。

四、超塑性成形

超塑性是指金属或合金在特定条件下进行拉伸试验，其伸长率超过100%以上的特性，如纯钛可超过300%，锌铝合金可超过1000%。特定的条件是指一定的变形温度（约为$0.5T_{熔}$），一定的晶粒度（晶粒平均直径为0.2～0.5μm），低的形变速率（$\dot{\varepsilon}=10^{-2}\sim10^{-4}/s$）。

目前常用的超塑性成形材料主要是锌铝合金、铝基合金、钛合金及高温合金。超塑性状态下的金属在变形过程中不产生缩颈现象，变形应力可比常态下降低几倍至几十倍。因此此种金属极易成形，可采用多种工艺方法制出复杂零件。

如图12-24所示的零件直径较小，但很高。选用超塑性材料可以一次拉伸成形，质量很好，零件性能无方向性。图12-24a为拉深成形示意图。

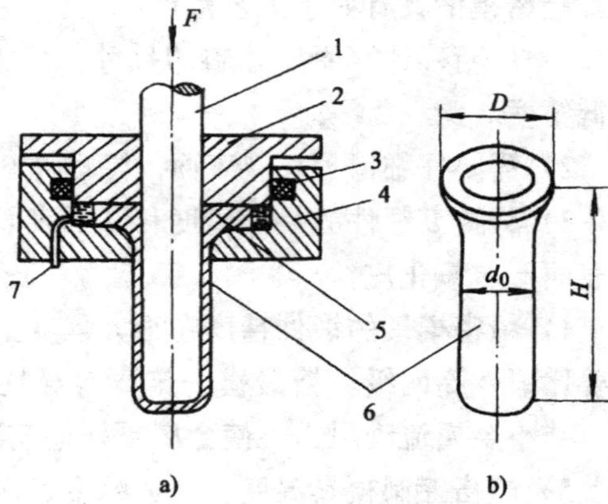

图12-24　超塑性板料拉深

a）拉深过程　b）工件

1—冲头（凸模）　2—压板　3—电热元件　4—凹模　5—板坯　6—工件　7—高压油孔

超塑性模锻工艺有以下特点：

1）扩大了可锻金属的种类，如过去认为只能采用铸造成形的某些合金，也可以进行超塑性模锻成形。

2）金属填充模膛性能好，锻件尺寸精度高，机械加工余量小，甚至可以不再加工。这种成形工艺比普通模锻降低金属消耗50%以上，这对很难加工的钛合金和高温合金特别有利。

3）能获得均匀细小的晶粒组织，零件整体力学性能均匀一致。

4）金属的变形抗力小，可充分发挥中、小设备的作用。

思考题与习题

1. 何谓金属的可锻性？影响金属可锻性的因素有哪些？
2. 指出自由锻造的生产特点和应用范围。
3. 何谓锻造比？原始坯料长150mm，若拔长到450mm时，其锻造比是多少？
4. 叙述绘制图12-25所示零件的锻造图应考虑的因素。

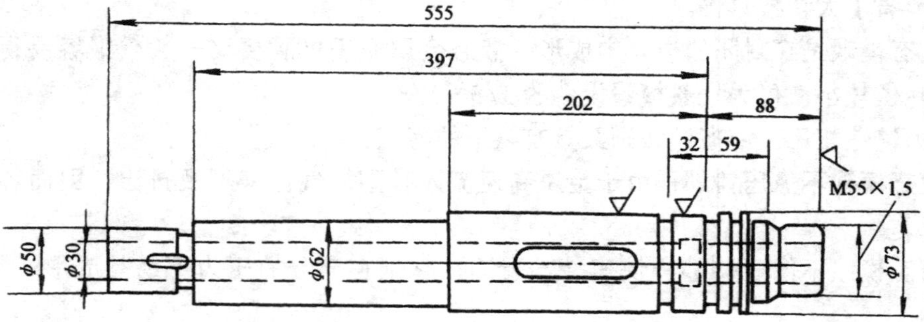

图12-25　C618K车床主轴零件图

5. 自由锻造的结构工艺性主要表现在哪些方面？

6. 锤上模锻的模膛中，预锻模膛起什么作用，为什么终锻模膛四周要开设飞边槽？

7. 锤上模锻时，如何确定分模面的位置？为什么不能冲出通孔？

8. 改正图 12-26 所示模锻零件结构的不合理处。

9. 为什么胎模锻可以锻造出形状较为复杂的模锻件？

10. 试比较自由锻造、锤上模锻、胎模锻造的优缺点。

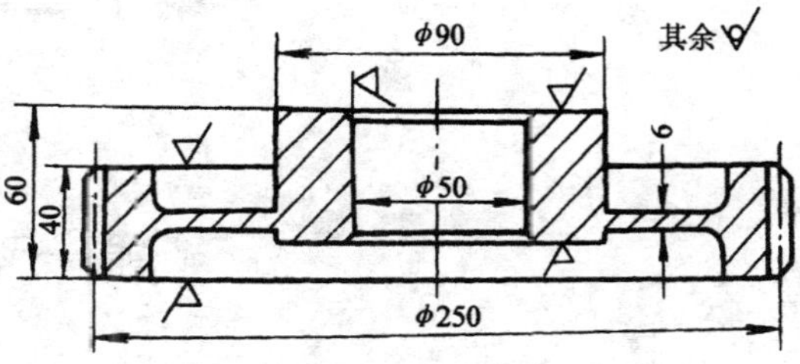

图 12-26　模锻零件图

11. 板料冲压生产有何特点？应用范围如何？

12. 设计冲压件时应注意哪些问题？

13. 落料与冲孔的区别何在？凸模与凹模的间隙对冲裁质量和工件尺寸有何影响？

14. 图 12-27 所示零件如分别为单件、小批、大批量生产时，应选择哪些锻造方法加工？哪种最为合理？并定性画出锻件图。

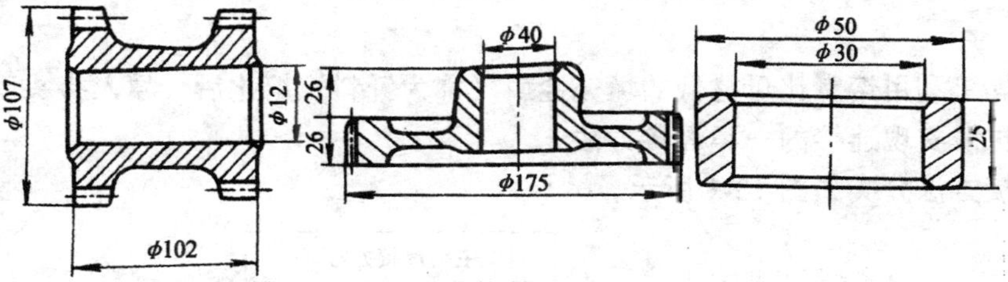

图 12-27　几个零件图

第十三章　焊　　接

第一节　概　　述

焊接是通过加热或加压，或两者并用，并且用或不用填充材料，借助于金属原子扩散和结合，使分离的材料牢固地连接在一起的加工方法。这就是焊接的实质。

焊接方法的种类很多，按焊接过程特点可分为三大类：

（1）熔焊　这一类方法的共同特点是把焊接局部连接处加热至熔化状态形成熔池，待其冷却结晶后形成焊缝，将两部分材料焊接成一个整体。因两部分材料均被熔化，故称熔焊。

（2）压焊　在焊接过程中需要对焊件施加压力（加热或不加热）的一类焊接方法，叫压焊。

（3）钎焊　利用熔点比母材低的填充金属（称为钎料）熔化后，填入接头间隙并与固态的母材通过扩散实现连接的一类焊接方法。

主要焊接方法分类如图 13-1 所示。

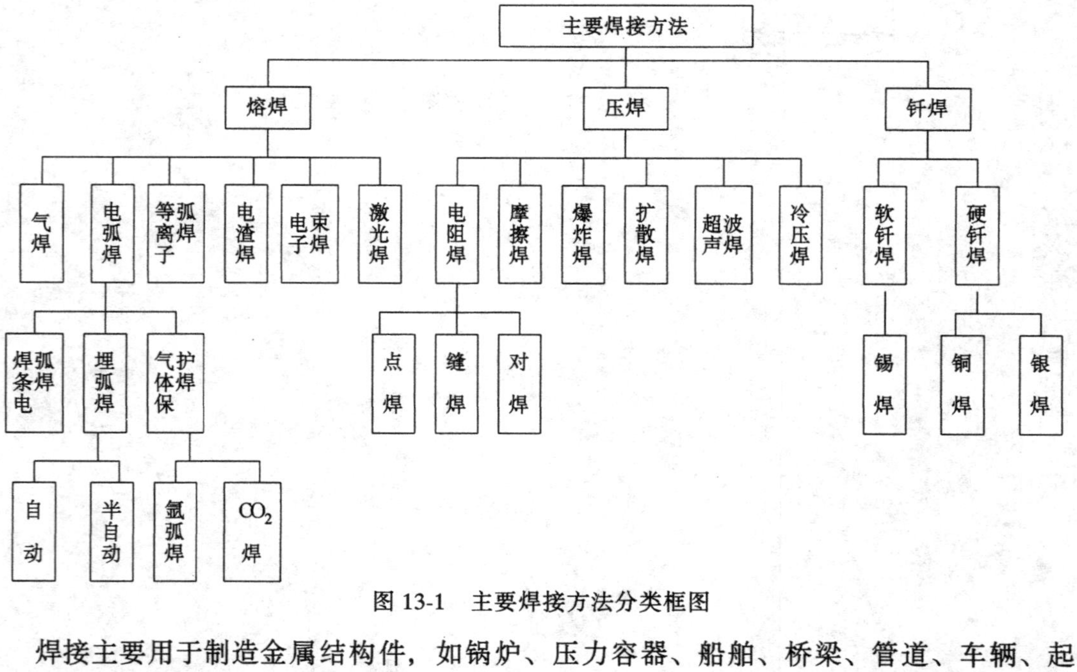

图 13-1　主要焊接方法分类框图

焊接主要用于制造金属结构件，如锅炉、压力容器、船舶、桥梁、管道、车辆、起重机、海洋结构、冶金设备；生产机器零件（或毛坯），如重型机械和冶金设备中的机架、底座、箱体、轴、齿轮等；传统的毛坯是铸件或锻件，但在特定条件下，也可用钢材焊接而成。与铸造相比，不需要制造木模和砂型，不需要专门冶炼和浇注，生产周期短，而且节省了材料，降低了成本。如我国自行设计制造的 120MN 水压机的下横梁，若用铸钢件重量可达 470t，采用焊接结构净重仅 260t，重量减轻约 45%；对于一些单件生产的特大型零件

（或毛坯），可通过焊接以小拼大，简化工艺；修补铸、锻件的缺陷和局部损坏的零件，这在生产中具有较大的经济意义。世界上主要工业国家每年生产的焊件结构约占钢产量的45%。

焊接正是有了连接性能好、省工省料、成本低、重量轻、可简化工艺等优点，才得以广泛应用。但同时也存在一些不足之处：如结构不可拆，更换修理不方便；焊接接头组织性能变坏；存在焊接应力，容易产生焊接变形；容易出现焊接缺陷等。有时焊接质量成为突出问题，焊接接头往往是锅炉压力容器等重要容器的薄弱环节，实际生产中应特别注意。

随着我国经济的发展，先进的焊接方法和焊接工艺不断出现，已成功地焊制了万吨水压机横梁、立柱，12.5万千瓦汽轮机转子，30万千瓦电站锅炉，120t大型水轮机工作轮，直径15.7m的球形容器，核反应堆，火箭、飞船等。但同工业先进国家相比，焊接质量及劳动条件和劳动生产率还有一定差距。

第二节　熔焊冶金原理

熔焊按其所用的焊接热源不同分为电弧焊（如焊条电弧焊、埋弧焊、气体保护焊等）、电渣焊、气焊、等离子弧焊、电子束焊、激光焊等多种方法。其冶金过程、结晶过程和接头组织的变化规律是相似的。

一、熔焊的冶金过程

熔焊从母材和焊条被加热熔化，到熔池的形成、停留、结晶，要发生一系列的冶金化学反应，从而影响焊缝的化学成分、组织和性能。

首先，空气中的氧气和氮气在电弧高温作用下发生分解，形成氧原子和氮原子。氧原子与金属和碳发生反应，如：

$$Fe + O \rightarrow FeO$$

$$Mn + O \rightarrow MnO$$

$$Si + 2O \rightarrow SiO_2$$

$$2Cr + 3O \rightarrow Cr_2O_3$$

$$C + O \rightarrow CO$$

这样，会使Fe、C、Mn、Si等元素大量烧损，使焊缝金属含氧量大大增加，使焊缝力学性能明显下降，尤其使低温冲击韧度急剧下降，引起冷脆等现象。

氮和氢在高温时能溶解于液态金属中，氮还能与铁反应形成Fe_4N和Fe_2N，Fe_4N呈片状夹杂物，增加焊缝的脆性。氢在冷却时保留在金属中造成气孔，引起氢脆或冷裂缝。

为了保证焊接质量，在焊接过程中，通常采取下列措施：

（1）造成保护气氛　为防止有害元素浸入熔池，采用焊条药皮、埋弧焊焊剂、气体保护焊保护气体（如CO_2气、氩气）等，使熔池与外界空气隔绝，防止空气进入。此外，焊前对坡口及两侧的锈、油污等进行清理；焊条、焊剂烘干等，都能有效地防止有害气体进入熔池。

（2）添加合金元素　补充烧损的元素并清除已进入熔池的有害元素。其措施是冶金处理，如焊条药皮中加锰铁合金等，进行脱氧、脱硫、脱磷、去氢、渗合金等，从而保证和调整了焊缝的化学成分。其反应为：

$$Mn + FeO \rightarrow MnO + Fe$$

$$Si + 2FeO \rightarrow SiO_2 + 2Fe$$
$$MnO + FeS \rightarrow MnS + FeO$$
$$CaO + FeS \rightarrow CaS + FeO$$
$$2Fe_3P + 5FeO \rightarrow P_2O_5 + 11Fe$$

生成的 MnS、CaS 和稳定复合物（$(CaO)_3 \cdot P_2O_5$）不溶于金属，进入焊渣中，最终被清理掉。

二、焊接接头的组织和性能

熔焊使焊缝及其附近的母材经历了一个加热和冷却的热过程，由于温度分布不均匀，焊缝受到一次复杂的冶金过程，焊缝附近区域受到一次不同规范的热处理，因此必然引起相应的组织和性能的变化，直接影响焊接质量。

（一）焊接热循环和焊接接头的组成

焊接热循环是指在焊接热源作用下，焊接接头上某点的温度随时间的变化。焊接时，焊接接头不同位置上的点所经历的焊接热循环是不同的，如图 13-2 所示。

离焊缝越近的点，被加热的温度越高；反之，越远的点，被加热的温度越低。

在焊接热循环中，影响焊接质量的主要参数是加热速度、最高加热温度 T_{m1}、高温（如 1100℃以上）停留时间 $t_{过1}$ 和冷却速度等。冷却速度起关键作用的是从 800℃冷却到 500℃的速度，通常用 $t_{8/5}$ 来表示。焊接热循环的主要特点是加热速度和冷却速度都很快，每秒一百摄氏度以上，甚至可达每秒几百摄氏度。因此，对于淬硬倾向较大的钢材可能造成空淬，焊后产生马氏体组织，引起焊接裂纹。

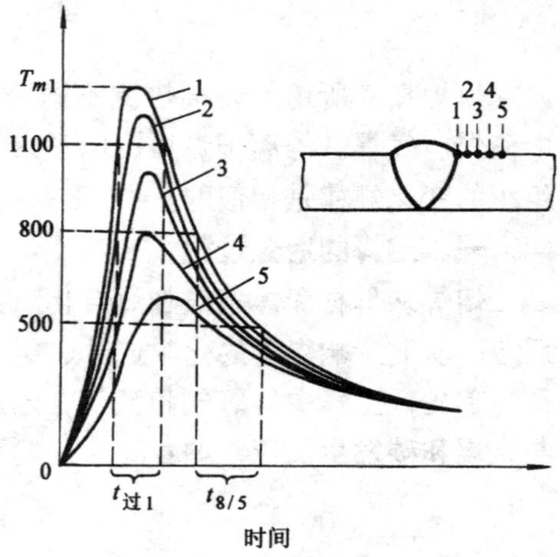

图 13-2　焊接热循环曲线

受热循环的影响，焊缝附近的母材组织和性能发生变化的变化区称为焊接热影响区。熔焊焊缝和母材的交界线叫熔合线，熔合线两侧有一个很窄的焊缝与热影响区的过渡区，叫熔合区，也叫半熔化区。因此，焊接接头由焊缝、熔合区和热影响区组成。

（二）焊缝的组织和性能

焊缝组织是由熔池金属结晶得到的铸造组织。焊接熔池的结晶首先从熔合区中处于半熔化状态的晶粒表面开始，晶粒沿着与散热最快的方向的相反方向长大，因受到相邻的正在长大的晶粒的阻碍，向两侧生长受到限制，因此，焊缝中的晶体是方向指向熔池中心的柱状晶体，如图 13-3 所示。

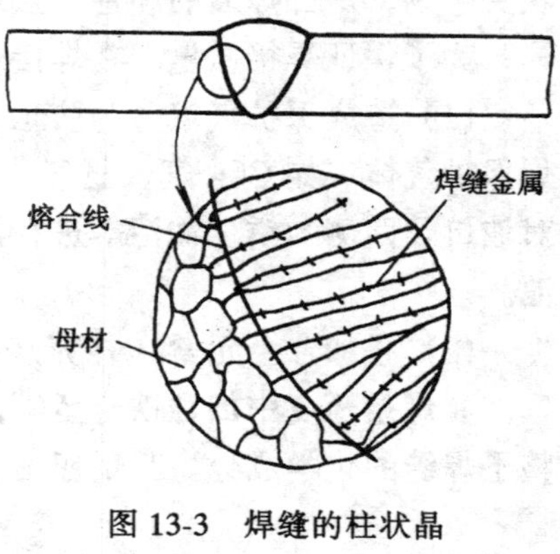

图 13-3　焊缝的柱状晶

焊缝结晶要产生偏析，宏观偏析与焊缝成形系数（即焊道的宽度与计算厚度之比）有关，如图 13-4 所示。宽焊缝时，杂质聚集在焊缝上部，可避免出现中心线裂纹。窄焊缝时，柱状晶的交界在中心，杂质聚集在中心线附近，形成中心线偏析，容易产生热裂纹。

焊缝中的铸态组织，晶粒粗大，成分偏析，组织不致

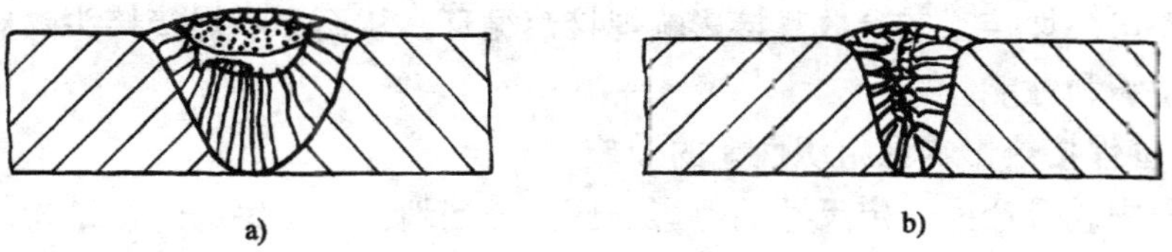

图 13-4　焊缝断面形状对偏析影响

a）宽焊缝　b）窄焊缝

密。但是，由于焊接熔池小，冷却快，焊条药皮、焊剂或焊丝在焊接过程中的冶金处理作用，使得焊缝金属的化学成分优于母材，硫磷含量较低，所以容易保证焊缝金属的性能不低于母材，特别是强度容易达到。

（三）热影响区及熔合区的组织和性能

图 13-5 是低碳钢焊接接头的组织变化情况。图 a 是焊接接头各点最高加热温度区线，低碳钢的热影响区分为过热区、正火区和部分相变区。图 b 是简化的铁碳相图的一部分。

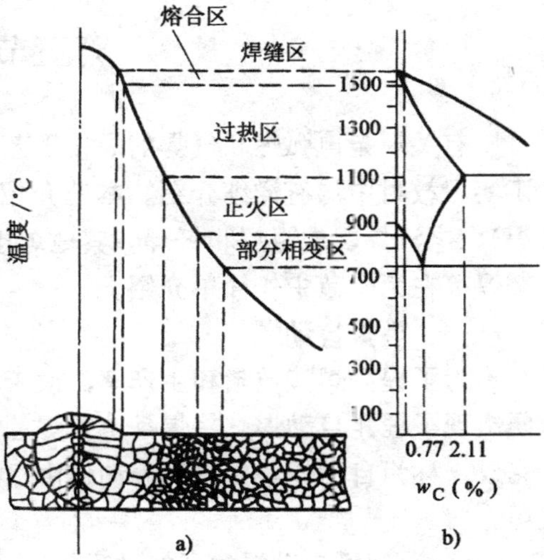

图 13-5　低碳钢焊接接头的组织变化

（1）过热区　焊接时加热到 1100℃ 以上至固相线温度的区域。由于加热温度高，奥氏体晶粒明显长大，冷却后产生晶粒粗大的加热组织。过热区是热影响区中性能最差的部位。因此，焊接刚度大的结构时，易在此区产生裂纹。

（2）正火区　最高加热温度从 Ac_3 至 1100℃ 的区域。金属发生重结晶，焊后冷却得到均匀而细小的铁素体和珠光体组织。正火区的性能优于母材。

（3）部分相变区　加热到 Ac_1 至 Ac_3 温度区域。因为只有部分组织发生转变，部分铁素体来不及转变，故称为部分相变区。冷却后晶粒大小不匀，因此，力学性能较差。

熔合区化学成分不均匀，晶粒粗大，其性能往往是焊接接头中最差的。

综上所述，熔和区和过热区是焊接接头中的薄弱部分，对焊接质量有严重影响，应尽可能减小之。

影响焊接接头组织和性能的因素有焊接材料、焊接方法和焊接工艺。焊接工艺主要参数有焊接电流、电弧电压、焊接速度、线能量等。线能量是熔焊时，由焊接电源（热源）输入给单位长度焊缝上的能量。其计算公式如下：

$$E = \eta \frac{IU}{v}$$

式中　E——线能量（J/cm）；

I——焊接电流（A）；

U——焊接电弧电压（V）；

v——焊接速度（cm/s）；

η——有效系数。焊条电弧焊 $\eta=0.66\sim0.85$；埋弧焊 $\eta=0.90\sim0.99$。

由上式看出，焊接工艺参数直接影响焊接热循环，从而影响焊接接头热影响区的大小和焊接接头的组织和性能。

（四）改善焊接热影响区组织性能的措施

熔焊过程中总会产生一定尺寸的热影响区。一般地，低碳钢的焊接结构，用焊条电弧焊或埋弧自动焊时，热影响区尺寸较小，对焊接产品质量影响较小，焊后可不进行处理；对于合金钢焊接结构或用电渣焊焊接的结构，热影响区尺寸较大，焊后必须进行处理，通常是正火，细化晶粒，均匀组织，改善焊接接头的质量；对于焊后不能进行热处理的焊接结构，只能通过正确选择焊接方法，合理制定焊接工艺来减小焊接热影响区，以保证焊接质量。

第三节　常用焊接方法

有关焊条电弧焊和气焊的焊接工艺过程、所用设备和焊接材料等内容，在焊接实习和金工实习教材中均有详细介绍。本节介绍埋弧自动焊、气体保护焊（氩弧焊和 CO_2 气体保护焊）、电渣焊、电阻焊和钎焊。其他焊接新技术如等离子弧焊、真空电子束焊、激光焊和扩散焊等在第七节中作简单介绍。

一、埋弧自动焊

为了提高焊接质量和生产率，改善劳动条件，使焊接技术向机械化、自动化方向发展，便出现了埋弧自动焊。将焊条电弧焊的引弧、焊条送进、电弧移动几个动作均由机械自动来完成，称为自动焊。如果部分动作由机械完成，其他动作仍由焊工辅助完成，则称为半自动焊。

（一）埋弧自动焊的焊接过程

埋弧自动焊也称熔剂层下自动焊。它因电弧埋在焊剂下，看不见弧光而得名。埋弧自动焊机由焊接电源、焊车和控制箱三部分组成。常用焊机型号有 MZ-1000 和 MZ1-1000 两种。“MZ”表示埋弧自动焊机，“1000”表示额定电流为 1000A。焊接电源可以配交流弧焊电源和整流弧焊电源。

焊接时，自动焊机头将光焊丝自动送入电弧区自动引弧，并保证一定的弧长，电弧在颗粒状焊剂下燃烧，工件金属与焊丝被熔化成较大体积（可达 20cm^3）的熔池。焊车带着焊丝自动均匀向前移动，或焊机头不动而工件匀速运动，熔池金属被电弧气体排挤向后堆积形成焊缝。电弧周围的颗粒状焊剂被熔化成熔渣，部分焊剂被蒸发，生成的气体将电弧周围的气体排开，形成一个封闭的熔渣泡。它有一定的粘度，能承受一定的压力，因此使熔化金属与空气隔离，并防止熔化金属飞溅，既可减少热能损失，又能防止弧光四射。未熔化的焊剂可以回收重新使用。埋弧自动焊焊接过程纵断面如图 13-6 所示。

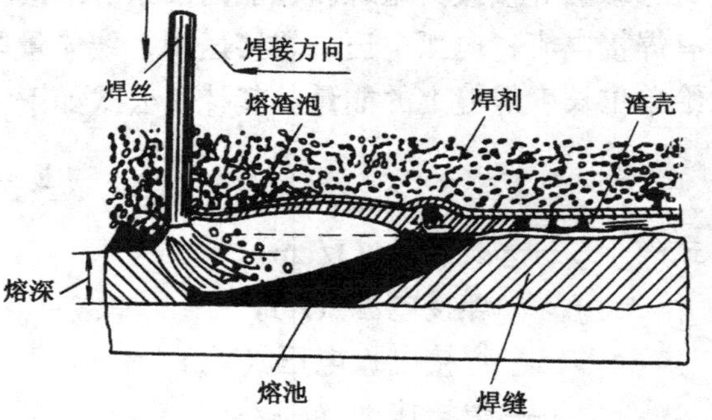

图 13-6　埋弧自动焊的纵截面图

（二）焊接材料

埋弧自动焊焊接材料有焊丝和焊剂。焊丝除了作电极和填充材料外，还可以起到渗合金、脱氧、去硫等冶金处理作用。焊剂的作用相当于焊条药皮，分为熔炼焊剂和非熔炼焊剂两类，非熔炼焊剂又可分为烧结焊剂和粘结焊剂两种。熔炼焊剂主要起保护作用；非熔炼焊剂除保护作用外，还有冶金处理作用。焊剂容易吸潮，使用前要按要求烘干。

焊丝和焊剂要合理匹配才能保证焊缝金属化学成分和性能。根据 GB5293—85 选用焊剂，常用焊剂与焊丝匹配见表 13-1，或可根据 GB/T8110—1995 选用。

表 13-1 埋弧焊常用熔炼焊剂牌号

焊剂牌号	焊剂类型	使用说明	电流种类
HJ430	高锰高硅低氟	配合 H08A 或 H08MnA 焊丝焊接 Q235、20 和 09Mn2 钢等；配合 H08MnA 或 H10Mn2 焊丝焊接 Q345、Q390（16Mn、15MnV）	交流或直流反接
HJ431		配合 H08MnMo 焊丝焊接 Q420（15MnVN）钢等	
HJ350	中锰中硅中氟	配合 H08Mn2Mo 焊丝焊接 18MnMoNb、14MnMoV 钢等	交流或直流反接
HJ250	低锰中硅中氟	配合 H08Mn2Mo 焊丝焊接 18MnMoNb、14MnMoV 钢等	直流反接
HJ251		配合 H12CrMo、H15CrMo、焊丝焊接 12CrMo、15CrMo	直流反接
HJ260	低锰高硅中氟	配合 H12CrMo、H15CrMo 焊丝焊接 12CrMo、15CrMo 钢；配合不锈钢焊丝焊接不锈钢	直流反接

（三）埋弧焊工艺

埋弧焊对下料、坡口准备和装配要求均较高。装配时要求用优质焊条点固。由于埋弧焊焊接电流大、熔深大，因此板厚在 24mm 以下的工件可以采用 I 形坡口单面焊或双面焊。但一般板厚 10mm 就开坡口，常用 V 形坡口、X 形坡口、U 形坡口和组合型坡口。能采用双面焊的均采用双面焊，以便焊透，减少焊缝变形。

焊接前，应清除坡口及两侧 50～60mm 内的一切油垢和铁锈，以避免产生气孔。

埋弧焊一般都在平焊位置焊接。由于引弧和断弧质量不易保证，焊前可在接缝两端焊上引弧板和引出板，如图 13-7 所示，焊后再去掉。为保证焊缝成形和防止烧穿，生产中常用焊剂垫和垫板（如图 13-8）或用焊条电弧焊封底。

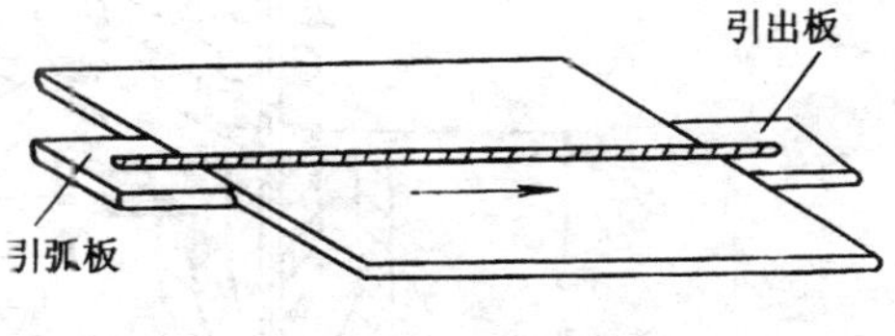

图 13-7 自动焊的引弧板和引出板

埋弧焊焊接筒体环焊缝时采用滚轮架，使筒体（工件）转动，焊丝位置不动。为防止熔池金属和熔渣从筒体表面流失，保证焊缝成形良好，机头应逆转方向偏离焊件中心一定距离 a 起焊，如图 13-9 所示。不同直径筒体应根据焊缝成形情况确定偏离距离 a，一般偏离 20～40mm。直径小于 250mm 的环缝，一般不采用埋弧自动焊。设计要求双面焊时，应先焊内环缝，清根后再焊外环缝。

（四）埋弧焊的特点和应用

埋弧自动焊与焊条电弧焊相比，有以下特点：

1）埋弧焊电流比焊条电弧焊高 6～8 倍，不须更换焊条，没有飞溅，生产率提高 5～10 倍。同时，由于埋弧焊熔深大，可以不开或少开坡口，节省坡口加工工时，节省焊接材料，焊丝利用率高。降低了焊接成本。

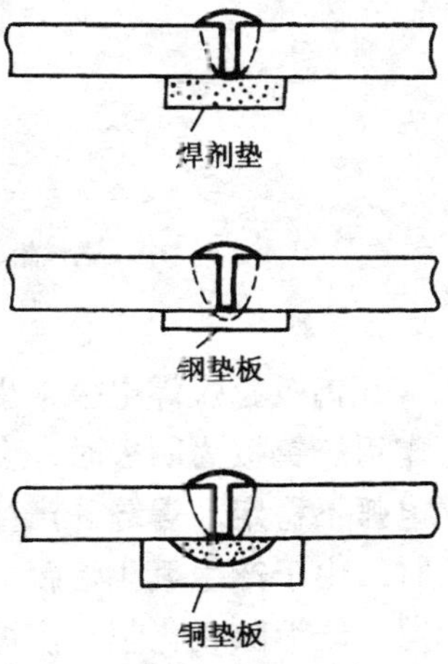

图 13-8 自动焊的焊剂垫

2）埋弧焊焊剂供给充足，保护效果好，冶金过程完善，焊接工艺参数稳定，焊接质量好，而且稳定；对操作者技术要求低，焊缝成形美观。

3）改善了劳动条件，没有弧光，没有飞溅，烟雾也很少，劳动强度较轻。

4）埋弧焊适应性差，只焊平焊位置，通常焊接直缝和环缝，不能焊空间位置焊缝和不规则焊缝。

5）设备结构较复杂，投资大，调整等准备工作量较大。

根据埋弧焊上述特点，适用于成批生产中长直焊缝和较大直径环缝的平焊。对于狭窄位置的焊缝以及薄板焊接，则受到一定限制。因此，埋弧焊被广泛用于大型容器和钢结构焊接生产中。

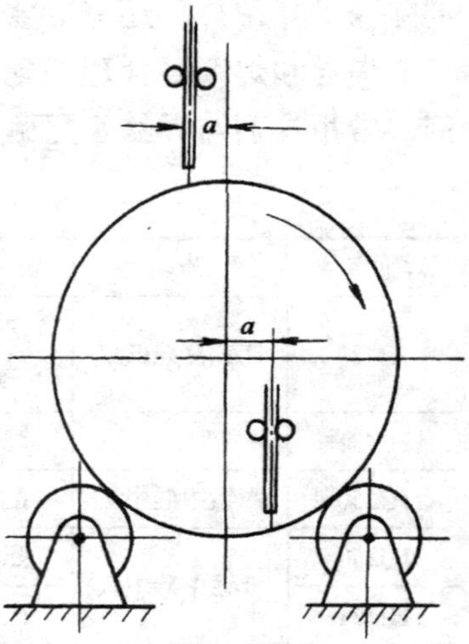

图 13-9　环缝自动焊示意图

二、气体保护焊

（一）氩弧焊

氩弧焊是氩气保护焊的简称。氩气是惰性气体，在高温下不和金属起化学反应，也不溶于金属，可以保护电弧区的熔池、焊缝和电极不受空气的有害作用，是一种较理想的保护气体。氩气电离势高，引弧较困难，但一旦引燃就很稳定。氩气纯度要求达到99.9%，我国生产的氩气纯度能够达到这个要求。

氩弧焊分钨极（不熔化极）氩弧焊和熔化极（金属极）氩弧焊两种，如图 13-10 所示。

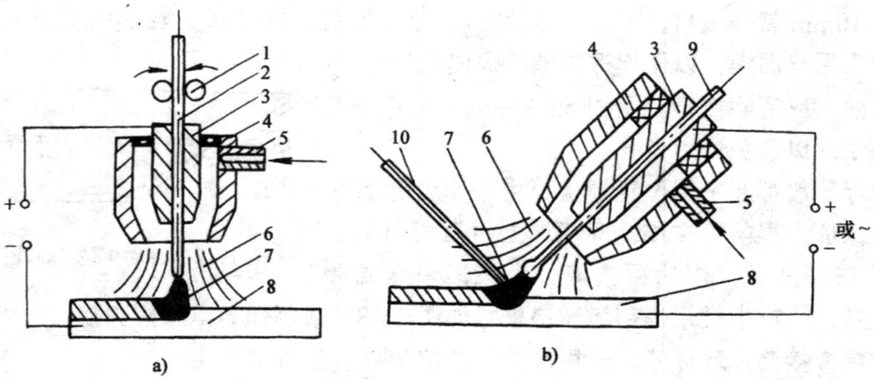

图 13-10　氩弧焊示意图

a）熔化极　b）钨极

1—送丝轮　2—焊丝　3—导电嘴　4—喷嘴　5—进气管　6—氩气流　7—电弧

8—工件　9—钨极　10—填充金属丝

钨极氩弧焊电极常用钍钨极和铈钨极两种。焊接时，电极不熔化，只起导电和产生电弧作用。钨极为阴极时，发热量小，钨极烧损小；钨极为阳极时，发热量大，钨极烧损严重，电弧不稳定，焊缝易产生夹钨。因此，一般钨极氩弧焊不采用直流反接。但在焊接铝工件时，由于产生氧化铝膜，影响熔合，这时采用直流反接，铝工件为阴极，有“阴极破碎”作用，能消除氧化膜，使焊缝成形美观；而用正接时却没有这种“破碎”现象。因此，综合上述因素，钨极氩弧焊焊铝时一般采用交流电源。但交流电源产生的电弧不稳定，且有直流成分。因此，交流钨极氩弧焊设备还要有引弧、稳弧和除直流装置，比较复杂。

手工钨极氩弧焊的操作与气焊相似，需加填充金属，也可以在接头中附加金属条或采用卷边接头。填充金属有的可采用与母材相同的金属，有的需要加一些合金元素，进行冶金处理，以防止气孔等缺陷。

熔化极氩弧焊以连续送进的焊丝作为电极，与埋弧自动焊相似，可用来焊接25mm以下的工件。可分为自动熔化极氩弧焊和半自动熔化极氩弧焊两种。

氩弧焊的特点：

1）机械保护效果很好，焊缝金属纯净，成形美观，质量优良。

2）电弧稳定，特别是小电流时也很稳定。因此，熔池温度容易控制，做到单面焊双面成形。尤其现在普遍采用的脉冲氩弧焊，更容易保证焊透和焊缝成形。

3）采用气体保护，电弧可见（称为明弧），易于实现全位置自动焊接。工业中应用的焊接机器人，一般采用 Ar + He 或 Ar + CO_2 混合气体保护焊。

4）电弧在气流压缩下燃烧，热量集中，熔池小，焊速快，热影响区小，焊接变形小。

5）氩气价格较高，因此成本较高。

氩弧焊适用于焊接易氧化的有色金属和合金钢，如铝、钛和不锈钢等；适用于单面焊双面成形，如打底焊和管子焊接；钨极氩弧焊，尤其脉冲钨极氩弧焊，还适用于薄板焊接。

（二）CO_2 气体保护焊

CO_2 气体保护焊是以 CO_2 作为保护气体，以焊丝作电极，以自动或半自动方式进行焊接。目前常用的是半自动焊，即焊丝送进是靠机械自动进行并保持弧长，由操作人员手持焊枪进行焊接。

CO_2 气体在电弧高温下能分解，有氧化性，会烧损合金元素。因此，不能用来焊接有色金属和合金钢。焊接低碳钢和普通低合金钢时，通过含有合金元素的焊丝来脱氧和渗合金等冶金处理。现在常用的 CO_2 气体保护焊焊丝是 H08Mn2SiA，适用于焊接低碳钢和抗拉强度在600MPa以下的普通低合金钢。

CO_2 焊的焊接装置如图13-11所示。

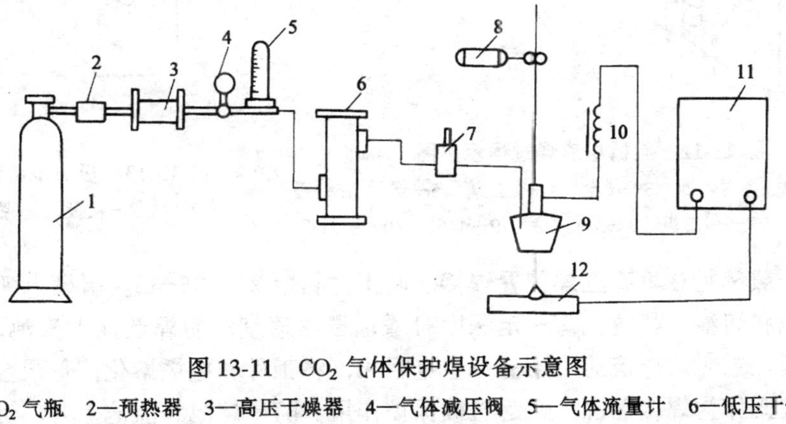

图13-11　CO_2 气体保护焊设备示意图

1—CO_2 气瓶　2—预热器　3—高压干燥器　4—气体减压阀　5—气体流量计　6—低压干燥器
7—气阀　8—送丝机构　9—焊枪　10—可调电感　11—焊接电源　12—工件

一般情况下，无须接干燥器，甚至不需要预热器。但用于300A以上的焊枪时需用水冷却。为了使电弧稳定，飞溅少，CO_2 焊接采用直流反接。

CO_2 气体保护焊的特点：

1）成本低。CO_2 气体比较便宜，焊接成本仅是埋弧自动焊和焊条电弧焊的 40％左右。

2）生产率高。焊丝送进自动化，电流密度大，电弧热量集中，所以焊接速度快。焊后没有熔渣，不需清渣，比焊条电弧焊提高生产率 1～3 倍。

3）操作性能好。CO_2 保护焊电弧是明弧，可清楚看到焊接过程。如同焊条电弧焊一样灵活，适合全位置焊接。

4）焊接质量比较好。CO_2 保护焊焊缝含氢量低，采用合金钢焊丝易于保证焊缝性能。电弧在气流压缩下燃烧，热量集中，热影响区较小，变形和开裂倾向也小。

5）焊缝成形差，飞溅大。烟雾较大，控制不当易产生气孔。

6）设备使用和维修不便。送丝机构容易出故障，需要经常维修。

因此，CO_2 保护焊适用于低碳钢和强度级别不高的普通低合金钢焊接，主要焊接薄板。对单件小批生产和不规则焊缝采用半自动 CO_2 气体保护焊；大批生产和长直焊缝可用 CO_2+O_2 等混合气体保护焊。

三、电渣焊

电渣焊是利用电流通过液态熔渣产生的电阻热加热熔化母材与电极（填充金属）的焊接方法。电渣焊按电极形式又分为丝极电渣焊（图 13-12）、板极电渣焊（图 13-13）、熔嘴电渣焊（图 13-14）和管极电渣焊（图 13-15）。

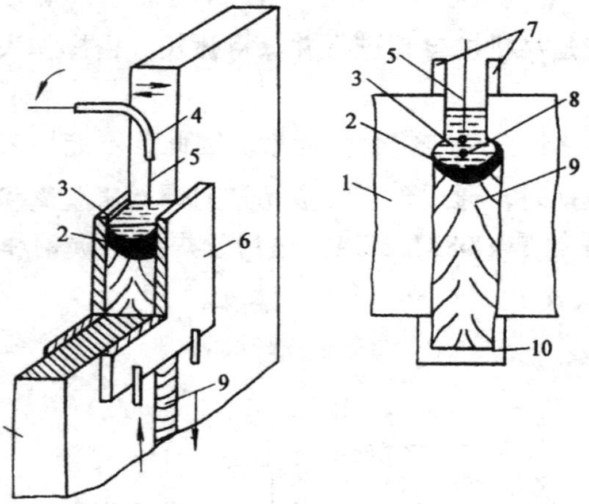

图 13-12　丝极电渣焊过程示意图

1—工件　2—金属熔池　3—渣池　4—导丝管　5—焊丝　6—强制成形装置　7—引出板　8—金属熔滴　9—焊缝　10—引弧板

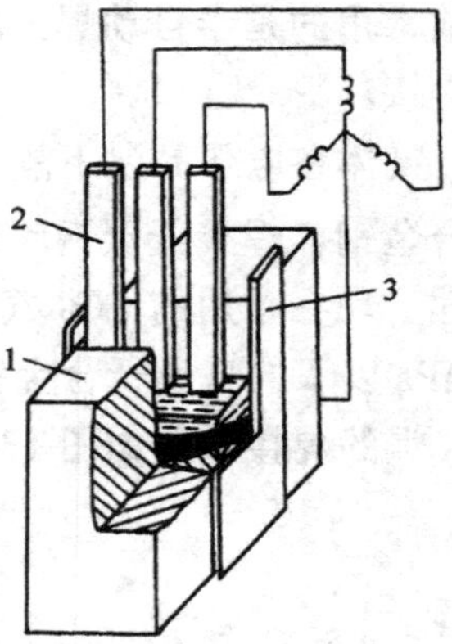

图 13-13　板极电渣焊示意图

1—工件　2—板极　3—强制成形装置

电渣焊一般都是在垂直立焊位置焊接，两工件相距 25～35mm。引燃电弧熔化焊剂和工件，形成渣池和熔池，待渣池有一定深度时增加送丝速度，使焊丝插入渣池，电弧便熄灭，转入电渣过程。这时，电流通过熔渣产生电阻热，将工件和电极熔化，形成金属熔池沉在渣池下面。渣池既作为焊接热源，又起机械保护作用。随着熔池和渣池上升，远离渣池的熔池金属便冷却形成焊缝。

电渣焊可使很厚的焊件一次焊成，焊接速度慢，过热区大，接头组织粗大，因此，焊后要进行正火处理。此外，电渣焊还有以下特点：

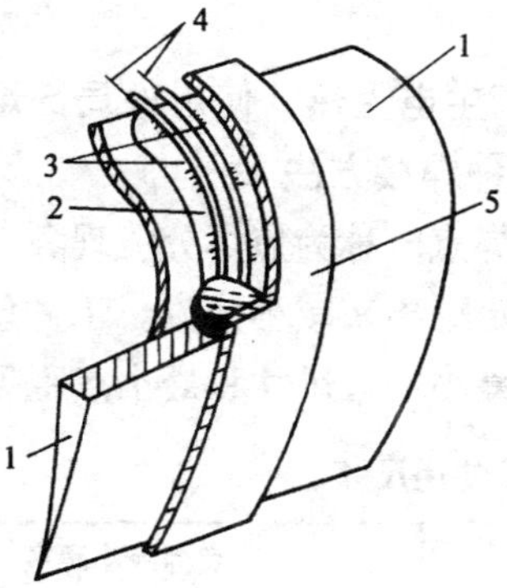

图 13-14 熔嘴电渣焊示意图
1—工件 2—熔嘴 3—导丝管
4—焊丝 5—强制成形装置

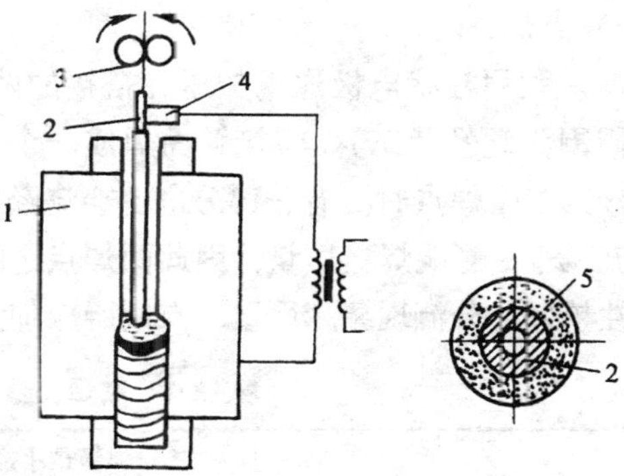

图 13-15 管极电渣焊示意图
1—工件 2—管极（钢管） 3—焊丝
4—导电板 5—药皮

1）适合焊接厚件，生产率高成本低。可用铸-焊、锻-焊结构拼成大件，以代替巨大的铸造或锻造整体结构，改变了重型机器制造工艺过程，节省了大量的金属材料和设备投资。同时，40mm 以上厚度的工件可不开坡口，节省了加工工时和焊接材料。

2）焊缝金属比较纯净，电渣焊机械保护好，空气不易进入。熔池存在时间长，低熔点夹杂物和气体容易排出。

3）焊接接头组织粗大，焊后要进行正火处理。

电渣焊适用于板厚 40mm 以上工件的焊接。单丝摆动焊件厚度为 60～150mm；三丝摆动可焊接厚度达 450mm。一般用于直缝焊接，也可用于环缝焊接。

四、电阻焊

电阻焊是利用电流通过接触处及焊件产生的电阻热，将焊件加热到塑性或局部熔化状态，再施加压力形成焊接接头的焊接方法。

电阻焊生产率高，焊接变形小，劳动条件好，操作方便，易于实现自动化。所以适合于大批量生产，在自动化生产线上（如汽车制造）应用较多，甚至采用机器人。但电阻焊设备复杂，投资大，耗电量大。接头形式和工件厚度受到一定限制。

电阻焊通常分点焊、缝焊、对焊三种，如图 13-16 所示。

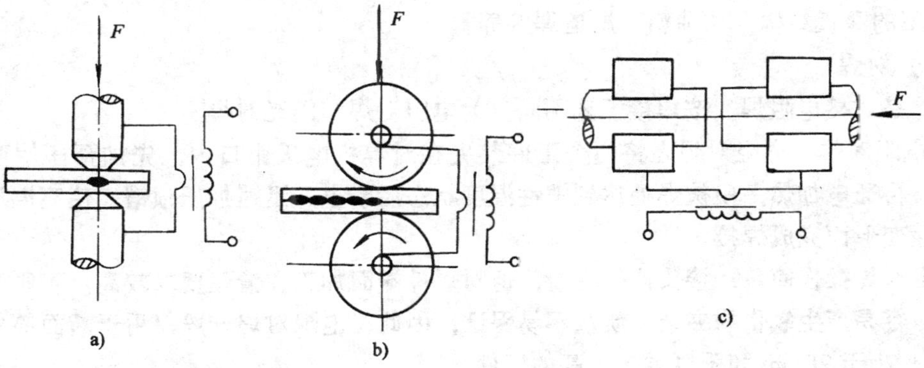

图 13-16 电阻焊种类
a）点焊 b）缝焊 c）对焊

（一）点焊

点焊是利用柱状电极通电加压在搭接的两焊件间产生电阻热，使焊件局部熔化形成一个熔核（周围为塑性状态），将接触面焊成一个焊点的一种焊接方法。

焊接第二个焊点时，有一部分电流会流经已焊好的焊点，称为点焊分流现象。分流将使焊接处电流减小，影响焊接质量，因此两焊点之间应有一定距离来减小分流。工件厚度越大，材料导电性越好，分流现象越严重，点间距应加大。点焊最小搭边尺寸和最小点距见表 13-2。

表 13-2　点焊、缝焊接头推荐使用尺寸　（mm）

工件厚度	焊点直径	缝焊焊缝宽度	单排焊缝最小搭边尺寸		点焊最小距离		
			非合金钢、低合金钢、不锈钢	铝合金、镁合金、铜合金	非合金钢、低合金钢	不锈钢、耐热钢、钛合金	铝合金、镁合金、铜合金
0.3	2.5～3.5	2.0～3.0	6	8	7	5	8
0.5	3.0～4.0	2.5～3.5	8	10	10	7	11
0.8	3.5～4.5	3.0～4.0	10	12	11	9	13
1.0	4.0～5.0	3.5～4.5	12	14	12	10	15
1.2	5.0～6.0	4.5～5.5	13	16	13	11	16
1.5	6.0～7.0	5.5～6.5	14	18	14	12	18
2.0	7.0～8.5	6.5～8.0	16	20	18	14	22
2.5	8.0～9.5	7.5～9.0	18	22	20	16	26
3.0	9.0～10.5	8.0～9.5	20	26	24	18	30
3.5	10.5～12.5	9.0～10.5	22	28	28	22	35
4.0	12.0～13.5	10.0～11.5	26	30	32	24	40

影响点焊质量的因素除了焊接电流、通电时间、电极压力等工艺参数外，焊件表面状态影响也很大。因此，点焊前必须清理焊件表面氧化物和油污等。

点焊主要用于厚度在 4mm 以下薄板冲压壳体结构及钢筋焊接，尤其是汽车和飞机制造。目前，点焊厚度可从 10μm（精密电子器件）至 30mm（钢梁框架）。每次焊一个点或一次焊多个点。

（二）缝焊

缝焊过程与点焊相似，都属于搭接电阻焊。缝焊采用滚盘作电极，边焊边滚，相邻两个焊点部分重叠，形成一条密封性的焊缝。因此，缝焊分流现象严重，一般只适合于焊接 3mm 以下的薄板结构，如油箱、烟道焊接等。

（三）对焊

对焊是对接电阻焊。按焊接工艺不同分为电阻对焊和闪光对焊。

1. 电阻对焊　电阻对焊是将两个工件装夹在对焊机电极钳口内，先加预压使两焊件端面压紧，再通电加热，使被焊处达到塑性温度状态后断电并迅速加压顶锻，使高温端面产生一定塑性变形而完成焊接。

电阻对焊操作简单，接头比较光滑，但对焊件端面加工和清理要求较高，否则端面加热不均匀，容易产生氧化物夹杂，质量不易保证，因此，电阻对焊一般仅用于断面简单、直径（或边长）小于 20mm 和强度要求不高的工件。

2. 闪光对焊　闪光对焊是两焊件先不接触，接通电源，再移动焊件使之接触。由于工件表面不平，接触点少，其电流密度很大，接触点金属迅速达到熔化、蒸发、爆破，以火花从接触处飞射出来，形成“闪光”；经多次闪光加热后，端面达到均匀半熔化状态，同时多次闪光将端面氧化物清理干净，此时断电并迅速对焊件加压顶锻，形成焊接接头。

闪光对焊对端面加工要求较低，而且经闪光焊之后端面被清理，因此接头夹渣少，质量较高，常用于焊接重要零件。可以焊接相同的金属材料，也可以焊接异种金属材料。被焊工件可以是直径小到0.01mm的金属丝，也可以是截面积为20000mm²的金属型材或钢坯。

对焊用于杆状零件对接，如刀具、管子、钢筋、钢轨、车圈、链条等。不论哪种对焊，焊接断面要求尽量相同，圆棒直径、方钢边长、管子壁厚之差不应超过15%。图13-17是几种对焊接头举例。

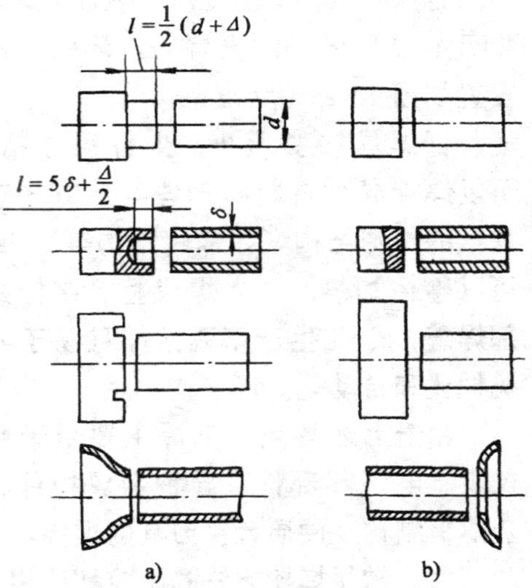

图 13-17　对焊接头举例

a）合理　b）不合理

Δ—对焊时总缩短量

五、钎焊

钎焊是利用熔点比母材低的金属作钎料，加热将钎料熔化，利用液态钎料润湿母材，填充接头间隙，并与母材相互扩散实现连接的焊接方法。

钎焊接头的质量在很大程度上取决于钎料。钎料应具有合适的熔点和良好的润湿性。母材接触面要求很干净，焊接时使用钎焊钎剂（参照GB/T15829—1995选用）。钎剂能去除氧化膜和油污等杂质，保护接触面，并改善钎料的润湿性和毛细流动性。钎焊按钎料熔点分为软钎焊和硬钎焊两大类。

（1）软钎焊　钎料熔点在450℃以下的钎焊叫软钎焊。常用钎剂是松香、氯化锌溶液等。软钎焊强度低，工作温度低，主要用于电子线路的焊接。由于钎料常用锡钎合金，故通称锡焊。

（2）硬钎焊　钎料熔点在450℃以上，接头强度较高，都在200MPa以上。常用钎料有铜基、银基和镍基钎料等。常用钎剂有硼砂、硼酸、氯化物、氟化物等组成。硬钎焊主要用于受力较大的钢铁和铜合金构件以及刀具的焊接。

钎焊构件的接头形式均采用搭接或套件镶接。如图13-18所示。接头之间应有良好的配

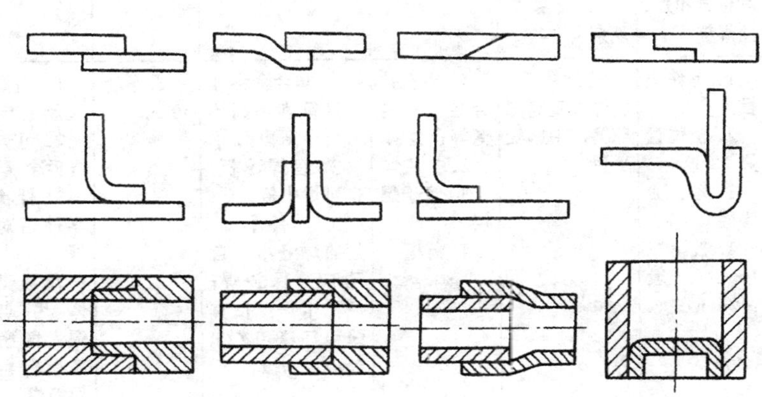

图 13-18　钎焊接头举例

合和适当的间隙。间隙太小，会影响钎料的渗入和润湿，不能全部焊合；间隙太大，浪费钎料，而且降低接头强度。一般间隙取0.05～0.2mm。设计钎焊接头时，还要考虑钎焊件的装配定位和钎料的安置等。环状钎料的安置如图13-19所示。

钎焊焊接变形小，焊件尺寸精确，可以焊接异种材料和一些其他方法难以焊接的特殊结构（如蜂窝结构等）。钎焊可以整体加热，一次焊成整个结构的全部焊缝，因此生产率高，并且易于实现机械化和自动化。

由于上述特点，钎焊主要用于精密仪表、电气零部件、异种金属构件、复杂薄板结构及硬质合金刀具的焊接。

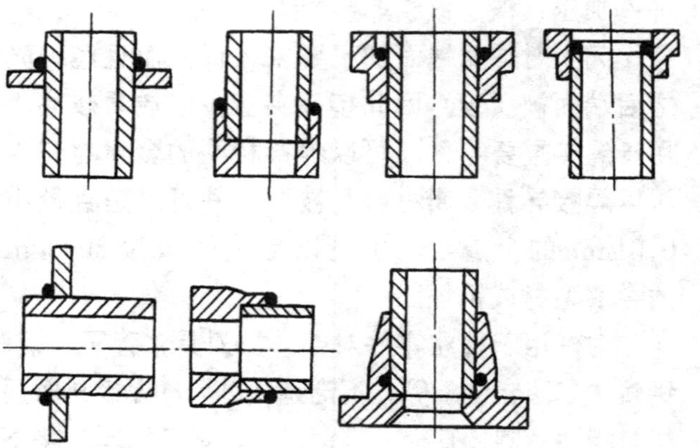

图13-19　环状钎料的安置

六、常用焊接方法的比较和选用

焊接方法的选用应根据各种焊接方法的特点和焊接结构制造要求，综合考虑其焊接质量、经济性和工艺可行性。常用焊接方法比较见表13-3。选用时应考虑以下几方面：

表13-3　常用焊接方法比较

焊接方法	气焊	焊条电弧焊	埋弧自动焊	氩弧焊	CO_2气体保护焊	电渣焊	电阻焊	钎焊
特点	1. 熔池温度易控制，各种焊接位置均易单面焊透 2. 焊接质量较差 3. 焊接变形大 4. 生产率低 5. 不要电源，室外野外使用方便 6. 设备较简单	与气焊相比： 1. 焊接质量好 2. 焊接变形小 3. 生产率高 与埋弧自动焊相比： 1. 设备简单 2. 适应性强，可焊各种位置和短、曲焊缝	与焊条电弧焊相比： 1. 生产率高，成本低 2. 质量稳定，成形美观 3. 对焊工操作技术要求低 4. 劳动条件好 5. 适应性差，只适合平焊 6. 设备较复杂	1. 焊接质量优良 2. 小电流时，电弧也很稳定，容易控制背面成形 3. 能全位置焊 4. 氩气贵，成本高	1. 成本低（CO_2便宜） 2. 生产率高（电流密度大） 3. 焊薄板时变形小 4. 可全位置焊 5. 有氧化性 6. 成形较差，飞溅大 7. 设备使用、维修不便	与电弧焊相比： 1. 厚大截面一次焊成，生产率高 2. 接头组织粗大，焊后要正火	与熔焊相比： 1. 生产率高 2. 焊接变形小 3. 设备复杂；投资大 4. 用电量大	与熔焊、压焊相比： 1. 接头强度低，工作温度低 2. 变形小，尺寸精确 3. 生产率高，易机械化 4. 可焊异种金属，还可焊异种材料 5. 可焊某些复杂的特殊结构，如蜂窝结构
应用	1. 薄板1～3mm 2. 铸铁补焊 3. 管子焊接 4. 野外施工	1. 单件小批生产 2. 全位置焊 3. 短、曲焊缝 4. 板厚＞1mm（一般≥2mm）	成批生产，能焊长直缝和环缝，中厚板平焊	1. 铝及钛合金，不锈钢等合金钢 2. 打底焊 3. 管子焊接 4. 薄板	1. 非合金钢和强度级别不高的低合金结构钢 2. 宜焊薄板，也可焊中板 3. 单件小批，短曲焊缝用半自动CO_2保护焊；成批生产，长直缝和环缝用CO_2保护自动焊	板厚＞40mm	1. 成批大量生产 2. 可焊异种金属 3. 杆状零件用对焊 薄板壳体用点焊，气密薄壁容器用缝焊	1. 电子工业 2. 仪器仪表及精密机械部件 3. 异种金属 4. 复杂的难焊的特殊结构

(1) 接头质量和性能要符合结构要求　选择焊接方法要考虑金属的焊接性、焊接方法的特点和结构质量要求。例如，铝容器焊接，质量要求高的应用氩弧焊，质量要求不高的，可用气焊。焊接薄板壳体，变形要求小时，用 CO_2 气体保护焊或电阻焊，而不用气焊。

(2) 考虑经济性，生产率高成本低　单件小批量生产、短焊缝选用手工焊。成批生产长直缝选用自动焊。40mm 以上厚板，采用电渣焊一次焊成，生产率高。

(3) 工艺性　焊接方法选用要考虑有没有这种方法的设备和焊接材料，在室外或野外施工有没有电源等条件，焊接工艺能否实现。例如，不能用双面焊，而只能用单面焊又要焊透时，宜用钨极氩弧焊打底，易于保证焊接质量。

上述几方面在实际焊接生产中应综合考虑，统筹安排。

第四节　焊接应力与变形及其防止措施

焊接时，由于焊接接头局部不均匀加热，金属冷却后沿焊缝纵向收缩时受到焊件低温部分的阻碍，使焊缝及其附近区域纵向受拉应力，远离焊缝区域受压应力。如果在整个焊接过程中焊件能够自由收缩，则焊后焊件变形较大，而应力较小；反之，如果焊件厚度或刚性较大，不能自由收缩，则焊后焊件变形较小，而焊接应力较大。

一、焊接变形的基本形式

焊接变形的基本形式有五种，如图 13-20 所示。

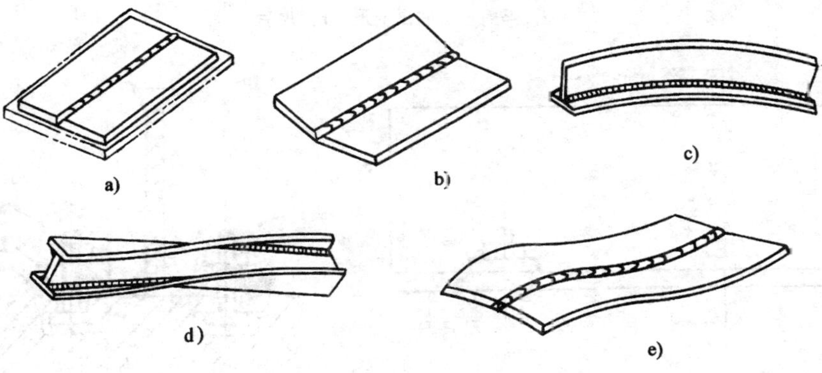

图 13-20　常见焊接变形的基本形式

a) 缩短变形　b) 角变形　c) 弯曲变形　d) 扭曲变形　e) 波浪变形

(1) 收缩变形　由于焊缝的纵向（沿焊缝方向）和横向（垂直于焊缝方向）收缩，引起焊缝的纵向收缩和横向收缩。

(2) 角变形　V 形坡口对接焊，由于焊缝截面形状上下不对称，造成焊缝上下横向收缩量不均匀而引起角变形。

(3) 弯曲变形　T 形梁焊接后，由于焊缝布置不对称，焊缝多的一面收缩量大，引起弯曲变形。

(4) 扭曲变形　工字梁焊接时，由于焊接顺序和焊接方向不合理引起扭曲变形，又称螺旋形变形。

(5) 波浪形变形　这种变形容易发生在薄板焊接中。由于焊缝收缩使薄板局部引起较大的压应力而失去稳定，焊后使构件呈波浪形。

二、预防焊接变形的工艺措施

1. 反变形法　通过试验或计算，预先确定焊后可能发生变形的大小和方向，将工件安装在相反方向位置上，如图 13-21 所示。或预先使焊接工件向相反方向变形，以抵消焊后所发生的变形，如图 13-22 所示。

2. 加裕量法　根据经验在工件下料尺寸上加一定裕量，通常为 0.1%～0.2%，以弥补焊后的收缩变形。

3. 刚性固定法　当焊件刚性较小时，可利用外加刚性固定以减小焊接变形，如图 13-23 所示。这种方法能有效地减小焊接变形，但会产生较大的焊接应力。

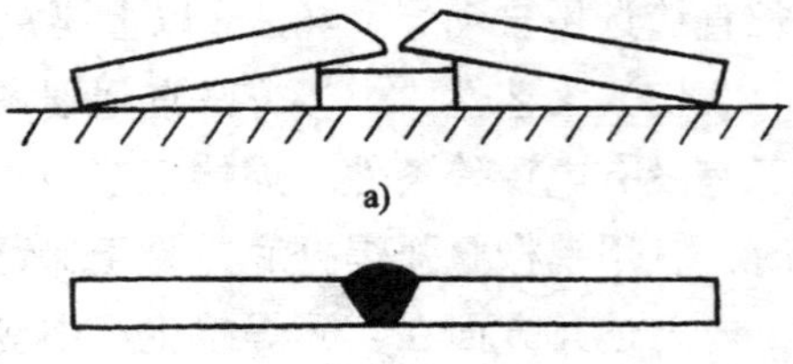

图 13-21　平板焊接的反变形
a）焊前反变形　b）焊后

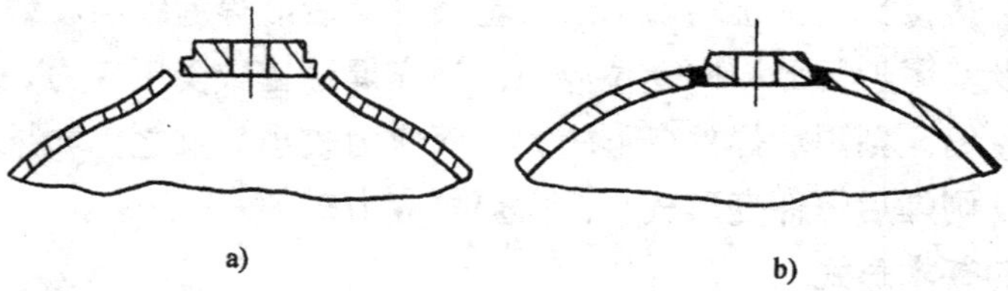

图 13-22　防止壳体焊接局部塌陷的反变形
a）焊前预弯曲反变形　b）焊后

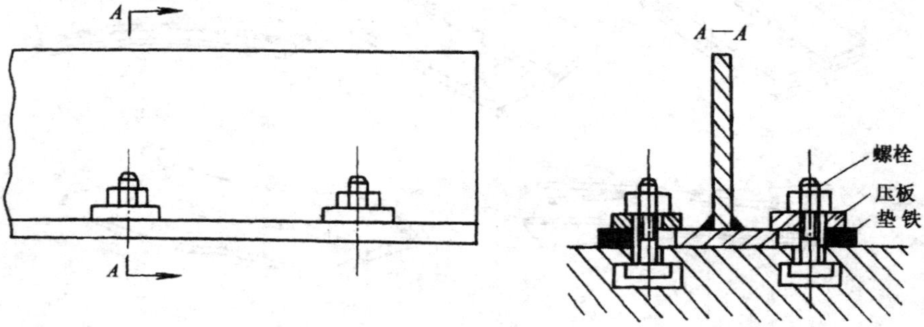

图 13-23　T 形梁在刚性平台上夹紧焊接

4. 合理安排焊接次序　对称截面梁焊接次序如图 13-24 所示。焊接长焊缝（1m 以上）可采用逐步退焊法、跳焊法、分中逐步退焊法、分中对称焊法等，如图 13-25 所示。

5. 强制冷却法　使焊缝处热量迅速散走，减小金属受热面，以减少焊接变形，如图 13-26 所示。

6. 焊前预热，焊后处理　预热可以减小焊件各部分温差，降低焊后冷却速度，减小残余应力。在允许的条件下，焊后进行去应力退火或用锤子均匀迅速地敲击焊缝，使之得到延伸，均可有效地减小残余应力，从而减小焊接变形。

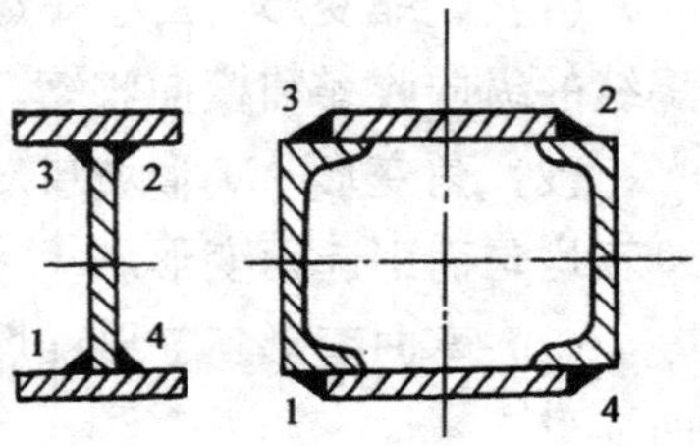

图 13-24　对称截面梁的焊接顺序

三、焊接变形的矫正

焊接过程中，即使采取了上述工艺措施，有时也会产生超过允许值的焊接变形，因此，需要对变形进行矫正。其方法有以下两种：

1. 机械矫正法　在机械力的作用下矫正焊接变形，使焊件恢复到要求的形状和尺寸，如图 13-27 所示。可采用辊床、压力机、矫直机、手工锤击矫正。这种方法适用于低碳钢和普通低合金钢等塑性好的材料。

2. 火焰矫正法　利用氧-乙炔焰对焊件适当部分加热，利用加热时的压缩塑性变形和冷却时的收缩变形来矫正原来的变形，如图 13-28 所示。火焰矫正法适用于低碳钢和没有淬硬倾向的普通低合金钢。

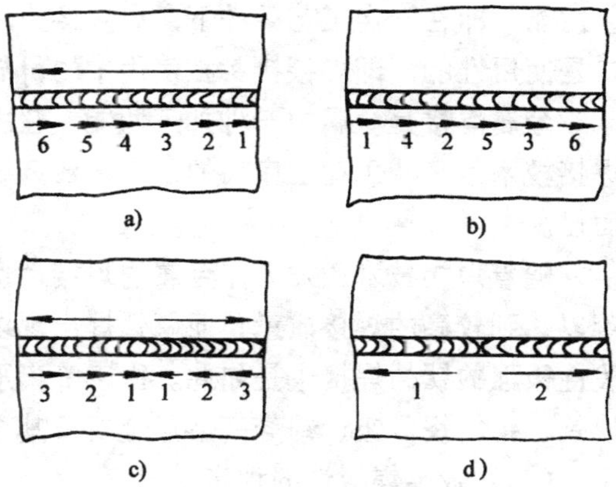

图 13-25　长焊缝的不同焊接顺序
a）逐步退焊法　b）跳焊法
c）分中逐步退焊法　d）分中对称焊法

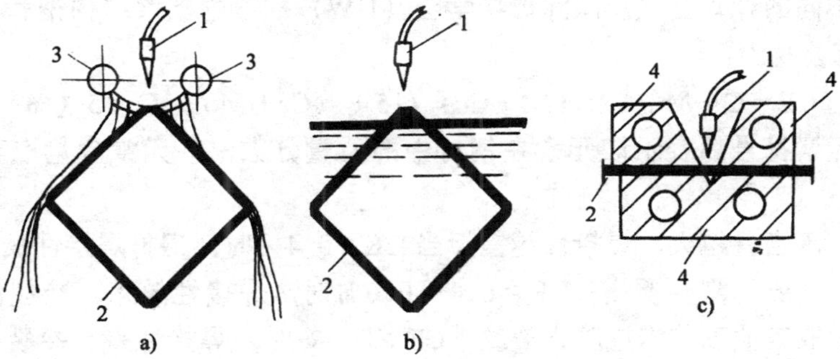

图 13-26　强制冷却控制焊接变形
a）喷水冷却　b）水中冷却　c）水冷铜块冷却
1—焊炬　2—焊件　3—喷水管　4—水冷铜块

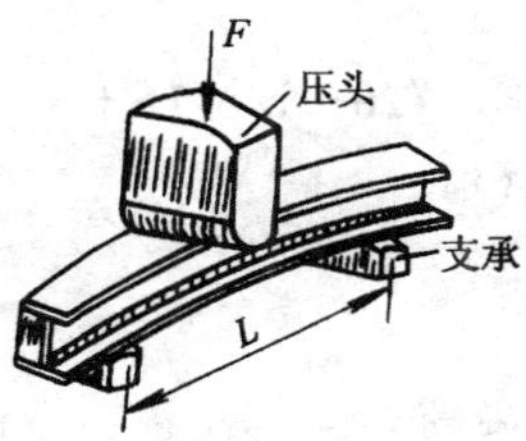

图 13-27　机械矫正法

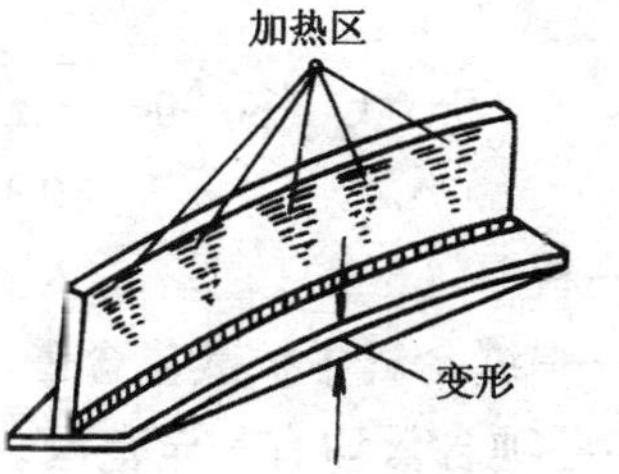

图 13-28　火焰矫正法

第五节　常用金属材料的焊接

一、金属材料的焊接性

（一）金属焊接性概念

金属焊接性是金属材料对焊接加工的适应性。是指金属在一定的焊接方法、焊接材料、工艺参数及结构型式条件下，获得优质焊接接头的难易程度。它包括两个方面内容：一是工艺性能，即在一定工艺条件下，焊接接头产生工艺缺陷的倾向，尤其是出现裂纹的可能性；二是使用性能，即焊接接头在使用中的可靠性，包括力学性能及耐热、耐蚀等特殊性能。

金属焊接是金属的一种加工性能。它决定于金属材料的本身性质和加工条件。就目前的焊接技术水平，工业上应用的绝大多数金属材料都是可以焊接的，只是焊接的难易程度不同而已。

随着焊接技术的发展，金属的焊接性也在改变。例如，铝在气焊和焊条电弧焊条件下，难以达到较高的焊接质量；而氩弧焊出现以后，用来焊铝却能达到较高的技术要求。化学活泼性极强的钛的焊接也是如此。由于等离子弧真空电子束、激光等新能源在焊接中的应用，使钨、钼、铌、钽、锆等高熔点金属及其合金的焊接都已成为可能。

（二）金属焊接性的评定

金属焊接性的主要影响因素是化学成分。钢的化学成分不同，其焊接性也不同。钢中的碳和合金元素对钢的焊接性的影响程度是不同的。碳的影响最大，其他合金元素可以换算成碳的相当含量来估算它们对焊接性的影响。换算后的总和称为碳当量。作为评定钢材焊接性的参数指标。这种方法称为碳当量法。

碳当量有不同的计算公式。国际焊接学会（IIW）推荐的碳素结构钢和低合金结构钢碳当量 CE 的计算公式为：

$$CE = C + Mn/6 + (Ni + Cu)/15 + (Cr + Mo + V)/5\ (\%)$$

式中化学元素符号都表示该元素在钢材中的质量分数，各元素含量取其成分范围的上限。

经验证明，碳当量越大，焊接性越差。当 CE＜0.4%时，钢材焊接性良好，焊接冷裂纹倾向小，焊接时一般不需要预热；CE＝0.4～0.6%时，焊接性较差，冷裂倾向明显，焊接时需要预热并采取其他工艺措施防止裂纹；CE＞0.6%时，焊接性差，冷裂倾向严重，焊接时需要较高的预热温度和严格的工艺措施。

用碳当量法评定金属焊接性，只考虑化学成分因素，而没考虑板厚（刚性拘束）、焊缝含氢量等其他因素的影响。国外经过大量试验提出了用冷裂纹敏感系数 Pc 来评定钢材焊接性。其计算公式如下：

$$Pc = C + Si/30 + Mn/20 + Cu/20 + Ni/60 + Cr/20 + Mo/15 + V/10 + 5B + h/600 + H/60\ (\%)$$

式中　h——板厚（mm）；

H——焊缝金属中扩散氢含量（$cm^3/100g$）。

Pc 值中各项含量均有一定范围。通过斜 V 形坡口对接裂纹试验还得出了防止裂纹的最低预热温度 Tp 公式：

$$Tp = 1440Pc - 392\ (℃)$$

用 Pc 值判断冷裂纹敏感性比碳当量 CE 值更好。根据 Tp 得出的防止裂纹的预热温度，在多数情况下是比较安全的。

二、碳素结构钢和低合金高强度结构钢的焊接

（一）低碳非合金钢的焊接

低碳钢中碳的质量分数 w_c＜0.25%，碳当量 C_E 小于0.4%，没有淬硬倾向，冷裂倾向小，焊接性良好。除电渣焊外，焊前一般不需要预热，焊接时不需要采取特殊工艺措施，适合各种方法焊接。只有板厚大于 50mm，在 0℃以下焊接时，应预热 100～150℃。

含氧量较高的沸腾钢，硫、磷杂质含量较高且分布不均匀，焊接时裂纹倾向较大；厚板焊接时还有层状撕裂倾向。因此，重要结构应选用镇静钢焊接。

在焊条电弧焊中，一般选用 E4303（结 422）和 E4315（结 427）焊条；埋弧自动焊，常选用 H08A 或 H08MnA 焊丝和 HJ431 焊剂。

（二）中碳非合金钢的焊接

中碳钢中碳的质量分数 w_c=0.25%～6%，碳当量大于 0.4%，其焊接特点是淬硬倾向和冷裂纹倾向较大；焊缝金属热裂倾向较大。因此，焊前必须预热至 150～250℃。焊接中碳钢常用焊条电弧焊，选用 E5015（结 507）焊条。采用细焊条、小电流、开坡口、多层焊，尽量防止含碳量高的母材过多地熔入焊缝。焊后应缓慢冷却，防止冷裂纹的产生。厚件可考虑用电渣焊，提高生产效率，焊后进行相应的热处理。

w_c 大于 0.6%的高碳钢焊接性更差。高碳钢的焊接只限于修补工作。

（三）低合金高强度结构钢的焊接

低合金高强度结构钢一般采用焊条电弧焊和埋弧自动焊，相应焊接材料选用见表 13-4。此外，强度级别较低的可采用 CO_2 气体保护焊；较厚件可采用电渣焊；屈服强度大于 50MPa 的高强度钢，宜采用富氩混合气体（如 Ar80% + $CO_2$20%）保护焊。

表 13-4　常用低合金高强度结构钢及其焊接材料示例

强度等级 MPa	钢　号	碳当量(%)	焊　条	埋弧自动焊	
				焊　丝	焊　剂
294	Q295 (09Mn2)	0.36	E4303(J422) E4315(J427)	H08A H08MnA	HJ431
343	Q345 (16Mn)	0.39	E5003(J502) E5015(J507) E5016(J506)	H08A(不开坡口) H08MnA(开坡口) H10Mn2(开坡口)	HJ431
392	Q390 (15MnV)	0.40	E5003(J502) E5015(J507) E5016(J506) E5515-G(J557)	不开坡口对接 H08MnA	HJ431
				中板开坡口 H10Mn2 H08Mn2SiA	HJ431
				厚板深坡口 H08MnMoA	HJ350 HJ250
441	Q420 (15MnVN)	0.43	E5515-G(J557) E6015-D_1(J607)	H08MnMoA H04MnVTiA	HJ431 HJ350
491	14MnMoV 18MnMoNb	0.50 0.55	E6015-D_1(J607) E7015-D_2(J707)	H08Mn2MoA H08Mn2MoVA	HJ250 HJ350

Q345 钢（16Mn），碳当量 CE＜0.4%，焊接性良好，一般不需要预热，它是制造锅炉压力容器等重要结构的首选材料。当板厚大于 30mm 时，或环境温度较低时，焊前应预热，焊后应进行消除应力处理。Q345（16Mn）不同环境下预热温度见表 13-5。

表 13-5　不同环境温度下焊接 Q345（16Mn）钢的预热温度

板　　厚/mm	不同气温下的预热温度
16 以下	不低于 -10℃不预热，-10℃以下预热 100～150℃
16～24	不低于 -5℃不预热，-5℃以下预热 100～150℃
25～40	不低于 0℃不预热，0℃以下预热 100～150℃
40 以上	均预热 100～150℃

焊接含有其他合金元素和强度等级较高的材料时，应选择适宜的焊接方法，制定合理的焊接参数和严格的焊接工艺。

三、不锈钢的焊接

在所用的不锈钢材料中，奥氏体不锈钢应用最广。其中以 18-8 型不锈钢（如 1Cr18Ni9）为代表，它焊接性良好，适用于焊条电弧焊、氩弧焊和埋弧自动焊。焊条电弧焊选用化学成分相同的奥氏体不锈钢焊条；氩弧焊和埋弧自动焊所用的焊丝化学成分应与母材相同，如焊 1Cr18Ni9Ti 时选用 HOCr20Ni10Nb 焊丝，埋弧焊用 HJ260 焊剂。

奥氏体不锈钢的主要问题是焊接工艺参数不合理时，容易产生晶间腐蚀和热裂纹，这是 18-8 型不锈钢的一种极危险的破坏形式。晶间腐蚀的主要原因是碳与铬化合成 $Cr_{23}C_6$ 造成贫铬区，使耐蚀能力下降所致。焊条电弧焊时，应采用细焊条，小线能量（主要用小电流）快速不摆动焊，最后焊接触腐蚀介质的表面焊缝等工艺措施。

马氏体不锈钢焊接性较差，焊接接头易出现冷裂纹和淬硬脆化。焊前要预热，焊后进行消除残余应力的处理。

铁素体不锈钢焊接时，过热区晶粒容易长大引起脆化和裂纹。通常在 150℃以下预热，减少高温停留时间，并采用小线能量焊接工艺，以减少晶粒长大倾向，防止过热脆化。

工程上有时需要把不锈钢与低碳钢或低合金钢焊接在一起，如 1Cr18Ni9Ti 与 Q235 焊接，通常用焊条电弧焊。焊条选用即不能用奥氏体不锈钢焊条，也不能用焊低碳钢（如 E4303）焊条，而应选 E307-15 不锈钢焊条，使焊缝金属组织是奥氏体加少量铁素体，防止产生焊接裂纹。

四、铸铁的焊补

铸铁含碳量高，且硫、磷杂质含量高，因此，焊接性差，容易出现白口组织、焊接裂纹、气孔等焊接缺陷。对铸铁缺陷进行焊接修补，有很大的经济意义。

铸铁一般采用焊条电弧焊、气焊来焊补，按焊前是否预热分为热焊和冷焊两类。

（一）热焊

热焊是焊前将工件整体或局部预热到 600～700℃，焊后缓慢冷却。热焊可防止出现白口组织和裂纹，焊补质量较好，焊后可以进行机械加工。但热焊生产率低，成本较高，劳动条件较差，一般用于焊补形状复杂焊后需进行加工的重要铸件，如床头箱、汽缸体等。

气焊时采用含硅高的铸铁焊条做填充金属，含硅量 $w_{si} = 3.5\% \sim 4.0\%$，碳硅总量 w_{si+c} 达 7%左右。同时用气剂 201 或硼砂等气焊熔剂去除氧化皮。气焊火焰还可用来预热工件和焊后缓冷，比较方便；焊条电弧焊用涂有药皮的铸铁焊条（如 EZNiFe-1）或钢芯石墨化铸铁焊条（如 EZCQ），以补充碳硅的烧损，并造渣清除杂质。

（二）冷焊

冷焊一般不预热或较低温度预热（400℃以下）。常用焊条电弧焊，主要依靠焊条调整化学成分，防止出现白口和裂纹。焊接时，应尽量采用小电流、短弧、短焊道（每段不大于50mm），并在焊后及时用锤击打焊缝以松弛应力，防止开裂。

冷焊用焊条常用镍基焊条，包括纯镍铸铁焊条（EZNi）、镍铁铸铁焊条（EZNiFe）、镍铜铸铁焊条（EZNiCu）；结构钢焊条（E5015）。进一步选用可参照GB10044—88执行。

冷焊方便灵活，生产率高，成本低，劳动条件好，可用于焊补机床导轨、球墨铸铁件等及一些非加工面焊补。

五、非铁金属的焊接

（一）铝及铝合金的焊接

工业上用于焊接的主要是纯铝、铝锰合金、铝镁合金及铸铝。铝及铝合金焊接的主要问题有：

(1) 极易氧化　铝和氧的亲合力很大，很容易生成氧化铝（Al_2O_3），其组织致密，熔点(2050℃)远高于铝的熔点（660℃），覆盖在金属表面，阻碍熔合。氧化铝密度较大，易形成夹杂而脆化。

(2) 形成气孔　液态铝能吸收大量的氢，而固态铝又几乎不溶解氢，冷却时由于结晶速度快，大量的氢气来不及逸出熔池，产生气孔。

(3) 热源功率大并易变形　铝的导热系数较大，要求使用大功率热源，厚度较大时要预热。铝的膨胀系数也较大，易产生焊接应力和变形，严重时导致开裂。

(4) 特殊工艺措施　铝在高温时强度很低，容易引起焊缝塌陷，常需采用垫板。

在现代焊接技术条件下，大部分铝及铝合金焊接性较好。工业上广泛采用氩弧焊、气焊、电阻焊和钎焊焊接铝及铝合金。

氩弧焊是较为理想的焊接方法。用纯度高达99.9%的氩气作保护，不用熔剂，以氩气的阴极破碎作用去除氧化膜，焊接质量好，耐腐蚀性较强。一般厚度在8mm以下采用钨极(非熔化极）氩弧焊；厚度在8mm以上采用熔化极氩弧焊。

要求不高的纯铝和热处理不能强化铝合金可采用气焊。其优点是经济、方便。但生产率低，接头质量较差，且必须使用熔剂（氯化物与氟化物组成的专用熔剂，如CJ401）去除氧化膜和杂质。气焊适用于板厚0.5～2mm的薄件焊接。

焊丝的选用，可选用与母材成分相同的铝焊丝，甚至可以从母材上切下的窄条作为填充金属；对于热处理强化的铝合金，可采用铝硅合金焊丝（如SA1Si-1），以防止热裂纹。

无论用哪种方法焊接铝及铝合金，焊前必须彻底清理焊接部位和焊丝表面的氧化膜和油污。由于铝熔剂对铝有强烈的腐蚀作用，焊后应仔细清洗，防止熔剂对铝焊件的继续腐蚀。

（二）铜及铜合金的焊接

铜及铜合金的焊接比低碳钢困难得多，其主要问题是：

(1) 难熔合　铜导热系数大，比铁大7～11倍，热量很容易传导出去，使母材和填充金属难于熔合。因此，需要大功率热源，且焊前和焊接过程中要预热。

(2) 易氧化　液态的铜易生成Cu_2O，分布在晶界处，且铜的膨胀系数大，凝固系数也大，容易产生较大的焊接应力，极易引起开裂。

(3) 产生气孔　铜特别容易吸收氢，凝固时来不及逸出，形成气孔。

(4) 易变形　铜的膨胀系数和收缩系数都大，且铜的导热性强，热影响区宽，焊接变形严重。

铜及铜合金可用氩弧焊、气焊、碳弧焊、钎焊等方法进行焊接。铜电阻很小，不适易用电阻焊焊接。

氩气对熔池保护性可靠，接头质量好，飞溅少，成形美观，广泛用于纯铜、黄铜和青铜的焊接中。纯铜钨极氩弧焊焊丝用 HSCu；铜合金用相同成分的焊丝。黄铜气焊填充金属采用 $w_{si}=0.3\%\sim0.7\%$ 的黄铜和焊丝 HSCuZn-4。气焊焊剂用“CJ301”，以去除氧化物。铜及铜合金也可采用焊条电弧焊，选用相同成分的铜焊条。

（三）钛及钛合金的焊接

钛及钛合金比强度（强度与密度之比）高。在 300～500℃高温下仍有足够的强度。在海水及大多数酸碱盐介质中均有良好的耐蚀性。有良好的低温冲击韧性。

钛及钛合金的焊接很困难，其主要问题是氧化、脆化开裂，气孔也较明显。普通的焊条电弧焊、气焊等均不适合钛及钛合金的焊接。目前主要方法是钨极氩弧焊、等离子焊和真空电子束焊，国外还有用埋弧自动焊。钨极氩弧焊工艺是成熟的。由于钛及钛合金化学性能非常活泼，不但极易氧化，而且在 250℃开始吸氢，从 400℃开始吸氧，从 600℃开始吸氮。因此，要注意焊枪的结构，加强保护效果，并要采用拖罩保护高温的焊缝金属。保护效果的好坏可通过接头颜色初步鉴别：银白色保护效果最好，无氧化现象；黄色为 TiO，表示轻微氧化；蓝色为 Ti_2O_3，表示氧化较严重；灰白色为 TiO_2，表示氧化甚为严重。因此，一般应保证焊接接头焊后为银白色，说明保护效果好。

第六节　焊接结构工艺性

焊接结构的设计，除考虑结构的使用性能要求外，还应考虑结构的工艺性能，以力求生产率高、成本低，满足经济性的要求。焊接结构工艺性一般包括焊接结构材料选择、焊缝布置和焊接接头设计等方面内容。

一、焊接结构材料的选择

随着焊接技术的发展，工业上常用的金属材料一般均可焊接。但材料的焊接性不同，焊后接头质量差别就很大。因此，应尽可能选择焊接性良好的焊接材料来制造焊接构件。特别是优先选用低碳钢和普通低合金钢（如 Q345）等材料，其价格低廉，工艺简单，易于保证焊接质量。

重要焊接结构材料的选择，已在相应标准中规定好了，可查阅有关标准或手册。

二、焊缝布置

焊缝布置的一般工艺设计原则如下：

1. 焊缝布置应尽可能分散，避免过分集中和交叉　焊缝密集或交叉会加大热影响区，使组织恶化，性能下降。两条焊缝间距一般要求大于三倍板厚且不小于 100mm，如图 13-29 所示。

2. 焊缝应避开应力集中部位　焊接接头往往是焊接结构的薄弱环节，存在残余应力和焊接缺陷。因此，焊缝应避开应力较大部位，尤其是应力集中部位。如焊接钢梁焊缝不应在梁的中间而应如图 a 所示均分；压力容器一般不用平板封头、无折边封头，而应采用碟形封

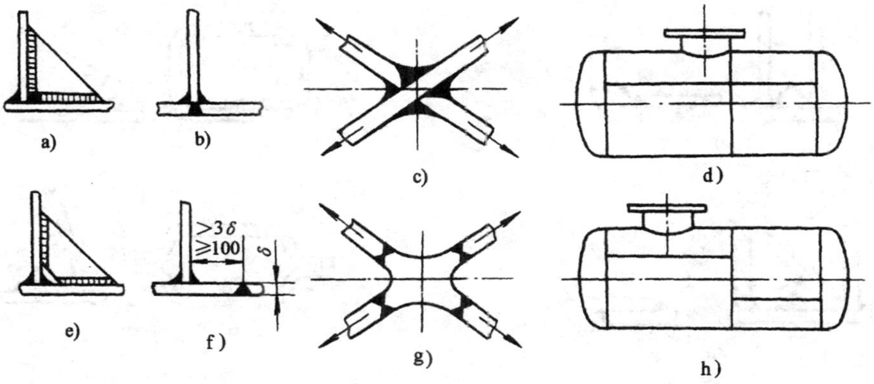

图 13-29　焊缝分散布置的设计

a)、b)、c)、d) 不合理　e)、f)、g)、h) 合理

头和球性封头等，如图 13-30 所示。

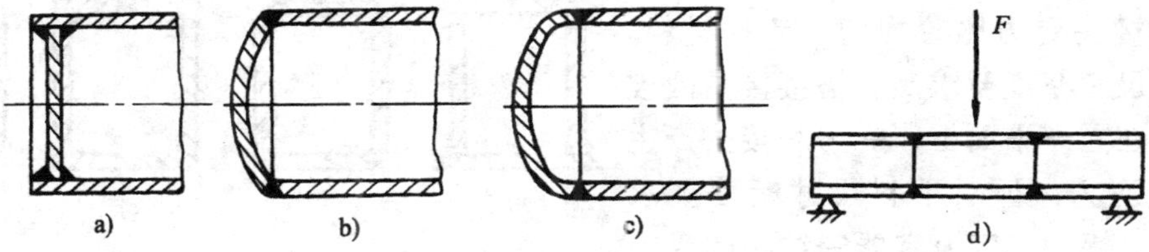

图 13-30　焊缝应避开应力集中部位

a) 平板封头　b) 无折边封头　c) 碟形封头　d) 焊接钢梁

3．焊缝布置应尽可能对称　焊缝对称布置可使焊接变形相互抵消。如图13-31中a、b偏于截面重心一侧，焊后会产生较大的弯曲变形；图 c、d、e 焊缝对称布置，焊后不会产生明显变形。

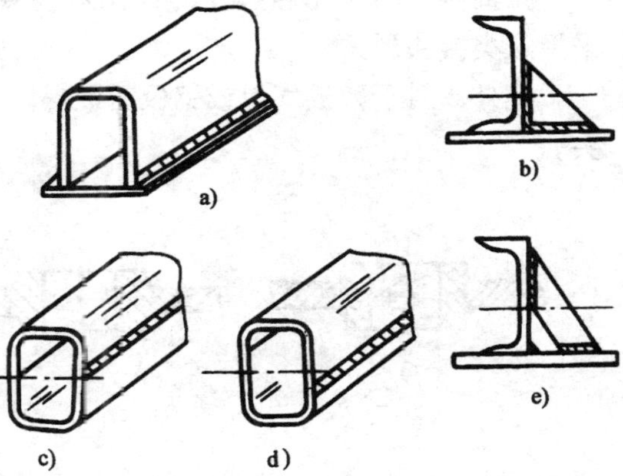

图 13-31　焊缝对称布置的设计

4．焊缝布置应便于焊接操作　焊条电弧焊时，要考虑焊条能到达待焊部位。点焊和缝焊时，应考虑电极能方便进入待焊位置。如图 13-32 和图 13-33 所示。

5．尽量减少焊缝长度和数量　减少焊缝长度和数量，可减少焊接加热，减少焊接应力和变形，同时减少焊接材料消耗，降低成本，提高生产率。图 13-34 是采用型材和冲压件减少焊缝的设计。

6．焊缝应尽量避开机械加工表面　有些焊接结构需要进行机械加工，为保证加工表面精度不受影响，焊缝应避开这些加工表面，如图 13-35 所示。

三、焊接接头设计

(一) 接头形式设计

根据 GB/T3375—94 规定，焊接碳钢和低合金钢的基本接头形式有对接、搭接、角接和

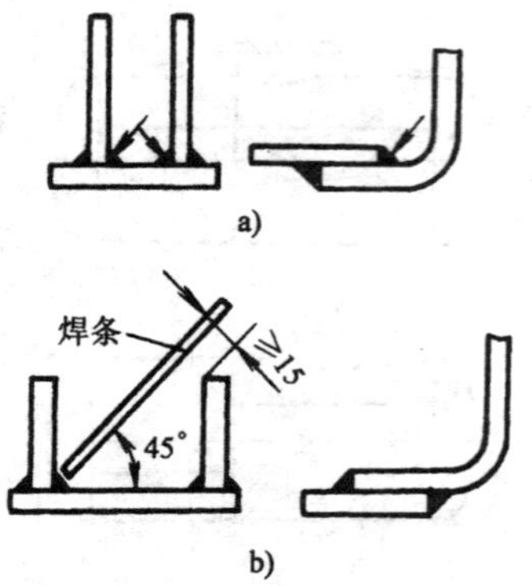

图 13-32　焊条电弧焊焊缝设置
a）不合理　b）合理

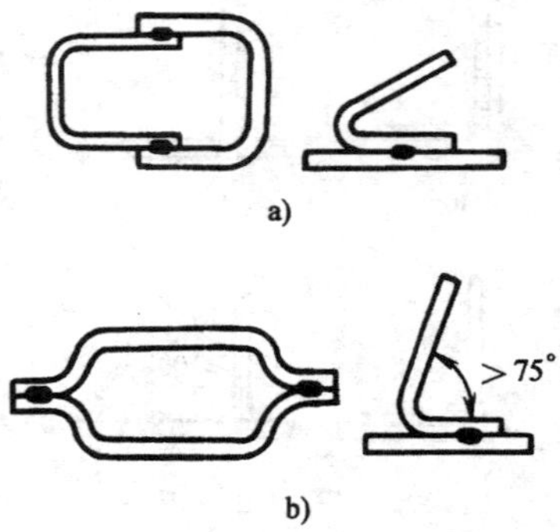

图 13-33　点焊或缝焊焊缝设置
a）不合理　b）合理

T 形接四种。接头形式的选择是根据结构的形状、强度要求、工件厚度、焊接材料消耗量及其他焊接工艺而决定的。

对接接头受力比较均匀，节省材料，但对下料尺寸精度要求高。搭接接头因被焊工件不在同一平面上，受力时接头产生附加弯曲应力，但对下料尺寸精度要求低，因此，锅炉，压力容器等结构的受力焊缝常用对接接头。对于厂房屋架、桥梁、起重机吊臂等桁架结构，多采用搭接接头。

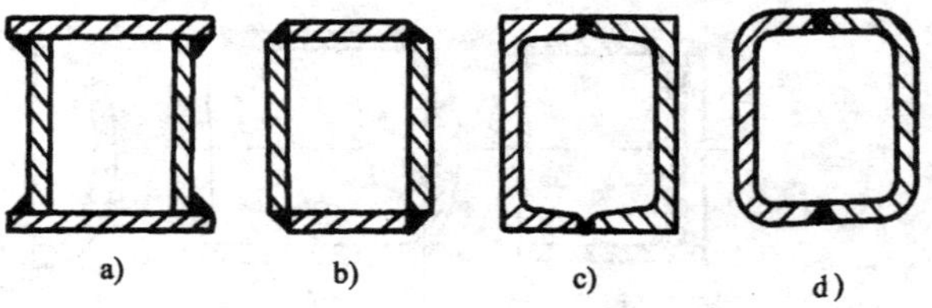

图 13-34　减少焊缝数量
a)、b）用四块钢板焊成　c）用根槽钢焊成
d）用两块钢板弯曲后焊成

角接接头和 T 形接头受力都比对接接头复杂，但接头成一定角度或直角连接时，必须采用这类接头形式。

此外，对于薄板气焊或钨极氩弧焊，为了避免烧穿或为了省去填充焊丝，常采用卷边接头。

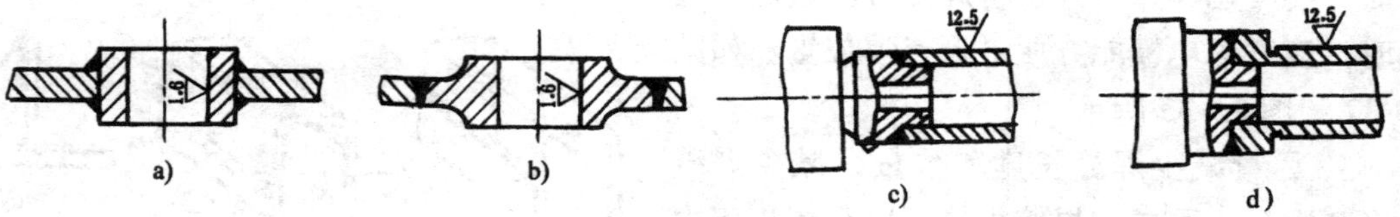

图 13-35　焊缝远离机械加工表面的设计
a)、c）不合理　b)、d）合理

（二）坡口形式设计

根据 GB985—88 规定焊条电弧焊常采用的基本坡口形式有 I 形坡口、V 形坡口、X 形坡口、U 形坡口等四种，如图 13-36～38 所示。

坡口形式的选择主要根据板厚，目的是既能保证焊透，又能提高生产率和降低成本。焊条电弧焊接头基本形式与尺寸示例见表 13-6。

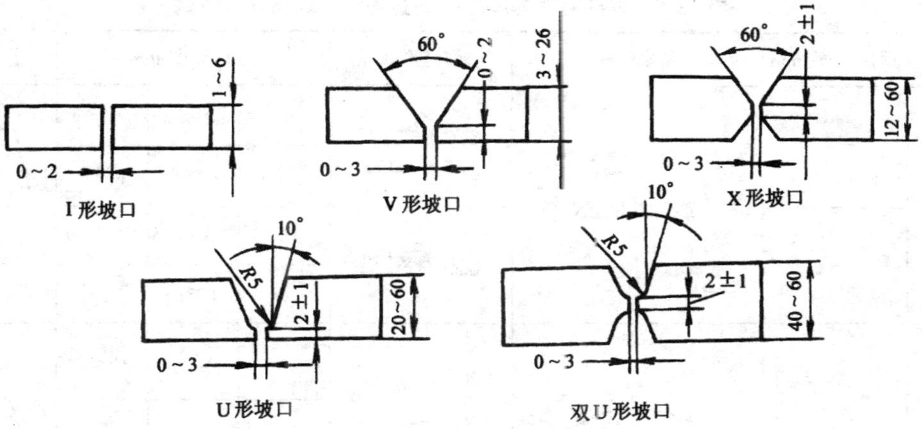

图 13-36　对接接头坡口形式

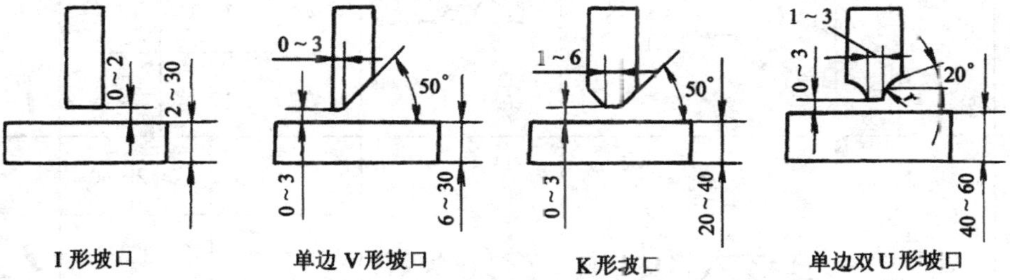

图 13-37　T形接头坡口形式

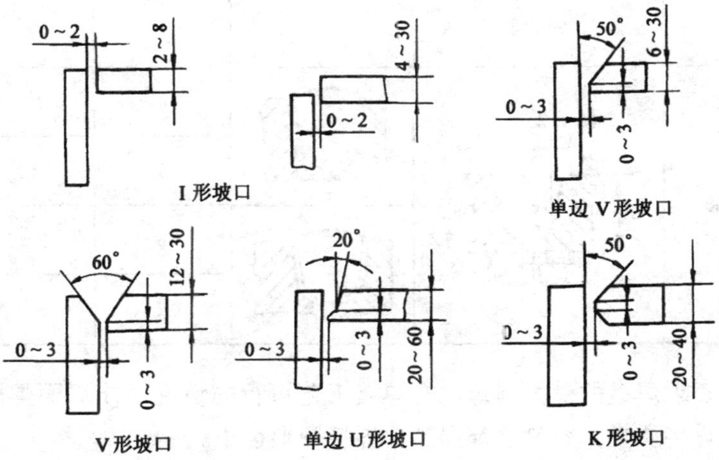

图 13-38　角接接头坡口形式

坡口的加工方法常有气割、切削加工（刨削和切削等）、碳弧气刨等。

在板厚相等的情况下，X形坡口比V形坡口需要的填充金属少。因此，X形坡口焊接所消耗的焊条少，所需焊接工时也少，并且焊后角变形小；当然，X形坡口需要双面焊。U形坡口根部较宽，允许焊条深入与运条，容易焊透；同时，比V形坡口省焊条，省工时，焊接变形也较小。但因U形坡口形状复杂，需用切削加工准备坡口，成本较高，一般只在重要的受动载的厚板焊接结构中采用。

表 13-6 焊条电弧焊焊接接头的基本形式与尺寸示例

序号	适用厚度/mm	基本形式	焊缝形式	基本尺寸/mm			标注方法
1	1~3	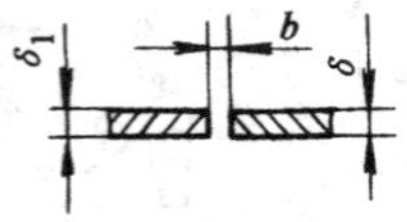	 熔深 $S \geqslant 0.7\delta$	δ	≥1~2	>2~3	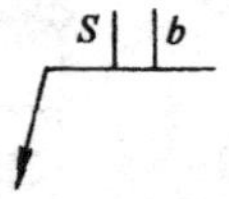
				b	$0^{+0.5}$	$0^{+1.0}$	
2	3~6			δ	≥3~3.5	>3.6~6	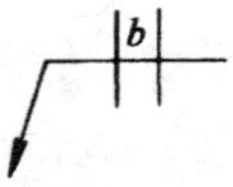
				b	$0^{+1.0}$	$1^{+1.5}_{-1.0}$	
3	3~26	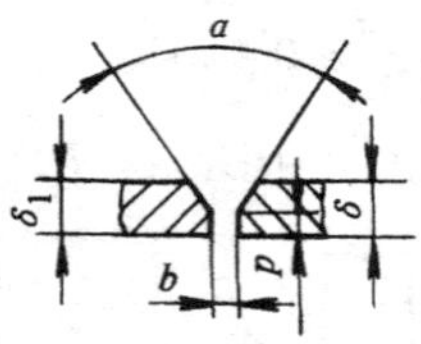		δ	≥3~9	>9~26	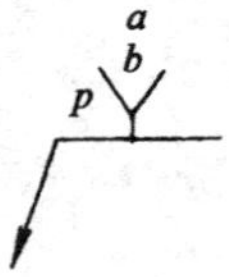
				α	70°±5°	60°±5°	
4				b	1±1	2^{+1}_{-2}	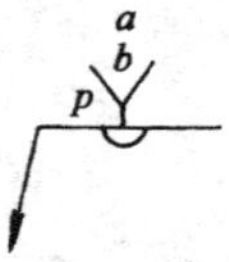
				p	1±1	2^{+1}_{-2}	
5	12~60	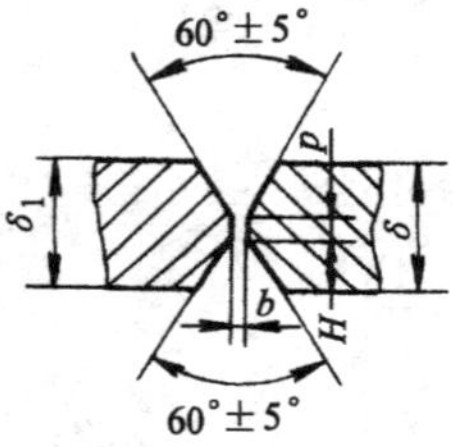		δ	≥12~60		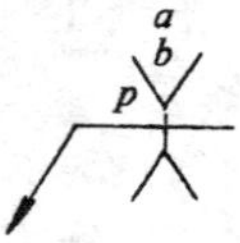
				b	2^{+1}_{-2}		
6				p	2^{+1}_{-2}		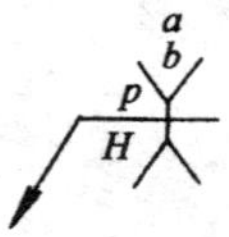
7	20~60	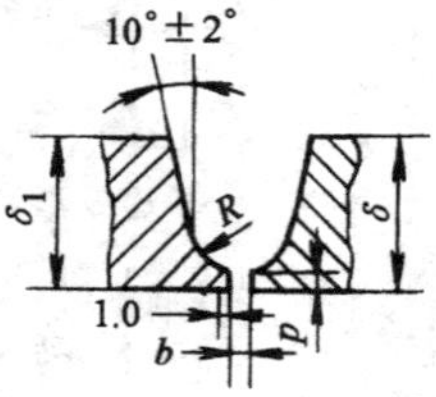	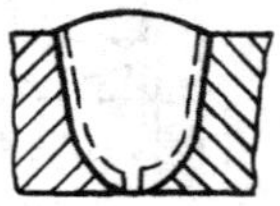	δ	≥20~60		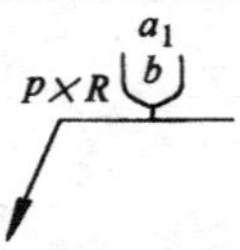
				b	2^{+1}_{-2}		
8			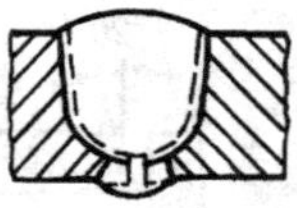	p	2±1		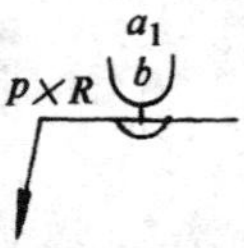
				R	5~6		

一般来说，要求焊透的受力焊缝，在焊接工艺可行的情况下能双面焊的都采用双面焊。这样，容易保证焊接质量，容易全部焊透，焊接变形也小。

如果被焊的两块金属厚度差别较大，接头两边受热不均匀，容易产生焊不透等缺陷，接头处还会造成应力集中。GB985—88 中规定允许厚度差如表 13-7 所示。如果厚度差超过表 13-7 中的规定值，应在较厚板上单面或双面削薄，其削薄长度 $L \geqslant (3\sim4)(\delta-\delta_1)$，如图 13-39 所示。

表 13-7 不同厚度钢板对接允许厚度差 (mm)

较薄板的厚度 δ_1	≥2~5	>5~9	>9~12	>12
允许厚度差（$\delta-\delta_2$）	1	2	3	4

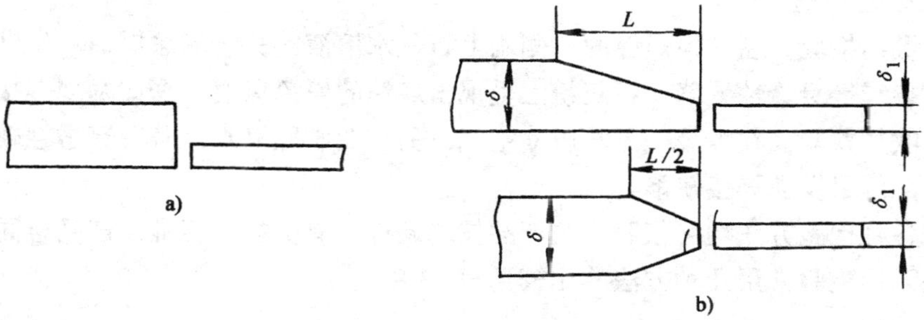

图 13-39 不同板厚对接
a) 不合理 b) 合理

第七节 焊接质量检验

一、焊接检验过程

焊接检验过程贯穿于焊接生产的始终，包括焊前、焊接生产过程中和焊后成品检验。焊前检验主要内容有原材料检验、技术文件、焊工资格考核等。焊接过程中的检验主要是检查各生产工序的焊接参数执行情况，以便发现问题及时补救，通常以自检为主。焊后成品检验是检验的关键，是焊接质量最后的评定。通常包括三方面：①无损检验，如 X 光检验、超声波检验等；②成品强度试验，如水压试验，气压试验等；③致密性检验，如煤油试验、吹气试验等。

二、焊接检验方法

焊接检验的主要目的是检查焊接缺陷。焊接缺陷包括外部缺陷（如外形尺寸不合格、弧坑、焊瘤、咬边、飞溅等）和内部缺陷（如气孔、夹渣、未焊透、裂纹等）。针对不同类型的缺陷通常采用破坏性检验和非破坏性检验（无损检验）。破坏性检验主要有力学性能试验、化学成分分析、金相组织检验和焊接工艺评定；非破坏性检验是检验重点，主要方法有：

1. 外观检验　用肉眼或放大镜（小于 20 倍）检查外部缺陷。外观检验合格后，方可进行下一步检验。

2. 无损检验

（1）射线检验　借助射线（x 射线、γ 射线或高能射线等）的穿透作用检查焊缝内部缺陷，通常用照相法。质量评定标准依照 GB3323—87 执行。

（2）超声波检验　利用频率在 20000Hz 以上是超声波的反射，探测焊缝内部缺陷的位置、种类和大小。质量评定标准依照 GB11345—89 执行。

（3）磁粉检验　利用漏磁场吸附磁粉检查焊缝表面或近表面缺陷。质量标准依照 JB/T6061—92 或 JB4730—94 执行。

（4）着色检验　借助渗透性强的渗透剂和毛细管的作用检查焊缝表面缺陷。质量标准依照 JB4730—94 执行。

3. 焊后成品强度检验　主要是水压试验和气压试验。用于检查锅炉、压力容器、压力管道等焊缝接头的强度。具体检验方法依照有关标准执行。

4．致密性检验

(1) 煤油检验　在被检焊缝的一侧刷上石灰水溶液，另一侧涂煤油，借助煤油的穿透能力，若有裂缝等穿透性缺陷，石灰粉上呈现出煤油的黑色斑痕，据此发现焊接缺陷。

(2) 吹气检验　在焊缝一侧吹压缩空气，另一侧刷肥皂水，若有穿透性缺陷，该部位便现出气泡，即可发现焊接缺陷。

上述各种检验方法均可依照有关产品技术条件、有关检验标准及产品合同的要求进行。

有关无损检验常用几种方法的比较见表 13-8。

表 13-8　几种焊缝内部检验方法的比较

检验方法	能探出的缺陷	可检验的厚度	灵敏度	其他特点	质量判断
磁粉检验	表面及近表面的缺陷（微细裂缝、未焊透、气孔等）	表面及近表面，深度不超过 6mm	与磁场强度大小及磁粉质量有关	被检验表面最好与磁场正交，限于磁性材料	根据磁粉分布情况判定缺陷位置，但深度不能确定
着色检验	表面及近表面的有开口缺陷（微细裂纹、气孔、夹渣、夹层等）	表面	与渗透剂性能有关，可检出 0.005～0.01mm 的微裂纹，灵敏度高	表面应打磨到 $Ra12.5\mu m$，环境温度在 15℃ 以上可用于非磁性材料，适于各种位置单面检验	可根据显示剂上的红色条纹，形象地看出缺陷位置，大小
超声波检验	内部缺陷（裂纹、未焊透、气孔及夹渣）	焊件厚度的上限几乎不受限制。下限一般应大于 8～10mm。	能探出直径大于 1mm 的气孔夹渣，探裂缝较灵敏，对表面及近表面的缺陷不灵敏	检验部位的表面应加工达 $Ra6.3$～$1.6\mu m$，可以单面探测	根据荧光屏上的讯号，可当场判断有无缺陷、位置及其大致大小，但判断缺陷种类较难
x 射线检验	内部缺陷（裂纹、未焊透、气孔夹渣等）	150kV 的 X 光机可检厚度≤25mm；250kV 的 X 光机可检厚度≤60mm	能检验出尺寸大于焊缝厚度的 1%～2%的各种缺陷	焊接接头表面不需加工，但正反两面都必须是可接近的	从底片上能直接形象的判断缺陷种类和分布。对平行于射线方向的平面形缺陷不如超生波检验灵敏
γ 射线检验		镭能源可检 60～150mm；钴 60 能源可检 60～150mm；铱 192 能源可检 1.0～65mm	较 X 射线低，一般约为焊缝厚的 3%		
高能射线检验		9MV 电子直线加速器可检 60～300mm；24MV 电子感应加速器可检 60～600mm	一般≤焊缝厚度 3%		

第八节　焊接新技术简介

随着焊接技术和工艺的迅速发展，很多新的焊接技术已成为普遍应用的焊接方法了，如氩弧焊，脉冲焊接等。当前一个时期焊接新工艺发展有三个方面：一是随着原子能、航空航天等技术的发展，新的焊接材料和结构出现，需要新的焊接工艺方法，如真空电子束焊，激光焊，真空扩散焊等；二是改进常用的普通焊接方法的工艺，使焊接质量和生产率大大提高，如脉冲氩弧焊、窄间隙焊、三丝埋弧焊等；三是采用电子计算机控制焊接过程和焊接机器人等。这里仅对部分新的焊接技术作简单介绍。

一、等离子弧焊接和切割

一般电弧焊所产生的电弧没有受到外界约束，称之为自由电弧，电弧区内的气体尚未完全电离，能量也未高度集中。如果利用某种装置使自由电弧的弧柱受到压缩，弧柱中的气体就完全电离（通称为压缩效应），便产生温度比自由电弧高得多的等离子弧。

等离子弧发生装置如图 13-40 所示：在钨极与工件之间加一高压，经高频振荡器使气体电离形成电弧，这一电弧受到三个压缩效应：一是电弧通过经水冷的细孔喷嘴时被强迫缩小，不能自由扩展，这种电弧的约束作用称为“机械压缩效应”；二是通入有一定压力和流量的氩气或氮气流时，由于喷嘴水冷作用，使靠近喷嘴通道壁的气体被强烈冷却，在弧柱四周产生一层电离度趋于零的冷气膜，使弧柱进一步压缩，电离度大为提高，从而使弧柱温度和能量密度增大。这种压缩作用称为“热压缩效应”；三是带电粒子流在弧柱中运动好像电流在一束平行的“导线”中移动一样，其自身磁场所产生的电磁力，使这些“导线”相互吸引靠近，弧柱又进一步被压缩，这种压缩作用称之为“电磁收缩效应”。在上述三个效应作用下形成等离子弧，弧柱能量高度集中，能量密度可达 10^5～10^6W/cm^2，温度可达 20000～50000K（一般自由状态的钨极氩弧最高温度为 10000～20000K，能量密度在 10^4W/cm^2 以下）。因此，它能迅速熔化金属材料，用来焊接和切割。等离子弧焊接分为大电流等离子弧焊和微束等离子弧焊两类。

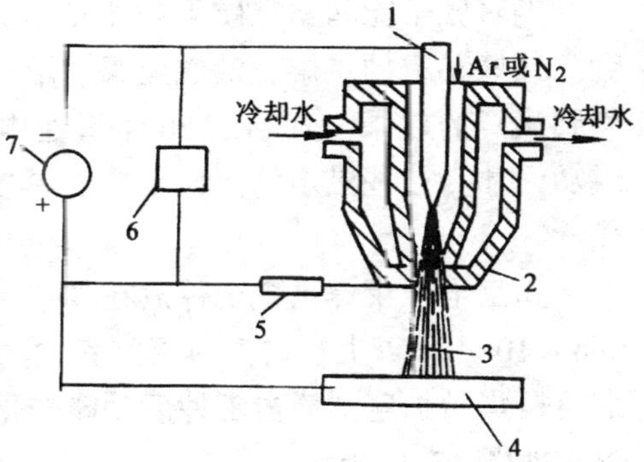

图 13-40 等离子弧发生装置原理图

1—钨极 2—喷嘴 3—等离子弧 4—工件 5—电阻 6—高频振荡器 7—直流电源

1）大电流等离子弧焊件厚度大于 2.5mm，有两种工艺：第一种是穿透型等离子弧焊。在等离子弧能量足够大和等离子流量较大条件下焊接时，焊件上产生穿透小孔，小孔随等离子弧移动，这种现象称为小孔效应。稳定的小孔是完全焊透的重要标志。由于等离子弧能量密度难以提高到较高程度，致使穿孔型等离子弧焊只能用于一定板厚单面焊。第二种是熔透型等离子弧焊。当等离子气流量减小时，小孔效应消失了，此时等离子弧焊和一般钨极氩弧焊相似，适用于薄板焊接、多层焊和角焊缝。

2）微束等离子弧焊时电流在 30A 以下。由于电流小到 0.1A 等离子弧仍十分稳定，所以电弧能保持良好的挺度和方向性，适用于焊接 0.025～1mm 金属箔材和薄板。

等离子弧焊除具有氩弧焊优点外，还有以下两方面特点：一是有小孔效应且等离子弧穿透能力强，所以 10～12mm 厚度焊件可不开坡口，能实现单面焊双面自由成形；二是微束等离子弧焊可用以焊很薄的箔材。因此，它日益广泛地应用于航空航天等尖端技术所用的铜合金、钛合金、合金钢、钼、钴、等金属的焊接，如钛合金导弹壳体、波纹管及膜盒、微型继电器、飞机上的薄壁容器等。现在民用工业也开始采用等离子弧焊，如锅炉管子的焊接等。

等离子弧切割原理与氧气切割不同，它是利用能量密度高的高温高速等离子流，将切割金属局部熔化并随即吹去，形成整齐切口。它不仅比氧气切割效率高 1～3 倍，还能切割不锈钢、有色金属及其合金及难熔金属，也可用以切割花岗石、碳化硅、耐火砖、混凝土等非金属材料。

目前我国工业中已经采用水压压缩等离子切割。即在等离子弧喷嘴周围设置环状压缩喷水通路，对称射向等离子流。这种水压缩等离子弧较一般等离子弧提高切口质量和切割速度，降低成本。并有效地防止切割时产生的金属蒸气和粉尘等有毒烟尘，改善劳动条件。

二、真空电子束焊接

随着原子能和航空航天技术的发展，大量应用了锆、钛、钽、铌、钼、铍、镍及其合金。这些稀有的难熔、活性金属，用一般的焊接技术难以得到满意的效果。直到1956年真空电子束焊接技术研制成功，才为这些难熔的活性金属的焊接开辟了一条有效途径。

真空电子束焊是把工件放在真空（真空度必须保持在666×10^{-4}Pa以上）内，由真空室内的电子枪产生的电子束经聚焦和加速，撞击工件后动能转化为热能的一种熔化焊，如图13-41所示。

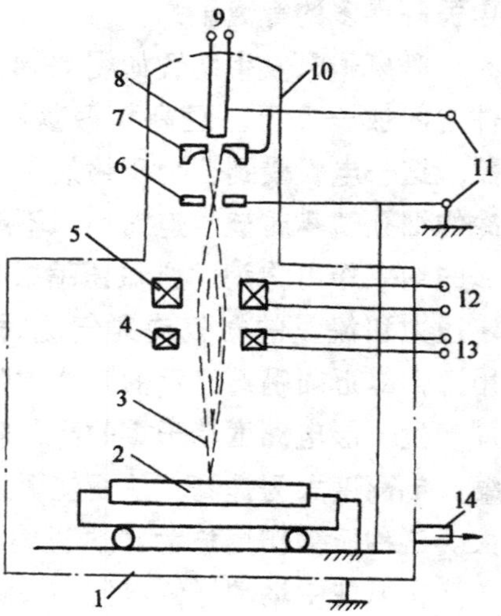

图13-41　真空电子束焊接示意图
1—真空室　2—工件　3—电子束　4—偏转线圈　5—聚焦透镜　6—阳极　7—阴极　8—灯丝　9—交流电源　10—电子枪　11—直流高压电源　12、13—直流电源　14—排气装置

真空电子束焊一般不加填充焊丝，若要求焊缝的正面和背面有一定堆高时，可在接缝处预加垫片。焊前必须严格除锈和清洗，不允许残留有机物。对接焊缝间隙不得超过0.2mm。

真空电子束焊有以下特点：

1）在真空环境中施焊，保护效果极佳，焊接质量好。焊缝金属不会氧化、氮化，且无金属电极玷污。没有弧坑或其他表面缺陷，内部熔合的好，无气孔夹渣。特别适合于焊接化学活泼性强、纯度高和极易被大气污染的金属，如铝、钛、锆、钼、钽、铍、高强钢、不锈钢等。

2）热源能量密度大，熔深大，焊速快，焊缝深而窄，焊缝宽深比可达1∶20，能单道焊厚件。钢板焊接厚度可达到200～300mm，铝合金厚度已超过300mm。

3）焊接变形小。可以焊接一些机械加工好的组合零件，如齿轮组合件等。

4）焊接工艺参数调节范围广，焊接过程控制灵活，适应性强。可以焊接0.1mm薄板，也可以焊接200～300mm厚板；可焊普通的合金钢，也可以焊难熔金属、活性金属以及复合材料、异种金属，如铜-镍、钼-镍、钼-钨等，还能焊接一般焊接方法难以施焊的复杂形状的工件。

5）焊接设备复杂、造价高、使用与维护要求技术高。焊件尺寸受真空室限制。

目前，真空电子束焊在原子能、航空航天等尖端技术部门应用日益广泛，从微型电子线路组件、真空膜盒、钼箔蜂窝结构、原子能燃料元件、导弹外壳，到核电站锅炉气泡等都已采用电子束焊接。此外，熔点、导热性、溶解度相差很大的异种金属构件、真空中使用的器件和内部要求真空的密封器件等，用真空电子束焊也能得到良好的焊接接头。

但是，由于真空电子束焊接是在压强低于10^{-2}Pa的真空中进行，因此，易蒸发的金属和含气量比较多的材料，在真空电子束焊接时易于发弧，妨碍焊接过程的连续进行。所以，含锌较高铝合金（如铝-锌-镁）和铜合金（黄铜）及未脱氧处理的低碳钢，不能用真空电子束焊接。

三、激光焊接与切割

激光焊接是利用原子受激辐射的原理，使工作物质（激光材料）受激而产生的一种单色性好、方向性强、强度很高的激光束。聚焦后的激光束最高能量密度可达$10^{13}W/cm^2$，在千分之几秒甚至更短时间内将光能转换成热能，温度可达一万摄氏度以上，可以用来焊接和切割。

激光焊接示意图如图 13-42 所示。目前焊接中应用的激光器有固体和气体介质两种。固体激光器常用的激光材料有红宝石、钕玻璃和掺钕钇铝石榴石；气体激光器所用激光材料是二氧化碳。

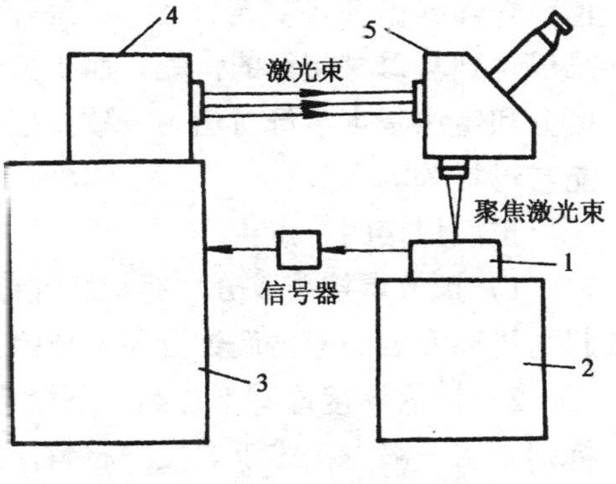

图 13-42 激光焊接示意图

1—工件 2—工作台 3—电源与控制设备

4—激光器 5—观察器及聚焦系统

激光焊分为脉冲激光焊接和连续激光焊接两大类。脉冲激光焊对电子工业和仪表工业微形件焊接特别适用，可以实现薄片（0.2mm 以上）、薄膜（几微米到几十微米）、丝与丝（直径 0.02～0.2mm）、密封缝焊和异种金属、异种材料的焊接，如集成电路外引线和内引线（硅片上蒸镀有 1.8μm 的铝膜和 50μm 厚铝箔间）的焊接，微波器件中速调管的钽片和钼片的焊接，零点几毫米不锈钢、铜、镍、钽等金属丝的对接、重迭、十字接、T 字接，密封性微型继电器、石英晶体器件外壳和航空仪表零件的焊接等。

连续激光焊接主要使用大功率 CO_2 气体激光器，连续输出功率可达 100kW，可以进行从薄板精密焊到 50mm 厚板深穿入焊的各种焊接。

激光焊接的特点：

1）能量密度大且放出极其迅速，适合于高速加工，能避免热损伤和焊接变形，故可进行精密零件、热敏感性材料的加工。被焊材不易氧化，可以在大气中焊接，不需要气体保护或真空环境。

2）激光焊接装置不需要与被焊接工件接触。激光束可用反射镜或偏转棱镜将其在任何方向上弯曲或聚焦，还可用光导纤维将其引到难以接近的部位进行焊接。激光还可以穿过透明材料进行聚焦，因此可以焊接一般方法难以接近的接头或无法安置的接焊点，如真空管中电极的焊接。

3）激光可对绝缘材料直接焊接，对异种金属材料焊接比较容易，甚至能把金属与非金属焊接在一起。

激光束能切割各种金属材料和非金属材料，如氧气切割难以切割的不锈钢、钛、铝、锆及其合金等金属材料，木材、纸、布、橡胶、塑料、岩石、混凝土等非金属材料。

激光切割机理有激光蒸发切割、激光熔化吹气切割和激光反应气体切割三种。

激光切割具有切割质量好，效率高，速度快，成本低等优点。一般来说，金属材料对激光吸收效率低，反射损失较大，同时导热性强，所以要尽可能采用大功率激光器。非金属材料对 CO_2 激光束吸收率是相当高的，传热系数都较低，所用激光器功率不需要很大，切割、打孔等加工较容易，因此，较小功率的激光器就能进行非金属材料的切割。目前大功率 CO_2 激光器作为隧道和挖掘工程的辅助工具，已用于岩石的切割。

四、扩散焊接

扩散焊接是在真空或保护气氛中，使被焊接表面在热和压力的同时作用下，发生微观塑性流变后相互紧密接触，通过原子的相互扩散，经过一定时间保温（或利用中间扩散层及过渡相加速扩散过程），使焊接区的成分、组织均匀化，最终达到完全冶金连接的过程。

扩散焊接是本世纪 50 年代开始，在热压焊的基础上，并吸收了钎焊的某些优点发展起来的新工艺方法。但与热压焊不同，扩散焊所用压力一般较小，焊接表面所发生的塑性流变量也很小，两被焊件的加热温度基本相同。扩散焊与钎焊虽然在焊接过程中母材都不熔化，但钎焊焊缝被钎料填充后基本保持钎料的原始成分。在随后冷却过程中形成铸造组织，因此难以达到与母材相等的性能；而扩散焊完全没有液相或仅有极少量过渡液相，经扩散后接头成分和组织基本与母材均匀一致，接头内不残留任何铸造组织，原始界面完全消失，接头性能与母材基本一致。

扩散焊接的特点：

1）扩散焊接头成分、组织和性能基本相同，甚至完全相同，从而减少因组织不均匀引起的局部腐蚀和应力腐蚀开裂的危险。

2）扩散焊接母材不过热、不熔化，几乎在不损坏性能的情况下焊接一切金属和非金属，特别是用一般方法难以焊接的材料，如弥散强化的高温合金、纤维强化的硼-铝复合材料等。

3）可以焊接不同类型的材料，包括异种金属、金属与陶瓷等完全不相溶的材料。

4）可以焊接结构复杂及薄厚相差很大的工件。

焊件表面状态对焊接质量影响很大。因此，焊前必须对工件进行精密加工、磨平抛光、清理油污，以获得尽可能光洁、平整、无氧化膜的表面。

扩散焊接不仅在原子能、航空航天及电子工业等尖端技术领域得到了广泛应用，而且逐渐推广到一般机械制造工业部门。

五、摩擦焊

摩擦焊是本世纪 50 年代新发展起来的一种焊接工艺方法。它是利用工件相互摩擦产生的热量同时加压而进行焊接的。

摩擦焊示意图如图 13-43 所示，先将两焊件夹在焊机上，加压使焊件紧密接触，然后焊件 1旋转摩擦产生热量，待端面加热到塑性状态时让焊件 1 停止旋转，并立即在焊件 2 的端面施加大压力 F 使两焊件焊接起来。

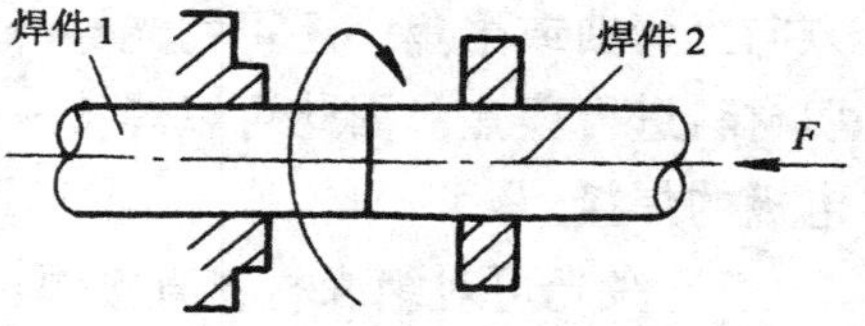

图 13-43　摩擦焊示意图

摩擦焊的特点：

1）接头质量好而且稳定，因在摩擦过程中接触面氧化膜及杂质被清除，焊后组织致密，不易产生气孔、夹渣等缺陷。

2）焊接生产率高，如我国蛇形管接头摩擦焊为 120 件/小时，而闪光焊只有 20 件/小时。另外，它不需焊接材料，容易实现自动控制。

3）可焊接的金属范围广，适于焊接异种金属，如碳钢、不锈钢、高速工具钢、镍基合金间焊接，铜与不锈钢焊接，铝与钢焊接等。

4）设备简单（可用车床改装），电能消耗少（只有闪光对焊的 1/10～1/15）。但刹车和加压装置要求灵敏。

摩擦焊主要用于等截面的杆状工件焊接。也可用于不等截面焊接，但要有一个焊件为圆形或管状。目前摩擦焊工件最大截面超过 20000mm²，主要用于锅炉、石油化工机械、刀具、汽车、飞机、轴瓦等重要零部件的焊接。

思考题与习题

1. 名词解释：酸性焊条、碱性焊条、金属焊接性、碳当量、晶间腐蚀、线能量

2. 焊接时为什么要进行保护？说明各电弧焊方法中的保护方式及保护效果。

3. 焊芯的作用是什么？其化学成分有何特点？焊条药皮有哪些作用？

4. 下列焊条型号的含义是什么？

E4303、E5015、E307-15、EZCQ、EZNi、ECuSn-A

5. 结构钢焊条如何选用？试给下列钢材选用两种不同牌号的焊条，并说明理由。

Q235、20、45、Q345（16Mn）

6. 什么叫焊接热影响区？低碳钢焊接热影响区的组织与性能怎样？

7. 焊接接头中力学性能差的薄弱区域在哪里？为什么？

8. 影响焊接接头性能的因素有哪些？如何影响？

9. 如何防止焊接变形？矫正焊接变形的方法有哪几种？

10. 减少焊接应力的工艺措施有哪些？消除焊接残余应力有什么方法？

11. 熔焊时常见的焊接缺陷有哪些？焊接缺陷有何危害？

12. 焊接裂纹有哪些种类？是怎样产生的？如何防止？

13. 如何选择焊接方法？下列情况应选用什么焊接方法？简述理由。

（1）低碳钢桁架结构，如厂房屋架

（2）厚度 20mm 的 Q345（16Mn）钢板拼成大型工字梁

（3）纯铝低压容器

（4）低碳钢薄板（厚 1mm）皮带罩

（5）供水管道维修。

14. 低碳钢焊接有何特点？

15. 普通低合金钢焊接的主要问题是什么？焊接时应采取哪些措施？

16. 奥氏体不锈钢焊接的主要问题是什么？

17. 铝、铜及其合金焊接常用哪些方法？那种方法最好？为什么？

18. 钢板拼焊工字梁的结构与尺寸如图 13-44 所示。材料为 Q235 钢，成批生产，现有钢板的最大长度为 2500mm。试确定：

（1）腹板、翼板的接缝位置

（2）各条焊缝的焊接方法和焊接材料

（3）各条焊缝的结构形式和坡口（画简图）

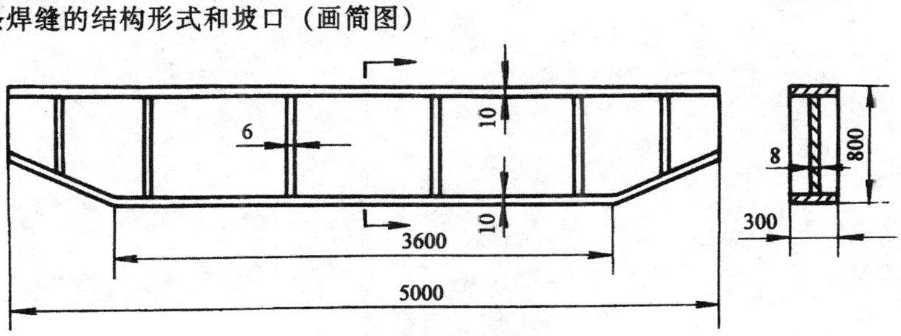

图 13-44　工字梁结构

（4）各焊缝的焊接顺序。

19. 钢制压力容器结构如图 13-45 所示。本体 2 有筒体和封头组成，材料为 Q345，钢板尺寸为 1200mm×6000mm × 8mm，大、小保护罩 1、3 材料 Q235F，接管 4 材料为 Q235，外径 65mm，壁厚 10mm，高约 60mm。容器工作压力为 20 个工程大气压（1at≈98Pa），工作温度为 – 40～60℃，大批生产。要求：

（1）画出焊缝布置

（2）选择各条焊缝的焊接方法和焊接材料

（3）画出各条焊缝的接头形式和坡口简图

（4）确定装配和焊接顺序。

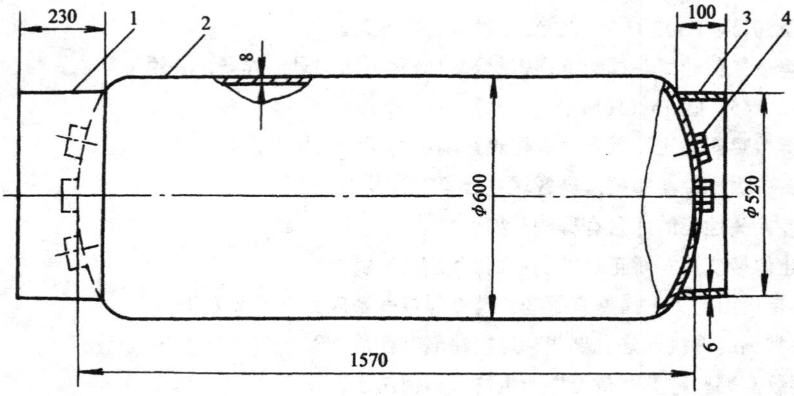

图 13-45　压力容器

20. 你所了解的焊接新技术有哪些？请举例说明它们各自有何应用？

第十四章　机械零件材料和毛坯的选择

在机械产品设计、制造过程中，都会遇到选择材料和毛坯的问题。在生产实践中，往往由于材料的选择和加工工艺路线不当，造成机械零件在使用过程中发生早期失效，给生产带来了重大的损失。因此，根据机械的性能要求、使用环境、价格以及交货期限等条件，正确合理的选择零件材料和毛坯制造方法以及确定加工工艺路线就显得至关重要了，它直接关系到产品的质量及经济效益。

第一节　机械零件的失效形式

失效是指零件在使用过程中，由于尺寸、形状或材料组织与性能发生变化而失去原设计的效能。零件没有达到使用寿命就失去应有的功能称为早期失效。零件已达到设计使用寿命而在超期服役中产生失效，称为超期服役失效。

零件失效的具体形式多种多样，例如有弹性变形、塑性变形、延性断裂，脆性断裂、疲劳断裂和蠕变断裂，还有零件表面的磨损、表面腐蚀和接触疲劳等，但上述诸类可以分析归纳为变形失效、断裂失效、表面损伤失效三大类。

一、变形失效

零件的变形失效主要有弹性变形失效和塑性变形失效。

1．弹性变形失效　零件因过量弹性变形产生的失效称为弹性变形失效。其主要是指失去弹性的能力，它属于功能失效。如弹簧、紧固件经常产生弹性变形失效；镗床的镗杆，由于加工中产生较大的弹性变形，使加工零件尺寸精度不够；压气机的转子轴白于过量的弹性变形，会使转子叶片与机匣相撞，这些都是弹性变形失效的例子。

引起弹性变形的原因，是零件刚度不够。零件的刚度除结构因素外，还取决于材料的弹性模量。因此，要预防弹性变形失效，应选择弹性模量高的材料来制作零件。

2．塑性变形失效　零件因过量塑性变形产生的失效为塑性变形失效。其主要是由于应力过大造成的。如压力容器上的紧固螺栓，由于拧的过紧或过载，会使螺杆塑变伸长，结果降低了预紧力，使配合面松动，以致产生事故。

零件产生塑性变形，是由于实际工作应力超过了这种材料的屈服强度。在设计、装配、使用正常情况下，应考虑选用高屈服强度的材料。

二、断裂失效

断裂的主要形式有延性断裂、脆性断裂、疲劳断裂、蠕变断裂等，其中低应力脆断与疲劳断裂是没有先兆的突然断裂，往往会造成灾难性事故，因此是最危险的。

1．延性断裂　零件在产生较大塑性变形后的断裂为延性断裂。材料的屈强比（σ_s/σ_b）越小，断裂前的塑性变形量也越大。由于这是一种有先兆的断裂，即断裂前已产生过量塑性变形失效，故危险较小，比较容易防范。

2．低应力脆性断裂　低应力脆性断裂不产生明显的塑性变形，且工作应力远低于材料的屈服强度。高强度低塑、韧性的材料，脆性断裂倾向较大。脆性断裂常发生在有尖锐缺口或裂纹的零构件中，特别是在低温或冲击载荷下最容易发生。

对于可能含有裂纹的零构件，如一些大型零构件、高强度材料等，断裂韧度是衡量材料抵抗脆性断裂能力的可靠判据。各类材料中，钢与钛的断裂韧度较高，若施以各种韧化处理，可进一步提高韧性。

3. 疲劳断裂　机械零件在循环变应力的作用下，将会出现疲劳断裂。所有机械零部件工作过程中的失效，疲劳断裂占断裂失效的 50%～90%。疲劳断裂一般发生较突然，危害性大。疲劳断裂是发生在零件的局部应力区，某些晶粒在变应力作用下形成微裂纹，随着循环数的增加，裂纹继续扩展，导致最终疲劳断裂。

针对疲劳断裂的特点，可以采用各种强化方法来提高零件的抗疲劳能力，如在表层形成残余压力，可使疲劳强度显著提高。另外，减少零件上各种会引起应力集中的缺陷，如刀痕、尖角、截面突变等，可提供零件的抗疲劳能力。各类材料中，金属材料，特别是钢和钛合金的疲劳强度较高。

4. 蠕变断裂　蠕变断裂是在高温下长期受载荷引起的，因此在高温下工作的材料，应具有足够抗蠕变的能力。在各种工作材料中，陶瓷与难熔金属的蠕变抗力高，其次是铁基和镍基合金。塑料的蠕变抗力差，某些塑料甚至在室温下也会发生蠕变。

三、表面损伤失效

表面损伤包括磨损、接触疲劳和腐蚀等。

1. 磨损　相互接触的零件间存在相对滑动时，接触表面会因发生摩擦损耗而引起尺寸、形状变化，称为磨损。磨损破坏是一种可以观察到的、渐发性的破坏形式。

磨损有多种形式，其中主要是磨粒磨损与粘着磨损两种类型。

(1) 磨粒磨损　由于相对运动的物体接触时，滑动表面高低不平，凸出的硬质点将较软的接触面刨出沟槽或划伤而产生的损坏。在机械行业中，常见的有两种类型的磨粒磨损：第一种是与切削、磨削加工类似的磨粒磨损，见图 14-1a；第二种是具有高强度、高硬度的磨粒进入两个接触面之间犁出沟槽，见图 14-1b。

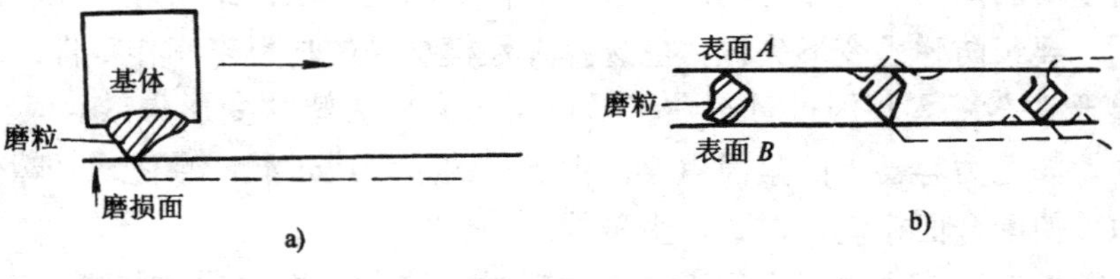

图 14-1　磨粒磨损模型

(2) 粘着磨损　在两个相对运动的物体直接接触中，由于接触应力很高而引起塑性变形，导致物体的接触温度升高，并发生粘着、焊合现象；分离时，粘合处撕开，从而将小块材料撕去，造成表面损伤。

提高耐磨性，一是要材料具有高硬度，若材料中存在耐磨硬颗粒，则更为有利；二是要材料具有小的摩擦系数，降低配对材料间的原子结合力。此外，改善润滑条件，细化表面粗糙度，使机械零件保持清洁等，均有利于减少摩擦磨损。

2. 接触疲劳　产生相对滚动接触的零件如齿轮、凸轮、滚动轴承等，在工作过程中承受交变接触压应力的作用，在达到相当循环次数后，表层出现微小裂纹，随之发展，引起点状剥落，称为疲劳点蚀或麻点，这一现象即为接触疲劳。提高材料的表面强度和硬度，减少材料中夹杂物数量，降低零件表面粗糙度，提高接触精度，均可提高零件表面抵抗接触疲劳的能力。

3. 腐蚀　材料与周围介质间发生化学或电化学作用而造成的表面损伤称为腐蚀。各种材料中，陶瓷与塑料的耐蚀性高，铜、铝的抗耐性能也较好。对于钢，在表层形成钝化膜、耐蚀覆盖层、保护层或形成单项组织，均可提高其耐蚀能力。

第二节　零件材料及毛坯工艺技术选择

零件材料的选择与毛坯工艺的选择有密切的关系。如柴油机曲轴材料由锻钢改为球墨铸铁时，毛坯就只能改用铸造方法获得；反之，当需要改变毛坯制造工艺方法时，亦常需要相应地改变零件的材料。如单件制造机床，将铸造床身改为焊接床身时，床身材料就应当由铸铁改为钢板。

一、零件选材的一般原则

零件选材时，应从零件的使用性能、材料的工艺性能、制造成本和生产条件等诸方面综合考虑。

（一）零件的使用性能

使用性能主要指零件在使用状态下材料应具有的力学性能、物理性能或化学性能等。不同零件，所要求的使用性能是不同的。因此选材时，首要任务是准确地判断零件所要求的主要使用性能。对于机械零件和工程构件，最重要的是力学性能，而力学性能的要求，一般是在分析零件工作条件和失效形式的基础上提出来的，通过力学计算确定零件应具有的主要力学性能指标，作为材料的原始依据。关于零件的工作条件，一般包括三个方面：

（1）受力状况　主要是载荷的类型、大小、形式和特点。类型如动载、静载、循环载荷等；形式如拉伸、压缩、弯曲、扭转等；特点如均布载荷、集中载荷等。

（2）环境状况　主要是温度和环境介质。温度如低温、常温、高温、变温等；介质如有无腐蚀、摩擦作用等。

（3）特殊要求　主要是对导电性、磁性、热膨胀性、密度、外观等的特殊要求。

关于零件的失效形式如前所述，主要包括断裂、过量变形和表面损伤三个方面。

由于零件工作条件和失效形式的复杂性，要求我们在选材时必须根据具体情况抓住主要矛盾，找出最关键的力学性能指标，同时兼顾其他性能。表 14-1 列出了几种常用零件的工作条件、失效形式及要求的主要力学性能指标。

表 14-1　几种常用零件的工作条件、失效形式及主要力学性能指标

零件名称	工　作　条　件	常见失效形式	主要力学性能指标
连杆螺栓	交变拉应力，冲击载荷	疲劳断裂，过量塑性变形	疲劳极限，屈服强度，硬度
传动齿轮	交变弯曲应力，交变接触压应力，齿面摩擦，冲击载荷	轮齿折断，过度磨损或出现疲劳麻点	表面硬度，接触疲劳强度　疲劳极限，抗弯强度
传动轴	交变弯曲应力，扭转应力，冲击载荷，磨损	疲劳断裂，轴颈过度磨损	硬度，疲劳强度，屈服强度

（续）

零件名称	工　作　条　件	常见失效形式	主要力学性能指标
弹簧	交变应力，冲击载荷，振动	弹力丧失或疲劳断裂	规定非比例伸长应力，屈强比，疲劳极限
冷作模具	交变应力，冲击载荷，强烈摩擦	磨损，断裂，疲劳	硬度，屈服强度，疲劳极限，韧性
压铸模	交变应力，冲击载荷，高温金属液腐蚀，摩擦	热疲劳，断裂，磨损	高温强度，抗热疲劳性，韧性，热硬性

在确定了具体力学性能指标和数值后，即可利用手册选材。但是零件所要求的力学性能数据不能简单地同手册、书本中所给出的完全等同对待，还必须注意以下几点：①材料的性能不仅与化学成分有关，也与加工、处理后的状态有关。所以要注意手册中的性能指标是在什么加工、处理条件下得到的；②材料的实验性能数据与加工处理时试样的尺寸有关，随截面尺寸的增大，力学性能一般降低，因此必须注意零件尺寸与手册中试样尺寸的差别，并进行适当的修正；③材料的化学成分、加工处理的工艺参数都有一个波动范围，所以性能的数据也有一个波动范围。一般手册中的性能，大多是波动范围的下限值，即在尺寸和处理条件相同时，手册数据是偏安全的。

另外，在利用常规力学性能指标选材时，还应注意两点：①材料的性能指标各有自己的物理意义，有的较直观，可直接用于定量设计计算，例如强度 σ_S、σ_{-1}、K_{IC}等；有些则不能直接应用于设计计算，只能间接用来估计零件的性能，如伸长率 δ、断面收缩率 ψ、冲击韧度 α_K 等，这些指标属于保证安全的性能指标，对于具体零件 δ、ψ、α_K 值的选择，完全依赖于经验；②由于测定硬度的方法较简便，且硬度与其他性能指标密切相关。例如钢的抗拉强度 $\sigma_b \approx 0.35$HBS，所以硬度常用来作为设计中控制材料的指标。但由于硬度有对组织敏感性差等缺点的局限性（见图 5-19），因而单凭硬度指标不能确保零件的使用安全。所以设计中在给出硬度值的同时，还必须对热处理工艺作出明确的规定。

（二）材料的工艺性能

材料的工艺性能是指所选用的材料能否保证顺利地加工制成零件。在选材中，同使用性能比较，工艺性能处于次要地位。但在某些情况下，工艺性能也可成为选材考虑的主要根据。例如某些材料仅从零件的使用要求来看是完全适合的，但无法加工制造或加工制造很困难，成本很高，这些都属于工艺性不好。因此工艺性能的好坏，对决定零件加工的难易程度、生产效率、生产成本等方面起着十分重要的作用，是选材时必须同时考虑的重要因素。

材料的工艺性能要求与零件制造的加工工艺路线密切相关，具体的工艺性能要求是结合制造方法和工艺路线提出来的。

金属材料的工艺性能主要包括铸造性能（包括流动性、收缩、偏析和吸气性等）、锻造性能（包括塑性和变形抗力）、焊接性能（焊接接头产生工艺缺陷的敏感性及焊接接头的使用性能）、热处理工艺性能（包括淬透性、淬火变形开裂倾向、过热敏感性、耐回火性等）和切削加工性能。这些加工工艺性能在前面各章介绍各种金属材料特点和加工工艺方法时已有较多说明，切削加工性能的概念和应用将在第十五章进一步介绍。

一般金属材料的加工工艺路线在绪论（见图 0-1）和第五章第六节已有介绍，非金属材料的加工工艺路线如图 14-2 所示。

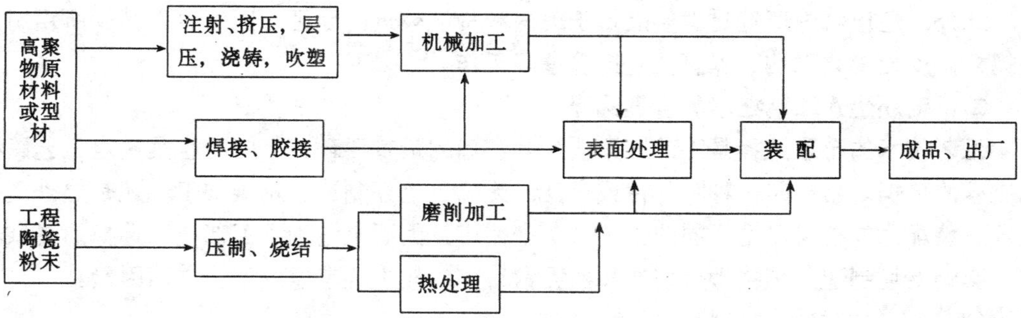

图 14-2 非金属材料的加工工艺路线

工程塑料的工艺路线比较简单，成形后可进行机械加工。工程塑料的机械加工性能是比较好的，但由于塑料具有弹性大、散热差和不耐高温等性质，切削时易引起零件变形及加工面粗糙等现象。陶瓷材料的工艺路线也比较简单，主要工艺是成形加工，成形后只能磨削加工。

（三）选材的经济性

在满足前面原则的前提下，选用的材料应尽可能使零件的生产和使用的总成本最低、经济效益最高。这可从几方面来考虑：

（1）工程材料价格　能够满足零件使用性能的毛坯及材料往往不止一种，应尽可能选用价格低廉的材料。如选用非合金钢和铸铁，不仅加工工艺性能好，而且生产成本低。表 14-2 是我国常用工程材料的相对价格。

表 14-2 常用工程材料相对价格

材　料	相对价格	材　料	相对价格
非合金结构钢	1	非合金工具钢	1.4～1.5
低合金高强度结构钢	1.2～1.7	合金量具刃具钢	2.4～3.7
优质非合金结构钢	1.4～1.5	合金模具钢	5.4～7.2
易切削钢	2	高速工具钢	13.5～15
合金结构钢	1.7～2.9	铬不锈钢	8
镍铬合金结构钢	3	铬镍不锈钢	20
滚动轴承钢	2.1～2.9	普通黄铜	13
弹簧钢	1.6～1.9	球墨铸铁	2.4～2.9

（2）加工费用　加工设备和工艺装备尽可能简单，加工工序尽可能减少。

特别应当指出，在选用材料时，绝不能单凭材料价格的高低来决定零件材料的选用，而应当运用价值工程原理，以产品的综合价值的高低来评定选材方案的优劣。价值工程原理的基本表达式为：

$$V = F/C$$

式中　V——产品的综合价值；

F——产品的功能（如服役寿命，承载能力，运转效率等）；

C——产品的成本。

例如，汽车齿轮用合金易切削钢制造，虽然材料价格比一般合金结构钢提高了，但节省工时、提高工效所创造的经济效益是十分显著的。

此外，还应考虑所选材料要立足于国内和货源较近的地区，同时尽量减少所用材料的品种规格，以便简化采购、保管及生产管理等工作。

二、毛坯生产工艺技术的合理选择

工艺技术的合理选择是工艺方案设计及实施的最重要环节，同时也是制定工艺路线或工艺流程的依据。由于同一种零部件或产品，无论是毛坯制造、机械加工，还是热处理、表面处理、装配，往往可以用不同的工艺方法来完成，因而更增加了工艺技术选择的复杂性。

影响毛坯制造工艺技术合理选择的因素很多，应主要考虑以下三方面因素：

（一）零件的材料、形状及尺寸的影响

产品的设计要求决定了零件的材料、结构形状和尺寸，而零件的材料、结构形状及尺寸特点在很大程度上决定了毛坯的工艺方法，因为不同的材料和结构都对应有某些适宜的工艺方法，有时只对应一种唯一的方法。如铸铁材料成形一般只能采用铸造方法；而钢的成形方法选择余地较大，铸造、锻造、冲压、焊接均可采用；但如果是用薄钢板制造压力容器，则一般只能采用板料冲压和焊接方法。对于拨叉、箱体等形状比较复杂零件常选用铸造毛坯；形状复杂和薄壁的毛坯不宜采用金属型铸造；尺寸较大的毛坯，不宜采用模锻、压铸和精铸，多采用自由锻造和砂型铸造；形状复杂的小零件宜采用熔模铸造方法；同为轴类钢件，直径相差不大的中小阶梯轴宜采用棒料，相差较大时宜采用锻件；而大型汽轮机转子则必须经冶炼铸锭、锻造后车削加工成形。有些大型机械零件的毛坯用单独的锻或铸造方法无法制造，则采用以小拼大的方法，即将整体毛坯分解成几部分，分别锻造或铸造，然后焊接在一起的方法制造。随着复合工艺的出现，采用两种以上方法制造毛坯的铸—锻、铸—焊、锻—焊、冲—焊、铸—锻—焊结构零件也不断出现。

（二）生产类型的影响

产品的生产类型，即产品的品种多少、产量大小及生产组织方式等，对合理选择工艺方法亦有很大影响，有时是起决定性的作用。

按一定时间内产品产量的连续程度划分，分为单件小批生产、成批生产和大批（连续）生产三种类型。大批连续生产时，应采用高精度与高生产率的毛坯制造方法，虽然用于毛坯制造的设备和工艺装备费用高，但可通过节省的材料费和机械加工费等来补偿；而单件小批生产时，则宜采用设备投资小的毛坯制造方法。表 14-3 列举了各种生产类型适用的毛坯成形工艺方法。

表 14-3　各种生产类型适用的工艺方法

单件小批生产	成批生产	大量（连续）生产
1. 型材锯床、热切割下料	1. 型材下料（锯、剪）	1. 型材剪切
2. 木模手工砂型铸造	2. 砂型机器造型	2. 机器造型生产线
3. 自由锻造	3. 模锻	3. 压铸
4. 弧焊（手工、通用焊机）	4. 冲压	4. 热模锻生产线
5. 冷作（旋压等）	5. 弧焊（专机）、钎焊	5. 多工位冲压、冲压生产线
	6. 压制（粉末冶金）	6. 压焊、弧焊自动线

（三）毛坯制造方法的工艺特点的影响

不同的毛坯制造方法在如下几方面显示出不同的工艺特点，从而产生不同的技术经济效果。

1）同一材料由于毛坯制造方法不同，其组织和力学性能会有很大差别，正确选择毛坯制造工艺方法，可以发挥材料的性能潜力，提高毛坯的内部质量。例如，同是铝合金零件，锻件、挤压件和压铸件的力学性能明显高于砂型铸件。

2）不同工艺方法所能达到的毛坯尺寸精度、表面粗糙度等外部质量的水平也很不同。手工砂型铸造和自由锻造的表面质量较差；压铸、精冲等少无切削工艺的表面质量好。随着毛坯精密成形工艺（又称少无切屑工艺）的发展，如熔模铸造和精密模锻等，“毛坯”与“零件”的界限越来越小，有的毛坯成形后已接近或达到零件的最终形状和尺寸。

3）不同制造方法之间，设备投资和生产效率也极不相同，这决定了对不同生产类型的适应性及经济性。

本篇前三章已介绍了各种毛坯制造方法的工艺特点，表 11-9、表 13-3 和表 14-4 分别对铸造、焊接、锻压的各种工艺方法进行了比较，可供选择毛坯制造方法时参考。

（四）毛坯工艺技术的发展

随着制造工业的发展和科学技术的进步，常规工艺技术不断优化，形成了多种优质高效、低耗、少无污染的先进适用技术，并在生产中得到广泛普及，逐渐取代了相对落后的工艺。如以气体保护焊或埋弧自动焊取代焊条电弧焊接；以树脂等自硬砂造型取代黏土砂造型；以热模锻压力机锻造取代蒸汽锤、空气锤锻造；以可控气氛热处理或真空热处理取代在氧化气氛中的热处理；以水溶性或粉末涂装取代油漆涂装；以无氰电镀取代有氰电镀等，这些先进工艺的普及，彻底改变了常规工艺面貌，取得了非常明显的效果。

表 14-4　锻压的各种工艺方法比较

方法	适应性				经济性			质量				适用范围
	材料	形状	壁厚/mm	最大质量/kg	生产率	设备投资	生产类型	精度等级/IT	表面粗糙度 Ra/μm	缺陷控制	组织性能	
自由锻造	锻钢，型钢非铁合金	简单	不限制	不限制	低	小—大	单件小批	14～16	12.5	较难	较好	形状简单的大型锻件，单件机修件
模锻（锻锤）	锻钢型钢、非铁合金	中等复杂	>2.5	100	较高	较大	成批	12～14	12.5	较易	好	有一定批量的中小锻件
模锻（压力机）					高	大	大量大批			易		批量很大的中小锻件，单件机修件
精密模锻	型材（钢、非铁合金）	较复杂	>1.5	100	高	大	大量大批	11～12	3.2～6.3	易	好	形状复杂、难加工的中小锻件
冲压	型材（板管）	较复杂	>0.1	4200～7000（旋压）	很高	大	大量成批	9～12	0.8～1.6	易	好	批量很大的板材成形件
精冲	中薄板材	复杂			很高	大	大量成批	8～11	0.4～0.8	易	好	大批量中薄板材复杂形状中小件
冷温挤压	棒、管、板	较复杂	0.05～0.1	35	很高	大	大量成批	8～11	0.4～0.8	易	好	批量较大，形状较复杂中小件
楔横轧	圆钢	阶梯轴		250	很高	大	成批大量	12～14	12.5	易	好	φ100 以下的阶梯轴，批量大
超塑成形	非铁合金，工具钢，工程陶瓷	复杂	0.5～1.0	25	低	小	中批小批	8～11	0.4～0.8	易	好	批量不大的复杂形状锻件

另外，激光、电子束、离子束、超声波、等离子体、电液、高压水射流等新能源或能源

载体的引入，形成了多种崭新的特种加工及高密度能切割、焊接、熔炼、锻压、热处理、表面保护等加工工艺，可以加工任何硬的、脆的、耐热、高熔点的金属或非金属材料。高能切割技术与数控技术相结合，使加工精度、切口质量和生产效率大幅度提高，已从一种下料手段转变成为一种崭新的成形加工方法，即自由成形制造（FFF），它已部分替代采用模具的冲压技术。

新型材料如超硬材料、超塑材料、高分子材料、复合材料、工程陶瓷、非晶微晶合金、功能材料等新型材料的应用，扩展了加工对象，导致某些崭新加工技术的产生，如加工超塑性材料的超塑成型、等温锻造、扩散焊接；加工陶瓷材料的热等静压、粉浆浇注、注射成型；沉积 TiN、TiC、CNB、人造金刚石等超硬薄膜用的化学气相沉积（CVD）、物理气相沉积（PVD）、物理化学气相沉积（PCVD）、等离子弧化学气相沉积（PACVD）等；加工光感硬化树脂的光造型直接成形技术（快速零件制造，RPM）等。新型材料的出现使传统的铸、锻、焊、热、切削加工工艺的技术构成逐渐发生变化。如焊接技术从以“焊钢”为中心的时代，逐渐进入同时焊接各种非铁金属乃至非金属的时代，使单一的焊接技术演变成焊接/连接技术。在焊接/连接工程塑料、复合材料、工程陶瓷、单晶微晶非晶金属材料时，固态焊接、扩散连接、特种钎焊比传统的熔化焊显示出明显的优越性。

近年来“工艺”的概念及工艺工作的内容不断扩展，使现代的“工艺”概念逐步演变成以整个制造过程为服务对象，以提高质量、效率、效益、竞争力为目标，包括物质流、信息流和能量流的完整的先进制造技术系统，即“机械制造技术系统”（如图 14-3 所示）。

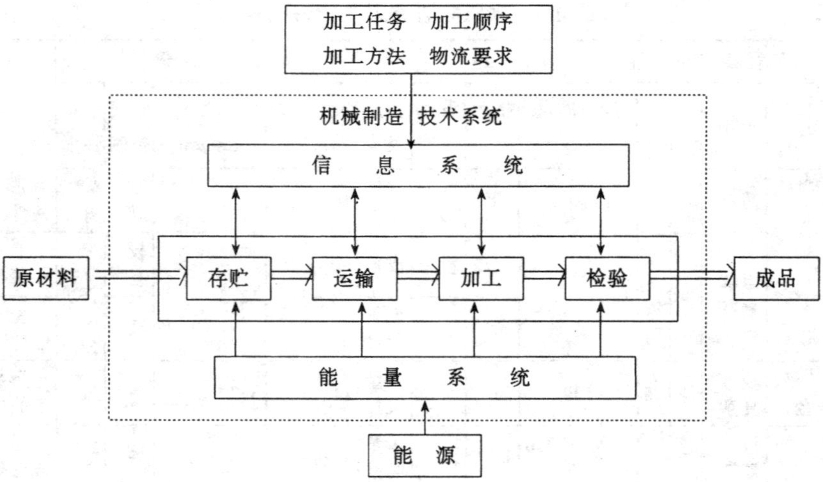

图 14-3　机械制造技术系统框图

在加工工艺流程中，有大量主体工序（如造型、熔化浇注、冲压、锻造、焊接、淬火回火、电镀、切削等），同时也有大量的辅助工序（如切割下料、毛坯打磨、焊补、表面预处理以及大量的中间检测、中间清洗）。在工艺装备中，要有相应的辅助工装（如浇注包、砂箱、焊接辅具、加热炉的进出料装置、锻造操作机、淬火槽、清洗机、夹具、工位器具等）和工艺材料（造型原砂、粘结剂、造型涂料、球化剂、蠕化剂、变质剂、焊条、焊剂、焊丝、保护气体、热处理熔盐、电镀添加剂、氧化处理剂、涂装涂料、磷化液、热喷涂粉末等）配合。辅助工序、辅助工装和工艺材料对产品质量往往具有重大甚至决定性影响。而搬运、存贮、检验、包装等辅助生产过程，对降低生产成本，提高产品质量，缩短生产周期，减少资金占用，提高产品作为商品的价值都具有重大的作用，是增加企业利润和提高效益的第二源泉。

第三节　典型零件的选材及工艺路线分析

一、齿轮类零件选材

1. 齿轮的工作条件及失效形式　齿轮是机床、汽车、拖拉机等机械中的重要零件，起传递动力，改变运动速度和方向的作用。齿轮工作时，齿部承受交变接触应力和交变弯曲应力；齿面因相互滚动和滑动而受到摩擦力；在启动换档时或者啮合不均匀时，受到一定甚至很大的冲击力。因此齿轮主要失效形式有：

1）弯曲疲劳应力和冲击所形成的疲劳断裂或其他形式的断裂。

2）交变接触应力形成的麻点或硬化层的剥落。

3）摩擦所形成的磨损。

2. 对齿轮材料性能的要求及齿轮常用材料　根据上述情况，制造齿轮的材料应满足下列要求：

1）经热处理后应具有高的疲劳极限、高硬度和耐磨性以及足够的韧性。

2）应具有良好的切削加工性，保证齿轮经加工后获得所要求的精度和表面粗糙度。

3）应具有良好的热处理工艺性，如高的淬透性，过热敏感性差，变形倾向小。

4）在材质上要求酸浸断面不得有气泡、空隙、裂纹、非金属夹杂等宏观缺陷，疏松和夹杂物必须符合规定等级。

表 14-5 是推荐使用的一般齿轮材料和热处理方法，供选用时参考。

表 14-5　常用齿轮材料和热处理方法

传动	工作条件		小齿轮			大齿轮		
	速度	载荷	材料	热处理	硬度	材料	热处理	硬度
开式传动	低速	轻载，无冲击	Q255	正火	150～180HBS	HT200 HT250		170～230HBS 170～240HBS
		轻载、冲击小	45 钢	正火	170～200HBS	QT500-7 QT600-3	正火	170～207HBS 197～269HBS
闭式传动	低速	中载 重载	45	正火	170～200HBS	35	正火	150～180HBS
			ZG310～570	调质	200～250HBS	ZG270～500	调质	190～230HBS
			45 钢	整体淬火	38～48HRC	35，ZG270-500	整体淬火	35～40HRC
	中速	中载	45 钢	调质	220～250HBS	35，ZG270-500	调　质	190～230HBS
			45 钢	整体淬火	38～48HRC	35 钢	整体淬火	35～40HRC
			40Cr 40MnB 40MVB	调质	230～280HBS	45、50 钢	调质	220～250HBS
						ZG270～500	正火	180～230HBS
						35，40 钢	调质	190～230HBS
		重载	45 钢	整体淬火	38～48HRC	35 钢	整体淬火	35～40HRC
				表面淬火	45～50HRC	45 钢	调质	220～250HBS
			40Cr 40MnB 40MnVB	整体淬火	35～42HRC	35、40 钢	整体淬火	35～40HRC
				表面淬火	52～56HRC	45、50 钢	表面淬火	45～50HRC

（续）

传动	工作条件		小齿轮			大齿轮		
	速度	载荷	材料	热处理	硬度	材料	热处理	硬度
闭式传动	高速	中载无猛烈冲击	40Cr 40MnB 40MnVB	整体淬火	35～42HRC	35、40钢	整体淬火	35～40HRC
				表面淬火	52～56HRC	45、50钢	表面淬火	45～50HRC
		中载、有冲击	20Cr 20Mn2B 20MnVB 20CrMnTi	渗碳淬火	56～62HRC	ZG310-570	正火	160～210HBS
						35钢	调质	190～230HBS
						20Cr 20MnVB	渗碳淬火	56～62HRC

注：开式传动时齿轮完全裸露；闭式传动时齿轮封闭在刚性的箱壳中，安装准确。

3. 典型齿轮选材举例

（1）机床齿轮的选材　一般来说，机床齿轮载荷不大，运动平稳，工作条件好，故对齿轮的耐磨性及冲击韧度要求不高，一般可选用中碳钢制造。为了提高淬透性也可选用中碳合金钢，经高频淬火，基本上能满足机床工作条件。图14-4为C620-1车床主轴箱中Ⅲ轴上的三联滑动齿轮简图，该齿轮主要用来传递动力并改变转速，通过拨动箱外手柄使齿轮在Ⅲ轴上作滑移运动，从而与Ⅱ轴上的不同齿轮啮合，可获得不同的转速。从该齿轮工作的过程来看，齿轮承受载荷不大，滑移啮合中与Ⅱ轴上的齿轮虽有碰撞，但冲击力不大，运动也较平稳，所以可选用中碳钢来制造。但考虑到整个齿轮较厚，采用中碳钢难以淬透，于是选用中碳合金钢更好，如40Cr并经高频表面淬火。其加工工艺路线为：

下料→锻造→正火→粗加工→调质→精加工→齿轮高频淬火及回火→精磨

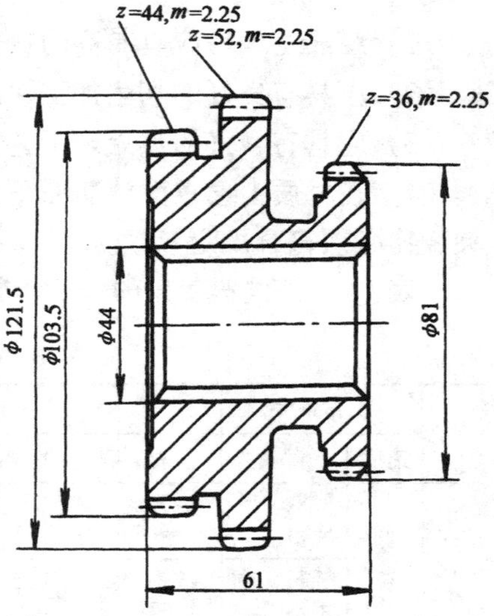

图14-4　C620-1卧式车床主轴箱中滑动齿轮简图

正火处理对锻造齿轮毛坯是必须的热处理工序，它可消除锻造压力，均匀组织，改善切削加工性。对于一般齿轮，正火也可作为高频淬火前的最后热处理工序。

调质处理可以使齿轮获得较高的综合力学性能，齿轮可承受较大的弯曲应力和冲击力，并可减少淬火变形。

高频淬火及低温回火提高了齿轮表面硬度和耐磨性，并且使齿轮表面产生压应力，提高了抗疲劳破坏的能力。低温回火可消除淬火应力，对防止产生磨削裂纹和提高抗冲击能力是有利的。

（2）载重汽车的变速齿轮的选材　汽车变速箱中的齿轮主要用来调节发动机曲轴和主轴凸轮的转速比，以改变汽车运行速度，其工作较为繁重，因此在疲劳极限、耐磨性以及抗冲击作用等性能方面均比机床齿轮要求高。因此，变速齿轮的材料大多选用合金渗碳钢。解放牌汽车变速齿轮如图14-5，曾采用20CrMnTi、20Mn2TiB、

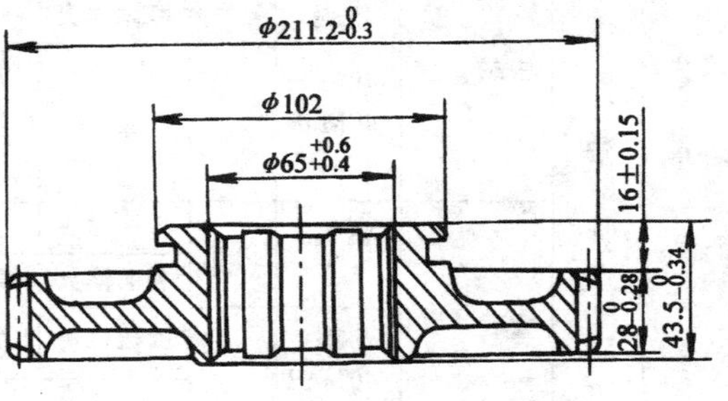

图14-5　解放牌汽车一速齿轮简图

20MnVB 等钢，其中 20CrMnTi 钢具有较高的力学性能，经渗碳淬火处理及低温回火后表面硬度为 58～62HRC，心部硬度为 30～45HRC，这种钢还具有良好的工艺性能，这对大量生产来说极为重要。20CrMnTi 钢经锻造及正火后，其切削加工性尚可，同时热处理工艺性也较好，如良好的淬透性、过热倾向小、渗碳速度快及淬火变形小等。具体加工工艺路线如下：

下料→模锻→正火→机械粗、半精加工（内孔及端面留磨量）→渗碳（孔防渗）淬火、低温回火→喷丸→校正花键孔→珩（或磨）齿

正火是为了均匀和细化组织，消除锻造应力，获得较好的切削加工性。

渗碳、淬火及低温回火是为了使齿面具有高硬度及耐磨性，而心部可得到低碳马氏体组织，有高的强度和足够的韧性。

喷丸处理是一种强化手段，可使零件渗碳表层的压应力进一步增大，有利于提高疲劳强度，同时也可清除氧化皮。

二、轴类零件选材

1. 轴类零件的工作条件及失效形式　轴类零件在工作时主要承受弯曲应力和扭转应力的复合作用，它们大多是在变应力状态下工作的；轴与轴上零件在工作过程中有相对运动而产生摩擦（轴颈和花键处）；另外，转轴外力为动载荷时经常受到一定冲击。由此可见，轴类零件在试验过程中受到载荷情况是相当复杂的，因而其损坏形式也是多种多样的。常见轴的失效形式有：疲劳断裂、过量变形和过度磨损等。

2. 对轴的材料性能要求及常用材料　制造轴的材料应具备下列性能；

1）足够的强度、刚度和一定的韧性。

2）高的疲劳极限，对应力集中敏感性低。

3）足够的淬透性。

4）低的淬火开裂倾向，受磨损的局部可获得高硬度和高耐磨性。

5）良好的切削加工性。

常用轴类材料有：优质碳素结构钢，如 35 钢、40 钢、45 钢、65Mn 钢等，其中用的最多的是 45 钢；合金钢，如 20Cr、40Cr、40CrNi、20CrMnTi、40MnB 等；碳素结构钢，如 Q235、Q275 等。除了上述碳钢和合金钢外，近年来越来越多地采用球墨铸铁和高强度灰铸铁作为轴的材料，尤其是曲轴的材料。

表 14-6 是常用的机床主轴材料、热处理工艺及应用举例。

表 14-6　机床主轴的工作条件、选材及热处理

序	工作条件	选用钢号	热处理工艺	硬度要求	应用举例
1	（1）在滚动轴承中运转；（2）低速，轻、中等载荷；（3）精度要求不高；（4）稍有冲击载荷	45 钢	调质	220～250HBS	一般简易机床主轴
2	（1）在滚动轴承中运转；（2）转速稍高，轻或中等载荷；（3）精度要求不太高（4）冲击、交变载荷不大	45 钢	整体淬火	40～45HRC	龙门铣床、立式铣床小型立式车床的主轴
			正火或调质＋局部淬火	≤229HBS（正火） 220～250HBS（调质） 46～51HRC（局部）	

（续）

序	工　作　条　件	选用钢号	热处理工艺	硬度要求	应用举例
3	（1）在滚动或滑动轴承内运转；（2）低速，轻或中等载荷；（3）精度要求不很高；（4）有一定的冲击，交变载荷	45钢	正火或调质后轴颈局部表面淬火	≤229HBS（正火） 220～250HBS（调质） 46～57HRC（表面）	CB3463、CA6140、C61200等重型车床主轴
4	（1）在滚动轴承中运转；（2）中等载荷，转速略高；（3）精度要求较高；（4）交变、冲击载荷较小	40Cr 40MnB 40MnVB	整体淬火	40～45HRC	滚齿机、组合机床的主轴
			调质后局部淬硬	220～250HBS（调质） 46～51HRC（局部）	
5	（1）在滑动轴承中运转；（2）中或重载荷，转速略高；(3)精度要求较高；(4)有较高的交变、冲击载荷	40Cr 40MnB 40MnVB	调质后轴颈表面淬火	220～280HBS（调质） 46～55HRC（表面）	铣床、M7475B磨床砂轮主轴
6	（1）在滚动或滑动轴承内运转；（2）轻、中载荷、转速较低	50Mn2	正火	≤241HBS	重型机床主轴
7	（1）滑动轴承中运转；（2）中等或重载荷；（3）要求轴颈部分有更高的耐磨性；（4）精度很高；（5）交变应力较大，冲击载荷较小	65Mn	调质后轴颈和头部局部淬火	56～61HRC （轴颈表面） 50～55HRC（头部）	M1450磨床主轴
8	工作条件同上，但表面硬度要求更高	GCr15 9Mn2V	调质后轴颈和头部淬火	250～280HBS（调质） ≥59HRC（局部）	MQ1420，MB1432A磨床砂轮主轴
9	（1）在滑动轴承中运转；（2）重载荷，转速很高；（3）精度要求极高；（4）有很高的交变、冲击载荷	38CrMoAl	调质后渗氮	≤260HBS（调质）≥850HV（渗氮表面）	高精度磨床砂轮主轴，T68镗杆，T4240A坐标主轴
10	（1）在滑动轴承中运转；（2）重载荷，转速很高；（3）高的冲击载荷；（4）很高的交变应力	20CrMnTi	渗碳淬火	≥59HRC（表面）	Y7163齿轮磨床、CG1107车床、SG8630精密车床主轴

3．M131W万能磨床砂轮主轴选材

（1）工作条件及材料选用　M131W万能磨床是用于磨削1～2级精度圆柱或圆锥形的外圆或内孔，磨床砂轮主轴（如图14-6所示）的精度将直接关系到机床的加工精度。砂轮主轴是用来传递动力和承受弯曲、扭转、冲击等载荷的零件，要求具有较高的强度；同时，砂轮主轴与滑动轴承相配合，由于主轴转速高而导致轴颈与轴瓦磨损严重，故要求轴颈具有较高的硬度和耐磨性；另外，砂轮在装拆过程中易使主轴锥孔或外圆锥面拉毛，影响加工精度，所以要求这些部位具有一定的耐磨性。

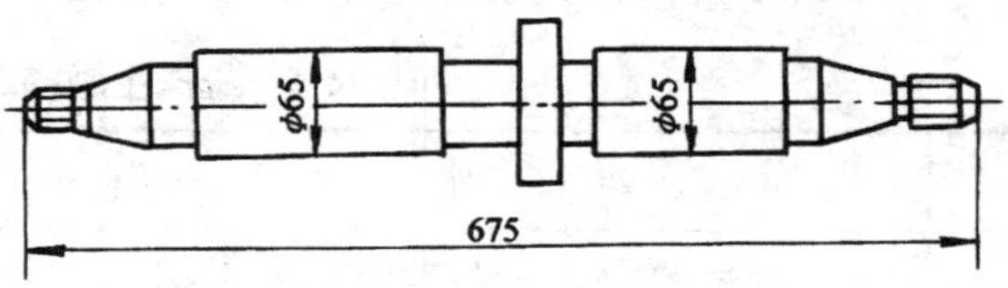

图14-6　磨床主轴简图

由上可见，为了保证磨床的加工精度，对主轴主要考虑其耐磨性，其次应保证必要的强度。根据以上要求，选择65Mn最为合适。

（2）加工工艺路线及分析　砂轮主轴的加工路线为：

下料→锻造→退火→粗加工→调质处理→精加工→表面淬火→粗磨→低温人工时效→精磨

退火的目的是消除锻造应力及组织不均匀性，降低硬度，改善加工性。

调质处理是为了提高主轴的综合性能，以满足心部的强度要求，同时在表面淬火时能获得均匀的硬化层。

表面淬火是为了使轴颈和外圆锥部分获得高硬度，提高耐磨性。

人工时效的作用是进一步稳定淬硬层组织和消除磨削应力，以减少主轴的变形。

思考题与习题

1．什么是零件的失效？失效形式主要包括哪些？最危险的失效形式是什么？传动齿轮、传动轴常见失效形式有哪些？

2．选择零件材料应遵循哪些原则？运用手册选材时应注意哪些问题？

3．零件选材的经济性应如何考虑？

4．选择毛坯制造工艺技术时主要考虑哪些因素？

5．机械制造技术系统包括哪些内容？

6．机床变速箱齿轮多采用调质钢制造，而汽车、拖拉机变速箱齿轮多采用渗碳钢制造，为什么？

7．有一根 ϕ30mm×300mm 的轴，要求摩擦部分硬度为 53～55HRC，现选用 30 钢来制造，经调质处理后表面高频淬火（水冷）和低温回火，使用过程中发现摩擦部分严重磨损，试分析失效的原因，并提出解决办法。

8．指出下列工件在选材与制定热处理技术条件中的错误，并说明其理由及改正意见。

工作及要求	材料	热处理技术条件
表面耐磨的凸轮	45 钢	淬火、回火 60～63HRC
直径 30mm，要求良好综合力学性能的传动轴	40Cr	调质 40～45HRC
弹簧（丝径 ϕ15mm）	45 钢	淬火、回火 55～60HRC
板牙（M12）	9SiCr	淬火、回火 50～55HRC
转速低，表面耐磨性及心部强度要求不高的齿轮	45 钢	渗碳淬火 58～62HRC
钳工凿子	T12A	淬火、回火 60～62HRC
传动轴（直径 100mm，心部 σ_b＞500MPa）	45 钢	调质 220～250HBS
直径 70mm 的拉杆，要求截面上性能均匀，心部 σ_b＞900MPa	40Cr	调质 200～230HBS
直径 5mm 的塞规，用于大批量生产，检验零件内孔	T7 或 T8	淬火、回火 62～64HRC

第三篇　机械加工工艺基础

第十五章　金属切削加工的基础知识

金属切削加工是指用切削工具从毛坯（如铸件、锻件、焊接结构件或型材等坯料）上切去多余部分，获得符合图样要求的零件的加工过程。其主要方法有车、钻、刨、铣、磨及螺纹、齿轮加工等。这些切削加工方法在切削过程、切削运动和切削刀具等很多方面都有共同的现象和规律。掌握这些规律是进一步学习各种切削加工方法的基础。

第一节　切削运动及切削要素

一、零件表面的形成

机械零件的形状很多，但分析起来，组成零件的表面主要有以下几种（见图 15-1）。

圆柱面是以直线为母线，以圆为轨迹，且母线垂直于轨迹所在平面作旋转运动时所形成的表面（见图 15-1a）。

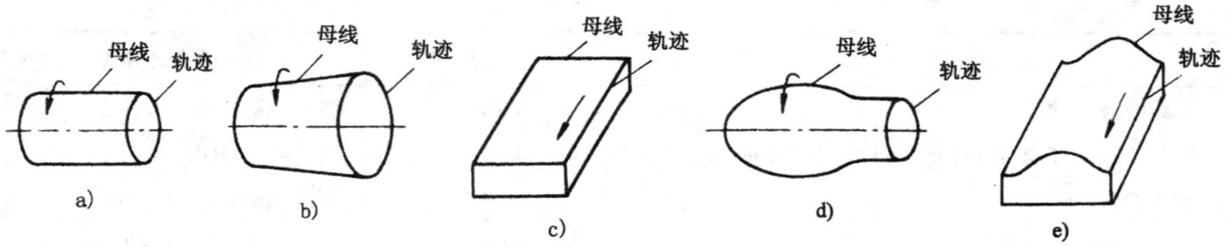

图 15-1　表面的形成

圆锥面是以直线为母线，以圆为轨迹，且母线与轨迹所在平面相交成一定角度作旋转运动时形成的表面（见图 15-1b）。

平面是以直线为母线，以另一直线为轨迹作平移运动时所形成的表面（见图 15-1c）。

成形面是以曲线为母线，以圆为轨迹作旋转运动或以直线为轨迹作平移运动时所形成的表面（见图 15-1d，e）。

二、切削运动

零件表面都是靠刀具与工件之间一定的相对运动，即切削运动而形成的。按切削运动的作用可分为主运动（图 15-2 中的Ⅰ运动）和进给运动（图 15-2 中的Ⅱ运动）两类。

主运动是切屑被切下所需要的最基本的运动，是形成机床切削速度或消耗主要动力的切削运动，其形式有旋转运动和直线往复运动两种；进给运动是使刀具连续切下金属层所需要的运动，通常它的速度较低，消耗动力较少，其形式也有旋转和直线运动两种，而且既可连续，也可间歇。

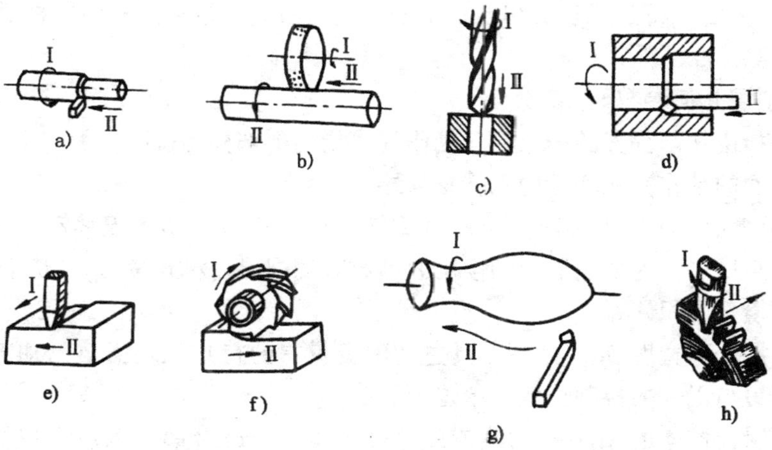

图 15-2　切削运动

a）车外圆面　b）磨外圆面　c）钻孔　d）车床上镗孔　e）刨平面　f）铣平面　g）车成形面　h）铣成形面

工件在切削过程中将形成三种表面（如图 15-3 所示）：待加工表面（工件上有待切除之表面）；已加工表面（工件上经刀具切削后产生的表面）；过渡表面（由切削刃形成的那部分表面）。

三、切削要素

切削要素包括切削用量和切削层的几何参数（见图 15-3）。

（一）切削用量

在一般的切削加工中，切削用量包括切削速度、进给量和背吃刀量。

1. 切削速度 v_c　在切削加工时，切削刃上选定点相对于工件的主运动瞬时速度。即在单位时间内，工件和刀具沿主运动方向的相对位移，单位为 m/s。

若主运动为旋转运动（车、钻、镗、铣、磨削加工）时，切削速度为加工表面最大线速度：

$$v_c = \pi d_W n/(1000 \times 60)$$

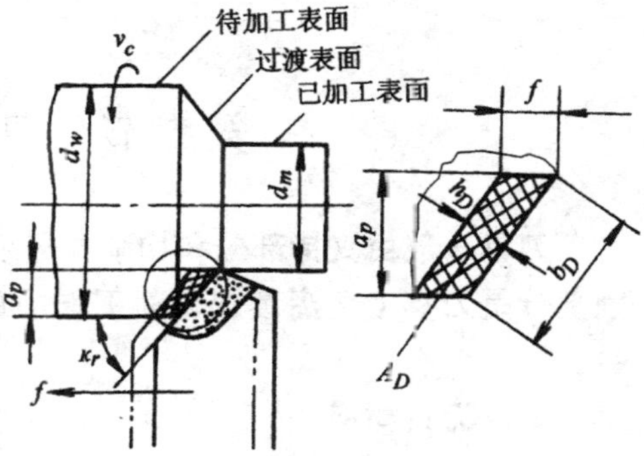

图 15-3　车外圆的切削要素

若主运动为往复直线时，则常以往复运动的平均速度作为切削速度：

$$v_c = 2Ln/(1000 \times 60)$$

式中　n——主轴转速或主运动每分钟的往复次数（r/min 或 dstr/min）；

d_W——工件待加工表面直径或刀具最大直径（mm）；

L——工件或刀具作往复运动的行程长度（mm）。

2. 进给量 f　在主运动的一个循环内，刀具在进给运动方向上相对工件的位移量。可用刀具或工件每转或每行程的位移量来表述和度量。如车削时，进给量 f 为工件旋转一周，车刀沿进给方向移动的距离（mm/r）；刨削时，进给量 f 为刨刀（或工件）每往复一次，工件（或刨刀）沿进给方向移动的距离（mm/dstr）；铣削时，由于铣刀是多齿刀具，还规定了每齿进给量 f_z（mm/z），而每转进给量 f（mm/r）。

3. 背吃刀量 a_p　待加工表面和已加工表面之间的垂直距离。车削圆柱面时，a_p 为该次切除余量的一半。

（二）切削层几何参数

切削层是指由切削部分的一个单一动作（或指切削部分切过工件的一个单程，或指只产生一圈过渡表面的动作）所切除的工件材料层。

如图 15-3 所示，车削外圆时，工件每旋转一周，车刀主切削刃移动一个进给量 f，车刀所切下来的金属层称为切削层。切削层的参数有切削层公称宽度 b_D、切削层公称厚度 h_D 和切削层公称横截面积 A_D。

（1）切削层公称宽度 b_D　是沿刀具主切削刃量得的待加工表面至已加工表面之间的距离，即主切削刃与工件的接触长度，单位为 mm。

（2）切削层公称厚度 h_D　是刀具或工件每移动一个进给量 f 以后，主切削刃相邻两位置间的垂直距离，单位为 mm。

车削外圆时，切削层公称宽度 b_D、切削层公称厚度 h_D 与进给量 f、背吃刀量 a_p 之间的关系是

$$b_D = a_p/\sin\kappa_r$$

$$h_D = f\sin\kappa_r$$

式中　κ_r——主偏角（见图 15-3）。

（3）切削层公称横截面积 A_D　切削层在切削层尺寸平面里的实际横截面积，简称切削面积，单位为 mm^2。车削外圆时

$$A_D \approx a_p \quad f \approx b_D h_D$$

第二节　刀具材料及刀具几何形状

刀具一般由夹持部分和切削部分组成。夹持部分是用来将刀具夹固在机床上的部分；切削部分是刀具上直接参加切削工作的部分，应具备良好的物理、力学性能及合理的几何参数。

一、刀具材料

（一）刀具材料应具备的性能

在切削过程中，刀具的切削部分要承受高的温度、较大的压力、摩擦、冲击与振动，因此刀具切削部分的材料应具备以下性能：

1）较高的硬度，刀具材料的硬度必须高于工件材料的硬度，一般应在 60HRC 以上。

2）足够的强度和韧性，以承受切削力、冲击和振动。

3）较高的耐磨性，以减少切削过程中的磨损。

4）热硬性，一般用热硬温度表示。

5）较好的工艺性，以便于刀具的制造。

（二）常用的刀具材料

（1）工具钢　第六章已介绍非合金（碳素）工具钢、合金工具钢和高速工具钢的性能特点及应用范围。其中高速工具钢特别适用于制造各种结构复杂的孔加工刀具和成形刀具，如钻头、拉刀、铣刀、螺纹刀具、齿轮刀具、成形车刀等。高速工具钢可用于加工的材料也较

为广泛，包括非合金钢、铸铁、各类合金钢和特殊性能钢、非铁金属材料等。我国目前主要应用的高速工具钢是 W6Mo5Cr4V2、W18Cr4V 和 W9Mo3Cr4V，由于 W9Mo3Cr4V 具有前两种钢的共同优点，并且比 W18Cr4V 热塑性好，过热和脱碳倾向比 W6Mo5Cr4V2 小，硬度较高，故得到越来越广泛的应用。

（2）硬质合金　硬质合金是用具有高耐磨性和高耐热性的金属碳化物（WC、TiC 等）的粉末作基体，以金属 Co 等作粘结剂，用粉末冶金法制成的一种合金。硬质合金的硬度为 89～93HRA（相当于 74～82HRC），耐磨性好；热硬性温度为 850～1000℃，允许的切削速度比高速钢高数倍，但其强度和韧性均低于高速钢，工艺性也低于高速钢。因此，硬质合金通常只做成各种型式的刀片，经焊接或机械夹固在车刀、端铣刀等的刀体上使用，很少制成整体刀具。

硬质合金一般分为两大类：一类是由 WC 与 Co 组成的钨钴类（YG 类）；一类是由 WC、TiC 与 Co 组成的钨钛钴类（YT 类）。

YG 类硬质合金韧性较好，但切削韧性材料时耐磨性较差，因此它适于加工铸铁、青铜等脆性材料。常用牌号有 YG3、YG6、YG8 等，其中数字表示 Co 的含量，如 YG6 表示 $w_{Co}=6\%$，$w_{WC}=94\%$的钨钴类硬质合金。

YT 类硬质合金由于 TiC 的加入使之硬度、耐热性比 YG 类高，并且在切削韧性材料时较耐磨，但韧性低，故适用于加工钢件。常用的牌号有 YT5、YT15、YT30 等，其中数字表示 TiC 含量的百分率。

在以上两类硬质合金中，碳化物含量越多、韧性越小，而耐磨性和耐热性越高；Co 的含量越高，则强度、韧性越高，而硬度、耐磨性越低，因此含 Co 量多的牌号宜用于粗加工。

切削加工用硬质合金按其切屑排出形式和加工对象的范围分为三个主要类别，分别以类别代号 P、M、K 表示（见表 15-1）。

P——适于加工长切屑的钢铁材料，以蓝色作标志；

M——适于加工长切屑或短切屑的钢铁材料和非铁金属材料，以黄色作标志；

K——适于加工短、切屑的钢铁材料、非铁金属材料及非金属材料，以红色作标志。

根据被加工材料及适应的加工条件的不同，进一步将硬质合金按用途进行分组，其代号由类别代号加一组数字组成，见表 15-1 所示。每一类别中，数字越大，耐磨性越低而韧性越高。

表 15-1　切削加工用硬质合金的应用范围

代号	被加工材料	适应的加工条件
P01	钢、铸钢	高切削速度、小切屑截面、无振动条件下的精车、精镗
P10	钢、铸钢	高切削速度、中等或小切屑截面条件下的车削、仿形车削、车螺纹和铣削
P20	钢、铸钢、长切屑可锻铸铁	中等切削速度和中等切屑截面条件下的车削、仿形车削和铣削，小切屑截面的刨削
P30	钢、铸钢、长切屑可锻铸铁	中或低等切削速度、中等或大切屑截面条件下的车削、铣削、刨削和不利条件下的加工
P40	钢、含砂眼和气孔的铸钢件	低切削速度、大切削角、大切屑截面以及不利条件下的车削、刨削、切槽和自动机床上的加工

（续）

代号	被加工材料	适应的加工条件
P50	钢、含砂眼和气孔的中和低强度钢铸件	用于要求刀具有高韧性的工序：在低切削速度、大切削角、大切屑截面及不利条件下的车削、刨削、切槽和自动机床上的加工
M10	钢、铸钢、锰钢、灰铸铁和合金铸铁	中或高切削速度、小或中等切屑截面条件下的车削
M20	钢、铸钢、奥氏体钢或锰钢、灰铸铁	中等切削速度、中等切屑截面条件下的车削、铣削
M30	钢、铸钢、奥氏体钢、灰铸铁、耐高温合金	中等切削速度、中等或大切屑截面条件下的车削、铣削、刨削
M40	低碳易切钢、低强度钢、有色金属和轻合金	车削、切断，特别适于自动机床上的加工
K01	特硬灰铸铁、肖氏硬度大于85的冷硬铸铁、高硅铝合金、淬硬钢、高耐磨塑料、硬纸板、陶瓷	车削、精车、镗削、铣削、刮削
K10	灰铸铁（＞220HBS）、短切屑的可锻铸铁、淬硬钢、硅铝合金、铜合金、塑料、玻璃、硬橡胶、硬纸板、瓷器、石料	车削、铣削、钻削、镗削、拉削、刮削
K20	灰铸铁（＜220HBS）、铜、黄铜、铝	用于要求刀具有高韧性的车削、铣削、刨削、镗削、拉削
K30	低硬度灰铸铁、低强度钢、压缩木料	用于在不利条件下可能采用大切削角的车削、铣削、刨削、切槽加工
K40	软木或硬木、有色金属	用于在不利条件下可能采用大切削角的车削、铣削、刨削、切槽加工

切削用硬质合金用途分组代号与硬质合金牌号的对照见表15-2。

表15-2　切削用硬质合金牌号与用途分组代号对照表

用途分组代号	硬质合金牌号	用途分组代号	硬质合金牌号	用途分组代号	硬质合金牌号
P01	YT30、YN10	M10	YW1	K01	YG3X
P10	YT15	M20	YW2	K10	YG6X、YG6A
P20	YT14			K20	YG6、YG3N
P30	YT5			K30	YG8N、YG8

（三）新型刀具材料简介

为了加工高强度、高硬度的难加工材料以及提高加工精度，近年来研制出一些新型的刀具材料。

1．陶瓷材料　陶瓷刀具材料的主要成分是Al_2O_3，然后再加入耐高温的金属碳化物WC、TiC等而制成。陶瓷刀具的硬度可达90～95HRA，耐热温度达1200～1450℃，允许切削速度比硬质合金高。但抗弯强度低，冲击韧性差，主要用于精加工。

2．人造金刚石　是在高温、高压及其他条件配合下由石墨制成，硬度极高，维氏硬度可达10000HV，而硬质合金仅达1000～2000HV，热硬温度为700～800℃。人造金刚石不但可以加工硬度高的硬质合金、陶瓷、玻璃等材料，还可加工有色金属及其合金；但不宜加工钢铁材料，这是由于铁和碳原子的亲合力强，易产生粘结作用而加速刀具磨损所致。

3. 立方氮化硼（CBN） 是人工合成的高硬度材料，硬度仅次于人造金刚石，维氏硬度可达7300～9000HV，热硬性和化学稳定性都高于金刚石，在1300～1500℃仍能保持高的硬度，切削性能好；但其脆性大，焊接性差。立方氮化硼适于精加工难加工材料和耐热钢等。

（四）车刀的选材

车刀主要是用来加工回转体类工件的。由于切削速度较高，因而刀具与工件间的摩擦剧烈；另外，切削速度越高，刀具温度越高。因此，要求刀具具有高的硬度和耐磨性、优良的热硬性以及足够的强度和韧性。

基于上述条件，一般制造车刀的材料选用高速工具钢和硬质合金两大类。但当工作条件要求不高，即切削速度较低、被切削材料硬度不太高时也可用合金刃具钢。

切削加工铸铁、轻合金以及硬度在300～320HBS的结构钢，切削速度在25～55m/min，承受大的冲击、形状复杂的车刀，一般可采用高速工具钢制造。

加工马氏体不锈钢、超高强度钢、钛合金等难加工材料，切削速度在30～90m/min，且承受大的冲击、外形较复杂的车刀可选用超硬高速钢W6Mo5Cr4V2Al等来制造。

在切削速度为100～300m/min，被切削材料为铸铁、非铁金属及非金属材料时，车刀可选用钨钴类硬质合金或通用硬质合金如YG8、YW1等来制造；而当被切削材料为低碳钢或淬火钢等难加工材料时，可选用钨钛钴类硬质合金或通用硬质合金如YT5、YW1等来制造；当切削速度低时（8～10m/min），被切削材料为一般金属材料，如铸铁、有色金属以及一般结构钢时，可选用合金刃具钢如Cr2钢等来制造。

二、刀具角度

切削刀具的种类很多，形状多种多样，但其切削部分的几何形状却有许多共同特征。各种多齿刀具和复杂刀具都可看作是以外圆车刀切削部分的演变和组合。下面以最简单、最典型的外圆车刀为例，进行分析和研究。

（一）车刀切削部分的组成

图15-4为车刀结构。车刀切削部分由三个刀面、二个切削刃、一个刀尖组成。

（1）前面 A_r 刀具上切屑流过的表面。

（2）主后面 A_a 刀具上与工件的过渡表面相对的表面。

（3）副后面 A'_a 刀具上与工件的已加工表面相对的表面。

（4）主切削刃 S 前刀面与主后刀面的交线，切削时它完成主要切削工作。

（5）副切削刃 S' 前刀面与副后刀面的交线，切削时起辅助切削作用。

（6）刀尖 指主切削刃和副切削刃的连接处相当少的一部分切削刃，是一段过渡圆弧。

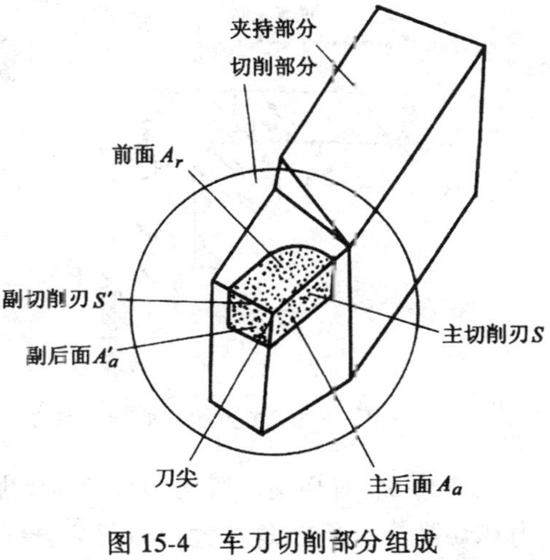

图15-4 车刀切削部分组成

（二）辅助平面

为了便于确定车刀刀面在空间的位置以及设计和测量刀具角度，需要做出几个辅助平面，以建立刀具静止和工作参考系，如图15-5所示。

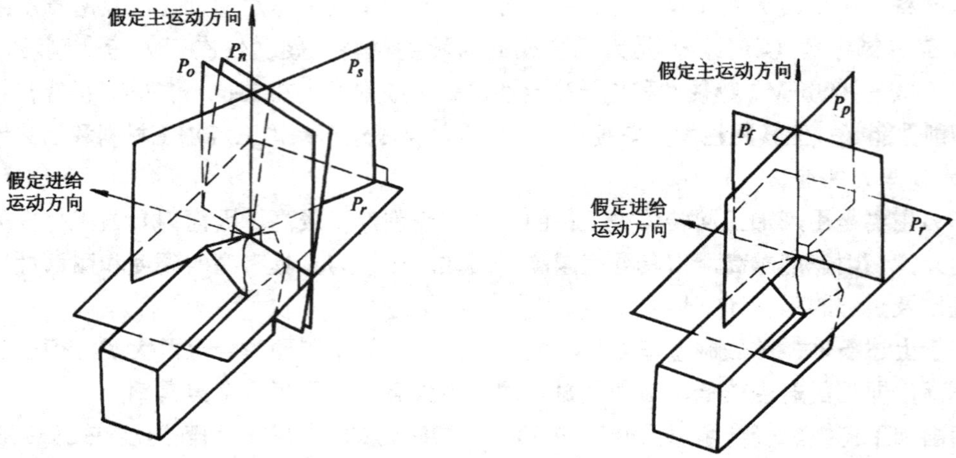

图 15-5　刀具静止参考系的平面

(1) 基面 P_r　通过主切削刃上选定点并垂直于假定的主运动方向的平面。

(2) 切削平面 P_s　通过主切削刃选定点与主切削刃相切，并垂直于基面的平面。

(3) 正交平面 P_o　通过主切削刃上选定点并同时垂直于基面和切削平面的平面。

(4) 法平面 P_n　通过主切削刃上选定点并垂直于切削刃的平面。

(5) 假定工作平面 P_f　通过主切削刃选定点，并垂直于基面，一般其方位要平行于假定的进给运动方向。

(6) 背平面 P_p　通过主切削刃选定点，并垂直于基面和假定工作平面的平面。

(三) 车刀的主要标注角度

车刀的标注角度是绘制刀具图样和车刀刃磨必须要掌握的角度，有五个主要角度，即前角、后角、主偏角、副偏角、刃倾角（图 15-6）。

(1) 前角 γ_0　在正交平面中，前面与基面之间的夹角。根据前面与基面相对位置的不同、前角又可分为正前角、零前角、负前角（图 15-7）。

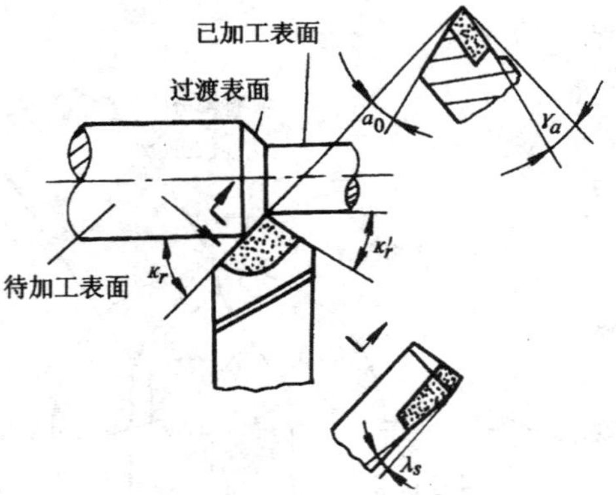

图 15-6　车刀的主要标注角度

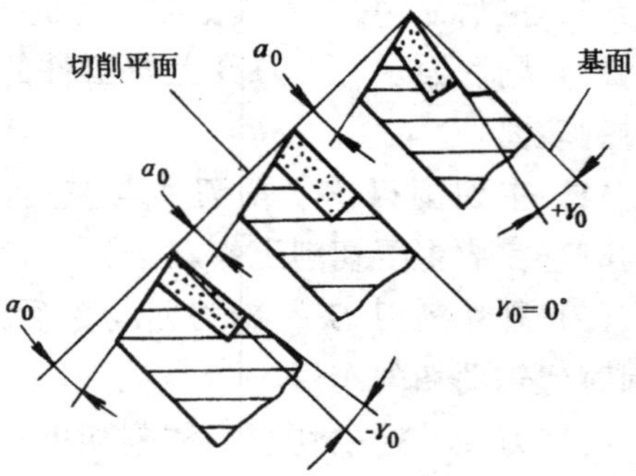

图 15-7　前角的正与负

前角 γ_0 对切削的难易程度有很大影响。增大前角能使刀刃锋利，切削容易，降低切削力和切削热；但前角过大，刀刃部分强度下降，导热体积减小，寿命缩短。

前角大小的选择与工件材料、刀具材料、加工要求等因素有关。工件材料的强度、硬度低，前角应选择的大些，反之选小些；刀具材料韧性好，前角可选得大些，反之选小些；精加工时，前角应选得大些，反之选小些。通常硬质合金车刀的前角 γ_0 在 $-5°\sim+20°$ 的范围内。

（2）后角 α_0　在正交平面中，主后面与切削平面之间的夹角。后角的作用是为了减小后刀面与工件之间的摩擦和减少后刀面的磨损。精加工时取较大后角，一般为 $8°\sim12°$；粗加工时取较小后角，一般为 $5°\sim7°$。

（3）主偏角 κ_r　在基面中，主切削平面与假定工作平面之间的夹角。主偏角 κ_r 的大小影响切削条件和刀具寿命。当切削力一定时，增大主偏角可减小径向的抗力，所以，加工刚性较弱的细长轴时，可适当选用较大主偏角。在进给量和背吃刀量一定时，减小主偏角可使主切削刃相对长度上的切削力减小，从而使刀具寿命提高。车刀常用的主偏角有 45°、60°、75°和 90°四种。

（4）副偏角 κ'_r　在基面中，副切削平面与假定工作平面之间的夹角。副偏角 κ'_r 的大小主要影响表面粗糙度，一般为 $5°\sim15°$。粗加工取较大些，精加工时取小些。

（5）刃倾角 λ_s　在切削平面中，主切削刃与基面间的夹角。与前角类似，刃倾角也有正、负和零值（图 15-8）。

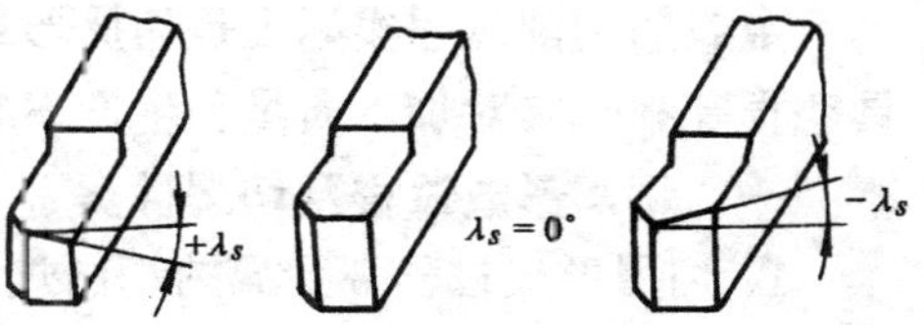

图 15-8　刃倾角的正与负及影响

刃倾角 λ_s 主要影响刀头的强度和切屑流动的方向。车刀的刃倾角 λ_s 一般在 $-5°\sim+5°$ 范围内。粗加工时为了增加刀头强度，λ_s 常取负值；精加工时为了防止切屑划伤已加工表面，λ_s 常取正值或零值。

（四）车刀的工作角度

在实际的切削过程中，由于车刀的安装位置和进给运动的影响，上述车刀的标注角度会发生一定的变化，角度变化的原因是由于切削平面、基面和正交平面的实际位置改变而引起的。刀具在切削过程中的实际切削角度，称为工作角度，即分为工作前角 γ_{0e}、工作后角 α_{0e}、工作主偏角 κ_{re}、工作副偏角 κ'_{re}。

如图 15-9 所示，车削外圆时，若刀尖高于工件的回转轴线，则工作前角 $\gamma_{0e}>\gamma_0$，而工作后角 $\alpha_{0e}<\alpha_0$；反之，若刀尖低于工件的回转轴线，则工作前角 $\gamma_{0e}<\gamma_0$，工作后角 $\alpha_{0e}>\alpha_0$。

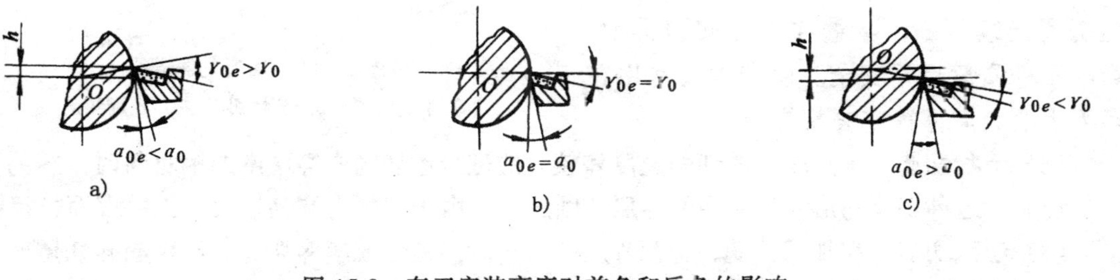

图 15-9　车刀安装高度对前角和后角的影响

a）偏高　b）等高　c）偏低

如图 15-10 所示，当车刀刀杆与进给方向不垂直时，则工作主偏角 κ_{re} 与工作副偏角 κ'_{re} 将发生变化，当相互垂直时，则 $\kappa_{re}=\kappa_r$，$\kappa'_{re}=\kappa'_r$。

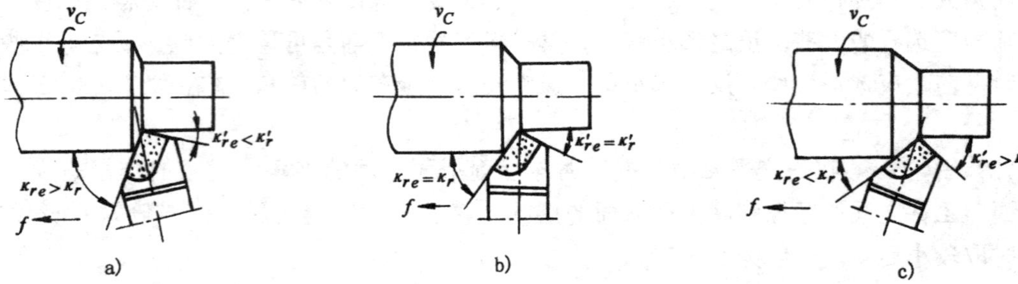

图 15-10 刀杆安装对主偏角和副偏角的影响

a) 刀杆后倾 b) 刀杆垂直 c) 刀杆前倾

第三节 金属的切削过程

金属的切削过程实际上是切屑形成过程。在这个过程中切削力、切削热、加工硬化和刀具磨损等都直接对加工质量和生产率有很大影响。

一、切屑形成过程及切屑种类

1. 切屑形成过程 金属的切削过程是被切削金属层在刀具切削刃和前面的挤压作用下而产生剪切、滑移变形的过程。切削金属时：①切削层金属受到刀具的挤压开始产生弹性变形；②随着刀具的推进，应力、应变逐渐加大，当应力达到材料的屈服强度时产生塑性变形；③刀具再继续切入，当应力达到材料的抗拉强度时，金属层被挤裂而形成切屑。实际上，由于加工材料性能与切削条件等不同，上述过程的三个阶段不一定能完全显示出来。

2. 切屑的种类 工件材料的塑性不同，刀具角度及切削用量不同，会形成不同类型的切屑，并对切削加工有不同的影响，常见切屑分为三类（图 15-11）。

(1) 带状切屑 使用较大前角的刀具、较高的切削速度和较小的进给量切削塑性材料时，容易形成带状切屑。形成带状切屑时，切削中切削力和切削热均较小，切削过程较平稳，加工表面较光洁，但切屑连续不断，会缠在工件或刀具上，影响工件质量且不安全。生产中通常用在车刀上磨断屑槽等方法断屑。

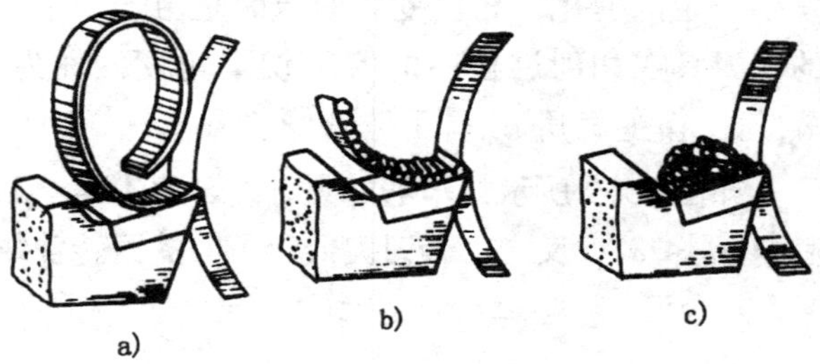

图 15-11 切屑的种类

a) 带状切屑 b) 节状切屑 c) 崩碎切屑

(2) 节状切屑 采用较低的切削速度和较大的进给量切削中等硬度的钢材料时，容易形成节状切屑。这种切屑的形成是典型的金属切削过程。由于切削力波动较大，工件表面较粗糙。

(3) 崩碎切屑 在加工铸铁、青铜等脆性材料时，易形成崩碎切屑。产生崩碎切屑时切削力和切削热都集中在主切削刃和刀尖附近，刀尖易磨损，容易产生振动，影响加工表面质量。

二、积屑瘤

切削塑性好的金属时，在刀具切削刃附近前面上粘结一个金属楔块，称之为积屑瘤，如图 15-12 所示。

1. 积屑瘤的形成　切削塑性金属时，在一定的切削条件下，随着切屑和刀具前刀面温度的提高，压力的增大，摩擦阻力增大，使切削刃处的切屑底层流速降低，当摩擦阻力超过这层金属与切屑本身分子间的结合力时，这部分金属便粘附在切削刃附近，形成楔形的积屑瘤。

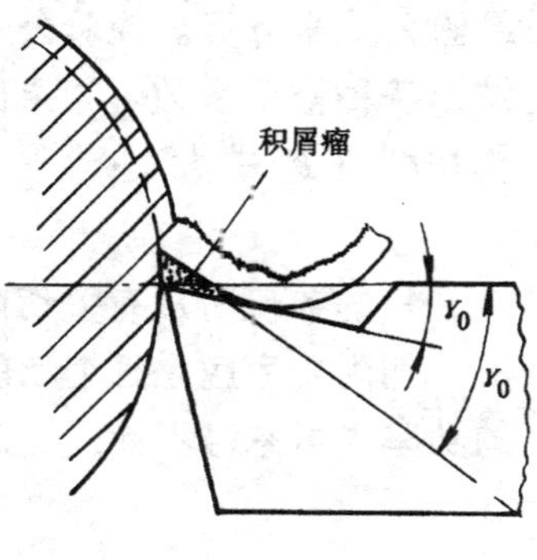

图 15-12　积屑瘤

2. 积屑瘤对切削过程的影响　积屑瘤经过强烈的塑性变形而被硬化，其硬度很高，可代替切削刃进行切削，起到保护切削刃的作用。同时积屑瘤增大了刀具实际工作前角，使切削轻快，因此粗加工时可利用积屑瘤。但是积屑瘤是不稳定的，不断产生和脱落，其顶端伸出切削刃之外，使背吃刀量不断变化，影响尺寸精度，并导致切削力变化，引起振动。另外，积屑瘤使表面粗糙度增大，所以，精加工时应避免产生积屑瘤。

3. 避免积屑瘤的措施　采用低速（2～5m/min）或高速（>75m/min）切削，减小进给量，增大刀具前角，降低前面粗糙度值，合理使用切削液，适当降低材料塑性等，都是防止积屑瘤产生的有效措施。

三、切削力和切削功率

1. 切削力的形成与分解　在切削过程中，刀具要克服材料的变形抗力，克服与工件及切屑的摩擦力，才能进行切削，这些力的合力就是实际的切削力。

在实际加工中，总的切削力受工艺系统的影响，它的方向和大小都不易测定，为了适应设计和工艺分析的需要，一般不直接研究总切削力，而是研究它在一定方向上的分力。

以外圆切削为例，总切削力 F_r 可以分解为以下三个互相垂直的分力（图 15-13）。

(1) 切削力 F_c　总切削力 F_r 在主运动方向上的正投影，它垂直于工作基面，和切削速度方向相同，故又称切向力。其大小约占总切削力的 80%～90%，消耗的机床功率也最多，约占车削总功率的 90% 以上，是计算机床动力、主传动系统零件强度和刚度的主要依据。作用在刀具上的切削力过大时，可能使刀具崩刃；其反作用力作用在工件上，过大时就发生闷车现象。

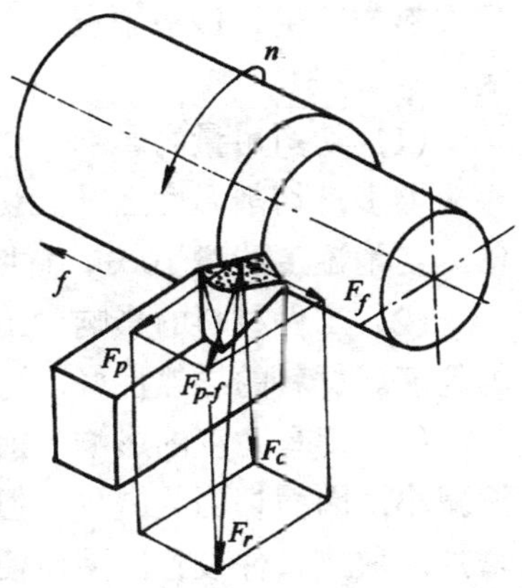

图 15-13　切削力的分解

(2) 进给力 F_f　总切削力 F_r 在进给方向上的正投影。它投影在工作基面上，并与工件轴线相平行，故又称为轴向力。F_f 是设计和验算进给机构所必需的数据，一般消耗总功率的 1%～5%。

(3) 背向力 F_p　是总切削力 F_r 在垂直于工作平面方向上的分力，投影在工作基面上，并与工件轴线垂直，故又称为径向力。因为切削时这个方向上运动速度为零，所以 F_p 不做功。但其反作用力作用在工件上，容易使工件弯曲变形，特别是对于刚性较弱的工件尤为明显，所以，应当设法减少或消除 F_p 的影响。如车细长轴时，常用 $\kappa_r = 90℃$ 的偏刀，就是为了减小 F_p。

总切削力 F_r 与三个互相垂直的切削分力之间的关系：

$$F_r = \sqrt{F_c^2 + F_f^2 + F_p^2}$$

2. 切削力与切削功率的计算　在实际应用中，切削力 F_c 可用测力仪直接测出，也可用经验公式来计算。经验公式是建立在大量实验基础上，并根据影响主切削力的各个因素，总结出各种修正系数。如果已知单位切削面积 A_D 上的切削力 F_c（单位 N/mm²），可用下式估算切削力 F_c 的大小：

$$F_c = FA_D = Fa_pf(\mathrm{N})$$

F 的数值可从有关切削手册中查得。

切削功率应是三个切削分力消耗功率的总和。但在车削外圆时，F_p 不作功，F_f 所消耗的功率也可忽略不计，因此，切削功率 P_m（单位 kW）可用下式计算：

$$P_m = F_cv_c10^{-3}\ (v_c \text{的单位 m/s})$$

或

$$P_m = F_cv_c/(1000\times60)\ (v_c \text{的单位 m/min})$$

四、切削热和切削温度

1. 切削热的产生与传散　在切削过程中，绝大部分的切削功都转变成热，这些热称为切削热。切削热的主要来源是被切削层金属的变形、切屑与刀具前面的摩擦和工件与刀具后面的摩擦。

切削热通过切屑、刀具、工件和周围介质传散。各部分传热的比例取决于工件材料、切削速度、刀具材料及其几何形状、加工方式以及是否使用切削液等。例如，不用切削液车削钢料外圆时，由切屑传出的热约占 50%～80%，刀具吸收的热约占 4%～10%，工件吸收的热约占 9%～30%，由周围介质传出的热量约占 1%；而钻削钢料时切削热的 52% 传入钻头。

2. 切削温度及其影响因素　切削温度是指切削区的平均温度。切削温度的高低取决于切削热的产生和传散情况，它受切削用量、工件材料、刀具材料及其几何形状等因素的影响。

（1）切削用量的影响　增大切削用量，单位时间内的金属切除量增加，产生的切削热也相应增多，切削温度上升。切削速度增加一倍，切削温度约增 20%～30%；进给量增大一倍，切削温度约增 10%；背吃刀量增大一倍，切削温度约增 3%。

（2）工件材料的影响　工件材料的强度及硬度越高，切削中消耗的功越大，切削热产生的越多。材料的导热性好，可以使切削温度降低。

（3）刀具角度的影响　前角和主偏角对切削温度的影响较大。增大前角，切屑变形和摩擦减小，因而切削热减少，但前角过大会使散热面积减小。减小主偏角，将使刀刃工作长度增加，散热条件改善，因而使切削温度降低。

（4）切削液　为了降低刀具和工件的温度，不仅要减少切削热的产生，而且要改善散热条件。使用切削液可以有效地降低温度，同时还可以起润滑、清洗和防锈的作用。

五、刀具磨损和刀具耐用度

在切削过程中，刀具使用一段时间后，切削刃与刀尖由锋利变钝，以致降低生产效率、恶化加工质量，但是经过重新刃磨以后，切削刃恢复锋利，仍可继续使用。刀具从开始切削到完全报废，实际切削时间的总和称为刀具寿命。

1. 刀具磨损形成与过程　刀具磨损分为正常磨损和非正常磨损两大类。

非正常磨损是指刀具在切削过程中突然或过早产生损坏现象，如刀具突然崩刃、刀片破碎、卷刃等，这主要是刀具材料、刀具角度及切削用量选择不合理所引起的。

刀具正常磨损时，按其发生的部位不同可分为三种形式，即后面磨损、前面磨损、前面与后面同时磨损（图 15-14）。

刀具的磨损过程通常分为三个阶段：第一阶段（*OA* 段）称为初期磨损阶段；第二阶段（*AB* 段）称为正常磨损阶段；第三阶段（*BC* 段）称为急剧磨损阶段（图 15-15）。

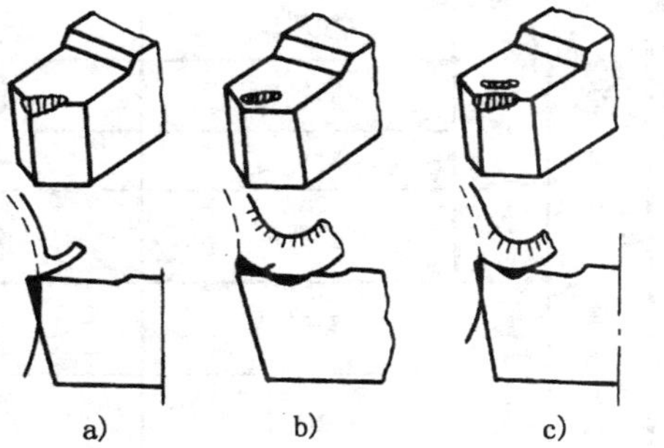

图 15-14　刀具磨损的形成

a）后面磨损　b）前面磨损　c）前、后面同时磨损

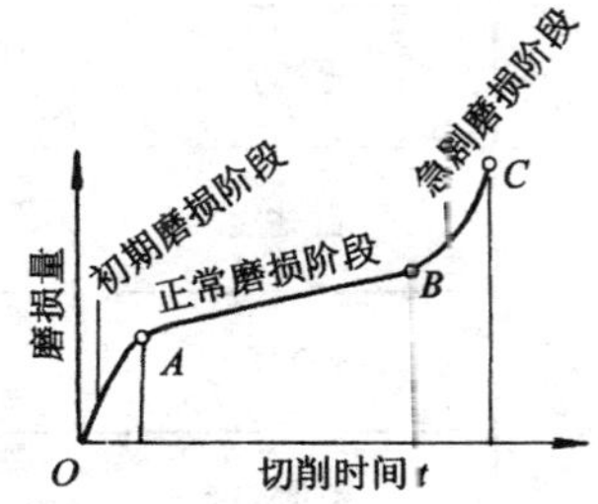

图 15-15　刀具磨损过程

实践证明，在刀具正常磨损阶段后期，急剧磨损阶段之前，换刀重磨最好。

2. 刀具耐用度　刀具耐用度是指两次刃磨之间实际进行切削的时间，以 T（min）表示。通常，硬质合金焊接车刀的耐用度大致为 60min；高速钢钻头的耐用度为 80～120min；硬质合金端铣刀的耐用度为 120～180min；齿轮刀具的耐用度为 200～300min。

第四节　切削加工技术经济分析

切削加工的技术经济性是指在切削加工过程中所投入的劳动量、材料、动力、工具和设备等与生产活动创造出来的劳动成果之比。切削加工最优的技术经济效果，是指在可能的条件下，以最低的成本高效率地加工出质量合格的零件。

一、切削加工主要技术经济指标

切削加工的主要技术经济指标包括零件加工质量、生产率和经济性。

（一）零件加工质量

金属切削加工的质量包括加工精度和表面质量。

1. 加工精度　指零件在加工之后，其尺寸、形状和相互位置等参数的实际数值与它们绝对准确的各个理论参数相符合的程度。相符合的程度越高，即偏差（加工误差）越小，则加工精度越高。加工精度包括零件的尺寸公差、形状公差和位置公差。

(1) 尺寸公差（简称公差）　指允许尺寸的变动量。国家标准 GB1800～1804—79 规定，标准公差分成 20 级，即 IT01、IT0、IT1 至 IT18，IT 表示标准公差。数字越大，精度越低。IT01～IT13 用于配合尺寸，其余用于非配合尺寸。

(2) 形位公差　形状公差和位置公差简称形位公差。它们的作用是控制零件上各要素（点、线、面）的形状及其相互间的方向或位置的加工精度，以保证零件的装配和使用性能。国家标准 GB1182—80 和 GB1183—80 规定的形位公差的项目和符号见表 15-3。

表 15-3 形状和位置公差

分 类	项 目	符 号	分 类		项 目	符 号
形状公差	直线度	—	位置公差	定向	平行度	//
	平面度	▱			垂直度	⊥
	圆 度	○			倾斜度	∠
	圆柱度	⌭		定位	同轴度	◎
	线轮廓度	⌒			对称度	⌯
	面轮廓度	⌓			位置度	⌖
				跳动	圆跳动	↗
					全跳动	⌰

形状公差 指零件上线、面要素在形状上所允许的变动全量，如圆柱面的圆度、圆柱度，平面的平面度等。

位置公差 指零件表面、轴线或对称平面之间的实际位置与理想位置所允许的变动全量，如阶梯轴两圆柱面间的同轴度，两平面间的平行度，一个平面上二孔的孔间距等。

2. 表面质量 表面质量包括零件表面的粗糙度和表面层的物理、力学性能（表层加工硬化的深度和程度、表层残余应力的性质和尺寸）。

（1）表面粗糙度 无论用何种加工方法加工，在零件表面总会留下细微的凹凸不平的刀痕，这些凹凸不平的小峰谷的微观不平度称为表面粗糙度。它主要影响零件的配合性质、疲劳强度、耐磨性、密封性。

国家标准中规定了表面粗糙度的评定参数和评定参数允许的数值。表面粗糙度的评定参数优先选用的是轮廓算术平均偏差 R_a。

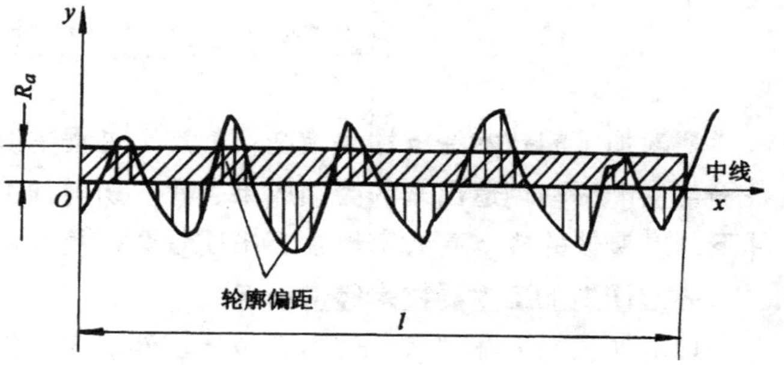

图 15-16 轮廓算术平均偏差

轮廓算术平均偏差 R_a 是指在取样长度 l 内，被测轮廓上各点至轮廓中线偏距 y 的绝对值的算术平均值，如图 15-16 所示。其数学表达式为：

$$R_a = \frac{1}{l}\int_0^l |y(x)| \mathrm{d}x$$

或近似为

$$R_a = \frac{1}{n}\sum_{i=1}^{n} |y_i|$$

表 15-4 列出各种加工方法所能达到的标准公差等级、表面粗糙度（轮廓算术平均偏差 R_a）与旧标准表面光洁度的对照关系。

（2）已加工表面的加工硬化和残余应力 在切削过程中，由于刀具与工件之间的挤压与摩擦，致使已加工表面层的晶粒变形，发生加工硬化。加工硬化常使加工表面伴有微小裂纹，从

表 15-4　各种加工方法与表面粗糙度、标准公差等级的关系

表面要求	加工方法	表面粗糙度 $Ra/\mu m$	旧国际光洁度代号	标准公差	表面特性	应用举例
不加工		$\stackrel{\circ}{\vee}$		IT18～IT14	各种毛坯表面	铸件，锻件，冲件，型材
粗加工	粗车，粗铣，粗刨，粗锉，粗镗，钻	50	▽1	IT13～IT10	明显可见刀纹	静止配合面，底板垫块，垫圈
		25	▽2	IT10	可见刀纹	静止配合面，螺钉不接合面
		12.5	▽3	IT10～IT8	微见刀纹	螺母不接合面
半精加工	半精车，精铣，精刨，拉，绞，锉，精镗，粗磨	6.3	▽4	IT10～IT8	可见加工痕迹	轴，套不接合面
		3.2	▽5	IT8～IT7	微见加工痕迹	要求较高的轴，套不接合面
		1.6	▽6	IT8～IT7	不见加工痕迹	一般轴、套的接合面
精加工	精车，精细车，精铣，精刨，磨，珩磨，刮，高速精铣，宽刀精刨	0.8	▽7	IT8～IT6	可辨加工痕迹方向	要求较高的接合面
		0.4	▽8	IT7～IT6	微辨加工痕迹方向	凸轮轴轴颈，轴承内孔
		0.2	▽9	IT7～IT6	不辨加工痕迹方向	活塞销孔，高速轴颈
光整加工	精密磨削，超精磨，超级光磨，研磨，镜面磨	0.1	▽10	IT7～IT5	暗光泽面	阀面
		0.05	▽11	IT6～IT5	亮光泽面	精密机床主轴颈
		0.025	▽12	IT6～IT5	镜状光泽面	量规
		0.012	▽13	—	雾状镜面	量规
		0.008	▽14	—	镜面	量块

而使零件疲劳强度降低。同时在切削过程中，由于切削力和切削热的作用，在已加工表面层常存在一定的残余应力，这将影响零件的表面质量与使用性能。因此，对重要零件要注意控制其表面加工硬化层的深度和程度，以及表层残余应力的性质与大小。常用方法是加工时粗加工与精加工分开。

（二）切削加工的生产率和经济性

1. 生产率　切削加工的生产率 R 用单位时间内生产合格零件的数量来表示，即

$$R = N/t = 1/t_d$$

式中　N——生产一批合格零件的数量；

t——生产 N 个合格零件所需的总时间；

t_d——生产一个合格零件所需的时间。

在机床上加工一个零件所用的时间 t_d 一般包括三部分，即

$$t_d = t_j + t_f + t_q$$

式中　t_j——基本工艺时间，即加工一个零件所需的总切削时间，也称为机动时间。

t_f——辅助时间，维持基本工艺工作所消耗到各种操作上的时间，主要包括调整机床、开车与停车、空移刀具、装卸和刃磨刀具、安装和找正工件、检验测量等时间。

t_q——其他时间，与加工没有直接关系的时间，包括领取图样、清扫场地等。

由上可知，生产率又可表示为

$$R = 1/(t_j + t_f + t_q)$$

由上式可以看出，提高切削加工的生产率 R，就是设法减少零件加工的基本工艺时间 t_j、辅助时间 t_f 及其他时间 t_q。

2. 经济性　由上述分析可以看出，并非是零件的精度越高切削加工的经济性越好，确定工件精度的原则，是在保证达到技术要求的前提下选用较低的精度等级。另外，产品的制造成本除零件切削加工直接成本外，还包括多项成本，如工人工资、设备维修与折旧、企业管理费用等，本节仅讨论几个与切削过程有关的问题。

二、选择切削用量的一般原则

在实际生产中，切削速度 v_c、进给量 f 和背吃刀量 a_p 均受到加工质量、刀具耐用度、机床动力和刚度等因素影响，不可能任意选取。合理选择切削用量，就是选择 v_c、f、a_p 数值的最佳组合，使之在一定的生产条件下获得合格的加工质量，最高的生产率和最低的生产成本。

粗加工时，应尽快地切去工件的加工余量，同时还要保证规定的刀具耐用度。实践证明，对刀具耐用度影响最大的是切削速度 v_c，影响最小的是背吃刀量 a_p。因此，粗加工应尽可能选取较大的背吃刀量，使加工余量在一次或少数几次进给中切除。切削表层有硬皮的铸、锻件或加工硬化较严重的不锈钢等材料时，应尽量使 a_p 越过硬皮或硬化层深度；其次，在机床、刀具等工艺系统刚度允许的前提下，尽可能选择大的进给量 f；最后，根据工件的材料和刀具材料确定切削速度 v_c。粗加工时，v_c 一般选中、低速。

精加工时，首先应保证零件的加工精度和表面质量，同时也要考虑刀具耐用度和获得较高的生产率。精加工往往采用逐渐减小背吃刀量的方法来逐步提高加工精度。进给量的大小主要依据表面粗糙度的要求来选取。硬质合金刀具常采用较高的切削速度；高速钢刀具则采用较低的切削速度。一般情况下，精加工时选用较小的背吃刀量和进给量，较高的切削速度，这样即可保证加工质量，又可提高生产率。

三、工件材料的切削加工性

1. 材料切削加工性的概念和衡量指标　工件材料的切削加工性是指材料被切削的难易程度。切削加工性的概念具有相对性，所谓某种材料的切削加工好与坏，是相对于另一种材料而言的。另外，具体的加工条件和要求不同，加工的难易程度也有差异。因此，在不同情况下，要用不同的指标来衡量材料的切削加工性。常用的指标主要有：

(1) 一定刀具耐用度下的切削速度 v_T　即当刀具耐用度为 T（min）时，切削某种材料所允许的切削速度。v_T 越高，材料的切削加工性越好。若取 $T=60\text{min}$，则 v_T 可写作 v_{60}。

(2) 相对加工性 K_r　是指各种材料的 v_{60} 与 45 钢（正火）的 v_{60} 之比值，由于把后者的 v_{60} 作为比较的基准，故写作 $(v_{60})_j$，则：

$$K_r = v_{60}/(v_{60})_j$$

材料的切削加工性对生产率和表面质量有很大影响，因此在满足零件使用要求的前提下，应尽量选用加工性较好的材料。

2. 改善材料切削加工性的主要途径　切削加工性能与材料的化学成分、力学性能及显微组织有密切关系。一般认为，硬度在 160～230HBS 范围内切削加工性较好，硬度过高或过低都难于加工；当硬度大于 300HBS 时，切削加工性显著下降；当硬度约为 400HBS 时，切削加工性很差；而当硬度过低时，易形成很大的切屑，缠绕在刀具及工件上，造成刀具发热、磨损，加工后表面粗糙度 Ra 值大，切削性能差。另外，球状碳化物组织比层状碳化物组织的切削加工性好；马氏体和奥氏体的切削加工性很差。在选材以及热处理方法选择上，应考虑这些影响。常用材料切削加工性比较见表15-5。

表15-5 常用金属材料的切削加工性能

等级	切削加工性能	K_r	代表性材料
1	很容易加工	8～20	铝、镁合金
2	易加工	2.5～3.0	易切削钢
3	易加工	1.6～2.5	30钢正火
4	一般	1.0～1.5	45钢、灰铸铁
5	一般	0.7～0.9	85钢（轧材）、2Cr13调质
6	难加工	0.5～0.65	65Mn钢调质、易切削不锈钢
7	难加工	0.15～0.5	1Cr18Ni9Ti、W6Mo5Cr4V2
8	难加工	0.04～0.14	耐热合金、钴合金

生产中常采用一些措施改善材料的切削加工性，其中热处理是一个重要途径。通过适当的热处理，可以改变材料的内部组织及力学性能，达到改善其切削加工性的目的。例如，对于低碳钢进行正火处理，适当降低塑性，提高硬度，可使精加工的表面质量提高。对高碳钢和工具钢进行球化退火，可以改善加工性能；对于出现白口组织的铸铁件，在高温下长时间退火，消除白口组织，降低硬度，使切削加工容易进行。

另外，还可以通过适当调整材料的化学成分改善材料的切削加工性能。例如，在钢中添加适当的硫、铅元素，可使刀具耐用度提高，切削力减小，容易断屑。近年，易切削钢在汽车、机床、仪器仪表等制造业中的应用范围逐渐扩大。

第五节 金属切削机床的基础知识

一、金属切削机床的分类及型号

（一）机床的类型及代号

机床主要是按加工性质和所用刀具进行分类的，目前我国机床分12大类，每一类机床根据需要又可细分为若干分类，如磨床类分为M、2M、3M三个分类。机床名称以汉语拼音字首（大写）表示，并按汉字名称读音（表15-6）。

表15-6 机床分类及代号

机床类型	车床	钻床	镗床	磨床			齿轮加工机床	螺纹加工机床	刨插床	拉床	铣床	特种加工机床	锯床	其他机床
代号	C	Z	T	M	2M	3M	Y	S	B	L	X	D	G	Q
参考读音	车	钻	镗	磨	二磨	三磨	牙	丝	刨	拉	铣	电	割	其

除上述基本分类方法外，还可根据其他特性进行分类。例如，按机床使用范围的宽窄可分为通用机床（万能机床）、专门化机床和专用机床等；按机床的加工精度可分为普通机床、

精密机床和高精度机床；按机床的重量和加工工件的大小可分为仪表机床、中小型（一般）机床、大型机床和重型机床等；按机床自动化程度的不同，分为手动、机动、半自动和自动机床。随着机床的不断发展，其分类方法也将不断发展。

（二）机床型号的编制方法

机床型号是机床产品的代号，用来表示机床的类型、主要技术参数、性能和结构特点。目前我国机床型号是按 JB1838—85《金属切削机床型号编制方法》编制的。机床型号采用汉语拼音字母和阿拉伯数字按一定规律组合表示。例如 CM6132 型精密卧式车床，型号中字母及数字含义为：C——机床类别代号（车床类）；M——机床通用特性代号（精密机床）；6——机床组别代号（落地及卧式车床组）；1——机床系别代号（卧式车床系）；32——主参数代号（床身上最大回转直径的 1/10，即 320mm）。

表 15-7 机床特性及代号

通用特性	高精度	精密	自动	半自动	数控	加工中心（自动换刀）	仿形	轻型	加重型	简式
代号	G	M	Z	B	K	H	F	Q	C	J
读音	高	密	自	半	控	换	仿	轻	加	简

机床特性代号代表机床所具有的特殊性能，在机床型号中列在机床类别代号的后面，并按特性用汉语拼音字首（大写）表示。机床特性代号分为通用特性和结构特性代号。在各类机床型号中通用特性代号有统一的表达含义，如表 15-7 所示。对主参数相同而结构、性能不同的机床，在型号中用结构特性代号予以区别。结构特性代号在型号中没有统一的含义。当型号中既有通用特性代号又有结构特性代号时，通用特性代号排在结构特性代号之前；若型号中没有通用特性代号，结构特性代号直接排在类型代号之后。例如 CA6140 车床，A 在特性表中没有列出，表示普通型。

每类机床按用途、性能、结构相近或派生关系分为若干组；每组机床又分为若干系，同一系机床的主参数、基本结构和布局形式相同，工件和刀具的运动特点基本相同。在机床型号中，在类别代号和特性代号之后，第一位阿拉伯数字表示组别；第二位阿拉伯数字表示系别。车床的分组及代号见表 15-8，落地及卧式车床组的系及代号见表 15-9。

表 15-8 车床的分组及其代号

组别代号	0	1	2	3	4	5	6	7	8	9
组别	仪表车床	单轴自动车床	多轴自动半自动车床	回轮、转塔车床	曲轴及凸轮轴车床	立式车床	落地及卧式车床	仿形及多刀车床	轮、轴、辊锭及铲齿车床	其他车床

表 15-9 落地及车床组的系别及其代号

组别代号	6									
系别代号	0	1	2	3	4	5	6	7	8	9
系别	落地车床	卧式车床	马鞍车床	无丝杠车床	卡盘车床	球面车床				

机床的主参数代表机床规格的大小，各类机床以什么尺寸作为主参数有一定规定。主参数代号以其主参数的折算值表示，位于组系代号之后。在某些机床型号中还标出第二主参

数，也用其折算值表示，位于型号的后部，并以“×”（读作“乘”）分开。表 15-10 给出了常见机床的主参数及折算系数。

表 15-10 常见机床的主参数及其折算值

机床名称	主参数名称	主参数折算值	第二主参数
单轴自动车床	最大棒料直径	1	
转塔车床	最大车削直径	1/10	
立式车床	最大车削直径	1/100	最大工件高度
卧式车床	床身上最大工件回转直径	1/10	最大车削长度
摇臂钻床	最大钻孔直径	1	最大跨距
立式钻床	最大钻孔直径	1	轴数
卧式铣镗床	镗轴直径	1/10	
坐标镗床	工作台面宽度	1/10	工作台面长度
外圆磨床	最大磨削直径	1/10	最大磨削长度
内圆磨床	孔径	1/10	
平面磨床	工作台面宽度	1/10	
端面磨床	最大砂轮直径	1/10	
齿轮加工机床	（大多数是）最大工件直径	1/10	（大多数是）最大模数
龙门铣床	工作台面宽度	1/100	工作台面长度
卧式升降台铣床	工作台面宽度	1/10	工作台面长度
龙门刨床	最大刨削宽度	1/100	最大刨削长度
牛头刨床	最大刨削长度	1/10	
插床	最大插削长度	1/10	
拉床	额定拉力	1	

当机床性能及结构有重大改进时，按其改进设计的顺序，用汉语拼音字母 A、B、C、…表示，写在机床型号的末尾。例如 MG1432A 表示第一次重大改进后的万能外圆磨床。

另外，按 JB1838—85 规定，对过去已定型号、目前仍生产的机床，其型号一律不变，例如 C620-1、B665 等。

二、卧式车床的传动系统分析

机床传动装置按传动的方式不同，可分为机械传动、液压传动、气压传动、电气传动。

机械传动应用齿轮、带轮、离合器、丝杠螺母等机械元件传递运动和动力，这种传动方式工作可靠、维修方便，应用最广。液压传动用油液作介质，通过液压元件传递运动和动力，其结构简单、传动平稳，容易实现自动化。气压传动动作迅速，易实现自动化，但运动不平稳、噪声大，主要用于夹具上。电气传动比较复杂，成本高，主要用于大型机床。卧式车床传动主要是机械传动。

（一）卧式车床传动系统

图 15-17 为 CA6140 型卧式车床传动系统图。它示意地表示出机床运动和传动情况。图中以简单的规定符号代表各种传动元件，各传动元件按照运动传递的先后顺序，以展开图的形式画出来。传动系统图只能表示传动关系，而不能代表各元件的实际尺寸和空间位置。图中罗马数字代表传动轴的编号，阿拉伯数字代表齿轮齿数或带轮直径，字母 M 代表离合器等等。

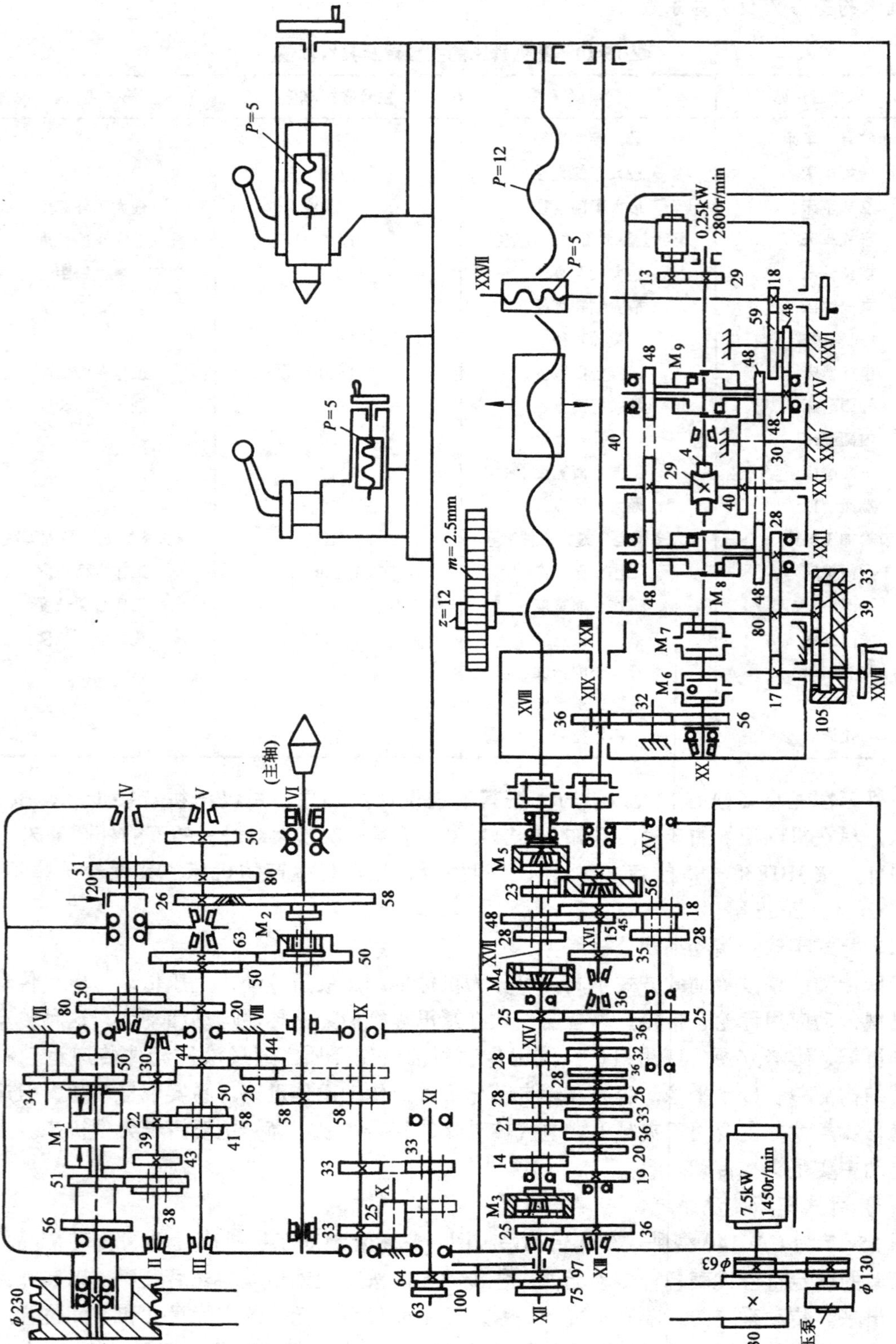

图 15-17 CA6140 型卧式车床传动系统图

（二）主运动传动系统

主运动即主轴的旋转运动是由电动机至主轴之间的传动系统来实现的。其传动路线为：电动机→带轮→主轴箱→主轴。主运动传动路线可写成：

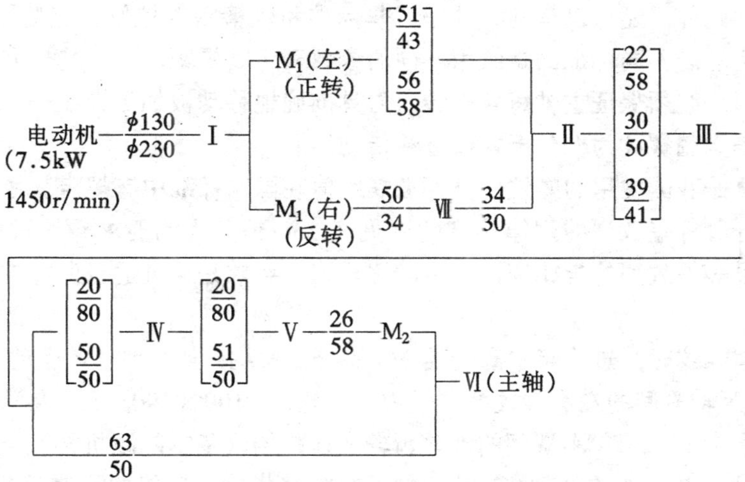

CA6140 型卧式车床的主传动链可使主轴获得 24 级正转转速（10～1400r/min）及 12 级反转转速（14～1580r/min）。其传动路线是，运动由主电动机（7.5kW，1450r/min）经 V 带传至主轴箱中的轴Ⅰ，轴Ⅰ上装有一个双向多片式摩擦离合器 M_1，用以控制主轴的起动、停止和换向。离合器 M_1 向左接合时，主轴正转；向右接合时，主轴反转；左、右都不接合时，主轴停转。轴Ⅰ的运动经离合器 M_1 和轴Ⅰ-Ⅲ间变速齿轮传至轴Ⅲ，然后分两路传给主轴，当主轴Ⅵ上的滑移齿轮 Z50 处于左边位置时（图示位置），运动经齿轮副 63/50 直接传给主轴，使主轴得到高转速；当滑移齿轮 Z50 处于右边位置，使齿轮式离合器 M_2 接合时，则运动经轴Ⅲ-Ⅳ-Ⅴ间的背轮机构和齿轮副 26/58 传给主轴，使主轴获得中、低转速。

（三）主轴的转速级数与转速计算

根据传动系统图和传动路线表达式，主轴似可获得 30 级转速，但由于轴Ⅱ-Ⅴ间的四种传动比为：

$$u_1 = 20/80 \times 20/80 = 1/16 \qquad u_2 = 50/50 \times 20/80 = 1/4$$

$$u_3 = 20/80 \times 51/50 \approx 1/4 \qquad u_4 = 50/50 \times 51/50 \approx 1$$

其中 u_2 和 u_3 近似相等，所以运动经背轮机构这条路线传动时，主轴实际上只能得到 2×3×（2×2－1）＝18 级正转转速，加上经齿轮副 63/50 直接传动时的 6 级转速，主轴实际上只能获得 24 级正转转速。

同理，主轴反转时也只能获得 3＋3（2×2－1）＝12 级不同转速。

主轴的转速可按下列运动平衡式计算：

$$n_{主} = 1450 \times 130/230 \times (1-\varepsilon) u_{Ⅰ-Ⅱ} u_{Ⅱ-Ⅲ} u_{Ⅲ-Ⅵ}$$

式中　$n_{主}$——主轴转速（r/min）；

ε——V 带传动的滑动系数，$\varepsilon = 0.02$；

$u_{Ⅰ-Ⅱ}$、$u_{Ⅱ-Ⅲ}$、$u_{Ⅲ-Ⅵ}$——分别为轴Ⅰ－Ⅱ、Ⅱ－Ⅲ、Ⅲ－Ⅵ间的可变传动比。

主轴反转时，轴Ⅰ－Ⅱ间的传动比大于正转时的传动比，所以反转转速高于正转。主轴反转主要用于车螺纹时，在不断开主轴和刀架间传动联系的情况下，使刀架退至起始位置，采用较高转速，可节省辅助时间。

（四）螺纹进给传动链

CA6140 型卧式车床的螺纹进给传动链保证机床可车削米制、英制、模数制和径节制四种标准螺纹；此外，还可以车削大导程、非标准和较精密的螺纹；这些螺纹可以是右旋的，也可以是左旋的。不同标准的螺纹用不同的参数表示其螺距。

车螺纹时，必须保证主轴每转一转，刀具准确地移动被加工螺纹一个导程的距离。

下面以车米制螺纹为例分析螺纹进给传动链。

米制螺纹是我国常用的螺纹，其标准螺距值在国家标准中有规定。米制螺纹标准螺距值的特点是按分段等差数列的规律排列的（见表 15-11），为此要求螺纹进给传动链的变速机构能按照分段等差数列的规律变换其传动比。这一要求是通过适当调整进给箱中的变速机构来实现的。

车削米制螺纹时，进给箱中离合器 M_3 脱开，M_5 接合。此时，运动由主轴Ⅵ经齿轮副 58/58、轴Ⅸ至轴Ⅺ间的左右螺纹换向机构、挂轮 63/100×100/75，传至进给箱的轴Ⅻ，然后再经齿轮副 25/36、轴XIII-XIV间的滑移齿轮变速机构（基本螺距机构）、齿轮副 25/36×36/25，传至轴XV，接下去再经轴XV-XVII间的两组滑移齿轮变速机构（增倍机构）和离合器 M_5 传动丝杠XVIII旋转。合上溜板箱中的开合螺母，使其与丝杠啮合，便带动刀架纵向移动。车米制螺纹时传动链的传动路线表达式如下：

$$\text{主轴 VI}-\frac{58}{58}-\text{IX}-\begin{bmatrix}\frac{33}{33}\\ (\text{右旋螺纹})\\ \frac{33}{25}\times\frac{25}{33}\\ (\text{左旋螺纹})\end{bmatrix}-\text{XI}-\frac{63}{100}\times\frac{100}{75}-\text{XII}-\frac{25}{36}-\text{XIII}-u_{基}-$$

$$-\text{XIV}-\frac{25}{36}\times\frac{36}{25}-\text{XV}-u_{倍}-\text{XVII}-M_5-\text{XVIII}(\text{丝杠 } P=12\text{mm})-\text{刀架}$$

$u_{基}$ 为轴XIII—XIV间变速机构的可变传动比，共 8 种：

$u_{基1}=26/28=6.5/7$　　$u_{基2}=28/28=7/7$　　$u_{基3}=32/28=8/7$　　$u_{基4}=36/28=9/7$

$u_{基5}=19/14=9.5/7$　　$u_{基6}=20/14=10/7$　　$u_{基7}=33/21=11/7$　　$u_{基8}=36/21=12.7$

它们近似按等差数列的规律排列。上述变速机构是获得各种螺纹导程的基本机构，故通常称其为基本螺距结构，或称基本组。

$u_{倍}$ 为轴XV—XVII间变速机构的可变传动比，共 4 种：

$u_{倍1}=28/35\times35/28=1$　　$u_{倍2}=18/45\times35/28=1/2$

$u_{倍3}=28/35\times15/48=1/4$　　$u_{倍4}=18/45\times15/48=1/8$

它们按倍数关系排列。这个变速机构用于扩大机床车削螺纹导程的种数，一般称其为增倍机构或增倍组。

根据传动系统图或传动链的传动路线表达式，可列出车削米制螺纹时的运动平衡式如下：

$$L=KP=1_{(主轴)}\times58/58\times33/33\times63/100\times100/75\times25/36\times u_{基}$$
$$\times25/36\times36/25\times u_{倍}\times12$$

式中　L——被加工螺纹导程（对于单头螺纹为螺距 P）(mm)；

P——被加工螺纹螺距（mm）；

K——被加工螺纹线数。

将上式化简后得：

$$L = 7u_{基}u_{倍}$$

把 $u_{基}$ 和 $u_{倍}$ 的数值代入上式，可得 8×8=32 种导程值，其中符合标准的只有 20 种（见表 15-11）。

表 15-11　CA6140 型车床米制螺纹表

	26/28	28/28	32/28	36/28	19/14	20/14	33/21	36/21
18/45×15/48=1/8			1			1.25		1.5
28/35×15/48=1/4		1.75	2	2.25		2.5		3
18/45×35/28=1/2		3.5	4	4.5		5	5.5	6
28/35×35/28=1		7	8	9		10	11	12

由表 15-11 可以看出，通过变换基本螺距机构的传动比，可以得到某一横行大体上按等差数列规律排列的导程值（或螺距值），通过变换增倍机构的传动比，可把由基本螺距机构得到的导程值，按 1∶2∶4∶8 的关系增大或缩小，两种变速机构传动比不同组合的结果，便得到所需的导程（或螺距）数列。

三、自动机床和数控机床简介

为了提高金属切削的生产率、加工质量和改善劳动条件，各种高效率、高精度的机器设备如自动和半自动机床、组合机床、数控机床已逐步发展起来。下面仅对自动机床和数控机床作一简介。

（一）自动和半自动机床

在机械加工中，经人工调整机床后，便不需人们操作便能连续自动加工工件的机床，称为自动机床。除装卸工件是由人工操作外，其他都自动化的机床，称为半自动机床。图 15-18 为机械式单轴自动车床的工作原理。

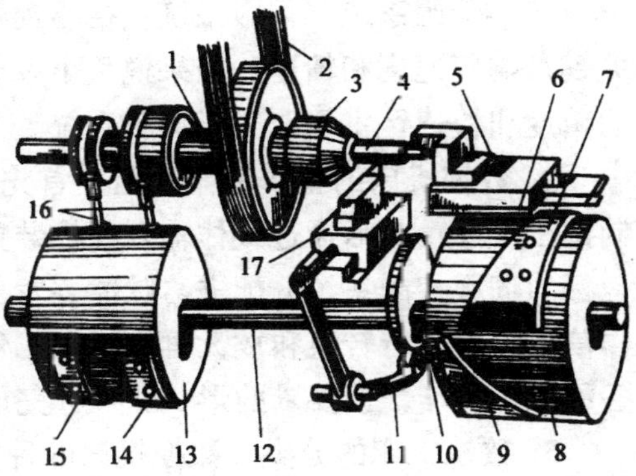

图 15-18　自动车床的工作原理

1—空心主轴　2—传动带　3—弹簧卡头　4—棒料　5、17—刀架　6、16—拔杆　7、9、14、15—模板　8、13—鼓轮　10—盘形凸轮　11—杠杆　12—分配轴

棒料 4 穿过自动车床的空心主轴 1，并夹紧在弹簧卡头 3 内，刀具分别安装在刀架 5 和 6 上，由分配轴 7 和固定在它上面的鼓轮 8（通过模板 7、9 推动拔杆 6）及盘形凸轮 10 的慢速旋转，控制刀架 6 自动进给。刀架的移动是通过与凸轮 10 接触的杠杆 11 完成的。鼓轮 13 上的模板 14，可通过拔杆 16 控制弹簧卡头作轴向运动，以便按时松开或夹紧棒料。模板 15 可通过拔杆 15 完成自动送料工作。当分配轴 12 转动一周时，自动车床完成一个工作循环，即加工出一个完整的零件。

自动机床在加工某一零件之前，必须根据加工顺序和加工尺寸，设计出所有凸轮和鼓轮的曲线，还需精确地调整所有刀具的位置。因此，准备工作量大，故适用于大批和大量生产形状不太复杂的小型零件，如螺钉、销轴等标准件。

（二）数控机床

随着生产和技术的发展，人们要求机床不仅能自动加工，而且能适应零件频繁的变化，加工零件时也不需要更换专用工具和进行专门调整。因此人们在靠模机械自动化、电气限位开关自动化的基础上发展了一种由数字化信号控制的自动化机床，用数字代替靠模或电气限位开关，它的精度高，而且当零件变更时只要改变程序即可达到控制要求，而不需要对机床作复杂的调整，这就是数字控制机床，简称数控机床。

1. 机床数控系统的组成　机床数控系统由四部分组成：信息载体、数控装置、伺服系统和机床，如图 15-19 所示。

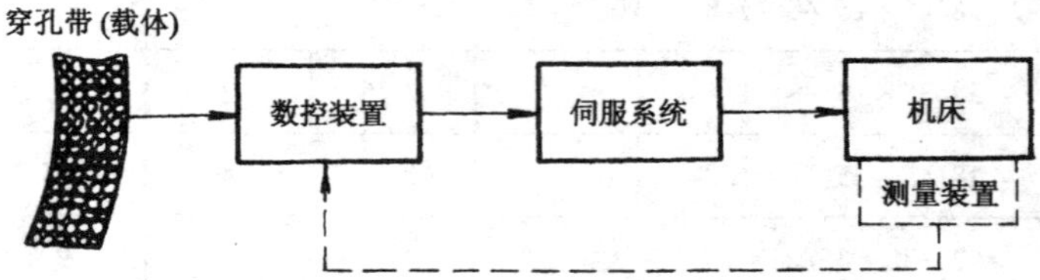

图 15-19　机床数控系统组成

（1）信息载体　常用的信息载体有穿孔带、穿孔卡、磁带、磁盘等。它们载有在数控机床上加工一个零件所必须的信息，这些信息包括文字、数字和符号。程序的编制和穿孔带等信息载体的准备很花费时间，目前越来越广泛地采用计算机自动编程。

（2）数控装置　数控装置是数控机床的中枢，它将载体送来的信息经计算和处理后去控制机床的动作。这些计算和处理的步骤是预先安排好的，这种安排可以用专用计算机固定接线的硬件结构来实现（称为硬线数控或硬联线数控），也可以用预先存储在微机内的系统程序来实现（称为软线数控或软联线数控）。数控装置控制机床动作可分为：

1）主轴的启动、停止、转向和速度控制。

2）坐标进给有点位、直线、圆弧、循环进给的选择、坐标方向和进给速度的选择。

3）刀具的选择和刀具的补偿。

4）辅助操作，包括工作台的锁紧和松开、工作台的旋转与分度、冷却泵的开、停等。

（3）伺服系统　伺服系统包括驱动机构和机床移动部件，它是数控机床的执行部分，其关键是响应速度和精度。如果说整个系统的可靠性主要取决于数控装置的话，那么整个系统的精度和快速性主要取决于伺服系统。

2. 数控机床的基本工作过程　首先根据被加工零件的形状、尺寸、工艺要求等信息编制加工程序，然后通过载体输入数控装置，由它对信息进行计算和处理，根据计算结果向各坐标的伺服控制系统分配进给脉冲并发出必要的动作信号，伺服控制系统接到进给脉冲和动作信号后要进行转换和放大再去驱动工作台或刀架进行定位移动或按某种轨迹运动，并配以各种机械动作，按要求的形状和尺寸完成切削加工。

3. 数控机床的分类　数控机床的种类很多，通常可按以下方法分类。

（1）按工艺方式　可分为一般数控机床和加工中心。

一般数控机床有数控车、铣、镗、钻、磨和齿轮加工机床等，其加工方法和工艺范围与同类通用机床相似；所不同的是，除装卸工件外，机床的加工过程是完全自动的。

加工中心是在一般数控机床的基础上发展起来的。与一般数控机床相比，其特点是带有一个容量较大的刀库（可容纳的刀具数量一般为 20～120 把）和自动换刀装置，使工件能在一次装夹中完成大部分甚至全部加工工序，因此，加工中心也被称为自动换刀数控机床。加工中心可分为镗铣加工中心、车削加工中心、磨削加工中心、冲压加工中心以及能自动更换多轴箱（或成组刀具）的多轴加工中心等。目前，加工中心多为镗铣加工中心。

（2）按加工方式　可分为点位控制、直线控制和轮廓控制数控机床。

点位控制方式主要用于钻镗等数控机床上进行孔系加工；直线控制方式用于车、铣、磨等具有直线进给运动的切削加工；轮廓控制方式适于加工复杂的轮廓表面，用于功能较齐全的数控铣床、磨床、车床和加工中心。

（3）按伺服机构控制方式　可分为开环伺服控制和闭环伺服控制。

开环伺服控制如图 15-20 所示，数控装置根据信息载体的数据指令，经过运算和处理后向伺服机构发出脉冲信号，控制机床工作台或刀具移动一定距离，它没有测量反馈校正措施。这类机床的定位精度主要取决于伺服驱动部件和传动机构的精度，所以对高精度的数控机床往往不能满足要求，但开环伺服控制结构简单、调试容易、成本低。

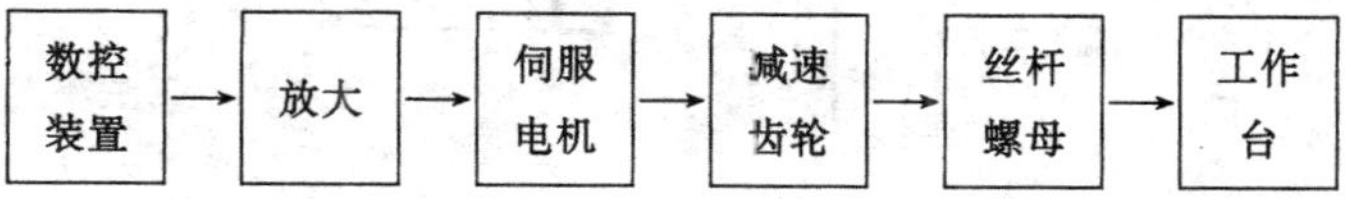

图 15-20　开环伺服控制

闭环伺服控制如图 15-21 所示，数控装置不仅要控制机床的运动，而且要经过测量反馈校正措施把机床工作台或刀具的实际位移量送回数控装置，与指令值进行比较校正，再用比较差值进行控制，直到差值为零或接近零时才停止运动。这类机床定位精度高、速度快，但控制装置复杂、成本高。

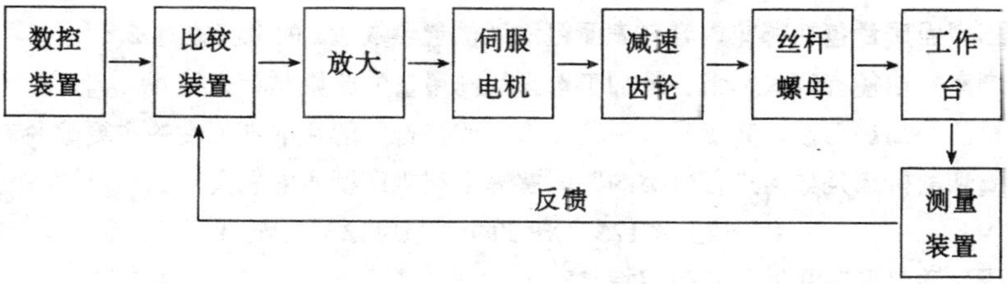

图 15-21　闭环伺服控制

4．数控机床的特点　数控机床在机械加工中得到广泛应用，其主要特点为：

（1）加工精度高　数控机床加工精度不受零件形状复杂程度的影响，消除了操作者人为的加工误差，提高了同批零件加工尺寸的一致性，使产品质量稳定可靠。

（2）生产率高　数控机床在加工过程中，只需做首件检验和抽检，简化了检验工作和多次测量工作，节省了时间；在零件变更时只需更换信息载体，节省了调整时间；刀具也自动更换，使多道工序可连续加工，缩短了加工周期。

思考题与习题

1．切削要素包括哪些内容？

2．试说明下列加工方法的主运动和进给运动：车外圆、车床钻孔、车床车孔、钻床钻孔、镗床镗孔、牛头刨刨平面、龙门刨刨平面、铣床铣平面、插床插键槽、外圆磨床磨外圆、内圆磨床磨内孔。

3. 刀具材料应具备哪些性能？切削用硬质合金材料是如何分类的？粗加工铸铁件、铸钢件应选用哪种硬质合金？

4. 试说明基面、切削平面和正交平面之间的关系如何？

5. 已知外圆车刀的主要角度：$\gamma_0=10°$，$\alpha_0=8°$，$\kappa_r=75°$，$\kappa'_r=10°$，$\lambda_S=4°$，试画出它们切削部分的示意图。若刀尖安装得高于或低于工件中心，工作前角、后角如何变化？

6. 如图 15-22 所示，图 a 为端面车刀车端面时在基面 P_r 内的投影；图 b 为车孔刀车孔时在基面 P_r 内的投影。试分别画出端面车刀和车孔刀在正交平面 P_0 内的投影，并标注出车刀的标注角度：前角 γ_0、后角 α_0、主偏角 κ_r、副偏角 κ'_r。

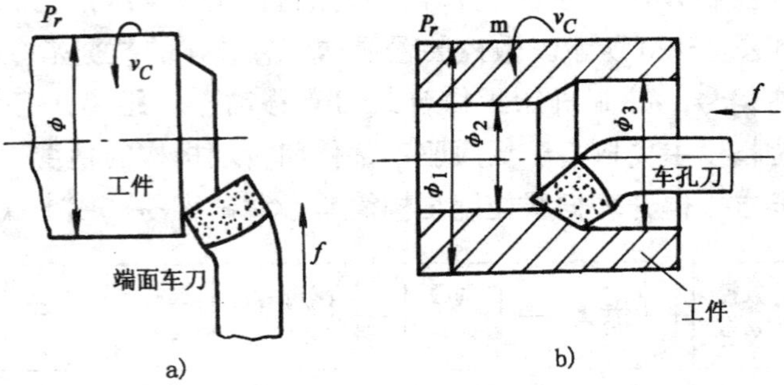

图 15-22　车端面与孔的示意图

7. 切屑的种类有哪些？影响切屑种类的因素是什么？

8. 切削力是如何产生的？试分析影响切削力的主要因素有哪些？

9. 切削热对切削加工有什么影响？影响切削温度的因素有哪些？

10. 刀具磨损有哪几种形式？

11. 零件的加工质量包括哪些内容？什么是加工精度？

12. 零件加工表面质量包括哪些内容？表面粗糙度优选参数 Ra 的意义是什么？

13. 提高生产率的途径有哪些？粗、精加工选择切削用量的原则是什么？

14. 何谓材料的切削加工性，其衡量指标是什么？改善材料的切削加工性的主要途径有哪些？

15. 常用金属切削机床是如何进行分类的？试解释下列机床型号的意义：

C6132　Z5125　XK5040　M1432A　B6050

16. 常用机床传动装置有几种，各有何特点？

17. 试计算 CA6140 车床主轴的最高转速和最低转速。

18. 在 CA6140 车床上车削米制螺纹 $P=3$mm、$K=2$，试写出其传动路线表达式。

19. 简述数控机床的工作过程及特点。

第十六章　各种表面的加工方法

不论多么复杂的机械零件，其结构形状都是由各种表面组合而成，归纳起来，一般构成机械零件的典型表面有：圆柱面（外圆表面及内孔）、圆锥面、平面、螺旋面及其他成形表面（或称曲面）。各种表面的加工方法是不同的，每一种表面可采用多种加工方法进行加工。具体选择加工方案应根据零件材料性质、结构形状、加工精度、表面粗糙度、生产类型及现场的生产条件等因素来决定，总的原则是有利于保证产品质量，提高生产率，获得最好的经济效益。本章将介绍各种表面加工方法及其工艺特点。

第一节　外圆表面加工

一般轴类及盘类零件都有外圆表面，外圆表面加工由于表面成形方法不同有轨迹法及成形法两种，因此，加工方法多采用车床上加工及磨削加工。在大批量生产中，有的外圆表面如曲轴外圆表面粗加工也有采用拉削加工的。

一、外圆表面的车削加工

1. 车削加工的工艺范围　车削加工外圆表面是一般机械加工最为广泛应用的加工方法，车削加工工艺可分为粗车、半精车、精车。

（1）粗车　外圆表面的粗车的目的是去掉零件大部分加工余量，削除毛坯制造的形状及位置误差，为后续加工做好准备。

一般粗车加工精度可为 IT10～IT13，表面粗糙度为 Ra12.5～50μm。粗车外圆表面也可以作为不重要零件或次要表面的最终加工，因粗车时加工余量较大，因此，产生较大的切削应力和切削热，对零件的变形影响很大。

（2）半精车　外圆表面半精车主要目的是为零件的精加工做准备，也可以作为要求不高的外圆表面的最终加工工序。半精车的加工精度为 IT9～IT10，表面粗糙度为 Ra3.2～6.3μm。

（3）精车　外圆表面的精车多作为表面加工的最终加工工序，精车的加工精度为 IT7～IT8，表面粗糙度 Ra0.8～1.6μm。

对有色金属外圆表面加工，多采用较高的切削速度（$v_c \geqslant 2.67$m/s），较小的进给量（f=0.02～0.05mm/r）及背吃力量（a_p = 0.03～0.06mm），表面粗糙度可达 Ra0.4～0.2mm，通常称这种加工为细车，对大型外圆表面可以车代磨。

2. 外圆表面车削加工设备及工艺特点　车削加工外圆表面可分别在普通卧式车床、立式车床、专用车床上进行，如图 16-1 所示。

卧式车床因结构简单，操作方便，适应性强，因而应用非常广泛，它适用于回转类零件，如轴类、盘类及套筒类零件外圆表面加工。　车削加工使用的刀具多采用单刃车刀，价格低廉，安装使用方便，灵活性强。

在车床上除加工外圆表面外，还可以同时加工内孔、螺纹、端面等，因此，可以在一次

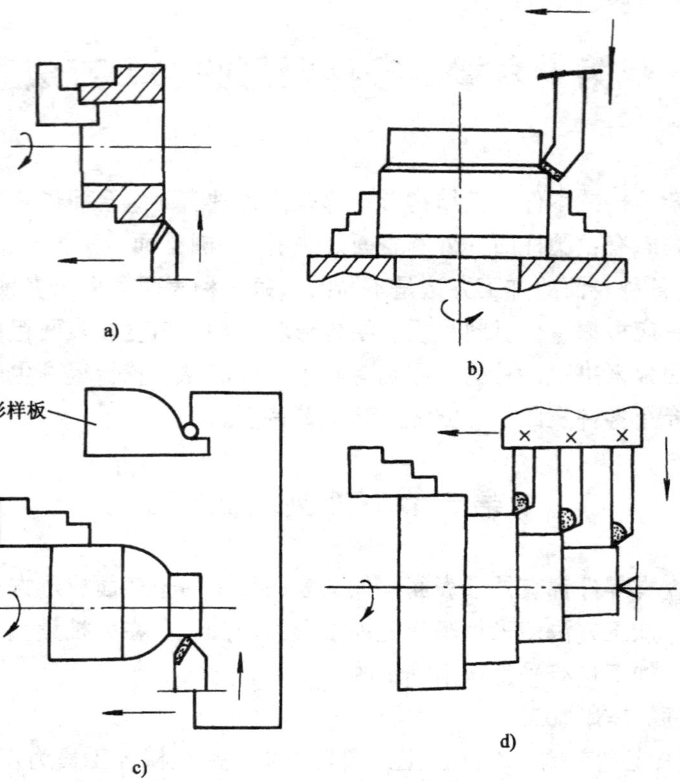

图 16-1　车削加工外圆表面

a) 卧式车床　b) 立式车床　c) 仿形车床　d) 多刀车床

装夹中加工各种表面，保证了各种表面的位置精度，也减少了加工工序。

3. 车削外圆时工件夹持方法　车削加工时，工件在机床或夹具中的夹持方法直接影响夹紧稳定性及加工精度，一般应根据零件的结构形状及尺寸大小确定不同的夹持方法，以适应生产及加工精度要求。

(1) 三爪自定心卡盘　三爪自定心卡盘是车床必备的机床附件，一般短轴类零件、小型套筒类及盘类零件多采用三爪自定心卡盘夹持工件。由于三爪自定心卡盘可以自动定心，因此，工件安装迅速，使用方便，定心精度可达 0.02～0.05mm。

(2) 四爪　三爪自定心卡盘和四爪单动卡盘都是车床上可以独立使用的机床夹具（也称机床附件）。四爪单动卡盘因为四爪不能同时递进，所以不能自动定心，但可以夹持形状较复杂的非回转体工件，如加工偏心轴外圆，应用也很广泛。

(3) 三爪自定心卡盘与顶尖　对较长的轴类零件，为保证加工表面的几何精度及相互位置精度，提高夹紧稳定性，多采用三爪自定心卡盘与顶尖夹持方法。

(4) 中心架　中心架是固定在床身上，多在较长轴类零件外圆表面加工时使用，以防止较长工件因自重而弯曲，造成工艺系统振动，影响加工精度。使用中心架时，对整个外圆表面加工会出现接刀现象，处理不好，会影响加工精度及表面粗糙度。

(5) 跟刀架　跟刀架是固定在车床溜板上，它可以与刀具一起沿床身导轨移动，克服了中心架使用时的接刀现象，但它不适用于阶梯轴加工。

（6）心轴　车床上加工外圆表面使用的心轴分为三种：即圆柱、锥形及花键心轴。它多用在生产批量较大的外圆表面加工，具有定心精度高，安装迅速的特点，故应用广泛。

除以上常用的工件夹持方法外，还有花盘弯板等车床夹具，它可以应用在夹持形状复杂的零件且具有特殊要求的外圆表面加工中。各种车床夹具及工件夹持方法如图 16-2 所示。

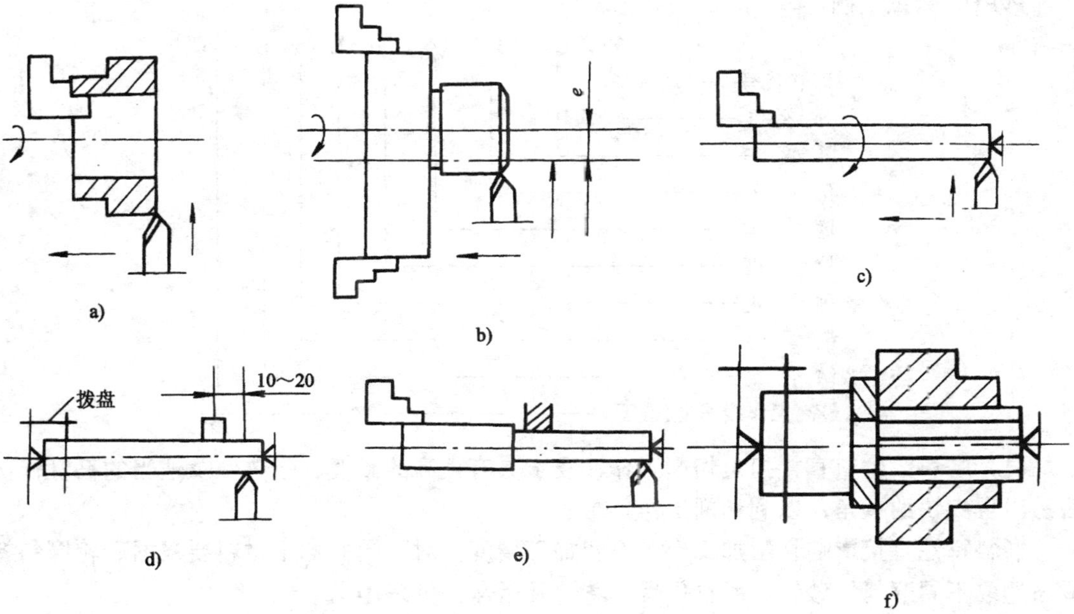

图 16-2　车削外圆工件夹持方法

a）三爪自定心卡盘　b）四爪单动卡盘　c）三爪自定心卡盘-顶尖　d）跟刀架　e）中心架　f）花键心轴

二、外圆表面的磨削加工

磨削加工是应用砂轮作为切削工具的，它多应用在淬硬外圆表面的加工，一般在车削半精加工之后进行，也可以在毛坯外圆表面直接进行磨削加工，因此，磨削加工既是精加工手段，又是高效率机械加工手段之一。

1. 磨削加工的工艺范围及特点

1）磨削加工可做为粗加工，也可以做为精加工，加工精度可达 IT5～IT8，表面粗糙度为 $Ra0.1 \sim 1.6\mu m$。

2）磨削的本质是砂轮的磨粒形成的“刀刃”切削过程，因刀刃大多在负前角（－70°～－88°）下工作，对加工表面形成挤压、滑擦及刻划作用，因此，会产生较大的塑性变形，使加工表面出现硬化及留有残余应力，如图 16-3 所示。

3）磨削过程中，因砂轮与工件表面接触面积较大，而且砂轮本身散热条件较差，在切削区会出现较大的切削热，使切削区温度可达 400～1000℃，容易造成已加工表面的烧伤、脱碳、退火等现象，影响加工表面的质量。

2. 砂轮　砂轮是由磨料、结合剂组成的，由于磨料及结合剂与制造工艺不同，砂轮的特性也不同。

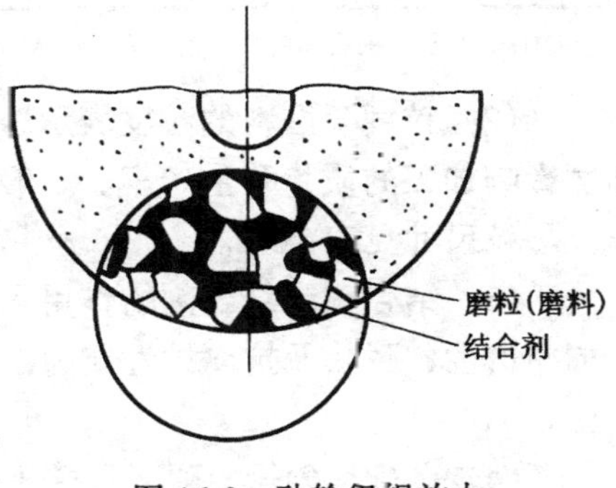

图 16-3　砂轮组织放大

砂轮的特性包括：磨料、粒度、硬度、组织、结合剂、形状、尺寸及线速度，砂轮的标志表示了砂轮的特性。

砂轮是把磨料和结合剂经压坯、干燥、焙烧而成的疏松体，磨料是组成砂轮的基本要素，砂轮的特性已经标准化，可按砂轮上标志查有关资料。

砂轮的标志示例：

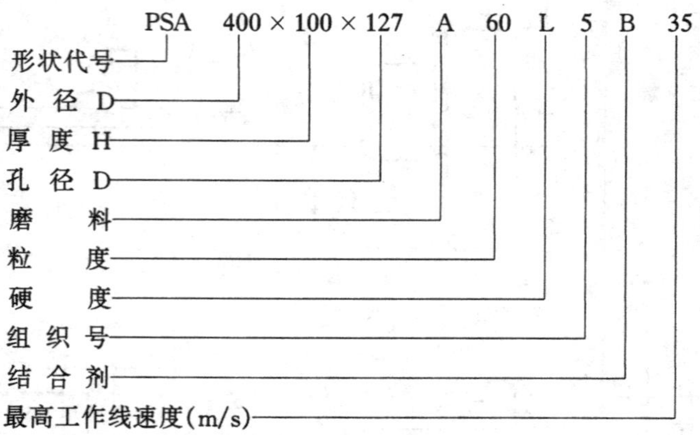

(1) 磨料　磨料直接担负切削工作，要求具有很高的硬度、耐热性及适当的韧性，破碎后易出现尖锐的棱角，以利切削工作。

磨料特性直接影响切削加工生产率和加工精度，对不同的加工材料要根据砂轮磨料特性适当选取不同磨料的砂轮。磨料代号，特性及用途，见表 16-1。

表 16-1　磨料代号、性能及用途（摘自 GB/T2476—94 及 GB6405—86）

类别	名称	代号	颜　色	特　性	用　途
氧化物类	棕刚玉	A	棕　褐	韧性好，硬度高，价格低	磨削碳钢、合金钢、可锻铸铁、硬青铜
	白刚玉	WA	白	脆而硬，棱角锋利，价格高	磨削淬硬钢，高速钢，
	铬刚玉	PA	玫瑰红或紫红	韧性好，效率高磨损小	高光洁表面淬硬钢
碳化物类	黑碳化硅	C	黑	脆而锋利，导热，导电性好	磨削铸铁、黄铜，铝及非金属材料
	绿碳化硅	GC	绿	硬而脆，导热，导电性好	磨硬质合金、宝石、陶瓷、玻璃等
	碳化硼	BC	黑	耐热性好	磨削宝石及玉石
高硬类	人造金钢石①		无色透明或淡黄，绿	硬度高，较脆	磨硬脆材料、光学玻璃等
	立方氮化硼	NBC	黑或淡白	耐磨性好，磨损小	磨削耐热合金，可做车刀

① 人造金刚石品种代号有：RVD、MBD、SCD、SMD、DMD 五种（见 GB6405—86）。

(2) 粒度　磨料的粒度表示磨料颗粒尺寸的大小，又分为磨粒、微粉两种类型。磨料粒度影响加工的质量和生产率。一般说，磨粒越细，磨削的表面粗糙度 Ra 值越小，磨料粒度及颗粒尺寸见表 16-2。

(3) 结合剂　结合剂的作用是将磨料粘合成具有一定形状和强度的砂轮。砂轮的强度、抗冲击性、耐热及抗腐蚀性能力，主要取决于结合剂的性能，常用结合剂代号、性能及用途见表 16-3。

(4) 硬度　砂轮的硬度是指砂轮表面的磨粒在外力作用下脱落的难易程度。如容易脱落，

表 16-2 磨料粒度及颗粒尺寸（摘自 GB2477—83）

类别	粒度	颗粒尺寸范围/μm	类别	粒度	颗粒尺寸范围/μm
磨粒	8#	2500～3150	磨粒	150#	80～100
	10#	2000～2500		180#	63～80
	12#	1600～2000		220#	50～63
	14#	1250～1600		240#	40～50
	16#	1000～1250	微粉	W40	28～40
	20#	800～1000		W28	20～28
	24#	630～800		W20	14～20
	30#	500～630		W14	10～14
	36#	400～500		W10	7～10
	46#	315～400		W7	5～7
	60#	250～315		W5	3.5～5
	70#	200～250		W3.5	2.5～3.5
	80#	160～200		W2.5	1.5～2.5
	100#	125～160		W1.5	1.0～1.5
	120#	100～125		W1.0	0.5～1.0

表 16-3 结合剂代号、性能及用途（摘自 GB/T2484—94）

种类	代号	主要成分	性能	用途
陶瓷结合剂	V	粘土，长石，滑石，硼玻璃	1）耐水，酸，碱及热 2）较脆，不易堵塞 3）价格便宜 4）线速度为 35m/s	除切削零件窄槽的磨削
树脂结合剂	B	石碳酸与甲醛制成的树脂	1）强度高，弹性好 2）耐热，耐腐差 3）存放时间不超一年	磨削窄槽，切割用的磨砂轮，抛光用的砂把
橡胶结合剂	R	人造橡胶	1）强度大，弹性高 2）退让性好，吸振 3）不耐油	窄槽磨削，磨成形面
菱苔土结合剂	Mg		1）自锐性好 2）磨削热小	磨削大面积表面及导热差的金属

则砂轮硬度较软；反之就较硬。因此，砂轮硬度与磨粒硬度不是一个概念，砂轮硬度等级见表 16-4。

(5) 组织　砂轮组织是指构成砂轮中的磨料、结合剂和孔隙三者体积的比例关系。砂轮的组织号是以磨料在砂轮总体中所占百分比（称为磨粒率）来确定的。磨料占比例越大，孔隙就越小，砂轮组织就越紧密；反之，砂轮组织越疏松。砂轮组织见表 16-5。

(6) 砂轮形状及尺寸　砂轮形状及尺寸是根据不同类型磨床和不同的加工需要而确定的，砂轮形状及尺寸已标准化。

(7) 线速度　一般砂轮都标有最大允许的线速度，如“35m/s”，即砂轮使用时不许超过该线速度值，磨削时应根据砂轮特性选择砂轮。

表 16-4 砂轮硬度分级及代号（GB/T 2484-94）

硬度级		代号
大级	小级	
超软	超软	D.E.F
软	软 1	G
	软 2	H
	软 3	J
中软	软 1	K
	中软 2	L

硬度级		代号
大级	小级	
中	中 1	M
	中 2	N
中硬	中硬 1	P
	中硬 2	Q
	中硬 3	R
硬	硬 1	S
	硬 2	T
超硬	超硬	Y

表 16-5 磨具组织及磨粒率关系（GB/T 2484—94）

组织号	0	1	2	3	4	5	6	7	8	9	10	11	12	13	14
磨粒率（%）	62	60	58	56	54	52	50	48	46	44	42	40	38	36	34

3. 外圆表面的磨削方法

（1）在外圆磨床上磨削外圆　在外圆磨床上磨削外圆也称“中心磨法”，工件安装在前后顶尖上，用拨盘和鸡心夹头来传递动力和运动。常见的磨削方法有：纵磨法、横磨法、综合磨法，见图 16-4 所示。

1）纵磨法。纵磨法见图 16-4a，机床的运动有：砂轮旋转为主运动，工件施转和往复运动实现圆周进给和轴向进给运动，砂轮架水平进给实现径向进给运动，工件往复一次，外圆表面轴向切去一层金属，直到加工到工件要求尺寸。

纵磨法每次去除金属很薄一层，即切削深度小，切削力小，散热条件好，而且外圆表面加工精度不受砂轮表面几何形状影响，一般到接近工件尺寸时，多采用无横向进给情况下进行“光磨”，直到火花消失止。因此，纵磨法加工精度高，适用于磨削细长轴类零件的外圆表面加工，但是生产率较低，多用于单件、小批生产及精磨工序中。

2）横磨法。横磨法见图 16-4b，没有工件的往复运动，砂轮连续的横向进给直到磨削工件尺寸。

横磨时，砂轮与工件接触面积大，散热条件不好，工件易烧伤和变形，而且，工件表面

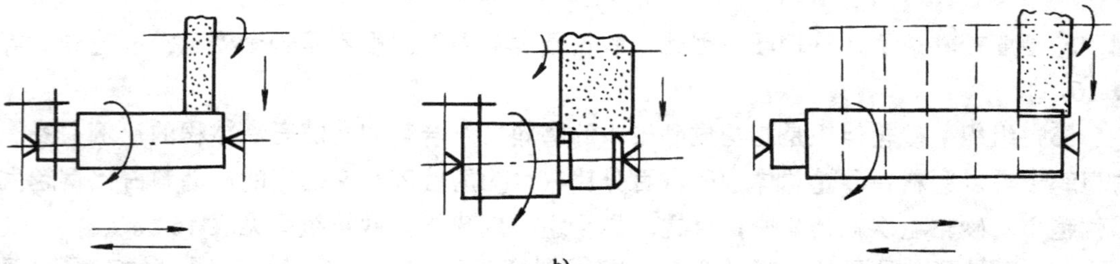

a)　b)　c)

图 16-4　在外圆磨床上磨削外圆

a）纵磨法　b）横磨法　c）综合磨法

加工后的几何精度受砂轮形状影响，一般加工精度较纵磨法低，但生产率较高，适用于成批和大量生产。

3）综合磨法。综合磨法如图 16-4c，是集中纵磨法和横磨法的优点，即先用横磨法去除加工表面大部分余量，进行粗磨，再进行纵磨，以提高加工表面的加工精度和表面质量，适用生产批量较大的轴类外圆表面磨削加工。

（2）在无心磨床上磨削外圆表面　如图 16-5 所示。磨削时，工件放在导轮和砂轮之间，工件由托板拖住，不用顶尖支承，故称“无心磨削”。

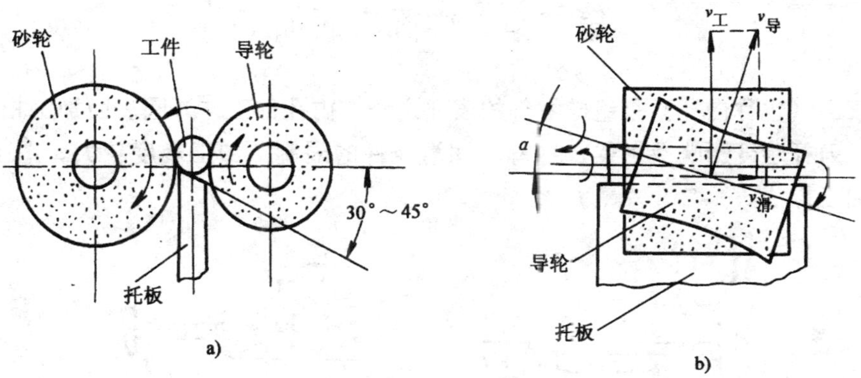

图 16-5　在无心磨床上磨削外圆

a）主视图　b）侧视图

无心磨床的两个砂轮中，分为导轮和磨削轮。一般导轮比磨削轮小，用橡胶做结合剂，磨粒较细。磨削轮是用来作为磨削工件的砂轮。导轮轴线相对磨削轮轴线倾斜一个角度 α（1°～5°）。导轮转速较低，带动工件旋转。导轮与工件接触点的线速度 $v_导$ 可以分解为两个分速度：一个沿工件圆周切线方向 $v_工$，即为工件的圆周进给速度；一个沿工件轴线的滑动速度 $v_滑$，作为工件的轴向进给运动，如图 16-5b 所示。为保持导轮与工件线接触，导轮修整成双曲线形状。

无心磨削可以用“贯穿法”和“切入法”磨削外圆表面。贯穿法适用光轴加工，易实现自动化，生产效率高，但要注意，采用无心磨削，工件的定位是靠自身外圆表面，因此，要求外圆表面上不允许带有键槽、平面等非连续的外圆表面；切入法是工件从砂轮径向送进，适合加工带台肩的阶梯轴外圆磨削，如图 16-6 所示。

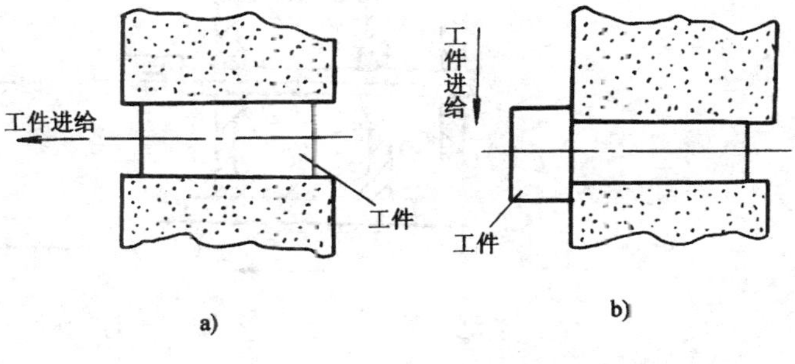

图 16-6　无心磨床上外圆磨削方法

a）贯穿磨法　b）切入磨法

三、外圆表面加工方案

外圆表面加工方案是如何确定外圆表面的加工顺序，它一般由工件材料、加工精度、表面质量及生产批量等因素所决定，表 16-6 列出一般外圆表面加工方法，可供参考。

表 16-6 外圆表面加工方案

序号	加工方案	加工精度	表面粗糙度/μm	
1	粗车	IT11～IT13	12.5～50	非淬火钢，有色金属
2	粗车-半精车	IT9～IT10	3.2～6.3	
3	粗车-半精车-精车	IT6～IT7	0.8～1.6	
4	粗车-半精车-磨	IT6～IT7	0.4～0.8	淬火钢
5	粗磨-精磨	IT5～IT6	0.2～0.4	
6	粗磨-精磨-研磨	IT3～IT5	0.008～0.1	

第二节 内圆表面加工

内圆表面（也称内孔）是组成零件的表面之一，内孔加工与外圆表面加工相比，由于受刀具尺寸、刀杆刚度影响及散热、冷却、润滑条件件的限制，加工难度较大。图 16-7 所示为内圆表面加工方法。

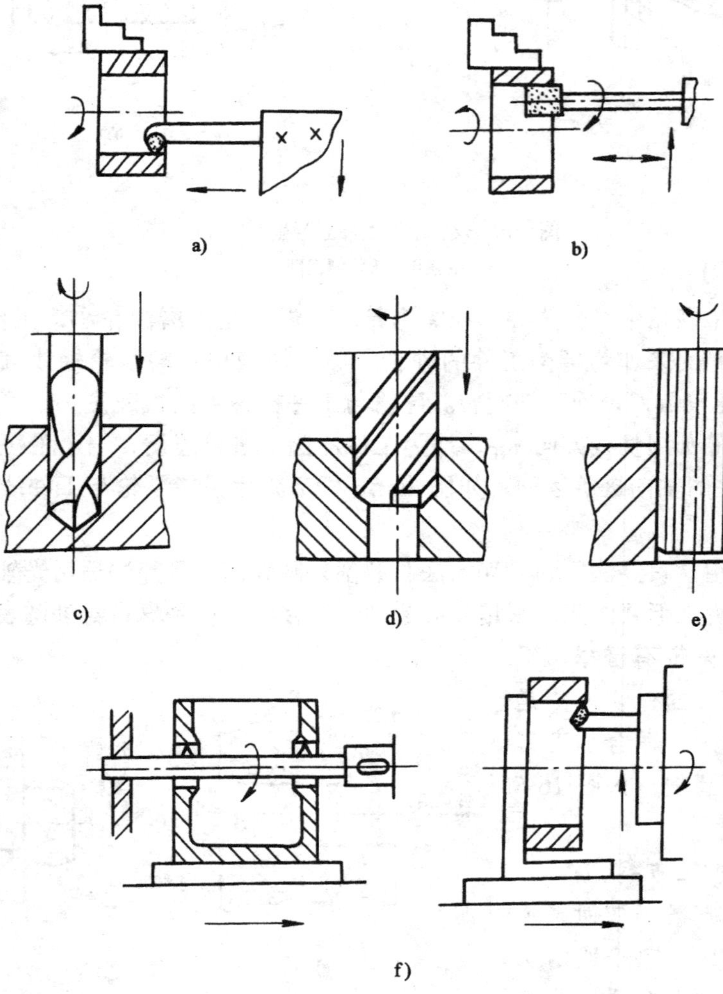

图 16-7 内孔表面加工方法

a）车内孔 b）磨内孔 c）钻孔 d）扩孔 e）铰孔 f）镗孔

孔的加工方法除车削、磨削以外，多采用钻孔、扩孔、铰孔、镗孔等工艺方法，在大批量生产中，孔的拉削工艺应用比较广泛。

一、钻孔

1. 钻孔的工艺特点

1）钻孔是利用钻头在实体材料上加工内孔的工艺方法，一般为定尺寸刀具（即钻头）。由于刀具简单，应用非常广泛，钻头直径 ϕ0.05～125mm，套料钻孔直径可达 ϕ1000mm。

2）钻孔多使用麻花钻，应用麻花钻最大钻孔直径为 ϕ80mm。因钻头刚性较差，钻孔时钻头易引偏，影响孔的加工精度。一般不应在斜面上钻孔，为防止钻头引偏，加工孔端面应与孔中心线垂直。有时为保证孔的加工精度应使用钻套，以便钻头导向，如图 16-8 所示。

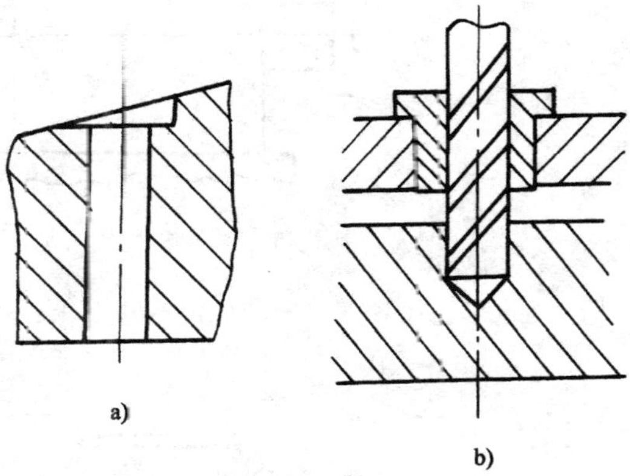

图 16-8　防止钻头引偏工艺措施
a）孔端面与孔中心线垂直　b）使用钻套

3）钻头刃磨时，应尽量使麻花钻的两主切削刃磨得对称，使两个主切削刃的径向力相互抵消，以防止钻头引偏及孔径扩大。图 16-9 所示为麻花钻组成及切削部分。

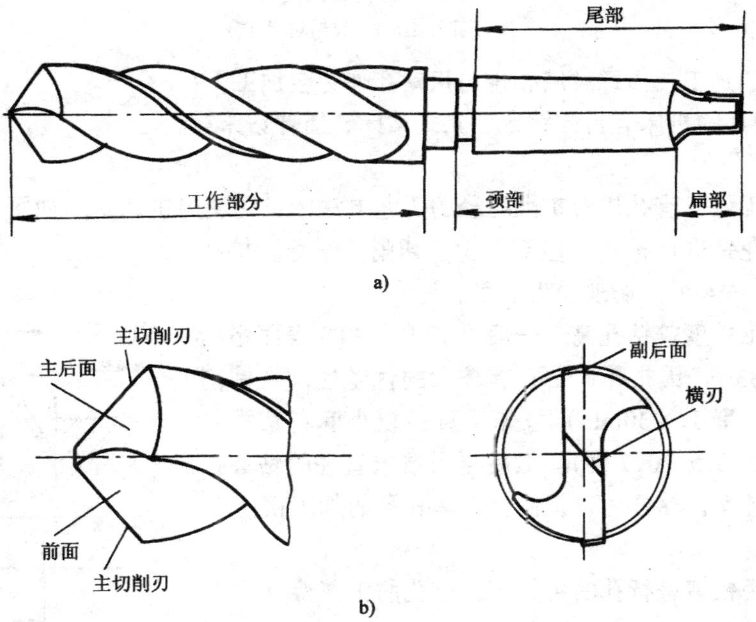

图 16-9　麻花钻组成及切削部分
a）麻花钻组成　b）切削部分

4）因钻头容屑槽窄小，应注意排屑及冷却润滑，以防钻头折断。在深孔加工时，往往采用一定压力的切削液冷却钻头，并带动切屑排出，如图 16-10 所示。

2. 钻孔工艺的应用

1）钻孔多为粗加工，其加工精度为 IT13～IT9，表面粗糙度 Ra12.5～3.2μm，多用于

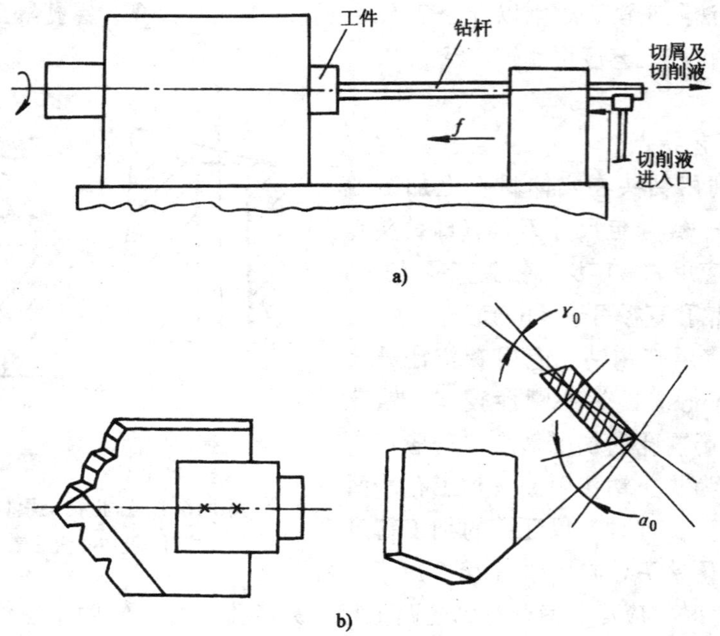

图 16-10　深孔加工及扁钻

a）深孔加工　b）扁钻切削部分

螺栓孔、油孔的加工，内螺纹底孔也可用钻孔作为粗加工。

2）钻孔使用的机床有台式钻床、立式钻床、摇臂钻床等。

二、扩孔

扩孔是对工件已有孔进行扩大孔径的工艺方法，扩孔使用扩孔钻，如图 16-11 所示，有时也可以用麻花钻进行扩孔，但刀刃少，切削不平稳。扩孔钻刀刃一般为 3～4 个，切削较为平稳。

扩孔的加工精度较钻孔高，一般为 IT10～IT8 表面粗糙度 $Ra6.3 \sim 1.6\mu m$，因扩孔比钻孔有较大的优越性，在钻削较大的孔时（一般 D＞30mm）可先用直径较小麻花钻预钻孔（约为孔径的 0.5～0.7 倍），然后再用要求直径的钻头扩孔，也可用扩孔钻，这样可以提高生产率和孔的加工精度。

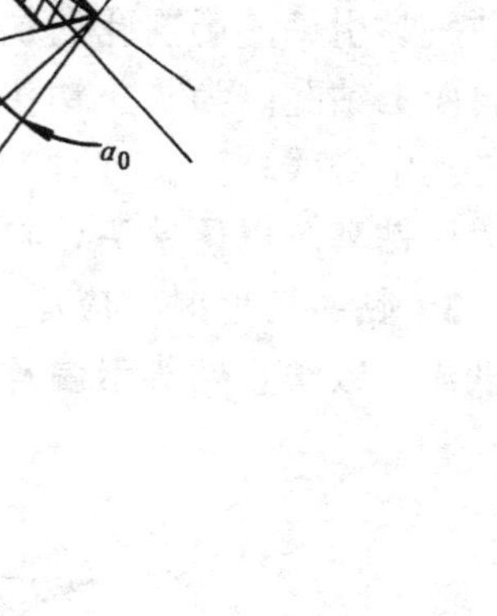

图 16-11　扩孔

三、铰孔

铰孔是使用铰刀进行孔的精加工，铰孔的工艺特点：

1）铰刀为多刃刀具，故切削平稳。

2）铰刀具有修光部分，导向较好，切削速度较低，切削余量较小（一般粗铰 0.15～0.3mm；精铰 0.05～0.15mm），切削力较小，产生的热量少，加工精度为 IT7～IT9，表面粗糙度为 $Ra0.23 \sim 0.32\mu m$。由于铰孔生产效率高，费用较低，生产中应用广泛。

铰孔可进行圆柱孔和圆锥孔加工，铰刀的刀刃也可以做成可调式结构，这样一把铰刀可以加工不同直径的孔。图 16-12 为直柄铰刀的组成及切削部分。

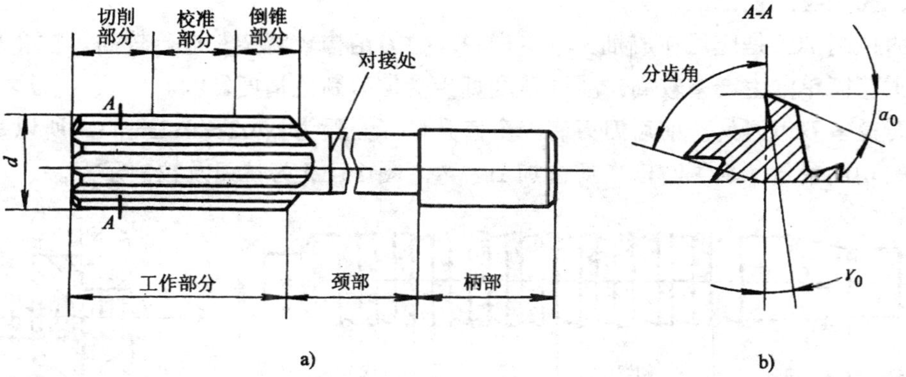

图 16-12　直柄铰刀及切削部分

a）铰刀的组成　b）切削部分

铰孔一般是在钻孔、扩孔基础上的精加工，由于铰孔时切削余量均匀，只能提高孔本身的尺寸精度及几何精度，不能校正孔的位置精度，为了解决这个问题，可以采用镗削工艺方法。

四、镗孔

镗孔是在工件已有孔上进行扩大孔径的加工工艺方法，一般在镗床上进行。也可以在立式铣床或卧式铣床上镗孔，如图 16-7f 所示是在卧式铣镗床上加工箱体孔。镗床分为卧式铣镗床和坐标镗床，如图 16-13 为卧式铣镗床简图。

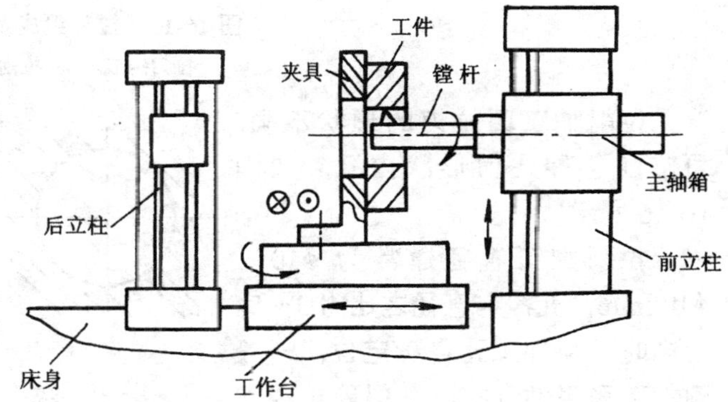

图 16-13　卧式铣镗床

镗孔可使用单刃镗刀或多刃镗刀。单刃镗刀刚性较差，因为刀具简单，适应性较广，应用比较普遍；多刃镗刀结构较复杂，加工精度较高，一般为浮动镗刀，如铰孔一样，只能提高孔的尺寸精度和几何精度，不能校正孔的位置精度。图 16-14 为镗刀示意图。

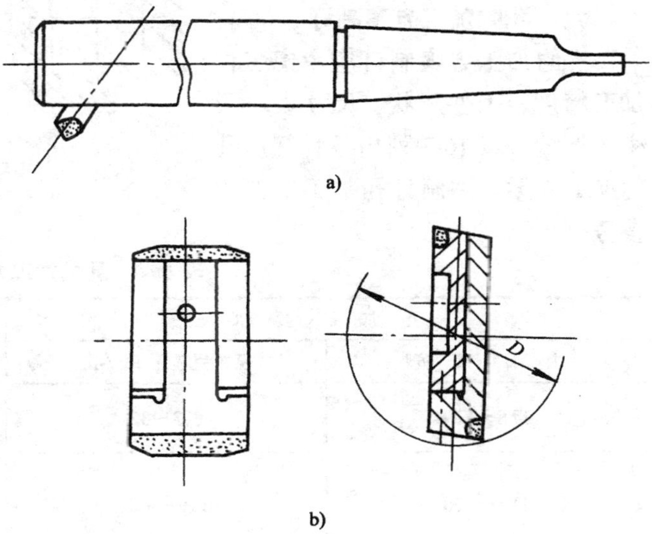

图 16-14　镗刀

a）单刃镗刀　b）浮动镗刀

镗孔应用很广泛，特别是箱体类工件的孔系加工应用卧式铣镗床或坐标镗床较为普遍。成批生产中，应用多轴组合机床，可同时镗几个孔，如汽缸孔加工，生产效率很高，加工精度稳定。

镗孔精度一般 IT7～IT8，坐标镗床可达到 IT5～IT6，表面粗糙度 $Ra0.4 \sim 1.6\mu m$。

五、孔的拉削加工

孔的拉削加工是应用在成批大量生产中，拉刀结构较复杂，造价较高。拉孔是在拉床上进行，工艺简单，生产率较高，拉孔精度直接受拉刀制造精度影响。

拉刀是多刀齿刀具，前后刀刃有一个齿升量（一般为 0.02～0.1mm），所以每个刀齿负担很小的切削余量，加工时依次切去加工余量，图 16-15 为拉刀及拉削示意。

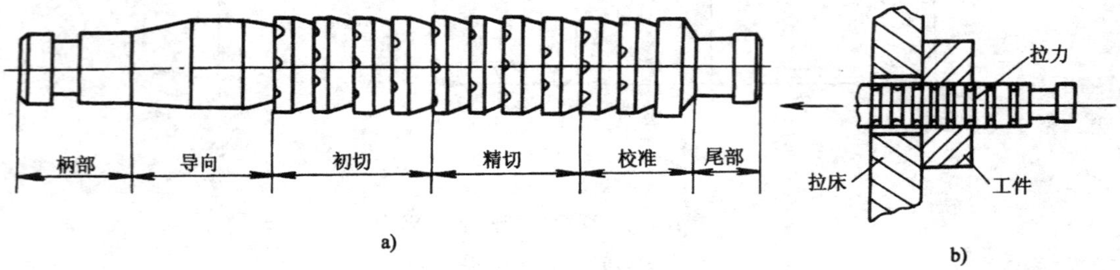

图 16-15 拉刀组成及拉削
a）拉刀组成 b）拉削加工

拉削加工因拉刀的形状不同，可拉削各种几何形状内孔，如图 16-16 所示。

拉削加工直径通常为 $\phi10 \sim \phi100mm$，孔深与直径之比为 3～5。拉削时以预加工孔自身定位，一般预加工采用钻、扩、车削等半精加工工序。

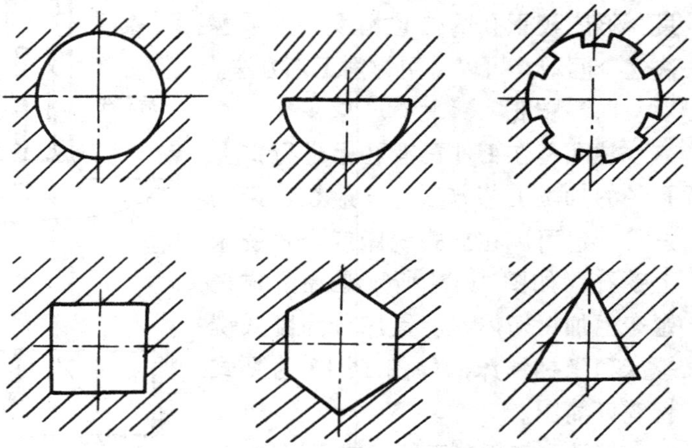

图 16-16 拉削加工孔的各种形状

六、孔的加工方案制订

孔的加工方案制订应考虑工件加工精度、工件形状、尺寸大小及生产批量，表 16-7 列出各种精度孔的加工方案，供制订孔加工工艺时参考。

表 16-7 孔的加工方案

孔加工要求		孔加工方案
加工精度	表面粗糙度 $Ra/\mu m$	
IT8～IT9	6.3～32	钻孔 钻-扩孔
IT7～IT8	1.6～3.2	钻-扩-铰孔 钻-镗孔 钻（车）-拉孔
IT5～IT6	0.4～0.8	钻-扩-坐标镗孔 车-磨孔

第三节　平 面 加 工

平面是盘形、板类及箱体类零件的主要组成表面。平面按其作用不同可分为非结合平面、结合平面、导向平面及量具的测量平面。

平面加工因其工件形状、尺寸、加工精度及表面粗糙度和生产批量的不同，可以采用各种不同的加工方法和加工方案，图 16-17 所示为各种平面的加工方法。

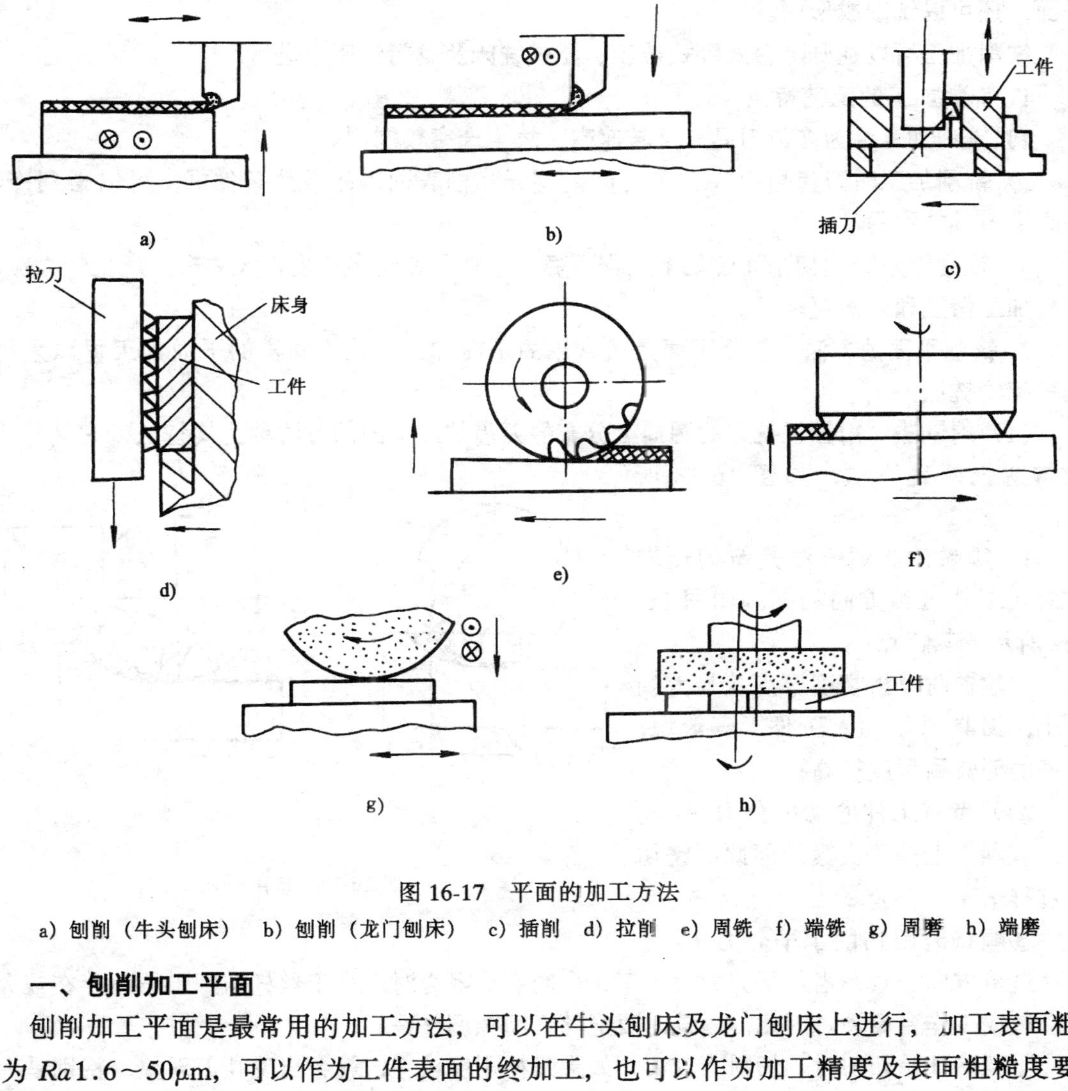

图 16-17　平面的加工方法

a）刨削（牛头刨床）　b）刨削（龙门刨床）　c）插削　d）拉削　e）周铣　f）端铣　g）周磨　h）端磨

一、刨削加工平面

刨削加工平面是最常用的加工方法，可以在牛头刨床及龙门刨床上进行，加工表面粗糙度为 $Ra1.6 \sim 50\mu m$，可以作为工件表面的终加工，也可以作为加工精度及表面粗糙度要求更高平面的预加工。

刨削加工因机床结构较为简单，调整方便，多采用单刃刨刀，适应性很强，故广泛应用在单件、小批量生产的场合。

刨削加工因为是刀具的往复运动，受惯性力的影响，切削速度较低，而且有空程损失(回程不加工)，因此，刨削加工生产率较低，在大批量生产中常被铣削加工所代替；但对于狭长平面，如机床导轨面，也可以采用多刀刨削，其生产率可以高于铣削。

插床上进行的平面加工实质上也是刨削加工，只是插削的主运动方向是沿铅直方向的。插削可以加工方孔、多边形孔、键槽等内表面加工，在维修、模具车间应用较多。如图 16-17c 所示。

拉削加工平面实质也是刨削加工，只不过拉刀是多刃刀具，因生产效率高，拉刀价格昂贵，多用在大批量生产场合，如图 16-17d 所示。

二、铣削加工平面

铣削是平面加工的主要方法，它可以铣削水平面、垂直面、斜面、燕尾槽及键槽等组合平面，还可以铣削成形面。

铣削加工可以在升降台式卧式铣床、立式铣床及龙门铣床上进行。

1. 铣削加工的工艺特点

1）铣削加工多为多齿刀具，且转速高，故生产率较刨削高。

2）铣削加工时刀齿可以在一段时间内离开切削表面，故散热条件好，可以得到冷却，提高了刀具的耐用度。

3）铣削因是断续切削而使切削过程不稳定，切入和切出产生很大冲击，产生较大振动，影响加工精度和表面粗糙度。

2. 铣削平面的方法　铣削平面是最常用的平面加工方法，同样的平面加工可以采用周铣法和端铣法。

（1）周铣法　用圆柱铣刀的圆周上分布的刀齿加工平面的方法称为周铣法，它又分为顺铣与逆铣两种方法，如图 16-18 所示。

1）顺铣法。顺铣法是铣刀旋转方向与工件进给方向相同，如图 16-18a 所示，其特点：

①顺铣时每齿切削厚度从最大到最小，刀具易于切入工件，一般说，顺铣的刀具耐用度较高；

②刀齿对工件的切削分力 F_1 向下，有利于工件的夹紧，因此顺铣切削过程平稳；

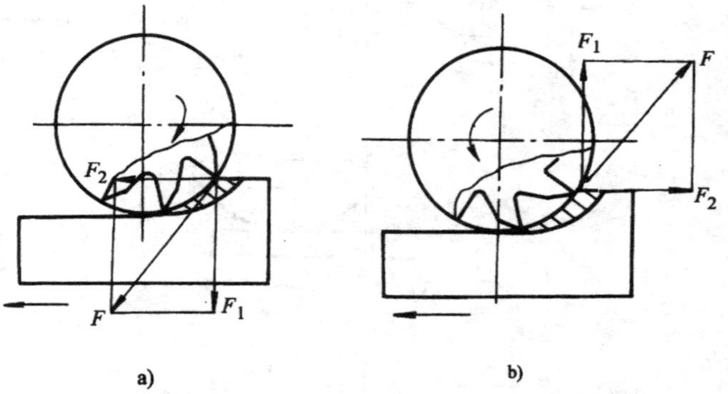

图 16-18　铣削平面

a）顺铣　b）逆铣

③顺铣时因切削水平分力 F_2 与工件进给方向一致，当水平分力大于工作台的磨擦阻力时，由于丝杆与螺母一般存在较大间隙，造成工作台窜动。因此，顺铣时要把丝杆间隙调整好；

④顺铣开始切削时　切削力较大，如果刀杆刚度较差，就会出现扎刀现象，特别是毛坯表面铣削加工，更容易出现。

2）逆铣法。逆铣法是指切削速度方向与工件进给方向相反，如图 16-18b 所示。

因顺铣法很难消除丝杆间隙而引起的切削不稳定，生产中多用逆铣法。其特点为：

①逆铣时切削水平分力 F_2 的方向与工件进给方向相反，因此，切削送进平稳，有利提高表面质量和防止扎刀现象；

②逆铣时垂直切削分力 F_1 向上，不利于工件的夹紧；

③因逆铣时刀齿从已加工表面开始进刀，刀具磨损较大，且影响已加工表面质量。

三、磨削加工平面

在模具生产及机床导轨面加工中常采用磨削加工方法，它适用于淬硬平面和精度要求较高的平面加工。磨削平面分为周磨法和端磨法两种。

磨削平面时，工件的夹紧一般采用电磁吸盘，因此，工件夹紧可靠、迅速；但对于变形较大的薄板类工件，应采取相应措施如在工件下放适当厚度的橡胶垫，不致因夹紧力引起工件变形，以免影响平面加工精度，如图16-19所示。

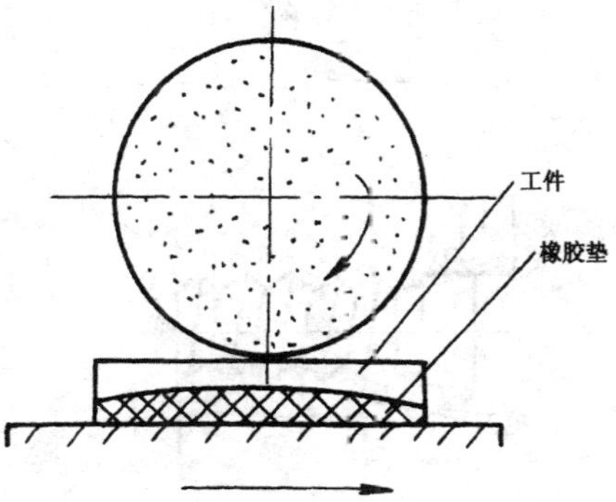

图16-19　薄板磨削

1. 周磨法　周磨法如图16-17g所示，是采用砂轮的圆周表面加工。磨削时砂轮与工件接触面小，散热条件较好，不致于因切削热烧伤工件，而且切削力较小，加工精度较高。

2. 端磨法　端磨法如图16-17h所示，是利用砂轮端面进行磨削的方法。端磨时由于砂轮较大面积的端面接触工件，因此生产效率较周磨法高，特别适用于轴承端面加工及小型零件的平面加工，多适用在成批生产中，且容易实现自动化生产。

四、平面加工方案制订

平面加工根据其工件形状、尺寸、加工精度及生产批量不同可以采用各种方法，以取得较好的经济效益，表16-8列出了各种平面加工方法所能达到的加工精度及表面粗糙度。

表16-8　平面加工方案

序号	加工方案	加工精度	表面粗糙度 $Ra/\mu m$	工件材料
1	粗刨-精刨	IT7～IT8	1.6～6.3	铸铁、钢
2	粗刨-精磨	IT6～IT7	0.8～3.2	铸铁、钢
3	粗磨-精磨	IT6～IT7	0.8～3.2	淬火钢
4	粗铣-精铣（拉削）	IT7～IT8	1.6～3.2	铸铁、钢
5	粗铣-精磨	IT6～IT7	0.8～3.2	铸铁、钢
6	粗磨-研磨	IT4～IT5	0.2～0.8	淬火钢

第四节　螺纹加工

螺纹属于成形表面，按形状分可分为圆柱螺纹、圆锥螺纹；按牙形分为三角螺纹、梯形螺纹、模数螺纹、圆弧形螺纹等，应用最多的为三角螺纹；按用途分可分为联接螺纹（如螺栓）和导向螺纹（如丝杆等）。

螺纹加工方法有车削加工、铣削加工、搓丝、磨削加工等，如图16-20所示。

一、车削螺纹

车床上可以加工各种形状，各种牙型的内外螺纹。应用非常广泛，如图16-20a所示。

螺纹表面是复杂的成形面，在车削加工时，工件的旋转和刀具的移动要有严格的比例关系，即工件旋转一周，刀具要移动螺纹的一个导程，这种机床运动关系由螺纹加工传动链来

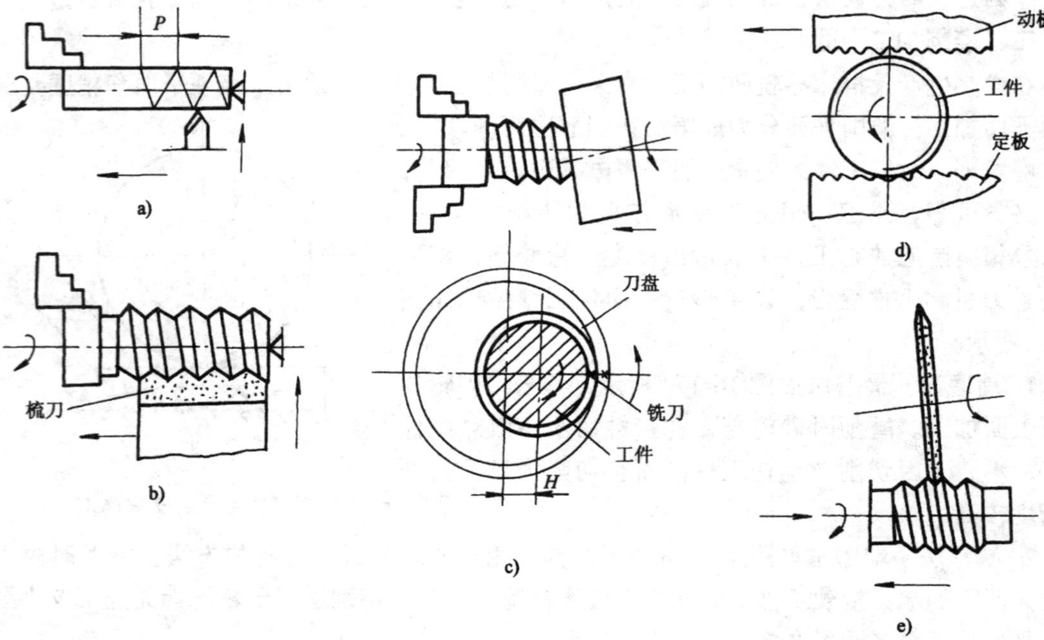

图 16-20 螺纹加工方法

a）车削 b）梳刀加工 c）铣螺纹 d）搓丝 e）磨削螺纹

保证，因此，车床加工螺纹的精度一方面由刀具本身的精度决定，另一方面由机床传动链精度保证。

车削螺纹大多数使用单刃车刀加工，因为刀具简单，机床调整方便，故适应性强，应用非常广泛，适用于单件小批生产，但生产效率较低。

二、铣削螺纹

铣削螺纹和车削螺纹原理相同，在成批生产中，为提高生产率多用铣削加工螺纹，如图16-20c所示为旋风铣削螺纹。根据刀具与工件的位置可分为内接铣削与外接铣削。前者适合较短的螺纹加工，工件只一端装卡，要求装卡刚度较高；后者适用轴类螺纹加工，工件可两头装卡，如图16-21所示。

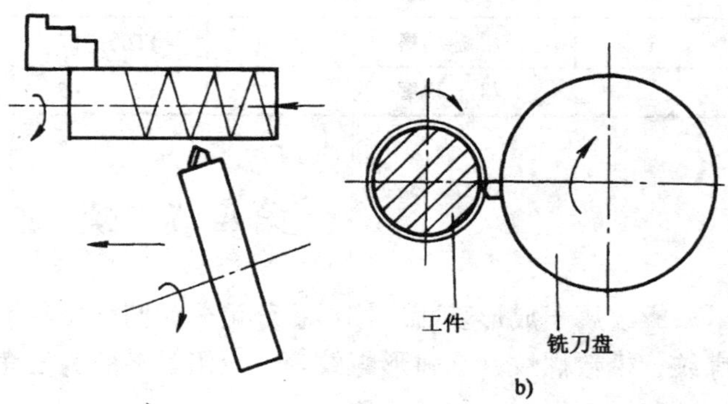

图 16-21 旋风铣螺纹（外接）

a）装卡 b）加工

三、搓制螺纹（搓丝）

在大量生产中，小型圆柱螺纹零件，多采用搓丝方法，它属于无屑加工。如图16-20d所示，搓丝时，定板不动，动板前后移动，工件自动定位，生产率极高，如标准件厂应用较多，螺纹加工精度取决于搓丝板的精度及机床运动精度。一般加工精度不高，多适用联接螺纹加工。

四、磨削螺纹

精密导向螺纹多采用磨削方法，如图 16-20e 所示为单片砂轮磨削螺纹。因切削金属量很少，切削力很小，散热条件较好，加工精度较高。

磨削螺纹因使用成形砂轮，故砂轮精度直接影响螺纹加工精度，应随时注意砂轮的修整。磨削螺纹生产效率较低，一般应用在淬火后螺纹及高精度螺纹加工。

第五节 齿轮齿形加工

齿轮作为传递运动和动力的机械零件，应用在机械、仪表等产品中。齿轮的传动精度与齿形加工有着密切的联系。

齿轮按形状分为圆柱齿轮和圆锥齿轮。圆柱齿轮按齿向分为直齿圆柱齿轮和斜齿圆柱齿轮，圆锥齿轮也分为直齿圆锥齿轮和弧齿圆锥齿轮，除此之外，还有蜗轮及齿条。

齿轮齿形曲线有渐开线，摆线和圆弧等，最常用的是渐开线齿形。

齿形加工方法有成形法和展成法。

一、成形法加工

成形法加工齿形可以在万能铣床或专用机床上进行，它是将刀具刃形做成齿轮齿槽形状，齿轮齿形由刀具刃形形状决定，故成形法加工因刀具刃形精度不高，加工齿轮精度一般较低，多为加工 GB10095—88 中 9 级精度以下的齿形加工。在齿轮磨床上进行成形法加工，要有高精度的砂轮修磨装置，可以加工 6 级甚至更高精度的齿轮，如图 16-22 所示。

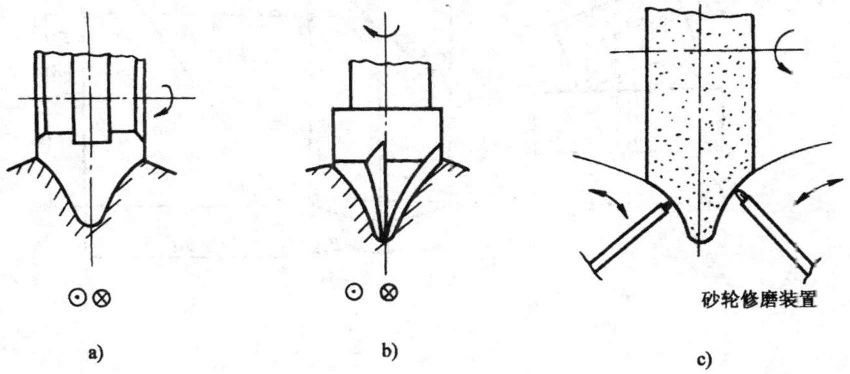

图 16-22 成形法加工齿形

a）盘形铣刀 b）指状铣刀 c）磨齿

成形法加工工艺特点：

1）设备简单、刀具成本低，适应性较广泛，可以加工圆柱齿轮和圆锥直齿轮及齿条。

2）因每加工一个齿要进行分度，故生产效率低，加工精度不高。

3）因齿轮齿数不同，同一模数的不同齿形形状不同，致使刀具数量增加，给刀具制造和使用带来不便。在实际生产中，为简化刀具设计及减少刀具数量，通常将同一模数不同齿数的齿轮进行分组，每组内的齿数范围只使用一把铣刀，这组铣刀的刃形按本组内最小齿数的齿轮齿槽形状设计，分组情况见表 16-9。

为提高加工精度还可以把齿数范围缩小，增加刀具数量。

表 16-9 一组八把模数铣刀的铣齿范围

铣刀号	1	2	3	4	5	6	7	8
铣齿数范围	12～13	14～16	17～20	21～25	26～34	35～54	55～134	≥135

成形法加工齿形多用在单件小批量生产，要求精度不高的场合。

二、展成法加工

展成法是利用齿轮啮合原理来实现刀具与工件的相对运动加工齿形的。展成法有滚齿、插齿、磨齿等。

(一) 滚齿

滚齿是在滚齿机上进行的，它可以加工直齿圆柱齿轮、斜齿圆柱齿轮及蜗轮。

1. 滚齿加工原理　滚齿是利用一对交错轴斜齿轮的啮合原理，将其中一个斜齿轮（即为齿轮滚刀）的齿数减少到 1～2 个齿，沿轴向切出齿槽，即形成齿轮滚刀，如图 16-23 所示。

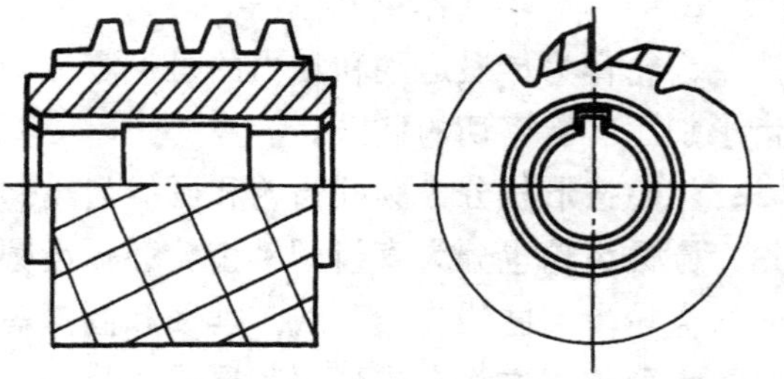

图 16-23 齿轮滚刀

滚齿加工（指加工直齿圆柱齿轮，如图 16-24a 所示）的运动有：

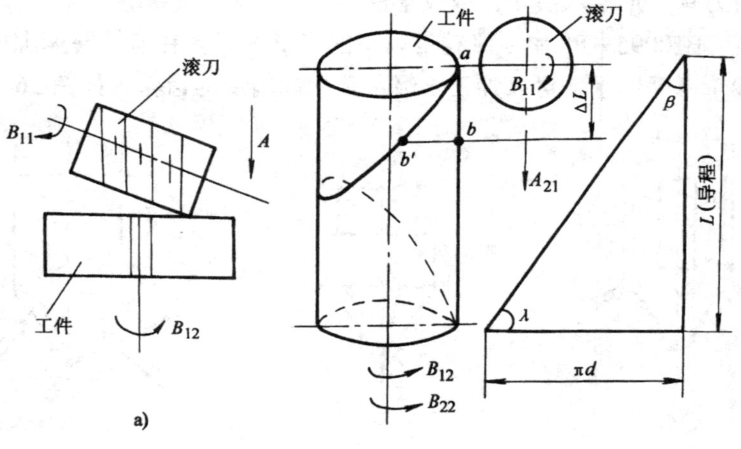

图 16-24 滚齿运动

a) 加工直齿时滚齿运动 b) 加工斜齿时附加运动

B_{11}——滚刀旋转运动 A_{21}——刀具轴向进给运动 B_{12}——工件旋转运动 B_{22}——工件辅助旋转运动

1) 主运动，即滚刀轴的旋转运动。

2) 展成运动，滚刀和工件的旋转运动组成展成运动，它是按严格的比例关系，即滚刀转过一周，工件转过 K/z 转（K——滚刀的头数，z——工件的齿数）。

3) 进给运动，它可分为滚刀沿工件轴向进给，以切出全齿宽；工作台沿横向进给，以切出全齿高；工件的圆周进给，以切出全部轮齿。

如果加工斜齿轮，工件圆周进给还增加一个附加运动，即滚刀沿轴向进给工件的一个导程，工件附加 ±1 转，如图 16-24b 所示。

滚齿时，为使滚刀刀齿的方向与工件齿向一致，滚刀的安装方法如图 16-25 所示。

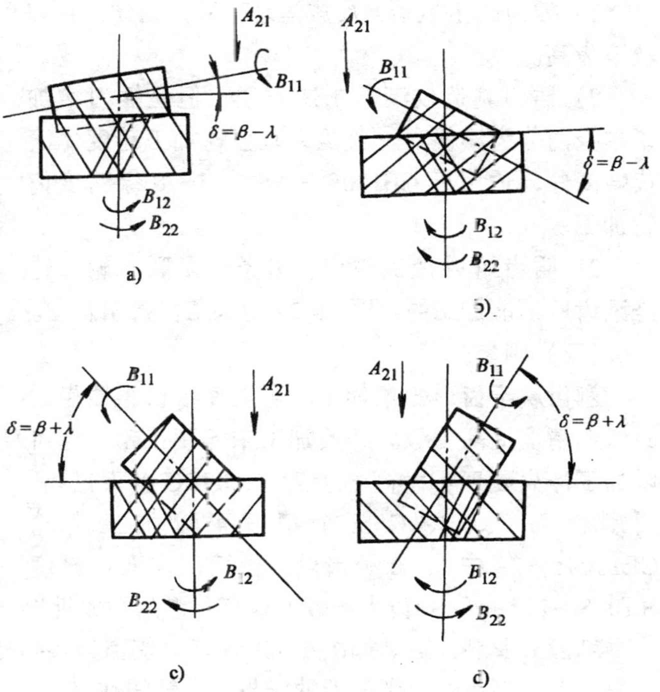

图 16-25 滚刀安装

a) 右旋滚刀，加工右旋齿轮 b) 左旋滚刀，加工左旋齿轮

c) 右旋滚刀，加工左旋齿轮 d) 左旋滚刀，加工右旋齿轮

δ—滚刀安装角 λ—滚刀升角 β—工件螺旋角

2. 滚齿的工艺特点

1）可以用一把滚刀加工相同模数的所有齿数齿轮，因此减少了刀具的数量，给刀具制造和使用带来方便。

2）与成形法相比，齿轮加工精度较高，一般可以加 GB10095—88 中 7～8 级齿轮，高精度滚齿可达 5～6 级。

3）由于滚刀的切入、切出运动的影响，滚齿不能加工多联齿轮。

（二）插齿

插齿是利用一对齿轮啮合原理，一个齿轮制成刀具，即插刀，如图 16-26 所示。

插齿可以加工直齿圆柱齿轮、内齿轮，安装专用装置后可以插削斜齿轮和齿条。

1. 插齿运动

1）主运动，即插刀的往复运动。

2）展成运动。插刀与工件的旋转运动应按严格比例关系，即插刀转过一个齿，工件转过 $1/z$ 转（z 为工件的齿数）。

3）进给运动。进给运动分径向进给和圆周进给。

4）让刀运动。为防止插刀回程时刀具的磨损和损伤工件已加工表面，当刀具回程时工件让开，等到刀具退出工件时工件再回到原位。插齿运动如图 16-27 所示。

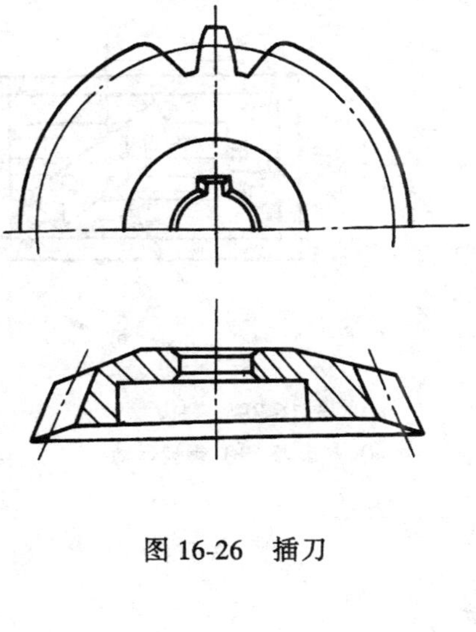
图 16-26 插刀

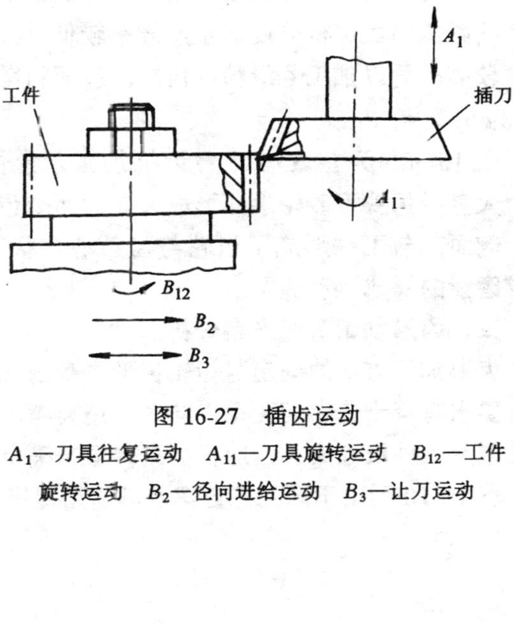

图 16-27 插齿运动

A_1—刀具往复运动 A_{11}—刀具旋转运动 B_{12}—工件旋转运动 B_2—径向进给运动 B_3—让刀运动

2. 插齿工艺特点

1）插齿的主运动与展成运动分开，因此，可以单独提高主运动速度，这样使齿面精度较滚齿高。

2）插刀制造较滚刀制造方便，但是插刀增加了本身的分齿误差，一般插齿时齿轮加工精度比滚齿略高些，适用于 GB10095—88 中 7～8 级精度齿轮加工。

3）插齿可以加工内齿、齿条、多联齿轮，这是滚齿所不能加工的。图 16-28 为加工齿条示意图。

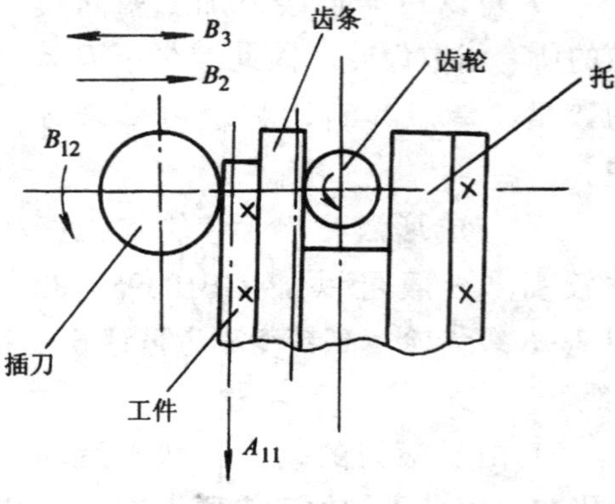

图 16-28　插齿条示意图

A_{11}—工件切向进给运动　B_{12}—刀具旋转运动
B_2—刀具径向进给运动　B_3—让刀运动

（三）剃齿

剃齿属于齿形的精加工，可以使滚齿、插齿后的齿形精度提高 1 级。一般加工未淬硬齿轮，也可以加工淬火硬度不太高的齿轮（35HRC 以下）。利用剃齿刀 A、B、C 三个精度可以加工齿轮 GB10095—88 中 5～6 级齿轮，齿面的表面粗糙度 $Ra0.8 \sim 2.5\mu m$。剃齿生产效率很高，多用在成批生产中，机床制造中应用较广泛。

剃齿刀及剃齿运动如图 16-29 所示。剃齿刀实际是一个在每个齿的齿形方向带有切削刃的斜齿轮。剃齿时，剃齿刀轴线与工件轴线在空间交错，以保证剃齿刀齿向与工件齿向一致。加工时，刀具带动工件旋转。刀具的旋转运动 v 可以分解成 $v_{工}$ 与 $v_{滑}$，$v_{工}$ 即带动工件旋转，$v_{滑}$ 即为切削速度。

（四）磨齿

磨齿是应用较广泛的齿轮齿形精加工方法，多用展成法加工，示意图如图 16-30 所示。

图 16-30a 为锥形砂轮磨齿机。砂轮在磨削过程中随时修磨，以保证齿形精度，依次磨削两个齿的两侧面后进行分度。生产效率较低，加工精度较高，可以加工 4 级精度齿轮，齿面粗糙度 Ra 为 $0.2 \sim 0.8\mu m$。

图 16-30b 为在 Y7032 磨齿机加工示意图，两个大直径的碟形砂轮端面形成齿条的两个齿的两个侧面，与工件形成了齿轮与齿条啮合状态，形成磨齿的展成运动。

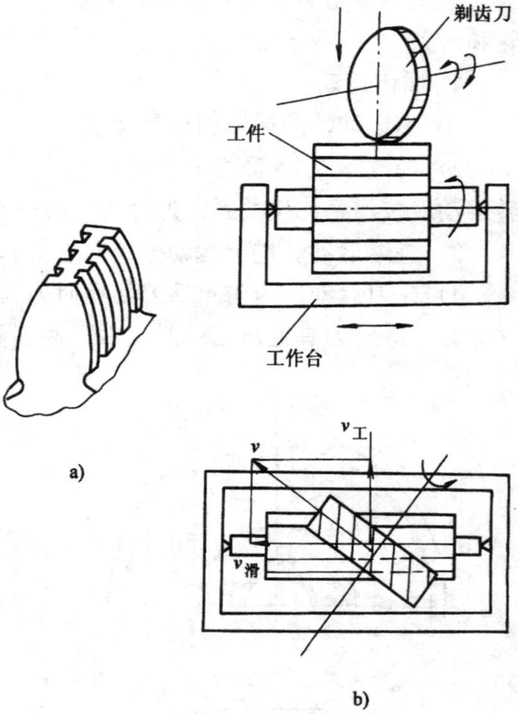

图 16-29　剃齿

a）剃齿刀　b）剃齿运动

三、齿形加工工艺方案分析

齿形加工方法的确定与齿轮齿形本身的加工精度要求有着十分密切关系，同时，还要考虑生产批量及工件尺寸大小，应根据条件适当确定齿形加工工艺方法。

表 16-10 列出不同工艺方案及其适用范围。

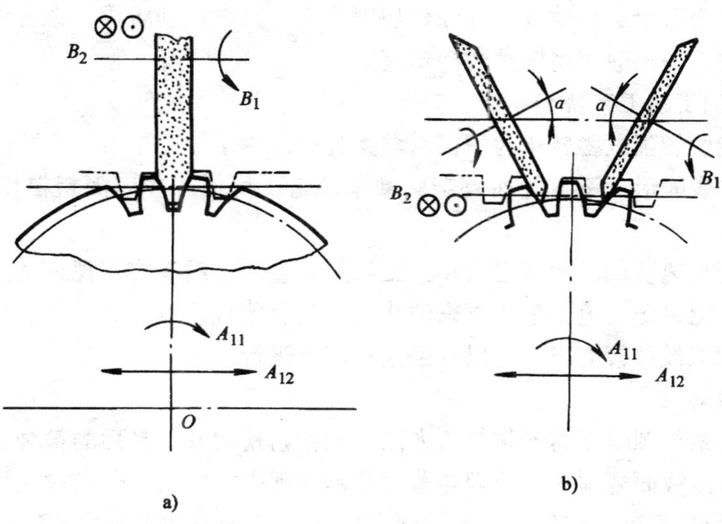

图 16-30　磨齿示意图

A_{11}—工件旋转运动　A_{12}—工件横向运动　B_1—砂轮的旋转运动　B_2—砂轮纵向进给运动

表 16-10　齿形加工工艺方案

序　号	工　艺　方　案	加　工　精　度	适　用　条　件
1	滚齿或插齿	8 级及以下精度	精度要求不高的齿轮
2	滚（插）齿-磨齿	5～6 级	传动精度较高淬硬齿轮
3	滚（插）齿-剃齿-珩齿	4～5 级	未淬硬高精度齿轮

第六节　光 整 加 工

以上介绍的各种表面加工方法，加工精度等级一般在 IT6 以下，工件表面粗糙度 Ra 值在 0.4μm 以上。当要求更高的加工精度和更小的表面粗糙度值时，就要采用光整加工方法，如超精加工、镜面磨削、研磨、珩磨等。

一、超精加工

超精加工是外圆表面的光整加工方法，它是减少工件表面粗糙度值的有效方法之一。

（一）超精加工的工作原理

如图 16-31 所示，超精加工时使用油石，以较小的压力 p（15N/cm^2）压向工件，加工中有三种运动：工件低速转动；磨头轴向进给运动及磨头的高速往复振动。这样，使工件表面形成不重复的磨削轨迹。

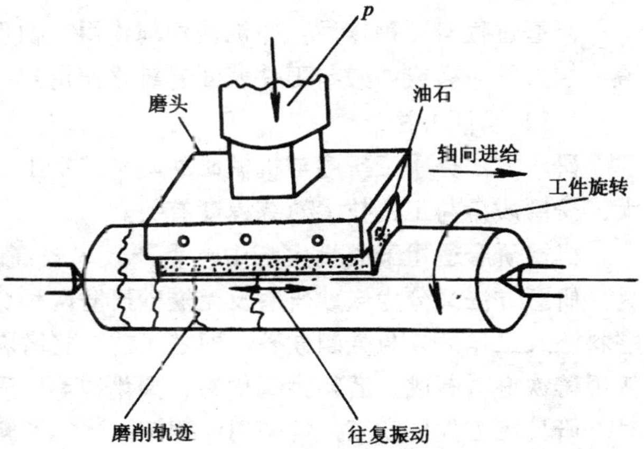

图 16-31　超精加工

超精加工分为四个工作阶段：即强烈切削阶段、正常切削阶段、微弱切削阶段和自动停止磨削阶段。加工中一般使用煤油做冷却液。

（二）超精加工的工艺特点

超精加工能由切削过程转化为摩擦、抛光过程，由于加工中可以不断改变磨头的振动频率，因此，工件表面形成不重复而复杂的磨削轨迹，可使工作表面粗糙度 Ra 值为 0.08～0.1μm。

超精加工切削速度低，油石压力小，工件发热量小，没有烧伤现象。

超精加工不能纠正上道工序留下来的几何形状及位置误差。

由于超精加工设备较简单，可以在卧式车床上进行。

二、镜面磨削

镜面磨削也是外圆表面的光整加工方法，如精密检验棒的最后的精加工工序一般采用镜面磨削加工方法。镜面磨削加工原理与普通外圆磨削基本相同，但它是采用特殊砂轮（一般用橡胶做结合剂）。磨削时使用极小的切削深度（1～2μm）和极慢的工作台进给速度。

镜面磨削的表面粗糙度 Ra 值可达 0.01μm，能部分修正上道工序留下来的几何形状误差和位置误差。

镜面磨削生产效率较低，且对机床的精度要求很高。

三、研磨

研磨可以做外圆、内孔及平面的光整加工。研磨方法简单，对设备要求不高，因此，是光整加工中应用最广泛的工艺方法。

（一）研磨加工原理

图 16-32a 所示为内圆表面的研磨，工件安装在车床三爪自定心卡盘上低速旋转，手持研具往复运动并慢慢正反方向转动研具（手工研磨），研具和工件间加入研磨剂。图 16-32b 为平面的研磨，研具在一定压力 p 下进行复杂移动，工件与研具间加入磨粒和研磨液。

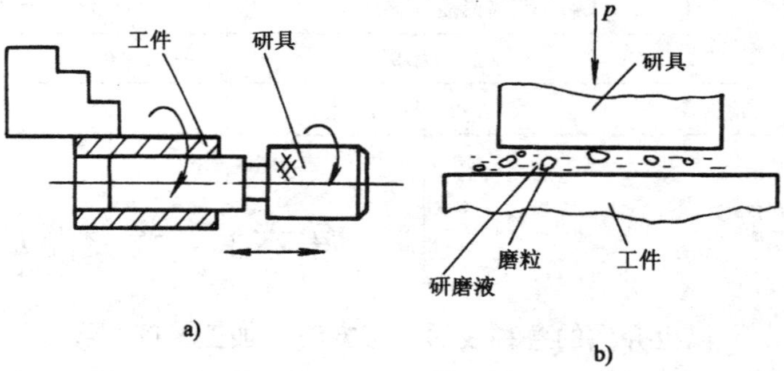

图 16-32　研磨

研磨过程有三种作用：即机械切削作用、物理切削作用（挤压作用）、化学作用（研磨液中加入硬脂酸或油酸与工件表面起氧化作用）。

（二）研磨方法

研磨方法分手工研磨与机械研磨两种。手工研磨适用于单件小批生产，工人劳动强度较大，研磨质量与工人技术熟练程度有关。

机械研磨适用于成批生产中，生产效率较高，研磨质量较稳定。根据磨粒是否嵌入研具，研磨方法又分为嵌砂研磨及无嵌砂研磨两种。嵌砂研磨又分为自由嵌砂（即加工中，将磨料注入工作区）与强制嵌砂（即加工前，将磨料压在研具上）两种。嵌砂研磨的研具一般使用铸铁材料制成，磨料为氧化铝、碳化硅等，研磨过程以磨粒滑动磨削为主；无嵌砂研磨时，研具比工件硬度高，常采用淬硬钢制造，所用磨料较软（氧化铝），加工时，磨粒处于自由状态，不嵌入研具表面，研磨过程以磨粒滚动磨削为主。

研磨剂包括磨料、研磨液（煤油与机油混合）、辅助材料（硬脂酸、油酸及工业甘油）。钢质工件选用氧化铝磨料，脆性材料工件选用碳化硅磨料。

（三）研磨工艺特点

研磨分粗研及精研。精研后，工件表面粗糙度 Ra 值可达 0.01μm，研磨可分部分纠正上道工序留下来的几何形状及位置误差。

研磨方法简单，适应性较强。手工研磨工人劳动强度较大，现正在被机械研磨所取代。

四、珩磨

珩磨是内外圆表面及齿形的光整加工方法之一，珩磨多用于内圆表面的精加工，如内燃机汽缸套及连杆孔的光整加工。

（一）珩磨工作原理

图 16-33 所示为珩磨示意图。珩磨是低速、大面积接触的磨削加工，与磨削原理基本相同。珩磨的磨具是由多根油石组成的磨头。油石本身有三种运动：正反方向旋转运动 A、往复运动 B 及磨头向油石施加压力后的径向运动 C。由于油石的复杂运动，使内孔表面形成较复杂的磨削轨迹，如图 16-33b 所示。图中 1、2、3、4 表示磨削轨迹形成顺序。

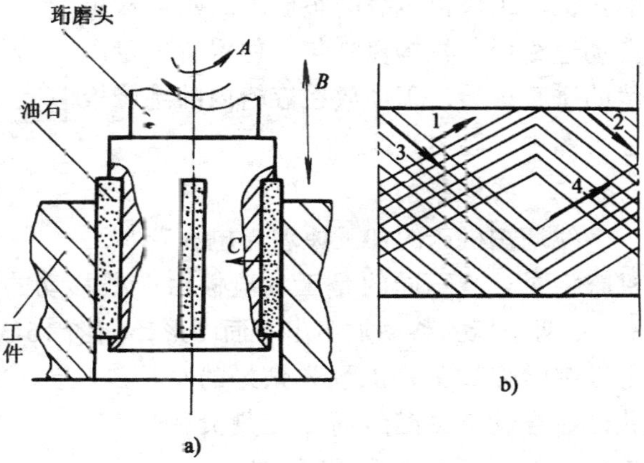

图 16-33　珩磨
a）珩磨原理　b）磨削轨迹展开

（二）珩磨的工艺特点

珩磨时，油石与工件表面接触面较大，但每一磨粒的切削力很小（是磨削的 1/50～1/100），且切削速度较低（一般 v＝1.5m/s 以下，是磨削的 1/30～1/100），所以发热量很少，几乎没有烧伤现象。

珩磨时，工件表面变形量很小，可以获得较高的尺寸精度及形状精度，稳定地达到 IT6。孔的圆度及圆柱度可达 0.005～0.003mm，表面粗糙度值 Ra0.63～0.04μm，有时甚至可达 Ra0.01μm。

为使油石与工件表面很好接触，珩磨头采用浮动联接，因此，珩磨对孔的位置误差不能修正。

珩磨的应用较广，可以加工铸铁、淬硬或不淬硬钢件，但不宜加工有色金属。珩磨孔径 ϕ5～ϕ500mm，可以加工 $L/D>10$ 以上的深孔。石油机械中柱塞泵的套筒内孔 L/D 可达 100 以上，其孔的精加工广泛采用珩磨方法。

第七节　特 种 加 工

随着科学技术的发展，对机器或仪器的性能要求越来越高，使用的工程材料具有特殊的物理性能和高硬度等，给传统的切削加工工艺方法带来极大的困难。因此，出现了特种加工机床，如电火花加工机床、电解加工机床、超声加工及激光加工机床等，它们广泛应用于宝石、陶瓷、花岗岩、锗片、磁钢等难加工材料的切削加工中，如纺织机械中的喷丝头在 100mm^2 面积上要加工出 ϕ0.01～ϕ0.06mm 的孔 12000 个，采用传统的机械加工已不可能，在特种加工机床上加工就比较方便了。

一、电火花加工

电火花加工也称电脉冲加工或电蚀加工，广泛应用在模具生产中。它可以加工任何导电金属材料，如硬质合金、耐热钢、不锈钢、淬火钢等。

图 16-34 为电火花加工机床的工作原理与组成，工具电极和工件放在绝缘的介质中（煤油）。电极接直流高压脉冲电源的正极，工件接电源的负极。工具电极由自动进给调节机构控制与工件保持一定间隙的垂直进给，工件放在液槽内的绝缘板上（图中未画出）。

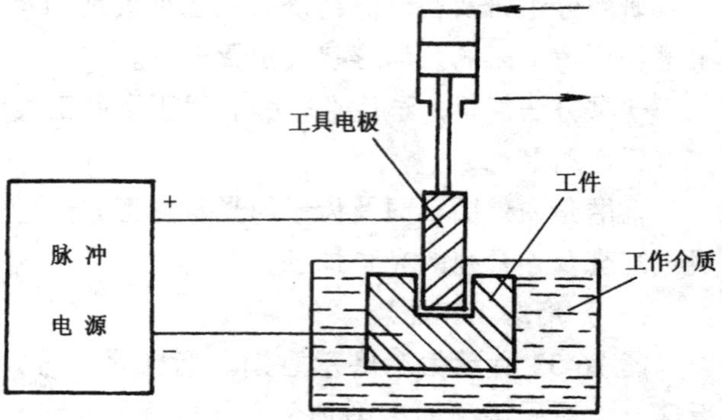

图 16-34　电火花加工机床的工作原理和组成

二、线切割加工

线切割机床的加工原理与电火花加工机床相同。所不同的是工具电极由一根移动的钼丝（$\phi0.02 \sim \phi0.03$mm）所代替，工件靠 x，y 两坐标的移动加工出平面图形，如图 16-35 所示。在工具钼丝 3 和工件接上脉冲电源，电极钼丝穿过工件上预先钻好的小孔，经导轮 2 由贮丝筒 1 往复交替走丝。放置工件的工作台在 x，y 两个坐标方向上分别安装有步进电机，通过数控系统按编好的程序自动切出平面图形。

线切割加工中电极钼丝在加工中不断移动，工具电极基本上无损耗，电蚀量比电火花加工少，因此，加工精度及生产率较高。

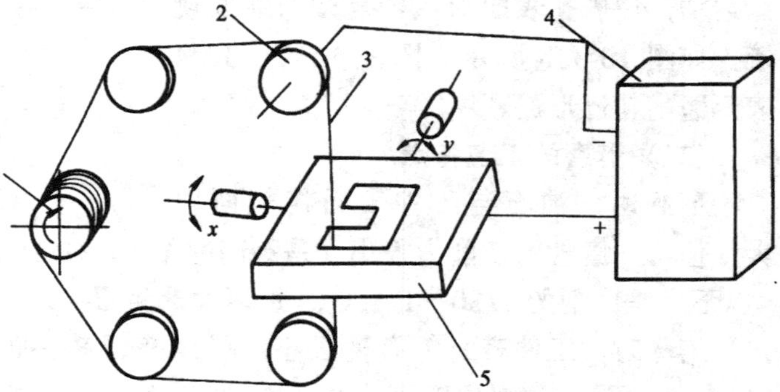

图 16-35　线切割机床加工原理图

1—贮丝筒　2—导轮　3—工具钼丝　4—脉冲电源　5—工件

线切割加工广泛应用于淬硬钢的冲模、样板、特殊形状的窄缝及栅网加工中，而不能加工空间曲面。一般加工工件厚度在 50mm 以下。平面图形尺寸受工作台面限制。

三、电解加工

电解加工是继电火花加工后发展起来的新工艺，应用在枪炮膛线加工、航空发动机的叶片及汽车、拖拉机制造业的模具加工中。图 16-36 为电解加工成形原理示意图，它是利用金属在电解液中可以发生阳极溶解的原理，将零件加工成形。加工时工件接在直流电源的正极（称为工件阳极），工具接负极（称为工具阴极），两极

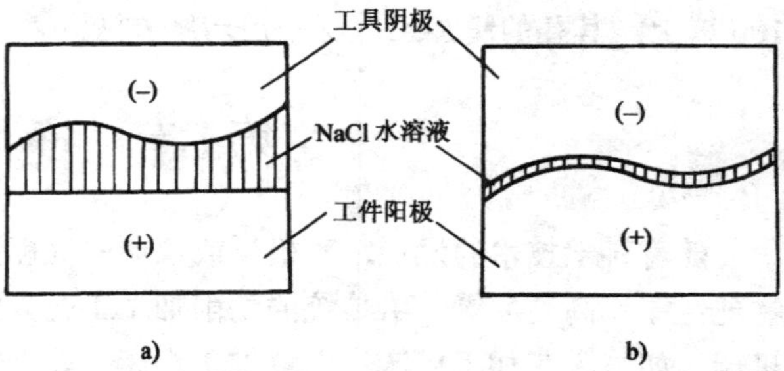

图 16-36　电解加工原理示意图

a）加工前　b）加工中

之间电压通常为 2～20V，保持 0.02～1mm 的间隙。电解液通常采用 10％～20％ NaCl 水溶液，由泵压力传送，从两极间隙快速通过。此时，阳极工件的金属快速溶解，电解的产物被电解液冲走，脏的电解液分离，过滤后重复使用。

电解加工是一个复杂的电化学和化学反应过程。

电解加工工艺范围广，不受金属材料硬度和强度的限制，可以加工导电材料，如硬质合金、淬硬钢、不锈钢、耐热合金等难加工材料。电解加工的生产率高，为电火花加工的 3～5 倍。

电解加工的表面粗糙度为 $Ra1.25 \sim 3.2\mu m$，可以加工复杂的空间曲面。特别适用于模具复杂曲面的加工。

四、激光加工

激光是本世纪末出现的一种新光源，它具有高亮度、高单色性和高方向性等一系列优异特性。

把激光聚集成一个极小光斑（直径几微米至几十微米），使光斑上获得 108～1010W/cm^2 的能量密度，产生一万 kW·h 以上的能量，从而能在千分之几秒甚至更短的时间内使被加工物质熔化和气化，达到工件蚀除。

激光加工不需要工具，不存在工具损耗问题，因此，很适宜自动化连续操作。加工时不接触工件，不存在明显的切削力，因此，可以加工薄壁的工件。它不象电火花等方法只能加工导电材料，激光加工可以加工金属材料，也可以加工石英、陶瓷、玻璃、金刚石、有机玻璃等非金属材料。

激光可以用于打孔、切割、焊接、雕刻等工艺中；也可以用于激光表面热处理，如发动机气缸的淬火，可大大提高发动机的使用寿命。

五、超声波加工

超声波加工是将高频电能（16kHz 以上的交流电）转换为高频率的机械振动。当工件、悬浮液中磨粒和工具紧密相靠时，磨粒在工具的超声振动作用下获得高速冲击能量，这种冲击加速度可达重力加速度的一万倍，而且以每秒 1.6 万次以上的次数重复冲击，工件表面成粉末状被打击下来。越硬的材料，磨蚀作用越强（工具是软材料），如在超声加工中加入液体，比干磨粒提高工效 10 倍以上。

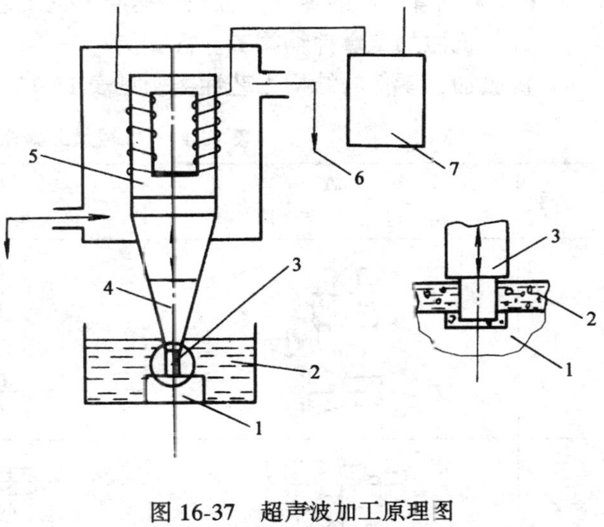

图 16-37　超声波加工原理图

1—工件　2—悬浮液　3—工具　4—扩大器　5—换能器　6—冷却水　7—超声波发生器

超声波加工可以加工任何材料，一般用于加工高精度的冲压模、型腔模、拉丝模，可以先经过电火花加工，再经超声加工进行研磨抛光，提高表面质量。图 16-37 为超声波加工机床原理图。

第八节　零件的结构工艺性

一、切削加工对零件结构工艺性的要求

零件的结构工艺性是指零件从结构角度分析被加工的难易程度，制造和装配时的可行性和经济性。在零件的整个制造过程中，通常切削加工耗费的工时和费用最高。因此，切削加工的零件结构工艺性就显得非常重要。零件切削加工的工艺方法很多，并具有各自的工艺特点，但其零件结构工艺性有如下一些基本要求：

1）零件加工表面的几何形状应尽量简单，并便于切削工具以高生产率工作，如加工表面的连续和等高、标准的退刀槽刀具进入、退出的可能性等。

2）零件的结构应使加工时便于安装，并能使有位置精度要求的表面尽量在一次安装中加工出来。

3）合理地设计零件的精度和表面粗糙度。在满足使用要求的前提下，加工表面越少越好，精度要求越低越好。

4）尽量采用通用化的零件，零件尺寸应采用标准化参数，各加工表面也应尽可能考虑能够使用标准刀具。

5）对复杂零件，必要时应分成简单零件，在分别加工完后再组装成一个复杂零件。

6）大批量生产的零件，应使结构与先进工艺、高效机床、夹具相适应。

二、机械加工零件结构工艺性实例

机械加工零件的结构工艺性实例见表 16-11。

表 16-11　机械加工零件的结构工艺性实例

序号	*A* 结 构 工 艺 性 差	*B* 结 构 工 艺 性 好	说　明
1	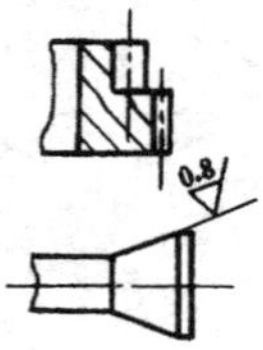	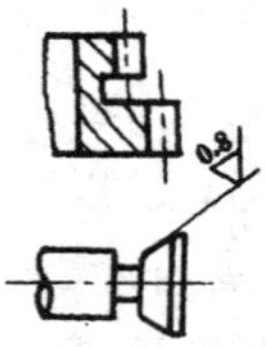	*B* 结构留有退刀槽，才可进行加工，并能减少刀具和砂轮的磨损
2	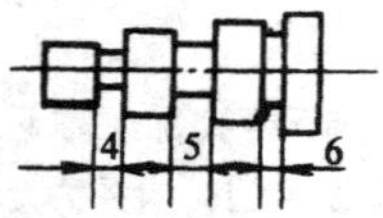	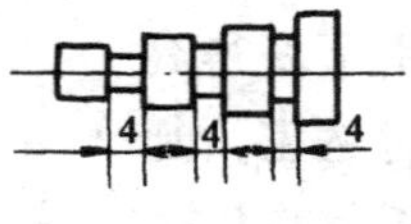	*B* 结构采用相同的槽宽，以减少刀具种类和换刀时间
3	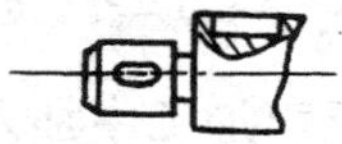	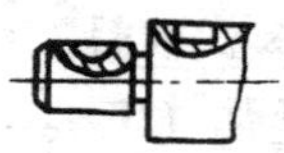	由于 *B* 结构的键槽的方位相同，就可在一次装夹中进行加工，以提高生产率
4	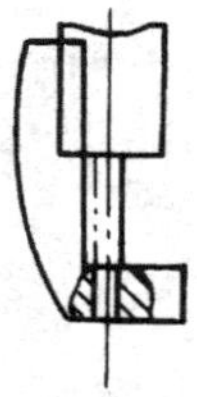	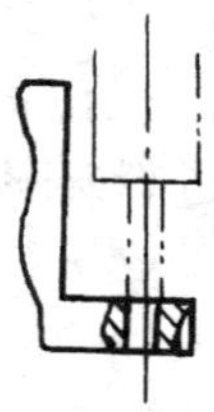	*A* 结构不便引进刀具，难以实现孔的加工

（续）

序号	A 结 构 工 艺 性 差	B 结 构 工 艺 性 好	说 明
5	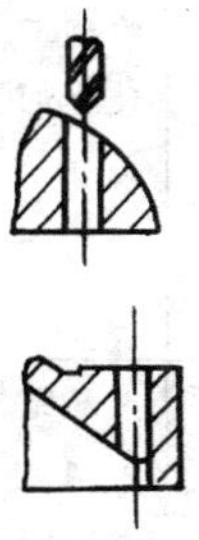	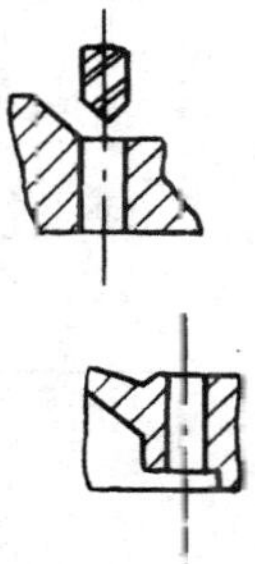	B 结构可避免钻头钻入和钻出时因工作表面倾斜而引起引偏或断裂
6	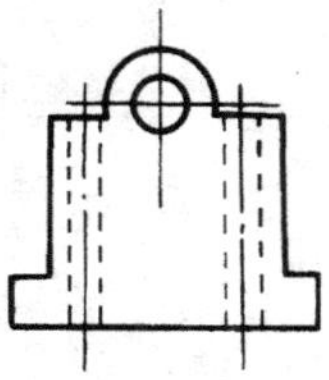	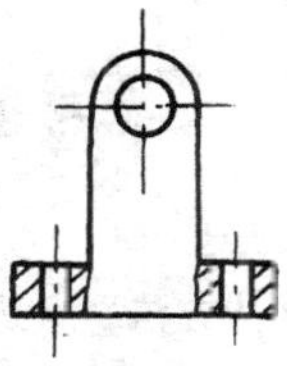	B 结构既可节省材料，减轻重量，还避免了深孔加工
7	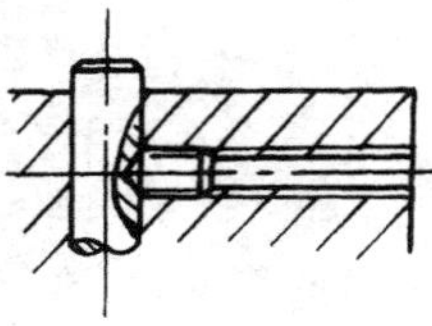	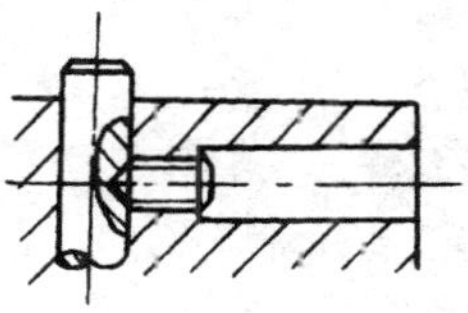	B 结构可减少深孔的螺纹加工
8	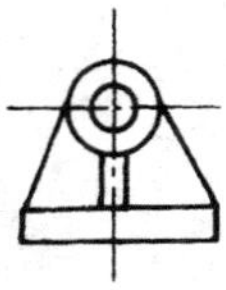		B 结构可减少底面的加工量，且有利于减小平面度误差，提高接触刚度
9	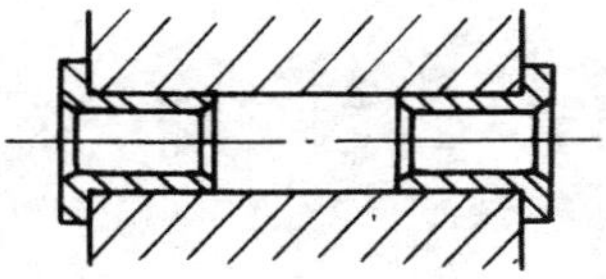	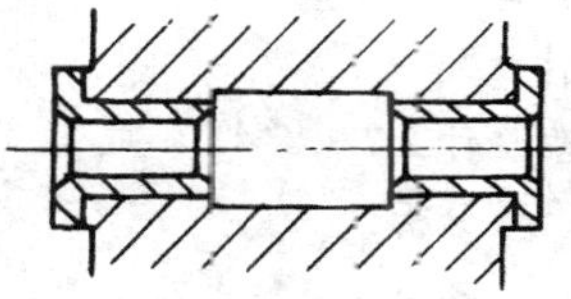	B 结构按孔的实际配合需要，缩短了加工长度，并在两端改用凸台定位，从而降低了对孔及端面的加工成本
10	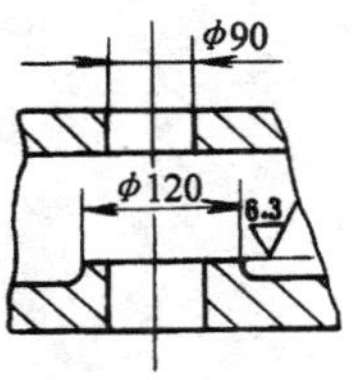	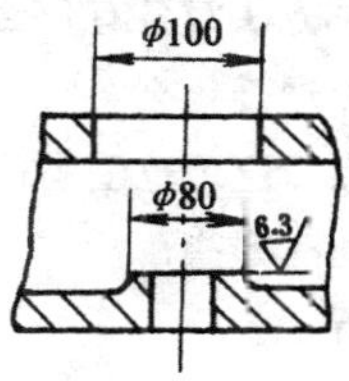	箱体内壁凸台过大，不便加工，改成 B 结构较好
11		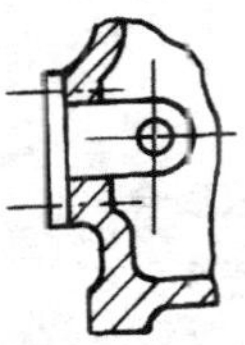	箱体类零件的外表面比内表面容易加工，故应以外表面代替内表面作装配连接表面，如 B 结构

（续）

序号	A 结 构 工 艺 性 差	B 结 构 工 艺 性 好	说　　明
12	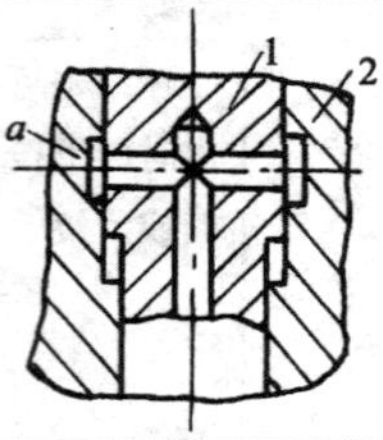	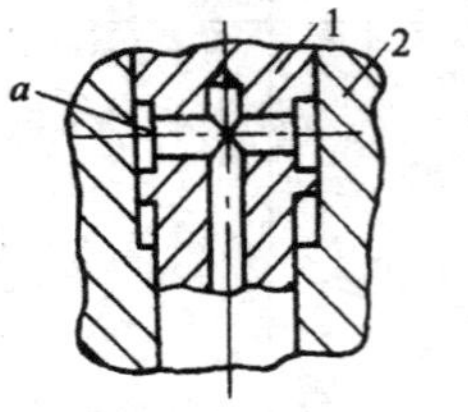	*B* 结构把环槽 *a* 改在件 1 的外圆上，就比在件 2 的内孔中便于加工和测量
13	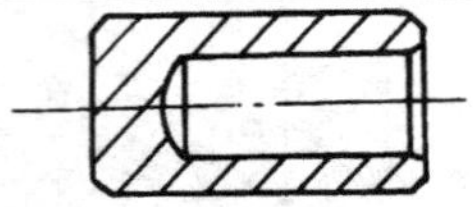	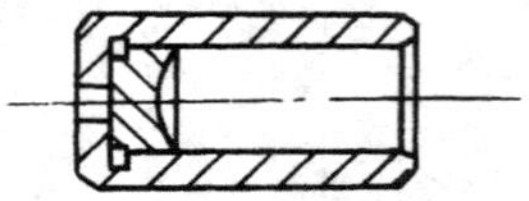	*B* 结构改用镶装结构，避免了 *A* 结构对内孔底部圆弧面进行精加工的困难

思考题与习题

1. 车削加工的工艺范围及工艺特点是什么？
2. 车削外圆表面时，工件有哪些夹持方法？各适用什么场合？
3. 简述磨削加工的工艺范围及其特点。
4. 举例说明砂轮的标志。
5. 简述磨料的种类及其适用场合。
6. 简述外圆表面的磨削方法及其特点。
7. 简述外圆表面加工工艺方案及其分析。
8. 简述钻孔的工艺特点。
9. 铰孔能否校正孔的位置精度？为什么？
10. 简述镗孔的工艺特点。
11. 拉削内孔应用在什么条件下？为什么？
12. 简述孔加工工艺方案及其分析？
13. 刨削加工的工艺特点是什么？
14. 铣削加工的工艺特点是什么？
15. 铣削平面的方法及其特点是什么？
16. 简述平面加工工艺方案及其分析？
17. 螺纹加工有哪些工艺方法？各有什么特点？
18. 齿形加工的成形法加工有几种方法？各有什么特点？
19. 滚齿加工工艺特点及其加工原理是什么？
20. 滚齿与插齿相比各有什么特点？应用范围是什么？
21. 磨齿有几种方法？机床的运动有哪些？
22. 简述齿形加工工艺方案及分析。
23. 简述超精加工的工作原理及工艺特点。
24. 什么是镜面磨削？
25. 简述研磨加工原理及工艺特点。
26. 研磨有几种方法？各适用在什么场合？
27. 简述珩磨加工工作原理及工艺特点。
28. 简述电火花加工的工艺特点。

29. 简述线切割的工艺特点。

30. 简述电解加工的工艺特点。

31. 简述激光加工的工艺特点。

32. 简述超声波加工的基本原理及工艺特点。

33. 什么叫零件的结构工艺性？它在生产中有什么意义？

34. 车削加工对零件结构工艺性有何要求？

35. 刨削和铣削都要求各加工表面位于同一平面内，都要求工件有足够的刚度，其他加工方法（如车、磨等）是否也有这个要求？

36. 举例说明钻削加工对零件结构工艺性的要求。

37. 举例说明复杂结构零件可合理地采用组合件。

第十七章　机械加工工艺过程基本知识

在实际生产中，由于零件的结构、尺寸及加工精度与表面粗糙度不同，零件或产品的生产数量不同，它的机械加工工艺方法与工艺过程有着明显的不同，这都直接影响机械加工工艺的复杂程度。工艺技术人员，首先要根据这些原始资料，最后确立在技术与经济指标上比较合理的工艺方案，以达到提高产品质量与降低消耗目的。本章将介绍机械加工工艺过程及机械加工工艺规程的基本概念。

第一节　生产过程与工艺过程

一、生产过程

生产过程是指从原材料进厂到产品出厂相互关联的劳动过程的总和。

对机械制造而言，生产过程包括以下内容：

1）原材料、半成品和成品（产品）的运输与保管。

2）生产与技术准备工作，例如产品开发与设计，工艺规程设计、专用工艺装备设计（刀具、夹具与量具）、专用设备的设计及制造，各种生产资料的准备及生产组织准备（车间与工段的划分、各类技术工人等级及数量的配备等）。

3）毛坯制造，包括锻造、焊接、冲压、粉末冶金及型材下料等。

4）机械加工、热处理及其他表面处理，如防锈、涂层与镀层等。

5）部件或产品的装配、调试、检验、试验、油漆及包装等。

产品的生产过程是很复杂的，为提高产品质量，提高劳动生产率，降低消耗（原材料、能源及工时等），现代化机械制造工业趋向组织专业化生产，即一个产品的若干零件可以组织多个专业化生产厂，如曲轴连杆厂，油泵油嘴厂就是把发动机的部件或零件分别由专业厂生产，最后由某一厂家组装整机。因此，对某一个具体厂家，它们的原材料、半成品或产品各有不同，又如毛坯制造也可以组织专业化生产，如铸锻件厂等，以利于扩大产品生产批量，充分利用资源，广泛开展各专业厂家的合作，达到较好的技术经济效益。

二、工艺过程及其组成

1. 工艺过程　改变生产对象的形状、尺寸、相对位置关系及性质，使其成为成品或半成品的过程为工艺过程。对机械加工工艺过程来说，它是指用机械加工方法使毛坯（或半成品）变成半成品或成品的过程。

2. 工艺过程的组成　机械加工工艺过程也是相当复杂的，同一个零件，因其加工精度及表面粗糙度、生产数量不同，往往采用不同的工艺方法。为了分析整个工艺过程，就需要明确工艺过程是如何组成的。

（1）工序　工序是指一个人（或一组人）对同一个（或几个）工件在同一个工作地（设备）进行连续加工的那部分工艺过程。

工序是工艺过程最基本的单元，即工艺过程由若干个工序组成。划分工序的重要依据是加工地点（设备）。

图 17-1 所示为阶梯轴简图。在表 17-1 与表 17-2 中列出了该工件不同生产数量时所采用的不同工艺过程，从中可以看出，同一工件，生产数量较少时，工序数目较少，而生产数量较大时，工序数目较多，每个工序所完成的加工表面较少。

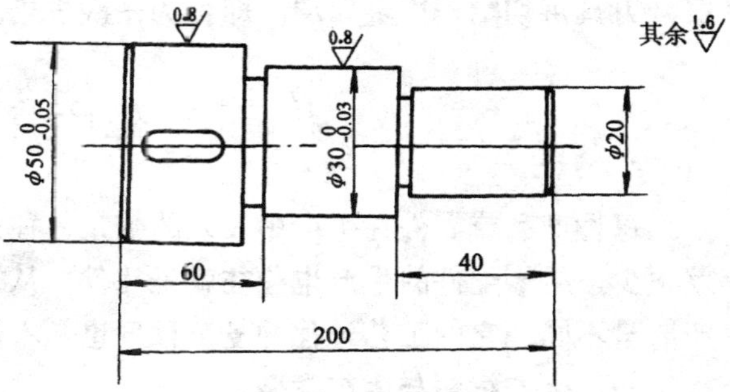

图 17-1　阶梯轴简图

表 17-2 中第 1 道工序可以使用组合机床，在一台机床上可以使工件在一个位置上同时加工出两个端面，而在第二个位置上同时钻两端中心孔，提高了劳动生产率；在第 6 道工序中，也可以再细划分两个工序，即用一台外圆磨床磨小端外圆，而大端外圆则可以在无心磨床上加工，这样，可以减少了机床调整的时间，也有利保证加工精度和表面粗糙度。

表 17-1　阶梯轴工艺过程（生产数量较少）

工序号	工　序　内　容	地点（设备）
1	车端面，钻中心孔	车床
2	车外圆、切槽、倒角	车床
3	铣键槽，去毛刺	铣床
4	磨外圆 $\phi 50_{-0.05}^{0}$ 及 $\phi 30_{-0.03}^{0}$	磨床

表 17-2　阶梯轴工艺过程（生产数量较大）

工序号	工　序　内　容	地点（设备）
1	铣端面，钻中心孔	组合机床
2	车小端外圆，切槽及倒角	车床
3	车大端外圆，切槽及倒角	车床
4	铣键槽	铣床
5	去毛刺	钳工台
6	磨外圆	磨床

(2) 安装　工件（或装配单元）在一次装夹中所完成的那部分工艺过程称为安装。工件在一道工序中可能有一次或几次安装。

如表 17-1 列出的第 1 道工序中车端面，钻中心孔，工件需要两次安装：先装夹一端，车另一端的端面，钻中心孔；再将工件调头，车另一端面，钻中心孔。但要注意，多次安装，浪费辅助时间，也影响工件的加工精度。

(3) 工位　工件在机床上一个工作位置上所完成的那部分工艺过程称为工位。工件在一次安装中可以是一个工位或多个工位。

如表 17-2 中第 1 道工序中，铣端面和钻中心孔就是两个工位：第一个工位上，同时铣工件两个端面；在第二个工位上同时钻两端中心孔，如图 17-2 所示。

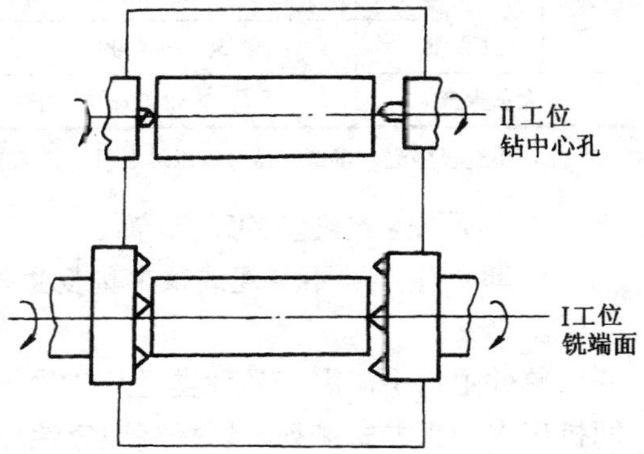

图 17-2　多工位加工

(4) 工步　一次安装中，在不改变加工表面、切削刀具的情况下所完成的那部分工艺过程称为工步。

工件在一次安装中，可以是一个工步，也可能有多个工步。如表 17-2 中工序 2，一次安装即可完成车小端外圆、切槽、倒角三个工步（一般倒角不另外称为工步）。

(5) 进给　进给也俗称走刀。在一个工步中，被切削表面需要分几次切除多余的金属层，刀具每切除一次金属层，即称为一次进给。一个工步中，可以是一次或多次进给。

第二节　生产类型及其工艺特点

每种产品或零件在生产中投入的数量往往是不同的，如新产品试制，投入试生产的数量就很少，维修配件的生产也往往就是几件。从表 17-1 和表 17-2 中可以看出，产品或零件生产数量不同，它的工艺过程的复杂程度也是不同的，并有着各自的工艺特点。

一、生产纲领与生产类型

1. 生产纲领　工厂每计划期内（一般为一年）投入产品的数量称为生产纲领。生产纲领决定着工厂的生产规模及生产方式，产品的生产纲领中要计入备品和废品。

零件的生产纲领可按下式计算：

$$N = Qn(1+\alpha)(1+\beta)$$

式中　N——零件的年产量（件）；

Q——产品的年产量（台）；

n——每种产品所需该零件的数量（件/台）；

α——备品率（%）；

β——废品率（%）。

2. 生产类型　生产类型是工厂（车间、工段、班组、工作地）生产专业化程度的分类，一般分为大量生产、成批生产及单件生产三种生产类型。

生产类型的划分，一方面要考虑生产纲领的大小，还要考虑该产品重量，表 17-3 列出生产类型与生产纲领及产品重量的关系。

表 17-3　生产类型与生产纲领、产品重量关系

生产类型		生产纲领（台或件/年）		
		小型产品	中型产品	重型产品
单件生产		≤100	≤10	≤5
成批生产	小批	>100～500	>10～50	>5～100
	中批	>500～5000	>150～500	>100～300
	大批	>5000～50000	>500～5000	>300～1000
大量生产		>50000	>5000	>1000

注：小型、中型、重型产品可以以缝纫机、机床、轧钢机为代表。

二、不同生产类型的工艺特点

1. 单件生产　不重复或很少重复生产单个或少量的不同结构或尺寸的产品，称为单件生产。

单件生产中，因产品种类经常变化，所以多用通用机床，对工人技术水平要求较高，车间机床多为机群式排列，以提高适应性。灵活多变为其工艺特点，如新产品试制等。

2. 成批生产　每一计划期内（月或季）投入产品种类较少，数量较大，每隔一段时间又重复生产称为成批生产。成批生产又分为小批、中批和大批生产。如中型内燃机和机床的生产，多为成批生产。

成批生产的生产组织形式多为流水线生产，机床的排列按产品的工艺过程排列，以便于产品按工艺过程流水式生产，而且多采用高效机床或专用机床及部分专用工艺装备。

为提高生产率，广泛采用组合机床组织流水线生产，甚至可以组织自动线生产。

由于数控技术和计算机技术的发展，成批生产可以使用数控机床和加工中心，工序高度集中，生产效率很高。

3. 大量生产　每年的产品数量很大，产品品种单一，每台设备上经常重复生产某工件的一道工序，如汽车、拖拉机制造多为大量生产。一些标准件生产，如轴承、螺栓等也属于大量生产。

大量生产的组织形式多为流水线或自动线形式，广泛采用高效率专用设备和工艺装备，对工人技术水平要求不高。

随着科学技术的发展，产品品种需求的增加，产品的更新换代很频繁，多品种、小批量产品成为市场需求的重要特征。因此，应用成组技术和柔性生产线，可以改变传统的批量法则，即多品种、小批量产品，同样可以以大量生产的组织形式生产，具有较高的生产率和产品质量。如日本的丰田汽车生产线上，可以根据用户的意见随时改变产品结构和性能，虽然产品品种很多，数量很少，但同样可以产生大量生产的经济及技术效果。

第三节　工件的定位、安装与基准

一、工件定位

工件在加工之前，相对于机床或刀具需占有准确的位置，这个过程称为定位。

(一) 六点定位原则

使用专用夹具的主要目的是使工件准确定位，保证加工精度，提高劳动生产率。工件在夹具中是如何实现定位的呢？它遵循什么规律呢？这个规律就是工件定位应遵守的“六点定位原则”。

从所周知，一个自由刚体在空间直角坐标系中有六种活动的可能性，即沿三个坐标轴的移动，记作 $\overline{x}$、$\overline{y}$、$\overline{z}$；绕三个坐标轴的转动，记作 $\overset{\frown}{x}$、$\overset{\frown}{y}$、$\overset{\frown}{z}$。把自由刚体沿三个坐标轴的移动和绕三个坐标轴的转动可能性称之为自由度，即 $\overline{x}$、$\overline{y}$、$\overline{z}$、$\overset{\frown}{x}$、$\overset{\frown}{y}$、$\overset{\frown}{z}$，这就是自由刚体六个自由度，如图 17-3 所示。

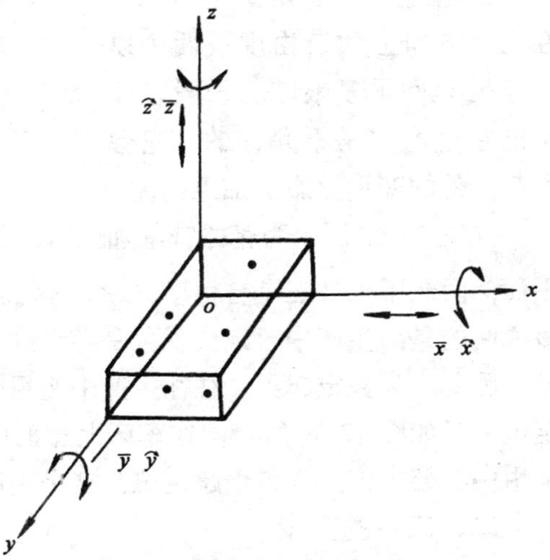

图 17-3　自由刚体的自由度

工件可以近似地看成是自由刚体，要想使工件的位置完全确定下来，就要限制工件的六个自由度。如图 17-3 所示，长方体工件在 xoy 平面内有三个自由度被限制，绕 x、y 轴的转动及沿 z 轴的移动即 $\overset{\frown}{x}$、$\overset{\frown}{y}$、$\overline{z}$，该平面也称支承面；工件

在 yoz 平面限定两个自由度，沿 x 轴移动及绕 z 轴转动即 $\overline{x}$、$\widehat{z}$，该平面称为导向面；工件在 xoz 平面内只有一个自由度被限制，沿 y 轴移动，即 $\overline{y}$，因此，该平面又称为承档面。此时，工件的六个自由度完全被限制，这就是工件定位的六点定位原则。

工件定位时，不能有影响尺寸精度及位置精度的移动和转动。因此，为保证加工精度，凡是工件在某个方向上的自由度影响着尺寸精度和位置精度，那么这个方向上的自由度就要被限制。如图 17-4 所示为在车床上车削内孔，本工序要保证的尺寸为 $d+\delta_d$ 那么，这个工件只限制自由度 $\overline{y}$、$\widehat{y}$、$\overline{z}$、$\widehat{z}$，就能保证加工精度，其他方向的自由度（$\overline{x}$、$\widehat{x}$），因不影响加工精度就不必限制。

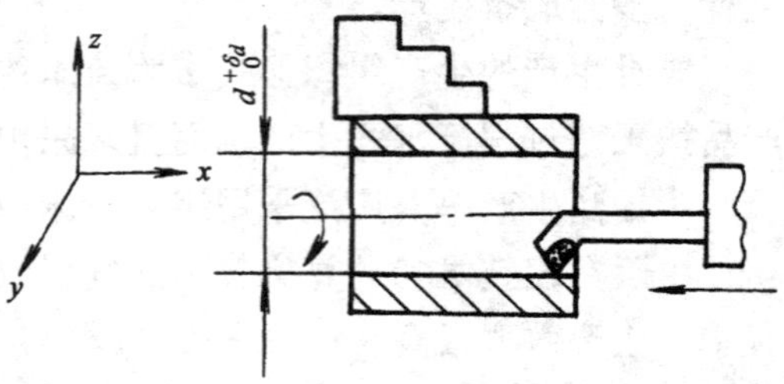

图 17-4　车削内孔时工件的定位

（二）欠定位和超定位

1. 欠定位　欠定位是指工件在某个方向上影响加工精度的自由度没有限制。欠定位在生产中是不允许的。如图 17-5a 所示，工件在本工序加工槽时，除保证工序尺寸 $H+\delta_H$ 外，还要保证工序尺寸 $L+\delta_L$。该工件只用平面 N 限制了工件的三个自由度（$\widehat{x}$、$\widehat{y}$、$\overline{z}$）就属于欠定位，这种定位方法不能保证加工精度。如再利用工件 M 面限制两个自由度 $\overline{x}$、$\widehat{z}$，这种定位方法就能保证工件的加工精度，如图 17-5b 所示。

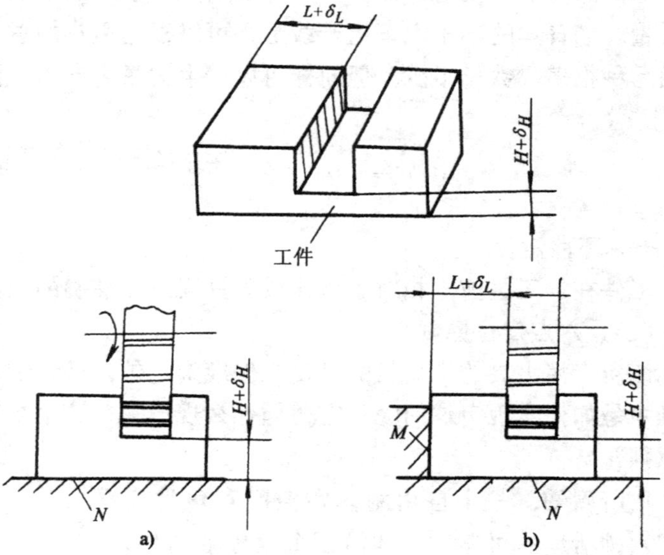

图 17-5　欠定位与正确定位

2. 超定位　超定位是指工件在某个方向上的自由度被两个以上定位元件重复限制。一般说超定位在生产中是不允许的，它会引起工件的变形，影响加工精度。

如图 17-6a 所示为箱体铣削加工时，本工序保证尺寸 $H+\delta_H$，在定位时用三个支承代替了平面，限制了工件三个自由度（$\widehat{x}$、$\widehat{y}$、$\overline{z}$）就可以了。如果用四个支承就属于超定位。但应该说明的是，生产中超定位现象是存在的，如本例中，大型箱体加工时，只用三个支承不够稳定，因此，为稳定起见，往往生产中使用四个支承，只不过把一个支承做成浮动支承，以准确定位。又如图 17-6b 所示，在车床上加工长轴时，为了减少因工件的自重而引起的变形，通常采用中心架定位，也属于超定位，这是生产中允许的（此时工件已不是自由刚体）。

二、工件的安装

工件定位以后，为保持加工过程中工件正确定位，防止切削力与工件或夹具的离心力破

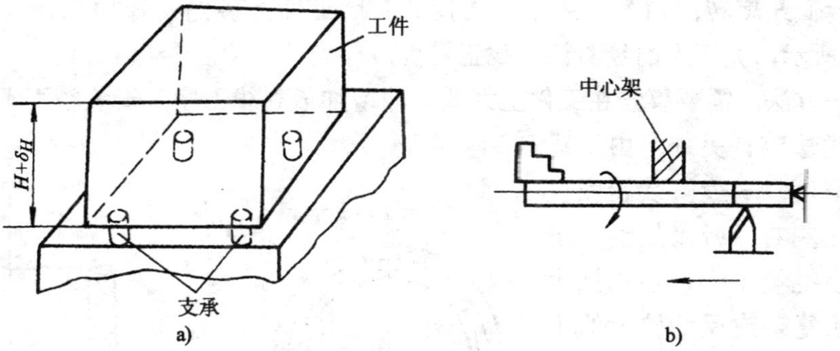

图 17-6　超定位

坏工件的准确定位，还需要将工件压牢，这就是夹紧。工件从定位到夹紧的过程称为安装，定位和夹紧是同时进行的。

工件安装好以后，也就确定了工件加工表面相对于机床或刀具的位置，因此，工件加工表面的加工精度与安装的准确程度有直接关系，换句话说，工件的安装精度是影响加工精度的重要因素，所以必须给予足够重视。

不同的生产类型，工件的结构与尺寸不同，工件的安装方式也不相同，也必然影响到工件的加工精度及劳动生产率。

一般把工件的安装方式概括为以下三种形式，即直接找正法、划线找正法和使用专用夹具法。

（一）直接找正法

如图 17-7a 所示，在车床上加工偏心轴上与小外圆 A 同轴的孔。因工件安装以偏心轴的大外圆 B 定位，加工孔时，必须保证加工出孔的中心线与小外圆 A 的中心线同轴。这样，在定位时，如图 17-7b 所示，要用划线盘或百分表直接找正，使偏心轴小外圆 A 的中心线与主轴中心线重合，以保证加工孔与偏心轴小外圆 A 的同轴度要求。

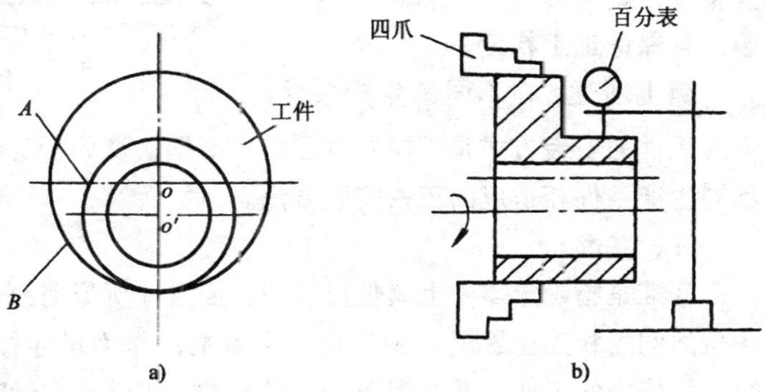

图 17-7　直接找正法

图 17-7 偏心轴孔加工时，使用四爪单动卡盘，以工件外圆 B 定位，以便直接找正。

应用直接找正法时，如使用精密的量具，技术熟练的工人，安装精度可达 0.01～0.005mm。但要求工件上有可供直接找正且精度较高的加工表面，同时又受工人经验及技术水平的影响，故直接找正法一般安装精度不高（0.1～0.5mm），且找正时间比加工时间长，生产效率不高，此种方法只适用于单件小批生产中。

（二）划线找正法

划线找正法是指工件安装时依据事先在工件上划好的找正线进行找正的方法。如图 17-8 所示，在立式车床上加工电机壳的内孔。当工件安装时，在刀架（或刀具）上固定一个指针，使工作台低速旋转，如图 b 所示；或指针对准工件上事先划好加工线（一般还有备用线），如图 a 所示，凭工人的经验认定找正精度，即安装完毕。

这种找正方法，需要事先在工件上划线，即增加了划线工序，安装精度不高，且受工人技术熟练程度影响；另外，由于线条具有一定宽度，一般安装精度仅在 0.3～1mm 左右，所以划线找正只适用单件小批量生产。在成批生产中，对形状复杂或尺寸较大的工件，也常采用划线法找正。

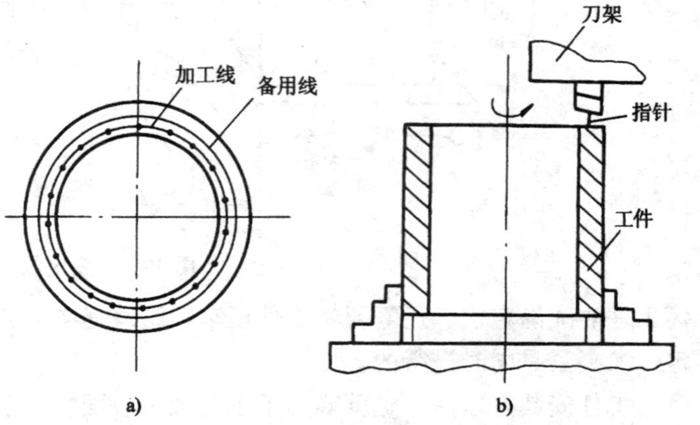

图 17-8　划线找正法

（三）专用夹具法

以上介绍的两种安装方法共同的缺点是安装精度不高，所以在成批生产或大量生产中广泛采用专用夹具进行安装，如图 17-9 所示。

使用专用夹具时，由于采用了专用的定位元件和夹紧装置，可以快速定位和夹紧，且保证安装精度。

如图 17-9 所示，加工轴上的键槽时，因有较高的对称度要求，此时用 V 形块具，以工件外圆定位，只要事先调整好铣刀与 V 形块的位置精度，就可以实现工件的快速安装，且保证加工精度。

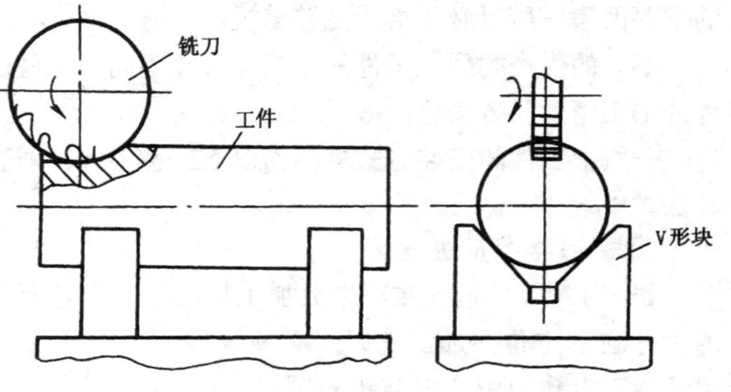

图 17-9　专用夹具法

综上所述，在不同的生产条件下，工件的安装方式是不同的，因此，必须认真分析工件的结构、尺寸及加工精度，选用与不同生产条件相适应的工件安装方法。

三、基准

基准是指确定零件上其他点、线、面尺寸所依据的点、线、面。在零件设计时，要确定各表面间的相互位置就必须选定一个基准，作为尺寸标注的起点。在工件加工过程中定位时，所依据的工件的某个表面，也是基准。工件在度量时，作为起点的表面也称基准。

基准按其功能分为设计基准、工艺基准两大类，工艺基准又分为定位基准、度量基准与装配基准。基准的分类如下：

基准：
- 设计基准
- 工艺基准
  - 定位基准
    - 粗基准
    - 精基准
      - 基本精基准
      - 辅助精基准
  - 度量基准
  - 装配基准

（一）设计基准

设计基准是设计零件图样时用以确定其他点、线、面位置所依据的基准。如图 17-10 所示为设计基准。

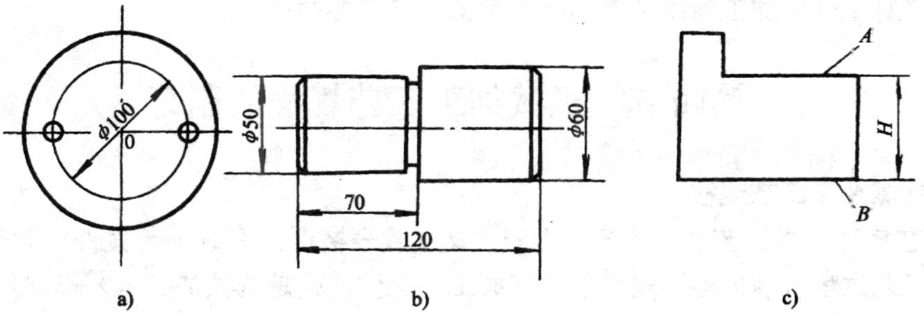

图 17-10　设计基准

图 17-10a，所示的薄板内两均布孔是以中心点 0 作为设计基准。图 17-10b，所示两端轴颈尺寸是以中心线作为设计基准。图 17-10c，所示工件的 A 表面与 B 表面的距离是以 B 表面作为设计基准，A、B 两面也可互为设计基准。

（二）工艺基准

工艺基准是工件在加工或产品装配中确定其他点、线、面位置所依据的基准。

1. 定位基准　定位基准是工件在定位时所依据的基准。如图 17-11a 所示，工件在平面磨床上加工工件 A 表面时，使用 B 表面作为定位基准。

工件定位时，使用的定位基准可能是一个，也可以是多个。如图 17-11b 所示，工件在铣床上铣槽时所使用的定位基准就是 M、N 两个平面。

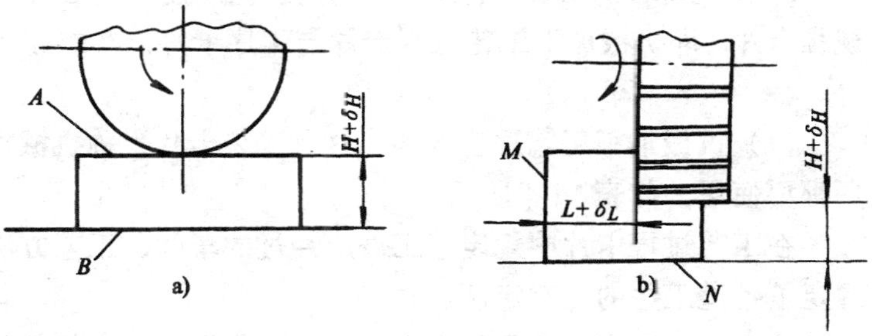

图 17-11　定位基准

定位基准又分为粗基准和精基准。一般说，用未经过机械加工的表面（通常称毛坯表面）作为定位基准时，称为粗基准；用经过机械加工的表面作为定位基准时，称为精基准。精基准又分为基本精基准和辅助精基准。对于作为精基准的表面在工件功能上不起作用的表面称为辅助精基准，如中心孔、工艺搭子等。

2. 度量基准　是指在检验工件尺寸时，测量所依据的基准。如图 17-11b 所示的工件，当测量尺寸 H 时，依据的基准 N 面就是度量基准；同时测量尺寸 L 时，依据的度量基准为 M 面。

3. 装配基准　装配基准是工件在装配时，所依据的基准。

在分析基准时应注意以下几个问题：

1）作为基准的点、线、面在工件上不一定存在，往往用工件上的某个表面来体现定位基准。如图 17-10b 中的设计基准为中心线，在工件上是不存在的，此时以工件的外圆表面来体现设计基准（中心线）。

2）作为基准，同一表面可能有多种功能，它可以是设计基准，又可能是工艺基准；它可能是定位基准，还可能是度量基准或装配基准。

3）尺寸基准和位置基准是一样的。

基准的确定是很重要的，因此，在设计或制订工件的机械加工工艺时要十分重视基准的选择，它将对工件的加工精度及劳动生产率都有着重要的影响。

第四节　机械加工工艺规程的制订

一、机械加工工艺规程

1. 工艺规程　将工艺过程的各项内容用文字或表格形式写成工艺文件，就是工艺规程。机械加工工艺过程各项内容以表格形式写成工艺文件，就是机械加工工艺规程。

2. 工艺规程的作用　工艺规程是指导生产的技术文件，是生产经验和应用先进工艺技术的总结，它应具有技术上的先进性，经济上的合理性，并且注意劳动环境的改善。

在新产品试制中，有了工艺规程，就可以有计划的进行技术准备和生产准备，例如，工艺装备的设计与制造，生产资料的准备，人员的配备等。

在新建厂和扩建厂时，有了工艺规程，就可以作为进行车间与工段的设计，包括车间面积、各类技术工人等级及数量配备等的重要依据。

工艺规程也不是一成不变的，随着生产的发展，新工艺、新技术、新材料的出现，工艺规程也会不断变化。

3. 工艺规程的格式　各工厂使用的工艺规程格式虽然不统一，但大致都使用 2～3 种工艺规程卡片，即机械加工工艺过程卡片与工序卡片，有的还有工艺卡片、调整卡片、检验卡片等。

（1）机械加工工艺过程卡片　这种工艺卡片也称机械加工综合卡片，各种生产类型的工厂都要使用，如表 17-4 所示。

在工艺过程卡片中规定了工件所经过的车间、工艺方法、所使用的设备及工艺装备，还规定了各道工序的工时定额。

该卡片是生产准备及技术准备的重要依据，在一般单件小批生产中只使用机械加工过程卡片。

（2）机械加工工序卡片　工序卡片只反映本工序的一些基本内容，它是直接指导工人进行生产的工艺文件。

在工序卡片中附有工序简图，明确本工序所应完成的加工表面及应达到的加工精度与表面粗糙度，注明定位表面及夹紧力位置，详细记录工步内容。

在成批生产及大量生产中都要使用机械加工工序卡片，其格式见表 17-5。

二、制订工艺规程的原始资料及步骤

1. 制订工艺规程的原始资料　制订工件的机械加工工艺规程时应具备下列原始资料：

（1）产品及零件的工作图。

（2）产品或零件的生产纲领　生产纲领不同，生产类型就不同，工艺规程的复杂程度也不同。

（3）毛坯的情况　毛坯生产的技术状态也影响制订机械加工工艺规程，如毛坯的制造精度，是一坯多件还是一坯一件等。

（4）本厂的生产条件　本厂的生产条件，如设备的种类、所能达到的加工精度、工艺装备的规格和使用情况等，以便使制定的工艺规程在本厂切实可行。

表 17-4　工艺过程卡片

（厂　　名）	机械加工工艺过程卡片	产品型号		零(部)件图号		共　　页
		产品名称		零(部)件名称		第　　页

材料牌号		毛坯种类		毛坯外形尺寸		每毛坯件数		每台件数		备注	

工序号	工序名称	工　序　内　容	车间	工段	设　备	工　艺　装　备	工时 准终	工时 单件

										编制（日期）	审核（日期）	会签（日期）		
标记	处数	更改文件号	签　字	日　期	标记	处数	更改文件号	签　字	日　期					

插　　图
描　　校
底图号
装订号

表 17-5　加工工序卡片

（厂名）	机械加工工序卡片	车间		工序号		工序内容	共　页
		设　备					第　页

工序简图

名称		产品名称	
型号		零件名称	
编号		零件图号	
夹　具		零件材料	
名称		毛坯种类	
编号		毛坯硬度	
同时装夹零件数		工序工时	
量　具		工人等级	
名称		由何处来	
编号		到何处去	

工步号	工步内容	切削用量：背吃刀量(mm)	切削用量：进给量(mm/min)	切削用量：每分钟转数(n/min)	切削用量：切削速度(m/min)	切削工具

					编制(日期)	审核(日期)	会签(日期)	
标记	处数	更改文件号	签　字	日　期				

(5) 国内外生产技术发展情况　制订工艺规程时，应该了解国内外生产技术的发展情况，以不断吸取国内外先进技术及经验，使工艺规程达到技术上的先进性，经济上的合理性，同时还注意不断改善劳动条件，加强环境意识，不断提高工艺水平。

2. 制订工艺规程的步骤　制订工艺规程的步骤如下：

(1) 分析研究产品和零件工作图　在制订工艺规程之前，必须首先分析产品和零件的工作图，分析产品的性能，该零件在产品中的作用及技术条件，找出主要的技术要求及关键的加工表面或关键的技术问题。除此之外，零件的结构工艺性要好，是否有必要与设计人员共同研究零件设计问题，以保证良好的结构工艺性，尽量减少加工和装配的劳动量等。

(2) 确定毛坯　毛坯质量越高，机械加工劳动量越少，并可以提高材料的利用率，降低加工成本。但是，提高毛坯制造精度，本身制造成本也会提高，如何处理两者的矛盾，需要具体分析，同时尽量注意使用新材料、新工艺及新技术，采用精化毛坯，如精铸、精锻、冷拉等工艺方法，可以大大提高劳动生产率。

(3) 拟定工艺路线　这是制订工艺规程的关键一步。一般说，毛坯确定以后，机械加工工艺规程大体上已确定下来。如轴类毛坯，机械加工以车削为主；而板类毛坯，则以铣削、刨削为主。

一般拟定工艺路线要多方面考虑各种因素，初步选定2～3个方案，经过认真分析比较，最后确定一个较为合理的工艺路线。

拟定工艺路线需要考虑的基本因素是加工精度、劳动生产率、工艺成本等技术、经济指标。

(4) 确定加工设备及工艺装备。

(5) 确定各工序加工余量、计算工序尺寸及偏差。

(6) 确定各工序的工时定额。

(7) 填写工艺卡片或称工艺文件。

思考题与习题

1. 什么是生产过程？生产过程都包括哪些内容？

2. 什么是工艺过程？

3. 什么是工序、工步、安装、工位？

4. 什么是生产纲领？根据生产纲领不同可以分为哪些生产类型？它们的工艺特点是什么？

5. 工件的安装方式有几种？它们的特点及应用场合？

6. 什么是基准？基准分为哪几类？

7. 在分析基准时应注意哪些问题？

8. 什么是工件定位的六点原则？

9. 什么是欠定位？为什么生产中不允许欠定位？它影响什么？

10. 什么是超定位？生产中超定位是否可以使用？为什么？举例说明。

11. 将图17-12所示单件小批

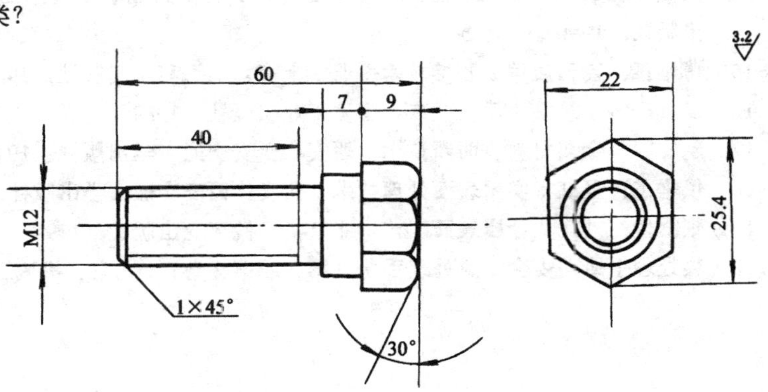

图17-12　六角螺栓

生产的六角螺栓列表说明工序、安装及工步的划分。

12. 将图 17-13 所示成批生产的轴套列表写出工序、安装及工步。

13. 试分析图 17-14 所示的定位，指明定位基准面及限制自由度数目。

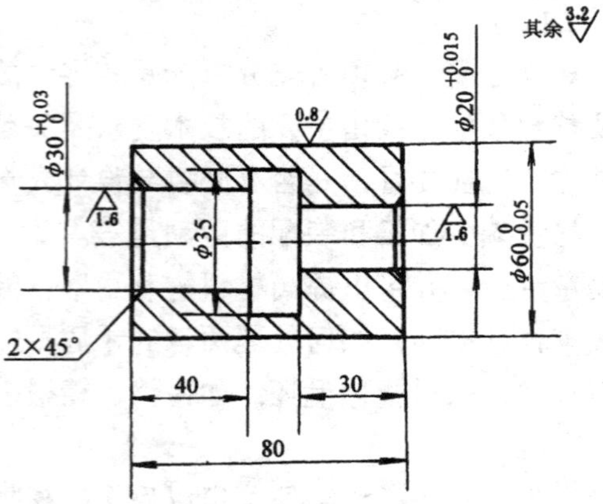

图 17-13　轴套（45 钢）

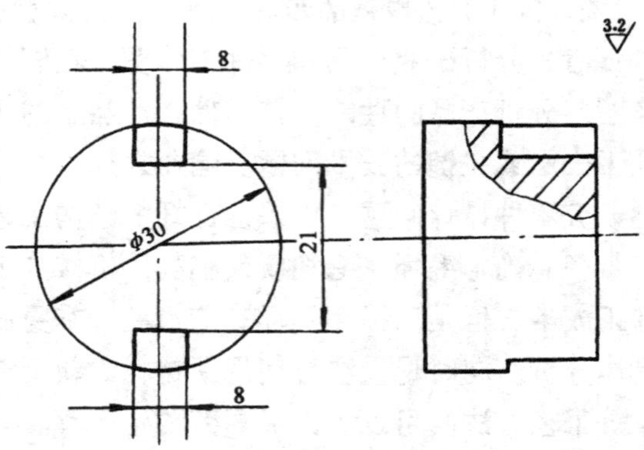

图 17-14　铣双键槽

主要参考文献

1　卢光熙，侯增寿主编．金属学教程．上海：上海科学技术出版社，1985

2　宋维锡主编．金属学．北京：冶金工业出版社，1980

3　许德珠主编．机械工程材料（金属工艺学Ⅰ）．北京：高等教育出版社，1992

4　司乃钧，许德珠主编．热加工工艺基础（金属工艺学Ⅱ）．北京：高等教育出版社，1991

5　司乃钧主编．机械加工工艺基础（金属工艺学Ⅲ）．北京：高等教育出版社，1992

6　曾晔昌等主编．工程材料及机械制造基础．北京：机械工业出版社，1990

7　郑明新主编．工程材料．北京：中央广播电视大学出版社，1986

8　施江澜主编．工程材料学．南京：东南大学出版社，1991

9　王运炎主编．机械工程材料．北京：机械工业出版社，1991

10　史美堂主编．金属材料及热处理．上海：上海科学技术出版社，1980

11　房世荣主编．工程材料与金属工艺学．北京：机械工业出版社，1992

12　邓文英主编．金属工艺学（第三版）．北京：高等教育出版社，1990

13　吴恒文主编．热加工工艺基础．重庆：重庆大学出版社，1993

14　机械工程手册，电机工程手册编辑委员会．机械工程手册（第二版　工程材料卷）．北京：机械工业出版社，1996

15　曹惟诚，龚云裘编．胶接技术手册．上海：上海科学出版社，1989

16　夏文千等．胶接手册．北京：国防工业出版社，1989

17　赵文轸．金属材料表面新技术．西安：西安交通大学出版社，1992

18　仪垂杰，夏虹．实用表面处理技术．西安：西安交通大学出版社，1993

19　张继世，刘江．金属表面工艺．北京：机械工业出版社，1994

20　热处理手册编委会．热处理手册（第 2 版第 2 卷）．北京：机械工业出版社，1992